A. LEDEBUR

MANUEL

DE LA

MÉTALLURGIE DU FER

I

PARIS

BAUDRY & Cie ÉDITEURS

MANUEL

DE LA

MÉTALLURGIE DU FER

MANUEL

THÉORIQUE ET PRATIQUE

DE LA

MÉTALLURGIE DU FER

PAR

A. LEDEBUR

PROFESSEUR DE MÉTALLURGIE A L'ÉCOLE DES MINES DE FREIBERG (SAXE)

TRADUIT DE L'ALLEMAND
PAR

BARBARY DE LANGLADE

ANCIEN ÉLÈVE DE L'ÉCOLE POLYTECHNIQUE, INGÉNIEUR CIVIL DES MINES
MAITRE DE FORGES

REVU ET ANNOTÉ
PAR

F. VALTON

INGÉNIEUR CIVIL DES MINES
ANCIEN CHEF DE SERVICE DES HAUTS-FOURNEAUX ET ACIÉRIES DE TERRE-NOIRE
CHEVALIER DE LA LÉGION D'HONNEUR

TOME PREMIER

PARIS

LIBRAIRIE POLYTECHNIQUE BAUDRY ET Cⁱᵉ, ÉDITEURS

15, RUE DES SAINTS-PERES, 15

MAISON A LIÈGE, 7, RUE DES DOMINICAINS

1895

AVIS AU LECTEUR

Une première édition de ce manuel a paru à Leipzig en 1884 ; s'adressant aussi bien aux praticiens de la métallurgie du fer qu'à ceux qui l'étudient, il est promptement devenu classique dans tous les pays de langue allemande, et nous avons entendu souvent exprimer le regret qu'il ne fût pas traduit en français.

Cependant la sidérurgie, dans ces dix dernières années, faisait des progrès considérables ; des méthodes, encore dans l'enfance en 1884, prenaient une importance de plus en plus grande, en même temps que la science se faisait une place plus large dans l'étude des phénomènes métallurgiques. Monsieur Ledebur a pensé que le moment était venu de remanier entièrement son premier travail pour le mettre au courant des connaissances actuelles et il vient de faire paraître tout récemment une seconde édition, qui, pour une grande partie, est en réalité une œuvre nouvelle.

C'est la traduction de celle-ci que nous publions aujourd'hui ; nous nous sommes attachés à rendre aussi fidèlement et aussi clairement que possible la pensée de l'auteur.

Autant pour ne pas augmenter démesurément cet ouvrage, ce qui lui eût enlevé son caractère de manuel, que pour laisser dominer le travail propre à l'auteur, nous n'y avons ajouté qu'un petit nombre de notes, dans le seul but de compléter par des faits résultant de notre propre expérience, ceux que M. Ledebur y a si judicieusement réunis et classés ; nous avons intercalé ces notes dans le texte même, mais en plus petits caractères pour ne pas créer de confusion, et à la place qui leur convient de façon à ne pas interrompre l'ordre des matières.

Notre rôle est donc resté modeste, ainsi qu'il devait l'être ; il nous suffira d'avoir mis à la disposition d'un certain nombre de nos collègues et de nos jeunes camarades peu familiarisés avec la langue allemande, une œuvre qui résume, selon nous, de la manière la plus complète, la plus claire et la plus impartiale, les connaissances réellement *acquises* à ce jour sur les méthodes de fabrication du fer et sur les phénomènes qui les accompagnent.

Paris, Novembre 1894.

F. VALTON.   B. de LANGLADE.

PRÉFACE

En préparant ce manuel de la métallurgie du fer, je me suis proposé de donner une description technique aussi claire que possible des procédés employés pour fabriquer la fonte, le fer et l'acier, d'en exposer les caractères distinctifs, et d'indiquer les propriétés diverses des produits obtenus.

Pour mener à bien ce travail, il était indispensable de tenir compte soigneusement des publications antérieures se rapportant à la métallurgie du fer ; j'ai cru, cependant, devoir éviter des citations textuelles ; un article isolé, qui dans une publication périodique peut intéresser le lecteur, devient fastidieux et encombrant quand on le reproduit textuellement dans un manuel du genre de celui-ci. Il m'a donc semblé préférable d'extraire la substance de ces différents travaux et de ne les présenter que sous cette forme à mes lecteurs.

J'ai divisé ce travail en trois parties principales, me conformant ainsi, pour l'ordre général des matières, à une méthode fréquemment adoptée.

La première partie contiendra les généralités, la seconde la fabrication de la fonte et la troisième celle du fer et de l'acier. Les caractères qui séparent la fonte du fer et de l'acier sont tellement nets, les procédés auxquels on a recours pour les obtenir sont tellement différents que ce mode de classification est, sans contredit, le plus naturel qu'on puisse adopter.

Il était moins aisé d'établir des subdivisions dans chacune des parties dont cet ouvrage se compose ; la difficulté était grande surtout pour la troisième qui traite spécialement du fer et de l'acier. En effet, jusque vers le milieu de ce siècle, dans la plupart des traités de métallurgie, on a séparé complétement tout ce qui concerne la fabrication du fer de ce qui se rapporte à celle de l'acier, l'épreuve de la trempe suffisant à établir la distinction entre ces deux sortes de produits ; mais, depuis l'introduction de nouveaux et puissants procédés, la limite qui les sépare est devenue plus confuse, la signification même du mot acier a cessé d'être aussi nette qu'autrefois.

C'est depuis cette époque, qu'à plusieurs reprises, on a tenté de prendre pour base de la classification, la nature des réactions qui se produisent dans les opérations métallurgiques ; on distinguait alors les procédés de réduction, de ceux d'affinage, de carburation et de purification ; à première vue, une division de ce genre paraît logique, mais, en l'examinant de plus près, on reconnaît bien vite qu'elle manque de netteté et qu'elle conduit à une confusion inévitable.

Dans le procédé Martin, par exemple, avec emploi de minerai, de même que dans le procédé Uchatius, pour la fabrication de l'acier fondu, l'oxydation du carbone, du silicium et du manganèse d'une part, la réduction de l'oxyde de fer de l'autre, se passent simultanément ; dans l'appareil Bessemer, comme au four Martin, il se produit au début une combustion rapide du silicium, du manganèse et du carbone, c'est-à-dire un véritable affinage, tandis que vers la fin de l'opération, lorsqu'on fait l'addition de matières contenant du carbone et du manganèse, l'oxyde de fer est réduit, le carbone et le manganèse viennent en partie s'ajouter au bain métallique, l'affinage se trouve donc suivi d'une réduction et d'une carburation.

Si donc on voulait rester logique jusqu'au bout, on devrait donner dans un des chapitres de cet ouvrage la description du procédé Martin avec emploi de minerai, et dans un autre celle du même procédé sans minerai ; on serait également conduit à placer, dans des chapitres différents, le commencement et la fin des opérations Bessemer et Martin ; si on traite au four Martin du fer obtenu par soudage, on lui fait subir une épuration, puisque les scories sont séparées du métal par le fait même de la fusion, ce procédé devrait donc trouver place à côté de celui de la fusion au creuset.

Si donc on part pour déterminer l'ordre des matières de la nature des réactions chimiques, on est inévitablement amené à faire une œuvre compliquée et confuse, puisqu'on sera obligé de revenir plusieurs fois, dans des chapitres différents, sur la description d'un même procédé et qu'il deviendra dès lors très difficile à des métallurgistes débutants de saisir nettement l'ensemble d'une méthode.

Pour mieux atteindre le but que je me proposais, j'ai établi les subdivisions en prenant pour point de départ les propriétés des produits obtenus ; je suivais ainsi la marche que j'avais adoptée pour la division générale.

Or le fer et l'acier obtenus par des procédés de soudage sont faciles à distinguer de ces mêmes métaux obtenus par fusion, de là deux classes principales à la suite desquelles viennent se grouper les produits d'un procédé de cémentation comme les fontes dites malléables et les aciers cémentés.

A chacune de ces grandes classes de produits, correspondent des procédés de fabrication et des appareils parfaitement distincts les uns des autres, je les décrirai successivement, après avoir signalé les points de contact qui peuvent exister entre eux.

Pour justifier ce mode de classification, il suffira de faire remarquer que tout métal obtenu par soudage renferme des scories, tandis que le fer et l'acier résultant d'un procédé de fusion sont coulés dans des moules ; en procédant ainsi nous sommes donc certains de rendre les descriptions moins nombreuses, d'éviter les répétitions et de faire saisir l'ensemble plus aisément.

Je n'appliquerai la dénomination d'*acier* qu'aux produits qui prennent nettement la trempe ; il demeure bien entendu qu'ils peuvent être fabriqués par un procédé de soudage aussi bien que par fusion ; j'aurai si fréquemment l'occasion de faire ressortir la justesse de ce sens appliqué au mot acier qu'il n'est pas nécessaire de donner ici les motifs qui me l'ont fait adopter. Les métallurgistes les plus distingués des pays même, où l'on attribue à ce mot un sens différent, ont reconnu que celui qu'on y attache en Allemagne est le plus net.

Dans la partie théorique de ce manuel, j'ai cru devoir m'écarter souvent des traditions de la vieille école, lorsqu'il me semblait qu'elles ne pouvaient pas résister à un examen impartial et qu'elles se trouvaient en contradiction avec les données actuelles de la science ; mais je n'ai jamais cherché à établir de nouvelles théories sans développer immédiatement les raisons qui m'avaient conduit à les adopter, soit en rappelant les lois naturelles qui n'avaient pas suffisamment été remarquées jusque là, soit en communiquant aux lecteurs les résultats précis des recherches entreprises sur les différents points en question.

Je me suis trouvé, depuis longtemps, dans des conditions très favorables pour m'éclairer par mes propres expériences quand il me restait quelque doute sur l'explication admise pour tel ou tel phénomène ; souvent aussi j'ai été aidé dans mes recherches par des collègues ou par des sociétés métallurgiques qui m'ont amicalement prêté leur concours ; je leur en exprime ici mes plus sincères remerciements.

Freiberg (Saxe), avril 1884.

A. LEDEBUR.

PRÉFACE

DE LA SECONDE ÉDITION

La seconde édition de mon manuel de métallurgie du fer à laquelle je viens de mettre la dernière main, diffère assez notablement de la première qui a été publiée il y a une dizaine d'années.

L'accueil qui a été fait à cette première édition m'a porté à croire que l'ordonnance générale de l'ouvrage était bonne ; cependant les différentes parties devaient en être retouchées afin de tenir compte des progrès accomplis en métallurgie depuis quelques années.

Tous les chapitres ont donc été remaniés et quelques-uns complètement refaits. Cette transformation s'imposait surtout pour celui qui traite de la fabrication du fer et de l'acier fondus.

Lorsque la première édition a paru, le procédé Thomas (Bessemer basique) était encore dans l'enfance et on commençait à peine à faire de timides essais de fusion sur sole basique dans les fours Martin. Depuis lors ces deux procédés, Thomas et Martin basiques, sont devenus les plus importants parmi ceux qui permettent d'obtenir le fer et l'acier à l'état de fusion ; on a perfectionné à la fois les appareils et les modes de fabrication et on est, en même temps, arrivé à se rendre compte beaucoup plus exactement qu'autrefois, des réactions chimiques qui se produisent dans l'application des procédés basiques.

Ces progrès, réalisés dans l'espace de dix années, ont plus d'importance que ceux qu'on obtenait autrefois en un siècle tout entier.

J'ai donné cette fois plus d'extension que dans la première édition à l'historique du développement des procédés et des appareils destinés à les mettre en œuvre ; j'ai la conviction que cet exposé succinct des progrès successifs accomplis intéressera les métallurgistes praticiens aussi bien qu'il sera utile à ceux qui étudient encore cette science industrielle.

De même qu'on estime avec plus d'exactitude la manière d'être d'un homme lorsqu'on connaît dans quelles conditions s'est écoulée son existence, jusqu'au moment où on est appelé à porter sur lui un jugement, de même on apprécie plus clairement les particularités d'un procédé et des appareils qui s'y rattachent, lorsqu'on sait par quelles transformations successives il a passé depuis son origine.

Lorsque je n'ai pas cru devoir donner à l'histoire des procédés tous les développements qu'elle comportait, j'ai tâché d'y suppléer en indiquant au lecteur les sources auxquelles il pourrait puiser pour combler ces lacunes.

J'ai décrit aussi brièvement que possible les machines et appareils mécaniques employés dans la métallurgie du fer tels que les souffleries, les monte-charges, etc. ; bien que leur étude appartienne plutôt au domaine de la mécanique qu'à celui de la métallurgie, j'ai pensé qu'on ne devait pas les passer absolument sous silence.

Puisse cette deuxième édition être accueillie par les métallurgistes avec autant de bienveillance et d'indulgence que l'a été la première.

Freiberg (Saxe), mai 1894.

A. LEDEBUR.

TABLE DES MATIÈRES

PREMIÈRE PARTIE

INTRODUCTION A LA MÉTALLURGIE DU FER

CHAPITRE I

CLASSIFICATION DES PRODUITS DE LA MÉTALLURGIE DU FER. — HISTORIQUE. STATISTIQUE

CHAPITRE II

COMBUSTION, RÉDUCTION ; PRODUCTION ET TRANSMISSION DE LA CHALEUR

CHAPITRE III

COMBUSTIBLES

CHAPITRE IV
FOURS ET MATÉRIAUX RÉFRACTAIRES

CHAPITRE V

LAITIERS ET SCORIES QUI SE PRODUISENT DANS LA FABRICATION DU FER ET DE SES DÉRIVÉS

CHAPITRE VI

MINERAIS ET FONDANTS. — LEUR PRÉPARATION AVANT LE TRAITEMENT MÉTALLURGIQUE

CHAPITRE VII

PROPRIÉTÉS DU FER ET DES CORPS QUI L'ACCOMPAGNENT CONSIDÉRÉES AU POINT DE VUE CHIMIQUE ET MÉTALLURGIQUE

DEUXIÈME PARTIE

LA FONTE ET SA FABRICATION

CHAPITRE I

PROPRIÉTÉS ET CLASSIFICATION DES FONTES ET DES FERRO-MANGANÈSES

CHAPITRE II

HAUTS-FOURNEAUX

CHAPITRE III

SOUFFLERIES, APPAREILS A AIR CHAUD, CONDUITES DE VENT

CHAPITRE IV

MONTE-CHARGES

_____ _

PREMIÈRE PARTIE

INTRODUCTION A LA MÉTALLURGIE DU FER

CHAPITRE PREMIER

CLASSIFICATION
DES PRODUITS DE LA MÉTALLURGIE DU FER
HISTORIQUE. STATISTIQUE

---

1. — Dénominations et classifications.

Les produits de la métallurgie du fer, tels qu'on les trouve dans le commerce, contiennent des quantités plus ou moins grandes de corps étrangers. Introduits quelquefois à dessein au cours des fabrications, ces corps peuvent avoir une très sérieuse influence sur les propriétés du métal ; entre tous, le *carbone* joue le rôle principal ; on le rencontre dans tous les produits de la métallurgie du fer, bien qu'il n'y existe parfois qu'en très faible proportion. Les éléments étrangers qu'on y trouve le plus fréquemment ensuite sont le *Silicium*, le *Phosphore*, le *Soufre*, le *Manganèse* et le *Cuivre*. Le *Nickel* et le *Cobalt* produisent des effets moins sensibles, mais on en peut constater la présence dans la plupart des échantillons de fonte, de fer et d'acier. Il n'est pas rare d'y rencontrer aussi de l'*Arsenic*, de l'*Antimoine*, du *Chrome* et quelques autres corps simples.

La proportion plus ou moins grande de corps ainsi alliés au fer modifie à tel point l'aspect et les propriétés des produits obtenus qu'ils peuvent quelquefois sembler plus éloignés les uns des autres que des métaux de nature tout à fait différente. C'est ainsi qu'on groupera d'abord ensemble les *fontes*, qui contiennent la plus forte proportion de corps étrangers ; on formera un autre groupe des *fers* et des *aciers* qui en renferment beaucoup moins ; ces deux types de produits ont pour caractère distinctif l'écart qui existe entre leurs points de fusion et la manière différente dont ils se comportent à chaud lorsqu'on les soumet à des efforts mécaniques.

En effet, la fonte se liquéfie à plus basse température et en absorbant moins de chaleur. Elle ne passe pas par un état intermédiaire entre l'état solide et l'état liquide quand on l'amène à la température de fusion et que la quantité de chaleur fournie augmente ou diminue, elle ne devient pas pâteuse, elle n'est donc pas malléable à chaud et, tant qu'elle n'est pas à l'état liquide, on n'en peut changer la forme sans la briser.

Le fer et l'acier, au contraire, se ramollissent, longtemps avant d'entrer en fusion ; ils se laissent donc travailler à chaud ; quelquefois même ils sont légèrement malléables à la température ordinaire. Leur point de fusion est beaucoup plus élevé que celui de la fonte et croît, en général, à mesure que les éléments étrangers sont éliminés.

Lorsque le métal ne contient que du fer et du carbone, on peut admettre comme limite entre la fonte d'une part et le fer et l'acier d'autre part, une proportion de carbone de 2,3 %. Si le carbone, même à très faible dose, est accompagné d'autres corps étrangers, comme le silicium, le phosphore, le soufre, la malléabilité tend à disparaître, et le produit se rapproche de la fonte par ses caractères.

Les types intermédiaires entre la fonte et l'acier sont à peu près sans application, et on ne cherche pas à les produire. En résumé, la plupart des fontes contiennent plus de 2,3 % de corps étrangers, tandis que l'acier et le fer doux en renferment une proportion notablement moindre.

Dans certaines circonstances que nous exposerons plus loin, beaucoup de fontes ont la propriété de rejeter, au moment de leur solidification et pendant qu'elles sont encore rouges, une grande partie du carbone qu'elles contiennent. Le carbone apparaît sous forme de graphite entre les facettes cristallines du métal et donne à la cassure une couleur grise, ce qui a fait désigner ces produits sous le nom de *fontes grises*. Dans d'autres cas, au contraire, le carbone demeure tout entier à l'état de combinaison ; on n'en peut séparer le carbone par aucun moyen mécanique et on n'en constate la présence qu'après l'avoir isolé par un agent chimique. Ces fontes ont une cassure d'aspect blanc qui leur a fait donner le nom de *fontes blanches*. On prépare en outre dans certaines usines des alliages carburés de fer et de manganèse destinés à des emplois particuliers ; ils ont l'aspect de fontes blanches, cependant leur forte teneur en manganèse, qui peut atteindre et dépasser 80 %, les en sépare bien nettement. On les désigne sous le nom de *Ferro-manganèses*.

Depuis un certain nombre d'années on produit également dans les usines à fer et au moyen des hauts-fourneaux, des alliages de fer avec le silicium, le chrôme et le tungstène sur lesquels nous aurons occasion de revenir. Quant à ceux que l'on fabrique avec le nikel et l'aluminium, ils appartiennent à d'autres métallurgies et nous n'aurons à nous occuper que de leurs applications dans la sidérurgie moderne. V.

On appelle *fonte moulée* celle qui, coulée dans des moules spécialement préparés, se trouve convertie en objets de formes diverses, fourneaux, colonnes, grilles, etc. La fonte dite de *moulage* est celle qui est propre à être employée de cette façon.

Quant à la classification des fers et des aciers, elle peut se faire de diverses manières suivant le point de vue auquel on se place. C'est ainsi qu'on peut distinguer deux classes de métaux, ceux obtenus par fusion et ceux obtenus sans fusion, de même qu'on peut prendre pour base les propriétés physiques.

Une grande quantité de fers et d'aciers sont produits à une température inférieure à leur point de fusion, suffisante cependant pour fondre les scories au milieu desquelles ils se sont formés. Ils se composent alors de grains ou de cristaux de métal susceptibles de se souder entre eux, mais en emprisonnant une proportion plus ou moins grande de scorie. Pour débarrasser la partie métallique de ces impuretés, il faut soumettre le tout à des actions mécaniques, qui le pétrissent, tandis qu'il est ramolli par la chaleur et capable de se souder. A cette température, la scorie interposée entre les parties du métal est à l'état liquide et est plus ou moins expulsée par la pression ou par le choc d'un marteau [1].

Le métal ainsi produit est désigné sous le nom de *métal soudé* ou mieux « *obtenu par soudage* ». Il est impossible de le débarrasser entièrement de la scorie, il en résulte que tous les fers et les aciers obtenus sans fusion contiennent de la scorie.

Le fer et l'acier, qui ont été obtenus par fusion, portent le nom de *fer fondu* ou *acier fondu*. Ils ne contiennent pas de scorie. Celle-ci, en effet, étant d'une plus faible densité, se sépare naturellement du métal liquide et le produit est homogène ; le fer et l'acier produits par le soudage des grains ne sont, au contraire, pas homogènes.

La présence ou l'absence de scorie dans un métal indique donc nettement s'il a été obtenu par soudage ou par fusion, et on possède là un moyen certain de reconnaître le procédé de fabrication employé.

Ce n'est, cependant, que vers le milieu du xviiie siècle que la fabrication de l'acier ou du fer fondu a pris naissance, et depuis une quarantaine d'années seulement qu'elle s'est développée, aussi se bornait-on autrefois à classer les produits malléables de la sidérurgie d'après leurs propriétés phy-

---

[1] *Note de l'auteur*. La fabrication du beurre donne une idée assez exacte de ce qui se passe lorsqu'on transforme de la fonte en fer ou en acier soudable, sans fusion. Les petits grumeaux de beurre se séparent de la masse liquide, mais ils emprisonnent, en se soudant ensemble, une assez grande quantité de petit-lait qu'on élimine en pressant et en pétrissant la pelote formée par la réunion des grumeaux. De même les grains de fer ou d'acier flottent d'abord au milieu de la scorie, puis se réunissent pour former les loupes ou boules qu'on soumet ensuite à un travail mécanique ayant pour but d'éliminer les scories. Il est évident que l'élimination du liquide étranger est plus facile pour le beurre que pour le fer et l'acier, d'abord parce que le travail se fait à la température ordinaire, ensuite parce qu'en pétrissant le beurre dans de l'eau, cette dernière facilite la séparation du petit-lait en le dissolvant.

siques de résistance et de dureté ; là où on conserve encore cette méthode de classification, on donne le nom d'acier au métal de plus grande résistance, de plus grande dureté et surtout à celui qui est susceptible de prendre la trempe, et on appelle fer ou fer doux celui qui a une résistance et une dureté moindres et ne prend pas la trempe [1] ; ce dernier est plus ductile et plus malléable que l'acier.

La différence entre les propriétés physiques du fer et de l'acier provient de ce qu'ils n'ont pas la même composition chimique, et surtout de ce qu'ils ne contiennent pas la même proportion de carbone. Lorsqu'en effet, les autres corps étrangers qui peuvent s'allier au fer sont absents, le métal commence à prendre la trempe quand la teneur en carbone s'élève à 0,5 %, mais s'il se rencontre, en même temps, du manganèse, du chrome, etc., avec une moindre proportion de carbone, le métal se comportera comme un acier et prendra la trempe.

On peut tenir compte des deux principes de classification que nous venons d'exposer en divisant les métaux malléables de la sidérurgie en fer fondu, fer soudé, acier fondu, acier soudé ainsi que cela se trouve résumé dans le second des tableaux suivants.

Classification des produits de la sidérurgie.

I. Fontes.

1° FONTES GRISES.	2° FONTES BLANCHES.	3° FERRO-MANGANÈSES.
Une partie du carbone se sépare à l'état de graphite pendant le refroidissement. Cassure grise. Lorsqu'elle est destinée à être transformée en pièces moulées prend le nom de Fonte de moulage.	Le carbone reste à l'état de combinaison. Cassure blanche. Plus dure et plus fragile que la fonte grise.	Alliages carburés de fer et d'une forte proportion de manganèse. Le carbone reste à l'état de combinaison. Cassure blanche ou jaunâtre.

II. Fers et Aciers.

1° FERS ET ACIERS SOUDÉS.		2° FERS ET ACIERS FONDUS.	
Ont été obtenus sans passer par l'état liquide, contiennent toujours des scories.		Ont passé par l'état liquide, ne contiennent pas de scories.	
A	**B**	**C**	**D**
Aciers soudés.	*Fers soudés.*	*Aciers fondus.*	*Fers fondus.*
Contiennent au moins 0,5 %, de carbone, résistants, prennent la trempe.	Contiennent moins de 0,5 % de carbone, moins résistants et plus malléables que les aciers soudés, ne prennent pas sensiblement la trempe.	Contiennent au moins 0,5 %, de carbone, résistants, prennent la trempe.	Contiennent moins de 0,5 % de carbone. Moins résistants, mais plus malléables et plus ductiles que les aciers fondus, ne prennent pas sensiblement la trempe.

[1] On dit qu'un métal prend la trempe lorsque sa dureté augmente nettement, si on le plonge dans l'eau pendant qu'il est à la température rouge.

C'est à cette classification que s'est arrêté un comité de métallurgistes appartenant aux pays producteurs de fer, réunis à Philadelphie, en 1876, à l'occasion de l'exposition du centenaire. Depuis cette époque elle a été adoptée en Allemagne dans tous les actes officiels, les tarifs douaniers, les publications scientifiques et industrielles. Si la distinction est très facile à établir entre les produits obtenus par fusion et ceux obtenus par soudage, il n'en est pas de même pour les fers et les aciers. Si, en effet, on veut prendre comme base de classement l'effet de la trempe, on reconnait bientôt, en employant des appareils plus sensibles et plus exacts, que, presque toujours, la trempe détermine une augmentation de dureté dans le métal, augmentation que les essais ordinaires ne permettent pas de constater. Veut-on baser la classification sur la différence de résistance à la rupture [1], on doit remarquer que cette résistance peut varier dans de très larges limites avec la température à laquelle le métal a été étiré, etc.

D'autres difficultés se joignent en outre à celles-ci et rendent l'emploi général des désignations du tableau précédent plus difficile à établir. C'est ainsi qu'en Angleterre, en Amérique, en France, ailleurs encore, on persiste à donner le nom d'acier à tous les produits malléables ayant passé par une fusion (et qui n'ont pas dû subir un traitement ultérieur pour acquérir la malléabilité comme cela se passe pour la fonte malléable), en Allemagne même le commerce des fers suit les mêmes errements. Beaucoup d'usines portent le nom de Stahlwerk (Aciérie) qui ne fabriquent réellement que du fer fondu ne prenant pas la trempe.

Pour trouver les raisons de ces anomalies, il faut se rappeler tout d'abord que la production de l'acier fondu a précédé de beaucoup celle du fer obtenu à l'état liquide, et que, même après la découverte des nouveaux procédés, c'est encore de l'acier véritable qui a été fabriqué au début; on n'est arrivé au fer fondu que graduellement, lorsqu'il a été possible de disposer de températures assez élevées pour maintenir le fer à l'état liquide. L'usage était alors de désigner sous le nom d'acier les produits fondus malléables, et cette dénomination a été maintenue bien qu'on fût ultérieurement parvenu à obtenir du fer doux par les mêmes procédés.

Il est possible aussi que l'expression Acier ait été préférée comme plus courte que celle de fer fondu, et enfin comme entraînant l'idée d'un métal plus estimé, de qualité supérieure. Beaucoup de personnes étrangères à la métallurgie considèrent l'acier comme un produit supérieur, et le mot même est employé dans des locutions étranges et ridicules pour indiquer une qualité extraordinaire comme *Stahlquelle, Stahlpillen* (fontaine d'acier, pilules d'acier).

---

[1] Dans l'administration des Chemins de fer royaux en Prusse on est convenu de considérer comme acier le métal dont la résistance à traction dépasse 50k par mill. carré.

En résumé, le mot *acier* ne possède pas encore une signification bien définie et pour en apprécier le sens exact lorsqu'on le rencontre, il faut examiner l'usage auquel est destiné le métal dont on parle. Dans la suite de cet ouvrage, nous nous conformerons à la classification de Philadelphie et nous ne donnerons le nom d'aciers qu'aux produits malléables carburés prenant nettement la trempe.

2. — Historique de la fabrication du Fer.

Nous nous bornerons à indiquer brièvement ici le développement progressif de l'industrie sidérurgique, nous réservant de joindre à la description de chaque procédé de fabrication, quelques indications sur son histoire. Nous donnerons, d'ailleurs, à la fin de ce chapitre, une liste d'ouvrages à consulter pour l'étude plus approfondie de l'histoire de la métallurgie du fer.

Les origines de la métallurgie du fer sont enveloppées de ténèbres épaisses et chez la plupart des peuples, la fabrication de ce métal remonte aux temps préhistoriques. On admettait généralement, autrefois, qu'un âge de bronze avait précédé la découverte du fer ; quelques archéologues maintiennent cette opinion. Il paraît, cependant, démontré aujourd'hui que, dans les contrées où se rencontrait un minerai de fer pur, ce métal a été connu avant le bronze et même avant le cuivre. En effet, pour obtenir du fer par le procédé le plus simple, encore en usage chez beaucoup de peuples sauvages, il faut des appareils moins compliqués et une bien moindre somme de travail que pour extraire le cuivre de la plupart de ses minerais. Quant au bronze, alliage de cuivre et d'étain dont les minerais se rencontrent rarement à proximité les uns des autres, il a fallu pour que les peuples arrivassent à le fabriquer, un développement de connaissances métallurgiques et de relations commerciales comparativement plus étendues.

Les peuples civilisés de l'antiquité ont employé des outils d'acier pour tailler la pierre, couper le bois, travailler la terre, etc., avant d'appliquer ce métal d'une manière générale à la fabrication des armes offensives et défensives ; cela est établi d'une façon incontestable [1].

Il était impossible en effet de produire du bronze d'une dureté suffisante pour tailler les pierres qui entraient souvent dans la construction des grands monuments de l'antiquité. On a du reste découvert des outils et des ustensiles qui ne laissent aucun doute à cet égard, parmi lesquels un des plus remarquables est celui rencontré par l'anglais Hill en 1837, dans un joint de maçonnerie de la grande pyramide de Chéops.

Là où le bronze a été connu, on l'employait principalement, sans doute, à

[1] Consulter a ce sujet Beck, *Geschichte des Eisens*, T. I, p. 83, 128, 216, 365, etc.

la confection d'objets pour l'usage domestique, pour l'ornementation ; on le préférait au fer et à l'acier en raison de son plus vif éclat, de sa résistance à l'humidité et de la propriété de se couler sous des formes variées. Le moulage des objets en fonte et en acier est, en effet, d'invention relativement récente.

Mais à mesure que l'emploi des métaux se développa, le fer et l'acier prirent une plus grande importance, l'abondance avec laquelle les minerais sont répandus pouvant seule permettre de satisfaire des besoins devenant chaque jour plus considérables.

On ne connaît ni homme ni peuple particulier auquel on puisse attribuer le mérite d'avoir le premier fabriqué du fer et répandu sur la surface du globe les bienfaits de cette découverte. On rencontre, en effet, des traces irrécusables de cette industrie dans des contrées très éloignées les unes des autres, habitées par des peuples s'ignorant mutuellement. Tout récemment encore des voyageurs ont pénétré chez des peuplades privées jusqu'à ce jour de relation avec le reste du monde et qui savent produire du fer par des procédés primitifs.

Si l'on consulte les documents les plus anciens, on constate que le fer était connu à l'origine de toute tradition écrite. C'est ainsi que dans les livres de Moïse, où il est fréquemment question du fer, on lit que Tubalcaïn, descendant de Caïn à la 6e génération, était « habile à traiter les minerais et toute sorte de fer », ce qui prouve que l'historien reconnaît lui-même l'antiquité de la fabrication de ce métal. Or ces livres ont été écrits après la sortie d'Egypte, 1600 ans avant J.-C., il en résulte, qu'en Egypte, où les Hébreux avaient séjourné 430 ans, on connaissait le fer avant leur arrivée, c'est-à-dire plus de 2.000 ans avant notre ère. Les hiéroglyphes font d'ailleurs souvent mention du fer.

Dans les œuvres d'Homère il est fréquemment question du fer et de l'acier, mais il semble que ce métal fût plus spécialement employé à la culture de la terre et que les armes se fissent en bronze.

En Italie, le fer était connu longtemps avant la fondation de Rome ; dans une nécropole découverte à Villanova près de Bologne, en 1853, et qui datait d'une époque antérieure aux Etrusques, on a trouvé un grand nombre d'objets en fer.

L'acier des Chalybes, peuplade des bords de la mer Noire, établie dans une région qui fait aujourd'hui partie de l'Arménie, était renommé parmi les Grecs. Le nom de χάλυψ, donné au fer, indique que les Chalybes avaient enseigné aux grecs l'art de fabriquer ce métal et ses dérivés. C'est à ce peuple que les grecs attribuaient l'invention de l'acier, tandis que Strabon rapporte aux Dactyles de Crète la découverte des procédés de fabrication du fer.

Les anciens auteurs grecs fixent, les uns en Phrygie, les autres en Crète, d'autres

enfin en Samothrace, les premiers producteurs de fer et d'acier et leur donnent les
noms de dactyles, de cabyres et de corybantes. On attachait un tel prix, dans cette
antiquité reculée, au métal que ces ouvriers produisaient par des procédés plus ou
moins mystérieux, qu'on les considérait comme exerçant une sorte de sacerdoce ;
il est probable qu'en remontant aux origines de toutes les sociétés humaines on
trouverait des légendes semblables. Le fer a dû être découvert et fabriqué par des
ouvriers d'élite sur tous les points du globe de la même manière qu'il l'est de nos
jours chez les peuples de l'Afrique équatoriale. (Voir Rossignol, membre de l'Institut,
les Métaux dans l'antiquité.) V.

A l'époque romaine, alors que le fer formait l'élément essentiel de la fabrication des armes, des instruments d'agriculture et des outils de toutes sortes,
la fabrication de ce métal devint très active dans les provinces dans lesquelles
le minerai se rencontrait abondamment, particulièrement en Espagne, dans
les Gaules, en Angleterre, en Carinthie et sur les bords du Rhin. On trouve
encore aujourd'hui, dans ces contrées, des tas de scories, des vestiges de
fours, des outils qui datent de cette époque [1].

Du temps de Pline, on estimait beaucoup à Rome le fer produit par les
Serez qui étaient probablement un peuple de l'Asie orientale. On l'apportait
d'Orient en même temps que les riches tissus ; il correspondait probablement à l'acier Wootz de nos jours.

Cependant les emplois du fer se développaient en même temps que la civilisation et l'industrie. Ce métal prenait graduellement, pour beaucoup d'u-
sages, la place du bronze qui, à l'époque romaine avait encore le rôle
prépondérant. La fabrication du fer n'était cependant encore qu'une petite
industrie, ne produisant que du fer et de l'acier soudés, qu'on extrayait directement du minerai dans de petits foyers d'où ne sortaient, à chaque opération qu'un petit nombre de kilogrammes. Dès la plus haute antiquité, certaines peuplades avaient employé des souffleries d'un genre très simple ;
d'autres se contentaient du tirage naturel. Là où on se servait de vent forcé,
les souffleries étaient actionnées par des hommes qui agissaient avec les
pieds; la production de chaque foyer était donc excessivement limitée. On
opérait le forgeage à la main avec des marteaux ; le forgeron fabriquait lui-
même son fer et souvent le cultivateur possédait un petit foyer dans lequel
il produisait le métal dont il avait besoin et qu'il façonnait ensuite lui-
même.

L'industrie du fer resta dans cet état jusque vers la fin du Moyen-Age et on
peut considérer la longue suite des siècles, qui s'écoula jusqu'à cette époque,
comme la première période de l'industrie du fer, caractérisée de la manière
suivante : fabrication limitée à celle du fer et de l'acier obtenus par sou-

[1] Les découvertes faites dans la plupart de ces contrées indiquent d'une manière certaine
qu'on y fabriquait du fer avant l'arrivée des Romains, mais on ne possède à cet égard aucune
preuve historique.

dage, procédé direct, c'est-à-dire transformation directe du minerai en l'un ou l'autre de ces produits.

C'est seulement au XIIIᵉ siècle qu'on commença à appliquer aux souffleries la force hydraulique qui était employée à Rome du temps de Jules César à faire mouvoir des moulins. Cette innovation fut le point de départ d'un changement profond dans la métallurgie du fer et caractérise la 2ᵉ période. Dans la période précédente, le minerai était traité sur le lieu même de son extraction ; la nécessité de posséder une force hydraulique à proximité de l'atelier dut faire renoncer à ce mode d'opérer ; on abandonna les anciennes installations, on en construisit de nouvelles ; on réalisa grâce aux souffleries mues mécaniquement, une économie de main-d'œuvre, en partie compensée par l'obligation de transporter les matières premières. Nos ancêtres en métallurgie ont sans doute hésité longtemps avant d'adopter ces profondes modifications dans leurs habitudes, et ils ne se sont décidés sans doute, que quand la demande croissante du fer, les a obligés à augmenter la production de leurs usines. Ce ne fut pas, cependant, le seul résultat de cette nouvelle organisation du travail. En remplaçant la force musculaire des hommes par la puissance d'une chute d'eau, on pouvait obtenir du vent en plus grande quantité et avec une pression plus forte. Dès lors on augmentait la production des foyers et on utilisait mieux le combustible, mais en outre, dans ces fours agrandis, la réduction et la carburation étaient plus complètes et au lieu de loupes de fer et d'acier, on obtenait de la fonte liquide qu'on pouvait couler sous forme de pièces moulées.

Plus tard, on remarqua qu'en refondant plusieurs fois les débris de pièces moulées, on les transformait graduellement en métal malléable, d'où sortit une nouvelle méthode qui relégua bientôt au second plan la fabrication directe du fer au moyen du minerai exclusivement employée jusque-là ; ainsi s'ouvrit la voie aux systèmes actuels de fabrication qui permettent d'obtenir en une seule opération des masses considérables de métal.

La seconde période de fabrication du fer et de ses dérivés est donc caractérisée par le traitement des minerais dans des hauts-fourneaux munis de souffleries mises en mouvement par des moteurs hydrauliques, par la production de la fonte et par la transformation de cette fonte soit en pièces moulées, soit en fer ou en acier dans des fours spéciaux. Pendant cette 2ᵉ période la fabrication directe du fer et de l'acier perdit de plus en plus de son importance sans cependant disparaître entièrement, car on la rencontre encore, de nos jours, pratiquée dans certaines contrées.

La transformation de la fonte en pièces moulées ouvrit un débouché nouveau et des plus importants à l'industrie sidérurgique.

Cette seconde période s'est prolongée jusqu'au milieu du XIXᵉ siècle, modifiée entre temps dans sa manière d'être par des découvertes capitales. Durant des siècles, en effet, on n'avait employé dans les usines à fer que le charbon de bois comme combustible, mais en même temps que la population croissait en nombre, amenant le déboisement progressif du sol, la fabrication du fer sous toutes ses formes exigeait des quantités de plus en plus grandes de combustibles. Au xviiie siècle enfin on réussit, après beaucoup d'essais infructueux, à remplacer le charbon de bois par la houille dans les hauts-fourneaux, et, un peu plus tard, dans les fours où se faisait la transformation de la fonte en fer et en acier. Il est bien certain que sans cet immense progrès, la métallurgie du fer n'aurait pu atteindre le développement auquel elle est parvenue de nos jours.

D'un autre côté, l'invention de la machine à vapeur, dans la 2e moitié du xviiie siècle, n'a pas eu une moindre importance sur l'extension de l'industrie du fer. Les forges en effet n'hésitèrent pas longtemps à adopter la machine à vapeur au lieu de la force hydraulique, se débarrassant ainsi des lourdes entraves qui les asservissaient depuis des siècles aux cours d'eau et limitaient leur puissance de production à celle-là même de la force motrice. Alors on construisit les usines là où se rencontraient le minerai et le combustible sans s'inquiéter des forces hydrauliques, et pour déterminer la puissance de production d'une usine à construire on n'eut plus à tenir compte que de l'écoulement possible des produits. Cet écoulement, d'ailleurs, s'augmentait dans de colossales proportions, grâce aux applications nouvelles de la vapeur. L'industrie acquérait un développement considérable dans toutes ses branches, la construction des machines s'accroissait au-delà de ce qu'on avait pu espérer, et des débouchés toujours plus grands s'offraient à l'industrie métallurgique.

Elle n'aurait pas, toutefois, atteint la puissance à laquelle elle est parvenue, si cinquante ans après la découverte de la machine à vapeur, c'est-à-dire en 1825, on n'avait imaginé d'appliquer ce moteur à la traction sur voie ferrée et imprimé ainsi à la civilisation et à l'économie sociale des peuples une impulsion colossale. Aujourd'hui, un immense réseau de chemins de fer à mailles de plus en plus serrées, qui exige un entretien constant, s'étend sur toute la terre et fournit à l'industrie du fer un champ de travail s'agrandissant d'une manière ininterrompue et dont personne n'eût pu autrefois soupçonner l'importance.

La statistique nous montre dans quelle proportion l'industrie du fer a grandi depuis le commencement du siècle.

En 1800 la production annuelle du fer sur toute la terre s'élevait à 825.000tonnes, en 1850, 25 ans après l'invention des chemins de fer, elle était de 4.750.000t [1], actuellement elle est d'environ 27.500.000t; on produit donc aujourd'hui 30 fois plus de fer qu'il y a 90 ans.

[1] *Stahl und Eisen*, 1890, p. 816 (Wedding).

Le commencement de la troisième période de l'industrie du fer coïncide avec la découverte des nouveaux procédés qui permettent d'obtenir, en une seule opération, de grandes masses de fer ou d'acier à l'état liquide. Depuis le commencement du xviii° siècle on avait bien fabriqué de l'acier fondu dans des creusets, mais ce genre d'industrie n'avait pris qu'un faible développement, tandis que les nouvelles méthodes ont amené une véritable révolution dans la métallurgie du fer. Cette troisième période date de 1860 et bien qu'elle n'ait encore qu'une courte durée, nous pouvons constater déjà la grandeur de la transformation opérée. La fabrication de la fonte n'a, cependant, rien perdu de son importance ; c'est toujours de la fonte, en effet, qu'on obtient comme premier produit en partant du minerai, et cette fonte est transformée par une seconde opération en fer ou en acier ; mais aujourd'hui, pour un grand nombre d'usages, on préfère le fer et l'acier obtenus par fusion, et comme d'ailleurs ces nouveaux produits coûtent souvent moins cher que les anciens, la place qu'ils prennent est de plus en plus grande. Dès maintenant il est fabriqué plus d'acier et de fer fondu que d'acier et de fer soudés ; il s'est construit, sur ces nouvelles bases, un grand nombre d'usines dont la puissance de production est énorme et on peut prévoir que dans un avenir prochain la fabrication des produits soudés, qui est encore considérable, n'aura plus qu'une importance secondaire.

L'industrie des moulages se ressent elle-même de cette transformation ; pour un grand nombre d'objets, en effet, on donne la préférence à l'acier sur la fonte, le premier étant plus résistant mais plus difficile à couler. Avant qu'il soit longtemps, l'acier comme pièces moulées aura également la prépondérance.

Les moulages d'acier constituent dès maintenant une industrie importante, ils remplacent non seulement la fonte, mais encore, et c'est là leur principal mérite, les pièces de fer ou d'acier forgé les plus compliquées. V.

Le fer, dans tous ses états, est donc devenu le métal le plus employé et le plus indispensable, quoique ce soit celui dont le prix reste le plus faible ; il s'en produit annuellement pour une valeur double de celle de tous les autres métaux réunis, y compris l'or et l'argent. Son tonnage, dans un temps donné, est vingt fois plus élevé que celui de tous les autres métaux. On ne se figure pas aujourd'hui que les peuples puissent arriver à un degré élevé de civilisation s'ils n'ont le fer à leur portée. Sans ce métal, pas d'outils pour travailler la pierre qui sert à construire nos habitations, pas de machines pour fabriquer les mille objets dont nous nous servons journellement, pas de moyen de communication facile, ce qui exclut un puissant élément de commerce et de prospérité. Le fer est donc de tous les métaux celui qu'il serait le plus difficile de remplacer.

3. — Statistique. Production du fer dans le monde entier.

En 1890, la production de fonte dans les différents pays a été la suivante :

Etats-Unis de l'Amérique du Nord. .	9.350.000	tonnes ou	34,00
Grande-Bretagne	8.030.000	—	29,27
Allemagne et Luxembourg.	4.660.000	—	16,90
France.	1.970.000	—	7,15
Autriche-Hongrie	950.000	—	3,45
Belgique.	790.000	—	2,87
Russie.	750.000	—	2,72
Suède	450 000	—	1,64
Espagne	180.000	—	0,65
Canada.	26.000	—	0,09
Italie.	13.000	—	0,05
Les autres pays ensemble	331 000	—	1,21
TOTAL.	27.500.000	—	100,00

Aux chiffres de production donnés par l'auteur nous avons ajouté la répartition en centièmes qui permet de se rendre plus facilement compte de l'importance de la fabrication de chaque contrée par rapport à celle des autres. V.

Le développement de l'industrie du fer dans un pays dépend d'abord de la richesse de son sol en minerais [1] et en combustibles, ensuite des moyens de transport dont il dispose. Lorsqu'une contrée est riche en combustible, mais pauvre en minerais, ou inversement, elle trouve difficilement, dans les matières premières qu'elle possède, la base d'une industrie importante et rémunératrice ; si cependant les moyens de transport sont abondants et perfectionnés, l'obstacle qui s'oppose au développement de cette industrie s'amoindrit, et il devient possible de trouver, dans les facilités qu'ils procurent, une compensation aux inconvénients de l'absence ou de l'éloignement de l'une des matières premières.

De tous les moyens de transport, ceux qui peuvent s'effectuer par voie navigable, mers, rivières, lacs ou canaux, sont les plus avantageux. Les chemins de fer dont le concours est précieux et souvent indispensable pour les faibles parcours, deviennent trop onéreux dès que le trajet est un peu long. Une grande fabrication de fer peut donc s'installer dans un pays riche en minerais et en combustibles, alors même que ces éléments se trouvent à une grande distance les uns des autres, si on peut les rassembler au moyen de voies na-

[1] La quantité de fonte fabriquée correspond assez exactement aujourd'hui à celle du minerai traité ; la production de fer et d'acier par procédé direct est tellement faible qu'on est en droit de n'en pas tenir compte.

vigables. Si au contraire on doit employer les chemins de fer, il est essentiel,
pour la réussite de l'industrie, que la distance qui sépare le minerai du combustible soit beaucoup plus faible [1]. En général, il est préférable de transporter
le minerai plutôt que le combustible, surtout lorsqu'on doit traiter, concurremment, plusieurs sortes de minerais s'exploitant sur des points éloignés les uns
des autres ; c'est d'ailleurs autour des mines de houille que l'industrie générale se développe, que se multiplient les moyens de transport et que se trouvent par conséquent les débouchés et les moyens d'écoulement les plus
abondants et les plus faciles. Aussi dans tous les pays de grande production,
dans lesquels l'industrie du fer repose sur l'emploi de la houille, a-t-on établi
la plupart des grandes forges sur les bassins houillers.

Cependant, si on emploie pour la fabrication de la fonte un seul minerai,
ou plusieurs minerais dont les gites sont voisins les uns des autres, les conditions peuvent devenir différentes. Pour produire de la fonte, il faut, en effet
généralement plus de minerai que de combustible; le poids de matière à
transporter sera donc plus grand, si le haut-fourneau est placé à proximité des
houillères et loin des gisements de minerais. Aussi un certain nombre de fabriques de fontes se sont-elles, avec raison et succès, établies dans le voisinage
des mines de fer et loin des houillères.

La distribution des usines métallurgiques, dans une contrée, dépend du
développement de l'industrie et des conditions dans lesquelles peut se faire
l'écoulement des produits. Nous signalerons brièvement dans les pages suivantes les circonstances qui ont présidé à l'extension de la métallurgie du fer
dans les principaux pays.

Nous donnons ici le tableau de la production de la fonte et de la houille pour
l'année 1891, avec la répartition en centièmes   V.

	Fonte		Houille	
	tonnes	0/0	tonnes	0/0
Etats-Unis de l'Amérique du Nord	8.279.870	32,95	153.365.495	31,90
Grande-Bretagne	7.228.496	28,76	185.479.126	38,60
Allemagne (Luxembourg). . . .	4.452.019	17,70	73.715.653	15,30
France	1.919.185	7,60	26.199.745	5,46
Russie	936.000	3,74	6.118.560	1,30
Autriche-Hongrie	902.247	3,60	10.187.697	2.15
Belgique	688.056	2,73	19.865.345	4,18
Suède	490.000	1,95	347.000	0,08
Espagne	211.000	0,84	1.353.860	0,29
Canada.	23.890	0,09	3.400.479	0,74
Italie	11.930	0,04	»	»
	25.142.693	100,00	480.032.960	100,00

[1] On emploie, pour ainsi dire, exclusivement aujourd'hui dans la métallurgie du fer,
comme combustible, la houille et le coke. Un petit nombre d'usines consomment encore du
bois et du charbon de bois, mais leur production n'est qu'une faible partie de la production
totale. Les lignites peuvent être utilisés avec avantage dans certaines opérations, mais ils ne
peuvent servir à la fabrication de la fonte, ils ne peuvent donc intervenir, là, où ils ont un
rôle à jouer, que pour moitié de la consommation totale.

ÉTATS-UNIS DE L'AMÉRIQUE DU NORD

En 1890, les Etats-Unis de l'Amérique du Nord ont, pour la première fois, supplanté l'Angleterre et pris le premier rang dans la production de la fonte. Ils doivent cette situation nouvelle, d'une part, à l'abondance des mines de fer et de houille dont la nature les a dotés, d'autre part, à la multiplicité des moyens de transport au nombre desquels la navigation intérieure tient une large place, au sens pratique si largement développé, à la décision caractéristique des Américains du Nord, et enfin à l'énorme développement industriel, aux constructions de toutes sortes qui entraînent une colossale consommation de produits sidérurgiques. On doit ajouter aussi que les frets considérables qui grevaient les produits Européens et des droits protecteurs élevés ont puissamment aidé au prodigieux développement de l'industrie métallurgique. Les usines américaines ne peuvent généralement pas produire la fonte à un prix suffisamment bas pour lutter avec les fontes européennes, en raison de la distance qui sépare le plus souvent les minerais des bassins houillers, en raison aussi du prix notablement plus élevé de la main-d'œuvre.

Dans les dernières années, 8 % de la fonte produite l'ont été au charbon de bois, 22 % à l'anthracite et 70 % au coke.

Les districts sidérurgiques peuvent être répartis en trois groupes :

Le premier se composera de la partie Est de l'Etat de New-York, du New-Jersey et de la Pensylvanie. Ce groupe produit 55 % de la fonte fabriquée aux Etats-Unis ;

Le second groupe comprendra la partie Ouest de l'Ohio, l'Indiana, le Michigan, le Visconsin et le Missouri, avec une proportion de 26 % de la fabrication totale ;

Le troisième sera formé du Sud de l'Alabama, du Tennessee, de la Virginie, du Kentucky, de la Géorgie, du Maryland, du Texas et de la Caroline du Nord, donnant 19 % des produits.

La Pensylvanie, à elle seule, fabrique 50 % de la production totale, c'est-à-dire que cet Etat est véritablement le centre le plus important de l'industrie sidérurgique.

Dans l'Indiana, le Missouri, l'Ohio on trouve encore des hauts-fourneaux au bois en activité ; dans les Etats de New-York et de New-Jersey on emploie l'anthracite, et en Pensylvanie on fait usage des trois sortes de combustibles, charbon de bois, anthracite et coke.

C'est également en Pensylvanie qu'on rencontre les gisements houillers les plus importants. Cet Etat fournit à lui seul 60 % du combustible minéral exploité aux Etats-Unis. A l'Est, on trouve des couches d'anthracite à peu près inépuisables ; à l'Ouest, de puissants dépôts de houille à coke. C'est à cette énorme puissance du bassin houiller que la Pensylvanie doit sa situation prépondérante dans l'industrie du fer, bien qu'on y soit obligé d'alimenter les hauts-fourneaux en partie avec des minerais venant de fort loin.

La richesse minérale des États-Unis comprend : les minerais *du lac Supérieur* dans le Visconsin, le Michigan et le Minnesota. Ces gisements fournissent 50 °/₀ des minerais exploités aux États-Unis. Ce sont des hématites rouges terreuses, quelquefois en roches, ou des oxydes magnétiques ; les moins riches de ces matières, celles qui sont terreuses, ne peuvent supporter de transports considérables et doivent être fondues à proximité des gisements ; quant aux parties en roche et aux oxydes magnétiques dont la teneur en fer s'élève jusqu'à 65 °/₀, ils sont très appréciés dans les hauts-fourneaux situés à l'Ouest des monts Alleghany, en Pensylvanie, dans l'Ohio, l'Illinois, etc. Le transport à ces longues distances se fait dans de bonnes conditions par les lacs Supérieur, Huron, Michigan, Erié, que les navires traversent successivement.

Un autre gisement de minerai important est celui que l'on rencontre sur les bords du lac *Champlain*, dans l'État de New-York. Ce sont des oxydes magnétiques qui ne renferment quelquefois pas plus de 3 °/₀ de gangue ; on les traite en partie près du lac, dans les usines de Cedar-Point, Port-Henry, etc., en partie dans les hauts-fourneaux de Pensylvanie et de l'Ohio, où ils sont expédiés par l'Hudson, et où on les mélange avec les minerais du lac Supérieur.

L'État de New-Jersey contient aussi des fers magnétiques de moins bonne qualité que les précédents et d'une richesse inférieure ; on les consomme sur place et en Pensylvanie.

Les minerais de Pensylvanie, dans le comté de Lebanon, sont pour la plupart des oxydes magnétiques, plus ou moins mélangés de pyrites cuivreuses ; les moins riches en cuivre sont fondus sur place, les plus pyriteux sont traités pour cuivre.

Les minerais d'Iron-Mountain et de Pilot-Knob, dans le Missouri, sont des oligistes dont une partie est fondue dans les fourneaux au bois de la région ; le reste est embarqué sur l'Ohio et expédié en Pensylvanie. Ces minerais jouaient autrefois un rôle d'une certaine importance, qu'ils ont perdu depuis. Ces gisements ne fournissent guère que 2 °/₀ de la production totale des États-Unis en minerais de fer.

Enfin la Virginie occidentale, l'Alabama, le Tennessee et le Kentucky sont riches en minerais d'une teneur élevée. Sur le versant oriental des monts Alleghany, on exploite des hématites argileuses, et dans l'Ohio, des Blackbands et des Sphérosidérites.

Outre ces matières premières fournies par le sol même des États-Unis, on y importe des minerais de Cuba, d'Algérie, d'Espagne, de l'île d'Elbe, dans une proportion qui va jusqu'au quinzième de la production nationale.

Les usines sidérurgiques les plus considérables sont établies en Pensyl-vanie ; nous citerons entre autres les forges de Bethléem, celles d'Harrisburg (Pensylvania Iron Cy), celles de Johnstown (Cambria Iron Cy), celles de Pitts-burg (Edgard Thomson Steelworks and Blast furnaces) et à Chicago les South Chicago works des Aciéries de l'Illinois. Nous reviendrons ultérieurement sur ces usines lorsque nous nous occuperons des procédés de fabrication.

Un manuel de métallurgie ne peut s'encombrer de détails statistiques quelqu'inté-ressants que puissent être ceux qui sont relatifs au développement de la métallurgie du fer aux Etats-Unis ; on peut consulter à cet égard le rapport sur le fer et l'acier à l'exposition internationale de Philadelphie (1877, F. Valton) et le mémoire de Sir Lowthian Bell intitulé : On the American Iron trade and its progress during sixteen years (1890) publié par les soins de l'Iron and steel Institute. V.

GRANDE-BRETAGNE

La Grande-Bretagne est sans contredit le pays que la nature a traité le plus favorablement au point de vue de la fabrication du fer et de ses dérivés ; souvent, en effet, on rencontre dans le voisinage les uns des autres, de puis-sants gisements de minerais riches et de réduction facile, et de magnifiques dépôts houillers ; il n'est pas rare même de trouver les deux éléments de la fabrication de la fonte dans les mêmes couches et superposés. En outre un réseau considérable de canaux, de rivières navigables en relation avec de nombreuses voies ferrées, mettent les usines en communication avec les sources des matières premières d'une part, avec la mer d'autre part, facili-tant ainsi l'écoulement des produits à longues distances. Aussi les prix de revient des produits métallurgiques sont-ils plus bas en Angleterre que par-tout ailleurs, et les fers anglais peuvent-ils pénétrer dans les pays les plus éloignés luttant contre les fabrications indigènes et souvent malgré des droits de douane élevés.

Grâce à cette situation exceptionnelle, la Grande-Bretagne a occupé jus-qu'en 1890 le premier rang dans le monde comme pays producteur de fonte ; et lorsqu'on passe en revue les inventions qui ont fait époque dans l'histoire de la métallurgie, on constate que la plupart ont pris naissance dans cette contrée privilégiée.

Sur la quantité de fonte fabriquée en Grande-Bretagne, l'Ecosse entre pour 13 % et l'Angleterre proprement dite pour 87 %. L'industrie du fer s'est déve-loppée dans une plus ou moins grande proportion sur toute l'étendue de la Grande-Bretagne sauf le Nord de l'Ecosse et le Sud de l'Angleterre dans le bassin de la Tamise où on ne rencontre ni houille ni minerai de fer utili-sable.

Les grandes usines écossaises sont établies dans la contrée qui s'étend de l'Ouest à l'Est, de l'embouchure de la Clyde près de Glascow, à celle du Forth près d'Edimbourg ; c'est à Glascow qu'est le principal marché des fontes de cette région.

Comme minerai on y consomme le Blackband qu'on exploite dans les gisements houillers; et les sphérosidérites argileuses; le combustible employé est la houille sèche à longue flamme impropre à la fabrication du coke, mais contenant peu de cendres, et que l'on charge à l'état cru dans les hauts-fourneaux.

Les principales usines à fonte d'Ecosse sont celles de Coltness, de Langloan, de Gartsherry, de Monkland, etc.

Au Sud-Ouest de l'Ecosse, sur la côte occidentale de l'Angleterre, près de Whitehaven, principal port d'embarquement de ce district, se trouvent les usines du Cumberland qui traitent les belles hématites rouges mamelonnées de la contrée dont les couches ont jusqu'à quinze mètres de puissance. Au Sud du Cumberland s'étend l'importante région du Lancashire également riche en hématite rouge. Au Nord de Lancastre et de la baie de Morecambe, dans les environs d'Ulverstone, des dépôts de minerais en couches très épaisses occupent une surface considérable. Les hauts-fourneaux de cette région sont alimentés en partie avec ces hématites, en partie avec des sphérosidérites provenant du Sud de cette province et du Staffordshire. La production du Cumberland et du Lancashire représente le cinquième de celle de la Grande-Bretagne.

L'industrie du fer n'est pas moins importante dans le pays de Galles aux environs de Cardiff et de Merthyr-Tydvil. C'est là que se trouvent les célèbres usines de Dowlais, d'Ebbw-Vale, etc. Le Sud du pays de Galles contient en abondance non seulement les sphérosidérites du terrain carbonifère, mais aussi des hématites brunes ou rouges, et des fers spathiques: il existe même en ces contrées des gisements puissants de ce dernier minerai qui ont déterminé la création des fourneaux produisant des fontes spéculaires. Le pays de Galles entre pour un dixième dans la production totale du pays.

Dans les contrées de Stafford, de Derby et de Lincoln, le terrain houiller renferme de puissants dépôts de sphérosidérite. Aussi la métallurgie du fer a-t-elle pris une grande importance dans ces contrées. Le district du Staffordshire principalement, auquel on a donné le nom de Black-Country (Pays noir) ayant pour centre la ville de Dudley, et pour villes principales Birmingham, Stourbridge, etc., est renommé pour la puissance de son industrie métallurgique. Il produit un sixième de la fonte fabriquée dans la Grande-Bretagne.

Toutes les régions que nous avons signalées jusqu'ici doivent cependant céder le pas devant celle à laquelle on a donné le nom de Cleveland [1] et qui

---

[1] Cette dénomination ne se trouve ni sur les cartes, ni dans les livres de géographie. On pourrait désigner cette contrée sous le nom de Nord du Yorkshire.

se trouve sur la côte Nord-Est de l'Angleterre au-dessus de la ville d'York. Les usines y sont groupées le long de la Tees, autour du centre commercial de Middlesborough. A peu de distance, au Nord et à l'Ouest, se trouvent les célèbres gisements houillers de Durham et de Northumberland, qui produisent le quart de la houille extraite en Grande-Bretagne ; et de la même formation carbonifère on tire le calcaire employé comme castine dans les hauts-fourneaux ; aux environs de Stanhope on en trouve de singulièrement pure.

Le Cleveland doit sa richesse en minerai de fer à deux couches principales : la couche supérieure (Top stone) est recouverte par de puissantes assises de grès, elle atteint parfois 3m,70 de puissance, mais elle n'est pas très régulière ; le principal siège d'exploitation est à Rondale-Abbey. La couche inférieure qui alimente la plupart des hauts-fourneaux de la contrée s'étend sur une surface de 52.000 hectares. Son épaisseur varie de 2m,50 à 3m et quelquefois 4 mètres ; mais elle se trouve souvent barrée par des schistes argileux adhérents au minerai dont ils diminuent la teneur en fer.

C'est à Bolckow et Vaughan de Middlesborough que l'on doit la découverte de l'importance de ce gisement sur lequel l'attention ne s'était pas portée jusqu'en 1840. Ce sont eux qui ont eu le mérite de mettre en relief cet élément de richesse grâce auquel a pu se créer un groupe métallurgique sans pareil. Le Cleveland avec le Durham et le Northumberland fabriquent le tiers de la fonte produite dans le Royaume-Uni. Parmi les usines de cette contrée, nous pouvons citer les suivantes : Consett, Ferry-hill, Clarence, Teesside, Clay-lane, Linthorpe, Ayresome, New-port et Stockton. C'est de ce district que les fonderies allemandes tirent souvent une partie de la fonte qu'elles emploient.

Quelle que soit la richesse du sol de la Grande-Bretagne en minerais de fer, il s'y introduit cependant des minerais étrangers en quantités considérables, soit pour élever la teneur des lits de fusion soit pour produire des fontes spéciales. Ces minerais sont tirés le plus souvent de l'Espagne. Le tonnage ainsi importé représente le quart de la consommation totale [1].

ALLEMAGNE [2]

Il a été donné aux Anglais de pouvoir placer leur métallurgie du fer à la tête de toutes leurs autres industries, et de la maintenir également dans une situation prépondérante vis-à-vis de la sidérurgie des nations étrangères. Il

---

[1] Pour avoir des renseignements plus détaillés sur le Cleveland, consulter la *Revue universelle*, 1878, T. III, p. 747, L. Bell.

[2] Nous entendons par Allemagne, l'Allemagne proprement dite et le Grand-Duché de Luxembourg, ce dernier étant enclavé dans la frontière douanière allemande.

n'en est pas de même en Allemagne ; on y rencontre bien de puissantes mines de fer, et des gisements de houille assez importants pour qu'on puisse espérer en voir tirer des combustibles, alors que les mines anglaises seront épuisées, notamment en Haute-Silésie, en Saxe, en Westphalie, aux bords du Rhin et dans le bassin de la Sarre, mais il est rare que ces deux éléments primordiaux de la fabrication du fer soient à proximité l'un de l'autre. Les houilles, moins pures, contiennent plus de cendres, la configuration du pays rend les transports de matières premières et des produits fabriqués plus onéreux.

Les bassins houillers de la Westphalie et des bords du Rhin fournissent à peu près la moitié du combustible extrait du sol dans l'empire allemand, la Haute-Silésie entre pour un quart et le bassin de la Sarre pour un huitième ; le reste provenant de la Saxe à Zwickau, des environs d'Aix-la-Chapelle et d'autres petites houillères de moindre importance.

Les minerais de fer principaux sont :

1° Les Minettes de Lorraine et du Luxembourg qui s'étendent sur tout l'espace compris entre Nancy et Luxembourg avec une puissance atteignant 20 mètres d'épaisseur [1]. C'est vers l'année 1860 que l'exploitation de ces mines s'est développée ; elles fournissent aujourd'hui plus que tout le reste de l'Allemagne, elles alimentent les fourneaux de la Lorraine, Moyeuvre, Hayange, Rombach, Maizières, Udelange, etc., ceux du Luxembourg tels que Dudelange, Esch sur l'Eltz, Dommeldange, Rumelange, Rodange, etc., les usines de la Sarre, Volklingen, Burbach, Neunkirchen, Halberger, et enfin celles des bords du Rhin et de la Westphalie où on mélange ces minerais avec ceux des environs.

2° Les minerais spathiques et les hématites brunes du pays de Siegen qui depuis des siècles servent de base à une industrie assez développée. On les traite dans les fourneaux du pays, à Geisweid, Creuzthal, Agnesen, etc., et dans ceux du Rhin et de la Westphalie [2] ; elles entrent pour un dixième dans la production totale de l'Allemagne.

3° Les hématites rouges et brunes de la Lahn entre Wetzlar, Giessen et le Rhin. Les mines de cette contrée fournissent 7 % du minerai extrait en Allemagne. L'usine de Mainweser près Lollar, une des plus importantes du district emploie ce minerai dont la plus grande partie est expédiée sur les bords du Rhin et en Westphalie.

4° Les hématites brunes terreuses de la Haute-Silésie qui se consomment

[1] Voir *Stahl und Eisen*, 1890, page 677 (Wandersleben).

[2] Consulter, au sujet des mines et des usines du pays de Siegen, *Stahl und Eisen*, 1891, pages 611, 619 et *Zeitschrift des Verein Deutschen Ingenieure*, 1875, pages 666, 674. D'après ce dernier travail, les plus anciens renseignements que l'on possède sur les mines du pays de Siegen, remonteraient à 1443.

sur place. La quantité extraite est à peu près égale à celle de la Lahn, mais la richesse est moindre et la proportion d'éléments nuisibles, tels que le zinc et le plomb, plus considérable.

5° Les minerais houillers et les sphérosidérites de Westphalie qu'on rencontre sur divers points, et qui entrent pour 3 % dans la production totale. Ces minerais sont fort avantageux pour les usines voisines des points d'extraction, mais sont loin de suffire à leur consommation.

6° Les hématites brunes en grain de Peine (Hanovre) qui se présentent en couches puissantes et sont traitées dans l'usine d'Ilsède près de Peine. On en extrait des quantités égales à celles des minerais précédents.

7° Les minerais spathiques et les hématites brunes de la région d'Osnabruck. Ces minerais sont traités sur place à Georgs-Marienhütte ; ils représentent 1 % de la production totale.

8° Les hématites brunes du Haut-Palatinat près d'Amberg ; elles sont fondues sur place à Maxhütte (Rosenberg), et entrent comme les précédentes pour un centième dans la production nationale.

9° Les hématites brunes, les hématites rouges, et les oxydes magnétiques du Hartz. On les rencontre aux environs d'Elbingerode et on les emploie dans les diverses usines de la contrée, soit avec du charbon de bois comme à Rothehütte, à Rübeland, à Lorge, soit avec du coke comme à Blankenburg. Il est juste aussi de signaler les hématites en grain de la région de Harzburg. On trouve dans cet ensemble encore 1 % du minerai total.

10° Les minerais spathiques et les hématites brunes de Thuringe provenant des environs de Saalfeld (Kamsdorf, Kœnitz). On en traite une partie à Maximilians-hütte, à Unterwellenborn près Saalfeld. Le reste s'expédie au loin.

Il existe en outre des gisements moins importants dans l'Eifel, dans l'Erzgebirge (Bergziesshübel, Scharzenberg), dans le Fichtelgebirge, dans le Jura wurtembergeois et dans plusieurs autres régions. Jusqu'en 1875 on a traité au charbon de bois des minerais des marais que l'on rencontre sur une grande étendue de terrains et en couches minces dans les terres basses de l'Allemagne du Nord; mais depuis que ces usines sont arrêtées, les minerais ont perdu toute valeur.

L'importation du minerai en Allemagne est égale au dixième de la production nationale ; c'est l'Espagne qui en expédie la majeure partie. Par contre, on exporte en Belgique et en France des minettes de Lorraine et du Luxembourg pour une quantité deux fois plus grande.

On ne fabrique en Allemagne au charbon de bois qu'un demi pour cent de la production totale de fonte. C'est dans la Haute-Silésie, le Hartz et le pays de Siegen que cette industrie s'est partiellement maintenue; partout ailleurs, le coke est le seul combustible employé.

Comme dans les autres pays, les centres les plus importants de fabrication de la fonte se trouvent dans le voisinage des plus puissants gisements de houille, c'est-à-dire en Westphalie et sur les bords du Rhin. Un groupe compact d'usines dont quelques-unes très célèbres, s'est formé dans le triangle compris entre les villes de Dortmund, Ruhrort et Dusseldorf, citons seulement : l'Union de Dortmund, Hoerde, les aciéries de Bochum, Gutehoffnungshütte' à Oberhausen, Schalke, Phœnix près de Ruhrort, les usines du Rhin inférieur, celles de Jean et de Vulcain près de Duisbourg, celles de Frédéric-Guillaume près de Muhlheim sur la Ruhr. D'autres fort intéressantes se trouvent dans la région de l'Inde près d'Aix-la-Chapelle, à Eschweiler, mais celles du pays de Siegen, à l'Est et au Sud-Est de Cologne, sont encore plus importantes. Georgs-Marienhütte, que nous avons déjà eu occasion de citer, se trouve au Nord de la Westphalie. Cette région dite du Nord-Ouest fournit près de la moitié de la fonte totale fabriquée en Allemagne (45,7 °/₀ en 1890), elle est alimentée par les minerais houillers de Westphalie, les minettes du Luxembourg et de Lorraine, les hématites brunes et rouges de la Lahn, les fers spathiques de Siegen et d'Osnabruck ; elle reçoit en outre des hématites brunes et rouges d'Algérie et d'Espagne, des minerais des marais de Hollande, des minerais magnétiques de Suède et de Norvége, etc.

Le groupe de la minette de Lorraine et de Luxembourg occupe le deuxième rang comme producteur de fonte. Il comprend les usines lorraines, luxembourgeoises et celles du bassin de la Sarre. On y traite surtout les minettes auxquelles on mélange parfois du minerai de Siegen, de la Lahn, de Sarrebruck et de Westphalie. Ce groupe fournit le tiers de la production totale. Le Luxembourg seul produit 12 °/₀.

En troisième ligne vient le groupe des grandes usines du bassin houiller de la Haute-Silésie dans lequel on compte Kœnigshütte, Laurahütte, Donnersmarkhütte, Julienhütte, les usines royales de Gleiwitz, etc. On y consomme avec les hématites brunes du pays, les fers spathiques de Hongrie, les minerais magnétiques de Suède et de Norvége et quelques autres de provenance étrangère. La production de ce groupe est environ le dixième de celle de l'ensemble de l'Allemagne.

L'usine royale de Marienhütte est située dans le bassin houiller de Saxe près Swickau, elle traite des minerais spathiques de Thuringe et de l'Erzgebirge et quelques autres peu importants.

Quelques autres usines productrices de fonte sont réparties sur les mines de fer de l'Allemagne du Nord, de la Hesse, du Nassau et de la Bavière ; certaines de ces usines présentent une grande importance, nous aurons occasion d'y revenir lorsque nous parlerons des mines de fer; citons seulement : Mainweserhütte , Georgsmarienhütte , Ilsederhütte , Maximilianshütte , Maxhütte, etc.

FRANCE

Les minerais de fer ne sont pas abondants en France et les métallurgistes ont à lutter contre des difficultés encore plus grandes que celles que nous avons signalées à propos de l'Allemagne. Si, malgré cela, ils sont arrivés à donner à la fabrication du fer et de ses dérivés un développement en rapport avec la grandeur et la puissance du pays, il faut reconnaître que ce résultat est dû à l'énergie dont ils ont fait preuve, à leur habileté et à la possession de connaissances métallurgiques très étendues.

On rencontre de puissants gîtes d'hématites rouges dans l'Ardèche, à Veyras, à Privas et à la Voulte ; dans les Pyrénées on trouve des hématites brunes mamelonnées ; elles sont terreuses et souvent phosphoreuses en Champagne, oolithiques ou en grains en Franche-Comté. Au nord de la Lorraine française on exploite sur une grande échelle les minettes semblables à celle de la Lorraine allemande et du Luxembourg. Dans les Alpes et dans les Pyrénées, il existe des fers spathiques, quant aux oxydes magnétiques ils sont rares.

La France extrait donc quatre fois moins de minerai de son sol que l'Allemagne, la minette entrant pour un quart dans l'extraction totale. Environ 18 % des minerais passés aux hauts-fourneaux sont importés ; ils proviennent de l'Espagne et de l'Allemagne principalement.

Le sol de la France est plus riche en mines de houille qu'en mines de fer. Les bassins houillers du Nord et du Pas-de-Calais (Valenciennes, Anzin, etc.), à l'ouest de la frontière Belge, contiennent de nombreuses couches de houilles anthraciteuses et de houilles à coke. Le bassin houiller de Bourgogne ou d'Autun, sur la rive droite de la Saône, renferme des couches d'une grande puissance (Le Creusot, Epinac, Blanzy). Le bassin de la Loire au sud du précédent et d'une plus grande importance alimente en houille et en coke des usines considérables. Près d'Alais dans le département du Gard se trouve aussi un riche bassin houiller dont l'écoulement se fait en partie vers les usines du sud.

Les houillères de Bézenet près de Commentry méritent également d'être citées.

L'industrie du fer n'existe pour ainsi dire en France que dans le Nord, l'Est et le Sud-Est comme il était facile de le prévoir d'après la position géographique des gisements de minerais et de houille. Près de la frontière belge, dans les départements du Nord et du Pas-de-Calais se trouvent un certain nombre d'usines qui traitent au moyen de coke du bassin et de coke belge, soit les minerais oolithiques, les hématites brunes argileuses de la contrée, soit les minerais d'Afrique et d'Espagne. A ce groupe appartiennent les usines de Denain, Anzin, Marquise, etc. En allant vers le Sud-Est, entre

Longwy et Nancy on rencontre un ensemble plus considérable de fonderies établies surtout en vue de traiter les minettes ; de ce nombre sont Mont-Saint-Martin, Saulnes, Longwy, Jarville, Pompey, Jeuf, etc.

Le premier groupe fournit à peu près le sixième et le second environ la moitié de la production totale de la fonte en France.

Sur la rive gauche de la Marne on rencontre beaucoup de petites usines qui emploient les hématites phosphoreuses de Champagne.

Les usines de la Loire et du Rhône sont plus considérables que les précédentes, c'est dans cette région que se trouve le grand établissement du Creusot à proximité du bassin houiller de Bourgogne. Plus au sud, entre Lyon et Saint-Etienne sont situées les usines de Terre-Noire, etc.

Citons encore les forges de Montluçon avec leurs 9 hauts-fourneaux et tout au sud près de Marseille, les hauts-fourneaux de Saint-Louis qui emploient principalement des minerais de provenance Italienne, Espagnole ou Algérienne.

On trouve en France des minerais *magnétiques* dans l'Anjou (Segré) et en Provence, dans les Pyrénées à Puymorent, dans l'Ariège, dans les Pyrénées orientales près de Canigou ; des *hématites rouges* dans l'Ardèche (Privas) et dans l'Aveyron (Decazeville) ; on en rencontre également dans les Pyrénées de moins importants ; des minerais *carbonatés houillers* dans l'Aveyron, le Gard, le bassin de l'Allier, à Palmesalade et en moindre quantité dans les autres bassins houillers entre autres dans la Loire ; des minerais *spathiques* dans les Alpes à Allevard et à Saint-Georges et dans quelques points des Pyrénées ; des *hématites brunes manganésifères* dans les Pyrénées orientales, à Thorrent, à Sahorre, à Fillols ; des *hématites brunes* dans le Périgord, dans les Pyrénées orientales et le Gard ; des minerais *oolithiques* en Lorraine, à Laissey (Doubs), à Mazenay (Saône-et-Loire), à Villebois (Ain) et à Mondalazac (Aveyron) ; enfin des minerais *pisolithiques* en Franche-Comté, en Champagne, dans le Berry et dans les Ardennes. Dans les deux années 1891 et 1892 il est entré en minerais étrangers les quantités suivantes :

			1891	1892
de Belgique	. . . .	tonnes	46.097	64.157
d'Allemagne (Lorraine et Luxembourg).	.	»	931.715	1.071.156
d'Espagne (Bilbao principalement)	. . .	»	403.218	461.553
d'Italie (île d'Elbe)	. . . .	»	739	5.508
d'Algérie	. . . .	»	49.318	53.532
d'autres pays (Grèce)	. . . . . .	»	6.429	27.852
			1.437.536	1.683.758

De 65 à 70 % des minerais importés proviennent donc de l'Allemagne c'est-à-dire de la Lorraine et du Luxembourg sous forme de *Minettes* et sont consommées dans les usines du Nord et de l'Est. Les autres minerais de provenance étrangère et ceux de l'Algérie sont employés soit à enrichir des lits de fusion soit à produire des fontes de qualité supérieure.

La production houillère est principalement concentrée dans le nord, dans les bassins de Valenciennes et du Pas-de-Calais ; le tableau suivant indique pour l'année 1891, l'extraction dans chaque bassin et la répartition en centièmes.

PRODUCTION DE LA HOUILLE EN 1891.

Nord et Pas-de-Calais	tonnes.	13.485.628	0/0. 52,81
Loire		3.822.969	15,00
Gard		2.192.163	8,60
Bourgogne, Nivernais.		1.977.290	7,80
Tarn et Aveyron		1.552.085	6,10
Bourbonnais.		1.118.899	4,40
Auvergne		339.093	1,33
Hérault		248.679	0,98
Creuse, Corrèze		204.724	0,80
Alpes occidentales		201.677	0,78
Vosges.		189.898	0,74
Ouest		168.490	0,66
		25.501.595	100,00

Nous donnons ci-dessous le tableau de la production de la fonte en France pendant l'année 1891, par départements groupés d'après les analogies d'emploi de matières premières et de fabrication, avec la répartition en millièmes de production totale.

Groupe N° 1	Ardennes.	12.923		6,86	
	Meurthe-et-Moselle . .	1.078.633	1.094.029	567,67	575,81
	Meuse	633		0,33	
	Haute-Saône	1.840		0,95	
Gr. N° 2	Allier.	26.885		14,15	
	Cher	11.365	103.920	5,97	54,72
	Haute-Marne	65.670		34,60	
Gr. N° 3	Loire	18.442		9,70	
	Rhône	17.043	151.106	9,00	79,99
	Ardèche	28.963		15,29	
	Saône-et-Loire	87.158		46,00	
Gr. N° 4	Ariège	9.720		5,12	
	Aveyron	9.920		5,23	
	Landes	64.092		33,75	
	Loire-Inférieure. . . .	51.035	214.552	26,90	113,11
	Lot-et-Garonne	13.750		7,28	
	Tarn	4.696		2,53	
	Gard	61.239		32,30	
Gr. N° 5	Bouches-du-Rhône . .	12.262		6,46	
	Isère	31.955	46.797	16,88	24,69
	Pyrénées-Orientales . .	2.580		1,35	
Gr. N° 6	Nord	209.248	286.483	111,00	151,68
	Pas-de-Calais	77.235		40,68	
		1.897.387	1.897.387	1000,00	1000,00

Le premier groupe, qui comme on le voit est de beaucoup le plus important, emploie presqu'exclusivement des minettes soit de la Lorraine française, soit de la Lorraine allemande et du Luxembourg, c'est le grand producteur de fontes de moulage ; le second consomme presqu'uniquement les minerais locaux pisolithiques, il est mal placé pour recourir aux minerais étrangers ; le troisième utilise les hé-

matites du Rhône et fabrique principalement des fontes de qualité avec les minerais provenant du littoral de la Méditerranée ; le quatrième emploie les minerais
de la contrée, oxydes magnétiques, hématites brunes plus ou moins manganésifères,
en même temps que les minerais riches et purs d'Espagne ; le cinquième produit
uniquement des fontes de qualité spéciale soit avec les minerais locaux, soit et surtout avec les minerais étrangers ; enfin le sixième recourt pour la majeure partie de
sa consommation aux minerais de la Biscaye et pour le reste aux minettes de Lorraine.

La fabrication de la fonte au charbon de bois a presque totalement disparu, en
1891 il s'est fait :

> au coke . . . .   98,47 % de la production totale.
> au charbon de bois . . . . . .   0,53.
> au mélange . . . .   1,00.

La nomenclature des principales usines donnée par M. Ledebur est assez incomplète, nous énumérerons les plus importantes soit par leur puissance de production,
soit par les caractères spéciaux de leur fabrication dans la 2ᵉ et la 3ᵉ partie de cet
ouvrage. V.

AUTRICHE-HONGRIE

L'Autriche et la Hongrie possèdent des mines de fer d'une grande puissance et d'une pureté remarquable, mais les combustibles propres aux
hauts-fourneaux sont peu abondants et se rencontrent généralement à de
grandes distances des gisements métalliques, en outre, la configuration du
pays jointe à la rareté des moyens de communication, vient s'ajouter aux
difficultés qui s'opposent au développement industriel ; il n'est donc pas surprenant que, quoique les produits métallurgiques de ces pays soient classés
parmi les meilleurs et qu'on y rencontre quelques usines très dignes d'attirer l'attention, la production ne réponde pas à ce que la connaissance des
richesses minérales permettrait d'attendre.

En Bohème, dans les environs de Prague et de Komotau, se trouvent des
couches assez puissantes d'hématites rouges et brunes en grains qu'on traite
dans un certain nombre d'usines soit au charbon de bois soit au coke provenant du bassin houiller de Bohème ; de ce nombre est l'usine de Kladno.

En Styrie et en Carinthie, provinces où du temps des Romains la fabrication du fer était déjà pratiquée, on exploite encore aujourd'hui les beaux
minerais spathiques des Alpes styriennes (l'Erzberg de Styrie entre Vordern-
berg et Eisenerz) ainsi que les hématites brunes et rouges qui proviennent de
la transformation des carbonates ; ces minerais alimentent les nombreuses
usines du pays et sont expédiés au loin. Les riches lignites des mêmes contrées ne peuvent être utilisés pour la production de la fonte, mais ils sont
une ressource précieuse pour les autres opérations métallurgiques, alors
que le charbon de bois augmente de prix chaque jour. On est donc réduit à
faire venir le coke de haut-fourneau de distances considérables. En ne tenant

compte que de l'Autriche, c'est la Styrie qui fournit la moitié de la production annuelle de minerai, la Bohème donne un tiers et la Carinthie un dixième.

En Moravie, la présence des houilles à coke du bassin Ostrauer a déterminé la création de l'usine de Witkowitz, actuellement une des plus grandes de l'Autriche. On y traite les minerais des environs et ceux qu'on tire de Hongrie.

La Moravie fabrique le quart des fontes produites en Autriche, la Bohème et la Styrie un peu moins d'un quart, le reste provient par parties à peu près égales de Carinthie, de la Basse-Autriche et de la Silésie. La Carniole, le Tyrol et les autres provinces ne fournissent que des quantités insignifiantes.

En Hongrie, l'absence de houilles à coke et de moyens de transport économiques empêche l'industrie du fer de prendre l'essor que semblerait promettre la richesse des gisements de minerais de fer. On y trouve en effet des dépôts de minerai, souvent d'excellente qualité et de grande puissance, s'étendant sur de vastes surfaces. C'est ainsi que les comtés de Zips, d'Abauj, de Torna, de Sohl, de Liptau et de Szöreng fournissent des minerais spathiques qui se présentent en couches de plus de 36 mètres d'épaisseur (Dobschau). On trouve également des hématites brunes au contact des minerais spathiques, ou ailleurs en masses isolées. La mine de fer des environs de Röcze comté de Gömör, qui renferme de l'hématite brune terreuse ou tendre, s'étend sur une longueur de 4 kilomètres et demi ; sa puissance varie de 4 à 37 mètres. La mine du comté d'Hunyad est encore plus remarquable puisque la couche principale atteint une épaisseur de 100 mètres près de Gyalár et qu'elle est reconnue sur plus de 30 kilomètres ; cette même mine contient également de l'hématite rouge.

Sur d'autres points on rencontre de puissants filons d'oxyde magnétique et de fer oligiste comme à Reschitza.

La Hongrie produit 30 % de minerai extrait dans l'empire, on y fabrique généralement la fonte avec du charbon de bois sauf dans le Banat où quelques usines travaillent au coke.

Lorsque les moyens de transport le permettent, les minerais hongrois sont expédiés aux hauts-fourneaux de la Haute-Silésie où on les mélange aux minerais indigènes. L'usine de Witkowitz reçoit tous les ans une grande quantité d'hématites brunes et rouges provenant des mines de l'État dans la province de Borsod. Les usines de la Silésie autrichienne sont propriétaires de mines de fer spathique dans la province de Zips et en tirent la plus grande partie de leur approvisionnement.

BELGIQUE

La Belgique possède une industrie du fer qu'on peut dire d'une réelle importance si on tient compte du peu d'étendue de son territoire. Elle doit cette situation, à la multiplicité de ses moyens de transport, à la richesse de ses mines de houille et de fer, et aux facilités que procure à son commerce sa position géographique.

Les mines de fer qu'on y exploite sont cependant insuffisantes à alimenter ses hauts-fourneaux, et les minettes de Lorraine et du Luxembourg entrent pour une bonne partie dans la consommation totale. On trouve dans le bassin de la Meuse, au nord de Namur et jusqu'à Ligny, des couches d'hématite brune et rouge qui, depuis les dernières années, paraissent bien près d'être épuisées. En résumé, les hauts-fourneaux belges ne peuvent s'approvisionner que pour un neuvième de leur consommation en minerais indigènes et doivent demander le reste à l'étranger, en Espagne, en Algérie, en Suède. Cette pénurie de minerais a certainement empêché la Belgique de suivre le développement des autres pays dans le mouvement ascensionnel général de l'industrie du fer. En 1889, la Belgique produisait plus de fonte que l'Autriche-Hongrie. Cette dernière a pris les devants en 1890.

La formation houillère qui fournit aux forges de Belgique le combustible dont elles ont besoin, apparaît dans le Nord-Est de la France, suit sous forme d'une bande étroite le versant Nord des Ardennes, la vallée de la Meuse, de Namur à Liège, en traversant ainsi toute la Belgique, et se termine dans la Prusse Rhénane; un réseau serré de chemins de fer et de voies navigables couvre cette région. C'est là qu'on rencontre les plus grandes usines à fer, Seraing, Ougrée, l'Espérance, Tilleur, Sclessin, et, un peu plus au Sud-Est, près de Charleroi, la Providence, Montceau, etc.

RUSSIE

En Russie, plus que partout ailleurs, le développement de la métallurgie du fer est entravé par les énormes distances qui séparent généralement les mines de fer des bassins houillers, en même temps que des centres de production, des points de consommation.

Les mines de fer sont riches et abondantes; les forêts, qui fournissent encore de combustible une bonne partie des hauts-fourneaux, couvrent une grande étendue de pays ; il existe plusieurs bassins houillers importants, mais toutes ces sources de matières premières sont à une énorme distance les unes des autres, et la plupart aussi éloignées des côtes où le commerce est le plus développé et la consommation plus active.

La région de l'Oural est particulièrement riche en minerais de fer; on y rencontre de puissants gisements de fer magnétique dans les gouvernements de Perm et d'Orenbourg. Dans le premier notamment, au lieu dit Visokaia-Gora, on extrait chaque année plus de 500.000 tonnes d'un magnifique minerai que l'on traite dans les usines des environs. On trouve également, sur plusieurs points de la chaîne de l'Oural, des dépôts d'hématite brune et de fer carbonaté d'une grande richesse (Ekaterinbourg, Irkiskau). Il existe des minerais du même genre, mais souvent phosphoreux, aux environs de Moscou, à Toula, à Kalouga, à Orlof, Tambof, etc., ainsi qu'en Pologne. Dans d'autres districts, il existe d'abondants dépôts de minerais des marais ; près du lac de Toulm, à 42 kilomètres du lac Ladoga ; près de la frontière de Finlande on connaît des gîtes de fer oligiste importants ; d'autres sont exploités dans le Sud, près de Cherson.

Quant aux formations houillères, il en est deux particulièrement importantes : l'une est située au Nord de la mer d'Azoff et à l'Ouest de la rivière le Donetz, dont elle prend le nom ; elle couvre une partie du gouvernement de Karkof, celui d'Ekaterinoslav et le pays des Cosaques du Don. L'autre est en Pologne et fait suite au bassin de la haute Silésie.

Chacune de ces régions houillères fournit 40 % du combustible minéral extrait en Russie, et possède des usines d'une plus ou moins grande importance. Il existe en outre près de Moscou et dans l'Oural des couches de houille dont une partie est employée à la fabrication du fer. D'ailleurs, sur la production totale de fonte en Russie, un quart seulement est fabriqué avec des combustibles minéraux, tout le reste est obtenu au moyen de charbon de bois.

C'est dans le voisinage des monts Oural, dans le gouvernement de Perm, que se trouve le centre métallurgique le plus important ; à lui seul il fournit la moitié de la production indigène ; un cinquième ou un sixième appartient aux usines du Sud, un neuvième au groupe de Moscou et à peu près autant au bassin houiller de Pologne [1].

La fabrication de la fonte s'est développée puissamment en Russie dans ces dernières années sous l'influence du régime protecteur adopté par le gouvernement. Aux anciennes usines alimentées presqu'exclusivement avec le combustible végétal et dont le plus grand nombre est groupé le long de la chaîne de l'Oural, si riche en excellents minerais, sont venus se joindre tout récemment dans le sud, de nouveaux centres de production, fortement outillés, qui consomment d'une part les houilles du bassin du Donetz et d'autre part les minerais de Krivoïrog. La Russie fabrique au bois, aujourd'hui, seulement 66 % de sa production totale ; elle extrait 1.400.000 tonnes de minerais dont 800.000 dans l'Oural, et 6 millions de tonnes de houille dont 47 % en Pologne et 44 % dans le Donetz. Elle n'importe de minerais que pour venir en aide à quelques petits hauts-fourneaux de Finlande qui compensent avec les riches minerais Suédois, la pauvreté de ceux qu'on extrait des lacs. V.

SUÈDE

Au point de vue de la métallurgie du fer, la Suède se trouve dans des con-

[1] Consulter sur la métallurgie du fer en Russie la *Revue universelle des mines*, série 2, Tome XV, page 56, 1884 et quelques ouvrages indiqués à la fin de ce chapitre.

ditions analogues à celles que nous avons indiquées pour la région des Alpes autrichiennes : abondance d'excellents minerais, manque absolu de combustibles minéraux. En outre, la propriété des gîtes minéraux est excessivement divisée, ce qui rend l'exploitation sur une grande échelle difficile et ne permet même pas de recourir avec bénéfice à l'importation des houilles étrangères. Aussi ne traite-t-on les minerais au coke qu'exceptionnellement et emploie-t-on généralement le charbon de bois, mélangé quelquefois à du bois en nature.

La région dans laquelle se rencontrent les gîtes minéraux a une forme allongée du Sud-Ouest au Nord-Est. Elle est comprise entre le 59me et le 61me degré de latitude et traverse le Sud de la province de Gefleborg, le Sud-Est de celle de Kopparberg, le Nord de celle de Westeras, la plus grande partie de celle d'OErebro et la partie Ouest de celle de Werneland. Dans le Nord, de puissants dépôts de fer magnétique, à Gellivara, pourraient présenter un grand intérêt aux métallurgistes des autres contrées européennes si la rigueur du climat polaire n'apportait des obstacles insurmontables à l'exploitation et au transport des minerais. On a récemment tenté d'améliorer à ce point de vue la situation de ce gisement en le reliant au port de Lulea, sur le golfe de Bothnie [1].

Les minerais que l'on rencontre dans les gouvernements d'Upsal, de Stockolm et de Jœnköping, etc., jouissent également d'une excellente réputation ; c'est là que se trouvent les célèbres mines de Dannemora et de Taberg, à l'extrémité Sud du lac Wettern, dans la province de Smaland, et c'est dans ces contrées que la fabrication du fer a pris le plus de développement.

Les provinces de OErebro et de Kopparberg fournissent chacune le quart de la production totale de la fonte en Suède ; celles de Vermland et de Gefleborg chacune un huitième ou un neuvième, celle de Westmanland un dixième.

Les minerais se composent principalement de fer oligiste et d'hématite rouge ; on les désigne sous le nom de minerais de mine. Ceux des lacs et des marais s'exploitent dans la province de Smaland. Les premiers se distinguent par une très faible teneur en phosphore ; le métal, fonte, fer ou acier qui en provient doit à l'absence de ce corps et à la ténacité qui en résulte une réputation telle qu'il s'est fait une exportation de minerais en Angleterre et dans d'autres contrées. Ceux-là même qui sont phosphoreux, comme à Grängesberg et Kopparberg, sont demandés à l'étranger pour la fabrication des fontes Thomas.

La métallurgie suédoise est puissamment secondée par les enseignements qu'elle trouve à l'école des mines de Stockolm et par les publications du Jern-Contoret (Comptoir des fers) dont les annales se poursuivent sans in-

[1] Consulter pour plus de détails, *Stahl und Eisen*, 1890, p. 181.

terruption depuis 1820, et contiennent un grand nombre de renseignements de la plus haute importance sur les expériences intéressant la métallurgie du fer, qu'elles soient dues aux recherches scientifiques, ou à la pratique des usines.

ESPAGNE

L'Espagne est riche en minerais de toutes sortes et occupe le quatrième rang parmi les contrées productives des minerais de fer. Elle fournit la dixième partie des minerais extraits sur toute la surface du globe (13,3 $^0/_0$ en 1887). C'est plus que n'en produisent ensemble la France, l'Autriche-Hongrie, la Russie et la Suède. Si, cependant, le développement de l'industrie de la fonte y est inférieur à celui de l'un quelconque de ces pays, cela résulte des conditions économiques et politiques de l'Espagne et surtout du peu d'importance de l'exploitation des bassins houillers. On ne traite dans le pays que la sixième partie des minerais extraits, le reste est expédié en Angleterre, en Belgique, en France, en Allemagne et même en Amérique.

C'est de la province de Biscaye et surtout de la région de Sommorostro que sortent 80 $^0/_0$ des minerais espagnols. C'est là aussi que se trouvent les usines métallurgiques les plus importantes. Elles emploient des cokes anglais et leurs hauts-fourneaux produisent plus de fonte que toutes les autres usines espagnoles réunies. Un chemin de fer en construction reliera la Biscaye aux Asturies et permettra de recevoir des cokes de cette dernière province.

L'Espagne possède de puissantes mines de fer au Nord dans la province de Biscaye, à Sommorostro-Bilbao, à Santander et dans les Asturies. Les premières alimentent une partie des hauts-fourneaux de l'Europe et ont exporté jusqu'à 5 millions de tonnes. Sur la côte Sud orientale, on exploite des minerais riches plus ou moins manganésifères, à Almeria, Malaga, Carthagène. Ces derniers seraient susceptibles de prendre une grande importance si les moyens de transports étaient plus perfectionnés.

Les bassins houillers sont assez disséminés, le principal est dans les Asturies, il en existe d'autres à Palencia (province de Léon), un autre à Belmez près de Cordoue et d'autres encore que le manque d'écoulement entrave dans leur développement. V.

CANADA

On exploite au Canada des gisements de minerais des marais, du fer magnétique et des hématites rouges ; les hauts-fourneaux sont généralement alimentés avec du charbon de bois. Il a souvent été proposé de traiter les minerais du pays avec des cokes ou des anthracites importés des Etats-Unis ; ces projets n'ont jusqu'à ce jour, reçu aucun commencement d'exécution [1].

[1] *Transactions of the American Institute of Mining Engineers*, vol. XIV, p. 508. Vol. XVI, p. 129. — *Journal of the United States association of Charcoal Iron workers*, vol. VIII, p. 290.

ITALIE

La sidérurgie de l'Italie se trouve dans les mêmes conditions que celle de l'Espagne. Il y a abondance de minerais et disette de combustible minéral. Les mines de l'île d'Elbe avaient déjà une grande réputation du temps des Romains ; on connaît également des dépôts de minerais de fer en Lombardie, dans les Calabres, en Sardaigne, en Piémont et en Toscane.

On fabrique des fontes au charbon de bois à Castro (province de Bergame), à Follonica (province de Grosseto) et dans la province de Brescia. Une grande fabrique de fer et d'acier a été établie depuis quelques années à Terni, sur le chemin de fer de Rome à Ancône, mais elle ne contient pas de hauts-fourneaux, on se borne à y transformer en fer ou en acier la fonte étrangère au moyen des lignites du pays ; cette usine est entièrement mise en mouvement par une force hydraulique ; on y a installé plus de cinquante turbines dont plusieurs représentent une force de plus de mille chevaux.

Sur 180.000 tonnes de minerais de fer que produit l'Italie 90 % sont tirés de l'île d'Elbe et les quatre cinquièmes de cette quantité sont expédiées à l'étranger. Il n'existe en Italie que 11 hauts-fourneaux, pour la plupart hors feu. L'industrie du fer n'a d'éléments de vitalité que dans les contrées alpines où on trouve à la fois des combustibles végétaux et des minerais purs ; encore dans cette région n'est-elle susceptible que de faibles développements. V.

Ouvrages à consulter.

(a) Classification et dénominations des produits sidérurgiques.

Nota. — Les ouvrages publiés de 1870 à 1880 sur cette question ne font que confirmer ce que nous avons établi dans les premières pages de cet ouvrage ; nous les indiquons néanmoins parce qu'ils reflètent l'état de choses d'où est sortie la classification employée actuellement. A ce point de vue ils présentent un certain intérêt.

M. A. Greiner. *Du classement des aciers. Revue universelle des mines*, 1875, p. 564.

R. Åkerman. *Ansichten über den richtigen Begriff von Stahl. Berg- und hüttenmännische Ztg.*, 1876, p. 337.

H. Wedding. *Die Nomenclatur des Eisens. Verhandlungen des Vereins zur Beförderung des Gewerbefleisses*, 1877, p. 46.

Classification von Eisen und Stahl. Sitzungsberichte des Vereins zur Beförderung des Gewerbefleisses, 1878, p. 60.

H. Wedding. *Die heutigen Methoden der Eisenerzeugung etc. Glaser's Annalen*, T. XXII, p. 167.

(b) Historique.

Dr Ludwig Beck. *Die Geschichte des Eisens in technischer und etc.*, 2e édition, Brunswick, 1891.

Rich. Andree. *Die Metalle bei den Naturvölkern*, Leipzig, 1884.

A. Frantz. *Eisen und Stahl im Alterthume. Berg- und hüttenmannische Ztg.*, 1882, p. 178.

H. Wedding. *Beiyrage zur Geschichte des Eisenhütten etc. im Harz. Zeitschrift des Harzvereins*, 1881.

Georg Mehrtens. *Das Eisen im Alterthum. Stahl und Eisen*, 1887, p. 375.

Victor Tahon. *Les origines de la métallurgie au pays d'entre Sambre et Meuse. Revue universelle*, série II, T. XXIX, p. 268.

(c) Production des diverses contrées.

Gemeinfassliche Darstellung des Eisenhüttenwesens. Herausgegeben vom Verein deutscher Eisenhüttenleute in Düsseldorf, 1890.

H. Wedding. *Statistik des Eisens. Sonderabdruck aus « Stahl und Eisen »*. Düsseldorf, 1891.

P. Tunner. *Das Eisenhüttenwesen in Schweden*. Freiberg, 1858.

P. Tunner. *Ueber die Eisenindustrie Russlands*. Pétersbourg, 1870.

P. Tunner. *Russlands Montanindustrie*. Leipzig, 1871.

P. Tunner. *Das Eisenhüttenwesen der Vereinigten Staaten von Nord Amerika*. Vienne, 1877.

Fr. Kupelwieser. *Das Hüttenwesen mit besonderer Berücksichtigung des Eisenhüttenwesens in den V. S. Amerikas*. Vienne, 1877.

A. v. Kerpely. *Eisen und Stahl auf der Weltausstellung in Paris*, 1878. Leipzig, 1879.

Die Eisenerze Oesterreichs und ihre Werhüttung. Aus Anlass der Pariser Weltausstellung verfasst im k. k. Ackerbau-Ministerium. Vienne, 1878.

A. v. Kerpely. *Das Eisenhüttenwesen in Ungarn, sein Zustand und seine Zukunft*. Schemnitz, 1872.

R. Åkerman. *Ueber den Standpunckt der Eisenfabrikation in Schweden zu Anfang des Jahres* 1873. Stockholm.

J. Pechar. *Kohle und Eisen in allen Ländern der Erde*. Berlin, 1878.

L. Bell. *Les progrès de l'industrie sidérurgique du Cleveland. Revue universelle*, 1878, T. III, p. 717.

M. S. Jordan. *Note sur les ressources de l'industrie du fer en France. Revue universelle* 1878, T. IV, p. 329.

M. E. Gruner. *Mémoire sur la situation de la métallurgie du fer en Styrie et en Carinthie. Annales des mines*, série VII, T. III, p. 471 (1876).

P. Tunner. *Die Lage der Eisenindustrie in Steiermark und Kärntnen. Oest. Zeit. f. B. u. Hütten*. 1882, p. 463.

A. v. Kerpely. *Das Eisenhüttenwesen in Ungarn. Oest. Zeit. f. B. u Hütten*, 1882, p. 467.

C. A. M. Balling. *Die Eisenindustrie Böhmens. Jahrbuch der Bergakademien zu Leoben*. T. XVII, p. 211.

C. A. M. Balling. *Die Eisenindustrie Mährens etc. Jahrbuch der Bergakademicien zu Leoben*, T. XVIII, p. 173.

R. Åkerman. *Sur l'état actuel de l'industrie du fer en Suède. Revue universelle*, s. II, T. III, p. 525. (1878).

R. Åkerman. *Die Schwedische Eisenindustrie. Zeitsch. des berg-und-hütten. Vereins für Steiermark und Kärtnen*, 1877, p. 87.

N. A. Jossa. *Ueber den Stand der Roheisenfabrikation in Russland. Dingl. polyt. Journ.*, T. 239, p. 219.

R. Helmhacker. *Ueber das Eisenhüttenwesen in Bosnien. Jahrbuch der Bergakademien zu Leoben etc.*, T. XXVII, p. 133.

CHAPITRE II

COMBUSTION, RÉDUCTION ; PRODUCTION ET TRANSMISSION DE LA CHALEUR.

1. Combustion et Réduction.

(a) Notions préliminaires.

Le mot *combustion*, dans son acception la plus large est synonyme d'*oxydation* et s'applique à toute combinaison chimique d'un corps avec l'oxygène. Prise dans un sens plus restreint, la combustion n'a lieu que lorsque la combinaison est accompagnée d'un dégagement de chaleur suffisant pour déterminer l'incandescence.

La *Réduction*, dans le sens strict du mot, est l'inverse de l'oxydation, c'est la destruction complète ou partielle d'une combinaison de l'oxygène avec un corps simple ; dans un sens plus général, c'est la séparation d'un corps quelconque, surtout d'un métal, de sa combinaison avec des éléments tels que l'oxygène, le soufre, l'arsenic, etc.

Si l'oxydation développe une certaine quantité de chaleur il est nécessaire pour l'opération inverse, la réduction, qu'il en soit fourni la même quantité exactement, laquelle passe à l'état latent. Il est de la plus haute importance de connaître les quantités de chaleur qui sont en jeu dans ces réactions, si on veut comprendre et apprécier avec certitude les procédés métallurgiques en général, et surtout ceux qui se rapportent à la fabrication du fer.

Les phénomènes de réduction et d'oxydation se produisent quelquefois simultanément ; pour opérer la réduction d'un corps, en effet, il faut recourir à un autre corps, dont l'affinité pour l'oxygène, le soufre, etc., soit plus forte, que celle du premier, dans les conditions où ces corps sont mis en présence. Il en résulte que l'oxygène, le soufre, etc. abandonnent la première combinaison pour former la seconde.

Dans cette double opération, si la chaleur dégagée par l'oxydation est plus ou moins grande que celle qui est absorbée par la réduction, il y a gain ou perte de chaleur, la température s'élève ou s'abaisse. Il peut même arriver, lorsque l'abaissement de température, le refroidissement, résulte de ces réactions simultanées que celles-ci s'arrêtent, si on n'a pas recours à une source extérieure de chaleur pour les entretenir.

A la température ordinaire, il est rare que des corps agissent les uns sur les autres comme oxydants ou réducteurs. Dans presque tous les procédés métallurgiques, une haute température est nécessaire pour mettre en jeu l'affinité des corps réducteurs pour l'oxygène, le soufre, etc., et naturellement, cet accroissement de température ne peut déterminer la réduction que si l'affinité du corps réducteur pour l'oxygène augmente plus rapidement que celle du corps auquel on veut l'enlever.

La réduction opérée par la réaction de deux corps l'un sur l'autre à haute température est donc la conséquence de l'accroissement de l'affinité du corps réducteur pour l'oxygène ou de la diminution de celle du corps à réduire pour le même oxygène à mesure que la température s'élève.

Le jeu de ces propriétés est facile à saisir, mais on a parfois négligé d'en tenir compte en étudiant les procédés métallurgiques, et il en est résulté une très grande obscurité dans l'interprétation des phénomènes observés. On a constaté que l'effet de la chaleur varie suivant le corps sur lequel on la fait agir et que la température capable de produire les diverses réductions n'est pas la même. Il existe en outre des corps qui peuvent être réducteurs et agir comme tels vis-à-vis de certaines combinaisons et demeurer sans action sur d'autres, parce que leur affinité pour l'oxygène, le soufre, etc., ne croît pas avec la température aussi vite que celle de ces derniers. Le choix des corps réducteurs et la température propre à la réduction dépendent donc des circonstances [1].

(b) Des meilleurs agents de Réduction.

Dans les opérations métallurgiques, les corps réducteurs que l'on met en action sont principalement le carbone et l'oxyde de carbone; l'hydrogène joue un rôle de moindre importance dans la sidérurgie; il n'apparaît que comme produit secondaire et peut intervenir alors pour réduire certains oxydes.

Dans quelques cas particuliers que nous signalerons en décrivant les divers procédés de fabrication, on utilise aussi comme réducteurs le fer, le manganèse, le silicium, le phosphore et l'aluminium.

---

[1] On sait que certains corps se décomposent ou se *dissocient* par la chaleur seule, sans l'intervention d'autres corps. A mesure que la température s'élève et se rapproche de celle à laquelle la dissociation se fait, les affinités des éléments, qui composent ce corps, les uns pour les autres, diminuent, de sorte que la décomposition, ou la réduction est plus facile à obtenir.

Le carbone, l'oxyde de carbone et l'hydrogène n'ont point les mêmes propriétés au point de vue de la réduction, et il est de grand intérêt pour les métallurgistes de bien connaître la façon dont se comporte chacun de ces corps.

La température à laquelle le carbone s'oxyde dépend de l'état physique sous lequel il se présente, et est comprise entre 400 et 800°[1]; au-dessous de 400°, le carbone (charbon de bois, coke, anthracite, graphite) n'agit pas comme réducteur. Son affinité pour l'oxygène croît avec la température et atteint son maximum à la chaleur blanche éblouissante. L'oxyde de carbone résultant de cette combinaison résiste aux plus hautes températures qu'on ait pu produire jusqu'à ce jour, il ne se dissocie pas d'une manière sensible et ne se comporte comme oxydant vis-à-vis d'aucun corps, ce qui concorde avec l'augmentation de l'affinité du carbone pour l'oxygène par la chaleur et en est la conséquence naturelle[2].

La combustion de l'oxyde de carbone est plus facile que celle du carbone; il prend alors un second atome d'oxygène et se transforme en CO_2; dès 400° la combinaison peut s'opérer; l'acide carbonique qui en résulte est d'autant moins stable que la température est plus élevée. D'après les recherches de Sainte-Claire-Deville, il commence à se dissocier de 1.000 à 1.200° en se transformant en un mélange d'oxyde de carbone et d'oxygène. Vers 2.600 la décomposition est à peu près complète[3]. Il en résulte que : 1° la transformation de CO en CO^2 est d'autant plus difficile que la température est plus élevée; 2° que l'acide carbonique devient un puissant moyen d'oxydation pour les corps dont l'affinité pour l'oxygène est plus forte que celle de l'oxyde de carbone aux hautes températures et 3° que le pouvoir réducteur de l'oxyde de carbone diminue quand la température s'élève au-dessus de celle à laquelle la dissociation de CO_2 commence. Pour que CO puisse réduire un oxyde, il faut donc en employer une quantité d'autant plus grande que la température est plus élevée, afin que l'acide carbonique qui se forme se trouve noyé dans un volume d'oxyde de carbone assez grand, pour que son action oxydante soit contrebalancée par l'action réductrice de CO.

[1] Cependant le carbone est attaqué par l'oxygène libre à la température ordinaire et il se produit de l'oxyde de carbone ; cette action, néanmoins, est extrêmement lente. (*Poggendorfs Annalen*, vol. CLX, p. 353.

[2] Dans certaines conditions particulières, cependant, CO se décompose en $C + CO^2$,
$$2CO = C + CO_2.$$
Cet effet se produit au contact de surfaces rugueuses, ou même au contact de certains corps. On trouvera dans le chapitre VII (propriétés chimico-métallurgiques du fer) des détails sur la décomposition de l'oxyde de carbone au contact de l'oxyde de fer, mais les températures dont nous disposons ne produisent pas à proprement parler la dissociation de l'oxyde de carbone. Pour plus amples renseignements consulter : de Fehling, *Neues Handwörterbuch der Chemie*, T. III, p. 988 ; *Berichte der deutschen chemischen Gesellschaft*, T. XVII, p. 1361. *Comptes-rendus*, T. LX, p. 322.

[3] *Comptes-rendus*, LVI, p. 729. Gruner, *Traité de métallurgie*, I, p. 57.

Étant donné un mélange de ces deux gaz, CO et CO_2, agissant sur un corps oxydé, il peut y avoir oxydation ou réduction suivant que le degré de chaleur sera plus ou moins élevé.

D'après les expériences de M. L. Bell[1], pour que le mélange soit neutre, c'est-à-dire sans action par rapport au fer, il faut qu'il soit composé de la manière suivante en volume :

> à la chaleur blanche.   90 % de CO   10 % de CO_2
> au rouge vif........   68 % de CO   32 % de CO_2
> au rouge sombre....   40 % de CO   60 % de CO_2.

L'oxyde de carbone se présentant naturellement à l'état gazeux, entre facilement en contact avec les corps sur lesquels il doit agir, il les enveloppe, il pénètre dans les pores, tandis que le contact avec le carbone est moins complet en raison de l'état plus ou moins volumineux des fragments en présence. Lorsque les corps à réduire sont à l'état liquide, ils sont plus intimement en contact avec le carbone qu'avec l'oxyde.

Il résulte de ce que nous venons d'établir :

1° *que le meilleur agent de réduction aux basses températures est l'oxyde de carbone ;*

2° *que le carbone est un agent de réduction d'autant plus énergique, que la température est plus élevée ;*

3° *qu'il est le seul auquel on puisse recourir aux plus hautes températures.*

Les corps *facilement réductibles* sont ceux qui peuvent céder leur oxygène à l'oxyde de carbone ; les corps *difficiles à réduire* ne perdent leur oxygène qu'à la chaleur blanche, par conséquent au contact du carbone.

Au point de vue de la réduction, l'hydrogène se comporte de la même manière que l'oxyde de carbone.

La combustion de l'hydrogène produit de la vapeur d'eau qui, d'après les expériences de Sainte-Claire-Deville, se dissocie vers 1.000°, et est entièrement décomposée à 2.500°. Déjà, à une température moins élevée, la vapeur d'eau a une action oxydante sur le fer dont l'affinité pour l'oxygène est développée par la chaleur. Il est donc nécessaire lorsqu'on veut se servir de l'hydrogène comme réducteur d'en employer un excès d'autant plus grand que la température est plus élevée.

Le carbone incandescent est oxydé par la vapeur d'eau ; il se produit de l'oxyde de carbone, si la température est élevée, de l'acide carbonique si elle est relativement basse ;

$$C + H_2O = CO + 2H$$
$$C + 2H_2O = CO_2 + 4H ;$$

---

[1] L. Bell. *Production et consommation de la chaleur dans les hauts-fourneaux*, 1870.

dans les deux cas le produit de ces réactions est ce qu'on désigne sous le nom de *Gaz à l'eau* dont il sera question plus loin.

L'hydrogène qu'on rencontre dans le gaz de beaucoup de fours métallurgiques, et souvent en notable proportion, ne peut donc agir comme réducteur sur les oxydes faciles à réduire.

(c) **Influence que la présence d'un 3ᵐᵉ corps exerce sur la Réduction.**

Lorsque deux corps doivent agir l'un sur l'autre, la réaction se fait plus facilement si un troisième corps doué d'affinité pour le produit de cette réaction se trouve en présence des deux premiers. Quelquefois même la présence de ce 3ᵐᵉ corps est indispensable pour que la réaction ait lieu. C'est ainsi que la silice, par exemple, qui ne peut être réduite par le carbone seul, même aux températures les plus élevées, perd son oxygène en présence du fer, parce que le silicium résultant de la réduction de la silice a beaucoup d'affinité pour le fer et qu'il se combine avec ce corps dès qu'il a pris naissance au rouge vif. Le phosphore a pour le fer une affinité plus grande que celle du silicium, mais si la scorie, en présence de laquelle se trouve l'acide phosphorique produit, est siliceuse, cet acide phosphorique n'a aucune tendance à se combiner avec elle, il ne se forme donc pas. Il en est autrement quand cette scorie est basique.   -

On rencontre dans la métallurgie du fer beaucoup de phénomènes de ce genre qui peuvent être expliqués d'une façon analogue et nous aurons occasion de rappeler fréquemment cette loi lorsque nous décrirons les procédés de fabrication.

2. — Combustion complète, combustion incomplète.

(a) Notions préliminaires.

On dit qu'une combustion est complète lorsque les produits qui en résultent ne contiennent plus aucune partie combustible ; ces produits sont ordinairement à l'état gazeux.

Les produits de la combustion complète du carbone ne contiennent que de l'acide carbonique en mélange avec l'azote de l'air qui a servi à la combustion, et, lorsque le combustible brûle avec dégagement de flamme, avec une certaine quantité de vapeur d'eau ; la combustion serait incomplète, si on trouvait dans les produits qui en résultent, de l'oxyde de carbone, des hydrocarbures, des matières goudronneuses ou de la fumée.

Lorsqu'on a pour but de développer la plus grande quantité de chaleur possible, on doit s'efforcer d'obtenir une combustion complète puisqu'à tous les éléments combustibles qui ne sont pas brûlés correspond une certaine quantité de chaleur qui aurait pu être développée et qui ne l'a pas été.

Les opérations métallurgiques, en raison des réactions chimiques qu'il s'agit de produire, ne permettent pas toujours de réaliser la combustion complète. Lorsqu'on veut opérer, par exemple, une fusion réductrice du minerai de fer, si on brûlait entièrement le carbone en le transformant en acide carbonique, les propriétés oxydantes de ce dernier gaz ne permettraient pas d'atteindre le résultat cherché.

Pour obtenir à volonté une combustion soit complète, soit incomplète, on doit employer des moyens différents qui dépendent de la manière dont le combustible, auquel ils s'appliquent, se comporte à la température de combustion, en présence de l'oxygène. Les combustibles auxquels nous faisons allusion sont le carbone, l'oxyde de carbone, l'hydrogène et les carbures d'hydrogène.

(b) Carbone et oxyde de carbone. Réduction de l'acide carbonique par le carbone.

La combustion du carbone peut produire soit CO soit CO_2 et on trouve souvent dans les gaz résultant de cette combustion, les deux gaz mélangés dans des proportions variables, proportions dépendant de causes multiples agissant simultanément.

Pour transformer du carbone en acide carbonique, il faut deux fois plus d'oxygène que pour le transformer en oxyde de carbone, ce qui revient à dire qu'une même quantité d'oxygène exige deux fois plus de carbone pour produire de l'oxyde de carbone que pour donner naissance à l'acide carbonique. Donc un excès de carbone tend à former de l'oxyde, un excès d'oxygène, au contraire favorise la formation d'acide carbonique.

Cette loi générale est confirmée par des faits de plusieurs sortes.

Si par exemple on soumettait à la chaleur un mélange d'oxygène et de carbone en poudre, comme cela se réalise dans les fours chauffés par un jet de vent entraînant du charbon pulvérisé, la formation de l'acide carbonique serait favorisée par un excès d'air insufflé. Ce serait là la démonstration la plus simple de la loi susdite. Nous en avons une autre plus fréquente dans les fours à cuve, où le combustible, composé en majeure partie de carbone, sous forme de morceaux d'un certain volume, est en repos ou du moins animé d'un mouvement lent de descente. L'air est doué d'un mouvement ascensionnel à travers les fragments de combustible. Dans ces conditions, la proportion d'oxyde de carbone dans les produits de la combustion sera d'autant plus grande que le four sera plus élevé, puisque le carbone se trouvera en plus grand excès par rapport à l'oxygène, autrement dit une quantité donnée d'oxygène sera en contact avec une masse plus grande de carbone [1].

C'est également dans le four à cuve qu'on peut constater le mieux l'influence d'un contact prolongé entre l'oxygène et le carbone, sur la nature des produits de la combustion. En effet, lorsque l'air traverse une couche épaisse de combustible, si son mouvement ascensionnel se ralentit et si par conséquent le contact des deux éléments, carbone et oxygène se prolonge, on voit se produire une plus grande proportion d'oxyde de carbone. Le plus ou moins d'intimité de ce contact joue également un rôle important et dépend et de la grosseur des morceaux de combustible et de leur degré de porosité : toutes choses égales d'ailleurs, une quantité donnée d'air brûlera moins de combustible et donnera par conséquent naissance à une plus grande proportion d'acide carbonique, si les morceaux sont gros et d'une nature peu poreuse, parce que les surfaces de contact seront moindres que dans les conditions opposées.

Si donc on veut arriver à une combustion complète, c'est-à-dire produire uniquement de l'acide carbonique, on emploiera du coke dense de préférence au coke poreux, et celui-ci plutôt que du charbon de bois ; de même on devra faire choix de combustibles en gros morceaux. Ce sont là des lois expérimentales d'une très fréquente application, et c'est leur connaissance qui permet également de comprendre pourquoi une forte pression de l'air favorise la production de l'oxyde de carbone, tandis qu'une faible pression est plus propre à la formation de l'acide carbonique, de même que la multiplicité des entrées d'air. L'air sous forte pression se présente au carbone à brûler sous plus petit volume, autrement dit la surface de contact du carbone est plus considérable, il se formera donc plus d'oxyde de carbone. Le contraire a lieu si l'air est à faible pression. Les fours à cuve sont chauffés avec des combustibles solides et l'air leur est fourni par des machines soufflantes. Dans ces conditions, il se produit d'autant plus d'oxyde de carbone que la pression est plus grande ; la grande vitesse que l'on imprime à cet air, conséquence de sa forte pression, a également pour résultat la formation d'une proportion plus grande d'oxyde de carbone ; en effet, le choc des molécules d'oxygène contre les fragments de combustible a pour effet immédiat de le faire pénétrer plus profondément dans les interstices et dans les pores combustibles ; et l'oxygène se trouve mis en contact avec une plus grande quantité de carbone. Une faible pression produit un résultat inverse.

La température qui règne dans l'enceinte où a lieu la combustion, a également une influence analogue sur les produits de cette combustion, et les lois

---

[1] Consulter H. Bunte. *Commissionsarbeiten, betreffend die Versuche über die Leistungsähigkeit der Koksgeneratoren, Schlussbericht,* p. 142.

qui président à la réduction des oxydes par le carbone s'appliquent également à la combustion du carbone par l'oxygène libre.

Nous avons établi qu'une température élevée favorisait en général la combinaison de ces deux corps C et O ; or, tandis que l'oxyde de carbone est fixe aux températures les plus élevées que nous puissions produire, l'acide carbonique commence à se dissocier vers 1200° et est complètement décomposé à 2600° et à la pression atmosphérique, en oxyde de carbone et oxygène. Une très haute température donnera donc lieu à une formation d'oxyde de carbone pourvu que le carbone présent soit en quantité suffisante, comme cela se passe dans les fours à cuve où l'air traverse des couches épaisses de combustibles. Si, au contraire, la température de la zone de combustion est basse, la proportion d'acide carbonique sera plus considérable. Aux températures élevées, l'affinité du carbone pour l'oxygène étant plus forte, deux atomes du premier s'unissent à deux atomes du second,

$$2C + 2O = 2CO,$$

tandis qu'à basse température les mêmes deux atomes d'O ne prennent qu'un atome de carbone

$$C + 2O = CO_2.$$

Le rôle que joue ainsi la température du milieu sur la formation de l'oxyde de carbone et de l'acide carbonique fournit la clef de beaucoup de phénomènes, et, dans la description d'un grand nombre d'opérations métallurgiques, nous aurons l'occasion de le rappeler plus d'une fois [1].

Lorsque le carbone est mis en contact avec une quantité d'oxygène supérieure à celle qui est nécessaire pour la formation de l'oxyde de carbone, il se forme de l'acide carbonique, pourvu que la température du milieu ne dépasse pas celle à laquelle commence la dissociation ; cette limite franchie, on trouve dans les produits de la combustion une proportion d'oxygène libre et d'oxyde de carbone d'autant plus grande que la température est plus élevée. Par contre, à mesure que celle-ci vient à baisser, l'oxygène et l'oxyde de carbone mélangés se combinent, et si le premier de ces gaz est en quantité suffisante, le produit final est de l'acide carbonique.

Les lois que nous venons d'exposer s'appliquent naturellement à l'oxyde de carbone considéré comme combustible, toutes les fois qu'il est en présence de l'oxygène aux températures élevées.

---

[1] Des idées tout opposées se rencontrent dans beaucoup d'ouvrages techniques et de revues périodiques. On y lit en effet que l'acide carbonique est le produit de la combustion à haute température ou qu'une température élevée favorise la formation de l'acide carbonique. Cette opinion erronée a donné lieu à un grand nombre de fausses interprétations. Elle est d'ailleurs en contradiction avec ce qu'on peut observer dans la pratique et le lecteur en trouvera une réfutation détaillée dans un article publié en 1882 par l'auteur dans le *Stahl und Eisen*, « *Wird durch hohe Temperatur Kohlensaüre- oder Kohlenoxyd-Bildung befördert* » ? 1882, p. 356.

Il est un phénomène du même ordre, d'une importance particulière, que l'on désigne ordinairement comme une *réduction de l'acide carbonique par le carbone,* et qui pourrait être considéré tout aussi justement comme une *combustion du carbone par l'acide carbonique* avec formation d'oxyde de carbone. Il est évident que, puisque, d'une part l'acide carbonique a d'autant plus de tendance à se dissocier en O et CO, que la température s'élève davantage au-dessus de 1200°, et puisque d'autre part l'affinité du carbone pour l'oxygène croît avec la température, on peut en conclure que la tendance de l'acide carbonique à se dissocier, doit être favorisée lorsque l'oxygène devenu libre trouve du carbone auquel il puisse se combiner.

$$CO_2 + C = 2CO.$$

On est d'autant plus autorisé à considérer l'acide carbonique comme un oxydant qu'il joue ce rôle vis-à-vis d'autres corps que le carbone, le fer par exemple.

La combustion du carbone par l'acide carbonique commence en réalité à s'effectuer à une température beaucoup moins élevée que celle où entre en jeu la dissociation. Naumann et Pistor ont reconnu que l'action de l'acide carbonique sur le charbon de bois se fait sentir dès 550° [1]. Dans d'autres expériences, on a constaté qu'elle était sensible à des températures encore plus basses. D'ailleurs on rencontre là les mêmes influences que celles qui agissent sur la combustion directe du carbone par l'oxygène libre ; la réduction de l'acide carbonique par le carbone est rendue plus facile par un contact prolongé, par une plus grande porosité, par une moindre dimension des fragments de combustible en présence et par une haute température.

L. Bell a étudié l'influence de la compacité du combustible soumis à l'action de l'acide carbonique. Il a fait passer ce gaz dans des conditions identiques sur du coke dur, du coke poreux et du charbon de bois ; il a constaté les résultats suivants en analysant les gaz au sortir de l'appareil :

Avec du coke dense, on avait.. $CO_2 = 94,56 \%$ $CO = 5,41 \%$
Avec du coke poreux .... $CO_2 = 69,81 \%$ $CO = 30,19 \%$
Avec du charbon de bois...... $CO_2 = 35,20 \%$ $CO = 64,80 \%$ [2]

L'influence de la température est mise en évidence par les expériences suivantes d'Akerman qui a fait passer un courant d'acide carbonique pur à travers du charbon de bois et s'est rendu compte de la proportion d'oxyde de carbone produit ; il a obtenu en volumes :

A 319° . . . . CO . . . . néant.
A 393° . . . . CO . . . . 0,4 %.
A 918° . . . . 13,0 % [3].

[1] *Berichte der deutscher Chemischen Gesellschaft*, T. XVIII, 1885, p. 1647.
[2] *The Journal of the Iron and Steel Institute*, 1872, I, p. 74.
[3] Lowthian Bell. *Principles of the manufacture of Iron and Steel*, London, 1884, p. 288.

On doit à Naumann et Pistor des recherches analogues sur l'effet d'une durée plus ou moins grande du contact entre l'acide carbonique et le carbone, autrement dit sur l'épaisseur plus ou moins grande de la couche de combustible traversée. Les résultats de ces études ont été consignés dans l'article que nous avons indiqué plus haut. (Berichte der deutschen chemischen, etc.)

Cette réaction de l'acide carbonique joue un rôle très important dans les opérations métallurgiques. Lorsque le carbone est brûlé par l'oxygène libre, il se produit presque toujours, au premier moment, celui du contact entre les deux corps, de l'acide carbonique et ensuite chaque molécule d'acide carbonique formé s'unit à une molécule de carbone pour donner naissance à de l'oxyde de carbone. Si les circonstances s'opposent à ce que les choses se passent ainsi, la combustion est complète, sinon elle est incomplète.

(c) Hydrogène.

La manière dont se comporte l'hydrogène comme corps réducteur indique les lois qui doivent présider à sa combustion par l'oxygène libre. Ce gaz brûle facilement, mais la vapeur d'eau qui résulte de cette combustion commence à se dissocier vers 1000° et, sous la pression atmosphérique, la dissociation est complète à 2500°. L'hydrogène ne peut donc s'unir à l'oxygène au-dessus de cette température, mais la combinaison se fait graduellement à mesure que le mélange du gaz atteint une température inférieure à 2500°.

La vapeur d'eau se comporte vis-à-vis des autres corps comme l'acide carbonique ; son action oxydante augmente avec la chaleur et la transformation de la vapeur d'eau en hydrogène et en oxyde de carbone en présence du carbone incandescent, correspond exactement à la combustion du carbone par l'acide carbonique.

La vapeur d'eau est décomposée par l'oxyde de carbone quand celui-ci est en excès

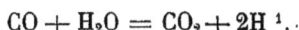

$$CO + H_2O = CO_2 + 2H \text{ [1].}$$

Inversement l'hydrogène en grand excès peut réduire l'acide carbonique

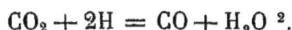

$$CO_2 + 2H = CO + H_2O \text{ [2].}$$

(d) Carbures d'hydrogène.

Ces corps sont composés de deux éléments, l'hydrogène facilement combustible et le carbone qui l'est moins ; aussi lorsque les conditions dans

---

[1] *Stahl und Eisen*, 1886, p. 4 (Blass). *Berichte der deutschen chemischen*, etc., T. XVIII, pages 1647, 2724, 2894 (Naumann et Pistor).

[2] Lowthian Bell. *Principles*, etc., page 312.

lesquelles s'opère la combustion ne sont pas favorables à une combustion complète, les carbures d'hydrogène se décomposent-ils. L'hyrogène brûle, et le carbone reste soit à l'état de fumée ou de suie, soit uni à une certaine proportion d'hydrogène sous forme de carbures moins hydrogénés, comme les goudrons. La fumée et la suie que l'on remarque dans un grand nombre de foyers, dénotent donc une combustion incomplète.

La combustion du carbone des hydrocarbures est, comme celle du carbone libre, favorisée par une haute température, et même en présence d'une proportion d'oxygène suffisante pour la combustion complète, il se forme d'autant plus d'oxyde de carbone que la chaleur est plus forte ; l'oxygène en excès se combine ensuite avec l'oxyde de carbone formé quand la température s'abaisse. Si tout le carbone et brûlé, il ne se forme ni suie, ni goudrons.

(e) Moyens à employer pour assurer une combustion complète; règles générales.

1° *On ne peut obtenir une combustion complète avec des combustibles qui brûlent avec flamme, et surtout avec ceux qui contiennent des hydrocarbures, qu'en employant un excès d'air.* Lorsque le combustible est à l'état gazeux, on doit le mélanger avec une quantité d'air supérieure à celle qui serait strictement nécessaire pour le brûler entièrement.

Si le combustible est solide, il est nécessaire qu'il soit traversé par une quantité d'air assez grande pour brûler tous les gaz qui constituent la flamme ; il faut, en outre, qu'il y ait de l'oxygène en excès dans les produits de la combustion.

Avec des combustibles brûlant sans flamme, comme le charbon de bois, le coke, l'anthracite, on peut arriver à une combustion complète avec un excès d'air d'autant plus faible 1° que les morceaux de combustibles sont plus gros et plus denses, 2° que la pression est plus faible, et 3° que l'acide carbonique formé au premier contact, est ramené plus rapidement à une température assez basse pour que sa décomposition par le carbone n'ait pas lieu [1].

2° *Une haute température dans la chambre de combustion est favorable à la combinaison de l'oxygène avec les éléments combustibles et par conséquent à la combustion complète. L'excès d'oxygène peut être moindre lorsque la tempéra-*

---

[1] C'est en se conformant à ces principes qu'on parvient dans certains appareils métallurgiques, les cubilots, par exemple, où l'air traverse une couche de combustible de plusieurs mètres d'épaisseur, à obtenir une combustion presque complète. Il suffit d'employer du coke dense en gros morceaux, du vent à faible pression et très divisé, passant rapidement dans le four, et de charger une assez grande proportion de fonte pour que les produits de la combustion se refroidissent promptement.

ture est intense. Il est bien entendu que, dans le cas des combustibles flambants, il faut tenir compte des indications que nous avons données ci-dessus.

La fumée et les dépôts de suie sont d'autant plus faciles à éviter que la température est plus élevée. Lorsque l'air doit traverser une couche épaisse de combustible non flambant, il se produit un phénomène qui semble en contradiction avec la loi précédente. En effet, ainsi que nous l'avons dit plus haut, l'élévation de température augmente l'affinité entre le carbone et l'oxygène, ce dernier s'unit donc à deux fois plus de carbone que lorsqu'il se forme de l'acide carbonique, et il se produit de l'oxyde de carbone.

Il est aisé de faire disparaître la contradiction apparente qui résulte de ce phénomène en faisant remarquer que, dans ce dernier cas, non seulement il n'y a pas excès d'oxygène dans l'enceinte où il se manifeste, mais qu'au contraire c'est le carbone qui est en grand excès.

3° *Le mélange intime de l'air et du combustible est favorable à la combustion complète.* Il est clair que, comme toutes les combinaisons, celle qui nous occupe est facilitée par la multiplicité et l'étendue des surfaces de contact, or, le mélange intime est le meilleur moyen de réaliser cet accroissement de surfaces. Il en résulte que les combustibles gazeux brûlent habituellement avec plus de facilité que ceux qui sont à l'état solide et qu'ils exigent un moindre excès d'air pour la combustion complète [1].

Les combustibles en poussière se comportent comme ceux qui sont à l'état de gaz, lorsqu'on les introduit dans une chambre de combustion, intimement mélangés à l'air qui doit les brûler. Nous y reviendrons dans la troisième partie (fours à puddler, système Crampton).

4° *Les corps inertes qui se trouvent mélangés à ceux qui doivent entrer en combinaison par combustion, c'est-à-dire à l'oxygène, au carbone et à l'hydrogène, rendent plus difficile à réaliser, la combustion complète.* L'air est composé, comme on le sait, de soixante-dix-sept parties d'azote et de vingt-trois parties d'oxygène ; l'azote est inerte, la combustion sera donc beaucoup plus vive dans l'oxygène pur. Lorsqu'il y a flamme, c'est-à-dire jet de gaz combustible brûlant, à mesure qu'on s'éloigne du point de départ de cette flamme, l'oxygène se trouve dilué dans une proportion de plus en plus grande de gaz inertes, produits de la combustion et azote ; aussi la combustion serait-elle plus difficile vers la pointe de la flamme, si, d'un autre côté, la température qui va croissant vers cette même pointe n'apportait une compensation. Néanmoins lorsqu'on n'emploie pas quelqu'artifice pour faciliter la combinaison de l'oxygène dilué avec le gaz à l'extrémité des flammes, on y constate souvent la présence de la fumée. Un excès d'air correspond donc

---

[1] Pour rendre intime le mélange de gaz combustible et d'air on peut, par exemple, donner aux deux éléments des vitesses différentes au moment où ils se rencontrent. Nous entrerons d'ailleurs dans de plus grands détails à ce propos en décrivant les fours.

à un excès de gaz inerte, et peut avoir une influence fâcheuse ; il en faut un cependant pour assurer la combustion complète, mais on devra le réduire au strict nécessaire si on veut utiliser convenablement le combustible.

3. — Production de la chaleur et température de combustion.

(a) Production de la chaleur.

Lorsqu'un corps est destiné à servir de combustible, lorsqu'en le brûlant on a pour but principal de produire de la chaleur, la valeur qu'on peut lui attribuer dépend surtout de la quantité de chaleur que peut dégager par sa combustion l'unité de poids de ce corps, autrement dit de son *pouvoir calorifique*. Nous savons qu'on emploie, pour comparer ou mesurer les quantités de chaleur, *la calorie*, et que celle-ci représente la quantité de chaleur nécessaire pour élever d'un degré la température d'un kilogramme d'eau.

Il y aurait donc grand intérêt, à notre point de vue, à connaître non seulement les pouvoirs calorifiques des combustibles, mais encore ceux de beaucoup d'autres corps qui jouent un rôle dans la métallurgie du fer. Dans certaines opérations, en effet, une partie des métaux ou des combinaisons métalliques en présence est oxydée, et cette oxydation est accompagnée d'un dégagement de chaleur; dans d'autres cas, au contraire, il se fait une réduction et une certaine quantité de chaleur devient latente, qui est précisément égale à celle qu'aurait produite l'oxydation du corps ; et alors, si on veut que la température de ce corps se maintienne, on doit lui fournir une quantité correspondante de chaleur empruntée à une source étrangère.

Nous ne connaissons malheureusement, que d'une manière très imparfaite, les pouvoirs calorifiques des corps qui interviennent dans la métallurgie du fer et nous devons dans la plupart des cas nous contenter d'appréciations vagues ou de valeurs approximatives quand nous voulons soumettre au calcul, au point de vue des quantités de chaleur absorbées ou développées, la plupart des réactions de la sidérurgie.

Le fer, le manganèse et en général les corps qui peuvent former avec l'oxygène plusieurs combinaisons, doivent avoir comme pouvoir calorifique des valeurs différentes suivant que l'oxydation aura produit telle ou telle combinaison; or on n'a pu déterminer expérimentalement qu'un petit nombre de ces valeurs et la pratique, d'accord avec la théorie, nous apprend que la formation des différents produits d'un même corps ne dégage pas toujours une quantité de chaleur proportionnelle à la quantité d'oxygène combinée [1].

---

[1] On trouve dans les *Thermochemischen Untersuchungen de Thomsen*, vol. III, p. 527 la phrase suivante : « Lorsqu'un métal se combine avec l'oxygène en plusieurs proportions, on

Toutes les réactions chimiques donnent lieu à un dégagement ou à une absorption de chaleur et deux réactions inverses produisent des phénomènes calorifiques inverses. Il se produit donc des phénomènes calorifiques lorsque le fer s'unit au manganèse, au carbone, au silicium, au phosphore, au soufre, etc., corps qui jouent dans la métallurgie du fer un rôle très important. Il en est de même pour ce qui concerne la formation et la décomposition des silicates, des phosphates, etc., la décomposition des oxydes hydratés, des carbonates de fer et de manganèse, lesquels constituent des minerais fréquemment employés ; les effets calorifiques de ces réactions sont fort peu connus.

Les pouvoirs calorifiques des corps les plus importants pour la métallurgie du fer ont, d'après l'état actuel de nos connaissances, les valeurs consignées ci-après.

Carbone. — Fabre et Silbermann [1] ont trouvé que le pouvoir calorifique du carbone varie suivant son état moléculaire (graphite, charbon de bois, diamant). Il oscille entre 7770 et 8080 calories, lorsque le produit de la combustion est de l'acide carbonique. La différence entre ces deux chiffres est si faible qu'il est inutile d'en tenir compte puisqu'il ne peut être question que de données approximatives. Nous admettrons donc que 1^{kil} de carbone solide développe 2473^{cal} en se combinant avec $\frac{4^{kil}}{3}$ d'oxygène et en produisant $\frac{7^{kil}}{3}$ d'oxyde de carbone et 8080^{cal} en se combinant avec $\frac{8}{3}$ d'oxygène pour produire $\frac{11^{kil}}{3}$ d'acide carbonique.

Dans les deux cas le carbone est transformé en gaz et ce changement d'état absorbe de la chaleur ; c'est ce qui explique la grande différence que l'on constate entre les deux pouvoirs calorifiques.

La chaleur dégagée n'est pas proportionnelle à la quantité d'oxygène absorbé par une même quantité de carbone. La proportion d'oxygène passe de 1 à 2 et les quantités de chaleur de 1 à 3.

Oxyde de carbone. — Le pouvoir calorifique de l'oxyde de carbone se transformant en acide carbonique peut se déduire de ce qui précède ; en effet, puisque $\frac{7}{3}$ d'oxyde de carbone développent $8080 - 2473 = 5607$ calories, il s'en suit que 1^{kil} d'oxyde de carbone en se combinant avec $\frac{4^{kil}}{7}$

remarque presque toujours qu'au produit normal de l'oxydation correspond la plus grande chaleur de combinaison, autrement dit, que c'est cette combinaison qui, proportionnellement à la quantité d'oxygène absorbé, dégage le plus de chaleur. »

[1] *Annales de Chimie et de Physique*, série III, tome XXXIV. Explication de la différence entre les résultats obtenus. Hans Jahn, *Die Grundsätze der Thermochemie*, 2e édition, p. 15.

d'oxygène pour former $\dfrac{11^k}{7}$ d'acide carbonique dégagera 2403 calories [1].

Hydrogène. — Lorsque l'hydrogène se combine à huit fois son poids d'oxygène pour former de la vapeur d'eau, son pouvoir calorifique est d'après Regnault 28700^{cal} ; il est de 34462^{cal}, si le produit de la combinaison est à l'état liquide, mais dans les questions de combustion il n'y a pas lieu de tenir compte de ce dernier chiffre.

Carbures d'hydrogène, combustibles naturels. — Lorsqu'on prend pour base du calcul du pouvoir calorifique de ces corps leur composition chimique élémentaire, on n'arrive jamais à un résultat qui soit d'accord avec les constatations expérimentales des faits ; la raison en est que l'on ignore quelle est la nature des phénomènes calorifiques qui se produisent au moment de la formation ou de la décomposition des combinaisons chimiques qui constituent ces corps. On a pu déterminer par expérience les pouvoirs calorifiques des bois, des tourbes, des lignites et de la houille, nous les indiquerons lorsque nous passerons en revue ces divers combustibles.

Parmi les carbures d'hydrogène dont la composition est bien déterminée, nous devons signaler l'*hydrogène protocarburé ou gaz des marais* et l'*hydrogène bicarboné oléfiant*, le premier CH_4 se combine à quatre fois son poids d'oxygène pour former de l'eau et de l'acide carbonique en dégageant 12000^{cal} [2].

Le second C_2H_4 en se transformant de la même façon en eau et acide carbonique dégage 11200^{cal} [3].

Fer. — On doit se préoccuper de la chaleur de combustion aussi bien pour le phénomène de réduction que pour ceux de combustion ; le fer se combine avec l'oxygène en plusieurs proportions parmi lesquelles le protoxyde FeO et le sesquioxyde F_2O_3 ont une composition bien définie, tandis que celle de l'oxyde magnétique auquel on attribue la formule Fe_3O_4 est plus variable et comprise entre FeO et Fe_2O_3. Dans ces dernières combinaisons la chaleur dégagée est d'autant plus faible que le produit est plus oxygéné.

Dulong a trouvé qu'un kilogramme de fil de fer brûlant dans l'oxygène et produisant de l'oxyde magnétique, dégage 1648^{cal} [4].

Andrews n'a trouvé que 1582 [5] ; il est probable que cet écart tient à une différence dans le degré d'oxydation qui ne devait pas être le même dans les

---

[1] D'après Berthelot $\dfrac{7^{kil.}}{3}$ d'oxyde de carbone développent 5683 cal., par conséquent 1^k doit développer $2436^{cal.}$ (*Annales de Physique et de Chimie*, série V, tome XIII, p. 13.)

[2] Thomsen, *Berichte der Deutschen*, etc., vol. XIII. p. 1324.

[3] Nauman, *Die Heizungsfrage*, p. 49.

[4] *Poggendorff's Annalen*, tome 45, p. 161.

Poggendorff's Annalen, tome 75, p. 45.

deux cas. Le fer brûlant vivement forme Fe_3O_4, mais ce degré d'oxydation n'est pas toujours atteint. Il est probable que le nombre trouvé par Dulong correspond à un produit plus oxydé, et par conséquent, plus près de l'oxyde magnétique puisqu'il est le plus élevé. C'est donc ce nombre que nous emploierons dans nos calculs, 1648[cal], pour la transformation du fer en oxyde magnétique.

D'après Fabre et Silbermann, 1[kil] de fer passant par voie humide à l'état de protoxyde, dégage 1352[cal] [1].

Or, on admet que l'oxyde magnétique est composé de protoxyde et de sesquioxyde.

$$Fe_3O_4 = FeO + Fe_2O_3.$$

On en conclut, en employant les nombres fournis par Dulong, Fabre et Silbermann, que 1[kil] de fer dégage 1796[cal] lorsqu'il passe à l'état de sesquioxyde.

Nous admettrons donc que l'oxydation du fer, ou la réduction de ses oxydes produisent les effets calorifiques suivants :

(a) La quantité de fer étant 1 :

La formation ou la réduction du protoxyde dégage ou absorbe . . 1350[cal]

La formation ou la réduction de l'oxyde magnétique dégage ou absorbe. . . . . 1648[cal]

La formation ou la réduction du sesquioxyde dégage ou absorbe . 1796[cal]

(b) Ce qui revient à dire en prenant pour l'oxygène la valeur de 1 que l'on aura :

Dans le premier cas . . . . 4732[cal]

Dans le second cas. . . . . 4326[cal]

Dans le troisième cas . . . . 4190[cal]

Manganèse. — De toutes les combinaisons du manganèse avec l'oxygène, celles qui jouent un rôle dans la métallurgie sont d'abord le protoxyde MnO, ensuite le bioxyde MnO_2. Le premier se rencontre dans les scories et les laitiers d'où on peut l'extraire par fusion réductrice, le second constitue, sous différents noms, l'un des principaux minerais de manganèse.

D'après Thomsen, 1[kil] de manganèse dégage 1723[cal] en passant à l'état de MnO et 2115 en se suroxydant à l'état de MnO [2]. 1[kil] d'oxygène dégagera 5918[cal] dans le premier cas, et 3635 dans le second ; la réduction de ces mêmes oxydes absorbera les mêmes quantités de chaleur [2].

Aluminium. — On emploie depuis peu ce métal comme désoxydant d'un bain de fer et d'acier. D'après Thomsen, 1[kil] d'aluminium dégage 7090[cal] en

---

[1] *Annales de Chimie et de Physique*, série III, tome XXXIV.

[2] *Thermochemische Untersuchungen*, vol. III, p. 269 et 526. Le nombre indiqué par Thomsen se rapporte au poids atomique du manganèse et est 94770[cal].

formant l'alumine Al_2O_3. Un kilogramme d'oxygène en formant l'alumine, dégage donc 8124^{cal} [1].

Silicium. — La silice ou acide silicique anhydre est le seul composé oxygéné du silicium qui joue un rôle en sidérurgie. D'après Troost et Hautefeuille, la chaleur dégagée par la combustion de 1^{kil} de silicium transformé en silice, est de 7830 calories ; un kilogramme d'oxygène brûlant du silicium pour produire de la silice développe 6830 calories. (Comptes-rendus, t. LXX, p. 254, 1870.)

Phosphore. — D'après Dulong, 1 kil. de phosphore dégage 5760 calories en passant à l'état d'acide phosphorique anhydre, soit 4464 calories par kilogramme d'oxygène absorbé. L'acide phosphorique est le seul produit oxygéné du phosphore qui joue un rôle en sidérurgie [2].

(b) **Températures de combustion.**

La chaleur développée par une combustion est immédiatement absorbée par les produits qui en résultent, par l'azote de l'air, par les cendres de combustible, etc. : il en résulte pour tous ces éléments un accroissement de température qui est en relation avec le poids de chacun d'eux et avec sa chaleur spécifique. Si nous désignons par C le nombre de calories développées, par t l'accroissement des températures, P_1, P_2, P_3 les poids des éléments en présence, s_1, s_2, s_3 leurs chaleurs spécifiques, on aura évidemment

$$C = t(P_1s_1 + P_2s_2 + P_3s_3 + \ldots)$$

d'où on tirera pour l'accroissement de température

$$t = \frac{C}{P_1s_1 + P_2s_2 + P_3s_3 + \ldots}.$$

En réalité la température de combustion est moins élevée que ne l'indique le calcul, parce qu'une partie de la chaleur est absorbée par des corps qui ne prennent pas part à la réaction tels que les parois des fours, etc.

Néanmoins, si on connaît les poids et la chaleur spécifique des corps qui absorbent ainsi de la chaleur, on peut calculer la température qu'on atteindra réellement en ajoutant au dénominateur de la formule ci-dessus un ou plusieurs termes formés du produit de ces poids par la chaleur spécifique correspondante.

La formule permet donc de comparer les températures que pourraient

---

[1] *Thermochemische*, etc., vol. III, p. 239. D'après Berthelot la chaleur produite serait 7900^{cal}. *Journal of the Iron and Steel*, etc. 1890, tome II, p. 172.

[2] *Poggendorff's Annalen*, vol. 45, p. 461.

Thomsen, Abria et Andrews ont trouvé des nombres peu différents. Consulter Thomsen. *Thermoschemische*, etc., tome II, p. 226.

fournir les divers combustibles et de reconnaître jusqu'à quel point chacun
d'eux pourra être utilisé dans chaque cas particulier [1]. L'examen de cette
formule conduit à un certain nombre de conclusions intéressantes.

C'est ainsi que l'on reconnaît que la température théorique de combustion
est indépendante de la quantité de combustible employée, puisque le numérateur et le dénominateur de la fraction augmentent ou diminuent ensemble
et proportionnellement à cette quantité. On peut en conclure que dans un
appareil quelconque, la température réelle de combustion s'élèvera à mesure
qu'on augmentera la quantité de combustible consommée dans l'unité de
temps, pourvu que les corps étrangers à la réaction, tels que les parois des
appareils, etc., qui absorbent de la chaleur, n'en fassent pas perdre, dans le
même temps, une proportion plus grande. C'est là, d'ailleurs, un fait qu'on
peut observer même en dehors de la métallurgie [2].

On voit en outre que la température s'élèvera lorsqu'à la chaleur dégagée
par la combustion, on en viendra ajouter une certaine quantité provenant
d'une autre source, par exemple en chauffant le combustible ou l'air destiné
à la combustion, puisque, les corps à échauffer ne changeant pas, on accu-
mulera sur eux une plus grande quantité de chaleur. Le numérateur C de la
fraction augmentera sans qu'il y ait de changement au dénominateur ; par
conséquent t croîtra proportionnellement à C et on aura ainsi un puissant
moyen d'obtenir de très hautes températures.

Supposons, par exemple, un kilogramme de carbone à 0° brûlé par de
l'air à même température et produisant de l'oxyde de carbone en dégageant
2472 calories. Il faut $\frac{4}{3}$ d'oxygène pour brûler 1 de carbone et ces $\frac{4}{3}$ d'oxygène
sont accompagnés de $\frac{4}{3} \times \frac{77}{23}$ d'azote. Le poids d'oxyde de carbone résultant de la combustion sera de $1^k + 1^k,33 = 2^k,33$ dont la chaleur spécifique est 0,248 ; l'air employé a apporté $\frac{4}{3} \times \frac{77}{23} = 4,46$ d'azote dont la
chaleur spécifique est 0,244. La température théorique de combustion du
carbone passant à l'état d'oxyde sera donc

$$t = \frac{2472}{2,33 \times 0,248 + 4,46 \times 0,244} = 1486°,$$

mais si le carbone a été chauffé à l'avance par les gaz chauds provenant de
la combustion, ce qu'il est facile d'obtenir, quand ces gaz et le combustible
cheminent en sens inverse, et si ce carbone a atteint, par exemple, au mo-

---

[1] Dans les anciens traités de métallurgie la température de combustion était désignée sous
le nom de *effet calorimétrique pyrométrique* du combustible.

[2] Il en résulte également que la température d'un four s'élèvera ou s'abaissera, si le rapport entre le poids du combustible consommé et des matières à fondre ou à chauffer augmente ou diminue.

ment où il arrive au point où il sera brûlé, la température de 1200°, la chaleur spécifique du carbone étant supposée représentée par 0,220, chaque kilogramme de carbone rapportera

$$1200 \times 0,220 = 264^{cal}.$$

Si enfin l'air lui-même destiné à la combustion est chauffé préalablement dans des appareils spéciaux à une température de 400°, sa chaleur spécifique étant 0,237, et la quantité nécessaire à la combustion du kilogramme de carbone, $1^k,33 + 4,46 = 5^k,79$, nous aurons un nouvel apport de

$$400 \times 5,79 \times 0,237 = 548^{cal}.$$

La chaleur disponible deviendra

$$2472 + 264 + 548 = 3284^{cal}.$$

Comme le poids des corps qui reçoivent cette quantité de chaleur est resté le même, la température effective de combustion sera :

$$t = \frac{3284}{2,33 \times 0,248 + 4,46 \times 0,244} = 1973°.$$

On voit, par cet exemple, qu'on peut élever considérablement la température de combustion sans changer la proportion de combustible, en apportant de la chaleur prise à une source étrangère, ce qu'il est facile de réaliser, si on chauffe au préalable le combustible d'une part, l'air destiné à la combustion de l'autre. On a fréquemment recours à des combinaisons de ce genre en métallurgie, tantôt avec les combustibles solides comme dans les hauts-fourneaux, tantôt avec les combustibles gazeux, dans un grand nombre de fours.

Inversement, la température s'abaissera si les corps sur lesquels la chaleur doit se répartir augmentent en poids sans que la quantité de chaleur développée ou apportée subisse un accroissement correspondant.

De deux combustibles dégageant le même nombre de calories, celui qui exigera pour sa combustion la plus grande quantité d'air produira la température la moins élevée, et tout excès d'air abaissera encore cette température. Or nous savons que pour produire la combustion complète, sans laquelle une partie du combustible reste inutilisée, il est indispensable qu'on fournisse à la réaction un excès d'oxygène ; nous savons également que cet excès peut être d'autant plus faible que la température du milieu est plus élevée ; c'est là un motif de plus pour emprunter de la chaleur à une source étrangère, c'est-à-dire pour chauffer au préalable le combustible et l'air comme on le fait par exemple, dans les fours alimentés avec du gaz. On facilite, de cette manière, la combinaison du carbone avec l'oxygène, on ramène au minimum l'excès d'air à fournir, et la température peut s'élever sans autre limite que le point où la dissociation intervient.

La vapeur d'eau, qui provient de l'humidité du combustible ou de celle de l'air, agit comme l'air en excès en entraînant une certaine quantité de cha-

leur ; la présence de ce corps est d'autant plus nuisible que sa chaleur spécifique est supérieure à celle de tous les autres produits gazeux ; elle atteint
0,475.

Aussi les combustibles humides permettent-ils très difficilement d'obtenir
une température élevée.

On obtiendrait des températures de combustion beaucoup plus élevées,
s'il était possible d'enrichir l'air en oxygène soit en y mélangeant une nouvelle
quantité de ce gaz soit en le privant de tout ou partie de l'azote qu'il contient. On ne connaît malheureusement aucun moyen économique d'obtenir
ce résultat.

4. — Transmission de la chaleur.

Dans la plupart des cas, les corps sont chauffés au moyen de la chaleur
provenant de la combustion de substances particulières auxquelles on a donné
le nom de combustibles ; ce sont les produits gazeux de cette réaction qui
transmettent la chaleur.

Les conditions les plus favorables à l'absorption de la chaleur ainsi trans-
mise, sont les suivantes :

1° Une différence aussi grande que possible entre la température des corps
qui apportent la chaleur et celle des corps qui la reçoivent ; il faut donc que
les produits de la combustion soient très chauds. Si nous désignons par t
cette différence de température, la vitesse de transmission de la chaleur,
d'après les expériences de Dulong et Petit, croît proportionnellement à $t^{1,233}$,
d'où il résulte que tout ce qui augmentera la température de combustion,
facilitera la transmission de la chaleur.

2° Un contact prolongé entre les produits de la combustion et les corps à
chauffer ; la nécessité de cette condition se démontre d'elle-même ; on y
trouve l'explication de beaucoup de faits qui se présentent dans la pratique.
Plus le contact entre les produits gazeux de la combustion et les corps à
échauffer se prolonge à l'intérieur d'un four, plus la quantité de chaleur
cédée par les gaz est considérable, et plus ces derniers se trouvent refroidis
avant de s'échapper du four.

3° Un développement aussi grand que possible de la surface de contact
entre les corps qui fournissent la chaleur et ceux qui la reçoivent.

4° Une grande conductibilité des corps à chauffer ; la chaleur qu'ils reçoivent à leur surface passera plus facilement dans l'intérieur.

5° La circulation en sens contraire des corps qui fournissent la chaleur et
de ceux qui la reçoivent. Cet artifice connu sous le nom de *système des courants contraires ou inverses,* produit d'excellents effets ; non seulement, on
prolonge ainsi la durée du contact, mais encore, ce qui est plus important,
on arrive à maintenir plus longtemps que par tout autre moyen, la différence

de température entre les éléments des deux courants en contact. Si on imagine une enceinte fermée dans laquelle les gaz pénètrent d'une façon continue par une extrémité avec leur chaleur maximum, tandis que les matières solides à chauffer arrivent par l'extrémité opposée et cheminent en sens contraire, les gaz céderont de la chaleur à ces matières tout le long de leur parcours, et, si celui-ci est assez long, sortiront à une température très peu supérieure à celle que possèdent les matières à leur entrée. Si au contraire le courant gazeux et celui des matières solides arrivent par la même extrémité et cheminent dans le même sens, ou bien si les matières à chauffer sont immobiles, les gaz ne peuvent se refroidir qu'à la température que les matières ont déjà acquise sous l'action du courant chaud. L'absorption de chaleur qui dans le cas des courants inverses pouvait presque arriver à porter les matières à chauffer à la température initiale des gaz est ici plus faible, et l'utilisation de la chaleur beaucoup moins complète.

A consulter.

(*Nota*). On trouvera dans tous les traités de physique des indications sur les températures de combustion et sur la manière de les mesurer. Pour obtenir des renseignements détaillés sur les phénomènes en question, on peut consulter les ouvrages ci-dessous.

L. Gruner, *Traité de métallurgie*. Paris, 1877, p. 43-70-36-61.

A. Ledebur, *Die öfen für metallurgische Processe*. Freiberg 1878, p. 1-23.

C. Schinz, *Dokumente betreffend Hohofen*. Berlin 1868.

F. Siemens, *Ueber den Verbrennungsprocess mit besonderer Berücksichtigung der praktischen Erfordernisse*. Berlin 1887.

F. Fischer, *Feuerungsanlagen für häusliche und gewerbliche Zwecke*. Karlsruhe 1889.

A. Ledebur, *Reduction und Oxydation, Berg-und-hüttenm. Ztg.* 1879, p. 393.

R. Akerman, *Verhalten von oxydirtem, etc. Oester. Zeitsch. f. Berg und Hüttenwesen*, 1876, p. 425.

A. Ledebur, *Wird bei der Verbrennung, etc. Stahl und Eisen*, 1882, p. 356.

Naumann und Pistor, *Ueber Reduction etc. Berichte der deutschen chemischen Gesellschaft*, tome XVIII, p. 1647.

CHAPITRE III

COMBUSTIBLES

On donne le nom de combustible, dans le sens le plus large du mot, à tout corps qui dégage en brûlant une quantité de chaleur utilisable; à ce titre, le fer, le manganèse, le silicium, le phosphore et l'aluminium peuvent être rangés parmi les combustibles utilisés en métallurgie, puisque la chaleur dégagée par la combustion de ces corps joue un rôle important dans certains procédés de fabrication qui, sans ce secours, ne pourraient être employés avec succès.

Dans ce qui va suivre, nous ne nous occuperons que des corps qu'on désigne sous le nom de combustibles dans le sens strict du mot, et qui n'ont pas d'autre emploi que la production de la chaleur.

1. — Combustibles solides crus.

(a) Bois.

Le bois se compose essentiellement de cellulose, de substances minérales et d'eau.

La composition chimique de la cellulose est représentée par la formule $C_6H_{10}O_5$.

On trouve dans les cendres de 50 à 70 % de carbonate de chaux, jusqu'à 25 % de sels alcalins et de 2 à 13 % de silice; enfin une petite quantité de sulfates et de phosphates. La proportion de phosphore dépasse rarement 2 %.

La quantité d'eau varie avec la nature du bois; elle diminue lorsque le bois abattu reste exposé à l'air ; nous indiquons ci-dessous la proportion moyenne d'eau contenue dans les diverses essences de bois arrivés à maturité au moment de l'abattage.

Charme. . . . . 19 %
Erable. 27
Frêne. 29
Bouleau. 31
Chêne. 35
Hêtre 40
Pin. 40
Sapin 43
Mélèze 49

Dans le bois le plus jeune, la proportion d'eau peut s'élever à 60 %.

Si on laisse le bois refendu exposé longtemps à l'air, deux ans au moins, dans un endroit sec et aéré la proportion d'eau s'abaisse peu à peu jusqu'à 20 % et même pour certaines essences jusqu'à 17 %. On ne peut pousser plus loin la dessiccation qu'en soumettant le bois à une température comprise entre 125 et 150°.

Le bois absolument sec est un mélange de cellulose, de cendres et du résidu de la sève, lequel contient de l'azote. La composition élémentaire moyenne est la suivante :

	Avec les cendres	Sans les cendres.
Carbone.	49,7	50,5
Hydrogène	6,0	6,2
Oxygène.	41,3	42,3
Azote.	1,1	1,0
Cendres	1,9	»
Total	100,0	100,0

Tous les bois absolument secs ont à peu près la même composition à laquelle il suffit d'ajouter 20 % d'eau pour avoir celle du bois séché à l'air.

Si on élève la température au-delà de 150° le bois commencera à se décomposer et si on le chauffe à l'abri de l'air jusqu'au rouge naissant il se transforme en charbon dont le poids est d'environ le quart de celui du bois.

Tous les conifères ainsi que le tilleul, le saule et le peuplier sont des bois tendres, le hêtre, le chêne, l'orme, le bouleau sont des bois durs.

Le stère de bois séché à l'air pèse en moyenne de 350 à 450^{kg} lorsqu'il est d'essence dure, 250 à 300^{k} en essence tendre; le poids dépend de la grosseur des morceaux et de la proportion d'eau.

Plus le bois est sec et plus son pouvoir calorifique est élevé[1] c'est-à-dire qu'un poids donné de bois dégagera en brûlant un nombre de calories d'autant plus grand qu'il contiendra moins d'eau; 1 kilogramme de bois entièrement privé d'eau hygrométrique dégage par la combustion 3.800^{cal}, tandis

---

[1] Th. Erhard. *Tabellen zur Feuerungskunde*. Freiberg, 1878.

que simplement séché à l'air et contenant 20 % d'eau il n'en fournit
que 2.900.

Le pouvoir calorifique des corps combustibles se détermine par diverses méthodes
Berthier l'obtenait en faisant réduire au combustible à étudier une certaine quantité
d'oxyde de plomb ; Dulong le calculait en partant de l'analyse élémentaire du combustible ; Berthelot le brûle doucement par l'oxygène pur dans un calorimètre
après l'avoir enfermé dans un vase en platine. Cette dernière méthode est la seule
qui soit réellement à l'abri de toute critique, mais l'appareil employé par Berthelot est d'un prix trop élevé pour être à la portée des laboratoires d'usines.
M. Mahler a modifié cet appareil qui ne permettait de soumettre à l'expérience que
de petites quantités de matière, il a remplacé le vase en platine par une bombe en
acier émaillée à l'intérieur d'une capacité beaucoup plus grande ; tout laboratoire
d'usine peut aujourd'hui étudier la valeur des combustibles qui lui sont présentés.
C'est un véritable service que M. Mahler a rendu à l'industrie.
Voir les bulletins de la Société d'encouragement, T. VII, p. 317 et suivantes, et le
Génie civil, T. XX, p. 197. (V).

Séchage artificiel. — La présence de l'eau ayant l'inconvénient d'abaisser
la température de combustion, il devient parfois très important de l'éliminer
autant que possible. Pour arriver à ce résultat, on chauffe le bois un peu au-
dessus de 100°, ce qui est malheureusement toujours une opération coûteuse. On dispose le bois dans de légers wagons en fer qui circulent dans
une longue chambre en maçonnerie construite de façon que la vapeur dégagée puisse facilement s'échapper au dehors. Cette chambre est chauffée au
moyen d'un courant d'air chaud, ou plus simplement par les produits de la
combustion d'un foyer placé à l'extrémité, ou bien encore au moyen de
tuyaux logés dans la chambre et traversés par un courant de gaz chauds.

Il ne faut pas perdre de vue qu'en laissant exposé à l'air, à la température
ordinaire, du bois séché artificiellement, on est certain qu'il absorbera de
l'eau et reviendra peu à peu à ce qu'il était après un simple séchage à l'air.
Par conséquent, si on veut utiliser les propriétés du bois séché à 150°, il faut
le consommer immédiatement.

(b) Tourbe.

La tourbe est le produit de la décomposition de certaines espèces de plantes sous l'action simultanée de l'air et de l'eau ; il s'en forme constamment
même à l'époque actuelle. Dans les conditions propres à cette transformation, l'oxygène qui constitue un des éléments de la plante se dégage, il y a
absorption considérable d'eau, la proportion de carbone augmente, mais, en
raison des matières terreuses en suspension dans l'eau qui baigne les plantes,
la teneur en cendres est souvent considérable.

La tourbe se rencontre principalement dans la zone tempérée, tantôt dans
les vallées, tantôt sur les hauteurs ; elle est très répandue en Allemagne, où

on l'utilise sur un grand nombre de points comme combustible industriel. La France, la Grande-Bretagne, la Russie, la Scandinavie en possèdent également des gisements importants.

L'extraction de la tourbe se fait tantôt à bras, tantôt au moyen de machines. Dans le premier cas, si elle se présente avec une consistance suffisante, on la divise en briquettes prismatiques au moyen d'outils appropriés qu'on nomme *louchets*, puis on fait sécher ces briquettes à l'air libre sur une aire, ou en piles à travers lesquelles on assure une facile circulation à l'air ; c'est la *tourbe découpée*. On augmente la consistance de la tourbe en asséchant les tourbières, si cependant pour une raison quelconque on ne peut donner à cette matière, du premier coup, la forme de briquettes, on l'extrait comme de la terre puis on la malaxe dans une fosse en la piétinant ou en la battant, on la transforme en briquettes moulées comme de l'argile à briques et on la fait sécher, on a alors ce qu'on appelle de la *tourbe moulée*. Après le malaxage et le mélange de cette variété de tourbe, on peut se contenter de l'étendre sur le sol pour qu'elle acquière de la consistance par le séchage, puis on la foule, on la bat et on la découpe en fragments aussi réguliers que possible, et on termine le séchage en empilant les morceaux comme on le fait pour les briquettes ; c'est la tourbe désignée en Allemagne sous le nom de *Backtorf* ou *Breitorf*. L'extraction et la préparation de la tourbe peu consistante coûte de 15 à 20 % de plus que celles des briques coupées au louchet, mais la matière est plus dense et plus résistante.

Il existe une grande variété de machines pour l'extraction de la tourbe ; les premières ne faisaient que l'extraction, tandis que les plus récentes hachent les fibres et mélangent les divers éléments, quelquefois même, elles font subir au mélange une préparation mécanique qui sépare les matières inorganiques, puis elles lui donnent une forme régulière sous une pression convenable ; d'autres délaient la tourbe broyée dans l'eau ; dans ce cas, la pâte obtenue est répandue sur des aires de séchage, et découpée quand elle a acquis la consistance nécessaire. Dans le premier cas on a la *tourbe pressée*, et dans le second *la tourbe broyée à la machine*.

Nous renvoyons aux ouvrages spéciaux indiqués à la fin de ce chapitre, pour la description de ces machines. La tourbe extraite par des machines diffère de celle qu'on extrait à bras, par une plus grande homogénéité, elle est plus résistante et peut supporter le transport sans donner lieu à un aussi grand déchet. La tourbe pressée à l'avantage d'être plus dense, elle se comporte mieux pendant le transport, elle occupe moins de volume, est moins hygrométrique, etc.

La composition élémentaire de la tourbe, déduction faite de l'eau et des cendres, est variable, mais on peut admettre qu'elle est en moyenne comme suit :

$$\begin{array}{ll} \text{Carbone} \dots \dots \dots & 60 \\ \text{Hydrogène} \dots \dots \dots & 6 \\ \text{Oxygène et azote} \dots \dots & \underline{34} \\ & \overline{100} \end{array}$$

Il est difficile d'employer ce combustible quand on veut obtenir des températures élevées, puisqu'il contient une forte proportion d'eau et souvent beaucoup de cendres. Dans la tourbe fraîche, on trouve au moins 80 %, d'eau ; celle qui a été séchée à l'air en retient encore 25 %. A 100°, elle perd presque complètement cette eau, mais dès qu'elle est exposée à l'air libre, elle en reprend une égale quantité ; c'est une propriété qu'elle partage avec le bois.

Quant à la proportion de cendres, on regarde comme exceptionnellement pure la tourbe qui ne contient que 0,5 %, ; comme très bonne, celle qui en renferme 5 %, ; à 10 %, c'est la tourbe ordinaire, elle devient inutilisable s'il y en a plus de 25 %,. Ces cendres se composent de silice, d'oxyde de fer, d'alumine et de chaux avec un peu d'alcali, de magnésie et d'acide phosphorique ; ce dernier corps dépasse rarement 2 %, des cendres et est souvent en beaucoup moindre proportion. Le résidu de la calcination en vase clos de la tourbe séchée à l'air pèse, en général, 35 %, du poids de cette tourbe, déduction faite des cendres.

Si on fait abstraction de l'eau et des cendres, on peut admettre comme pouvoir calorifique de la tourbe 5300cal, mais la tourbe ordinaire à 8 %, de cendre et 25 %, d'eau ne dépasse pas 3500cal. D'après les expériences de Brix, 1k de tourbe contenant de 8 à 10 %, de cendres et 25 %, d'eau, appliqué à la production de la vapeur, vaporise autant d'eau que 1k,200 de bois ; si donc on admet que le bois développe par sa combustion 2900cal, la tourbe atteindra le chiffre de 3500cal.

Si on veut appliquer la tourbe à des opérations qui exigent une haute température, il est indispensable de lui enlever préalablement son eau hygrométrique. On y arrive en la chauffant à environ 100° dans des chambres analogues à celles qu'on emploie pour la dessiccation du bois. Le lecteur trouvera des détails sur les dispositions de ces appareils dans le traité de Hausding et de Birbaum, indiqué au nombre des ouvrages à consulter.

Nous avons fait remarquer que la tourbe devait être employée sans retard dès qu'elle a été séchée artificiellement, sans quoi elle reprend de l'eau à l'atmosphère. Il faut donc que les chambres de séchage se trouvent à proximité des foyers où ce combustible doit être consommé.

(c) Lignite.

Ce combustible est formé de débris végétaux de l'époque tertiaire ; de tous les combustibles minéraux proprement dits, c'est celui dont la formation est la plus récente.

On distingue plusieurs sortes de lignites d'après l'état physique et la composition chimique de la matière.

Bois fossile.

Cette variété de lignite a conservé très nettement la structure du bois : il se compose évidemment de morceaux d'arbres devenus roux par suite d'une transformation partielle et que les couches successives accumulées au-dessus d'eux ont fortement comprimés. On peut fendre ces morceaux de bois et les brûler comme du bois ordinaire. La composition de la matière brune qui constitue ce bois fossile varie dans les limites suivantes :

Carbone . . . . de 57 à 67 %.
Hydrogène . . . . de 6 à 5 %.
Oxygène et azote . . . . de 37 à 28 %.

Plus la transformation est avancée, plus la matière est riche en carbone. La proportion d'eau s'élève à 30 % ; elle arrive quelquefois à 50 % dans le bois fraîchement extrait. Cette eau s'évapore en grande partie par une simple exposition à l'air, mais, en séchant, ce liquide tombe en poudre, ce qui en rend l'emploi difficile.

Abstraction faite de l'eau hygrométrique et des cendres, il possède un pouvoir calorifique de 5500^{cal} environ, mais ordinairement avec l'eau et les cendres qu'il renferme, il ne dépasse pas sensiblement 3400^{cal}.

La proportion de cendres est habituellement de 4 %, elle atteint parfois 15 %. Le poids du mètre cube varie entre 550 et 750^k, suivant la proportion de cendres et d'eau.

Lignite terreux.

Ces lignites ressemblent au produit de la transformation des petites plantes dans les tourbières ; comme le bois fossile, ils contiennent une forte proportion d'eau et de cendres ; leur composition est à peu près la même. L'état terreux de ces matières s'oppose à leur emploi dans la métallurgie.

Lignites proprement dits.

Ils se distinguent des précédents par une plus grande dureté, une plus grande ténacité, une cassure conchoïdale et une plus grande résistance à l'effet des agents atmosphériques. En outre ils ont l'avantage de contenir plus de carbone et moins d'eau hygrométrique, et par conséquent sont d'une plus grande valeur comme combustibles. Leur couleur varie du brun au noir, la poussière est brune. On donne le nom de *lignite bitumineux* ou *gras* à une variété spéciale qui renferme une grande quantité de carbone et d'hydrogène et fort peu d'oxygène ; elle prend feu facilement et brûle avec une flamme longue et fumeuse.

La composition de ces lignites, déduction faite des cendres et de l'eau, varie entre les limites suivantes :

	LIGNITES ORDINAIRES	moyennes	LIGNITES BITUMINEUX	moyennes
Carbone	de 65 à 75	69,5	de 70 à 80	75,5
Hydrogène	de 6 à 4	5,5	de 6 à 8	5,5
Oxygène et azote . .	de 29 à 21	25,0	de 24 à 12	19,0

La proportion d'eau hygrométrique dépasse rarement 10 $^0/_0$. Quant à la teneur en cendres, elle est généralement supérieure à 3 $^0/_0$ et peut atteindre 30 $^0/_0$. On y trouve fréquemment du soufre et des pyrites; le phosphore s'y rencontre rarement en quantité notable ; la calcination en vase clos donne un résidu fixe dont le poids est d'environ 45 $^0/_0$ de celui du lignite sec et exempt de cendres.

Si on fait abstraction des cendres et de l'eau hygrométrique, le pouvoir calorifique du lignite peut s'élever à 7 ou 8000^{cal}; le lignite ordinaire développe en moyenne 5500^{cal}. Le poids du mètre cube est de 700^k environ pour des morceaux de grosseur moyenne.

Dans un grand nombre d'usines, ces combustibles constituent une ressource précieuse et reçoivent un grand nombre d'applications diverses.

(d) Houilles et Anthracites.

La houille et les anthracites sont les combustibles les plus importants au point de vue de la métallurgie du fer ; ils se rencontrent en couches considérables dans les terrains anciens et secondaires et surtout dans le terrain dit carbonifère. Pour n'en citer qu'un exemple, les couches de houille occupent dans l'Amérique du Nord une étendue de plusieurs centaines de kilomètres carrés et présentent souvent une épaisseur dépassant quinze mètres.

Les houilles se distinguent des lignites, qui sont de formation plus récente, par une couleur généralement plus foncée, par la teinte franchement noire de leur poussière, par une densité plus grande et un rendement plus considérable à la calcination. La structure du bois qui a formé les houilles a presque complètement disparu.

Les houilles diffèrent entre elles par leurs propriétés physiques et leur composition chimique. Comme nous le verrons plus loin, la manière dont une houille se comporte dépend des éléments qui la constituent. Cette règle, cependant, est sujette à quelques exceptions ; deux houilles, par exemple, ayant même composition élémentaire, laissent des résidus différents, de nature et de poids, à la calcination, ce qui prouve que les éléments qui les composent ne sont pas groupés de la même manière.

Quelques houilles jouissent d'une propriété qui les fait rechercher dans certains cas ; sous l'action de la chaleur, elles se ramollissent et se collent, on les dit *collantes* ou *grasses*. Celles, au contraire, qui se rapprochent des anthracites ou des lignites ne collent jamais, ce qui les rend impropres à la fabrication du coke.

De tous les combustibles naturels, la houille est celui qui retient la moindre quantité d'eau hygrométrique, elle en contient rarement plus de 5 %. Les plus pures ont une teneur en cendres comprise entre 0,5 et 7 % ; rarement cependant elles en ont moins de 4 % ; de 7 à 14 % est la proportion de cendres d'une bonne houille moyenne.

Les cendres de houille se composent en moyenne de 50 % de silice, d'une proportion souvent considérable d'oxyde de fer et d'alumine, d'une quantité de chaux pouvant atteindre 20 %. On y trouve encore un peu d'alcali, moins de 1,2 % d'acide phosphorique, un peu d'acide sulfurique provenant de l'oxydation des pyrites ou combiné avec la chaux.

On ne saurait attacher trop d'importance à connaître exactement la composition chimique des cendres des combustibles que l'on emploie dans la métallurgie du fer ; soit qu'on brûle le combustible sur une grille, soit qu'on le transforme préalablement en gaz dans des appareils spéciaux, ces cendres sont plus ou moins entraînées par la flamme ou le courant gazeux et viennent en contact avec le métal directement, ou par l'intermédiaire d'une scorie à laquelle elles s'incorporent. Elles jouent un rôle plus considérable encore dans les fours à cuve (hauts-fourneaux, cubilots) où elles font nécessairement partie de la scorie résultant de la fusion des gangues et des fondants. Lorsqu'on traite au haut-fourneau des minerais purs n'ayant besoin que de quantités insignifiantes de fondants, elles peuvent constituer à elles seules la scorie qui est en contact intime avec le métal. Il est donc nécessaire d'analyser avec soin les cendres des combustibles et cela d'autant plus que leur composition est excessivement variable d'une houille à l'autre, comme le prouvent les exemples que nous donnons ci-dessous :

PROVENANCE des HOUILLES	SiO_2	Al_2O_3	CaO	MgO	KO	NaO	Fe	Mn	S	P
Grand-Combe.........	51,5	24,4	7,8	2,0	2,6	0,6	10,4	»	1,66	0,15
Trelys...............	49,0	29,0	8,2	2,5	2,35	0,5	7,3	»	1,15	0,12
Molière.............	48,0	26,0	14,6	3,70	»	»	7,3	»	1,01	0 16
Aniche.............	48,5	33,7	2,0	»	»	»	7,9	»	0,11	0,70
Aubin..............	50,0	32,0	5,0	»	»	»	8	»	1,68	0,20
Dowlass............	24,1	20,8	9,4	9,7	»	»	16,0	»	3,50	0,12
id.	39,6	39,2	1,8	2,6	»	»	7,5	»	»	»
Newcastle..........	44,6	26,4	3,6	0,6	»	»	16,0	0,2	0,05	0,04
id.	29,5	22,0	10,6	1,0	»	»	17,8	0,2	3,40	0,06
Pensylvanie.........	61,0	35,0	1,5	0,1	»	»	1,2	»	1,12	»
id.	34,0	34,1	1,5	0,1	»	»	21,0	»	2,00	»
id.	28,4	17,0	11,2	»	»	»	27,0	»	1,50	»
Durham.......	42,1	28,0	6,0	0,2	»	»	12,0	0,3	0,40	0,21

La silice, l'alumine, la chaux et la magnésie entrent dans la composition de la scorie ; de même que la potasse et la soude qui existent toujours en très faible quantité mais ne jouent qu'un rôle insignifiant ; les corps nuisibles sont le soufre et le phosphore. Le soufre se trouve dans les houilles le plus souvent sous forme de pyrites de fer, quelquefois de pyrites cuivreuses, où de cuivre gris auquel cas elles peuvent apporter des métaux tels que zinc, plomb, cuivre, etc. ; souvent aussi il est à l'état d'acide sulfurique en combinaison avec la chaux et constitue du sulfate de chaux en lamelles transparentes quelquefois de plus d'un millimètre d'épaisseur. Nous reviendrons ultérieurement sur l'effet plus ou moins nuisible du soufre à ces divers états.

La plupart du temps lorsque les cendres d'une houille sont de couleur foncée brun noirâtre, brun rouge et rouge, leur teneur en fer est assez forte, et on doit supposer que ce fer provient de pyrites décomposées par la chaleur et oxydées par l'opération qui a expulsé le carbone et le gaz ; les houilles dans ce cas devaient être sulfureuses. L'examen de la couleur des cendres a donc son importance ; il est rare qu'une houille dont les cendres sont blanches ou simplement rosées contienne des quantités dangereuses de soufre. (V.)

Il existe un grand nombre de cas où on doit renoncer à employer certaines houilles parce qu'elles contiennent du soufre en proportion exagérée. Ce soufre peut provenir soit des pyrites mélangées à la houille, soit de corps qui appartiennent à la partie charbonneuse de la houille [1]. La teneur en soufre est fréquemment de 2 %, elle peut même atteindre 3 %. Lorsqu'on carbonise la houille, une partie du soufre est entraînée avec les matières volatiles, le résidu fixe retient l'autre partie.

Outre les corps que nous avons énumérés, on rencontre parfois dans les houille de l'arsenic, du plomb et du zinc en petites quantités.

On a proposé pour les houilles divers systèmes de classification ; nous adopterons celui de Gruner, qui nous semble le plus rationnel ; nous devons rappeler, cependant, que les propriétés physiques de ces combustibles ne correspondent pas toujours exactement à leur composition chimique, comme le suppose le système adopté par Gruner.

Houilles sèches à longue flamme.

Ce type de houille est caractérisé par la longueur de la flamme qu'il produit et qui indique la présence d'une forte proportion de matières volatiles, par un faible rendement en coke et par ce fait particulier que le résidu de la calcination conserve la forme de la matière qu'on y a soumise et ne s'est pas aggloméré. Les fragments se sont désagrégés et fendillés partiellement, le menu est resté pulvérulent.

La composition élémentaire de ce genre de houilles est généralement comprise entre les limites suivantes :

Carbone . . . . de 70 % à 80 % moyenne 77,5
Hydrogène. . . . . de 5,5 à 4,5 — 5,5
Oxygène et azote. . . de 19,5 à 15,5 — 17,0

[1] Lorsque le soufre se présente sous cette dernière forme on le désigne ordinairement sous le nom de *soufre organique*. Voir l'article du Dr Muck sur la teneur en soufre de la houille, cité parmi les ouvrages à consulter à la fin de ce chapitre.

Le rendement à la distillation varie entre 50 et 60 %.

Le pouvoir calorifique, déduction faite des cendres et de l'eau hygrométrique, est compris entre 8000 et 8500^{cal}.

Le mètre cube pèse environ 700^k.

La houille de cette classe, et celle qui est intermédiaire entre cette classe et la suivante se trouve en Allemagne, dans les couches supérieures des mines de la Haute-Silésie, et, en petite quantité, dans le bassin de Sarrebruck. Il en existe de puissants gisements en Écosse où on l'emploie presqu'exclusivement à l'état cru pour l'alimentation des hauts-fourneaux. On en rencontre également dans le Derbyshire, dans le Staffordshire et dans d'autres contrées.

Le fusain appartient à cette classe et se trouve principalement dans les houillères de la Saxe.

Il est caractérisé par sa couleur sombre, sa friabilité, une structure fibreuse et une faible teneur en hydrogène (souvent moins de 3 %) ; la proportion de carbone s'y élève à 76 et même à 80 %.

Houilles grasses à longue flamme.

Ces houilles brûlent, comme les précédentes, avec une flamme longue et fumeuse, mais sous l'influence de la chaleur les morceaux changent de forme : ils se fondent, se collent ensemble et s'agglomèrent. La houille demi-grasse est intermédiaire entre celle-ci et la précédente, elle ne devient pas entièrement pâteuse, les morceaux s'agglomèrent encore, mais ils conservent leur forme primitive.

La composition élémentaire de la houille grasse à longue flamme, pure, est comprise entre les limites suivantes :

Carbone . . . . . de 80 % à 85 %   moyenne 82,0 %
Hygrogène . . . . de 5,8 à 5,0   —   5,5
Oxygène et azote de 14,2 à 10,0   —   12,5

elle fournit une proportion de coke variant de 60 à 68,5 % et donne de 32 à 40 % de matières volatiles.

Cette houille renferme moins de gaz que la houille sèche, mais le gaz possède un plus grand pouvoir éclairant et on préfère ce type à tout autre pour la production du gaz d'éclairage. C'est à proprement parler, la *houille à gaz*. Pour en obtenir du gaz, on la chauffe dans des cornues, où s'opère la distillation, le gaz qui se dégage passe par une série d'appareils qui retiennent le goudron, l'eau, l'acide carbonique, les sulfures, etc., puis il va s'emmagasiner dans des gazomètres, il reste dans les cornues un coke poreux ; d'après MM. Scheurer-Kestner et Meunier, cette houille, déduction faite des cendres et de l'eau hygrométrique, a un pouvoir calorifique compris entre 8500 et 8800^{cal}.

Le poids du mètre cube de cette houille en gros morceaux varie de 700 à 750^k.

En Allemagne on rencontre cette variété de houille dans la Haute-Silésie, en Westphalie et à Sarrebruck. Elle est abondante en France dans le Pas-de-Calais et dans la Loire ; on l'exploite en Belgique près de Mons et en Angleterre à Newcastle et en Ecosse.

Houille grasse proprement dite.

Ces houilles s'enflamment un peu moins facilement que celles des deux classes précédentes ; elles brûlent avec une flamme moins fumeuse. Lorsqu'on chauffe cette variété de houille, elle se comporte comme celle que nous avons décrite sous le nom de « grasse à longue flamme », mais le phénomène qui caractérise celle-ci est encore plus saillant. Le combustible fond d'abord comme de la résine puis se gonfle considérablement par suite du dégagement du gaz ; il convient parfaitement pour la fabrication du gaz d'éclairage et pour celle du coke, c'est aussi celui qu'on préfère pour les forges maréchales et c'est ce qui lui a valu son nom de *houille maréchale*. Dans les foyers de petites forges, en effet, le forgeron dispose au-dessus de la pièce à chauffer une voûte faite avec des menus de houille qui se collent et forment une enceinte solide, de temps en temps il crève une partie de la voûte et la répare avec un peu de menu, de cette façon la houille n'arrive jamais en contact avec le fer qu'après avoir été transformée en coke, c'est-à-dire désulfurée.

La composition élémentaire de la houille grasse proprement dite varie entre les limites suivantes :

Carbone	de 84 à 89 % moyenne	86,5
Hydrogène	de 5 à 5,5 —	5,0
Oxygène et azote	de 11 à 5,5 —	8,5

le rendement en coke est de 68 à 74 % ; la proportion de matières volatiles varie de 26 à 32 % ; le pouvoir calorifique, déduction faite des cendres et de l'eau hygrométrique, est de 8800 à 9300^{cal}, d'après MM. Scheurer-Kestner et Meunier. Elle pèse de 750 à 800^k le mètre cube.

Cette classe de houille forme de puissants dépôts dans la partie basse du cours du Rhin et dans la Westphalie, à Essen et à Bochum ; elle est très abondante également en France, en Belgique et en Angleterre.

Houille grasse à courte flamme. Houille à coke.

Celle-ci s'allume moins facilement que les précédentes, elle est friable, elle donne une flamme courte plus éclairante et moins fumeuse. Soumise à l'action de la chaleur, elle gonfle et se colle ; le résidu de la distillation est plus dense que celui fourni par les houilles grasses précédentes. Plus cette houille se rapproche de l'anthracite et plus la propriété de se coller diminue. Elle perd même spontanément la faculté de s'agglomérer lorsqu'elle reste long-temps au contact de l'air parce qu'elle éprouve une décomposition partielle qui élimine les éléments, produisant l'agglomération.

La composition élémentaire, non compris les cendres et l'eau hygrométrique est limitée par les nombres suivants :

Carbone	de 88 à 91 %	
Hydrogène	de 5,5 à 4,5	
Oxygène et azote	de 6,5 à 4,5	

le rendement en coke est de 74 à 82 %. Quand la proportion de carbone se rapproche de 90 %, la houille se colle difficilement, elle prend les caractères de la classe suivante.

Le pouvoir calorifique est plus élevé que dans toutes les autres variétés de houille, il varie de 9300 à 9600^{cal}.

Les gisements principaux se rencontrent : en Westphalie et sur le cours inférieur du Rhin ; en France, au Creuzot et dans le bassin de Saint-Etienne, dans le Gard, etc. ; en Belgique, dans le bassin de Charleroi ; en Angleterre, dans le sud du pays de Galles et particulièrement dans les environs de Cardiff.

Houille anthraciteuse. Anthracite.

Ces houilles s'allument difficilement, elles sont friables, brûlent avec une flamme courte, presque sans fumée ; du moins la fumée disparaît promptement ; elles éclatent souvent sous l'impression de la chaleur, ce qui en rend l'emploi difficile.

Le résidu de la distillation est quelquefois faiblement aggloméré, mais le plus fréquemment, il reste à l'état de poussière, l'agglomération est aussi faible que celle de la houille sèche à longue flamme.

La composition élémentaire, abstraction faite des cendres et de l'eau hygrométrique, est indiquée ci-dessous :

Carbone	de 90 à 95 %	moyenne	92,0
Hydrogène	de 4,5 à 2	—	3,0
Oxygène et azote	de 5,5 à 3	—	5,0

Le rendement à la distillation est de 82 à 92 %.

La proportion des matières volatiles est comprise entre 8 et 18 %.

Le pouvoir calorifique est de 9200 à 9500^{cal}.

Les gisements de ce combustible sont plus rares que ceux des autres classes de houille. Il en existe quelques couches en Allemagne, près d'Aix-la-Chapelle, et en Westphalie ; en France, au Nord du bassin de Valenciennes et en quelques autres points ; en Belgique, près de Charleroi ; en Angleterre, on les rencontre près de Merthyr-Tydwill. En Allemagne, il est principalement utilisé pour la production de la vapeur et pour le chauffage domestique. Il est recherché pour ce dernier emploi parce qu'il ne produit pas de fumée ; on l'apprécie moins pour la métallurgie. En Pensylvanie, dans l'Amérique du Nord, il en existe un gisement extrêmement important qui couvre un espace de 120.000 hectares et possède une puissance considérable. Il fournit un combustible presqu'exempt de cendres et d'eau hygrométrique, dont la composition chimique se rapproche de celle des meilleurs cokes, aussi est-il employé à l'état cru dans les hauts-fourneaux de certaines régions des Etats-Unis. Il a cependant l'inconvénient de se diviser dès qu'on l'expose à la chaleur et de brûler difficilement comme tous les combustibles de cette classe.

(e) Considérations sur les propriétés des divers combustibles crus.

Résumé. — En comparant les combustibles solides naturels que nous venons d'examiner au double point de vue des propriétés physiques et de la composition chimique, nous remarquons qu'ils forment une série dont les deux termes extrêmes sont le bois et l'anthracite, et dans laquelle l'oxygène diminue graduellement d'un terme à l'autre tandis que la proportion de carbone augmente, et par conséquent, le résidu de la distillation en vase clos. Inversement, la teneur en matières volatiles diminue, en même temps que la composition de ces matières subit des changements considérables.

Pendant la calcination, en effet, l'hydrogène et l'oxygène qui font partie des éléments en présence, s'unissent dans la proportion convenable pour former de la vapeur d'eau. Celle-ci se mêle aux produits gazeux abaissant leur température de combustion. La proportion d'hydrogène, qui reste en excès, passe généralement sous forme d'hydrocarbures avec les matières volatiles dont elle constitue un des éléments combustibles. Le tableau que nous donnons plus loin permet de calculer approximativement la quantité d'hydrogène qui n'est pas absorbée par l'oxygène du combustible, étant donné que 2 d'hydrogène s'unissent à 1 d'oxygène pour former de l'eau [1].

Les combustibles qui contiennent le plus d'hydrogène utile, sont les houilles grasses à longue flamme et les houilles grasses ordinaires. La longue flamme caractéristique, que produisent les houilles du premier type, soit lorsqu'on les fait brûler directement, soit lorsqu'on allume les gaz provenant de leur calcination, provient évidemment du dégagement d'une grande quantité d'hydrocarbure relativement difficile à brûler. Au point de vue de l'utili-

[1] Le calcul que l'on peut faire ainsi ne donne pas des résultats tout à fait exacts parce qu'une partie de l'oxygène est employé à former de l'oxyde de carbone et une partie de l'hydrogène à constituer le gaz ammoniac. Ces deux réactions s'accomplissent, dans une mesure plus ou moins grande, suivant la température et suivant la manière dont les éléments préexistaient dans la matière première. Ainsi deux houilles de même composition élémentaire peuvent donner par la calcination des produits volatils d'une composition chimique très différente.

sation du combustible tant par combustion directe, qu'après transformation en gaz, ce qu'il importe de connaître c'est, plus que la teneur totale en hydrogène, celle de la partie de ce gaz qui peut être utilisée comme élément de chaleur.

L'ordre que nous avons choisi pour le classement des combustibles dans le tableau ci-après fait ressortir ce fait important : que le pouvoir calorifique va en augmentant depuis le bois jusqu'à la houille sèche à courte flamme et qu'ensuite il diminue.

TABLEAU

COMPARATIF DES DIVERS COMBUSTIBLES.

NATURE DES COMBUSTIBLES	Composition chimique des combustibles, abstraction faite des cendres et de l'eau hygrométrique en centièmes.				Résidu de la calcination en vase clos	Matières volatiles	Hydrogène utilisable	Pouvoir calorifique	Eau hygrométrique après séchage à l'air	Cendres
	C	H	O	Az					°/₀	°/₀
Bois.	50,5	6,2	42,3	1,0	25,0	75,0	0,91	3600	20	2
Tourbe	60,0	6,0	32,0	2,0	35,0	65,0	2,00	5000	25-30	6-20
Lignite.	61,5	5,5	33,0		40,0	60,0	1,37	5500	25-40	5-15
Lignite proprement dit. . . .	69,5	5,5	25,0		45,0	55,0	2,37	7000	5-10	3-15
Lignite gros	75,5	5,5	19,0		50,0	50,0	3,13	8000	4-8	3-10
sèche à longue flamme (a)	77,5	5,5	17,0		55,0	45,0	3,38	8200		
grasse à longue flamme houille à gaz (b)	82,0	5,5	12,5		65,0	35,0	3,94	8600		
grasse ordinaire ou houille maréchale (c)	86,5	5,0	8,5		70,0	30,0	3,94	9000	2-4	2-15
grasse à courte flamme houille à coke (d)	89,5	4,5	6,0		78,0	22,0	3,75	9400		
sèche à courte flamme ou anthraciteuse (e)	92,0	3,0	5,0		85,0	15,0	2,37	9200		
Anthracite	94,0	2,0	4,0		92,0	8,0	1,50	9200		

(Houilles)

2. — Combustibles carbonisés. — Carbonisation.

(a) Généralités.

Lorsqu'on expose à une température de plus en plus élevée les combustibles naturels solides, ils commencent à se décomposer vers 150° et à donner naissance à un dégagement d'eau, d'hydrocarbures divers, d'oxyde de carbone, de gaz ammoniac, etc. La manière dont se fait cette décomposition dépend principalement de la température à laquelle elle s'opère ; mais lorsqu'on chauffe un combustible à l'abri de l'air jusqu'au rouge, le résidu est toujours du carbone à peu près pur et des cendres [1].

Les matières volatiles résultant de la décomposition contiennent des éléments combustibles en grand nombre ; leur départ constitue donc une perte lorsqu'on n'utilise pas le pouvoir calorifique qu'elles possèdent.

Quelles que soient les pertes qu'elle entraine, la carbonisation est cependant une opération d'une utilité incontestable, puisqu'elle permet d'obtenir des combustibles brûlant sans flamme, préférables, dans certains cas, à ceux qui, à l'état naturel, ont servi à les préparer. Les décomposition d'un combustible par la chaleur exige une dépense calorifique qui ne peut être faite sans inconvénient dans le moment et dans le milieu où se fait la combustion ; d'un autre côté, si, comme cela se passe dans les fours à cuve où le combustible est en couches épaisses que l'air traverse de bas en haut, il se produisait un dégagement de gaz dans les parties supérieures de l'appareil, les produits de la combustion qui se forment dans la région inférieure seraient gênés dans leur mouvement ascensionnel ; enfin les fragments de combustibles naturels changent de forme en se décomposant sous l'action de la chaleur, et ce fait seul s'oppose à leur emploi dans une foule de circonstances. Les houilles grasses, par exemple, ne pourraient être utilisées là où le coke qui en provient s'emploie avec avantage. Remarquons, en outre, que la température de combustion de la plupart des combustibles naturels et surtout des plus oxygénés, est inférieure à celle que l'on trouve pour le résidu de la calcination de ce même combustible. L'opération de la carbonisation peut donc se justifier dans un grand nombre de cas.   .

Il existe des combustibles qui, carbonisés, donnent un produit peu utilisable. Il est, en effet, nécessaire, en raison des conditions de travail des fours employés en métallurgie, que les fragments de combustible ne soient pas trop menus ; les matières pulvérulentes ne peuvent être brûlées que dans des cas tout à fait spéciaux et, généralement, la valeur des combustibles carbonisés augmente avec la grosseur des morceaux.

Le bois et la tourbe peuvent être carbonisés avec avantage, mais il est inutile de faire subir cette opération aux lignites qui s'effritent sous l'action de la chaleur. Tous les moyens employés pour obtenir de bons charbons de lignite ont échoué jusqu'à présent [2].

Les houilles sèches à longue flamme se comportent d'une façon analogue : beaucoup d'entre elles, cependant, supportent sans se briser une carbonisation modérée, c'est-à-dire l'élimination de la plus grande partie des matières

---

[1] Alors même qu'on élève la température à la chaleur blanche le carbone retient fréquemment un peu d'hydrogène et d'azote.

[2] Consulter les ouvrages indiqués à la fin du chapitre.

volatiles qu'elles contiennent, pourvu que la chaleur ne soit poussée ni trop vivement ni à un degré trop élevé.

Toutes les houilles collantes conviennent à la carbonisation, tandis que l'anthracite et les houilles qui s'en rapprochent s'émiettent ordinairement sous l'action de la chaleur. Si quelques-uns des combustibles de ce type peuvent être carbonisés utilement, l'opération n'en est pas moins difficile. D'ailleurs, la proportion des matières volatiles que contient cette classe de combustibles à l'état naturel, est très faible ; leur carbonisation offre donc peu d'intérêt.

(b) Carbonisation du bois. — Charbon de bois.

Les méthodes que l'on emploie pour préparer le charbon de bois se rattachent à trois types principaux.

Carbonisation en meules.

Cette méthode est la plus ancienne et c'est celle qu'on emploie généralement en Europe. Une meule est un tas de bois établi suivant certaines règles, à l'intérieur duquel on met le feu et qui est recouvert extérieurement de gazon ou de matières analogues, pour que la combustion soit très limitée ; celle-ci est d'ailleurs réglée par des ouvertures ménagées dans le revêtement extérieur et ne doit porter que sur la proportion absolument indispensable pour produire la chaleur nécessaire au succès de l'opération.

La fig. 1 représente la forme la plus ancienne d'une meule. On l'établit en

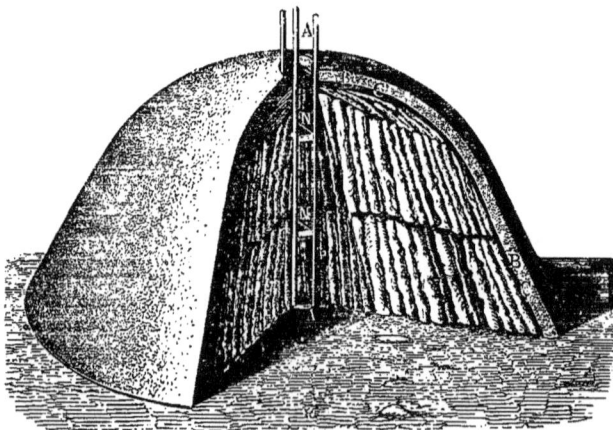

Fig. 1. — Meule à charbon de bois.

procédant de la façon suivante : on commence par damer l'emplacement sur lequel elle doit être dressée, à moins qu'il n'ait déjà servi au même usage, ce qui est préférable, parce qu'on a moins à craindre la production de crevasses

et l'introduction irrégulière de l'air ; au milieu de cet emplacement, on plante
deux ou trois piquets A qu'on maintient à une distance convenable en les
reliant par des traverses N ; on remplit avec des menues branches sèches ou
des combustibles quelconques faciles à enflammer l'intervalle entre ces
piquets et à leur pied on dispose des planchettes minces posées de champ
qui faciliteront l'allumage. A partir de ce point, on place sur le sol un gros
rondin, suivant un rayon du cercle dont les piquets forment le centre ; ce
rondin sera enlevé après le dressage de la meule et laissera un vide par lequel
on pourra introduire le feu jusqu'au centre. Les morceaux de bois à carboniser sont alors dressés, comme le montre la figure, tout autour des piquets
de manière à éviter les vides et on place au-dessus des menues branches
pour donner à la meule la forme approchée d'un paraboloïde de révolution.
La hauteur est de 3 à 4^m et le volume de 100 à 150^{mc}. Quelquefois on fait des
meules plus petites, d'autres fois leur volume atteint 300^{mc}.

Lorsque tout le gros bois est en place, on bouche avec des bûchettes les
vides qui restent à la surface et on recouvre le tout avec des gazons, des
feuilles, de la mousse, des aiguilles de sapins ou de pins ou des matières
analogues, tout autour de la meule et au pied ; sur une hauteur de 0^m,15, on
laisse un vide qu'on garnit de branchages, le revêtement ne commençant
qu'au-dessus ; on remplace quelquefois ces branchages par des bûchettes
portées sur des pierres. Enfin on recouvre le tout d'une couche de terre mêlée
de fraisil d'une cuisson précédente, sur une épaisseur variable de 3 à 12 centimètres. On dresse alors l'abri ou *vire-vent*, qui se compose d'un simple écran en
clayonnage que l'on place à une certaine distance de la meule, du côté où le
vent souffle et on allume. On distingue sur la figure la partie B qui représente la couverture en gazon, en feuilles, etc., et au-dessus une partie plus
noire qui indique la terre et le fraisil mélangés.

Peu de temps après l'allumage, on bouche l'entrée du conduit horizontal
par lequel on a introduit le feu, on garnit le pied de la meule avec de la
terre ; le charbonnier pratique un certain nombre de trous à travers l'enveloppe, de telle sorte que le feu se propage graduellement du sommet vers la
base. Ces trous ou évents se font simplement avec le manche de la pelle, on
en dispose généralement deux rangées sur le pourtour de la meule. En bou-
chant ceux de la rangée supérieure et en pratiquant une autre rangée en dessous de celle qui reste, on fait descendre le feu. Quelquefois, au début de la
cuisson, le dégagement brusque de la vapeur d'eau provoque des explosions
qui soulèvent une partie de la couverture ; il faut déployer une surveillance
active et réparer promptement le dégât, sans quoi l'air pénétrant librement
dans la meule, la brûlerait. Pendant la carbonisation, le volume de bois diminue et il se produit parfois des affaissements partiels ; on doit alors regarnir
avec du bois frais les trous trop profonds, et dans tous les cas maintenir la

couverture en bon état. On ne peut éviter qu'il ne survienne un affaissement général, et l'avantage spécial du genre de couverture que nous avons indiqué est de s'accommoder aux changements de forme et de maintenir la meule à l'abri de l'air pendant toute la durée de la cuisson.

La fumée s'éclaircit quand la carbonisation est terminée, on bouche tous les évents pour étouffer le feu et il ne reste plus qu'à extraire le charbon de bois. On n'enlève généralement que 3^{mc} par jour en n'entamant qu'un seul point de la meule et en réparant avec soin la brèche faite à la couverture sans quoi l'on s'exposerait à voir embraser tout le charbon qui reste. Il faut de 15 à 20 jours pour carboniser une meule de dimension moyenne.

Quelquefois au lieu de disposer le bois comme nous l'avons indiqué, on place les morceaux parallèlement les uns aux autres et horizontalement. La meule a alors la forme d'un rectangle en plan et en coupe transversale et celle d'un trapèze en coupe longitudinale, c'est ce qu'on appelle *la meule couchée*.

Une partie du carbone se combine avec l'oxygène et l'hydrogène contenus dans le bois et disparaît sous forme de gaz pendant la carbonisation, une autre partie est brûlée par l'air qui entretient la combustion, on ne retrouve donc pas dans le charbon produit tout le carbone qui existait dans le bois soumis à la cuisson. On obtient généralement en charbon 22 % du poids du bois. Le rendement est plus grand quand la carbonisation est lente, le bois vieux et sec; il oscille entre les limites extrêmes de 17 % à 28 % et même ce dernier rendement ne peut être obtenu que lorsque la carbonisation n'est pas tout à fait complète.

En volume le rendement est de 60 % vide compris pour le bois comme pour le charbon.

La carbonisation en meules se fait en forêts, à proximité de la coupe de bois. Ce procédé est donc à préférer à ceux qu'on ne peut employer que dans des usines de carbonisation, toutes les fois que les frais de transport des bois à l'usine dépassent une certaine limite, puisque le poids du charbon est beaucoup plus faible que celui du bois qui l'a produit.

La qualité du charbon provenant des meules est excellente lorsque l'opération est bien conduite, mais les produits de la distillation ne sont pas recueillis; il est probable que les conditions dans lesquelles ce mode de carbonisation est usité ne permettront jamais de récolter ces produits avec avantage; on n'a obtenu jusqu'ici aucun résultat satisfaisant en disposant dans les meules des tuyaux destinés à condenser les vapeurs acides, etc.; tous les essais faits dans le même sens ont échoué les uns après les autres.

Carbonisation dans des fours.

On a été amené à employer des fours parce que, malgré la plus active surveillance, la carbonisation en meules ne donne presque jamais qu'un faible rendement et qu'elle est exposée aux entrées fortuites de filets d'air au milieu du combustible. Une enveloppe fixe en maçonnerie ne peut livrer passage à l'air comme la couverture d'une meule qui s'affaisse, aussi, sans être astreint à une attention aussi soutenue, obtient-on dans les fours un rendement plus considérable.

En Europe on emploie rarement les fours, mais dans le Nord de l'Amérique on fait fréquemment usage de ce procédé qui a été importé de Suède. Les formes adoptées sont très variables. Quelquefois on donne aux fours une forme rectangulaire, en les recouvrant d'une voûte cylindrique, dans d'autres cas le four est un cylindre vertical recouvert d'une calotte sphérique ; d'autres enfin sont entièrement coniques. Les premiers ont 15^m de longueur, de 3^m,50 à 5^m de largeur et une hauteur égale ; les seconds ont 8^m,50 de diamètre dans la partie cylindrique, 3^m,50 de hauteur jusqu'à la naissance de la voûte ; les derniers ont à la base un diamètre de 8^m,50 à 9^m et une hauteur de 6^m à 8^m,50. Tous ont deux ou trois rangées d'ouvertures à différents niveaux pour le réglage de l'entrée de l'air.

Dans l'Amérique du Nord on laisse échapper les produits de la distillation. Dans d'autres contrées on a fait des essais pour les recueillir, en plaçant dans les parois des fours des tuyaux dans lesquels circulaient les produits gazeux et où se faisait une condensation partielle. Cette pratique ne semble pas avoir donné d'heureux résultats ; on n'aboutissait qu'à la production d'un charbon de mauvaise qualité et à un faible rendement. La construction des fours absorbe un capital qui doit être amorti ; il faut donc compter cet amortissement dans le prix de revient du charbon et y ajouter les frais de réparation, dépenses qui n'existent pas dans la carbonisation en meules. Ce mode de carbonisation est encore grevé de frais de transports plus considérables puisqu'il faut apporter le bois près des fours et conduire ensuite le charbon des fours à l'usine qui le consomme, tandis que celle-ci pourrait recevoir directement le charbon de la forêt, et des points où le bois est abattu et carbonisé.

D'un autre côté l'emploi des fours permet de carboniser en tout temps ; la main-d'œuvre est moins élevée et le rendement meilleur ; mais cet excès de rendement provient peut-être de ce que la carbonisation est moins complète dans les fours que dans les meules ; enfin les sidérurgistes américains prétendent que le charbon des meules est de meilleure qualité.

[1] On trouvera dans les ouvrages à consulter des dessins de fours à carboniser le bois.

Carbonisation en vase clos.

On a, depuis longtemps, été conduit à opérer en vase clos la carbonisation du bois dans le but de recueillir les produits qui s'échappent en abondance à l'état de vapeur pendant la transformation du bois en charbon. On chauffe, extérieurement, au moyen d'un foyer spécial, les vases, les récipients ou les cornues qui contiennent le bois et on dirige, au moyen de tuyaux, les produits volatils provenant de la décomposition vers les appareils de condensation.

Le but principal que l'on poursuit est de recueillir le vinaigre de bois, et le charbon de bois ne joue le rôle que de produit secondaire. Dans diverses occasions, cependant, on a recommandé l'emploi de ce système dans les usines à fer, et, si nous sommes bien informés, les forges de Rübeland et de Zorge dans le Hartz s'en servent encore actuellement.

On trouvera dans *les ouvrages à consulter* des détails sur les conditions d'installation et sur la marche de cette industrie de carbonisation. Avec 100^k de bois on obtient 20^k de charbon, 1^k d'esprit de bois (alcool méthylique) et 4^k d'acétate de chaux.

On obtient donc, en même temps que du charbon, des produits chimiques qui ont une certaine valeur mais au prix d'un surcroît de dépenses au nombre desquelles il faut compter : la différence des frais de transport entre le bois et le charbon de bois, l'amortissement du capital absorbé par l'installation, les frais de réparation, de manipulations chimiques, le prix du combustible consommé pour le chauffage. Il faut tenir compte également de la moindre valeur du charbon dont la puissance calorifique est plus faible que dans celui qui provient des meules. Il est vrai que le rendement, plus grand, compense le défaut de qualité.

Avant de prendre la détermination d'adopter un pareil procédé, il faut examiner avec soin les conditions locales, s'assurer si la valeur des vinaigres et autres produits chimiques est suffisante pour faire préférer la carbonisation en vase clos à la carbonisation en meules. Il ne faut pas oublier non plus que l'emploi du bois et du charbon de bois dans l'industrie du fer diminue tous les jours à mesure que les moyens de transport se développent ; il est donc fort douteux que la carbonisation en vase clos arrive à prendre pied dans les forges.

Le procédé Pierce employé en Angleterre et surtout en Amérique consiste à cuire le bois dans un four analogue à ceux dits de *boulanger* de 10^m de diamètre et de 5^m environ de hauteur, au moyen des gaz combustibles de l'opération elle-même ; dès que la vapeur a cessé de se dégager, on met en marche l'aspirateur et on envoie les gaz dans les condenseurs, d'où ils reviennent chauffer un four voisin. Il faut 12 à 18 heures pour chasser l'eau et de 6 à 8 jours pour la cuisson complète ; 100^k de bois fournissent :

Charbon de bois.	25,00	\
Alcool méthylique.	0,75	)
Acide acétique	1,00	(
Goudron de bois.	4,00	(100,00
Eau	45,95	(
Gaz combustible	23,00	)

(Voir *Journal of Analytical and applied Chemistry*, T. V, p. 241, planches). (V.)

Propriétés du charbon de bois.

Le charbon de bois est principalement composé de carbone, il contient en outre, avec les matières qui constituent les cendres du bois, une certaine quantité d'hydrogène, d'oxygène et d'azote, même dans le cas où on l'a porté à la chaleur blanche qui n'est jamais atteinte dans les procédés de carbonisation que nous venons de décrire. Exposé à l'air il absorbe une notable quantité de vapeur d'eau et d'air.

Bien que cette propriété soit bien connue, il n'est pas inutile de rappeler que le charbon de bois absorbe les gaz en proportions considérables. Nous aurons occasion de décrire un phénomène du même genre dans la métallurgie du fer, aussi curieux et aussi difficile à expliquer.

Le charbon de bois peut absorber et concentrer dans ses pores :

En gaz ammoniac.	90	fois son propre volume.
En acide chlorhydrique	85	id.
En acide sulfureux	65	id.
En hydrogène sulfuré	55	id.
En protoxyde d'azote.	40	id.
En acide carbonique	35	id.
En hydrogène protocarboné. . . .	35	id.
En oxyde de carbone	9,5	id.
En azote	7	id.
En hydrogène	1,75	id.

entre 100 et 150° il laisse échapper ces gaz et les remet en liberté. (V.)

On peut admettre pour composition moyenne du charbon de bois qui est resté exposé au contact de l'air pendant un certain temps, sans cependant avoir été mouillé, les chiffres suivants :

Carbone.	80,1
Hydrogène.	1,8
Oxygène et azote.	3,1
Eau hygrométrique	12,0
Cendres.	3,0
	100,0

sa puissance calorifique est de 6.900[cal]. D'après Gruner le mètre cube de charbon de bois en morceaux, vides compris, pèse, suivant les essences, pour

le charbon de sapin blanc.	de 125 à 140[kg]
le charbon de sapin rouge et de pin sylvestre	de 140 à 180

le charbon de bois blanc tendre . . . de 140 à 200
le charbon de bois dur. . . . . . de 200 à 240

Les chiffres les plus bas correspondent aux charbons provenant de bois dont la croissance a été rapide ou dont la carbonisation a été trop précipitée, les chiffres les plus hauts aux charbons fournis par des bois venus sur des terrains secs et chauds et produits par une carbonisation lente.

Le charbon de bois de bonne qualité est très noir, dur, sonore ; il noircit à peine les doigts ; si la carbonisation a été trop rapide, ou l'admission de l'air excessive, il est, au contraire, mou, friable, tache les doigts et son pouvoir calorifique est faible. Les charbons cuits à trop basse température restent à l'état de bois imparfaitement carbonisé, ils ont une couleur brune, une grande ténacité, brûlent avec flamme, on leur donne le nom de *fumerons* ou *charbons roux*.

Le charbon de bois conservé dans des halles couvertes éprouve un déchet d'environ 5 % provenant, en partie du fraisil qui s'en sépare, en partie de la transformation d'une faible proportion du carbone en acide carbonique par oxydation lente.

(c) Carbonisation de la tourbe. — Charbon de tourbe.

On carbonise la tourbe comme le bois en meules, dans des fours ou en vase clos. Ces opérations n'offrent que peu d'intérêt pour la sidérurgie et on en trouvera le détail dans les ouvrages que nous indiquons.

On reconnaît facilement dans le charbon de tourbe la structure de la matière employée à sa fabrication ; il est ordinairement léger et spongieux et on ne peut utiliser en métallurgie que celui qui provient de tourbe pressée mécaniquement. La matière extraite au louchet donne un produit beaucoup trop léger. On ne soumet à la carbonisation que la tourbe peu chargée de cendres, le rendement après cuisson étant faible et les matières terreuses n'ayant pas diminué en quantité, le charbon en contient une beaucoup plus forte teneur que la matière à l'état naturel.

Le charbon de tourbe, comme le charbon de bois, renferme toujours une certaine quantité d'hydrogène, d'oxygène et d'azote, il absorbe en outre du gaz et de l'humidité lorsqu'il séjourne dans des magasins.

Quand il est de bonne qualité, sa composition élémentaire est la suivante :

Carbone 70
Hydrogène 2
Oxygène et azote 11
Eau hygrométrique 12
Cendres 5
                                 ———
                                 100

Son pouvoir calorifique est de 6.300^{cal} environ. Un mètre cube de charbon de tourbe pèse 230 à 250^k. Si la proportion de cendres est plus forte il peut atteindre 350^k.

Le résidu de la carbonisation en vase clos de la tourbe séchée à l'air pèse en général 35 °/₀ du poids de la tourbe, déduction faite des cendres.

(d) Carbonisation de la houille. — Coke. — Généralités.

D'après les anciens documents, le but principal que l'on poursuivait en carbonisant la houille était de la désulfurer [1].

Il est probable qu'on attribuait au soufre l'odeur désagréable qui s'échappe des foyers où on brûle de la houille dans de mauvaises conditions, odeur due surtout aux hydrocarbures ; et dans certains districts on désignait sous le nom de désulfuration ce que nous appelons aujourd'hui carbonisation.

C'est en Angleterre et au XVIᵉ siècle que les premiers essais de carbonisation paraissent avoir été faits ; en 1619 Dud Dudley obtint un brevet pour l'emploi du coke à la fusion de la fonte [2].

Ainsi que nous l'avons indiqué précédemment, on emploie pour la fabrication du coke, en première ligne, les houilles grasses, rarement les houilles sèches à longue flamme et jamais les houilles anthraciteuses, si ce n'est en mélange avec les premières. L'agglomération des fragments de houille grasse par la chaleur est une propriété extrêmement précieuse, que possèdent ces sortes de charbons ; on peut en effet, grâce à elle, transformer en gros morceaux de coke des houilles pulvérulentes ; cela permet dès lors de broyer ces houilles lorsqu'elles sont sales, pour les laver et diminuer ainsi la proportion des cendres qu'elles contiennent. On peut donc transformer de cette façon en excellent coke certaines houilles qui, en raison de leur teneur en cendres, n'auraient pu subir avec avantage une carbonisation ; cet artifice permet de satisfaire sans difficulté aux demandes de coke suffisamment pur que peut faire l'industrie.

C'est en 1830 que la préparation mécanique de la houille est entrée dans la pratique et vers 1860 que l'emploi des houilles lavées, pour la fabrication du coke, s'est généralisé [3].

La transformation de la houille en coke est d'autant plus profitable que le

[1] Voir R. C. Galloway, *History of Coal Mining*, Londres 1882, et F. Simmersbach, *Die Koksfabrikation im Oberbergamtsbezirke Dortmund*, Berlin 1887, page 5.

[2] Voir les ouvrages cités plus haut.

[3] Consulter sur le lavage de la houille : R. Lamprecht, *Die Aufbereitung der Steinkohlen*, Leipzig 1888 ; A. Burat, *Épuration de la houille*, etc. Paris 1881 ; Kreischer, *Die Lührigsche Kohlenwäsche, Jahrbuch für das Berg- und Hüttenwesen im Kœnigreiche Sachsen*, 1878, p. 83, 1881, p. 123 ; F. Simmersbach, *Die Koksfabrikation*, p. 22 ; Nimax, *Ueber die Anlage von Kohlenwäschen*, « Stahl und Eisen » 1884, p. 9.

rendement que l'on obtient est plus élevé ; cela conduit à rechercher, pour cet usage, les charbons riches en carbone, voisins des anthracites, bien qu'ils soient moins collants que les houilles à gaz et les houilles maréchales. Il y a, du reste, une relation très nette entre la nature de la houille carbonisée et celle du coke obtenu. Les houilles très gazeuses et très grasses fournissent un coke boursouflé et poreux, relativement facile à écraser et ayant tendance à produire de l'oxyde de carbone ; au contraire les houilles contenant peu de gaz, qui se boursouflent moins et sont d'une agglomération plus difficile, donnent un coke plus dense, plus résistant, avec lequel on obtient plus facilement de l'acide carbonique et préférable à l'autre dans la plupart des cas.

On mélange souvent des houilles de nature différente plus ou moins grasses auxquelles on fait subir une préparation mécanique convenable. On produit ainsi un coke de meilleure qualité qu'on n'eût pu l'obtenir de chacune des houilles carbonisée séparément [1].

La carbonisation de la houille peut s'opérer de différentes façons ; le système à préférer dépend naturellement de la nature de la houille ou du mélange de houilles à traiter.

Carbonisation en meules.

Le procédé de carbonisation en meules est le plus ancien, il est identique à celui qu'on emploie pour le bois, mais ne peut s'appliquer qu'à la houille en morceaux d'une certaine grosseur. On ne peut y traiter les menus, ni par conséquent les charbons qui ont subi une préparation mécanique, ni enfin ceux qui sont de nature très grasse et collante, l'agglomération devant s'opposer au passage de l'air. Une partie du carbone est brûlée dans les meules, d'où un rendement moindre que dans les autres systèmes. Aussi cette méthode est-elle rarement employée aujourd'hui ; on n'en trouve plus actuellement d'exemples qu'en Angleterre et sur quelques points de la Haute-Silésie où on carbonise des houilles grasses peu chargées de cendres et d'un prix peu élevé. Dans la Haute-Silésie, particulièrement à Königshütte, à Borsigwerk, etc., on carbonise aussi des houilles sèches à longue flamme, riches en éléments volatils qu'il serait impossible d'employer à l'état cru dans les fours à cuve. Le coke que l'on obtient se comporte très convenablement.

La fig. 2 représente une meule de houille disposée pour la carbonisation [2]. Comme il est nécessaire de ménager un tirage plus fort que dans les meules à charbon de bois, parce que la houille est d'une combustion plus difficile

---

[1] Lorsque la fabrication du coke a une certaine importance, on fait ces mélanges dans des ateliers spéciaux au moyen de machines spéciales. Les houilles sont mélangées et élevées par des appareils et versées dans des wagons ou des magasins. On trouvera le dessin d'une installation de ce genre dans le bulletin de l'industrie minérale, tome V, pl. XVI.

[2] B. Kerl, *Grundriss der allgemeinen Hüttenkunde*, 2e édit., p. 123.

que le bois et laisse moins de vide entre les fragments, on construit dans l'axe de la meule une cheminée percée de nombreuses ouvertures dans la partie qui doit être entourée par la houille ; cette cheminée est surmontée d'un chapeau en tôle qui permet de régler le tirage ; la figure indique comment la houille est disposée autour de cette cheminée. *DD* sont les canaux qui

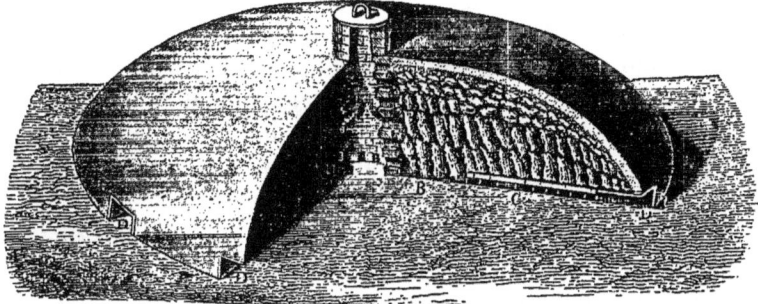

Fig. 2. — Meule à coke.

amènent l'air vers la cheminée ; on les établit en briques, depuis le bord inférieur de la meule, jusqu'au point *C* ; à partir de là ils se continuent en gros morceaux de houille ; on place à la partie inférieure de la meule les plus gros morceaux, au-dessus les fragments d'une moyenne grosseur que l'on recouvre avec les plus menus ; au milieu de ces derniers on ménage quelques canaux en briques prolongés jusqu'à la cheminée et on recouvre le tout de débris de coke. La meule a ordinairement de 1ᵐ,50 à 2ᵐ de hauteur et contient de 10 à 30 tonnes de houille.

On fait l'allumage, soit par la cheminée, soit par les conduits horizontaux ; quelquefois même par la cheminée et les canaux en même temps.

Le rendement en coke varie de 60 à 65 %.

Il est à propos de faire remarquer que là, comme dans tous les procédés de carbonisation, les matières terreuses, qui constituent les cendres, restent complètement dans le coke et que par conséquent, toutes choses égales d'ailleurs, le rendement est plus grand pour les charbons riches en cendres que pour ceux qui le sont moins.

La carbonisation au moyen de meules n'est jamais bien complète ; il en résulte que bien qu'on y brûle une partie de la houille, on obtient un rendement presqu'égal à celui des autres procédés ; parfois même, ce rendement est supérieur à celui de la même houille débarrassée de ses cendres et carbonisée en vase clos.

Fours à coke primitifs.

A mesure que la consommation du coke se développait, on était amené à chercher un procédé qui permît de s'affranchir de l'obligation de ne carboniser que de la houille en gros morceaux, et à établir des fours à coke.

Le plus simple des fours à coke est celui que nous désignons sous le nom de *Schaumburg*, il date de la fin du XIX° siècle. C'est un simple mur d'enceinte dans lequel la meule est dressée et reste à découvert ; la chaleur est plus concentrée et l'admission de l'air est plus facile à régler que dans une simple meule, parce qu'on ménage à différentes hauteurs, dans les murs, des ouvreaux que l'on ferme et que l'on ouvre à volonté au moyen de briques mobiles ; on peut y carboniser la houille grasse ; on les établit cependant encore moins fréquemment que les meules à cause de leur faible rendement qui ne dépasse pas 60 ou 65 %. Cependant la simplicité de leur construction et le bas prix de leur installation justifient quelquefois leur emploi lorsqu'on veut installer rapidement et dans un moment de presse une fabrication de coke importante [1].

Un autre type fort ancien est celui auquel on donne le nom de *fours de boulangers* [2]. C'est une chambre voûtée, ronde ou ovale, munie, à la partie inférieure, d'une ou deux portes pour le chargement et le déchargement et, au sommet, d'une ouverture pour le dégagement du gaz. On commence par chauffer le four en y brûlant de la houille, lorsque les parois sont rouges on introduit la charge et la décomposition se fait immédiatement ; on ferme les portes en laissant entrer seulement, à l'intérieur du four, une petite quantité d'air. Cet air sert à brûler les gaz qui se dégagent, ce qui maintient le four en chaleur. Quand la carbonisation est terminée on ouvre les portes, on tire le coke avec des crochets et dans le four, qui est resté rouge, on introduit, sans retard, une nouvelle charge. Ce système de four a trois inconvénients principaux : on ne peut éviter la combustion d'une partie du coke par l'air introduit pour brûler les gaz, combustion qui est même indispensable pour maintenir la masse à la température nécessaire ; la chaleur est inégalement distribuée, grâce aux grandes dimensions et à la forme des fours ; enfin, lorsque les gaz s'échappent dans l'atmosphère, il se produit une fumée intense qui est très incommode pour le voisinage.

Les fours de boulangers conviennent mieux aux houilles grasses à longue flamme, qui se carbonisent à basse température, qu'à celles qui, peu collantes, ont besoin, pour s'agglomérer, de beaucoup de chaleur ; ils étaient très répandus autrefois, ils le sont moins aujourd'hui qu'on sait transformer en coke des houilles très riches en carbone, et qu'on a constaté que le traitement de ce genre de combustible est le plus avantageux, mais on les rencontre encore fréquemment en Angleterre où la nature de certaines houilles peut justifier leur emploi, bien qu'on puisse leur reprocher un moindre rendement et une fabrication irrégulière. On en trouve également encore

[1] On trouvera des dessins de ces fours dans : B. Kerl, *Grundriss der allgemeinen Hütten-kunde*, 2° édit., p. 124.
[2] En anglais Beehives :Ruches'.

quelques-uns dans la Haute-Silésie où on exploite une grande quantité de houilles faciles à carboniser, et sur divers points de la Westphalie [1]. Ils reçoivent des charges de 6 tonnes et la cuisson d'une charge dure trois jours.

Nouveaux fours à coke.

On ne peut réussir à transformer en coke les houilles très carburées dont le rendement est supérieur et le produit plus dense, qu'en les soumettant à une température élevée et uniforme qu'on ne peut obtenir dans les anciens fours. Aussi, depuis que la supériorité des cokes denses a été reconnue et que la manière de les fabriquer a été découverte, a-t-on proposé un grand nombre de formes de fours destinés à ce genre de carbonisation. Nous les désignons sous l'appellation générale de nouveaux fours pour les séparer nettement des précédents.

Dans tous les nouveaux fours, on trouve comme caractère commun, une chambre étroite, chauffée extérieurement comme une cornue, dans laquelle la houille est enfermée. Ce chauffage extérieur est entretenu par la combustion des gaz qui se dégagent de la houille même, et qui circulent autour des chambres dans des carneaux ménagés à cet effet. Lorsque les dispositions convenables ont été bien observées, même avec des houilles donnant peu de matières volatiles, il reste après leur circulation, assez de chaleur dans les produits de la combustion pour qu'on les utilise encore à un chauffage supplémentaire, à la production de la vapeur, par exemple ; c'est donc le chauffage à travers les parois qui distingue ces fours des fours de boulanger.

Chacune des chambres a la forme d'un prisme creux, tantôt à axe vertical, tantôt, et le plus souvent, à axe horizontal ; pour que le chauffage par les parois fournisse une température assez élevée et uniforme, il est indispensable que le four ait une largeur réduite ; cette dimension varie de 1^m à 0,40 ; elle est d'autant plus faible que la houille est moins collante et exige une température plus élevée pour produire un coke de bonne qualité.

Si on soumettait à un chauffage trop brusque et trop violent, dans des fours étroits, une houille très grasse et riche en gaz, elle se boursouflerait d'une manière excessive, et on n'obtiendrait qu'un coke très léger.

Il faut donc que les fours soient adaptés à la nature de la houille dont on dispose.

Suivant le type adopté et la marche qu'on doit imprimer à l'opération, sa durée varie de 24 à 60 heures. D'ailleurs, les fours de ce système qui sont de

---

[1] La plupart des anciens traités de métallurgie contiennent des dessins de fours de boulangers. Percy, traduction de Petitgaud et Roméo, 1er volume, appendice p. 448 et suiv. ; B. Kerl, *Grundriss*, etc., p. 126. On trouvera les dimensions des fours de boulangers actuels et des détails sur la marche de ces appareils dans Simmersbach, *Die Koksfabrication*, p. 28.

faible capacité ne produisent guère plus de 40 à 45 tonnes par mois ; on les réunit donc par groupes auxquels on donne le nom de *batteries*.

A partir du moment où on les a portés au rouge, ces fours fonctionnent d'une manière continue ; aussitôt la houille chargée, la décomposition commence et les gaz combustibles se dégagent.

Le rendement de ces appareils est plus élevé que celui des anciens, d'une part, parce que la charge est mieux à l'abri du contact de l'air, d'autre part, et principalement, parce qu'on y traite des houilles dont le résidu à la calcination est plus considérable ; on arrive ordinairement à 70 ou 73 % du poids de houille chargée.

Nous allons décrire quelques-uns de ces fours à coke en choisissant de préférence ceux qui peuvent être regardés comme des types, autour desquels se rangent un certain nombre d'appareils plus ou moins analogues ; nous indiquerons aussi ceux qui, par l'importance de leur production, méritent une attention spéciale, et nous énumérerons enfin les ouvrages à consulter sur la matière.

Fours Appolt. — De tous les fours verticaux, ceux-ci sont les plus anciens, et ceux qu'on rencontre encore le plus fréquemment, ils datent de 1854. Les figures 3 et 4 représentent une batterie de ces fours. Un mur d'enceinte enveloppe douze et quelquefois dix-huit cornues *aa* dont la section horizontale est un rectangle qui va en augmentant du haut vers le bas. Ces cornues ont de 5ᵐ à 5,50 de hauteur jusqu'à l'orifice supérieur qui est réduit à un carré de 0ᵐ,29 par l'avancement successif de six assises supérieures de briques. Au-dessous de ces gradins renversés, la section est de 0ᵐ,29 sur 1ᵐ,12, à la base elle est de 0ᵐ,43 sur 1ᵐ,26. Ces cornues sont construites en briques réfractaires de formes spéciales maçonnées avec soin et reliées l'une à l'autre par des grandes briques *cc* qui traversent les parois de deux cornues voisines. Les deux côtés, les plus larges, reposent sur des traverses en fer encastrées dans les piliers qui portent sur les murs d'enceinte et sont soutenues, en outre, par des arceaux en maçonnerie. On ménage, sous chacune des rangées de cornues, une galerie qui traverse le massif de part en part et qui a 1ᵐ,80 de hauteur ; elle sert au service des cornues et au défournement. L'ouverture supérieure, par laquelle se fait le chargement, est fermée, pendant la carbonisation, par un tampon luté avec soin, et l'ouverture inférieure est bouchée par une porte en fonte sur laquelle on jette une épaisseur de 12 à 13 centimètres d'escarbilles, avant d'introduire la charge, pour la protéger contre l'action de la chaleur. C'est par cette ouverture qu'on décharge le coke en le faisant tomber dans des wagonnets disposés pour le recevoir. La forme pyramidale du vide intérieur de la cornue facilite la descente du coke, et les volets en fonte *nn* le dirigent dans les wagonnets.

Les gaz qui se dégagent de la houille sortent des cornues par des fentes *ee*

82 MANUEL DE LA MÉTALLURGIE DU FER

situées sur deux rangs horizontaux à 0ᵐ,60 environ au-dessus du fond, ce qui oblige les gaz à traverser de haut en bas toute la colonne de houille avant de s'échapper. Chaque cornue est munie de 18 de ces fentes, 7 sur chacun des longs côtés et 2 sur les petits. On réserve aussi à 1ᵐ,50 au-dessous de l'orifice supérieur quelques ouvertures qui ne servent généralement que lors de la mise en feu, on les ferme ensuite avec des briques. En sortant des cornues les gaz circulent, en se mélangeant, dans les espaces libres qui existent tout

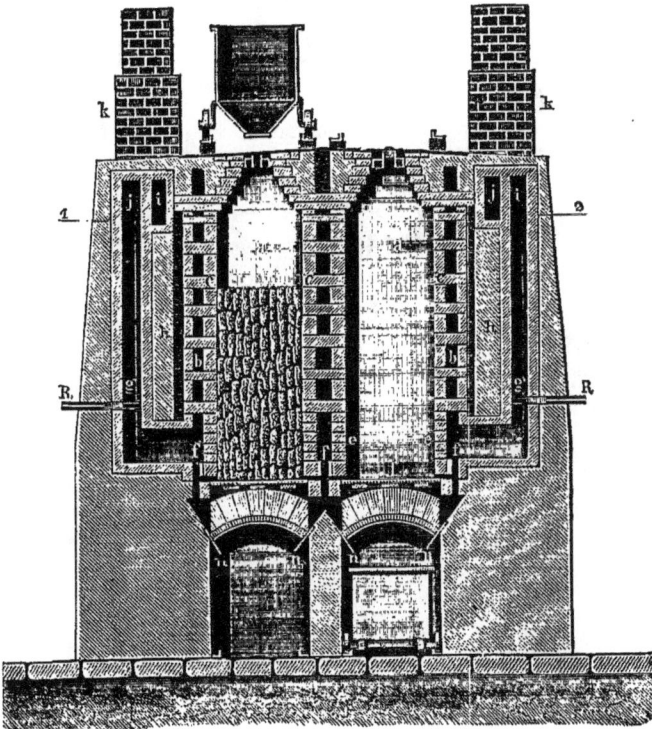

Fig. 3. — Four Appolt (coupe verticale).

autour de chaque cornue et ils s'enflamment au contact de l'air arrivant par les ouvertures *ff* et par quelques orifices latéraux ménagés dans les murs d'enceinte. La flamme enveloppe ainsi les cornues et les produits de la combustion se rendent par les canaux *g* qui sont au nombre de trois sur chaque long côté du massif et *h* (fig. 3) dans les conduits *j* et *i* qui communiquent, eux-mêmes, avec les deux cheminées *kk*. Les registres R servent à régler le tirage.

Pour les fours Appolt comme pour les fours à coke de tout genre, au début d'une campagne, on doit commencer par chauffer les cornues au rouge, mais

en marche normale, on remplit immédiatement les cornues après le défournement. Chaque cornue reçoit de 1200ᵏ à 1400ᵏ.

Les fours Appolt ont l'avantage de présenter une très grande surface de
chauffe par rapport à leur capacité ; sauf les deux extrémités, toutes les parois sont soumises à l'action de la flamme. Durre a trouvé qu'en général cet
appareil offrait une surface de chauffe de 6 à 7ᵐ carrés par mètre cube de
capacité ; d'après Kerpely, pour 100ᵏ chargés, on trouve 1ᵐq de surface,

Fig. 4. — Four Appolt (plan).

tandis que les fours horizontaux, moins bien partagés sous ce rapport, ne
possèdent qu'une surface de moitié plus petite par mètre de capacité ; le
prisme de coke est étroitement pressé contre les parois ; la chaleur est donc
parfaitement utilisée et la combustion du carbone réduite au minimum. Il
en résulte que l'opération est rapide, qu'on peut traiter des houilles maigres
dans de bonnes conditions et que le rendement est convenable.

A côté de ces avantages incontestables, ce système de four présente des
inconvénients assez graves ; d'après Gillon, les frais de construction de ces
fours seraient beaucoup plus élevés que ceux des fours horizontaux de pro-

duction égale, ils atteindraient presque le double [1]. Les réparations sont moins faciles, la remise en état d'une seule cornue nécessite le refroidissement du massif tout entier.

La disposition que nous venons de décrire a été modifiée par C. Gœdeke ; il y a quatre rangées de cornues au lieu de deux dans le même massif, les briques de liaison isolées sont remplacées par des cloisons verticales qui maintiennent aussi bien les parois et forment des conduits verticaux dans lesquels les gaz circulent successivement en montant et en descendant avant de se rendre à la cheminée. Quatre cornues réunissent leurs gaz dans le même carneau.

Dans quelques autres installations, il existe sur toute la hauteur des cornues une série de fentes ; on a également remplacé les piliers en maçonnerie des anciens fours par des colonnes et des poutres métalliques qui portent tout l'édifice. Le bas des cornues est ainsi mieux aéré et le déchargement moins dangereux [2].

C. Palm a cherché à utiliser mieux la chaleur dans des fours en établissant des cloisons horizontales qui forment une série de carneaux dans lesquels les gaz serpentent en montant pour atteindre vers le haut du massif un conduit qui les mène à la cheminée [3]. Enfin, T. Bauer a supprimé complètement la construction si compliquée de la partie supérieure de ces fours, il lui a donné une forme cintrée et a placé les portes de déchargement sur le devant du four [4].

On trouvera des dessins détaillés des fours Appolt dans les bulletins de l'Industrie minérale, 1re série, T. IV, p. 24 et 45 ; T. V, p. 428 et 593 ; T. IX, p. 469 ; et dans la 3e série T. V, p. 387 et 505.

On a construit récemment à Blanzy un nouveau groupe de fours de ce genre à 22 cornues, dans lequel on s'est attaché à obtenir une meilleure distribution des gaz enveloppant les cornues, et une cuisson plus régulière. Après avoir chauffé les cornues, ces gaz se réunissent dans un collecteur d'où ils peuvent être dirigés, soit vers une cheminée d'échappement, soit vers une chaudière à vapeur où leur chaleur est utilisée. On a ménagé aussi le moyen de recueillir les sous-produits et de prendre une partie des gaz s'échappant de la houille pour l'éclairage. (Voir Industrie minérale, 3e série, T. VII, p. 317.) Il est intéressant de noter que ce groupe a été construit en briques crues soigneusement dressées. La cuisson s'est faite sur place. (V.)

Fours Smet. — Ce type de four dont l'axe est horizontal a paru vers 1850, on l'emploie encore aujourd'hui dans certaines usines de la Ruhr et de la

---

[1] Une batterie de 18 cornues coûterait de 37.500 à 50.000 francs.
[2] On trouvera des dessins de ces fours dans l'ouvrage de Dürre intitulé : *Die Anlage und Betrieb der Eisenhütten*, vol. I, p. 261. Consulter aussi les brevets 9853 et 7825.
[3] Brevets 10934.
[4] *Glaser's Annalen*, tome XXI, p. 93.

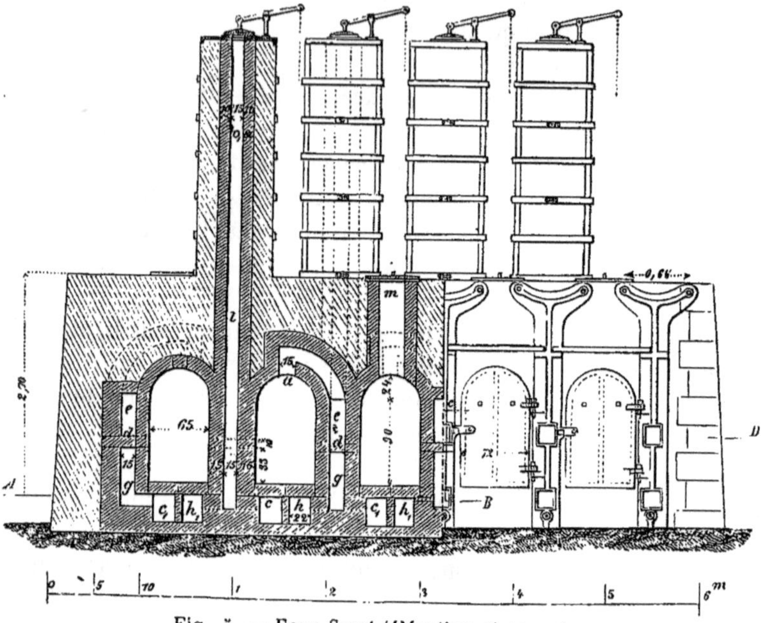

Fig. 5. — Four Smet (élévation et coupe).

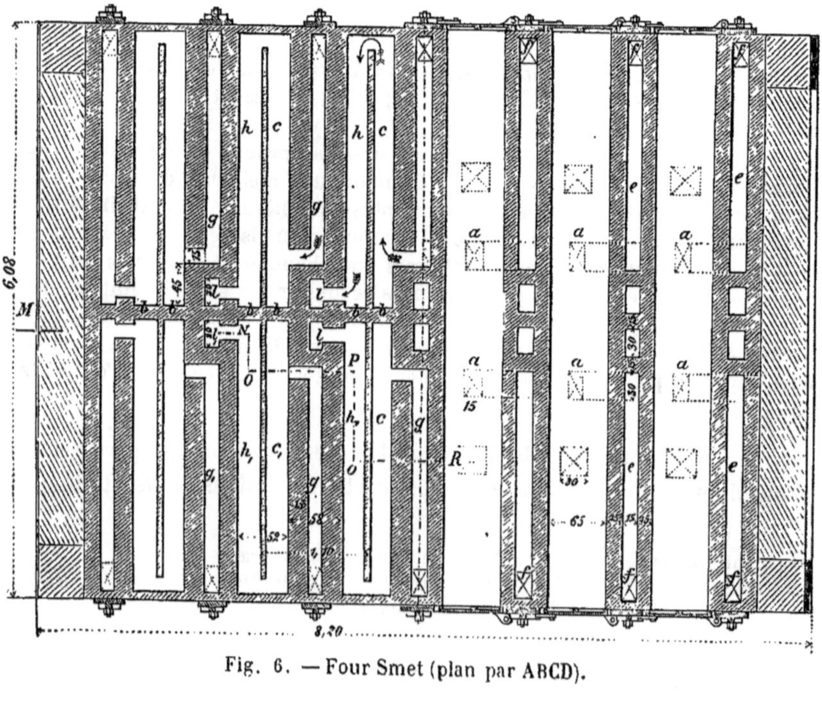

Fig. 6. — Four Smet (plan par ABCD).

Sarre. Les figures 5 et 6 permettent de comprendre la manière dont il est disposé [1].

Les gaz sortent de la cornue par deux ouvertures *aa* percées à travers la voûte, ils descendent par deux carneaux séparés *bb* à parois verticales placés à droite de la cornue et atteignent ainsi les conduits horizontaux *ee* qui dirigent chacun le gaz qu'ils reçoivent vers l'extrémité la plus voisine, là ils reviennent en sens contraire par les carneaux *gg* séparés des premiers par une cloison *d*, puis ils pénètrent sous la sole dans les carneaux *cc*, *hh*, enfin ils arrivent à une cheminée *ll*, divisée en deux par une cloison verticale et qui se trouve placée au milieu de la longueur du four. Chaque four est pourvu de deux ouvertures *mm* pour le chargement ; l'intérieur de la cornue a de 6 à 7^m de longueur, de 1^m,10 à 1^m,20 de hauteur et de 0^m,65 de largeur. Une charge de 2500^k s'y transforme en coke en 24 heures ; les frais d'installation peuvent varier de 1250^f à 2500^f par cornue suivant les conditions locales et le soin apporté à la construction. On voit sur la figure 5 la disposition des armatures et celle des portes qui doivent être garnies de terre ou de briques réfractaires maintenues par des nervures saillantes. Ces portes tournent sur des gonds, leur fermeture est assurée par un loquet, on les lute en outre avec grand soin pendant la carbonisation. L'entrée directe de l'air dans ce four est indispensable comme il l'est dans tous les fours dont les parois ne sont chauffées que par les gaz d'un seul four voisin. En effet, le pouvoir calorifique et le volume des gaz dégagés dans un four varient considérablement suivant les phases successives de la carbonisation de la houille qu'il contient. Or, plus la quantité de gaz sera grande, moins il y aura d'air aspiré ; il en résultera que le gaz pourra n'être pas entièrement brûlé lorsqu'il sera en grande abondance, et il se formera un dépôt de graphite qui obstruera les carneaux. L'introduction directe de l'air dans le four, au moment où le dégagement de gaz sera le plus abondant, ne supprimera peut-être pas entièrement cet inconvénient, mais il y remédiera dans une certaine mesure [2].

Fours Haldy. — Dans ces fours, les gaz enflammés circulent dans des carneaux horizontaux qui serpentent entre les chambres ; la cloison verticale des fours Smet est supprimée, il ne reste que la cloison horizontale.

Les produits volatils sortent du four par douze ouvertures distribuées à égale distance l'une de l'autre sur toute la longueur du four au niveau de

---

[1] Ces figures sont tirées de l'ouvrage de A. v. Kerpely : *Anlage und Einrichtung der Eisenhütten*. Planche LXIV, fig. 1 et 2.

[2] On obtient de meilleurs résultats lorsqu'avant de se servir du gaz pour le chauffage, on fait un mélange des gaz de plusieurs fours dont les charges se trouvent à différentes périodes de la carbonisation. Dans les nouveaux fours on emploie ce procédé principalement dans les installations qui permettent de recueillir les sous-produits comme nous le verrons plus tard.

l'une des naissances, et pénètrent dans le carneau supérieur qu'ils suivent jusqu'à une extrémité du four, de là ils passent dans le carneau parallèle inférieur qui les ramène vers l'autre extrémité : ils plongent alors sous la sole qu'ils parcourent tout entière avant de passer dans une galerie commune située au-dessous, qui les conduit à la cheminée.

La suppression de la cloison verticale simplifie la construction, mais diminue la solidité des murs : on est donc obligé d'augmenter l'épaisseur de ceux-ci et de leur donner 160ᵐᵐ au moins. La largeur des cornues varie de 0ᵐ,80 à 1ᵐ. Une charge est carbonisée en 48 heures. Ces fours qui appartiennent à des types déjà anciens, ne conviennent pas lorsqu'on veut obtenir des cokes denses avec des houilles maigres [1].

Four François-Rexroth. — Celui-ci est un des plus anciens types de fours horizontaux à carneaux verticaux. Les gaz sortent de la cornue par 14 ouvertures latérales et descendent par autant de carneaux latéraux verticaux séparés les uns des autres par des cloisons très minces qui procurent aux parois du four une très grande solidité : elles peuvent dès lors être construites en briques plus minces que dans les fours Smet et Haldy, et elles laissent passer la chaleur plus facilement. De ces carneaux les gaz arrivent sous la sole qu'ils parcourent deux fois dans toute sa longueur, puis dans une galerie souterraine d'où ils vont à la cheminée. Au début, on carbonisait dans ces fours des houilles grasses et collantes, et on leur donnait une largeur de 0ᵐ,90 ; la cuisson durait 48 heures. Depuis qu'on les a appliqués à la carbonisation de houilles moins grasses, on a réduit la largeur à 0ᵐ.60 et la charge ne reste que 24 heures dans le four.

Four Coppée. — Ce four n'est qu'une modification du précédent en vue de traiter les houilles maigres : il s'est répandu rapidement dès son apparition, c'est-à-dire peu après 1860, et surtout de 1870 à 1880. Actuellement, c'est le type qu'on rencontre le plus fréquemment en Allemagne, en France et en Belgique. Suivant l'époque à laquelle ils ont été construits, ils diffèrent entre eux par un certain nombre de détails ; la pratique a naturellement apporté des améliorations successives reconnues nécessaires. Dans les fig. 7, 8 et 9 nous représentons les fours Coppée d'Ebb-vale dont la disposition est la plus généralement adoptée aujourd'hui.

Les gaz de la cornue *b* s'échappent par 28 ou 30 ouvertures ménagées dans une des longues parois, et régulièrement espacées ; ils descendent par autant de carneaux verticaux et arrivent sous la sole dans une galerie *e* où ils se mélangent avec ceux du four voisin *b'*. Après avoir chauffé la sole du four *b*, ils passent sous celle du four *b'* et s'échappent par les ouvertures *g*, qu'on peut ouvrir ou fermer à volonté par les regards *i*; ils arrivent ainsi dans une

[1] On trouvera des dessins du four Haldy dans *Stahl und Eisen* 1883. 7ᵉ numéro, planche 1.

galerie commune h qui communique avec la cheminée k par les ouvertures j. L'orifice g de la première chambre c est ordinairement fermé par
une brique et ne se découvre que lorsque, par suite d'accident dans la marche
du four b', les gaz ne doivent pas être envoyés de son côté ; on ferme, en
même temps, les trous de communication f (fig. 8). Lorsqu'on réunit les
gaz de deux fours, leur dégagement est plus régulier.

Une disposition particulière au four Coppée consiste en ce que l'air

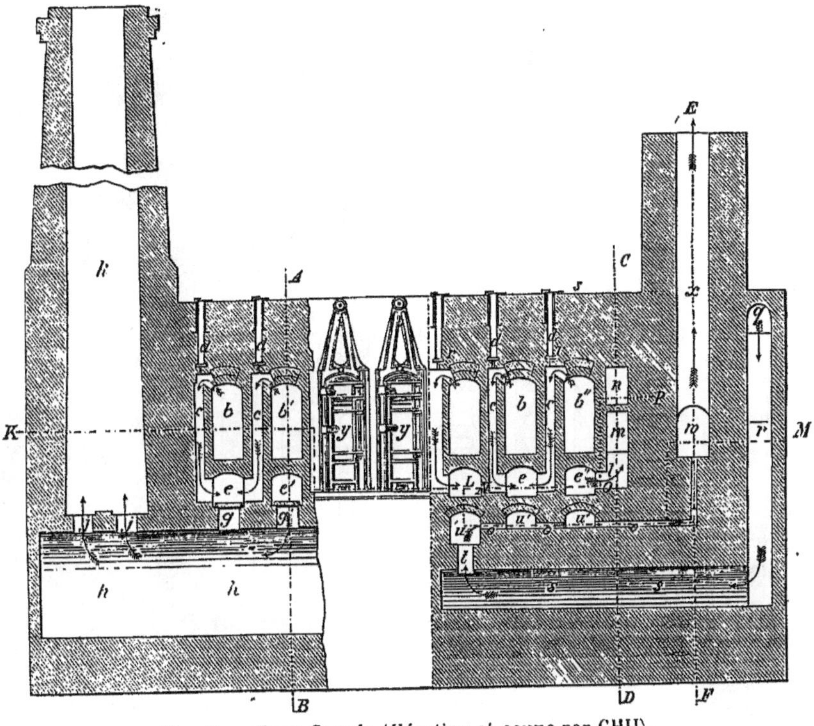

Fig. 7.— Four Coppée (élévation et coupe par GHIJ).

commence par passer par des tuyaux pourvus de registres dd (fig. 7) et circule en s'échauffant dans des carneaux horizontaux ménagés au-dessous de
ceux où se fait la combustion c, il débouche au-dessus de chacun de ces
carneaux à la rencontre du gaz qui sort de la chambre de carbonisation.

Le grand nombre de cloisons verticales qui viennent buter contre les parois des cornues, en même temps que la forme spéciale des briques qui les
composent, donnent à l'ensemble une grande solidité et permettent de réduire à une très faible épaisseur les murs des cornues sans les exposer à être
déformées par la poussée de la houille au moment où elle se gonfle. Ces parois n'ont quelquefois que $0^m,09$ d'épaisseur ; on obtient, par cela même

une très haute température dans l'intérieur de la cornue, ce que facilite aussi la faible longueur des carneaux et la réunion des gaz de deux fours voisins sous leurs soles. Ces fours conviennent donc parfaitement au traitement des houilles maigres. Le surchauffage des soles aurait cependant des inconvénients, au point de vue de la solidité des fondations, si on ne prenait, pour leur conservation, des précautions indispensables, qui consistent principalement à ménager dans leur épaisseur un réseau de galeries dans lesquelles

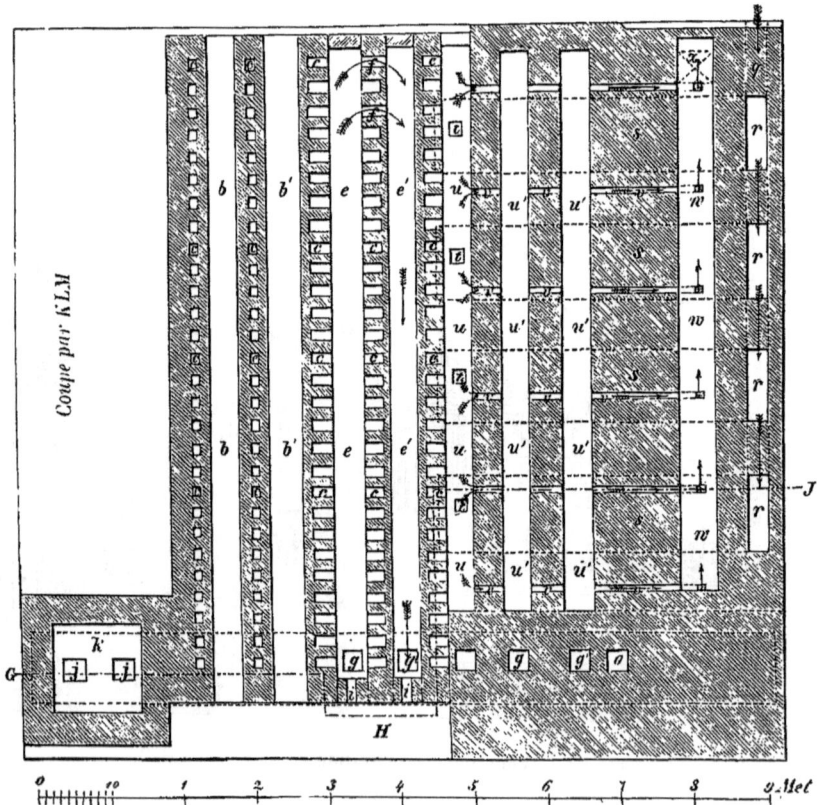

Fig. 8. — Four Coppée (coupe par KLM).

circule de l'air froid. Cet air pénètre dans le massif aux deux extrémités de la batterie par une ouverture q, descend par les carneaux verticaux r et arrive sous les fours, jusqu'au milieu du massif en passant par les galeries horizontales ss ; il monte ensuite par les petits carneaux verticaux tt, circule dans les galeries u qui sont placées sous les carneaux des deux fours du milieu de la batterie ; de ces conduits u, il arrive dans u_1u_1 situés sous les autres fours et se rend enfin en w pour aboutir à une courte cheminée x qui les rejette dans l'atmosphère.

Pour que le dernier four de droite soit suffisamment chauffé, il faut que les gaz circulent sur les deux côtés de la cornue ; on obtient ce résultat en les dirigeant, quand ils ont passé sous la sole, par les ouvertures *ll* dans des carneaux horizontaux *m* et *n*, et de là par un orifice *o* ils arrivent à la galerie générale *h*.

Afin que le défournement se fasse sans que les parois aient à subir un frottement trop considérable, on les construit légèrement divergentes. Dans

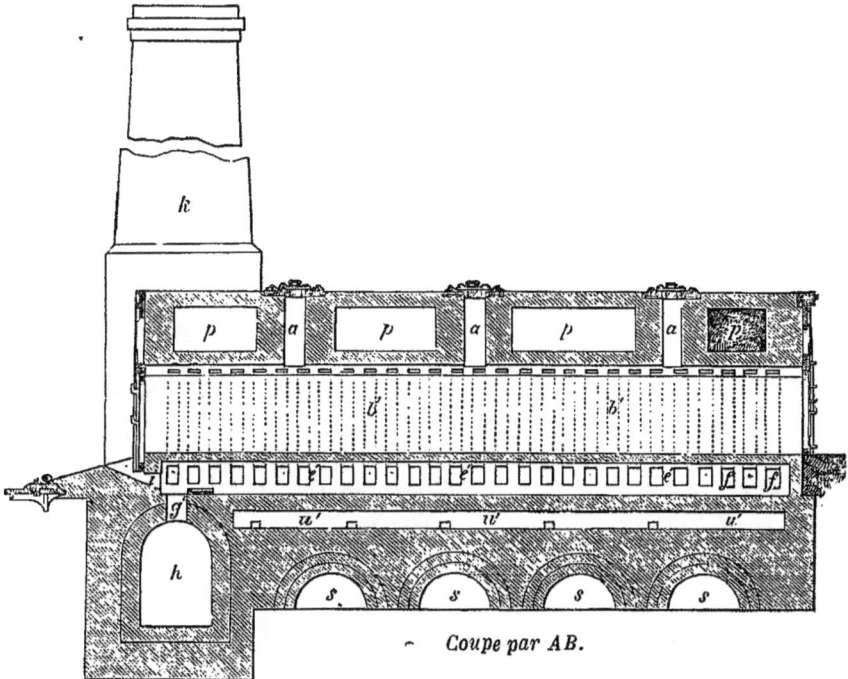

~ *Coupe par AB.*

Fig. 9. — Four Coppée (coupe par AB).

le four que nous représentons, elles sont distantes d'un côté de $0^m,43$ et de l'autre de $0^m,48$.

Pour diminuer la perte de chaleur par radiation, on recouvre toute la batterie d'une couche de $0^m,50$ à $0^m,60$ de matière non conductrice que l'on enveloppe de maçonnerie qui la maintient en place. Chaque cornue est pourvue de trois trous *a* pour le chargement que l'on ferme par des tampons pendant la carbonisation. Les portes sont formées de deux parties : une supérieure, qui a $0^m,30$ de hauteur, sert à égaliser la charge; la partie inférieure ne s'ouvre que pour le défournement. Le mode de construction de ces portes varie d'ailleurs suivant les localités, quelquefois on les dispose de telle sorte qu'on puisse les enlever entièrement,

Les cornues des fours Coppée ont généralement 9ᵐ de longueur ; quand la carbonisation doit se faire en 24 heures, on leur donne de 1ᵐ à 1ᵐ,20 de hauteur et de 0ᵐ,40 à 0ᵐ,50 de largeur. Celles qui cuisent la charge en 48 heures ont 1ᵐ,70 de hauteur et 0ᵐ,60 de largeur. Ces fours sont plus longs et plus étroits que les fours horizontaux construits antérieurement.

Une batterie de ce genre coûte 3125ᶠ par four.

Fours à coke permettant de recueillir les produits condensables
de la carbonisation.

Depuis longtemps on a fait des tentatives et proposé des types de fours pour recueillir les produits condensables que contiennent les gaz de la carbonisation, c'est-à-dire les goudrons et l'ammoniaque. Ce n'est cependant que depuis une vingtaine d'années qu'on a accordé à cette question l'attention qu'elle méritait et qu'on a reconnu de quelle importance elle pouvait être. On a calculé qu'en Angleterre seulement, si on appliquait des procédés de ce genre aux 7 millions de tonnes de coke qui s'y fabrique, on réaliserait un bénéfice de 33.750.000ᶠ annuellement.

La quantité de produits de ce genre, dits *sous-produits*, qu'on peut recueillir du traitement d'une houille, dépend de la nature de celle-ci. Elle augmente naturellement avec la richesse en matières volatiles. C'est donc avec ce genre de houille qu'on tirera le meilleur parti des coûteuses installations qu'il est nécessaire de faire pour recueillir les sous-produits.

C'est Carvès qui a fait en France, en 1867, dans l'usine de Bessèges, et plus tard à Terrenoire, les premières constructions importantes de ce genre[1]. En Allemagne, on n'en a établi qu'à partir de l'année 1882, mais depuis lors il s'en est installé un assez grand nombre.

C'est à Saint-Etienne que M. Carvès, acquéreur des brevets Knab a construit ses premiers fours et entrepris une fabrication de coke combinée avec récolte des sous-produits. Il a continué à perfectionner les installations, réduisant la largeur des fours, assurant la bonne répartition des gaz autour des cornues, le chauffage de l'air. etc. On peut avancer que tous les fours à coke installés avec récolte des sous-produits ne sont que des modifications plus ou moins heureuses du four Carvès.(V.)

Dans tous les fours à coke dont on recueille les produits condensables, on fait passer les matières volatiles de tous les fours dans des appareils spéciaux où ces produits se déposent, goudrons et matières ammoniacales, puis les gaz échappés à la condensation sont employés au chauffage.

Ce système peut être appliqué aussi bien aux fours verticaux qu'aux fours horizontaux ; c'est cependant avec ces derniers seulement qu'il est employé.

Les fig. 10 et 11 représentent des fours horizontaux de ce genre, type

[1] En 1856, Knab avait disposé un four à coke pour récupérer les produits condensables (Dinglers *Polyt. Journal*, vol. CLIX, p. 97.)

Hoffmann-Otto [1]. La chambre de carbonisation est représentée en *a*, elle est pourvue de trois orifices de chargement *f*. Les produits volatils sortent du four par les ouvertures *bb* (fig. 11) et sont dirigés par des tuyaux verticaux vers des barillets *cc* qui règnent sur toute la batterie. Chaque tuyau vertical est muni d'une soupape qui permet d'isoler, à un moment quelconque, le four auquel il correspond. Des barillets, les gaz sont appelés par un aspirateur dans l'appareil où se fait la condensation et l'épuration ; puis les gaz débarrassés des produits condensables reviennent aux fours et passent alternativement et à intervalles égaux par les distributeurs de droite *d* et par ceux de gauche *c* qui les conduisent sous la sole des fours dans les carneaux *g*. A chacun des petits tuyaux de distribution se trouve fixé un robinet qui permet de régler le débit du gaz. On remarque, fig. 11, que l'espace vide qui existe sous la sole de la chambre est partagé en deux par une cloison médiane et que le gaz n'arrive que dans un seul de ses compartiments. C'est là que se fait la

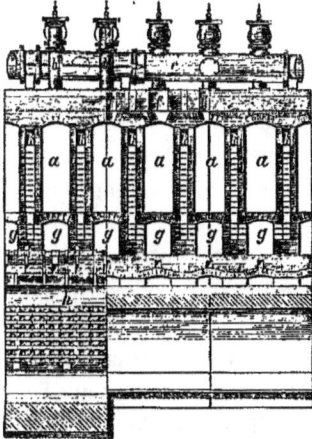

Fig. 10. — Four Hoffmann Otto (coupe transversale).

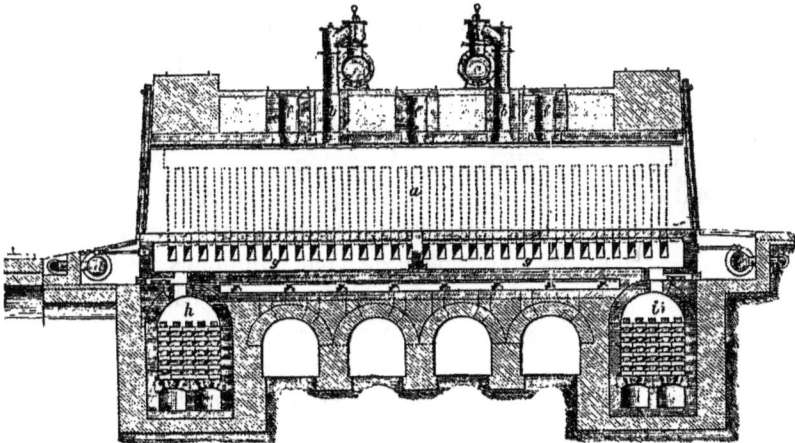

Fig. 11. — Four Hoffmann Otto (coupe longitudinale),

combustion du gaz avec de l'air envoyé par une soufflerie et chauffé préala-

[1] *Stahl und Eisen* 1884, n° 7, planches 1 et 2. — Depuis lors la construction de ces fours n'a pas reçu de modification importante. Il en existait 1200 en Allemagne au commencement de l'année 1892.

blement dans un des récupérateurs *h* ou *i* que l'on peut voir sur le dessin. Les gaz, enflammés sous la sole, montent par un grand nombre de carneaux verticaux ménagés dans les parois qui séparent les chambres (ces conduits sont visibles en coupe dans la fig. 10 et sont indiqués en pointillé fig. 11), ils se réunissent dans les conduits horizontaux *k* qui règnent le long de chaque chambre, redescendent par d'autres carneaux verticaux sous la sole, dans le compartiment voisin de celui où s'est faite la combustion, se rendent ensuite dans le récupérateur *h* ou *i*, qui ne reçoit pas l'air en ce moment, et auquel ils cèdent de la chaleur, puis enfin à la cheminée.

Les récupérateurs *h* et *i* sont de longues chambres qu'on a ménagées sous la batterie ; ils sont garnis de briques disposées en chicane qui présentent une grande surface aux gaz qui les traversent. Lorsque ces gaz sont les produits de la combustion qui s'est faite sous la sole, comme ils sont encore à haute température, ils se dépouillent d'une grande partie de leur chaleur au contact de ces briques. Si on fait ensuite passer, dans le récupérateur ainsi chauffé, l'air destiné à la combustion, celui-ci peut être porté, par le contact avec ces mêmes briques, à une température voisine de 1000'. Il existe des valves de renversement dans les conduits qui vont des récupérateurs à la cheminée, pour mettre alternativement chacun des récupérateurs en relation soit avec les produits de la combustion, soit avec l'air fourni par la soufflerie. Le changement de sens du courant se fait à peu près toutes les heures. Le courant de gaz est changé au même moment que celui de l'air, de sorte qu'ils se rencontrent tous les deux dans la chambre de combustion. On obtient ainsi des températures très élevées et le chauffage des chambres de carbonisation consomme peu de gaz.

Il existe des variantes dans les moyens employés pour recueillir les goudrons et l'ammoniaque, mais on commence toujours par refroidir les produits gazeux sortant des fours, et, à cet effet, on les fait généralement passer à travers des chambres garnies de tuyaux dans lesquels circule un courant d'eau froide. Le dépôt des goudrons et de l'eau ammoniacale se fait, et, en laissant ces deux produits de la condensation en repos dans des cuves pendant un certain temps, ils se séparent par ordre de densité. Les gaz épurés en sortant des réfrigérants, traversent l'aspirateur qui les a amenés jusque là en sortant des chambres de carbonisation, et, après un long circuit, ils reviennent, près de leur point de départ, s'enflammer dans la chambre de combustion [1] ; mais avant d'arriver là, on les fait quelquefois passer par d'autres laveurs qui les purgent des dernières traces d'ammoniaque. Ces laveurs se composent de toiles métalliques superposées sur lesquelles l'eau tombe goutte à goutte ou en jets déliés, tandis que le gaz arrive par la partie inférieure. On

---

[1] La position de l'aspirateur n'est pas partout la même. Dans les premières installations on le plaçait après les laveurs à gaz, quelquefois il est au milieu des laveurs eux-mêmes.

dispose généralement une série d'appareils semblables à la suite les uns des autres, le dernier recevant de l'eau pure et les précédents de l'eau ayant servi et déjà chargée d'ammoniaque. Ces laveurs débarrassent les gaz non seulement des matières ammoniacales, mais encore de certaines parties goudronneuses qu'ils ont entraînées jusque-là.

Les premiers sous-produits retenus sont donc le goudron et les eaux ammoniacales. On vend les premiers ou bien on les traite dans l'usine même pour en tirer la benzine, la naphtaline, etc., comme dans les fours à coke de Julienhütte, de Friedenshütte, etc. Avec l'eau ammoniacale, on prépare habituellement le sulfate d'ammoniaque ; dans ce but, on soumet les eaux ammoniacales en vase clos à un courant de vapeur d'eau qui entraîne l'ammoniaque libre, ensuite à l'action d'un lait de chaux qui décompose les sels ammoniacaux ; un nouveau courant de vapeur enlève l'ammoniaque rendue libre de cette façon. La vapeur chargée d'ammoniaque est envoyée dans des chambres de plomb où elle est mise en contact avec de l'acide sulfurique concentré. Le sulfate ainsi formé, cristallise, on l'enlève dès que l'acide est saturé et on le fait sécher sur des égouttoirs [1].

Le rendement que l'on obtient des diverses houilles est le suivant :

ORIGINE DES HOUILLES	Poids de la houille séchée	Sulfate d'ammoniaque	Goudron	Coke
Houille de Westphalie	100	1,1	2,7	76
— de la Haute-Silésie	100	1,3	4,2	68
— de la Sarre.	100	0,8	4,2	70

La consommation des sels ammoniacaux et celle des goudrons sont tellement considérables, qu'on ne peut craindre d'arriver à un excès de production quand même le nombre d'installations de ce genre augmenterait.

Les fours Hoffmann-Otto ne consomment pour leur chauffage qu'une partie du gaz sortant des laveurs, le reste est utilisé pour produire de la vapeur ou d'une autre façon.

On a craint au début que le coke, qui est le produit principal de la carbonisation, ne fût de qualité inférieure dans les fours de ce genre. On a reconnu que cette crainte était sans fondement et que, même, le rendement était supérieur à celui des fours ordinaires. Ce dernier fait provient sans doute de ce

---

[1] Un grand nombre d'usines à fer recueillent les sous-produits, cette opération, cependant, n'appartient pas réellement à la sidérurgie, aussi devons-nous nous contenter d'en donner ici un court aperçu. Pour étudier plus complètement la question on peut consulter : G. Lunge, *Die Industrie der Steinkohlentheerdestillation und Ammoniakwasserverarbeitung, Braunschweig* 1882 ; *Stahl und Eisen* 1883, p. 403 ; 1884, p. 396 ; 1889, p. 482 ; 1892, p. 186 ; *Journal of the Iron and Steel Institute* 1884, p. 486.

que les gaz d'un grand nombre de cornues se trouvant mêlés avant d'arriver au point de combustion, on n'a pas à redouter les inconvénients qui se présentent lorsque la composition des gaz varie pendant le cours d'une carbonisation ; il en résulte qu'on n'est jamais obligé d'introduire de l'air dans les fours et qu'on peut les fermer hermétiquement.

L'installation des appareils destinés à recueillir les sous-produits constitue une dépense considérable, qui peut aller à une fois et demie ou deux fois celle des fours proprement dits.

Les derniers fours Carvés sont pourvus de régénérateurs pour le chauffage de l'air et la largeur du vide intérieur est réduite à 0m,45. Ces modifications sont des perfectionnements réels ; dans les premiers fours où cette largeur était de un mètre, puis 0,75 et 0,60, et dans lesquels l'air destiné à la combustion des gaz n'était pas chauffé, la température était insuffisante pour produire un coke dense comme on le recherche pour la métallurgie.

A Bessèges, on récoltait par tonne de houille :

Goudron . . . . de 16 à 19k
Sulfate d'ammoniaque . . . . de 2k,75 à 3k,75
le rendement en coke était de 73 %.

Les fours Hoffman-Otto, dont il existe un grand nombre en Allemagne (plus de 1.200), rendent de 65 à 77 % suivant la houille employée ; ils produisent par tonne de houille :

Goudron . . . . de 25 à 45k
Sulfate . . . . de 8 à 12k,5.

On a construit récemment à Havré (Belgique) des fours à coke dont les murs de séparation sont formés de longues briques creuses formant carneaux ; les parois sont réduites à 0m,075 et présentent cependant une grande solidité. Ces fours ont 9m,35 de longueur, 1m,75 de hauteur sous clef et une largeur réduite de 0,38 à un bout et 0,355 à l'autre. On y carbonise des houilles qui ne contiennent que de 16 à 17 % de matières volatiles, et on obtient un rendement de 81 à 82 % ; une tonne de houille produit :

Goudron 15k
Sulfate . . . . 6k,4.

100 de ces fours produisent de 400 à 440 tonnes par 24 heures ; les portes sont munies de joints à l'amiante. Ces fours sont désignés sous le nom de Smet-Solway et ne coûteraient que 6.000f par four, dont 1.500f pour la récupération des sous-produits. Nous ne croyons pas qu'on puisse descendre plus bas comme teneur en matières volatiles.

On trouvera de très nombreux dessins de fours à coke dans les planches de la Sidérurgie en France et à l'étranger de Cyriaque Helson, 1894.

Appareils accessoires des fours à coke.

La fabrication du coke, dans les appareils que nous venons de décrire, nécessite l'emploi d'un certain nombre d'appareils pour le chargement des houilles et le défournement du coke.

Pour charger les fours on se sert ordinairement de wagonnets pyramidaux dont le fond est fermé par un registre ou un clapet (voir fig. 3). Lorsque le wagonnet est amené au-dessus d'un orifice de chargement, on découvre celui-ci, on lâche le clapet, la charge tombe dans le four où on l'égalise avec de longs râbles.

Dans les contrées où, comme en Haute-Silésie, on est obligé de carboniser des houilles très faiblement collantes et qui chargées de cette façon ne s'aggloméreraient pas, on arrive, depuis nombre d'années, à obtenir un coke convenable et se présentant en gros morceaux, au moyen du subterfuge suivant :

Avant de charger la houille, on la comprime dans un moule, de manière à en former une masse consistante, et on la charge en cet état. Le moule se compose d'une caisse en tôle qui a les mêmes dimensions que la chambre de carbonisation, les parois de cette caisse, peuvent se démonter et s'enlever, le fond repose sur un chariot ; on amène le tout devant la chambre que l'on veut charger, et on commence à damer la houille dans la caisse par couches successives ; 4 à 5 ouvriers mettent trois quarts d'heure à comprimer ainsi une charge de 3^{tonnes} 1/2. Ceci fait, on enlève les côtés de la caisse, et on a un prisme de houille reposant sur un fond, porté lui-même par une crémaillère. Au moyen d'une roue dentée actionnée à la main ou par une machine on fait pénétrer le tout dans la chambre ; on abaisse ensuite la porte jusqu'à ce qu'elle affleure le fond du moule et, en faisant machine arrière, on retire le fond et la crémaillère tandis que le prisme de houille reste dans le four [1].

Pour le défournement des cornues verticales comme celles du four Appolt, il suffit d'ouvrir les portes placées à l'extrémité inférieure, la masse du coke tombe d'elle-même dans les wagonnets placés au-dessous ; mais dans les fours horizontaux on emploie des appareils mécaniques qui consistent en des boucliers de fonte fixés à l'extrémité d'une crémaillère horizontale, parallèle au grand axe du four à décharger.

Pour opérer le défournement avec un appareil de ce genre, on ouvre les portes situées aux deux extrémités d'une cornue, on fait pénétrer par l'une d'elles le bouclier en agissant sur la crémaillère, et on pousse ainsi le prisme de coke qui sort par l'autre extrémité de la cornue. Tout le mécanisme du déchargeur est fixé sur un chariot qui se meut sur une voie de fer parallèle à la batterie et qui vient se placer successivement devant chaque cornue au moment convenable.

Le mouvement de la crémaillère s'obtient quelquefois en faisant agir plusieurs hommes sur des manivelles, mais, le plus souvent, on a recours à un petit moteur à vapeur porté avec sa chaudière par le même chariot ; l'opération dure ainsi beaucoup moins longtemps.

Un moteur de 10 à 15 chevaux est suffisant pour que le bouclier parcoure en

---

[1] Voir pour les dessins : Glasers, *Annalen für Gewerbe und Bauwesen*, tome XX, p. 181 ; *ferner Sitzungsberichte des Vereins für Beförderung des Gewerbfleisses* 1892, p. 126.

deux minutes la longueur du four en avant et en arrière. Ordinairement le même moteur est utilisé pour produire le mouvement du chariot, enfin quand les portes des fours se meuvent dans des coulisses verticales, on place encore quelquefois, sur le même bâti, une grue qui sert à la manœuvre de ces portes.

La voie, sur laquelle circule tout cet ensemble, doit résister à la poussée horizontale résultant des frottements du prisme de coke contre les parois du four, elle doit donc être solidement établie. Afin que le chariot conserve sa stabilité quand le bouclier est à l'extrémité de sa course, il faut qu'il soit assez large. On le fait porter ordinairement par trois paires de roues. Les dents de la crémaillère sont en dessus et la tige qui la porte est soutenue par des rouleaux fixés au chariot.

On doit réserver derrière les fours un espace assez grand pour que ce chariot puisse circuler sans embarras, et, sur la face opposée de la batterie, établir un sol en pente légère d'environ 12^m de largeur qui recevra le coke sortant du four ; la surface sera revêtue d'un pavage en briques posées de champ ou de plaques de fonte.

Pour éteindre le coke et éviter qu'il se consume au contact de l'air, on dispose plusieurs prises d'eau le long de cette plateforme dans la partie la plus éloignée des fours ; l'eau aura une pression suffisante pour atteindre le coke jusqu'au pied de la batterie ; quand l'extinction est complète, on charge le coke dans des wagonnets roulant sur une voie inférieure placée à un niveau tel que le bord supérieur des caisses affleure la plateforme ; le chargement peut se faire alors simplement au moyen de crochets ou de râteaux.

Dans certaines usines on emploie des chaînes à godets, disposées en chapelet ou d'autres organes de ce genre.

Ces appareils accessoires coûtent environ 1.500^f par four dans les grandes installations.

Propriétés des cokes.

Comme toutes les matières carbonisées, le coke brûle sans flamme et sans fumée ; pour un grand nombre d'usages il est donc supérieur à la houille dont il provient ; dans les fours à cuve, par exemple, il serait impossible d'employer les charbons collants, précisément à cause de leur propriété de s'agglomérer, propriété qu'on utilise au contraire si avantageusement pour fabriquer, avec le combustible menu et lavé, d'excellent coke. Cette transformation a en outre l'avantage de rendre possibles les mélanges de houilles grasses et de charbons anthraciteux, tandis que ces derniers, qui brûlent à peu près sans flamme, donneraient difficilement du coke.

Toutes les houilles contiennent du soufre en plus ou moins grande quantité, et quand ce corps est en proportion trop considérable, les charbons qui

en sont souillés sont impropres aux usages métallurgiques. Le soufre est un
des éléments des pyrites qu'on rencontre fréquemment dans les houilles,
il fait également partie intégrante de certaines houilles, on le désigne
alors sous le nom de *soufre organique*. La préparation mécanique élimine une grande partie des minéraux sulfurés mais elle ne peut les enlever
complètement, de même qu'elle ne peut débarrasser entièrement la houille
de ses cendres. Une autre partie du soufre disparaît pendant la carbonisation ; la pyrite qui correspond à la formule FeS_2 se trouve en effet transformée par son passage au four en un composé intermédiaire entre Fe_8S_9
et Fe_2S_3. Une partie, quelquefois considérable, du soufre organique est également éliminée pendant la carbonisation. Le reste se trouve dans le coke.

Néanmoins tous les cokes retiennent une partie du soufre des houilles qui
les ont produits ; il arrive même qu'ils en ont plus qu'elles, ce qui se comprend facilement, s'il ne s'est fait aucun départ, puisque 100^k de houille ne
fournissent que de 65 à 80^k de coke [1].

Nous avons indiqué antérieurement que le soufre dans les houilles se présentait
sous trois états, sous forme de pyrites de fer et plus rarement cuivreuses, comme
soufre organique, et à l'état de sulfate de chaux ou gypse. Pendant la carbonisation
le soufre de nature organique semble disparaître, celui des pyrites se sépare partiellement et passe dans les gaz, tandis qu'il reste un sulfure moins sulfuré que la
pyrite, le sulfate de chaux se transforme en sulfure de calcium ; par le refroidissement et l'arrosage du coke, une autre portion du soufre des pyrites est enlevée,
mais il en reste une certaine quantité à l'état de sulfure ou de sulfate qui constitue
une impureté et peut agir d'une manière fâcheuse sur la qualité du fer ou de la
fonte. Quant au sulfate de chaux et au sulfure de calcium, ils sont sans influence
sur la qualité du métal, ils passent entièrement dans le laitier ou la scorie. Lorsqu'on étudiera un combustible, au point de vue du soufre, il faudra donc bien se
garder de considérer comme sulfureuse une houille contenant du sulfate de chaux.
Un grand nombre d'expériences nous ont démontré que le sulfate de chaux, comme
celui de baryte était absolument inoffensif à ce point de vue. (V.)

Nous avons vu que les principales propriétés du coke, la porosité, la densité, l'aspect, dépendent de la nature de la houille employée à les produire
et de la disposition des fours. Pour un certain nombre d'applications, il est
utile que le coke soit doué de résistance à l'écrasement ; cette qualité est le
plus souvent, pas d'une manière absolue cependant, en relation immédiate
avec la densité. On préfère donc, avec raison, pour les hauts-fourneaux où
le combustible est soumis à de fortes charges et à des frottements considérables, un coke dense et dur. A Bessèges on a mesuré la résistance à l'écra-

[1] Consulter sur la manière dont se comporte le soufre pendant la carbonisation, l'ouvrage
du docteur Muck intitulé : *Die Chemie der Steinkohle*, Leipzig 1891, ainsi qu'un article du
même auteur dans *Stahl und Eisen* 1886, p. 468.

[2] On trouve des détails sur cette question et sur la construction des fours Carvès dans le
Journal of the Iron and Steel Institute 1880, I, p. 137 et dans *Stahl und Eisen* 1884, p. 404.

sement de cokes de diverses provenances, on a obtenu les résultats suivants :

Coke provenant de fours de boulangers anglais.   43ᵏ9 par cent. carré.

id.	Carvès de 0ᵐ70 de large.	66,5	id.
id.	id.	0, 66	id.	79,7	id.
id.	id.	0, 30	id.	92,3	id.
id.	Coppée	0, 50	id.	80,5	id.

Les résultats obtenus avec les fours Carvès de différentes largeurs ne laissent aucun doute sur l'influence de la largeur des fours [2].

En arrivant au contact de l'air le prisme de coke défourné diminue de volume et se brise par suite du refroidissement qu'il subit. Les morceaux prennent la forme d'aiguilles de basalte ; quand la houille employée est riche en gaz, on remarque, sur les morceaux de coke, un enduit de carbone brillant mamelonné qui provient de la décomposition d'hydrocarbures. Dans les cassures fraîches le coke a une couleur d'un gris métallique, mais il est noir dans les points où étant encore rouge il a été touché par l'eau d'arrosage. Il est d'ailleurs à peu près impossible d'apprécier un coke d'après sa couleur, qui dépend en partie de l'eau dont on s'est servi pour l'éteindre. Plus cette eau est pure et plus le coke est brillant et d'un ton clair.

Lorsqu'on soumet le coke à l'analyse chimique, on y reconnaît la présence d'une proportion de cendres qui ne descend jamais au-dessous de 4 % et qui dépasse souvent 15 % ; on y trouve aussi de 0,3 % à 0,5 % d'hydrogène et de 2 à 2 1/2 % d'oxygène et d'azote.

Exposé longtemps à l'air, il absorbe de l'eau, mais il en renferme rarement plus de 10 %, même lorsqu'il est très poreux ; on en trouve cependant davantage dans le coke qui a été arrosé abondamment en sortant du four, et, lorsqu'il a séjourné dans l'eau, il peut en retenir jusqu'à 30 %.

Citons, comme exemple, d'après L. Bell, certains cokes destinés aux hauts-fourneaux et fabriqués en Angleterre et qui avaient la composition suivante [1] :

	Cokes provenant de fours de boulangers.	Cokes provenant de fours Carvès.
Carbone.	87,60	86,36
Hydrogène	0,25	0,51
Oxygène et azote	1,20	1,77
Soufre	1,05	1,07
Cendres	8,52	7,94
Eau	1,38	2,35

C'est habituellement d'après leur teneur en cendres qu'on apprécie la valeur des cokes ; ceux qui en contiennent moins de 10 % sont généralement

[1] The Journal of the Iron and Steel Institute 1885, I, p. 60 ; Stahl und Eisen 1885, p. 300.

classés parmi les meilleurs. Pour les hauts-fourneaux, les cubilots, les fours
a cuve, on recherche les cokes ne renfermant pas plus de 12 % de cendres.

Il est très important de connaître la composition des cendres et d'en tenir
compte. On y trouve principalement de la silice, de l'alumine, de l'oxyde de
fer, quelquefois aussi de la chaux, et aussi, malgré la désulfuration résultant
de la cuisson dans les fours, une certaine quantité de soufre dont la présence
a une influence très sérieuse sur le prix de revient et la qualité du métal produit. Il est rare que le meilleur coke contienne moins de 0,5 % de soufre, on
en trouve souvent 1 % dans la plupart des cokes de bonne qualité ; si la teneur s'élève à 2 %, le coke cesse d'être convenable pour la sidérurgie,

Le prix de revient de la tonne de coke est facile à établir et, pour un même rendement, ne varie que dans de faibles proportions. Il se compose : 1º de la dépense
en houille ; 2º de la main-d'œuvre qui comprend, outre les frais de carbonisation,
ceux du broyage, du mélangeage et du transport aux fours ; 3º des dépenses en matériaux d'entretien et fournitures diverses ; 4º des frais généraux. La dépense en
main-d'œuvre dépend naturellement du cours établi dans la localité considérée, on
peut admettre que la production d'une tonne de houille exige de 4 à 5 heures
d'homme, soit une somme de 1ᶠ à 2ᶠ,50 ; l'entretien d'un four bien établi ne coûte
pas plus de 0ᶠ,20 à 0ᶠ,26 par tonne ; quant aux frais généraux, ils ne dépassent pas
0,04. La dépense de carbonisation varie donc de 1ᶠ,24 à 2ᶠ,80 par tonne de
coke. (V.)

3. — Combustibles gazeux. — Moyens de les obtenir.

(a) Généralités.

Dans les contrées où des gaz combustibles sortent naturellement du sol,
on les a, depuis des temps fort reculés, appliqués à des chauffages domesti-
ques ou industriels. En Chine, il y a plusieurs milliers d'années qu'on les
utilise pour l'évaporation de l'eau salée [1] ; il y a des siècles aussi qu'on emploie pour sécher les moules de fonderie la chaleur rayonnante de la flamme
qui sort des gueulards des hauts-fourneaux ; il est à croire que cette flamme
a été utilisée d'autres façons. Ce n'est qu'au XIXe siècle qu'on a découvert le
moyen de transformer en gaz les combustibles solides ; Faber du Faur, en
imaginant, en 1837, de recueillir dans des tuyaux les gaz des hauts-fourneaux
et de les conduire jusqu'au point où il est possible d'utiliser leur pouvoir calorifique, a déterminé un mouvement très sérieux dans ce sens ; il fournit
ainsi, en effet, l'occasion de reconnaître les avantages que peut procurer
l'emploi des combustibles gazeux, et on fut bien vite amené à en étudier la
production artificielle.

---

[1] On trouvera un dessin d'évaporateur chinois chauffé au gaz dans l'ouvrage de Ledebur,
Die Gasfeuerungen, p. 2.

Depuis lors, le chauffage au gaz n'a cessé de se développer pour les usages industriels, en général, et surtout pour la métallurgie du fer.

On comprend sans peine qu'il puisse être avantageux, au point de vue économique, de tirer parti, pour le chauffage, des gaz naturels ou de ceux qui ne sont que les produits accessoires d'opérations industrielles, comme ceux des hauts-fourneaux ; il est plus difficile de saisir comment, au lieu d'employer les combustibles solides à leur état naturel, il peut être préférable, dans beaucoup de cas, de les transformer préalablement en gaz.

Remarquons, tout d'abord, que, lorsqu'on a affaire à un combustible gazeux, il est plus facile de régler l'admission de l'air de façon que la proportion, correspondant à ce qui est exactement nécessaire pour la combustion complète, ne soit pas dépassée ; examinons, en effet, ce qui se passe dans une couche de combustible solide, houille, lignite ou autre, brûlant sur une grille. L'air doit passer dans les interstices des fragments de combustible pour aller opérer la combustion, et il passe, toutes choses égales d'ailleurs, en quantité plus ou moins grande, suivant qu'il rencontre, à un moment donné, plus ou moins de résistance. Cette résistance augmente avec l'épaisseur de la couche, épaisseur qui est plus forte après un chargement de houille qu'au moment qui l'a précédé ; la quantité d'air introduit est donc variable d'un instant à l'autre. Si malgré cela, on veut obtenir une combustion complète, on est conduit à régler le tirage de façon que l'introduction d'air soit suffisante à tout moment : il en résulte, qu'en moyenne, on travaille avec un grand excès d'air.

Les analyses des produits de la combustion démontrent, en effet, que, dans les foyers de ce genre, on ne réalise la combustion complète qu'en introduisant une quantité d'air double de celle qui serait nécessaire. On va même quelquefois plus loin [1] ; rappelons que tout excès d'air mis en contact avec un combustible abaisse la température de combustion, rend plus difficile la transmission de la chaleur aux corps que l'on veut chauffer, et augmente la perte par entraînement résultant d'une plus grande masse de gaz qui s'échappe de l'appareil à une température relativement élevée. L'effet utile du combustible est donc très faible et mauvais à plusieurs points de vue.

Lorsque, au contraire, le combustible est à l'état de gaz, on peut le mélanger avec une proportion d'air, pour ainsi dire invariable, d'une manière plus intime et réduire l'excès de cet air au minimum tout en assurant une combustion complète.

En outre, l'état gazeux du combustible permet de le chauffer avant son contact avec l'air, qui peut être chauffé lui-même, et on arrive de cette façon

---

[1] *Analysen von Rauchgasen* : Dinglers, *Polyt. Journal*, B. CCXIX, p. 281, B. CCXXXII, p. 337 ; F. Fischer, *Feuerungsanlagen für häusliche und gewerbliche Zwecke*, Karlsruhe 1889, p. 19.

à élever considérablement la température de combustion. La transmission de la chaleur est plus facile, et le combustible mieux utilisé, tandis que, quand on chauffe, sur une grille, un combustible solide ou même simplement l'air qui doit servir à la combustion, on n'observe aucune amélioration dans le chauffage ; de nombreux essais, dans ce sens, ont été faits sans résultat satisfaisant.

Les avantages du chauffage au gaz, comparé au chauffage par combustible solide sur grille, peuvent donc se résumer ainsi : possibilité d'obtenir plus facilement et avec un moindre excès d'air, une combustion complète, et, en même temps, une très haute température, conditions qui équivalent à une meilleure utilisation du combustible.

Bien qu'on n'en eût pas pénétré les raisons, ces résultats étaient constatés pratiquement depuis longtemps ; on savait, par exemple, que certains combustibles médiocres lorsqu'on les brûlait sur une grille, se comportaient, au contraire, fort bien, une fois transformés en gaz, surtout si ce gaz et l'air de la combustion étaient portés, avant leur rencontre, à une haute température. Aussi, les procédés, une fois trouvés, le chauffage au gaz a-t-il pris une énorme et rapide extension ; disons tout de suite, sans entrer toutefois dans les détails·qui viendront plus tard, que les combustibles chargés d'eau fournissent un gaz contenant lui-même beaucoup de vapeur d'eau ; on peut améliorer considérablement la qualité de ce gaz au point de vue des hautes températures en lui enlevant, par condensation, une bonne partie de cette eau, et on transforme ainsi en combustibles doués d'une grande puissance calorifique, des matières qui semblaient n'avoir qu'une faible valeur.

(b) Gaz naturel.

On voit dans certains pays, comme Bakou, Grenoble, etc., sortir du sol des gaz combustibles, mais ce n'est réellement que dans l'Amérique du Nord qu'on a reconnu la valeur de ce produit naturel. On rencontre des sources de gaz dans l'Etat de New-York et dans celui de Virginie, mais c'est surtout dans les environs de Pittsburg, en Pensylvanie, qu'elles sont les plus abondantes et qu'on les a appliquées au plus grand nombre d'usages, surtout au chauffage de fours à réverbère pour l'industrie du fer. En faisant un sondage pour rechercher du pétrole, on vit jaillir du trou, tout d'un coup, un jet de gaz à une énorme pression, qu'on laissa d'abord se dégager librement après l'avoir allumé. On réussit plus tard à le recueillir dans des tuyaux et à le conduire au loin. C'est en 1873, à Leechburg, qu'on l'appliqua, pour la première fois, à la métallurgie du fer. En 1875, on posa la première canalisation importante pour le service de l'usine Etna. En 1883, on a relié ces sources de gaz à la ville de Pittsburg, et depuis cette époque on emploie aux usages les plus variés les gaz fournis par un grand nombre de sondages [1].

Le trou de sonde d'où sort le volume de gaz le plus considérable fournit 800.000 mètres cubes par jour ; un grand nombre d'autres trous en donnent la moitié ; à Pittsburg, on remplace par le gaz naturel une consommation journalière de 33.000 tonnes de houille.

L'abondance du gaz naturel et sa composition chimique constituent donc pour ce district des conditions économiques très avantageuses. La composition chimique n'est pas exactement la même pour tous les trous de sonde, et dans un même trou elle varie même un peu suivant les époques, on y trouve cependant toujours de 60 à 80 % en volume d'hydrogène protocarboné de 5 à 20 % d'hydrogène, c'est-à-dire en majeure partie des gaz doués d'un pouvoir calorifique considérable et une petite quantité seulement de corps inertes comme l'azote. On peut admettre, comme composition moyenne, la suivante :

	En volume.	En poids.
Hydrogène.	20	2,7
Hydrogène protocarboné. . .	70	77,8
Autres carbures d'hydrogène.	6	11,6
Acide carbonique.	1	2,0
Azote	3	5,9
	100	100,0

A 0° et à la pression ordinaire, le mètre cube de gaz pèse 0^k,643 ; la combustion d'un mètre cube dégage 9300^{cal}, celle d'un kilogramme, 14500^{cal}, ce qui est énorme et correspond à une température de combustion considérable, qu'il est facile de calculer d'après la formule que nous avons indiquée précédemment.

Dans les ouvrages que nous indiquons plus loin, on trouvera des détails sur la manière de recueillir et d'employer ces gaz.

(c) Gaz combustibles, sous-produits d'opérations diverses.

Les fours employés dans les forges, pour le puddlage, le réchauffage, etc., en raison de leur disposition et du travail qu'ils effectuent, laissent échapper, comme produits de la combustion, des gaz possédant une très haute température ; on les emploie généralement à un chauffage, et le plus souvent à la production de la vapeur ; ce ne sont pas des gaz combustibles, car ils ne contiennent que fort peu d'éléments susceptibles de brûler, ce sont des *flammes perdues*.

---

[1] Glasers, *Annalen*, vol. XXX, p. 69.

D'après les recherches d'Ebelmen, les gaz sortant des fours à puddler et des fours à réchauffer, auraient, en volumes, la composition suivante (Annales des mines. Série IV, T. V., p. 69) :

	Fours à puddler.	Fours à réchauffer.
Acide carbonique. . . .	12,5	17,3
Oxyde de carbone . . .	0,2	7,5
Azote.	78,5	82,0
Oxygène	0,2	4,8
Eau.	»	3,0

Ce n'est donc pas par combustion nouvelle qu'on utilise ces gaz, on tire simplement parti de la chaleur sensible qu'ils possèdent en sortant des fours.

Dans l'industrie du fer, les seuls appareils qui fournissent comme sous-produits, des gaz combustibles sont les hauts-fourneaux et les fours à coke.

Les gaz provenant des hauts-fourneaux se composent d'une partie combustible diluée dans une grande quantité de gaz inertes, c'est-à-dire d'oxyde de carbone accompagné d'un peu d'hydrogène et d'hydrogène protocarboné avec de l'azote et de l'acide carbonique.

La proportion de ces divers éléments varie avec la marche des appareils métallurgiques, on peut cependant prendre comme composition moyenne, abstraction faite de la vapeur d'eau, les chiffres suivants :

	En volumes.	En poids.
Oxyde de carbone.	24	24
Acide carbonique.	12	17
Azote	60	58
Hydrogène.	2	0,2
Hyd. protocarboné	2	0,8
	100	100,0

Un mètre cube de ce gaz à 0° et à $0^m,76$ de pression pèse $1^k,3$; il développe en brûlant 950^{cal}.

La proportion d'oxyde de carbone oscille de 20 à 32 % en volume, de 22 à 30 % en poids.

Dans la seconde partie de cet ouvrage, nous donnerons des détails sur la manière de recueillir ces gaz, de les purifier et de les employer.

Les gaz des fours à coke tiennent des éléments combustibles en bien plus grande proportion. Comme ils se produisent par la décomposition de la houille à l'abri de l'air, leur valeur n'est pas amoindrie comme celle des gaz des hauts-fourneaux par la présence d'une grande quantité d'azote et d'acide carbonique. Ils ont une composition analogue à celle du gaz d'éclairage, c'est-à-dire riche en hyd. protocarboné et en hydrogène, auxquels il faut ajouter de petites quantités de carbures d'hydrogène plus carburés, d'oxyde de carbone, d'azote et d'acide carbonique. La nature de la houille carbonisée et le procédé de carbonisation ont une influence sur la composition de ces gaz.

Voici d'après Otto l'analyse des gaz qui se dégagent des fours Hoffmann-Otto :

Hydrogène	52,69
Gaz des marais CH_4	35,67
Gaz oléfiant C_2H_4	1,61
Benzine.	0,60
Oxyde de carbone	6,41
Acide carbonique	1,39
Hydrogène sulfuré.	0,42
Eau	1,21
	100,00

Il y a donc dans ces gaz moins de gaz des marais et plus d'hydrogène que dans les gaz naturels de l'Amérique du Nord.

Quand on ne recueille pas les sous-produits condensables, ces gaz sont brûlés dans les carneaux qui entourent les parois des fours, après quoi ils se dirigent vers la cheminée possédant encore une quantité considérable de chaleur sensible qu'on utilise généralement pour la production de la vapeur.

Lorsqu'on recueille les sous-produits, les gaz auxquels on a enlevé les goudrons et les matières ammoniacales sont divisés en deux parties, l'une retourne aux fours pour en chauffer les parois et produire la distillation, l'autre reçoit un emploi quelconque ou produit de la vapeur.

(d) Gaz à l'air, sa préparation.

Généralités. — On donne le nom de *gaz à l'air* à celui qui est le résultat de la combustion incomplète d'un combustible solide ; il contient principalement de l'oxyde de carbone et l'azote qui accompagnait l'oxygène employé à produire la combustion incomplète.

Si on traite des combustibles carbonisés, s'ils ne contiennent aucune matière volatile, si la combustion est réellement incomplète, c'est-à-dire sans production d'acide carbonique, si l'air enfin ne contient pas de vapeur d'eau, la composition du gaz à l'air théorique serait :

	En volume.	En poids.
Oxyde de carbone.	34,3	34,3
Azote	65,7	65,7

Un mètre cube de ce gaz à $0°$ et à $0^m,76$ de pression pèserait $1^k,251$ et dégagerait en brûlant 824^{cal}.

Mais ces hypothèses ne peuvent jamais se réaliser complètement. Tous les combustibles carbonisés, en effet, contiennent de l'hydrogène et de l'azote, l'air renferme toujours une certaine quantité de vapeur d'eau qui, au contact du carbone incandescent donne naissance à de l'hydrogène et à de l'oxyde de carbone, enfin, il est difficile d'éviter absolument la formation d'un peu d'acide carbonique. Il résulte de toutes ces conditions pratiques qu'on obtient généralement un gaz différant un peu de ce que nous avons indiqué.

D'après d'anciennes analyses d'Ebelmen, ces gaz seraient composés comme suit :

	Gaz produits avec du charbon de bois.		Gaz produits avec du coke.	
	En vol.	En poids.	En vol.	En poids.
Oxyde de carbone. .	33,3	34,1	33,6	33,8
Azote	63,4	64,9	64,2	64,8
Acide carbonique. .	0,5	0,8	0,7	1,3
Hydrogène.	2,8	0,2	1,5	0,1
	100,0	100,0	100,0	100,0

Lorsque la gazéification se fait dans de mauvaises conditions, la proportion d'acide carbonique peut être beaucoup plus élevée, en même temps, celle de l'azote augmente puisqu'il faut plus d'oxygène, c'est-à-dire plus d'air, pour faire de l'acide carbonique que de l'oxyde de carbone, et pour ces deux motifs la teneur de l'unité de gaz en oxyde de carbone décroît.

La composition du gaz à l'air est influencée d'une manière particulière par deux faits ; ce sont, d'une part, la température qui règne dans la chambre où se produit cette combustion incomplète, autrement dit le *gazogène*, et d'autre part, la porosité plus ou moins grande du combustible. Une température élevée tend à augmenter la quantité de carbone qui s'unit à l'oxygène, c'est-à-dire à transformer en oxyde de carbone, l'acide carbonique qui a pris naissance au moment où l'air est arrivé au contact avec le carbone ; l'acide carbonique diminue donc dans le gaz résultant de cette réaction [1]. Nous admettons naturellement que le carbone est en assez grand excès par rapport à l'air, c'est-à-dire que celui-ci traverse une couche de combustible assez épaisse pour que cette transformation puisse se réaliser. D'un autre côté, si le combustible est très dense, il présente moins de surface à l'air, ce qui est plus favorable à la présence de l'acide carbonique.

Les analyses moyennes que nous avons données plus haut, confirment

[1] Les rapports de Bunt, publiés dans le *Journal für Gasbeleuchtung* 1878 et 1879 (Travaux de la commission désignée pour étudier la puissance de production des gazogènes au coke) contiennent de nombreuses analyses de gaz provenant de la combustion du coke On a trouvé que ces gaz contiennent un volume de 1,9 à 5,8 d'acide carbonique et de 28,3 à 22,6 d'oxyde de carbone.

bien ces remarques, le gaz produit au charbon de bois contient un peu plus d'oxyde de carbone et moins d'acide carbonique que l'autre ; les deux gazogènes marchaient à haute température ; la différence eût été plus grande si la chaleur eût été moindre.

On n'emploie les combustibles carbonisés pour la fabrication du gaz à l'air que lorsque ces matières sont les sous-produits d'autres opérations, comme il arrive dans les usines à gaz d'éclairage. Le plus souvent, on transforme en gaz les combustibles crus, le bois, la tourbe, les lignites et les houilles, d'abord parce qu'une carbonisation préalable de ces matières augmenterait inutilement le prix du gaz, ensuite parce qu'on sacrifierait sans raison l'hydrogène, les carbures de ce corps, l'oxyde de carbone qu'elles cèdent à la distillation et qui ont un pouvoir calorifique considérable, en même temps qu'ils augmentent les gaz réellement combustibles au milieu desquels est noyé l'azote.

Le gaz ainsi obtenu est donc en général de meilleure qualité que celui des combustibles carbonisés. La quantité de chaleur nécessaire pour opérer la décomposition des combustibles crus est largement fournie par la combinaison du carbone avec l'oxygène dans la formation de l'oxyde de carbone.

La composition du gaz à l'air provenant de combustibles crus est variable ; elle subit aussi l'influence de la température du gazogène, et celle de l'état physique du combustible et enfin, principalement, celle de la teneur en matières volatiles. Les limites dans lesquelles ces variations sont comprises, sont plus étendues que pour les combustibles carbonisés.

On peut admettre comme composition moyenne pour ces gaz :

	En volume.	En poids.
Oxyde de carbone. . . .	25,5	29,5
Hydrocarbure CH^4 . . .	2,0	1,3
Hydrogène	8,3	0,6
Acide carbonique	4,8	8,9
Azote	59,4	59,7
	100,0	100,0

Lorsque les conditions sont particulièrement favorables la teneur en acide carbonique peut descendre à 0,5 % en volume ; à l'inverse, dans les cas les plus mauvais, elle peut atteindre 8 %.

Un mètre cube de gaz ayant la composition ci-dessus pèse 1k,179, à la température de 0° et à la pression ordinaire. Il dégage en brûlant 1036cal.

Dans la fabrication du gaz à l'air, il y a deux réactions à distinguer, en premier lieu une *distillation*, c'est-à-dire une décomposition des combustibles dont la partie fixe se sépare des éléments volatils, en second lieu la *gazéification*, c'est-à-dire la transformation du carbone en oxyde de carbone ; c'est à la première de ces opérations qu'est employée une partie de la chaleur produite par la seconde. La gazéification et la nature des produits qu'elle dégage obéissent aux mêmes lois que la transformation en gaz des combustibles carbonisés; quant à la distillation, la nature des dégagements auxquels elle donne lieu varie beaucoup suivant la température à laquelle elle est opérée. A basse température il se produit une proportion de goudron plus considérable, ce qui est plutôt un embarras; à une chaleur plus élevée, la proportion de gaz riches et utilisables est accrue d'une manière fort notable.

Nous donnons ci-dessous d'après Stockmann des analyses de gaz à l'air qui font ressortir l'influence de la température sur la composition.

Les gaz analysés provenaient des mêmes combustibles et se produisaient dans les mêmes conditions avec cette seule différence que les températures des gazogènes n'étaient pas les mêmes ; l'une était à allure franchement chaude, l'autre à allure froide [1].

	Allure chaude. En poids.	Allure froide. En poids.
Azote.	66,86	68,42
Acide carbonique	7,41	12,14
Oxyde de carbone	21,73	16,56
Hydrogène	0,47	0,27
Hydrocarbure CH_4	2,95	1,32
Hydrocarbure CH_2	0,58	1,29
	100,00	100,00

Dans ces expériences la puissance calorifique des gaz produits par un poids donné de houille variait dans la proportion de 1,2 à 1, suivant que l'allure était chaude ou froide. Un des points les plus importants pour bien utiliser un combustible dans la fabrication du gaz à l'air est donc de maintenir dans le gazogène une haute température.

La présence de la vapeur d'eau dans un gazogène a une influence considérable sur la composition du gaz ; comme avec les combustibles carbonisés, la vapeur d'eau traversant une couche épaisse de carbone incandescent produit de l'hydrogène et de l'oxyde de carbone qui se mêlent au gaz en l'enrichissant puisque la proportion d'azote ne change pas. Cette décomposition de l'eau, cependant, ne peut s'effectuer sans une absorption de chaleur considérable. Dans la réaction : $H_2O + C = 2H + CO$, un kilogramme de vapeur d'eau transforme en gaz 2/3 de kil. de carbone. D'un autre côté la décomposition de l'eau H_2O absorbe autant de chaleur qu'en a dégagé sa production. Or l'eau se compose en poids de 1/9 d'hydrogène et de 8/9 d'oxygène, la décomposition de un kilog. de vapeur d'eau exigera donc $\frac{28780^{cal}}{9} = 3198^{cal}$. (Voir page 47.) Par contre 2/3 de carbone en s'oxydant

---

[1] Stœckmann, *Die Gase des Hochofens und der Siemens-Generator Ruhrort* 1876, p. 50.

dégagent $\frac{2473}{3} = 1649^{\text{cal}}$. La différence $3198 - 1649 = 1549^{\text{cal}}$ représente donc le refroidissement causé par la décomposition de un kilog. de
vapeur d'eau. On voit donc que la transformation de l'eau en gaz abaisse la
température du gazogène. Si celui-ci se trouvait à la température strictement suffisante pour produire le minimum d'acide carbonique, l'introduction de l'eau peut avoir un résultat fâcheux. D'un autre côté, il ressort de ce
qui précède que plus le gazogène est chaud, et plus il y a d'intérêt d'augmenter la quantité de vapeur d'eau qui arrive avec l'air, surtout lorsque le gaz
doit subir un refroidissement avant d'arriver au point où il sera utilisé.

La température du gazogène dépend de sa construction, de la manière
dont il est conduit et de la nature du combustible dont on se sert pour l'alimenter. Toutes choses égales d'ailleurs, l'allure d'un gazogène est d'autant
plus froide que le combustible renferme plus d'éléments volatils et surtout
plus de vapeur d'eau ; la quantité de vapeur qu'on peut mélanger à l'air destiné à la combustion devient de plus en plus faible quand celle propre au
combustible augmente. C'est donc surtout avec les combustibles carbonisés
que l'introduction de vapeur est utile. D'après Bunte on peut sans inconvénient mélanger à l'air $0^k,71$ de vapeur d'eau par kilog. de coke transformé en
gaz : pour le lignite qui contient beaucoup d'eau, d'après Stockmann, on ne
pourrait pas dépasser $0^k,20$ dans les meilleures conditions.

Comme la proportion de vapeur d'eau qui suffit à saturer l'air croît avec la
température, on établit quelquefois sous la grille des gazogènes, un bassin plein
d'eau qui remplit le double but de fournir de la vapeur à l'air destiné à la
production du gaz et d'éteindre les escarbilles à mesure qu'elles tombent de
la grille. Ailleurs on dispose des souffleurs (injecteurs) à vapeur qui lancent
sous la grille de l'air saturé. Mais tous ces artifices ne permettent jamais
d'introduire dans le gazogène une quantité de vapeur approchant de la limite
que nous venons d'indiquer, on n'a donc pas à craindre, en les appliquant,
de nuire à l'utilisation du combustible. Les souffleurs à vapeur envoient en
général sous la grille de l'air à 20° qui, à l'état de saturation contient
$1^k,3$ d'eau. Or pour transformer 1^k de carbone en oxyde de carbone il faut
$5^k,65$ d'air qui ne contiendra que $0^k,070$ d'eau, quantité qui ne pourra gazéi-
fier que $0^k,05$ de carbone.

Si donc on veut introduire dans un gazogène très chaud toute la vapeur
d'eau qu'il peut recevoir avec avantage, c'est-à-dire toute celle qui produit
une amélioration dans la composition du gaz, il faut recourir à l'emploi de
chaudières à vapeur. Malgré les frais qui peuvent résulter de cette combinaison, frais de combustibles et autres, on prend quelquefois ce parti, surtout
lorsqu'on emploie dans le gazogène du coke ou de l'anthracite. Le gaz que
l'on obtient ainsi, et que l'on désigne sous le nom de *gaz à l'air et à l'eau* ou

Dowson, peut être représenté par l'analyse suivante faite par Fischer en 1888.

Les chiffres se rapportent aux volumes.

Acide carbonique	6,9
Oxyde de carbone	26,0
Hydrogène	14,1
Azote	52,8
Gaz des marais	traces
	99,8

Tous les combustibles solides peuvent être utilisés pour la production du gaz à l'air, mais on n'en obtient ni les mêmes quantités, ni les mêmes qualités de gaz, lesquelles dépendent de la composition chimique de la matière employée. Le bois, la tourbe, et en général tous les combustibles qui contiennent de grandes quantités d'eau même après séchage à l'air, fournissent peu de gaz une fois que ceux-ci ont été dépouillés par condensation de l'énorme quantité de vapeur d'eau qu'ils entraînent. L'oxygène qu'ils contiennent en plus grande quantité se combine avec l'hydrogène pour former de l'eau diminuant encore le volume de gaz utile.

Les combustibles très hydrogénés fournissent un gaz riche en hydrogène en hydrocarbures.

Les houilles à *courte flamme* produisent un gaz pauvre en produits hydrogénés, aussi ce sont les houilles sèches à longue flamme que l'on choisit de préférence pour la fabrication du gaz à l'air ; les houilles grasses, si on s'en rapporte à leur composition chimique, devraient être aussi avantageuses au point de vue de la nature du gaz qu'on en obtiendrait, mais elles ont l'inconvénient de s'agglomérer en énormes masses à travers lesquelles l'air passe difficilement et d'une façon irrégulière. Les houilles sèches à courte flamme donnent un gaz moins riche, elles conviennent mieux pour la fabrication du coke.

Plus un combustible contient d'eau, et plus la température du gazogène qu'il alimente est basse, la décomposition de l'eau absorbant beaucoup de chaleur, aussi dans ces sortes de gaz rencontre-t-on l'acide carbonique en plus grande proportion.

Les combustibles crus produisent un gaz contenant moins d'azote que ceux qui sont carbonisés, parce que la distillation dégage des composés hydrogénés et qu'il n'est nécessaire de fournir de l'air qu'à la quantité de carbone fixe restant ; le charbon de bois et le coke ne donnant que de l'oxyde de carbone, ont besoin d'une quantité d'air plus considérable.

Nous indiquons dans le tableau suivant les volumes et les poids de gaz, exempt de vapeur d'eau produit par 1^{kil} de divers combustibles supposés secs et sans cendres.

	Volumes.	Poids.
Bois	2^{mc},2	2^k,8
Tourbe, lignite, récente formation	2 ,8	3 ,4
Lignite, ancienne formation.	3 ,4	4 ,0
Houille	4 ,5	5 ,4
Charbon de bois, coke	6 ,5.	8 ,0.

Pour obtenir un gaz riche en éléments combustibles, nous avons vu qu'il est nécessaire qu'il règne dans le gazogène une haute température ; il en résulte que les gaz sortant de cet appareil possèdent une chaleur comprise entre 300° et 1000° suivant qu'ils proviennent de combustibles crus très chargés d'eau ou de combustibles carbonisés. Si ces gaz arrivent au point de consommation sans se refroidir, cette chaleur est utilisée ; mais elle est perdue, si, dans le parcours, il se produit une diminution de température ; cette perte peut être très considérable, elle peut s'élever à la dixième partie du pouvoir calorifique du combustible solide employé. Il y a cependant intérêt à refroidir les gaz lorsqu'ils sont trop chargés de vapeur d'eau, si on veut obtenir des températures suffisamment élevées. C'est le moyen de donner une valeur réelle à des combustibles qui sans cela seraient d'une qualité tout à fait inférieure.

Gazogènes. — La partie essentielle d'un gazogène pour gaz à l'air est une chambre munie 1° d'un ou plusieurs orifices par lesquels se fait le chargement de combustible solide, et qu'il est possible de fermer à volonté ; 2° d'une entrée pour l'air destiné à produire la combustion incomplète, mais qui doit traverser ordinairement de bas en haut la couche de combustible ; 3° d'un orifice de sortie pour le gaz produit.

La gazéification s'effectue là où l'air rencontre le combustible incandescent, c'est en ce point que se forme l'oxyde de carbone ; la chaleur dégagée par cette combustion partielle est employée en partie à évaporer l'eau en présence, en partie à opérer la distillation des composés volatils. Les produits gazeux sortant du gazogène emportent l'excédant comme chaleur sensible. La marche de l'appareil est continue pourvu qu'il soit alimenté de combustible et que l'air lui soit fourni sans interruption.

Le mouvement des gaz dans l'appareil et ensuite dans les conduites qui se dirigent vers les fours, est produit, soit par simple tirage naturel, soit par une machine soufflante qui envoie l'air dans le gazogène sous une certaine pression. A l'origine de l'emploi de ces appareils on avait presqu'uniquement recours au vent forcé, c'est-à-dire à de l'air fourni par une machine soufflante ; ensuite on trouva plus simple de se contenter du tirage naturel et pendant longtemps les gazogènes soufflés furent abandonnés ; ils ont reparu vers 1873 et depuis cette époque ils se sont répandus de plus en plus et ont supplanté les appareils à tirage naturel.

A différents points de vue en effet, ils sont d'un usage plus profitable et plus commode.

Nous savons (voir p. 39), qu'une forte pression favorise la formation de l'oxyde de carbone, tandis qu'à l'inverse une faible pression donne lieu à la production de l'acide carbonique. Or dans un appareil à tirage naturel la pression est au-dessous de la pression atmosphérique, le vent forcé assure au contraire une pression supérieure ; il y a donc avantage à recourir au soufflage.

Un autre avantage que l'on trouve dans l'emploi du vent forcé, c'est qu'il permet de régler très facilement et dans de larges limites, indépendamment du tirage, la quantité d'air qui arrive au gazogène dans un temps donné, et, par conséquent, de maintenir la fabrication du gaz dans l'allure la plus convenable. Il n'en peut être de même avec le tirage naturel qui reste soumis à des influences perturbatrices nombreuses, comme des résistances variables, des changements de température dans la cheminée, des modifications dans l'état de l'atmosphère, etc.

Ajoutons que si on adopte le tirage forcé l'installation des appareils est bien simplifiée ; le tirage naturel oblige à placer le gazogène plus bas que le four qu'il alimente pour que les gaz chauds circulent en vertu de leur force ascensionnelle ; on est donc conduit le plus souvent à placer les gazogènes au-dessous du sol, ce qui est à la fois une dépense et une complication. Le vent forcé permet de disposer les appareils producteurs du gaz où l'on veut, le mouvement des gaz étant assuré par la pression qui règne dans l'enceinte.

La machine soufflante peut être fort simple parce qu'il n'est jamais nécessaire d'avoir des pressions élevées ; de 8 à 20 centimètres d'eau suffisent dans tous les cas. Dans les petites installations on emploie des souffleurs à vapeur [1], chaque gazogène en étant muni. S'il existe un grand nombre de gazogènes, il est préférable de recourir à des ventilateurs à force centrifuge ou aux ventilateurs Root. Une seule de ces machines suffit pour fournir le vent à un très grand nombre de chambres ; l'emploi d'un ventilateur permet de faire varier la pression dans des limites plus étendues et de régler plus exactement la quantité de vent [2].

Dans les gazogènes à tirage, l'air pénètre à travers la grille ; lorsqu'ils sont soufflés on peut établir également une grille sous laquelle arrive le vent, le cendrier étant fermé par des portes, ou bien introduire le vent par des tuyères placées près du fond de l'appareil ; dans ce cas il n'y a pas de grille

---

[1] Consulter au sujet de ces appareils : Ledebur, *Verarbeitung der Metalle auf mechanischen Wege*, 1877, p. 82.

[2] Consulter pour ces souffleries : P. Rittinger, *Centrifugalventilatoren und Centrifugalpumpen* 1858, p. 268 ; B. Kerl, *Grundriss der allgemeinen Hüttenkunde*, 2° édit., 1879, p. 332-338 ; Dürre, *Anlage und Betrieb der Eisenhütten*, 1880-1890, tome III, p. 73-81 ; von Hauer, *Hüttenwesensmaschinen*, 2° édit., 1876, p. 208-231.

mais il est alors nécessaire que les cendres se transforment en scories suffisamment liquides que l'on fait écouler par un orifice situé au point le plus bas et qui est habituellement bouché par un tampon d'argile. Pour rendre ces scories liquides il convient ordinairement d'additionner chaque charge de combustible d'une petite quantité de calcaire qui varie suivant la proportion et la nature des cendres à scorifier.

Le soufflage par tuyères possède sur l'autre les avantages suivants : 1° On peut imprimer au gazogène une allure beaucoup plus chaude qu'une grille ne pourrait supporter. 2° Le soufflage peut être continu tandis qu'avec une grille il faut l'interrompre de temps en temps pour l'enlèvement des mâchefers. 3° Le calcaire qu'on est obligé d'ajouter pour assurer la fusion des cendres agit également comme désulfurant, ce qui n'est pas indifférent pour certaines opérations métallurgiques [1]. On ne peut, cependant, traiter ainsi que des combustibles dont la teneur en cendres est bien régulière, puisque l'addition de calcaire doit être calculée exactement sur le poids de ces cendres et qu'il serait aussi dangereux d'en mettre un excès que d'en avoir une quantité insuffisante.

Il ne serait pas malaisé de découvrir d'autres avantages au soufflage de l'air ; ainsi nous avons établi que la composition du gaz produit dépend en grande partie de la température de l'enceinte ; or cette température s'élève ou s'abaisse si on introduit dans un temps donné plus ou moins d'air, et si la couche de combustible traversé par cet air est plus ou moins épaisse. En augmentant la quantité d'air introduit par seconde on dispose d'un plus grand nombre de calories, tandis que les pertes par les parois s'accroissent dans une moindre proportion, la température des gazogènes s'élèvera donc de toute la différence entre ce gain et cette perte. En outre, la température dans la zone de gazéification dépend de la chaleur absorbée par le combustible solide à partir du moment où il est chargé jusqu'à celui où il pénètre dans cette zone ; la chaleur absorbée sera évidemment plus grande si le combustible solide est plus longtemps en contact avec le courant gazeux, c'est-à-dire si la couche traversée est plus épaisse ; or, augmenter la couche de combustible, c'est accroître les résistances, c'est-à-dire créer un obstacle à l'arrivée de l'air dans le cas où celui-ci dépend du tirage naturel. Si on emploie le vent soufflé et surtout les tuyères, il suffit d'augmenter légèrement la pression du vent.

Dans les gazogènes à tirage naturel, l'épaisseur de la couche de combustible varie de $0^m,60$ à $0^m,80$ lorsque celui-ci est en petits fragments ; pour le bois et la tourbe on va jusqu'à $1^m,50$. Dans les gazogènes soufflés, si on dispose d'air à pression suffisante on peut travailler avec une épaisseur de com-

---

[1] On a remarqué qu'en additionnant de calcaire des houilles très sulfureuses, la qualité du gaz qui en provenait était améliorée (Jernkontorets, *Annalen*, 1885, p. 377.

bustibles même assez menus de 3^m. On obtient alors des températures de gazéification très élevées.

S'il arrive que la couche de combustible soit trop faible il y a lieu de craindre de rencontrer dans les gaz de l'oxygène libre, ou une grande quantité d'acide carbonique.

Pour que la production du gaz se fasse d'une manière convenable et régulière, il est nécessaire que l'air pénètre uniformément à travers toute la couche de combustible. Il a tendance naturelle à passer plus facilement le long des parois parce que le frottement que le combustible y rencontre retarde sa descente et rend la masse plus perméable qu'au centre. Cela se remarque surtout dans les gazogènes à grande section ; on donne rarement une largeur de plus de 2^m dans la section la plus étroite et le plus souvent on ne dépasse pas 1^m,50 ou même 1^m. Si la quantité de gaz est insuffisante pour la consommation on réunit plusieurs chambres en batteries comme nous le verrons ultérieurement.

Dans un gazogène à tirage naturel alimenté avec de la houille on brûle par mètre carré de section minimum et par heure de 60 à 80^k de combustible. Si on emploie le vent forcé en quantité et avec une pression suffisante on peut en passer trois fois plus.

On peut obtenir une meilleure répartition du courant de gaz en rétrécissant la chambre vers le bas, c'est-à-dire vers le point où l'air vient en contact avec le combustible. Dans ces conditions l'air se trouve plus au centre de la masse et ne peut gagner les parois qu'en se frayant un chemin plus long. C'est ainsi qu'on construit les chambres des gazogènes toutes les fois que la nature des combustibles le permet ; car une pareille disposition serait absolument mauvaise si on devait brûler des houilles grasses dont la descente ne se ferait pas d'une façon régulière.

On peut également obtenir un résultat analogue en plaçant l'entrée de l'air d'un côté de l'appareil et la sortie du gaz de l'autre côté, on augmente ainsi le parcours du courant gazeux.

Il s'en faut de beaucoup que tous les gazogènes soient construits sur le même plan ; ils doivent, en effet, différer suivant qu'ils sont alimentés par un combustible ou par un autre, qu'on les veut à tirage naturel ou à vent forcé, et suivant aussi l'imagination de ceux qui les installent.

Les fig. 12 et 13 représentent le gazogène à tirage naturel tel qu'il a été conçu par les frères William et Frédéric Siemens pour brûler des houilles et des lignites. Ce type est encore en usage dans un grand nombre d'usines.

Ils sont réunis par groupes de 4 et établis en dessous du sol ; l'un d'eux est représenté en A. Au centre du massif se trouve une cheminée verticale qui reçoit le gaz des quatre chambres ; d est une des deux boîtes de chargement du gazogène A (dans la fig. 13 on aperçoit la moitié de la coupe de l'une de ces boîtes). Une boîte de chargement se compose d'une caisse en fonte pourvue d'un couvercle en tôle dont les bords plongent dans une rigole remplie d'eau ou de goudron, ce qui rend la fermeture hermétique. Le fond de la boîte est muni d'une valve qu'on manœuvre du dehors au moyen d'un levier à contrepoids. On remplit la boîte pendant que la valve est fermée, puis on met le couvercle et on ouvre la valve ; le combustible tombe dans la chambre où il se convertit en gaz. On charge donc ainsi sans perte de gaz et sans introduction d'air. La paroi intérieure de la chambre, du côté du chargement est inclinée suivant un angle de 50 à 70° et se termine en bas par une grille à gradins *a*. Le fond de la chambre est occupé par une grille légè-

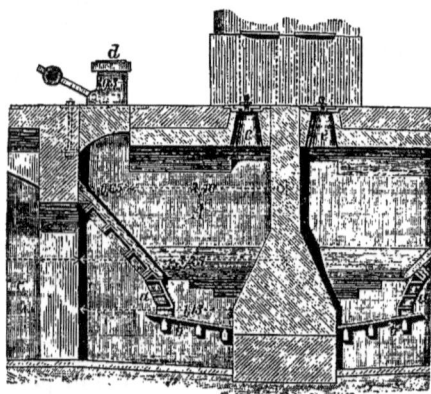

Fig. 12. — Gazogène Siemens (coupe).

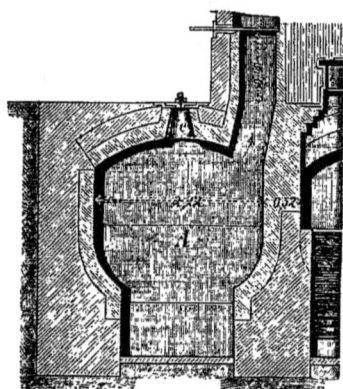

Fig. 13. — Gazogène Siemens (coupe)

rement inclinée *b* ; *e e* représentent les ouvertures par lesquelles on introduit les *piques* destinées à égaliser le combustible et à briser les voûtes qui peuvent se former ; il y a ordinairement trois de ces trous ; *c* est la fosse où les ouvriers descendent pour le service de la grille, elle est couverte par une voûte dans laquelle on ménage les ouvertures nécessaires pour la manœuvre ; les fosses des gazogènes voisins les uns des autres sont en communication.

Lorsqu'on veut faire travailler ces gazogènes au vent forcé, on ferme les cendriers avec des portes en tôle et on amène le vent sous la grille.

Les premiers gazogènes des frères Siemens n'étaient pas munis de grilles à la partie inférieure ; les cendres, mélangées aux escarbilles et aux mâchefers qui supportaient le combustible, reposaient directement sur la sole, formant talus d'éboulement au-dessous de la poutre métallique supportant la poitrine. L'air traversait cette masse de combustible demi-carbonisé ; l'appareil marchait lentement, et plutôt à basse température. Pour faire le nettoyage, on établissait une fausse grille contre la poutre métallique, et on enlevait tout ce qui se trouvait dessous, puis on laissait retomber le combustible sur la sole en retirant les barreaux. On trouverait probablement encore des gazogènes de ce type. L'établissement d'une grille a été un pro-

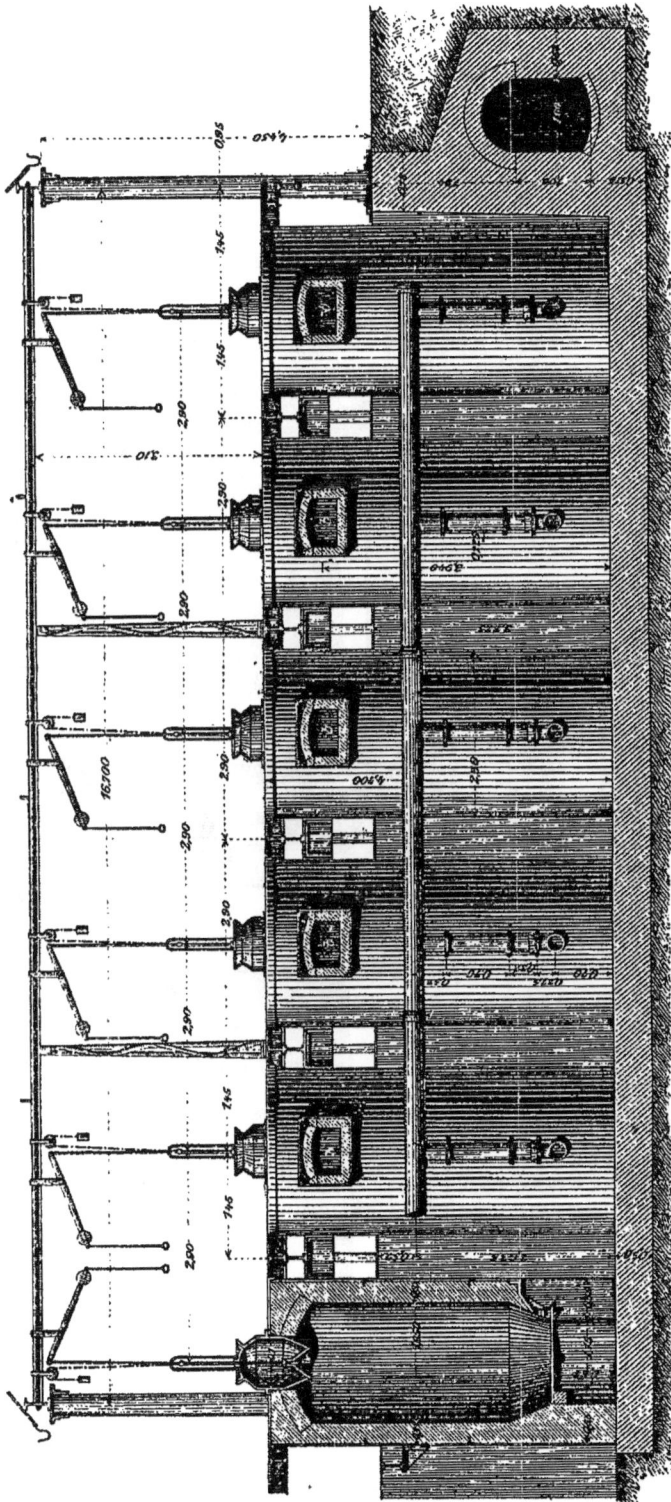

Fig. 14. — Gazogène de l'usine du Phœnix ; échelle de 1/100.

grès, en ce sens qu'il a permis de donner à la production du gaz une allure plus vive et plus chaude, qu'il a rendu les nettoyages en marche possibles et moins pénibles pour les hommes. L'emploi du vent forcé par souffleurs de vapeur ou autre-

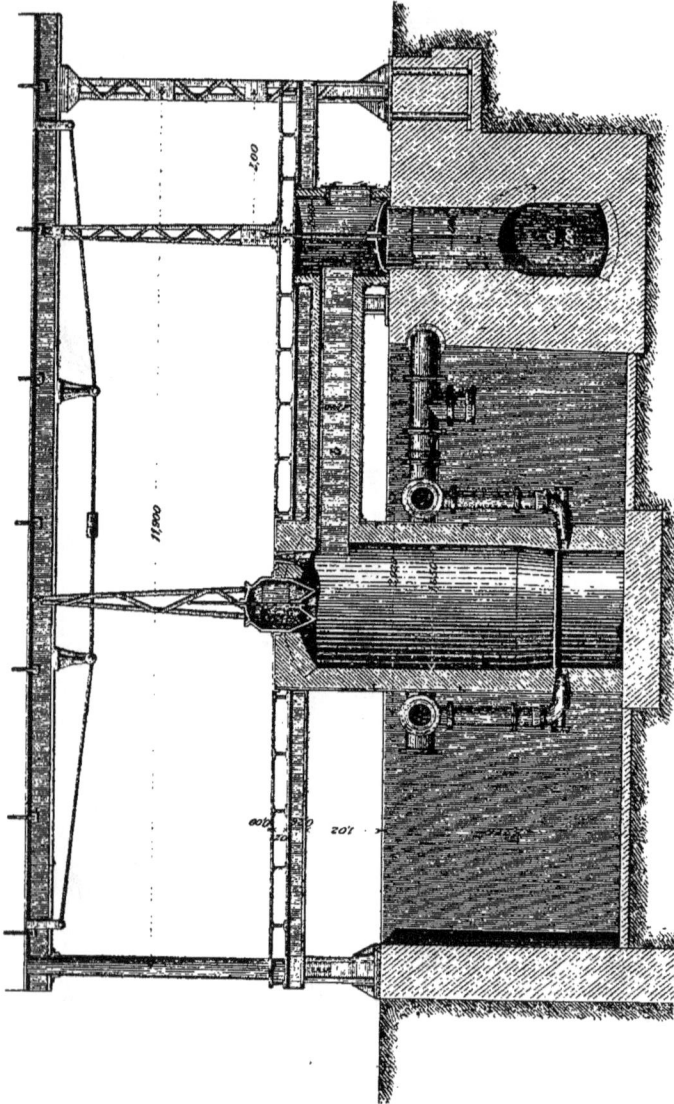

Fig. 15. — Gazogène de l'usine du Phœnix ; échelle de 1/100.

ment a été un autre progrès ; il a fourni le moyen de faire varier la vitesse de production et a supprimé l'obligation de placer les appareils à un niveau déterminé par rapport aux fours.

Les anciens gazogènes étaient tous munis du siphon ; celui-ci était le point de départ de conduites aériennes en tôle d'une grande longueur dans lesquelles les gaz se refroidissaient abandonnant l'eau, la plus grande partie des goudrons et de la suie qui les accompagnaient. La suie forme un produit encombrant qui obstrue rapidement les conduites ; avec certains charbons, il s'en dépose jusqu'à cinquante litres par tonne de houille l rùlée. On doit donc ménager des regards qui permettent les nettoyages très fréquents dans tous les points où elle peut s'accumuler et procéder à des brûlages presque quotidiens qui ont le grand inconvénient de causer une perte de temps et de dégager des fumées très gênantes. Outre la suie, les gaz laissent déposer des goudrons ; les plus liquides peuvent être écoulés d'une manière continue dans des réservoirs, d'autres restent sur place sous forme de brai demi-solide fort difficile à enlever ; il se produit environ de 2^k à $2^k,50$ de goudrons par tonne de houille. Lorsque la conduite, au lieu d'être aérienne, est souterraine, elle ne cause qu'une beaucoup plus faible condensation et les suies peuvent être entraînées jusqu'aux points les plus éloignés.

Dans les installations plus récentes on a rapproché les gazogènes des fours et supprimé les longues conduites ; on a trouvé généralement à cette nouvelle disposition une économie résultant et de la chaleur sensible des gaz, et de la combustion des hydrocarbures qu'ils entraînent et qui augmentent singulièrement leur puissance calorifique. Une bonne houille à gaz possède un pouvoir calorifique d'environ 8000 calories. Le gaz qui résulte de son passage au gazogène peut développer 2300 calories par mètre cube ; tandis que l'anthracite qui ne contient pas d'hydrocarbures ne produit que 7500 calories par kilog. et son gaz n'en peut engendrer que 1200 environ par mètre cube. La comparaison de ces chiffres montre l'intérêt qu'il y a à transformer en gaz des combustibles contenant des hydrocarbures et à profiter de la puissance calorifique de ces derniers en facilitant leur arrivée dans les fours et en évitant autant que possible leur condensation. (V.)

Les fig. 14 et 15 représentent une batterie des gazogènes soufflés de construction nouvelle ; ils sont destinés à brûler de la houille. La chambre a la forme d'un cylindre terminé par une partie conique arrivant à la grille. Le vent est amené sous la grille par deux buses. Au sortir de la chambre, le gaz passe par un conduit h visible en coupe dans la fig. 15 ; ce conduit est muni d'une soupape qui permet d'isoler le gazogène lorsque cela est nécessaire, il aboutit à un conduit plus grand a commun à tous les gazogènes. La boîte de chargement est fermée par un couvercle qui se manœuvre au moyen d'une chaîne et d'un contrepoids (fig. 14). A la partie inférieure la boîte se termine en entonnoir dont les bords portent sur un cône qui remplit le rôle de soupape. Ce cône est attaché à une barre de fer reliée par une chaîne à un levier et à un contrepoids. Ce mode de chargement a l'avantage d'accumuler la houille le long des parois, c'est-à-dire dans la région où les gaz ont le plus de tendance à passer.

Dans une des usines où des gazogènes de ce type sont en marche on les souffle avec un ventilateur ordinaire qui donne à l'origine de la conduite une pression de 9° d'eau. Le gaz contient de 0,5 à 0,7 °/₀ d'acide carbonique et 27 °/₀ d'oxyde de carbone, c'est dire qu'il est de qualité supérieure. A la sortie de la chambre il est à la température de 650°,

Ce genre de gazogène pourrait s'appliquer au traitement des lignites, pour la tourbe il vaudrait mieux lui donner plus de hauteur.

La fig. 16 représente le gazogène *Saillers* destiné à utiliser les houilles collantes ; il est muni d'un trou de coulée pour les laitiers. C'est un type d'appareil dans lequel les cendres du combustible sont fondues et s'écoulent à l'état liquide. La chambre est plus large en bas qu'en haut, ce qui facilite la descente des houilles susceptibles de se coller aux parois. On donne au vent une pression de 10 à 20 cent. d'eau pour qu'il puisse traverser la masse plus ou moins agglomérée. Les scories s'écoulent par les trous *d d*. Les tuyères *h h* font saillie à l'intérieur pour que le vent atteigne plus sûrement le centre de la chambre, elles sont à courant d'eau sans quoi elles ne résisteraient pas à la température de cette région ; *c c* sont des caisses à eau logées dans l'épaisseur des parois qu'elles servent à protéger contre l'action des scories rendues plus fusibles par des additions de calcaires ; *e* est une ouverture par laquelle on pénètre dans la chambre pour la réparer. La boîte de chargement est semblable à celle décrite plus haut. La température des gaz à la sortie du gazogène varie entre 700° et 900°, ils contiennent de 1 à 2 % d'acide carbonique.

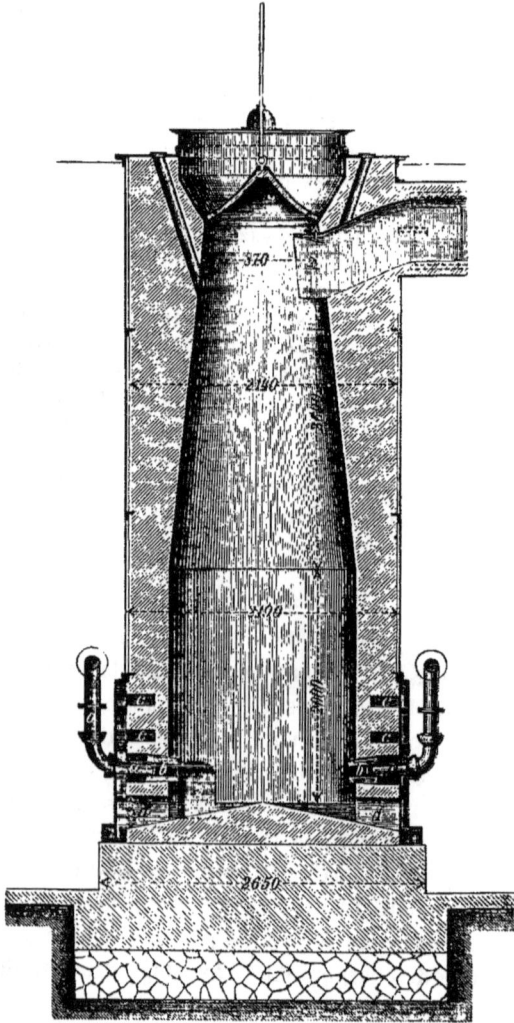

Fig. 16. — Gazogène Saillers.

On a fréquemment essayé de construire des appareils gazogènes dans

lesquels la zône de distillation fut séparée de celle de gazéification. On avait
pour but d'éviter ainsi l'effet produit sur la nature du gaz par le refroidissement provenant de l'introduction d'une charge nouvelle et de la distillation,
effet d'autant plus fâcheux que le combustible dégage plus de vapeur d'eau ;
nous citerons entre autres appareils de ce type le gazogène Grobe Lurmann.
La distillation se fait dans une sorte de cornue chauffée extérieurement par
les flammes perdues des fours de l'usine. La houille une fois carbonisée dans
cette cornue est poussée mécaniquement dans une chambre de gazogène
ordinaire où elle se transforme en oxyde de carbone.

On a tenté également de faire passer les produits de la distillation à travers
les charbons incandescents pour transformer en gaz combustibles la vapeur
d'eau et les goudrons qui diminuent la vapeur calorifique du gaz.

Aucun de ces systèmes n'a réussi jusqu'à présent soit qu'ils n'aient pas
atteint le but poursuivi, soit que leur complication ait entraîné à des dépenses trop considérables, soit enfin que la conduite d'appareils de ce
genre ait été trop difficile.

Dans les grandes installations, on réunit les gazogènes en batteries
(fig. 12, 13, 14, 15) et on recueille tous les gaz dans une conduite commune
où chaque four prend ce dont il a besoin.

Lorsqu'on charge les uns après les autres les divers gazogènes, on fait disparaître en partie les variations de composition qui résultent de l'introduction
de charges nouvelles ; en augmentant ou diminuant le nombre des gazogènes
en travail, on peut facilement maintenir l'équilibre entre la production et la
consommation du gaz.

Au lieu de grouper les chambres de gazogènes par quatre, comme l'indiquait
Siemens, on peut les disposer en batteries sur une ou plusieurs lignes à proximité des
fours qui doivent utiliser les gaz. Comme avec le vent forcé qui assure la circulation du gaz, on n'a plus à se préoccuper des questions de niveau, nous établissons
la plateforme supérieure des gazogènes au même niveau que le plancher de travail
des fours, et en communication facile avec lui. Au devant des grilles on aura, suivant
les localités, sur le terrain naturel, une voie permettant le prompt enlèvement des
cendres et mâchefers, ou au fond d'une tranchée assez large pour que le travail des
grilles ne soit pas trop pénible, la même voie de dégagement. Une autre voie placée
au-dessus du plan supérieur amènera le combustible soit sur la plateforme même,
soit dans des magasins situés au-dessus des boîtes de chargement. Celui-ci pourra
même se faire automatiquement au moyen d'un excentrique ouvrant puis interrom-
pant la communication entre le magasin et l'orifice de chargement. Pour la régularité
de composition du gaz, il n'est pas indifférent de charger en une seule fois une
grande quantité, ou d'envoyer dans la chambre, par des charges fréquemment ré-
pétées, de petites quantités.

Nous attachons une grande importance à ce que chaque four ait ses gazogènes indépendants, la production de gaz et sa consommation formant un tout surveillé par
les mêmes hommes ayant le même intérêt, exposés en même temps aux conséquences d'un mauvais travail ou d'un accident. Nous attribuerions donc à chaque

four le nombre de grilles dont il a besoin pour son alimentation, plus une qui reste en nettoyage ou en attente. Le décrassage se ferait alternativement sur chaque grille isolée du groupe momentanément, sans qu'il se produise de modification dans l'allure ou la composition du gaz. Tous les gazogènes ainsi groupés verseraient leur gaz dans un collecteur placé entre le producteur de gaz et l'appareil qui le consomme. Ce collecteur, qui serait une galerie longeant le groupe de gazogènes pourrait être divisé en deux parties par une cloison longitudinale ne montant pas jusqu'au plafond ; on disposerait l'arrivée du gaz plongeante vers le bas du premier compartiment où le changement brusque de vitesse produirait le dépôt des cendres, des suies et des parcelles de charbons décrépitants entraînés qui pourraient encombrer les régénérateurs. Toutes les dispositions seraient prises pour faciliter le nettoyage des carneaux d'arrivée et de prise de gaz, et pour diminuer le danger d'une explosion. Il est nécessaire principalement de pouvoir isoler d'une manière absolument sûre chaque chambre de gazogène au moyen d'une soupape fermant hermétiquement. Une sorte de cloche basse dont le bord inférieur plonge dans une rigole pleine de sable, constitue un excellent système de fermeture. (V.)

Appareils destinés à condenser la vapeur d'eau. — Nous avons déjà indiqué qu'il était des cas où il y avait avantage à condenser la vapeur d'eau contenue dans les gaz, de manière à rendre ceux-ci capables de développer

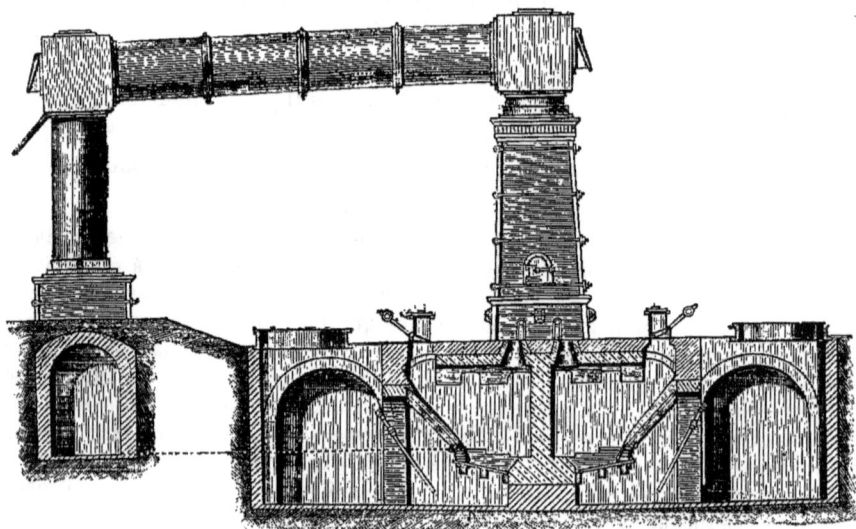

Fig. 17. — Siphon des gazogènes Siemens.

de hautes températures. Les condenseurs peuvent êtres construits de plusieurs façons. Il suffit quelquefois de faire passer les gaz dans un simple tuyau en tôle de grand diamètre et assez long, exposé à l'air ; le gaz y circule lentement en se refroidissant. La figure 17 représente une disposition de ce genre employée pour la première fois par W. Siemens, à recevoir le gaz de ses gazogènes. Le condenseur reçoit les gaz de la batterie composée de quatre chambres ; en donnant à cet ensemble la forme d'un siphon, Siemens avait pour but de produire un tirage dans ses gazogènes qui n'étaient pas soufflés. La première branche du siphon, la branche ascendante est une cheminée en briques dans laquelle il ne se produit pas de refroidissement sensible. Dans le long tuyau à peu près horizontal qui vient ensuite, la température du gaz baisse, son volume diminue, sa densité augmente ; il se refroidit encore dans la branche descendante qui communique avec le four. Voici d'ailleurs comment l'inventeur lui-même justifiait son idée : « Le mélange gazeux « monte dans une cheminée de briques, puis passe par un tuyau refroidisseur « horizontal où une partie de son énergie calorifique se transforme en pres- « sion, résultat avantageux pour deux raisons. La première, c'est qu'il em- « pêche toute rentrée d'air dans la conduite, la seconde, c'est que le gaz ar- « rive au four avec une légère pression » [1].

On obtient un résultat beaucoup plus complet en mettant le gaz en contact avec de l'eau froide en particules très divisées et renouvelées. On réalise cette disposition ou bien en projetant au milieu des gaz l'eau divisée en jets minces, ou en arrosant des grilles superposées formées de barres de fer et en forçant le gaz à les traverser. La figure 18 représente un appareil de ce genre qui a été appliqué primitivement à condenser la vapeur d'eau contenue dans du gaz fabriqué avec de la sciure de bois ; plus tard on s'est servi de cet appareil sous la même forme ou avec quelque modification pour la condensation de la vapeur dans du gaz de lignite [2]. Le gaz arrive par le tuyau a dans la chambre d où il rencontre un grand nombre de filets d'eau froide, puis il passe dans la chambre h où il traverse une pile de barres de fer dis-

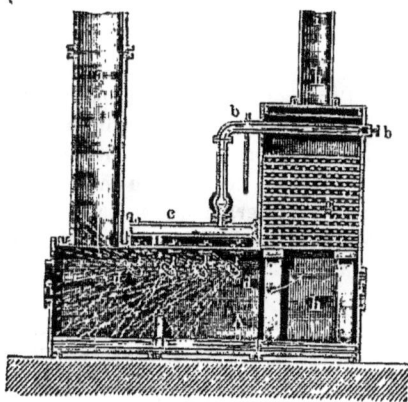

Fig. 18.— Laveur Landin.

posées en chicane et constamment arrosée. Le liquide condensé et l'eau de lavage s'écoulent ensemble par un orifice ménagé au bas de l'appareil. On peut pénétrer dans la chambre par les trous d'homme c et f [3].

Il ne faut pas perdre de vue que tout refroidissement du gaz est une perte de chaleur et il serait absurde d'y recourir si l'on n'était pas obligé d'éliminer

[1] W. Siemens, *Einige wissenschaftlich-technische Fragen der Gegenwart*, Berlin 1879, p. 9.
[2] Bruno Kerl. *Grundriss der allgemeinen Hüttenkunde*, p. 190.
[3] On trouvera les dessins de condenseurs dans l'ouvrage de : von Ehrenwerth intitulé : *Das Eisenhüttenwesen Schwedens* 1885, pl. 3 bis ; R. Akerman, *Jernkontorets Annaler für 1891*.

un excès de vapeur d'eau. Supposons, par exemple et pour fixer les idées, qu'on convertisse en gaz un lignite et qu'un kilogramme de ce combustible ait un pouvoir calorifique d'environ 6000^{cal} et produise 3^k,8 de gaz sec et 0^k,35 de vapeur d'eau qui sortent du gazogène à la température de 300 %. Si on refroidit ce mélange gazeux jusqu'à 20 % on lui enlève environ 300^{cal}, c'est-à-dire 1/20 du pouvoir calorifique du combustible, et si la température de sortie était plus élevée, la perte serait encore plus grande.

Aujourd'hui, lorsque le gaz provient de houille ou de lignite ancien, on ne le refroidit pas, mais si on veut obtenir de hautes températures de combustion avec du gaz de bois, de tourbes ou de lignites ordinaires, la condensation de la vapeur d'eau est indispensable.

Le lavage des gaz n'a pas seulement pour effet de condenser la vapeur d'eau dont la présence diminuerait la puissance calorifique du gaz et la température de combustion, il agit aussi comme purificateur en retenant, soit les poussières entraînées par le courant gazeux ou les parcelles de combustible très ténues, soit les gaz nuisibles comme l'acide sulfureux résultant de la combustion de houilles très pyriteuses, l'acide arsénieux, etc. Nous l'avons appliqué aux gazogènes de fours Martin (système de Langlade), dont les produits semblent devoir une partie de leur supériorité à l'emploi de ce système. Il a donné les meilleurs résultats dans le chauffage des fours à puddler avec le gaz des hauts-fourneaux.

On peut dire, d'une manière générale, que tous les systèmes de gazogènes sont bons pourvu que l'alimentation en combustible, l'enlèvement des résidus, cendres et mâchefer, la surveillance de la combustion, et le nettoyage des conduits soient faciles. Outre les types cités par M. Ledebur, nous indiquerons seulement celui qui porte le nom de Taylor et qui est employé dans un certain nombre d'usines américaines. Le gazogène Taylor a comme particularité une grille qu'on peut animer d'un mouvement de rotation intermittent ou continu dont l'effet est d'expulser les mâchefers et les escarbilles qui s'accumulent au bas de l'appareil. (Voir Génie civil, T. XX, p. 7).

Mentionnons aussi un gazogène employé dans certaines usines de l'Oural pour transformer en gaz du bois séché, et alimenter des Martin (fig. 18bis). Ce gazogène se compose d'une cuve rectangulaire de 2^m,40 sur 1^m,15 et de 8^m,70 de profondeur, se rétrécissant vers le bas où se trouve une grille de 1^m,66 sur 0^m,70. Le gaz est pris à une hauteur de 2^m,40 au-dessus de la grille par un carneau. 4 cuves sont groupées autour d'une cheminée centrale qui reçoit les 4 carneaux, mais elles peuvent être isolées au moyen d'une soupape. La plateforme supérieure porte les 4 boites de distribution pourvues de double fermeture. Il va sans dire que les gaz produits parcourent une série d'appareils de condensation qui les dépouillent de l'eau, des goudrons et acides pyroligneux, etc., qu'ils contiennent. (V.)

(e) Gaz à l'eau.

Le gaz à l'eau est obtenu par la décomposition de l'eau par le carbone incandescent.

$$H_2O + C = 2H + C,$$

D'après cette formule, ce gaz serait composé de

	En volume.	En poids.
Hydrogène.	50	6,7
Oxyde de carbone. . . .	50	93,3
	100	100,0

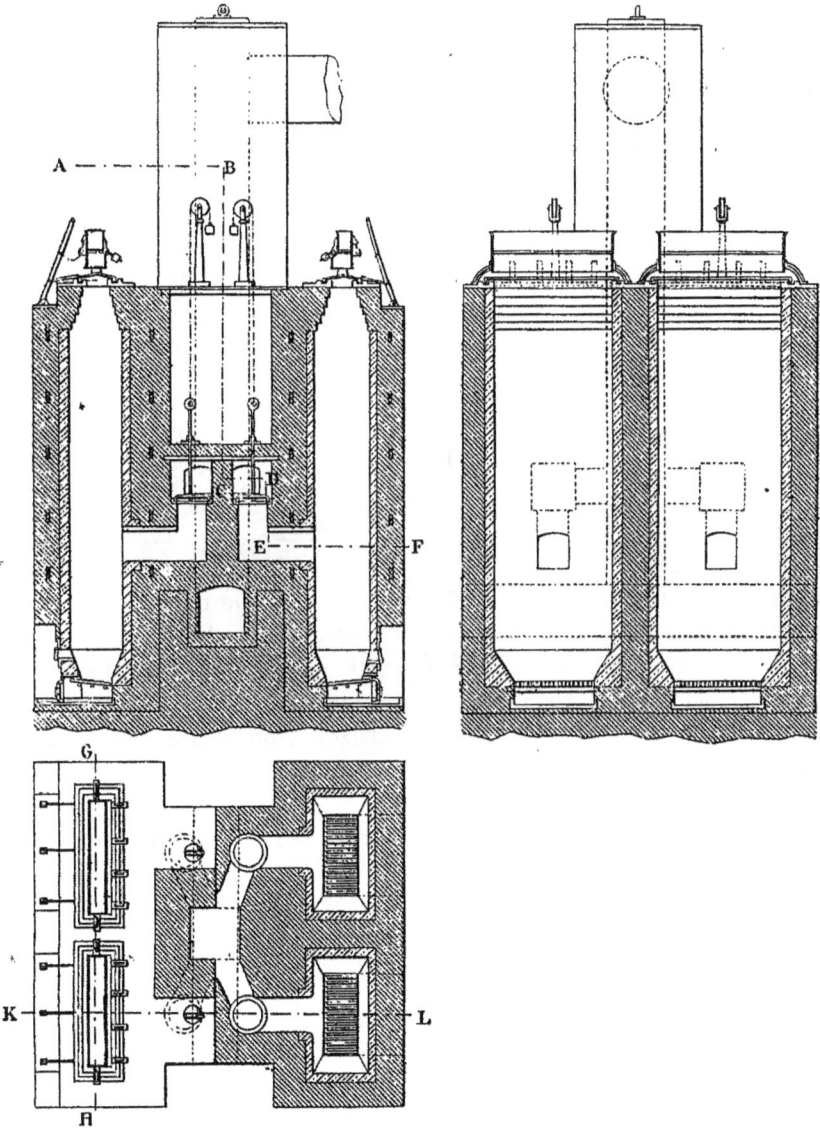

Fig. 18 bis. — Gazogène à bois de l'Oural.

C'est à peu près exactement ce qui se produit lorsque la vapeur d'eau et le

carbone se rencontrent à la chaleur blanche, mais à 500°, c'est-à-dire au
rouge sombre, les choses se passent conformément à la formule suivante :

$$C + 2H_2O = 4H + CO_2 ;$$

à une température intermédiaire correspond une composition moyenne, les
deux réactions se passant simultanément.

Pour fabriquer industriellement le gaz à l'eau on se sert de coke, d'anthracite ou d'autres combustibles contenant peu ou pas de matières volatiles ;
la composition peut alors varier entre les limites indiquées par les deux analyses suivantes :

	En volume.
Hydrogène	de 44 à 53
Oxyde de carbone.	de 45 à 40
Gaz des marais	de 4 à 0
Acide carbonique	de 1,5 à 6
Azote	de 8 à 1

et on peut admettre comme composition moyenne :

	En volume.	En poids.
Hydrogène	48	5,9
Oxyde de carbone	43	75,4
Gaz des marais.	1	1,0
Acide carbonique.	3,5	9,9
Azote	4,5	7,8
	100,0	100,0

Ce gaz aurait un pouvoir calorifique de 3630^{cal} et un mètre cube pèserait
0^k,71 ; sa température de combustion calculée d'après la formule que nous
avons donnée serait de 2740° au lieu de 1950° que donne le gaz à l'air.

Le gaz à l'eau possède donc un pouvoir calorifique plus considérable, et il
ne contient pas ou du moins fort peu d'azote ; on peut donc par sa combustion et sans chauffage préalable obtenir de très hautes températures.

Il ne faudrait pas cependant exagérer les avantages que peut procurer
l'emploi du gaz à l'eau comme on a souvent été porté à le faire.

La décomposition de la vapeur d'eau par le carbone incandescent absorbe
beaucoup de chaleur ; pour un kilogramme de carbone transformé en oxyde
de carbone par l'oxygène de l'eau, il y a absorption de 2324^{cal}. Si ce carbone
ne produit que de l'acide carbonique, l'absorption n'est que de 1313^{cal}. Dans
les deux cas, si on n'a pas recours à une source étrangère de chaleur pour
compenser cette perte, la température baisse dans le gazogène et la réaction
s'arrête [1].

Au contraire, dans la fabrication du gaz à l'air, la chaleur dégagée par la

[1] Par kilog. de vapeur d'eau décomposée, la perte de chaleur est de 1549 cal.

combustion incomplète du carbone suffit non seulement pour distiller les matières volatiles du combustible cru, mais encore pour porter, à une température plus ou moins élevée, le gaz produit.

Contrairement à ce que l'on s'imagine parfois, le combustible solide n'est pas mieux utilisé par sa transformation en gaz à l'eau que lorsqu'on en fabrique du gaz à l'air. Il est vrai que le premier a une puissance calorifique plus grande, mais la différence entre les deux quantités de chaleur développée par la combustion des deux gaz correspond exactement à celle qu'il a fallu emprunter à une source étrangère pour entretenir la production du gaz à l'eau et qui se trouve absorbée ; il a fallu en outre dépenser du combustible pour produire la vapeur. Ce gaz conserve cependant certains avantages : une température de combustion plus élevée, d'où transmission de chaleur plus facile, et pour une même quantité de chaleur, poids moindre des produits de la combustion.

Dans les installations importantes de production de gaz à l'eau, on se procure la chaleur nécessaire pour la décomposition de l'eau en fabricant du gaz à l'air dans le même appareil, qui sert ainsi alternativement à la production des deux sortes de gaz. Dans le gazogène, passent alternativement de l'air et de la vapeur d'eau. La fabrication du gaz à l'air dégage de la chaleur en excès et élève la température du combustible jusqu'au blanc, l'introduction de la vapeur fait baisser rapidement cette température. Le gazogène est chargé avec du coke, de l'anthracite ou des houilles anthraciteuses qui ne contiennent que fort peu de matières volatiles ; la chaleur produite est donc employée à élever la température pendant la formation du gaz à l'air.

Théoriquement la quantité de chaleur dégagée par la transformation en oxyde de carbone de $0^k,9$ de carbone est égale à celle qui est absorbée par la transformation de 1^k de carbone en gaz à l'eau ; mais, comme il se produit inévitablement des pertes dans ces deux opérations, et comme les gaz comportent une quantité importante de chaleur en quittant le gazogène, il en résulte que les 2/3 ou les 4/5 du combustible doivent être consacrés à faire du gaz à l'air. Pour un mètre de gaz à l'eau, il faut produire de 3 à 5 mètres de gaz à l'air.

Si on les réunit, on a le gaz mixte dont nous avons déjà parlé, qu'il est possible de fabriquer beaucoup plus simplement dans des gazogènes ordinaires chargés avec du coke ou de l'anthracite, que l'on alimente avec un mélange d'air et de vapeur d'eau. Mais si on veut recueillir à part le gaz à l'eau, on doit se résigner à laisser échapper en pure perte le gaz à l'air à moins qu'on en trouve l'emploi.

Il est donc rare que la fabrication du gaz à l'eau donne des résultats avantageux. Quand on ne peut utiliser le gaz à l'air qui se fait en même temps, la consommation de combustible devient énorme, hors de proportion avec le but qu'on se propose d'atteindre ; il faut bien reconnaître qu'il n'est pas toujours aisé de tirer parti de ce gaz à l'air, produit accessoire inévitable.

Les frais de fabrication du gaz à l'eau sont nécessairement élevés, et l'installation des appareils beaucoup plus coûteuse. C'est ce qui explique que malgré les efforts que l'on a faits pour propager ce mode de chauffage, il a été rarement appliqué dans les usines métallurgiques, et que là où on a tenté de l'utiliser, on l'a fait sans succès.

Si, ultérieurement, les conditions deviennent telles qu'il paraisse avantageux de préparer des gaz combustibles sur les mines de houille et de distribuer ce gaz aux établissements industriels au moyen de conduites, le gaz à l'eau sera appelé, peut-être, à prendre un rôle plus important que celui auquel il est réduit aujourd'hui. Pour une même puissance calorifique, son volume est la moitié environ de celui du gaz à l'air, ce qui au point de vue du transport à grande distance est à considérer.

Le gaz à l'eau présente, en ce moment, un intérêt trop médiocre en ce qui concerne la métallurgie du fer pour nous y arrêter plus longtemps et donner des détails sur sa fabrication [1].

Nous dirons seulement un mot des *combustibles liquides* que M. Ledebur a cru devoir passer sous silence parce qu'en effet ils ne jouent qu'un rôle insignifiant dans la métallurgie et que leur prix s'oppose généralement à leur emploi, même sur une échelle très restreinte. On a cependant, à plusieurs reprises, employé le pétrole pour enrichir des gaz pauvres en hydrocarbures comme ceux qui résultent de la combustion de l'anthracite ou du coke. On ne peut injecter le pétrole dans les chambres de récupérateurs parce que leur décomposition donne naissance à d'abondants dépôts de suie qui obstruent les passages, on introduit donc le pétrole dans le laboratoire même, soit en le pulvérisant au moyen d'un jet de vapeur, soit plus simplement encore en le faisant tomber goutte par goutte dans les carneaux qui introduisent le gaz dans la chambre de combustion ; le pétrole se volatilise au contact des briques portées à haute température et est entraîné par le courant de gaz auquel il se mêle.

Dans plusieurs usines américaines et plus récemment à l'exposition de Chicago, on a employé le pétrole sur une très vaste échelle pour la production de la vapeur. (Voir Génie civil, T. XXIV, p. 216.)

Dans les usines où l'on n'a pas le placement des goudrons et où ces matières constituent un embarras, on peut les mélanger aux escarbilles et les repasser par les gazogène. Nous nous sommes bien trouvés, dans quelques circonstances, en présence de gaz pauvres, d'en introduire de petites quantités dans les carneaux à gaz à leur entrée dans le four. (V.)

---

[1] On trouvera dans les ouvrages suivants la description des principaux systèmes employés pour fabriquer le gaz à l'eau et les dessins des appareils.
Ledebur, *Die Gasfeuerungen*, p. 74-80 ; *Oefen durch Wassergas ebenda*, p. 119 ; *Ausführlicheres enthält die preisgekrœnte Abhandlung* : M. Geitel, *Das Wassergas und seine Verwendung in der Technik*, Berlin 1890, *Sonderabdruck aus Glasers Annalen für Gewerbe und Bauwesen*, tome XXIV-XXVI.

Ouvrages à consulter :

A. Sur les combustibles en général.

(a) Traités.

Gruner, *Notes de métallurgie.*
E. F. Dürre, *Die Anlage und Betrieb der Eisenhütten*, tome I, p. 200.
B. Kerl, *Grundriss der allgemeinen Hüttenkunde*, p. 64-198.
H. Grothe. *Die Brennmaterialien und die Feuerungsanlangen für Fabriken. Gewerbe und Haus*, 1870.
P. W. Brix, *Untersuchungen über die. Heizkraft, etc.*, Berlin 1853.

(b) Notices.

H. v. Jüpter, *Energie und Ausnutzbarkeit, etc.*, Oest. Zeitsch. f. Berg- und Hüttenw., 1891, p. 229.

B. Sur le bois et sa carbonisation.

(a) Traités.

A. v. Kerpely, *Die Anlage und Einrichtung der Eisenhütten*, p. 412.
C. v. Berg, *Anleitung zum Verkohlen des Holzes*, 2ᵉ édit.
Gillot, *De la carbonisation du bois*, 1872.
Dromart, *Traité de la carbonisation en forêts*, 1880.

(b) Notices.

R. *Martins zerlegbarer Holzverkohlungsofen Dingl. polyt. Journal*, tome CCXXXIII, p. 132.
T. Egleston, *The manufacture of charcoal in kilns. Transactions of the American Institute of Mining Engineers*, t. VIII, p 373.
J. Birkinbine, *The production of charcoal for Iron Works. Transact. of the Americ. Instit. of mining Engineers*, tome VII, p. 149.
J. Birkinbine, *Charcoal as a fuel for metallurgical processes. Transact., etc.*, tome XI, p. 78.
Retort plant at Luther (Michigan). Journal of the United States association of charcoal iron workers, tome V, p. 9.
Charcoal kiln at Boxholm, Sweden. Journal of the United States association of charcoal iron workers, tome VI, p. 107.

C. Sur la tourbe, sa préparation, sa carbonisation.

(a) Traités.

A. Vogel, *Der Torf, seine Natur und Bedeutung*, 1859.
A. Hausding. *Industrielle Torfgewinnung, etc.*, 1873.
E. Birnbaum und K. Birnbaum, *Die Torfindustrie und die Moorcultur*, 1880.

(b) Notices.

C. Schlickeisen, *Verbesserungen an Torfmaschinen. Dingl. polyt. J.*, tome CCXXXIV, p. 181.

Derselbe, *Zur Geschichte der Torfmaschinen. Dingl. polyt. J.*, tome CCXXXVIII, p. 199.

Mecke und Sanders Torfmaschinen. Dingl. polyt. J., t. CCXXXVIII, p. 199.

A. M. Balling, *Die Verwendung des Torfes bei dem Eisenhüttenwerke Josefsthal. Oest. Zeitschr. f. B. u. Hütt.*, 1877, p. 495.

A. Enigl. *Ueber Mitverwendung von Maschinentorf beim Hochofenbetriebe. Zeitschr. d. berg- u. hütten. Ver. f. Steierm.*, etc., 1879, p. 41.

D. Sur les lignites.

(a) Traités.

C. F. Zincken, *Die Braunkohle*, etc., 1867 et 1871.

(b) Notices.

A. Scheurer-Kestner et Meunier, *Composition et chaleur de combustion des lignites. Annales de chim. et de phys.*, 4ᵉ série, tome XXVI, p. 80.

F. Kupelwieser, *Studien über die Verwendung von Braunkohlen beim Hochofenbetriebe. Zeitschr. d. berg. u. hütten. Ver. f. Steierm*, etc., 1881, p. 260.

F. Friederici, *Ueber Verwendung von Braunkohlen im Hochofen. Oest. Zeitsch. f. Berg. u. Hütt.*, 1882, p. 2.

E. Sur la houille et sa carbonisation.

(a) Traités.

H. B. Geinitz, H. Fleck und E. Hartig, *Die Steinkohlen Deutschlands und anderer Lænder Europas, ihre Natur*, etc., 2ᵉ vol. 1865.

F. Toula, *Die Steinkohlen, ihre Eigenschaften, Vorkommen*, etc., Vienne 1888.

E. Noeggerath, *Untersuchungen über die Heizkraft der Steinkohlen des Niederschlesischen Reviers*. Waldenburg 1881.

A. v. Kerpely, *Die Anlage und Einrichtung der Eisenhütten*, p. 424.

A. Burat, *Epuration de la houille*, etc., 1881.

F. Muck, *Die Chemie der Steinkohle*. 1891.

F. Simmersbach, *Die Koksfabrication im Oberbergamtsbezirke Dortmund*. 1887.

(b) Notices.

A. Scheurer-Kestner et Meunier, *Recherches sur la combustion de la houille. Bull. de la Soc. de Mulhouse*, tome XXXVIII, p. 195-311, tome XXXIX, p. 385. Comptes rendus, tome LXVI, p. 1047, 1220 ; tome LXVII, p. 659, 1002 ; tome LXVIII, p. 608 ; tome LXIX, p. 412.

M. L. Gruner, *Pouvoir calorifique et classification des houilles. Annales des mines*, série 7, tome IV, p. 169.

C. Hilt, *Die Beziehungen zwischen Zusammensetzungen und technischen Eigenschaften der Steinkohlen. Dingl. polyt. J.*, tome CCVIII, p. 424.

F. Muck, *Ueber Bindung des Schwefels in Steinkohle und Koks und die Erzeugung von schwefelarmen Koks.* « Stahl und Eisen », 1886, p. 468.

Th. M. Drown, *The condition of sulphur in coal and its relation to coking. Transact. of amer. Inst. of Min. Eng.*, tome IX, p. 656.

Rossigneux, *Fabrication du coke. Bull. de la soc. de l'industrie minérale*, 3ᵉ série, tome V, p. 387 (mémoire intéressant sur la fabrication du coke et tout ce qui s'y rapporte).

Th. Bauer, *Ueber neuere Koksöfen. Glasers Annalen*, tome XXI, p. 93.

A. Rheingruber, *Die Construction von Koksöfen. Zeit. d. V. deutsch. ing.*, tome XIX, p. 551.

J. Fulton, *What is the best oven for coking coal for furnace use. Iron*, tome XIII, p. 718, 745, tome XIV, p. 11.

H. Simon, *On an improved Method of utilising byeproducts in the manufacture of Coke. J. of the I. and St. Inst.*, 1880, 1, p. 137.

Fr. Lürmann, *Neuerungen an Koksöfen.* « Stahl und Eisen », 1882, p. 240.

Fr. Lürmann, *Die Gewinnung der flüchtigen Produkte aus der Kohle.* « Stahl und Eisen », 1883, p. 349.

Fr. Lürmann, *Ueber Entgasungsräume mit continuirlichem Betriebe.* « Stahl und Eisen », 1882, p. 17.

Fr. Lürmann, *Mittheilungen über die Fortschritte in Koksofeneinrichtungen mit besonderer Berücksichtigung der Gewinnung der Nebenerzeugnisse.* « Stahl und Eisen », 1892, p. 186.

A. Hüssener, *Neuerungen in der Anlage von Koksöfen.* « Stahl und Eisen », 1883, p. 397.

Dr. Otto, *Die neuesten Resultate bezüglich der Gewinnung der Nebenprodukte bei Koksöfen.* « Stahl und Eisen », 1834, p. 396.

W. Smith, *The recovery of byeproducts from coal. J. of the I. and St. Inst.*, 1884, p. 517.

Zur Gewinnung von Theer und Ammoniak bei der Koksfabrication. « Stahl und Eisen », 1889, p. 482.

J. Fulton, *Die physikalischen Eigenschaften der Koks. Berg- und hütt. Zty.* 1884. p. 525; *Trans. of amer. Inst. of min. Eng.*, tome XII, p. 212.

P. Dewey, *Porosity and specific gravity of coke. Trans. of amer. Inst. of min. Eng.*, tome XII, p. 111.

L. Bell, *The blast furnace value of coke. Engineering*, tome XXXIX, p. 636.

Ueber eine neue Einrichtung zum Beschiken der Koksöfen und Feststampfen der Kohle. Glasers Annalen, tome XX, p. 181.

F. Sur les gaz combustibles et leur préparation.

(a) Traités.

L. Ramdohr, *Die Gasfeuerung*, 2ᵉ édit., 1881.

H. Stegmann, *Gasfeuerung und Gasöfen*, 2ᵉ édit., 1881.

F. Steinmann, *Compendium der Gasfeuerung*, 2ᵉ édit., 1876.

F. Steinmann, *Bericht über die neuesten Fortschritte auf dem Gebiete der Gasfeuerung*, 1879.

C. Stöckmann, *Die Gase des Hochofens und die Siemens-Generatoren*, 1876.

A. Ledebur, *Die Gasfeuerungen für metallurgische Zwecke*, 1891.

(b) Notices.

A. Carnegie, *Natural gas. Engineering*, tome XXXIX, p. 609, tome XL, p. 36.

Brügmann, *Das Vorkommen der Erdgases in Nordamerika. Zt. d. V. deutsch. Ing.* 1887, p. 120.

K. Sorge, *Vorkommen und Verwendung des natürlichen Gases in Pittsburg.* « *Stahl und Eisen* », 1887, p. 93.

A. Holley, *On the use of natural gase for puddling and heating at Leechburg in Pensylvania. Trans. of Am. Inst. of Min. Eng.*, tome IV, p. 32.

P. Charpentier, *Ersparniss an Brennmaterial durch Umwandlung der Brennstoffe in Gase, etc. Dingl. polyt. J.*, tome CCXI, p. 421.

Fr. C. G. Müller, *Beiträge zur Charakteristik moderner Feuerungen.* « *Stahl und Eisen* », 1882, p. 395, 465.

A. Pütsch, *Ueber die neuesten Gesichtspunkte bei Herstellung von Generatorgasen. Wochenschr. des V. deut. Ing.* 1880, p. 346.

W. S. Sutherland, *On the most recent results obtained in the application of gaseous fuel. J. of the I. and St. Inst.* 1884, p. 72.

H. v. Jüptner und F. Toldt, *Chemisch-calorische Studien über Generatoren und Martinöfen. Oest. Zeit. f. Berg- und Hütt.* 1888, p. 292 ; 1890, p. 428.

A. Pütsch, *Ueber Gasfeuerungen. Sachliche Würdigung der in Deutschland ertheilten Patente. Zeit. z. Beförd. d. Gew.*, 1880, p. 445 ; 1887, p. 248.

Thum, *Gasgenerator. Berg- u. hütt. Ztg.*, 1874, p. 180.

B. v. Styern, *Gasgeneratoren zu Falun. Berg- u. hütt. Ztg.*, 1875, p. 17.

H. Hermann, *Ueber Gasgeneratoren. Zeitsch. d. berg- u. hütt. Ver. f. Steierm. und Kært.*, 1878, p. 284.

Thelen, *Ueber den Gröbe-Lürmann-Generator. Wochens. d. Ver. d. Ing.*, 1879, p. 191.

Verbesserter, *Gröbe-Lürmann-Generator. Zeitsch. d. V. d Ing.*, 1883, p. 664.

J. v. Ehrenwerth, *Ueber Gasgeneratoren. Oest. Zeitsch. f. Berg- u. Hütt.*, 1885, n° 33.

Schmidhammer, *Beiträge zur vortheilhaftesten Vergasung der Kohle.* « *Stahl und Eisen* », 1889, p. 541.

C. G. Dahlerus, *Ueber der Nutzen der Gasanalyse für die Metallurgie. Berg- u. hütt. Zeitg.*, 1883, p. 425, 436.

Erzeugung von Heizgas in St. Denis. « *Stahl und Eisen* », 1891, p. 645.

H. Bunte, *Untersuchungen über den Wassergasprocess. Deutsche Industrieztg.*, 1881, p. 440.

Cl. Winkler, *Der* « *Brennstoff der Zukunft* ». *Jahrb. f. B. u. H. in Kœnigr. Sachsen.* 1881, p. 107.

Prof. Erhard, *Ueber die Wirkung des Wasserdampfes in Generatoren. Berg- u. hütt. Ztg.*, 1881, p. 147.

Prof. v. Marx, *Das Wassergas. Zeitsch. d. V. d. Ing.*, 1882, p. 313.

E. Blass, *Ueber Wassergas.* « *Stahl und Eisen* », 1886, p. 3.

J. R. v. Langer, *Ueber Wassergas. Zeitsch. d. œster. Archit. und Ing.*, 1887, p. 21.

Wassergas. Zeitsch. d. V. d. Ing., 1888, p. 41.

Fortschritte in der Wassergaserzeugung, Oest. Zeitschr. f. B. u. hüt, 1889, p. 21.

Quaglio, *Fortschritte in der Darstellung und Verwendung des Wassergases. Sitzungsber. d. V. z. Beförd. d. Gewerb.*, 1888, p. 123.

K. Eichhorn, *Ueber den Einfluss des Wassergases beim Hüttenbetriebe auf die weitere, etc.* « *Stahl und Eisen* », 1888, p. 693.

A. Wilson, *Watergas as used for metallurgical purposes*. *Journ. of the Ir. and St. Institute*, 1888, I, p. 86.

F. Siemens, *Watergas as fuel for metallurgical purposes*. Iron XXXII, p. 132.

F. Brabant, *Le gaz à l'eau*. *Revue universelle*, série III, tome XIII.

M. Geitel, *Ueber Wassergas und seine Verwendung in der Technik*. *Glasers Annalen*, tome XXIV et XXVI.

Der Loomis-Wassergasprozess. « *Stahl und Eisen* », 1800, p. 975 ; 1891, p. 822.

CHAPITRE IV

FOURS ET MATÉRIAUX RÉFRACTAIRES

1. — Généralités ; Effet utile des fours.

Un four est un appareil dans lequel on brûle un corps combustible, en utilisant la chaleur qui résulte de cette combustion pour chauffer une matière quelconque. L'effet utile du four est le rapport qui existe entre la chaleur absorbée par le corps chauffé et la quantité totale développée.

Lorsque, par exemple, on fond de la fonte sans lui faire subir aucune transformation chimique et en consommant $0^k,12$ de coke par kilog. de métal, la chaleur utilisée est celle qui a été absorbée par la fonte et par les scories qui, le plus souvent, sont liquéfiées ; la chaleur développée est celle qui provient de la combustion du coke.

On peut mesurer la première de ces quantités en versant dans un calorimètre un poids déterminé de fonte et des scories correspondantes, au moment où elles sortent du four ; on obtient la seconde en multipliant par le pouvoir calorifique du coke, que l'on connaît, le poids consommé, diminué des cendres et de l'eau hygrométrique.

Supposons qu'un kilog. de fonte ait, dans ces conditions, absorbé une quantité de chaleur représentée par 280^{cal}, qu'il se soit formé $0^k,1$ de scories par kil. de fonte et que la scorie absorbe 470^{cal} par kilog. ; admettons également que 1^k de coke correspond à $0^k,9$ de carbone pur qui développe 7200^{cal}, l'effet utile sera :

$$\frac{280 + 0,1 \times 470}{0,12 \times 7200} = 0,37.$$

L'effet utile du four dans lequel cette fusion s'est opérée est de 0,37 ou 37 %.

Le calcul n'est plus aussi simple quand les matières soumises à l'action de la chaleur subissent des transformations chimiques, une oxydation ou une réduction. phénomènes qui se traduisent toujours par des effets calorifiques. On doit alors ajouter à la quantité de chaleur absorbée, c'est-à-dire au numérateur de la fraction, celle qui passe à l'état latent par le fait de la réaction chimique, et augmenter le dénominateur, c'est-à-dire la quantité de chaleur développée par le combustible, de celle que la réaction elle-même a dégagée.

Le calcul de l'effet utile des différents types de fours destinés à accomplir une même opération, permet de les comparer entre eux et d'apprécier l'opportunité de leur emploi.

2. — Différentes espèces de fours.

(a) Feux découverts et bas-foyers.

Le feu découvert est le moyen le plus simple et le plus anciennement appliqué pour chauffer les métaux. Dans le principe, on plaçait le métal à chauffer au milieu d'un tas de charbon de bois dressé sur le sol ; si on voulait produire une fusion, on enfermait le corps à fondre dans un creuset qu'on

Fig. 19. — Une forge dans l'antiquité.

chauffait de la même manière. Les peuples, dont la pratique industrielle était plus avancée, employaient des soufflets pour obtenir une température plus élevée. Des peintures trouvées dans l'antique ville de Thèbes démontrent que la fusion au creuset était pratiquée de cette façon, en Egypte, plusieurs milliers d'années avant notre ère. Le même procédé est encore usité aujourd'hui chez beaucoup de peuplades sauvages. La fig. 19 représente la disposition d'un feu servant à chauffer le fer dans la terre de Bari (Nil blanc).

Plus tard, pour maintenir plus facilement le charbon et l'empêcher de s'éparpiller, pour protéger un peu le feu du contact de l'air sans cesse renouvelé, on entoura le tas de combustible d'un petit mur ; c'est le feu maréchal encore usité de nos jours ; on l'a depuis élevé au-dessus du sol pour la commodité du travail, mais quand on a besoin d'un feu couvrant une grande surface, c'est encore directement sur le sol qu'on l'établit.

Les *bas-foyers* ont ordinairement la forme d'une caisse ou d'une cavité, la plupart du temps rectangulaire en plan, complètement découverte, dans laquelle on chauffe les matières à traiter au contact du combustible solide, le plus souvent carbonisé. C'est au charbon de bois que l'on a recours dans presque tous les cas dans les bas-foyers, tandis que les feux de maréchal se font presque toujours en houille grasse.

L'air qui produit la combustion est généralement fourni par une soufflerie et il arrive dans le foyer, soit par une ou plusieurs tuyères plongeantes placées sur le bord, soit par le fond même de la cavité ; il est alors dirigé de bas en haut.

Dans les feux découverts, les feux de maréchal et les bas-foyers, la transmission de la chaleur aux matières à chauffer est excessivement faible. Les produits de la combustion s'échappent en emportant la majeure partie de la chaleur développée, sans action sur le corps à chauffer, lequel ne reçoit de chaleur qu'au contact direct du combustible qui l'enveloppe immédiatement et au rayonnement des parties les plus voisines. La plus grande partie du combustible n'arrive jamais au contact des matières soumises à l'action du feu, aussi l'effet utile de ce mode de chauffage est-il très faible ; il dépasse rarement 5 %.

On ne peut cependant que difficilement se dispenser d'y avoir recours quand on ne doit chauffer à la fois qu'une petite quantité de métal ou de minerai. Les frais d'installation très faibles, une grande facilité de travail, sont des motifs suffisants pour que, dans la petite industrie, on regarde souvent ce mode de chauffage comme le plus pratique. Il peut également arriver que la grande industrie ait intérêt à l'employer dans quelques cas particuliers.

(b) Fours à cuve.

Les fours à cuve ne sont autre chose que des feux découverts entourés d'une enceinte qu'on a élevée petit à petit et dans lesquels on fait arriver le vent par le bas. On ne leur donne cependant ce nom que lorsque la hauteur est au moins égale au plus grand diamètre.

L'axe de ces fours est vertical, le vide intérieur, qu'on appelle, à proprement parler, la cuve, est tantôt cylindrique, tantôt conique, le profil formant parfois une ligne brisée. Les sections horizontales sont la plupart du temps des cercles. Le cercle est, en effet, la figure qui, pour une surface donnée, possède le périmètre minimum, d'où il suit que c'est dans la forme circulaire qu'on rencontre la moindre déperdition de chaleur par les parois. C'est également le cercle qui réduit au minimum les frottements contre les parois des matières contenues dans le four et des gaz qui y circulent. Enfin c'est la forme la plus symétrique et la plus convenable, par conséquent, pour assurer un mouvement régulier des matières.

Dans les fours à cuve, la combustion se fait à la partie inférieure ; si elle est lente, comme dans les fours de grillage, c'est le tirage seul qui détermine l'introduction de l'air, et il suffit. Aux fours très bas, comme ceux dans lesquels on place des creusets, on adjoint des cheminées ; mais pour le plus grand nombre des fours à cuve, dans lesquels la marche est rapide, la production de gaz considérable, leur vitesse et les résistances qu'ils rencontrent très importantes, on se sert du vent fourni par des souffleries.

Dans certains cas particuliers, on chauffe ces fours avec des gaz qui arrivent dans la cuve près des orifices d'entrée de l'air, de façon à obtenir un mélange aussi complet que possible des deux éléments ; mais le plus généralement on alimente ces fours avec des combustibles solides que l'on charge par l'ouverture supérieure ou *gueulard ;* ils descendent peu à peu et remplacent ceux qui sont détruits à la partie inférieure par le fait de la combustion. Si ces combustibles contiennent des produits volatilisables, ils subissent dans la partie élevée de la cuve, de même que dans les gazogènes, une distillation et arrivent carbonisés dans la zone de combustion. Cette distillation est rarement avantageuse, elle est même le plus souvent nuisible par la quantité de chaleur qu'elle absorbe. Si on alimentait ces fours avec des houilles grasses, elles s'aggloméreraient et gêneraient la circulation des gaz ; aussi emploie-t-on le plus souvent dans les fours à cuve des combustibles carbonisés, et on ne recourt à ceux qui ne le sont pas, lignites, houilles maigres, anthracites, qu'à condition qu'ils ne s'agglomèrent pas, que la nature de l'opération à effectuer en permette l'emploi, et enfin lorsqu'il est impossible de se procurer des combustibles carbonisés.

Lorsqu'on applique les fours à cuve au chauffage de creusets, on place ceux-ci au fond de la cuve, immédiatement au-dessus de la zone de combustion, là où règne la plus haute température. Dans tous les autres types de fours à cuve, on charge par le gueulard les matières à traiter, et la colonne ainsi formée par couches successives descend à mesure que les éléments qui la composent sont éliminés, à la partie inférieure, par l'écoulement continu ou périodique des produits de l'opération. La marche ininterrompue de ces appareils exige qu'ils soient constamment alimentés par la partie supérieure et qu'on les débarrasse au fur et à mesure des matières qui se rassemblent au point le plus bas, par exemple en les faisant couler hors du four.

Dans ces fours, les éléments gazeux qui arrivent ou qui se forment au bas de l'appareil par le fait de la combustion et qui ont absorbé la plus grande partie de la chaleur développée, cheminent de bas en haut et s'échappent par le gueulard. Il se produit en même temps un courant descendant des matières solides chargées, en sens contraire à celui du gaz, ce qui est une condition éminemment favorable à une bonne utilisation de la chaleur. Cette application du principe des courants contraires, que nous avons exposé déjà, produit dans ces appareils les résultats les plus utiles.

En effet, les matières solides qui descendent s'échauffent de plus en plus à mesure qu'elles se rapprochent de la partie basse de l'appareil et y apportent la chaleur qu'elles ont absorbée dans ce trajet. Le combustible solide qui en fait partie est déjà fortement chauffé lorsqu'il arrive dans la zône de combustion, la chaleur qu'il possède équivaut à une quantité supplémentaire de combustible qui serait brûlé dans cette zône, et s'ajoute à celle qui résulte de la combustion même sans augmenter la quantité de gaz brûlé ; elle contribue donc à élever la température et facilite la transmission de la chaleur. Quant aux autres matières, minerais ou métaux, mélangées avec le combustible et qui l'accompagnent dans la descente, elles sont en contact avec des gaz de plus en plus chauds ; elles arrivent donc à la partie inférieure possédant déjà une température élevée et n'ont plus à absorber qu'une faible quantité de chaleur pour que la transformation qui est le but de l'opération métallurgique s'accomplisse.

Il est bien entendu que cette dernière phrase ne s'applique pas aux fours à cuve dans lesquels on chauffe des matières renfermées dans des creusets.

De cette récupération de la chaleur par le courant descendant des matières solides, il résulte que les fours à cuve peuvent être regardés comme les meilleurs appareils de chauffage pour tous les cas où leur emploi convient à l'opération que l'on poursuit. Si les gaz, dans leur mouvement ascensionnel, ont à exercer une action chimique sur les matières descendantes, une réduction par l'oxyde de carbone, par exemple, le contact prolongé entre le gaz et les matières solides qui résulte de la disposition et de la marche de ces appareils, permet à cette réaction de se produire dans les meilleures conditions.

L'effet utile des fours à cuve à action directe atteint souvent 30 %, et dépasse quelquefois ce chiffre.

Le rendement est au contraire bien inférieur quand l'action est indirecte, d'abord parce que les matières ne sont pas chauffées graduellement à l'avance en descendant dans la cuve et ensuite parce que la chaleur pénètre beaucoup plus difficilement jusqu'à elle. Il est rare que l'effet utile dépasse 4 % : il est même quelquefois au-dessous.

(c) **Fours à réverbère.**

Les fours à réverbère sont d'invention plus récente que les fours à cuve. Ils ont été imaginés pour permettre l'emploi de combustibles crus, produisant de la flamme, du bois en particulier, tout en préservant le corps à chauffer de

Fig. 20. — Une fonderie de bronze en 1647.

tout contact avec le combustible solide. Primitivement on accumulait celui-ci autour de l'objet à chauffer, mais sans contact avec lui et l'on recouvrait le tout d'une coupole formant voûte, dans laquelle on ménageait des ouvertures pour l'échappement des produits de la combustion ; la flamme remplissait uniformément toute la capacité ainsi formée. Plus tard, on accumula le combustible d'un seul côté, tout en conservant la voûte et les ouvertures pour l'échappement du gaz. La fig. 20 représente un de ces fours employés en France, en 1647, pour fondre le bronze dans une fonderie de canons, dont on trouve la description dans les *Mémoires d'Artillerie* de l'époque. AA représente le four proprement dit, D le foyer profond terminé en bas par une grille et surmonté d'une ouverture de chargement à couvercle mobile. Sur les deux faces latérales se trouvent d'autres ouvertures destinées à l'introduction du métal à fondre ; elles sont pourvues de portes que l'on manœuvre au moyen de leviers et de chaînes. Le trou de coulée se trouve à l'extrémité du four le plus éloigné du foyer. On aperçoit sur le dessin un ouvrier qui vient de percer un trou avec un long ringard et des personnages qui regardent la coulée.

Dans une pareille disposition de four le tirage devait être très faible, l'air n'arrivait pas en quantité suffisante pour produire une combustion complète et il était difficile d'obtenir une température élevée. C'est seulement dans la seconde moitié du XVIIIᵉ siècle qu'on reconnut les avantages que l'on pouvait retirer de la construction d'une cheminée élevée à l'extrémité du four opposée au foyer ; on obtenait ainsi un tirage énergique et une haute température. A partir de cette époque les fours à réverbère commencèrent à être employés dans les usines à fer.

Aujourd'hui un four à réverbère consiste, en quelque sorte, en une galerie horizontale, inclinée ou de forme plus ou moins accidentée, mettant en communication un foyer placé à une de ses extrémités, avec une cheminée placée à l'autre ; galerie dans laquelle on place la matière qui doit être soumise à la chaleur. La partie où se charge cette matière est ordinairement élargie et porte le nom de laboratoire, elle est accessible du dehors.

Si les conditions du travail le réclament on peut alimenter le foyer avec l'air d'une soufflerie et augmenter ainsi l'effet produit par la cheminée.

On voit, d'après cette description sommaire, qu'il n'est guère possible de faire cheminer dans ces fours les corps à chauffer en sens contraire des gaz, ainsi qu'on le fait dans les fours à cuve, et de profiter des avantages qui en résulteraient au point de vue de l'utilisation de la chaleur. La charge est introduite du premier coup dans la partie la plus chaude de l'appareil, et la flamme est encore à une température élevée lorsqu'elle a cessé d'être en contact avec elle et qu'elle quitte le four. Il en résulte que les produits de la combustion emportent hors du four une grande partie de la chaleur développée par la combustion. Le seul moyen dont on dispose pour ramener au four une partie de cette chaleur c'est de l'employer à chauffer soit l'air destiné à la combustion, soit des gaz combustibles.

Le défaut de ce type de four que nous venons de signaler est en partie compensé lorsqu'on peut utiliser les flammes perdues, par exemple à produire de la vapeur. C'est là, en effet, un excellent moyen de profiter de la chaleur qu'elles emportent en sortant des fours.

Il existe cependant un certain nombre de fours à réverbère dont le laboratoire est assez long pour que, près du rampant, la température soit à peine au rouge sombre, et dans lesquels le chargement des corps à chauffer se fait dans la partie la plus froide ; on les rapproche ensuite, peu à peu, vers l'autel où règne la plus forte chaleur. (V.)

Quant aux fours consommant les combustibles à l'état de gaz, ce sont bien des fours à réverbère, mais ils sont de création plus récente et diffèrent assez de ceux qui sont munis d'une grille et brûlent du combustible solide, pour que nous consacrions à chacun de ces types une étude spéciale.

Fours à réverbère à chauffage direct, pourvus de grilles. — Dans les fours de cette espèce, la chambre dans laquelle s'opère la combustion ou *chauffe* est placée près de la *sole* sur laquelle doit régner la température la plus élevée ; les fig. 21 et 22 représentent un tracé théorique de cet appareil. La grille *a* peut être horizontale, inclinée, à gradins, etc., suivant la nature et l'état physique du combustible employé ; le *tisard* a_1 est l'ouverture par laquelle on introduit le combustible sur la grille, la sole *c* est plane, horizontale ou inclinée lorsque les matières chargées doivent être simplement chauffées et non fondues ; on la fait creuse pour le cas où on veut opérer une fusion. Le rapport entre la surface de la grille et celle de la sole est généralement compris entre $\frac{1}{2}$ et $\frac{1}{4}$ dans les fours employés à la métallurgie du fer. La longueur de la sole dépend de celle de la flamme, elle ne doit cependant jamais dépasser 4^m si on veut que la température soit uniforme dans toute son étendue. L'*autel h* sépare la grille de la sole, il traverse d'un côté à l'autre du four qui a en ce point sa plus grande largeur ; on ne doit l'élargir, en l'éloignant de l'autel, que si des raisons spéciales rendent cette disposition absolument nécessaire. Plus l'autel est élevé au-dessus de la grille et plus la couche de combustible placée sur la grille peut être épaisse, on peut donc la préparer de telle sorte que les gaz qui s'en échappent soient chargés de fumée et réducteurs ; dans ce cas, la chaleur développée est moindre. Lors donc qu'on veut éviter autant que possible l'oxydation des matières placées sur la sole et qu'il n'est pas nécessaire d'arriver à une très haute température, on augmente la hauteur de l'autel au-dessus de la grille ; il en est ainsi dans les fours à réchauffer les tôles dans lesquels la hauteur de l'autel au-dessus de la grille atteint 1^m. On ne lui donne que $0^m,30$ de hauteur quand on veut obtenir une flamme oxydante et une température très élevée.

L'autel empêche les matières chargées sur la sole de tomber sur la grille et les protège contre l'action trop directe de la flamme. Cette protection est d'autant plus efficace que l'autel est plus élevé, mais en même temps l'action calorifique et l'action chimique diminuent d'intensité. On fait donc varier la distance entre la sole et le dessus de l'autel de quelques centimètres à 0m50 suivant qu'on veut chauffer fortement ou éviter l'oxydation et les coups de feu.

La section verticale libre au-dessus de l'autel qui s'obtient en multipliant la largeur du four en ce point par la distance de l'autel à la voûte est un élément important : la largeur du four ou de l'autel dépasse rarement 1m,50,

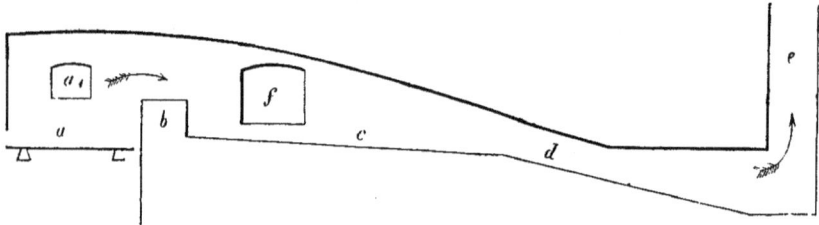

Fig. 21. — Four à réverbère pour fondre la fonte (coupe verticale).

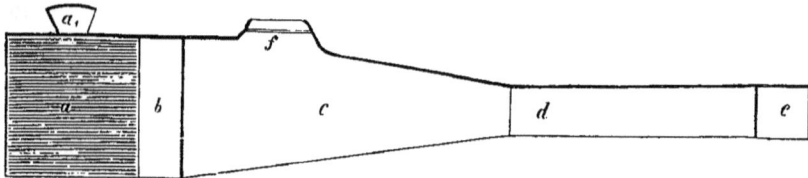

Fig. 22. — Four à réverbère pour fondre la fonte (plan).

parce qu'au delà, le service de la grille serait difficile. Quant à la hauteur de la voûte, elle dépend du genre de travail à accomplir et surtout de la dimension des pièces à placer sur la sole ; plus elle est basse et plus la sole est chauffée, plus la transmission de la chaleur se fait facilement. La section libre au-dessus de l'autel est comprise entre 0,30 et 0,70 de la surface de la grille.

Dans son trajet de l'autel à l'extrémité du four la flamme abandonne une partie de sa chaleur et contient de moins en moins de gaz combustibles ; il pourrait donc arriver qu'à une certaine distance de son point de départ la température de cette flamme fût trop basse pour que la faible quantité de ces gaz combustibles, qu'elle renferme encore, diluée dans une masse considérable de gaz inertes, puisse brûler. Pour éviter, en partie, ce danger, on augmente la vitesse de ce courant gazeux à mesure qu'il se refroidit, en diminuant progressivement la section du four. Dans ce but, on rapproche graduellement la voûte de la sole et on rétrécit cette dernière, pourvu toutefois que cette forme nouvelle convienne au travail de l'appareil.

La voûte repose sur les murs latéraux qui forment pieds-droits ; une partie de la chaleur qu'elle reçoit est renvoyée par rayonnement sur la sole et c'est ce fait, auquel on attribuait autrefois une importance exagérée, qui a fait attribuer à ce genre de fours le nom de *fours à réverbère*. Plus la voûte est cintrée et plus la chaleur réfléchie se concentre au milieu de la sole, au détriment de son égale répartition.

On ménage dans les murs latéraux des ouvertures ou portes *f* fermées par des parties mobiles par lesquelles on introduit les matières à chauffer. Ces parties mobiles auxquelles on donne également le nom de portes sont en fonte garnie du côté intérieur de briques ou de terre réfractaire.

A l'extrémité opposée à l'autel, la flamme franchit la partie la plus resserrée du four ou du *laboratoire* et pénètre dans un carneau étroit *d* qu'on nomme le *rampant* ; la section de ce carneau est ordinairement $\frac{1}{10}$ de la surface de la grille, elle dépasse rarement $\frac{1}{6}$. Plus cette section est petite et plus le tirage de la cheminée doit être puissant pour vaincre la résistance que ce rétrécissement oppose au mouvement des gaz. Lorsque le rampant doit être long, il suffit de le maintenir étroit sur une faible longueur à partir du laboratoire, il est bon de l'élargir ensuite pour éviter des résistances inutiles.

Pour bien comprendre l'effet que produit le rétrécissement du rampant, on peut observer ce qui se passe dans une lampe dont le verre est resserré au dessus de la flamme. Le gaz combustible et l'air se hâtent avec une vitesse croissante en convergeant vers le rampant, ce qui les oblige à se mélanger intimement. Grâce à la rapidité de ce courant les parois du rampant acquièrent une haute température qui rayonne vers la partie voisine du four et assure la combustion complète des dernières parties de gaz.

Lorsqu'on a un rampant trop large, la flamme reste fumeuse comme celle d'une lampe dont le verre n'est pas rétréci.

Le rampant n'est pas toujours construit comme l'indiquent les figures ci-dessus. Lorsque, par exemple, on veut éviter que les flammes ne frappent trop vivement les matières placées sur la sole, on rapproche le rampant de la voûte et on relève plus ou moins celle-ci de façon que les gaz soient maintenus dans la partie haute du laboratoire. Dans d'autres cas, le rampant plonge en dessous de la sole pour que les produits de la combustion se rapprochent de celle-ci, d'autres fois enfin on fait circuler les flammes sous la sole dans le but de la chauffer.

Dans beaucoup de cas on utilise la chaleur qu'emportent les gaz de certains fours à marche continue en les employant à chauffer des chaudières à vapeur avant de se rendre à la cheminée ; quelquefois les flammes perdues de plusieurs fours chauffent une même chaudière ; souvent une seule cheminée sert au tirage d'un certain nombre de fours avec lesquels elle communique par des carneaux souterrains.

Pour un seul four sans chaudière une cheminée de 15 à 20^m est habituellement suffisante, tandis que les cheminées communes ont 40^m et 50^m. On calcule la section de façon que les gaz n'aient pas une vitesse inférieure à 2^m par seconde alors même qu'un certain nombre de fours donnant dans la même cheminée seraient éteints [1].

Il existe même dans quelques forges en France des cheminées colossales de cent mètres et même plus qui servent au tirage des produits de combustion d'un grand nombre de fours. (V).

Pour qu'une cheminée commune à plusieurs fours fonctionne convenablement, il est important de donner aux produits de la combustion, avant leur rencontre, une direction parallèle de manière à éviter les chocs entre les courants. On les sépare donc à l'intérieur des cheminées par des cloisons verticales d'une hauteur suffisante pour que les colonnes gazeuses aient pris, d'une façon définitive, la direction ascendante avant de se mélanger les unes aux autres.

Dans les fours à réverbère chauffés directement par une grille on n'emploie jamais la chaleur des flammes perdues à chauffer l'air destiné à la combustion ; nous avons démontré combien cette pratique était sans objet.

On alimente fréquemment les fours de ce type avec du vent forcé en faisant arriver dans le cendrier, fermé par des portes, le vent d'une machine soufflante. On augmente ainsi l'effet de la cheminée en venant en aide au tirage, on régularise surtout la marche du four en la rendant indépendante des variations de ce tirage qui se traduisent par l'arrivée de quantités d'air différentes d'un moment à l'autre à travers le combustible ; les changements qui se produisent dans l'épaisseur de la couche de combustible sont eux-mêmes une cause d'irrégularité dans le tirage. L'emploi du vent forcé est d'autant plus utile que le combustible est plus menu ; il permet de réduire l'excès d'air nécessaire à la combustion au minimum tout en assurant une combustion complète. Dès lors la température de combustion est plus élevée, la transmission de la chaleur plus facile et plus effective, le volume des pro-

---

[1] Pour calculer la vitesse des produits de la combustion passant dans une section donnée, il faut connaître leur température et la quantité de combustible consommé par unité de temps. Pour 1^k de houille, il faut compter sur 17^{mc} de gaz à 0° en tenant compte de l'excès d'air nécessaire pour assurer une combustion complète ; avec le lignite, on admet 15^{mc} par kil. La température t à la cheminée est le plus souvent comprise entre 250° et 350°. Le volume V_1 du gaz à la température t se déduit du volume V_0 à la température 0° par la formule

$$V_1 = V_0(1 + 0,00366\ t).$$

duits de la combustion, qui emportent du four une grande quantité de chaleur, moindre, et enfin l'effet utile plus satisfaisant.

On arrive donc, la plupart du temps, par l'emploi du vent forcé, à réaliser une économie de combustible. Il faut faire remarquer, cependant, que si le combustible employé contient beaucoup de cendres, on doit nettoyer fréquemment la grille, opération qui contrarie beaucoup plus l'allure du four que quand il est à tirage naturel, par l'obligation où l'on est d'arrêter le vent et d'ouvrir le cendrier pour le décrassage. Le vent forcé convient donc surtout aux fours qui brûlent des combustibles à faible teneur en cendres [1].

La pression du vent dans les cendriers des fours à réverbère soit être plus faible que dans ceux des gazogènes puisque la couche de combustible à traverser est moindre ; cette pression varie de 10 à 15 millimètres d'eau suivant la grosseur des morceaux de combustible, la difficulté qu'éprouvent les produits de la combustion à s'écouler et le tirage de la cheminée. Il suffit donc d'un appareil très simple pour fournir la quantité de vent nécessaire à la pression convenable. Si le nombre des fours à vent forcé est peu considérable, on peut se contenter de souffleurs à vapeur placés près des cendriers ; si on a à un grand nombre de fours à alimenter, il est préférable de se servir de ventilateurs à ailettes ou de ventilateurs Root.

Fours à réverbère chauffés au gaz. — De tous les gaz combustibles dont nous avons parlé jusqu'ici, le gaz à l'air est celui qu'on a affecté le plus souvent au chauffage des fours à réverbère, et cette application s'est développée d'une façon non interrompue depuis que Faber du Faur, frappé des heureux résultats qu'il obtenait par l'emploi du gaz des hauts-fourneaux, réussit à produire industriellement le gaz à l'air.

Le gaz naturel n'alimente les appareils métallurgiques que dans l'Amérique du Nord, et quant aux gaz des hauts-fourneaux, ils ne servent guère qu'à chauffer le vent, à produire la vapeur et exceptionnellement à griller les minerais [2].

Pour les motifs que nous avons indiqués dans le chapitre précédent, nous ne parlerons pas du gaz à l'eau qui est trop coûteux à produire pour être employé avec profit.

C'est donc seulement du chauffage par le gaz à l'air que nous allons nous occuper ; il suffirait d'ailleurs de bien peu de modifications aux appareils pour qu'ils s'appliquassent à un autre genre de gaz.

---

[1] On trouvera dans le *Stahl und Eisen* 1884, p. 229 la description et le dessin d'une grille qui permet le décrassage sans qu'on soit obligé d'ouvrir le cendrier.

[2] Ce gaz est appliqué avec succès depuis 1870 au chauffage des fours à puddler et à souder, dans les usines qui, disposant de moteurs hydrauliques, ne sont pas dans la nécessité de produire de la vapeur. Procédé de Langlade. — Gruner, *Métallurgie du fer*, tome II, p. 197. (Note du traducteur).

Les fours à gaz ont subi de nombreuses modifications dans le cours du demi-siècle qui s'est écoulé depuis qu'on a commencé à s'en servir.

Comme la combustion du gaz est plus facile que celle des autres combustibles, et qu'elle ne demande, pour être complète, qu'un moindre excès d'air, on a primitivement réservé ce mode de chauffage au cas où on n'avait à sa disposition que des matières permettant difficilement d'atteindre de hautes températures, comme le bois, la tourbe et les lignites. C'est donc dans les Alpes autrichiennes, dans le Hartz, en Suède, etc., qu'on a établi les premiers fours à gaz ; on les y retrouve encore sur quelques points. Dans la plupart des cas, c'est à des machines soufflantes qu'on avait recours pour fournir l'air nécessaire à la production du gaz et à sa combustion. Le vent forcé, surtout s'il est fourni en jets très divisés, introduit au milieu du gaz combustible, permet d'obtenir une combustion rapide et complète. Aussi réussissait-on à obtenir dans ces fours au moyen de certains artifices, en chauffant le vent et en torréfiant le combustible, des températures plus élevées qu'on n'aurait pu le faire dans des fours à grille ordinaire avec l'obligation de consommer ces matières inférieures [1]. A partir de 1860, cependant, ces anciens fours ont disparu rapidement ; la torréfaction des combustibles très chargés d'humidité exige des installations considérables, et est elle-même une opération coûteuse. D'ailleurs, même dans ces contrées éloignées des mines, les moyens de transport perfectionnés dont on dispose ont permis de s'approvisionner en combustibles de meilleure qualité, houilles et lignites anciens, à un prix relativement moindre. On constata également que la houille était plus avantageuse à employer sous forme de gaz que brûlée en nature sur une grille, que d'ailleurs le vent forcé n'était pas nécessaire pour la combustion du gaz si on disposait d'un bon tirage, et qu'enfin au lieu de chauffer l'air dans des tuyaux en fonte qui se détérioraient rapidement, on obtenait de meilleurs résultats en le faisant passer dans des parties de l'appareil lui-même préalablement chauffées.

Tous les nouveaux fourneaux à gaz sont construits conformément à ces derniers principes, et les fours *Siemens* dont nous allons donner la description sont les premiers dans lesquels on les ait appliqués d'une façon bien nette.

Fours Siemens, à chaleur régénérée. — Ces fours ont été établis pour la première fois d'une façon pratique en 1860, par les frères Williams Siemens de Londres et Frédéric Siemens de Dresde ; leur emploi s'est très promptement développé. Ce qui caractérise l'invention des Siemens, c'est que le four est muni de quatre chambres de régénération ou récupération, disposées par

---

[1] On trouvera des dessins de ces anciens fours à réverbère dans *Leichnungen der Hütte* 1860, planche 18 et dans *Ledebur Gasfeuerungen*, fig. 3, 4, 5.

paires, chambres en briques réfractaires remplies de briques empilées de façon à présenter une grande surface aux gaz ou à l'air qui les traversent, tout en laissant un passage suffisamment libre [1]. Ces chambres sont placées aux deux extrémités du four.

Supposons que les deux régénérateurs situés à l'un des bouts du four soient traversés par les produits de la combustion sortant de celui-ci à une température élevée, ils s'échaufferont ou pour mieux dire ils emmagasineront une certaine quantité de chaleur. Au bout d'un temps déterminé, lorsque leur température sera assez élevée, on renversera le courant, on obligera les gaz de la combustion à cheminer en sens contraire et le gaz combustible venant du gazogène et l'air destiné à le brûler traverseront chacun une des deux chambres qui viennent d'être chauffées ainsi, en recueillant la chaleur emmagasinée ; à leur rencontre dans le four ils se combineront en produisant une température très élevée. Pendant ce même temps les gaz résultant de cette combinaison en sortant par l'autre extrémité du four iront réchauffer l'autre paire de régénérateurs.

Les fig. 23 à 26 représentent un four Siemens. AA_1, BB_1 sont les régénérateurs ; AA_1, dont les dimensions sont moindres, sont destinés au passage du gaz combustible, BB_1 à celui de l'air. L'air arrive dans la boîte en fonte c (fig. 24) et le gaz combustible dans la boîte d, lorsqu'on soulève les soupapes qui sont disposées à l'entrée ; les valves qui se trouvent établies en dessous servent à diriger les courants tantôt dans les conduits m et l, tantôt dans ceux qui sont marqués n et o (fig. 25). Ces valves, montées sur des axes horizontaux, sont manœuvrées par des leviers et des bielles (fig. 26).

Lorsque les valves sont dans la position figurée (fig. 26), le gaz se dirige par le conduit l, traverse le régénérateur A, tandis que l'air passant par le conduit m se rend dans la chambre B. Leur rencontre a lieu dans le laboratoire C où se fait la combustion ; les produits de cette combustion descendent alors dans les chambres A_1 et B_1, traversent les conduits n et o, les boîtes à valves c et d et se réunissent dans la galerie p qui les conduit à la cheminée. Lorsque le moment de renverser le courant est arrivé, on agit sur les leviers de manière à faire tourner les valves de 90°, le gaz et l'air passent alors par les conduits n et o et de là dans les régénérateurs de droite A_1 B_1, tandis que les produits de la combustion arrivent à la cheminée après avoir traversé les chambres du côté gauche A et B et les conduits l et m.

Le renversement du courant doit se faire longtemps avant que toute la chaleur emmagasinée dans les chambres soit épuisée, il en résulte que,

---

[1] L'idée, qui a été réalisée par la construction du four Siemens, avait été mise en avant à plusieurs reprises dès le début du XIXe siècle, mais n'avait pas reçu d'application. Pour des détails à ce sujet, consulter *Polytech. Centralblatt* 1872, p. 1441. *Berg und hutten.* 1873, p. 27. *Zeitschr. der OEsterr. Ingenieur und Arkhiteckten Verein* 1886.

lorsqu'on met un four en feu, il y a augmentation de température après chaque renversement. Au début l'air et le gaz sont froids lorsqu'ils se rencontrent, d'où combustion incomplète, température peu élevée ; les produits de cette combustion chauffent les chambres qu'ils traversent mais ils ne peuvent y laisser plus de chaleur qu'ils n'en possèdent eux-mêmes à la sortie du laboratoire. Après le premier renversement, l'air et le gaz arrivent déjà moins froids puisqu'ils ont traversé des chambres déjà chauffées, ils se rencontrent et se combinent en produisant une température plus haute ; les gaz de cette combustion chaufferont à un degré plus élevé les chambres qu'ils traverseront, et les choses se passeront ainsi, la chaleur augmentant toujours jusqu'à ce que la dissociation vienne limiter les élévations de température. On peut donc, au moyen du four Siemens, arriver aux plus hautes températures auxquelles on puisse prétendre dans les conditions ordinaires pourvu que les proportions de gaz et d'air soient convenables et qu'on en consomme une quantité suffisante.

On voit, d'après ce que nous venons d'exposer, que les avantages de ces fours ne se peuvent manifester qu'au bout d'un temps assez long employé à faire monter la température. Ils ne conviennent donc pas pour des opérations discontinues comme par exemple pour fondre de la fonte destinée à la fabrication des moulages, opération qui ne dure que quelques heures après lesquelles on laisse le four se refroidir.

L'aspect de la flamme permet de suivre les phénomènes de la combustion. Au moment de la mise en feu, la flamme est longue et rouge sombre, après le premier renversement elle devient plus courte et plus vive ; elle arrive, de proche en proche, au blanc éblouissant. Lorsque la dissociation se produit la flamme s'allonge de nouveau et, pour employer l'expression dont s'est servi W. Siemens, ressemble à un nuage « qui s'étend jusqu'aux régénérateurs ». Pour abaisser la température quand on est arrivé à ce point, il suffit de n'admettre dans le four que de moindres quantités d'air et de gaz, c'est-à-dire de diminuer le rapport entre la quantité de chaleur développée et celle qui est consommée.

Il est nécessaire que les produits de la combustion possèdent en arrivant à la cheminée une température suffisante pour assurer le tirage ; 150° paraît être le point au-dessous duquel il ne faudrait pas descendre ; la plupart du temps les gaz sont notablement plus chauds lorsqu'ils atteignent le bas de la cheminée.

On peut regarder un régénérateur comme un magasin de chaleur qui, pour une température donnée, renferme un nombre déterminé de calories, nombre qui dépend de la chaleur spécifique des matériaux qui entrent dans sa construction et de la quantité de ces matériaux, autrement dit, du volume de la chambre. Cette chaleur spécifique est à peu près la même pour tous les

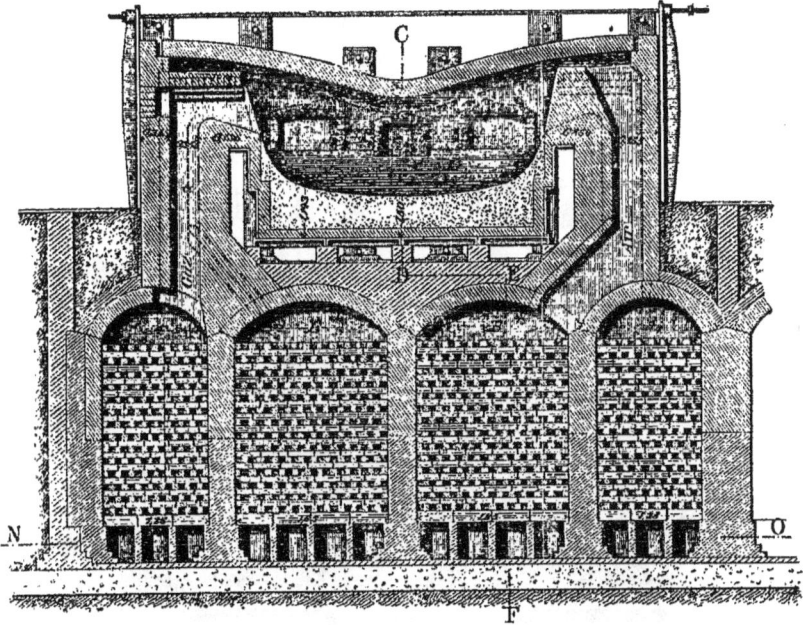

Fig. 23. — Four Siemens à chaleur régénérée (coupe par AB).

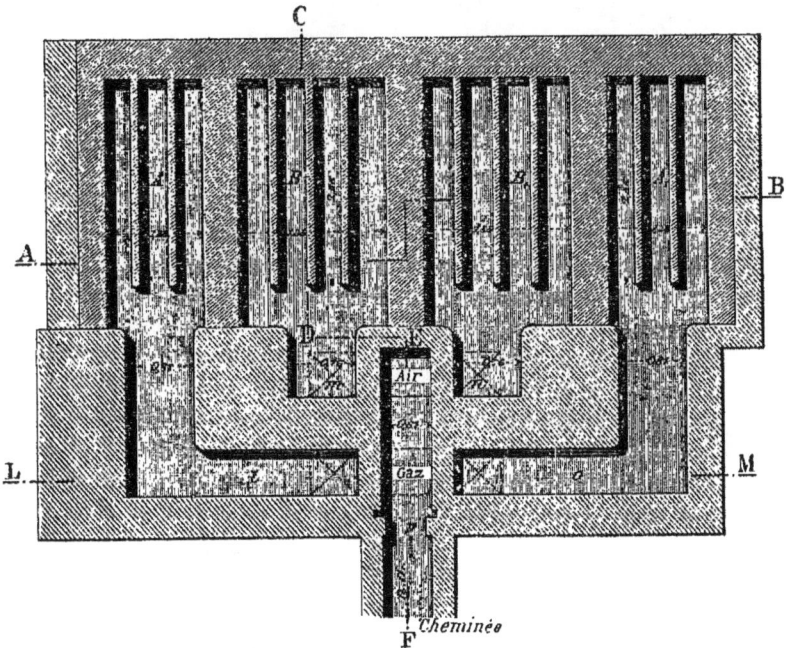

Fig. 25. — Four Siemens à chaleur régénérée (coupe par NO).

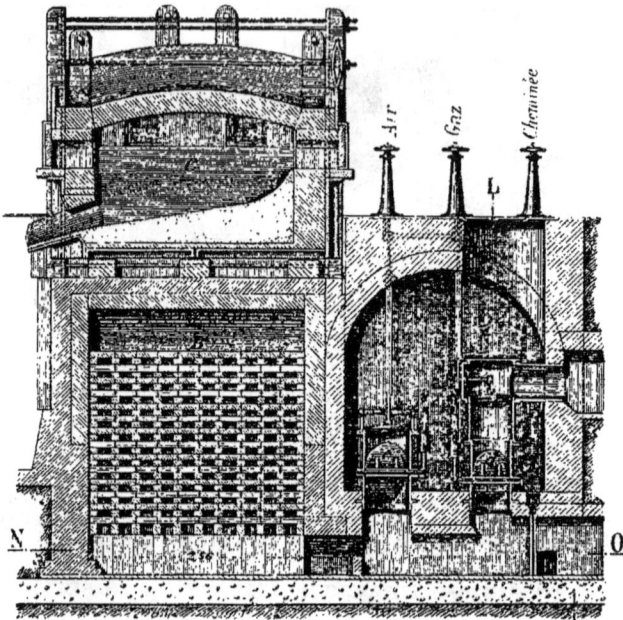

Fig. 24. — Four Siemens à chaleur régénérée
(coupe par CDEF).

Fig. 26. — Four Siemens à chaleur régénérée (coupe par LM).

régénérateurs puisque les empilages sont toujours établis en briques argileuses, elle varie entre 0,23 et 0,25, on peut admettre comme moyenne 0,24.

Toutes choses égales d'ailleurs, l'abaissement de la température d'une chambre, résultant du passage de l'air froid ou du gaz sortant du gazogène, sera d'autant plus lent, que le nombre de calories emmagasinées à une température donnée, sera plus considérable. D'un autre côté l'efficacité d'un récupérateur augmentera avec la surface qu'il offrira au contact des produits de la combustion, puisqu'il les dépouillera mieux de la chaleur qu'ils apportent, les empilages se chaufferont plus uniformément et restitueront plus facilement ensuite cette chaleur à l'air et au gaz qui les traverseront.

Pour obtenir ce résultat, on empile dans les régénérateurs les briques argileuses de façon à obtenir le maximum de surface sans mettre obstacle au passage du gaz. On peut voir fig. 27 et 28 la disposition qui est la plus fré-

Fig. 27. — Empilages des régénérateurs.   Fig. 28. — Empilages des régénérateurs.

quemment adoptée ; *a a a* sont les conduits par lesquels le gaz ou l'air arrive au régénérateur ; ils servent également au passage des produits de la combustion lorsque ceux-ci se rendent à la cheminée. Ces conduits sont couverts par des briques de dimensions courantes placées de champ, entre lesquelles on laisse un intervalle de $0^m,065$ pour le passage du gaz. Sur ce premier rang de briques on en place un second à angle droit sur le premier, composé de briques du type que l'on a choisi pour les régénérateurs ; ces briques sont établies également en rangs parallèles distants l'un de l'autre de $0^m,065$; sur la seconde couche on en pose une troisième de la même manière à angle droit sur la seconde et de façon que le plein corresponde comme aplomb au vide de la première, de manière à forcer le contact plus intime avec les gaz. C'est ce qu'on appelle *pose en chicane*.

Pour augmenter les surfaces on donne généralement aux briques des empilages des dimensions réduites variables entre 65^{mm} sur 65^{mm} et 230^{mm} de longueur et 85^{mm} sur 85 et 230.

Les régénérateurs du four représenté par les fig. 23 à 26 supportent le laboratoire et descendent assez profondément dans le sol ; cette disposition les protège contre le refroidissement et permet aux gaz chauds de suivre la marche ascendante qui leur est naturelle ; ces deux avantages sont assez importants pour qu'un grand nombre de fours soient encore établis de cette façon.

A côté des bénéfices que l'on peut retirer de ce mode de construction, on y reconnait cependant certains inconvénients. En premier lieu, les régénérateurs sont d'un accès difficile, ce qui rend les nettoyages et la réfection des empilages longs et pénibles ; il est nécessaire d'établir tout le massif à l'abri de l'humidité et par conséquent au-dessus du plan d'eau ; le laboratoire étant-très lourd à supporter, les murs des régénérateurs doivent être renforcés.

Outre les inconvénients que signale M. Ledebur, il en est un autre, moins apparent peut-être, mais dont les effets sont des plus fâcheux. Les chambres de régénération subissant nécessairement des réchauffages et des refroidissements successifs sont toujours en mouvement ; lors donc qu'on fait reposer sur leurs voûtes la superstructure du four et notamment la sole, celle-ci doit suivre ces mouvements d'exhaussement et d'abaissement. Il en résulte des fissures dans la sole, les pieds droits, et la voûte. Mais il est très facile, tout en maintenant les chambres en dessous du four, de rendre celui-ci indépendant en le faisant reposer sur des substructions qui ne soient pas exposées à la chaleur. Nous indiquerons dans la 3ᵉ partie la solution à laquelle nous nous sommes arrêtés dans les fours que nous avons établis. (V.)

On a bien imaginé diverses dispositions de fours dans lesquels les régénérateurs sont à côté du laboratoire et indépendants.

L'une d'elles assez fréquemment employée consiste à donner aux chambres la forme de galeries horizontales placées à côté du laboratoire sous le sol, mais à fleur de terre (fig. 29 et 30) ; les empilages de briques sont établis à peu près comme nous l'avons indiqué précédemment. L'air et le gaz dont l'admission est réglée par des soupapes placées d'un côté du four sont dirigés par les valves dans les régénérateurs ; à la sortie du laboratoire, les produits de la combustion passent dans les deux autres chambres des galeries régénératrices, traversent les valves et gagnent la cheminée.

Cette disposition facilite l'accès de la chambre mais occupe beaucoup de place ; au-dessus des galeries de régénération on ne peut rien établir, en outre il est à présumer qu'à égalité de surface de chauffe, c'est-à-dire de surface de contact entre les briques des empilages et du gaz ou de l'air, la circulation horizontale est moins favorable à l'échange de température et à l'effet utile que la circulation ascendante, parce que les gaz chauds ont toujours une tendance à se tenir à la partie supérieure.

C'est pour ces motifs que le premier mode de construction est encore préféré dans la plupart des cas, le second se rencontre assez fréquemment en Autriche.

Une troisième disposition très remarquable est représentée fig. 31 et 32.

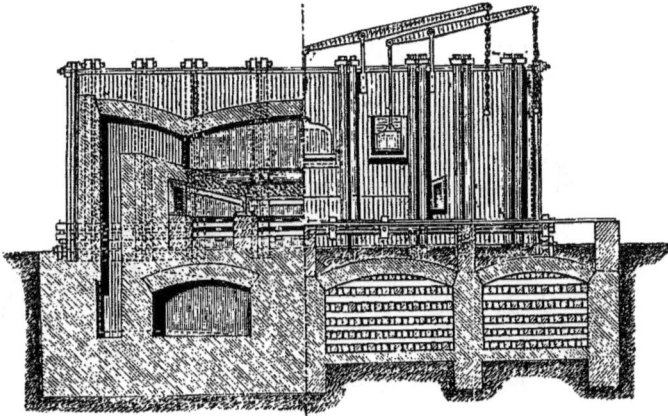

Fig. 29. — Four Martin-Siemens avec régénérateurs longitudinaux.

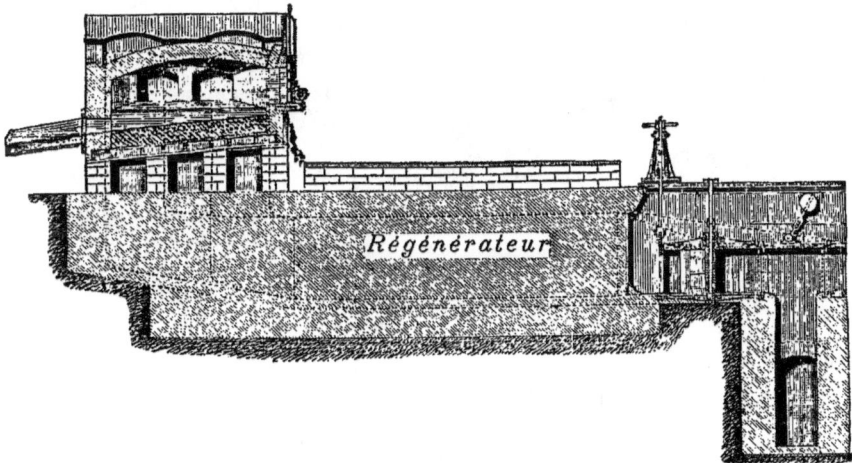

Fig. 30. — Four Martin-Siemens avec régénérateurs longitudinaux.

C'est en Angleterre qu'on l'a adoptée tout d'abord, et elle se répand de plus en plus dans les autres pays.

Les régénérateurs sont verticaux comme les premiers, mais au lieu de les placer sous le laboratoire, on les rejette aux extrémités, ils ont la forme cylindrique et sont revêtus d'une enveloppe en tôle. Les empilages sont les mêmes que dans les autres chambres verticales. Les carneaux qui mettent en relation les régénérateurs et le laboratoire sont également enveloppés

de tôles. Le laboratoire se trouve isolé sur une charpente en fer et les
ouvriers qui le desservent sont portés par une plate-forme établie au même
niveau que la partie supérieure des régénérateurs. Une construction de ce

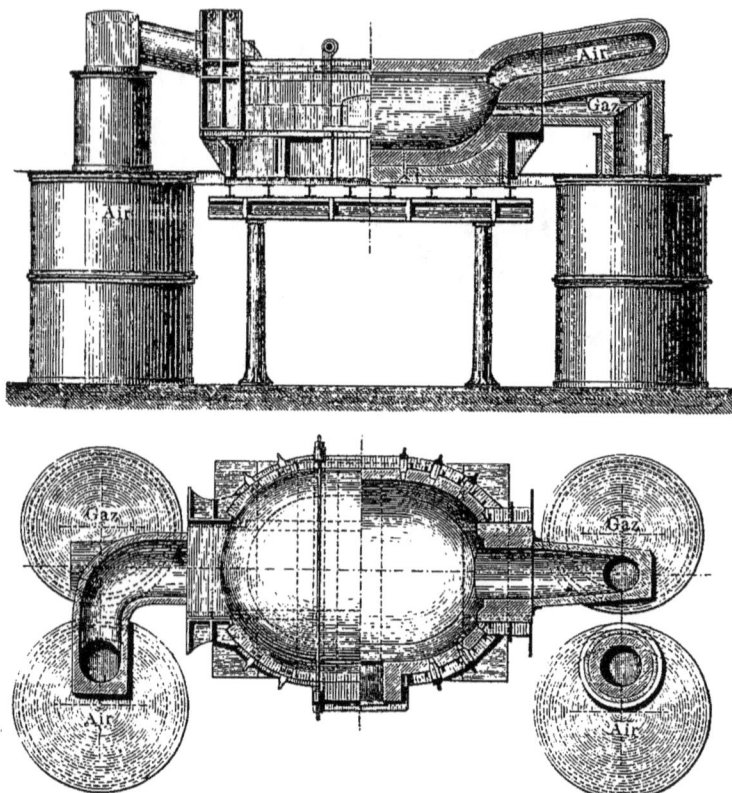

Fig. 31 et 32. — Four avec régénérateurs Dick et Riley.

genre est économique et commode, elle a été imaginée en partie par Batho
et pour le reste par Dick et Riley[1].

Dès l'époque de la construction des premiers fours Siemens appliqués au chauffage
du fer, on a été amené, dans certaines localités où l'eau est rencontrée à faible profondeur, à placer les chambres de régénération, non plus au-dessous des fours, mais
aux deux extrémités ; elles en formaient le prolongement ; à notre avis, cependant,
cette disposition, comme celle de Dick et Riley, a l'inconvénient d'occuper un
énorme emplacement, une surface beaucoup plus considérable, et de causer par
rayonnement une perte sensible de chaleur, en même temps qu'une gêne pour le
personnel ; nous préférons donc la première solution qui consiste à placer les régénérateurs en dessous des fours ; il n'est pas difficile de trouver des moyens de pénétrer dans ces chambres pour les réparer et de faire en sorte que le poids du four

[1] *Journal of the Iron and Steel. Inst.*, 1887, II, p. 119 ; *Stahl und Eisen*, 1883, p. 582 ;
1884, p. 715 ; 1887, p. 382.

soit reporté sur des murs ou des colonnes métalliques indépendantes de la maçonnerie des régénérateurs.

Pour le calcul de la capacité des chambres nous partons d'abord des bases suivantes :

1° Faire les chambres à air et à gaz de dimensions égales ;

2° Employer pour les empilages des briques réfractaires ordinaires ayant habituellement les dimensions de 0,06, 0,12, 0,24 et pesant environ 3^k ;

3° Ménager entre deux rangées parallèles, situées au même niveau, un vide de $0^m,10$ pour faciliter la circulation des gaz et éviter les obstructions produites par la scorification des briques, les entraînements de cendres, d'oxydes, etc. ;

4° Supprimer le montage en chicane et placer les rangs les uns au-dessus des autres, en croisant chacun d'eux à angle droit sur celui de dessous ;

5° Ménager au-dessus du dernier rang un espace vide d'environ $0^m,60$ de hauteur formant comme magasin, où la vitesse des courants diminue, avant de prendre une nouvelle direction.

Il ne nous paraît pas juste de partir, pour le calcul du poids des briques composant les empilages, de la quantité de houille brûlée entre deux renversements. Ceux-ci peuvent, en effet, être faits à intervalles très variables ; dans certaines usines on fixe cet intervalle à la durée de 2 heures, ailleurs on change la direction des courants toutes les dix minutes ; entre ces deux extrêmes, on rencontre toutes les combinaisons possibles ; en somme cet intervalle ne peut être fixé d'une manière immuable, non seulement d'une usine à l'autre mais même dans un four donné ; il doit être laissé à la disposition de l'ouvrier qui conduit l'appareil, nous aurons d'ailleurs occasion de revenir sur ce sujet dans la 3e partie de cet ouvrage.

Nous admettons donc, comme résultat d'une longue expérience, qu'on se trouve dans de bonnes conditions en empilant dans chaque chambre, de la manière indiquée ci dessus, vingt kilog. de briques par kilog. de houille brûlée par heure.

Supposons que le four soit muni de gazogènes capables de consommer 1.200^k de houille par heure, chaque chambre devra contenir $1.200 \times 20 = 24.000^k$ de briques ou 8.000 briques ; si les empilages peuvent se faire sur 3^m de hauteur, ils emploie-

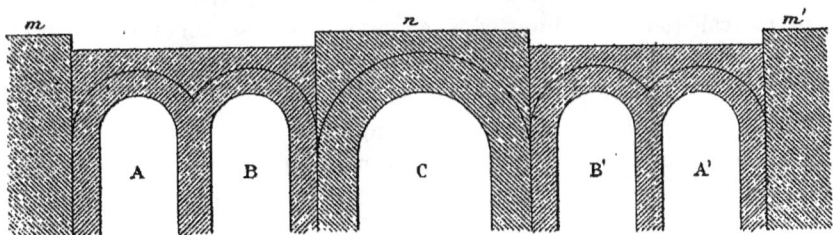

ront les briques sur 25 rangs ; en fixant la largeur de la chambre on en conclura la longueur qu'elle peut avoir, chacun de ces chiffres devra représenter un multiple de la longueur de la brique ; si, par exemple, nous admettons dans le cas précédent une largeur de 2,40, la longueur sera d'environ 5^m ; il n'y a aucun inconvénient à ce que les chambres dépassent en longueur la dimension transversale du four lui-même, nous disposons les régénérateurs en deux groupes AB, $A'B'$ séparés par un massif n en maçonnerie ordinaire (briques rouges) traversé par une galerie qui peut être utilisée pour le décrassage. Un système de poutrelles en fonte, en fer ou en acier, s'appuyant sur les murs m, n, m', portent le four qui est ainsi à l'abri des mouvements des régénérateurs.

Les galeries qui amènent le gaz et l'air aux chambres et conduisent les produits de la combustion à la cheminée doivent être assez grandes pour que l'on puisse y pénétrer pour les nettoyages ; la maçonnerie qui les constitue sera assez épaisse (au moins 0m,50 en 2 épaisseurs dont l'une réfractaire) pour éviter les déperditions de chaleur par rayonnement.

Dans la disposition préconisée par Schœnwelder (Haute-Silésie) les chambres sont divisées par des cloisons transversales en plusieurs compartiments dont chacun correspond à un carneau ; chaque compartiment a sa galerie d'accès et sa valve régulatrice ; il résulte de cet ensemble une complication sans avantage apparent. (V.)

Lorsque les régénérateurs sont de petite dimension, ils ne peuvent emmagasiner que de faibles quantités de chaleur et on est obligé de changer fréquemment le sens des courants gazeux pour que la température du four ne varie pas dans des limites trop grandes. Il est donc indispensable que les régénérateurs soient établis en rapport avec la quantité de chaleur qu'exige le four, c'est-à-dire avec la consommation du combustible. D'après les calculs de Gruner, lorsqu'on emploie le gaz de gazogène à la houille, chaque paire de régénérateurs doit contenir 50k de briques par kilog. de houille consommé entre deux renversements [1].

Le plus souvent on en met 60k et on construit les chambres assez vastes pour que le renversement puisse se faire d'heure en heure. Or la densité des briques étant 1,8, le volume de 60k est 0m3,033 ; dans les empilages il y a autant de vides que de pleins, il faut donc que chaque paire de régénérateurs ait un volume représenté par autant de fois 0m3,066 qu'on consomme de kilog. de houille par heure. Comme on sait par expérience quelle doit être la consommation de ces fours d'après le travail qu'ils doivent accomplir, il est facile de calculer le volume des chambres, en se servant des données ci-dessus. Si malgré les soins apportés à l'exécution des régénérateurs suivant ces règles on n'en obtient pas exactement l'effet attendu, on a la ressource de faire varier l'espace de temps à observer entre deux renversements. En pratique le volume de chaque paire de régénérateurs est compris entre 0m3,040 et 0m3,070 par kilog. de houille consommée par heure. Ce volume peut être moindre avec les combustibles inférieurs comme la tourbe, le lignite, le bois, et il varie à peu près dans la même proportion que la quantité de gaz fourni par un poids donné de combustible.

Les régénérateurs doivent avoir une section libre suffisante pour que la circulation des gaz ne rencontre pas trop d'empêchement. On donne ordinairement à la paire 2,5 mètres carrés à 3mq par 100 kilog. de houille consommée par heure ; pour les lignites on peut se contenter de 1mq,5 à 2mq, comme section

_____
[1] *Métallurgie*, 1 vol. p. 382.

totale : les briques des empilages occupant la moitié de cette surface [1]. Dans les régénérateurs horizontaux la surface est plus petite encore.

Les gaz produits par la combustion de la houille (1^k) brûlée avec un excès d'air de 20 à 25 $^0/_0$ occupent à 0° un volume de 11 mètres cubes, à 1200° ce volume devient $48^{m3},3$. Si on consomme 100^k de houille par heure, les produits de la combustion à écouler par seconde seraient de $1^{mc},3$, si la section libre d'une paire de régénérateurs est de $1^{mq},25$, la vitesse de ces gaz sera d'un mètre par seconde. Il faut remarquer que plus ils perdent de chaleur et moins le volume qu'ils occupent est grand ; le gaz et l'air destiné à la combustion ont un volume encore plus faible, par conséquent la section que nous indiquons pourrait être plus faible sans qu'il y eût de vitesse exagérée.

Les deux chambres de régénération accouplées pourraient être égales, car les volumes de l'air et du gaz sont très sensiblement égaux. Le plus souvent cependant on donne à la chambre à air une section plus grande, pour la raison que le gaz arrive plus chaud que l'air et aussi parce qu'on admet presque toujours un excès d'air. On établit généralement entre les deux sections un rapport compris entre $\frac{4}{3}$ et $\frac{3}{2}$.

Le volume et la section des régénérateurs étant ainsi déterminés on en déduit la profondeur. Cette dimension dépend cependant le plus souvent des autres conditions de construction du four. Il est rare qu'on donne aux chambres plus de $2^m,50$ ou 3^m de profondeur non compris la hauteur des conduits d'arrivée et l'espace libre qui reste au dessus des empilages.

Appareil de renversement. — L'appareil adopté par Siemens pour le renversement des courants gazeux se compose essentiellement d'une valve que l'on fait tourner autour de son axe de manière à lui faire occuper deux positions symétriques qui comprennent entre elles un angle d'environ 90°. C'est le type qui a été appliqué à un grand nombre de fours, il est représenté sur les fig. 24 et 26 où on peut facilement se rendre compte du fonctionnement de l'appareil. La valve elle-même est une plaque de fonte renforcée par des nervures et logée dans une boîte en fonte qui porte à sa partie supérieure une soupape qui permet de graduer à volonté l'entrée de l'air ou du gaz. Dans les fig. 24 et 26 l'axe est horizontal et c'est le cas le plus fréquent.

Dans le four représenté fig. 30 les valves sont à axe vertical, un levier à contrepoids les maintient dans la position qu'elles doivent occuper.

Ces valves ont l'inconvénient de se gauchir dès qu'elles sont soumises à une température un peu élevée, et de ne plus fournir, à partir de ce moment, une obturation suffisante. Dans les premiers fours Siemens, la température des valves ne s'élevait jamais beaucoup parce que les gaz étaient refroidis

[1] En réalité, si on fait la coupe entre deux couches de briques disposées comme il est indiqué ci-dessus, elles occupent les 3/4 de la section (B. de L.).

avant leur arrivée au four, aujourd'hui que l'on consomme des combustibles dont il n'est pas nécessaire de condenser la vapeur d'eau, et que les gazogènes sont très près des fours, qu'ils y arrivent par des conduites souterraines où ils n'éprouvent aucun refroidissement, les appareils de renversement les reçoivent à une température quelquefois très élevée et le danger de les voir se détériorer est beaucoup plus grand.

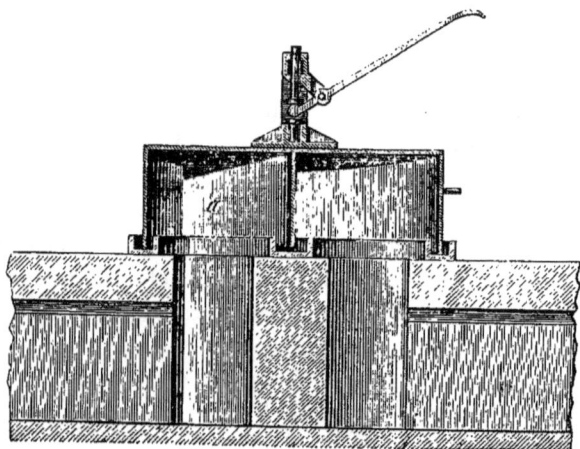

Fig. 33 et 34. — Valve à gaz rotative.

Au lieu des valves que nous venons de décrire, on emploie quelquefois surtout pour les fours à régénérateurs horizontaux, un appareil qui peut être placé entièrement au-dessus du sol et être manœuvré à la main avec une grande simplicité. Nous le représentons fig. 33 et 34. Il consiste en une cloche cylindrique verticale *a* en tôle divisée en deux parties égales par une cloison passant par l'axe. Les bords inférieurs de la cloche et de la cloison reposent dans un système de rigoles communiquant ensemble et ayant la forme d'une circonférence et de deux diamètres perpendiculaires l'un à l'autre ; ces rigoles sont remplies d'eau et sont supportées par des murs qui correspondent à quatre compartiments et à quatre galeries représentées en pointillés fig. 34 ; *b* est réservé au gaz combustible dans une des cloches et à l'air de la combustion dans l'autre, *c* et *d* sont en relation avec les régénérateurs, *e* avec la cheminée. Dans la position représentée fig. 34 la cloche met en communication *b* avec *c* et *d* avec *e*, la cloison de la cloche sépare *b* et *c* de *e* et *d* ; le gaz combustible ou l'air arrivant par *b* va donc en passant par *c* gagner le régénérateur où il prendra de la chaleur tandis que les produits de la combustion reviennent à l'appareil de renversement par *d* et se rendent à la cheminée par *e* ; pour changer le sens des courants, on commence par soulever légèrement la cloche au moyen du levier qui est représenté fig. 33, de façon que le bord inférieur de la cloison qui descend moins bas que celui de la partie cylindrique, dépasse les bords de la rigole, et on fait tourner à la main la cloche de 90°. Les bords extérieurs de la cloche ne quittent pas la rigole et la fermeture est complète pendant toute la manœuvre. On a figuré sur le dessin la poignée qui sert à exécuter ce mouvement de rotation. Celle-ci accomplie on laisse retomber la cloche dont la cloison pénètre dans la rigole qui est à angle droit sur la première. Dans cette nouvelle position *b* communique avec *d* et *c* avec *e*. Pour faciliter les mouvements de la cloche, on fixe à la tige verticale qui la supporte, deux collerettes entre lesquelles la fourche qui termine le levier vient se placer ; de cette façon le levier peut soulever la cloche sans empêcher le mouvement de rotation.

Deux traverses servent à guider l'axe de la cloche et à porter le montant sur lequel le levier prend son point d'appui.

Lorsque les gaz qui circulent dans cet appareil sont extrêmement chauds, ils le mettent hors de service aussi rapidement que le système à valves ; l'eau qui forme la fermeture s'évapore et les tôles brûlent. M. Ehrenwerth a eu l'ingénieuse idée de tapisser entièrement l'intérieur de la cloche avec des briques réfractaires. Il supprime les rigoles rectilignes et obtient la fermeture par simple contact des bords de la cloison et des murs en croix. Il conserve la fermeture hydraulique extérieure qui est séparée du courant gazeux par l'épaisseur de la brique. Les cloches établies de cette façon se comportent très bien [1].

On peut encore, dans le cas où les gaz sont très chauds, se servir d'un autre

---

[1] Pour plus de détails consulter *Stahl und Eisen* 1885, p. 344.

appareil qui se compose d'un robinet à axe vertical en terre réfractaire, tournant dans un logement également en matériaux réfractaires. Quand on veut exécuter une rotation, le robinet est soulevé d'une petite quantité de manière à diminuer le frottement.[1]

Les valves de renversement telles que Siemens les avait combinées ont l'inconvénient de s'échauffer considérablement depuis que les gaz ne sont plus refroidis, mais en outre elles se couvrent de goudrons plus ou moins solides qui s'opposent à leur bon fonctionnement. On en peut dire autant de la valve Weiss qui remplace celle de Siemens par une double soupape métallique reposant sur des sièges creux à courant d'eau. Il est donc préférable à tous les points de vue d'adopter, pour le gaz au moins, le sytème à cloche garni de briques à l'intérieur, en mettant dans la rigole au lieu d'eau qui est plus ou moins volatilisée et entraînée par le courant de gaz chauds, du goudron liquide comme on le fait dans certaines usines. (V.)

La manière d'introduire le gaz combustible et l'air dans le laboratoire et la forme à donner à celui-ci sont deux points très importants et qui jouent un rôle considérable dans la marche d'un four Siemens. Lorsqu'on arrive à réaliser un mélange intime de deux éléments, on obtient une combustion complète tout en réduisant l'excès d'air au minimum ; mais si ce mélange se fait très rapidement la flamme sera courte à moins que la dissociation ne vienne s'opposer à la combustion.

Dans le four représenté par les fig. 29 et 30, la disposition adoptée pour l'entrée du gaz et de l'air est très simple. Elle consiste en deux conduits faisant entre eux un angle de 60° environ et dont on voit les orifices fig. 30 ; le mélange se fait peu à peu et la flamme est longue.

Souvent, pour faciliter le mélange de l'air et du gaz, on les fait arriver par plusieurs conduits parallèles alternants, on en mettra par exemple 3 pour le gaz et 2 pour l'air.

Fréquemment aussi au lieu de disposer ces carneaux les uns à côté des autres on les superpose ; celui ou ceux de l'air étant en dessus ; à même température l'air étant plus lourd que le gaz tend à descendre tandis que le gaz s'élève, le mélange se fait donc plus facilement. Frederic Siemens s'exprime à ce sujet de la manière suivante : « En général, ce qui est préférable « c'est de faire déboucher le gaz par un orifice allongé et de faible hauteur « ménagé à une extrémité du laboratoire, et l'air par un orifice semblable « placé au-dessus du précédent et débordant des deux côtés. La densité du « gaz combustible étant très inférieure à celle de l'air, ce gaz tend à s'élever « au-dessus de l'air et celui-ci à descendre au-dessous du gaz, ce qui pro- « voque le plus souvent un mélange assez rapide et assez complet. »

Dans le four représenté fig. 31, l'air arrive ainsi au-dessus du gaz.

---

[1] On trouvera des dessins de ce robinet et de ses accessoires dans Dürre, *Anlage und Betrieb der Eisenhütten*, tome III, planche 27 et dans Ledebur, *Gasfeuerungen*, p. 97.

Quelquefois on combine cette disposition avec la précédente et tout en faisant arriver l'air en nappe au-dessus du gaz, on divise ce dernier en plusieurs jets parallèles de manière à augmenter les surfaces de contact. C'est ainsi qu'est disposé le four représenté par les fig. 23 et 24 ; *a a* représentent les deux carneaux de gaz qui débouchent séparément dans le four et dont on aperçoit les deux orifices, fig. 24. L'air sort du régénérateur B par trois carneaux (qu'on ne peut distinguer séparés les uns des autres sur le dessin) et débouchent dans le laboratoire par un large et unique passage qui occupe toute la largeur du four et qui est au-dessus des carneaux à gaz. Nous aurons occasion de décrire quelques-unes des autres dispositions adoptées lorsque nous en serons aux applications du four Siemens, dans la troisième partie de notre manuel.

Une foule de dispositions ont été préconisées pour les carneaux qui amènent aux fours le gaz combustible et l'air destiné à le brûler ; nous en citerons quelques-unes dans la 3e partie ; signalons seulement ici, qu'en étudiant cette partie du four, il faut tenir compte du genre de réaction qu'on veut voir dominer dans le laboratoire. Suivant qu'on veut obtenir une oxydation plus ou moins vive, ou, au contraire, réduire celle-ci au minimum, on devra préférer telle ou telle disposition. (V.)

Il résulterait d'expériences récentes que la section du laboratoire où l'air et le gaz se réunissent et se combinent, ne doit pas être trop petite. Dans la fig. 23, la voûte plonge vers le milieu et suit la forme de la sole ; dans la fig. 29, au contraire, elle s'élève, ce qui laisse un large espace à la flamme pour se développer. Dans les fours construits d'après ces derniers types, les gaz éprouvent moins de frottements contre les parois et par suite moins de tendance à se dissocier, et la durée de la voûte est plus grande.

Cette forme de voûte a été adoptée en premier lieu en Autriche, et depuis que les publications et communications de F. Siemens ont appelé l'attention sur ce sujet, on a généralement reconnu les avantages de cette disposition[1].

Il ne semble pas que le relèvement de la voûte et le chauffage par *radiation*, aient changé d'une manière sensible l'allure des fours Siemens. Dans tous les fours à réverbère la voûte renvoie la chaleur sur la sole ou sur les matières qu'elle porte ; ce qui est incontestable c'est que : 1° une voûte surélevée est moins exposée aux dards de flamme qui peuvent en amener la destruction rapide ; 2° l'avantage incontestable qu'on a reconnu du chargement initial complet des matières à fondre dans un four Martin, par exemple, a obligé à augmenter la capacité du four en éloignant la voûte de la sole. (V.)

Cheminée. — La cheminée est un accessoire important du four Siemens ; il faut, en effet, qu'elle possède un tirage suffisant pour vaincre les nombreuses résistances que les gaz rencontrent dans les appareils qu'ils traver-

[1] Friedrich Siemens, *Ueber den Verbrennungsprocess mit spezieller Berücksichtigung der praktischen Erfordernisse*. Berlin 1887. — Friedrich Siemens, *Ueber ein neues Verbrennungs- und Heizungssystem. Glasers Annalen*, tome XVI, p. 126.

sent et produire une combustion vive. Si les gazogènes sont soufflés, il suffit que la cheminée ait assez de tirage pour aspirer l'air nécessaire à la combustion du gaz. Il est impossible de résoudre la question du tirage par le calcul, les conditions dans lesquelles travaillent les fours Siemens étant très différentes les unes des autres. Il faut s'en remettre aux indications de la pratique.

Dans l'installation de la cheminée, il faut tenir compte de ce fait que les produits de la combustion lorsqu'ils arrivent à l'extrémité de leur parcours possèdent généralement peu de chaleur : leur température dépend, d'ailleurs, de la nature du combustible employé, du refroidissement que le gaz subit avant d'atteindre le four, du degré de chaleur du four, de celle qui consomme, de la forme et des dimensions des régénérateurs et des galeries qui arrivent à la cheminée.

Lorsque plusieurs fours sont voisins les uns des autres, on trouve économique de leur attribuer une cheminée commune en disposant les galeries d'accès de façon à éviter les chocs de courants gazeux, comme nous en avons indiqué le moyen plus haut.

On peut calculer la section de la cheminée, si on connaît la consommation probable de combustible, en admettant qu'à 300° les produits de la combustion de :

1^{kg} de houille ont un volume de 20$^{mèt. cubes.}$
1^{kg} de lignite   »   15   »
1^{kg} de tourbe   »   13   »

Si les gaz sont à une température dépassant 300°, le tirage sera plus énergique, il y aura, de ce fait, compensation.

On ne doit pas dépasser la vitesse de 5^m par seconde.

La hauteur des cheminées des fours Siemens varie entre 15 et 40 mèt. suivant le nombre de fours qu'elles desservent et suivant la température dont on a besoin dans le laboratoire. Lorsque les cheminées sont basses, elles sont plus sensibles aux variations atmosphériques.

De même que nous recommandons d'attribuer à chaque four ses gazogènes, de même nous pensons que chaque appareil du type Siemens doit avoir sa propre cheminée munie d'un bon registre qui permette de régler le tirage d'une manière absolument certaine ; il y aurait certainement avantage à envoyer l'air en pression dans les fours comme on le fait pour le gaz et il est probable que ce perfectionnement entrera dans la pratique s'il n'y est déjà. En tous cas, lorsqu'on a recours au tirage d'une cheminée, et lorsque celle-ci reçoit les produits de la combustion refroidis, on doit éviter l'emploi de tubes en tôle qui sont trop facilement influencés par

---

Les théories de F. Siemens sont loin d'être inattaquables et lorsqu'il prétend, dans les publications ci-dessus, être l'inventeur de ce système de four, il est dans l'erreur. Vers 1870 déjà, d'autres que lui avaient construit des fours dont la voûte avait exactement la forme qu'il indique.

les changements de température atmosphérique ; on devra élever des cheminées en briques, ou garnir d'un revêtement intérieur en matériaux mauvais conducteurs, les cheminées en tôle. (V.)

Fours dérivés du système Siemens. — On a fréquemment cherché à simplifier la construction compliquée et coûteuse du four Siemens en supprimant les deux régénérateurs à gaz, et en faisant pénétrer directement dans le four les gaz venant des gazogènes ; les deux chambres conservées avaient pour unique objet de chauffer l'air. Il est certain que la température des gaz provenant de gazogènes à la houille, surtout avec vent forcé, est souvent très élevée, il n'est pas rare qu'elle atteigne 900° ; il est donc permis de supposer qu'on obtiendrait dans le laboratoire du four une température presqu'aussi haute qu'avec le système Siemens complet, en brûlant le gaz dans ces conditions avec de l'air chauffé, et en effet depuis un certain nombre d'années on tire très bon parti de fours, genre Siemens, pourvus de deux régénérateurs seulement. Il n'est pas douteux qu'en évitant de laisser refroidir le gaz dans les conduites, on réalise une économie de combustible; il ne faudrait pas cependant exagérer cette économie.

Au moment où les produits de la combustion qui s'est opérée dans le laboratoire d'un four Siemens, quittent ce laboratoire, ils sont à une température plus élevée que celle à laquelle doivent atteindre les matières que l'on y traite, sans quoi ces matières n'arriveraient jamais au point voulu ; le système de chauffage Siemens est tout particulièrement propre à obtenir ces hautes températures, mais, tout naturellement, les gaz qui en sortent possèdent une quantité de chaleur considérable dont la plus grande partie est recueillie dans les régénérateurs et ramenée au laboratoire par l'air et le gaz ; cette chaleur suffit, l'expérience le prouve, pour chauffer à tour de rôle les deux paires de régénérateurs à un point très voisin de ce que peuvent supporter les matériaux employés à la construction.

Si le gaz n'est pas réchauffé, il n'existe plus que deux chambres par four ; tous les produits de la combustion se rendent à la cheminée en traversant une seule de ces chambres ; ils sont donc moins refroidis qu'ils ne l'eussent été si on les avait répartis entre deux régénérateurs et ils entraînent par conséquent avec eux dans la cheminée une plus grande quantité de chaleur. Si on augmentait les dimensions des chambres conservées, on pourrait rendre moins rapprochés deux renversements successifs, mais la température à laquelle l'air serait porté, ne serait pas notablement plus haute que dans le cas des deux régénérateurs fonctionnant ensemble.

Ce système, plus simple, a donné généralement de meilleurs résultats dans le cas où il n'était pas nécessaire de produire de très hautes températures, comme dans les fours à réchauffer, par exemple, où les produits de la combustion n'étaient pas chargés d'une grande quantité de chaleur ; il est vrai qu'on eût pu atteindre au même résultat, en utilisant des appareils encore moins compliqués et en renonçant aux régénérateurs, dont la construction est toujours coûteuse [1].

Dans la troisième partie de cet ouvrage, nous indiquerons quelques cas où ces sortes de fours à deux régénérateurs ont pu être appliqués ; le four à puddler Pietzka en est un exemple.

Nous venons de voir que, dans les installations de ce genre, une partie des gaz résultant de la combustion demeurait chargée d'une grande quantité de chaleur non utilisée, il en résulte que cette disposition ne peut être économique que là où on peut tirer parti de cette chaleur pour un usage quelconque.

Le système proposé, il y a environ trois ans, par Biedermann et Harvey et appliqué dans différentes usines a attiré l'attention d'une façon particulière. Il consiste à employer cette chaleur disponible à produire du gaz combustible, et pour cela à brûler une certaine quantité de carbone avec l'acide carbonique et la vapeur d'eau à haute température. Dans la disposition imaginée par Biedermann et Harvey [2], on fait repasser dans le gazogène la partie des produits de la combustion qui n'est pas employée au réchauffage des régénérateurs et on transforme ainsi ces gaz qui renferment de l'acide carbonique, de la vapeur d'eau, de l'oxygène libre et de l'azote, en gaz combustible ; l'acide carbonique donne naissance à de l'oxyde de carbone, $CO_2 + C = 2CO$, un poids donné de carbone donne donc ainsi deux fois plus d'oxyde de carbone que s'il était transformé directement par l'oxygène libre, la vapeur d'eau produit de l'hydrogène et de l'oxyde de carbone

$$C + H_2O = 2H + CO ;$$

la quantité de chaleur nécessaire pour ces transformations est fournie, pour la majeure partie, par la chaleur sensible des produits de la combustion et c'est de là que provient l'économie réalisée. La chaleur reprise ainsi aux produits de la combustion, qui serait perdue, est rapportée dans le laboratoire grâce à la combustion du gaz auquel elle a donné naissance. L'oxygène libre qui se trouve toujours en plus ou moins grande proportion dans les produits de la combustion, en traversant le charbon du gazogène, se change en oxyde de carbone et développe de la chaleur qui s'ajoute à la précédente. Si leur somme ne suffisait pas à compenser ce qui est absorbé par la décomposition de l'acide carbonique et de la vapeur d'eau, on ferait l'appoint en introduisant sous la grille une quantité d'air suffisante.

[1] Le four Pütsch dont on trouvera les plans dans B. Kerl, *Grundriss der all.*, etc., p. 198 peut servir de type de four à recuire avec deux régénérateurs.

[2] Dans les publications parues depuis trois ans on désigne généralement ce four sous le nom de *nouveau four Siemens* ; les notices les plus importantes publiées pour ou contre ce système sont signalées à la fin du chapitre parmi les documents à consulter.

Ce four est représenté par les fig. 35 à 38. Le gazogène B est de la forme ordinaire, pourvu d'une grille et de deux boîtes de chargement. Le laboratoire est en E, il est relié au gazogène par les deux carneaux CG et C_1G_1 ; deux soupapes DD_1 (fig. 35 et 38) suspendues au même levier ferment alter-

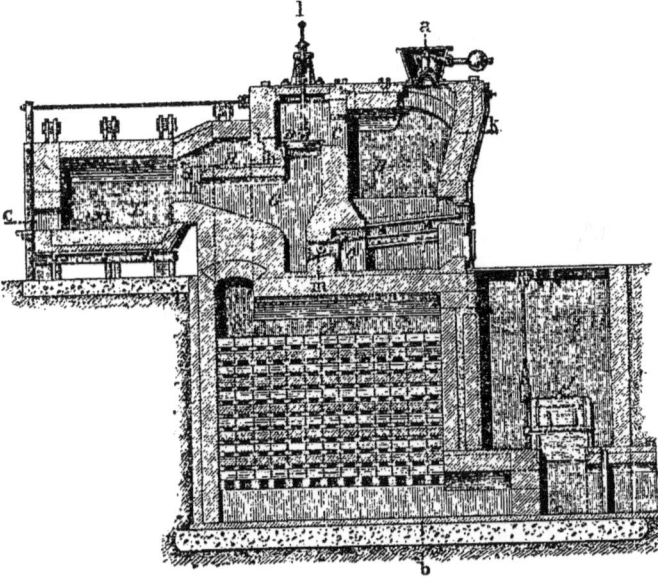

Fig. 35. — Coupe verticale par *nopq* (fig. 37).

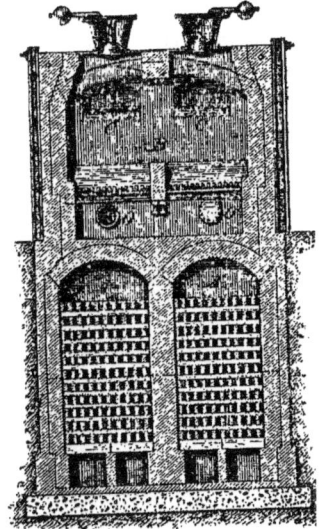

Fig. 36. — Coupe verticale par *ab* (fig. 35).

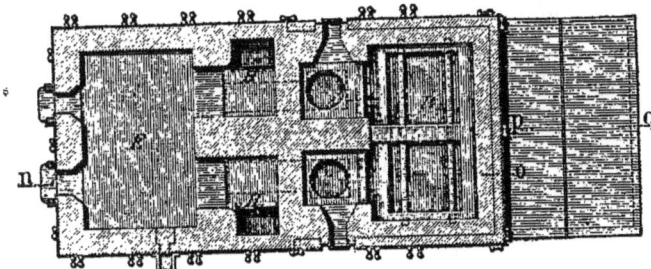

Fig. 37. — Plan par *cdefghik* (fig. 35).

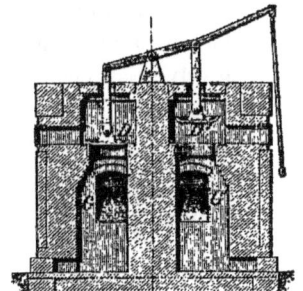

Fig. 38. — Coupe par *lm* (fig. 35

Fig. 35 à 38. — Four Biedermann et Harvey.

nativement l'un ou l'autre de ces carneaux ; celui qui est ouvert amène au four le gaz du gazogène. L'air destiné à la combustion est chauffé dans les régénérateurs A et A_1 qui le reçoivent à tour de rôle, puis il passe par les carneaux H et H_1 qui l'amènent au four où il débouche au-dessus du gaz.

Supposons que le carneau C soit ouvert et C_1 fermé, le gaz combustible arrive dans le laboratoire par C ; l'air dirigé par la valve J traverse le régénérateur A, le carneau H et rencontre le gaz avec lequel il produit une flamme qui prend la forme d'un fer à cheval. Une partie des produits de la combustion sort du four par H_1 et va réchauffer la chambre A_1 et de là par la valve J se rend à la cheminée ; l'autre partie passe par le carneau G_1 et l'ouverture O_1 et vient aboutir sous la grille du gazogène. Tout étant symétrique, il y a de même dans le conduit G une ouverture O qui est fermée par un clapet quand O_1 est ouvert : les deux clapets des ouvertures O et O_1 sont attachés au même levier. Au bout d'un certain temps, on renverse les courants comme dans les fours Siemens ; on ferme D en ouvrant D_1, on fait tourner la valve J de 90°, on ferme l'orifice O et le jet de vapeur correspondant, et on ouvre O_1 et son jet de vapeur.

C'est ce jet de vapeur qui règle la quantité de gaz brûlée qu'on ramène sous la grille.

Il n'a été publié jusqu'à ce jour qu'un très petit nombre d'analyses des gaz combustibles produits de cette façon ; ce que nous en connaissons indique la composition suivante en volumes :

Oxyde de carbone.	23
Hydrogène	17
Carbure d'hydrogène	2
Acide carbonique.	4,5
Azote.	53,5

Ce système de fours a été installé dans diverses usines, principalement en Angleterre, on dit jusqu'à présent que les résultats sont satisfaisants ; c'est à l'avenir à nous indiquer, si, au bout de quelque temps de service, on n'éprouve pas certaines difficultés pratiques qui n'avaient pas été prévues, et surtout si l'économie qui résulte de l'emploi de ce four est suffisante pour en justifier l'établissement.

La théorie de cette nouvelle disposition a été étudiée par le professseur Akerman (Journal of the Iron and Steel Institute 1890. I, p. 24) et par Schœffel (même publication 1891. II, p. 272) avec des conclusions tout-à-fait opposées. En pratique on n'a pas encore tenté d'appliquer ce système à la production de l'acier et les avis sont fort partagés sur l'avantage qui peut résulter de son emploi dans les fours à réchauffe ». (V.)

Nouveaux fourneaux à gaz sans régénérateurs. — A la suite du succès remporté par le four Siemens qui permettait d'une part, d'utiliser les combustibles inférieurs en les transformant en gaz, d'autre part de tirer un meilleur parti de la houille par la même transformation, on essaya de combiner des fours d'une construction plus simple et moins coûteuse pour le chauffage au moyen du gaz de houille. Il a été établi un certain nombre d'appareils de ce genre dans les usines métallurgiques.

Dans tous les fours de ce genre, les gazogènes sont accolés aux fours, ils ne sont donc pas disposés en batteries ; l'air destiné à la combustion n'est pas chauffé dans des régénérateurs mais dans des carneaux ménagés dans l'épaisseur des murs ; il n'y a plus de renversements de courants. Les produits de la combustion se trouvent dans les mêmes conditions que ceux des fours chauffés par une grille, ils possèdent une haute température en quittant le laboratoire, et peuvent être utilisés à la production de la vapeur, par exemple. Bien que l'utilisation de la chaleur soit moins complète que dans les fours Siemens, l'emploi des flammes perdues compense en grande partie cette infériorité.

On ne peut recourir à ces fours lorsqu'on a besoin d'une très haute température puisque l'air et le gaz y arrivent beaucoup moins chauds. Le four Siemens est donc jusqu'à présent le meilleur pour les opérations qui exigent la production d'une très haute température comme la fabrication du fer fondu.

Parmi les divers systèmes de fours sans régénérateurs, nous allons décrire les fours Boëtius et Bicheroux qui ont été les plus employés jusqu'ici.

Fours Boëtius. — Ce four a été inventé vers 1860, il est représenté fig. 39 et 40 à l'échelle de $\frac{1}{75}$; A est le gazogène, il a de $1^m,80$ à 2^m de hauteur

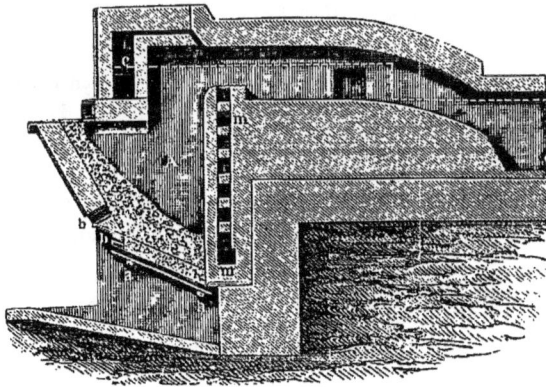

Fig. 39. — Four Boëtius (coupe verticale).

sur $0^m,90$ de large. En arrière de la grille inclinée aa se trouve un mur en pente dont la partie supérieure laisse une étroite ouverture par laquelle on introduit le combustible qu'on accumule au-dessus de façon à empêcher l'accès de l'air ; des trous hh ménagés un peu au-dessus de la grille dans le mur incliné servent à l'entrée de l'air et au passage des outils destinés à briser les voûtes de charbon aggloméré ou de mâchefer. Une partie de l'air destiné à la combustion est échauffé dans des carneaux *mm* qui montent en serpentant dans les murs de l'autel, il sort par les fentes *d* sur la face supérieure de l'autel en venant frapper verticalement le courant de gaz horizontal. Une autre partie de l'air circule dans les carneaux *nn* disposés dans les murs latéraux des gazogènes, se rassemble dans le grand carneau *c* placé à l'arrière de la chauffe et plonge de la voûte du four en frappant obliquement le courant gazeux.

L'épaisseur de la couche de combustible est relativement faible, par conséquent le gaz produit renferme beaucoup d'acide carbonique, ce qui n'a pas

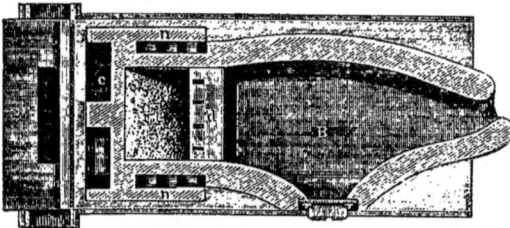

Fig. 40. — Four Boëtius (coupe horizontale).

de graves inconvénients puisque ce gaz entre immédiatement dans le laboratoire qui profite de la chaleur développée par la formation de cet acide carbonique. Souvent on construit la voûte comme celle des fours à chauffage direct. La couche de combustible sur la grille étant d'une faible épaisseur, est traversée par une quantité d'air assez considérable pour qu'il ne soit pas nécessaire d'en admettre beaucoup dans le laboratoire pour achever la combustion.

On donne souvent à ce four le nom de *demi-four à gaz*; il en a été construit un grand nombre de 1860 à 1880, et il en subsiste encore quelques-uns, mais il est rare qu'on l'adopte dans les nouvelles installations.

Four Bicheroux. — Ce four a été construit pour la première fois, en 1870, par la maison Bicheroux et Cie de Duisbourg et il s'en est établi un grand nombre. Il est représenté fig. 41 et 42 à l'échelle de $\frac{1}{100}$. Il se distingue du four Boëtius par la plus grande capacité du gazogène et par la disposition des carneaux par lesquels passe l'air destiné à brûler le gaz. Au lieu d'être placés dans les parois du gazogène, ces carneaux sont ménagés dans celles du laboratoire et le plus souvent sous les plaques de fonte qui portent la sole. La fig. 42 représente une coupe suivant la ligne brisée ABCD qui traverse ces carneaux; des flèches indiquent la marche de l'air qui entre à l'extrémité la plus éloignée du four, se rapproche en serpentant de l'autel et en augmentant de température sur tout ce parcours : à l'autel il se partage en deux et vient aboutir au conduit f ménagé dans la paroi du laboratoire située au-dessus du gazogène ; enfin l'air arrivé en ce point, sort par deux rangées d'ouvertures et frappe à angle droit le courant gazeux qui sort du gazogène.

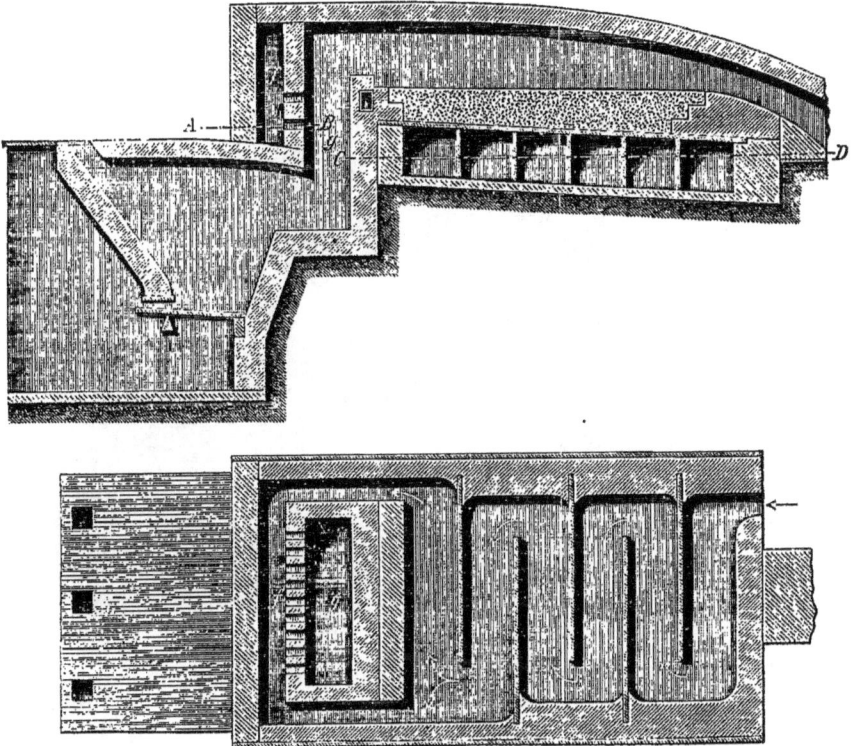

Fig. 41 et 42. — Four Bicheroux.

Le four Bicheroux se prête tout particulièrement au réchauffage progressif des grosses masses de métal fondu que l'on enfourne à l'extrémité la plus froide et que l'on rapproche successivement de l'autel. On lui donne jusqu'à 20 mètres de longueur et quelquefois on emploie la chaleur sensible des produits de la combustion à la production de la vapeur. (V.)

Fours à réverbère à sole mobile. — Lorsqu'on veut soumettre à des actions chimiques les matières placées sur la sole d'un four à réverbère, en les mélangeant avec des réactifs solides ou liquides, ou en les exposant à une flamme réductrice ou oxydante, il faut brasser les matières, les retourner, renouveler les surfaces de contact des corps qui doivent agir les uns sur les autres. Ce travail devient inutile, si au lieu d'une sole fixe, comme toutes celles dont il a été question jusqu'ici, on dispose d'une sole mue mécaniquement qui agite la matière et en assure constamment le mélange.

Depuis 1858, on a fait un grand nombre de tentatives pour résoudre prati-

quement ce problème, en donnant soit à la sole seule, soit à tout le laboratoire un mouvement de rotation ou un mouvement d'oscillation.

On peut diviser les premiers en deux classes : fours *rotatifs* et fours
tournants.

Fours rotatifs. — Ces fours peuvent être cylindriques, en forme de
tonneaux, ou avoir la forme ovoïde : la première est la plus fréquente. On

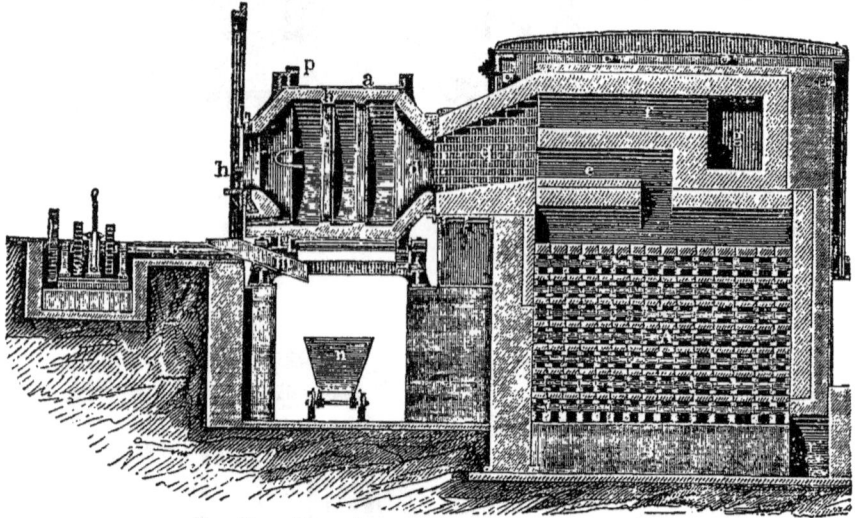

Fig. 43. — Four Siemens rotatif (coupe verticale).

leur donne un mouvement de rotation autour de leur axe de figure qui peut
être horizontal ou incliné. Les fig. 43 et 44 représentent un four de ce

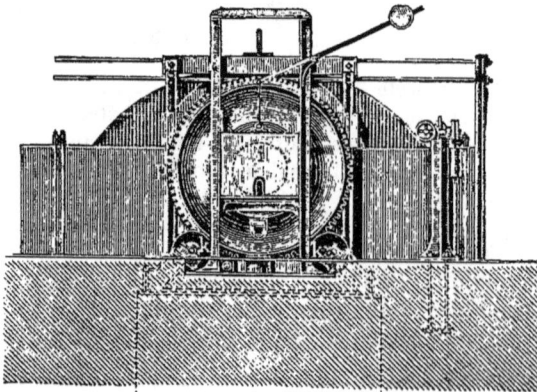

Fig. 44. — Four Siemens rotatif (vue de bout).

genre construit en 1860 par W. Siemens pour obtenir directement du fer en
partant du minerai. En *a* est le laboratoire qui se compose d'une enveloppe

en tôle garnie intérieurement de matériaux réfractaires. C'est un cylindre terminé aux deux extrémités par des troncs de cône. La longueur est de 2ᵐ à 3ᵐ,30 égale au diamètre extérieur. Il repose sur 4 galets *k k*, il est mis en mouvement par l'arbre *e* qui agit au moyen d'une vis sans fin ou d'un pignon sur la roue dentée qui entoure le cylindre.

Ce four est chauffé au gaz. Il est donc pourvu de quatre régénérateurs établis les uns à côté des autres. L'air arrive dans le laboratoire par le conduit *f* et le gaz par le conduit *e*, la chambre de combustion est en *g*, la flamme prend la forme d'un fer à cheval et les produits de la combustion sortent du laboratoire par deux carneaux identiques à *f* et *e* dont ils sont séparés par une cloison verticale, puis ils passent dans la 2ᵉ paire de régénérateurs et de là à la cheminée. A l'autre extrémité, le laboratoire est fermé par une porte *i*, garnie de briques réfractaires et guidée par un bâti fixe qui permet de la lever ou de la baisser mais qui l'empêche de suivre le mouvement de rotation. Le wagonnet *n* est destiné à recevoir les scories qui s'écoulent par le couloir *m*.

D'autres fours rotatifs ont été construits qui étaient chauffés par les gaz d'une façon plus simple, ou directement par du combustible brûlé sur une grille. Dans ce dernier cas, le foyer communique avec une des extrémités du laboratoire, tandis qu'à l'autre extrémité se trouve un carneau qui conduit à une cheminée, les produits de la combustion ; comme il n'y a pas de portes pour accéder au laboratoire, on enferme le carneau du gaz dans une boîte en tôle qu'on peut enlever et remettre en place au moyen d'une grue ou de tout autre appareil ad hoc.

Comme four rotatif, il est juste de rappeler le four Danks dont l'apparition a été considérée comme un événement (Industrie minérale, 2ᵉ série, T. I et II, 1872, 1873).

Ce four a été perfectionné par M. Bouvard au Creusot où nous croyons savoir qu'il continue à servir pour le puddlage de certaines fontes. Quoi qu'il en soit, le four rotatif à axe horizontal ou légèrement incliné, n'a reçu qu'un petit nombre d'applications. (V.)

Fours à sole tournante. — La sole de ces fours a la forme d'une cuvette, qui tourne autour d'un axe ordinairement incliné, ou bien roule sur des galets. Nous représentons fig. 45 un de ces fours qui a été construit par l'ingénieur Pernot ; c'est en réalité le seul de ce type qui ait été utilisé dans l'industrie, tandis que les autres n'ont donné lieu qu'à des essais bientôt abandonnés. La sole *l* est établie en tôle épaisse revêtue intérieurement de matières réfractaires. En dessous et au centre est fixé un axe de rotation *d* qui tourne dans une sorte de moyeu faisant corps avec une épaisse plaque de fonte *e*. Pour que la sole soit mieux soutenue, elle repose en outre sur des galets *cc* qui roulent sur une saillie de la plaque. Le dessous de la sole est fixé à une pièce en fonte *a* qui porte une roue dentée *bb* actionnée par une vis sans fin qui est invisible sur la figure et que l'on met en mouvement au moyen d'une transmission. La plaque *e* est portée par quatre roues *ff* au moyen desquelles on peut faire rouler la sole comme un wagonnet, ce qui permet de faire commodément les réparations. Pour obtenir, pendant la marche du four, le contact entre le bord supérieur de la partie tournante et le dessous de la partie fixe du laboratoire on fait reposer la plaque *e*, non

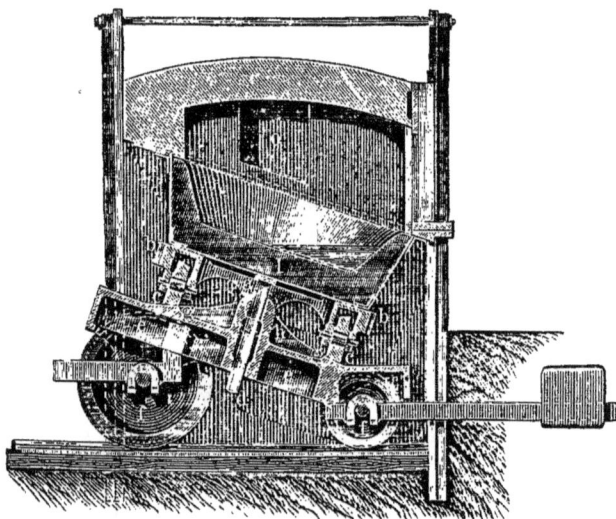

Fig. 45. — Four Pernot (coupe verticale).

pas directement sur les essieux des roues, mais sur des leviers à contrepoids qui appliquent les deux parties l'une sur l'autre sans gêner le mouvement de rotation. *ii* sont les rails sur lesquels roule le chariot.

La partie fixe du laboratoire qui est au-dessus de la sole est supportée par des pièces de fonte ou de fer.

Ces fours sont à chauffage direct, on peut également les alimenter avec du gaz. Celui qui est représenté fig. 45 est pourvu d'une grille et d'un rampant qui lui fait face du côté opposé.

Comme l'axe de la sole n'est pas vertical, les matières liquides qu'elle supporte se rassemblent au point le plus bas au lieu de se répandre sur toute la surface ou de se coller contre la circonférence en vertu de la force centrifuge. On obtient donc par ce moyen, un mélange complet et régulier des matières composant la charge ; en outre, toutes les parties de la sole étant successivement découvertes au point le plus élevé de la rotation y sont soumises à l'action directe de la flamme et fortement chauffées.

Les fours tournants permettent sans doute de réaliser une économie de

main-d'œuvre mais ils nécessitent l'emploi d'une force mécanique ; les frais
d'installation sont plus élevés que ceux des fours ordinaires ; aussi n'y a-t-on
recours que lorsqu'il y a nécessité de mélanger énergiquement les divers
éléments d'une charge ou d'exposer successivement à l'action des gaz les
diverses parties d'une matière en fusion. On les rencontre donc beaucoup
plus rarement que les fours fixes.

Le four Pernot a été imaginé pour puddler la fonte, on l'a appliqué ensuite à la
production du métal fondu puis à la déphosphoration sur sole en oxyde de fer
(Krupp). Ce genre d'appareil ne se rencontre aujourd'hui que dans un très petit
nombre d'usines.

Des fours oscillants garnis de matières basiques ont été établis par MM. Bell et
Jones, ils ont reçu peu d'applications.

Signalons enfin, comme four à réverbère à gaz dans lequel l'air seul était chauffé,
le four Ponsard ; un récupérateur en briques creuses, d'une construction assez délicate, était traversé d'une part par les produits de la combustion de haut en bas,
d'autre part par l'air destiné à la combustion. Le gaz était fabriqué dans un gazogène genre Siemens. L'usine de Terrenoire a utilisé avec succès pendant de nombreuses années un four de ce type pour la fusion du spiegel sur une sole en carbone. (V.)

Effet utile des fours à réverbère. — L'effet utile des divers fours à réverbère
varie beaucoup de l'un à l'autre. Il est plus considérable dans ceux qui,
comme les fours Siemens, sont disposés de telle sorte que la chaleur perdue
soit ramenée en tout ou en partie dans le laboratoire ; il l'est également
quand les matières à chauffer sont répandues sur une grande surface, au lieu
d'être entassées sur un seul point ou renfermées dans des creusets.

Les fours à réverbère, fonctionnant dans les meilleures conditions, ont un
rendement bien inférieur à celui des fours à cuve dans lesquels les matières
à chauffer cheminent en sens inverse du courant de gaz auquel elles empruntent la chaleur. Cette infériorité provient, en partie de ce que la surface
extérieure de rayonnement des fours à réverbère est considérable si on la
compare à leur volume utile ou à la quantité de matières qu'on y peut traiter
dans un temps donné, mais elle est due principalement à ce que le chemine-
ment en sens inverse des matières, d'une part, et des gaz chauds, de l'autre,
ne peut s'effectuer dans ces sortes de fours, d'où il résulte que les gaz
emportent une quantité de chaleur considérable, et ne la cèdent pas aux
matières à chauffer comme cela se passe dans les fours à cuve.

Les fours à réverbère, à chauffage direct ont généralement un effet utile
de 8°/₀, de 10 °/₀ au plus. Les fours Siemens et autres établis sur les mêmes
principes peuvent rendre de 14 à 18 °/₀. Lorsqu'on chauffe la matière enfermée dans des creusets, même au moyen du système Siemens, on obtient au
plus 0,14 à 0,18 °/₀.

3. — Construction des fours.

Nous ne nous sommes occupés jusqu'à présent que de la forme intérieure et de l'utilisation des chambres où se produisent le dégagement ou la transmission de la chaleur. Les capacités dans lesquelles se produisent ces phénomènes sont limitées par des parois généralement établies en maçonnerie.

La construction de ces parois doit être exécutée avec soin ; pour que le four fonctionne bien, il est nécessaire en effet qu'il puisse résister à des actions à la fois chimiques et physiques telles que les dilatations et les contractions résultat des changements de température, et aux chaleurs développées qui peuvent en amener la fusion ; ils doivent être le moins encombrants possible, peu coûteux à établir, et cependant ne pas exposer à de trop grandes pertes de chaleur par rayonnement qui nuiraient à leur marche. Il est évident que plus la température qu'on doit obtenir dans l'appareil est élevée, et plus les parties qui y sont exposées courent le danger d'être détruites par fusion : on doit donc construire en matériaux réfractaires toutes les parois qui doivent dépasser le rouge sombre.

On ne connaît aucun corps qui résiste absolument aux chaleurs extrêmes et aux actions chimiques auxquelles sont soumises les parois des fours employés dans la métallurgie du fer. On est donc obligé de refroidir les parties les plus exposées, soit en les arrosant directement soit en logeant dans leur épaisseur des appareils en fonte, en fer ou en bronze dans lesquels on établit une circulation d'eau froide. Cet artifice est très efficace et sans danger si on a le soin d'assurer l'alimentation d'eau de manière que l'appareil soit toujours plein et que la température de l'eau ne dépasse jamais 40 ou 50°. L'eau doit venir d'un réservoir supérieur et aboutir par un tuyau au bas de l'appareil de refroidissement ; elle sort par un autre tuyau placé au point le plus haut.

Il est incontestable que ce procédé occasionne une perte de chaleur qu'il serait facile d'apprécier en mesurant la quantité d'eau employée et notant la différence de température à l'entrée et à la sortie ; mais cet inconvénient est largement compensé par la plus longue durée du four, et de nombreuses expériences ont démontré que la diminution d'effet utile, même lorsqu'on use le plus largement possible de cet artifice, est tellement faible qu'on peut rarement le chiffrer.

Lorsqu'on n'a pas besoin d'avoir recours à une action réfrigérente considérable, on peut se contenter de l'emploi de l'air. On utilise ensuite cet air échauffé dans le four même pour la combustion ; c'est ainsi qu'on rafraîchit souvent les soles et les parois des fours à réverbère, celles des fours Boëtius et Bicheroux en particulier et de certains gazogènes. Sans doute l'air refroidit beaucoup moins que l'eau, sa chaleur spécifique n'est que de 0,237, et sa densité seulement $\frac{1}{770}$ me de celle de l'eau ; le courant d'air doit donc être très rapide pour produire un certain effet.

Il est essentiel de donner aux parois du four une épaisseur convenable, et de tenir compte pour la déterminer des conditions de stabilité, de la durée du travail, en même temps que des pertes occasionnées par le rayonnement. Il y a peu de temps encore, on attachait une énorme importance à ce dernier point, et on donnait aux fours, dans lesquels devait régner une haute température, une épaisseur de parois hors de proportion avec ce qu'exigeait leur stabilité. Ils devenaient alors très encombrants et très coûteux, outre qu'ils se comportaient moins bien sous l'action du feu que si les parois eussent été plus minces, parce qu'un mur épais, chauffé d'un seul côté, se crevasse plus facilement qu'un mur mince dans lequel la chaleur est plus uniformément distribuée, et qui obéit mieux aux mouvements de dilatation et de contraction. Ajoutons enfin que les parois intérieures, les chemises, enveloppées de murs épais mauvais conducteurs, et soumises à une température élevée sans être refroidies par l'air extérieur, sont plus exposées à être détruites par la fusion ; la pratique a d'ailleurs démontré que l'économie de chaleur résultant de l'emploi de parois épaisses, n'a pas l'importance qu'on supposait autrefois ; on a constaté que la même opération faite dans un four enveloppé de murs de faible épaisseur, et dans un autre à parois épaisses n'exige pas sensiblement plus de combustible dans un cas que dans l'autre.

Ce résultat peut s'expliquer de plusieurs manières. En premier lieu, la plus grande partie de la capacité d'un four est remplie de matières peu conductrices : dans les fours à réverbère c'est un courant de gaz, dans ceux à cuve ce sont des gaz et du combustible solide au milieu desquels les matières à chauffer occupent un espace relativement faible ; si ces matières sont du minerai, elles sont aussi mauvaises conductrices que les autres. Au repos leur chaleur ne se transmettrait à l'extérieur que très lentement, mais elles sont toujours en mouvement, le gaz se renouvelle constamment, constamment aussi les matières solides descendent vers la partie inférieure du four où elles sont détruites par la combustion ou enlevées par les ouvriers. Ce renouvellement constant des corps contenus dans le four et leur défaut de conductibilité font que l'action refroidissante n'est sensible qu'à une très faible distance des parois et n'a aucune influence sur la plus grande partie de la section de l'appareil. Il existe, tout au plus, contre la chemise, une zône très mince subissant cette influence et dans laquelle la température croît rapidement vers le centre. On comprend donc sans peine qu'on puisse fondre de la fonte et la chauffer au blanc dans des fours à cuve formée d'une tôle sans aucun revêtement, mais refroidie extérieurement par un courant d'eau, et cela sans que la consommation de combustible soit exagérée et sans que l'enveloppe métallique soit détruite.

C'est donc avec raison, qu'éclairés par la pratique, les métallurgistes déterminent aujourd'hui l'épaisseur des parois des fours sans se préoccuper des pertes par conductibilité et en tenant compte uniquement de ce qui est nécessaire à la durée de la construction. On obtient ainsi des appareils plus légers et moins coûteux qu'autrefois.

Pour maintenir les fours dans leurs formes, malgré les mouvements que produisent, dans la maçonnerie, les variations de température, on les munit habituellement d'armatures en fer ou en fonte qui varient naturellement avec la disposition des appareils. Les fours à cuve de forme circulaire sont souvent enveloppés de tôles rivées, quelquefois on se borne à les consolider par un cerclage en fer. Quant aux fours à réverbère, on les habille ordinairement de plaques de fontes, reliées entre elles par des tirants en fer passant en dessus et en dessous de la maçonnerie, tirants qui supportent la poussée des voûtes. Pour simplifier la constitution de ces armatures, on donne le plus souvent à ces fours une forme rectangulaire en projection horizontale.

Dans les fours à réverbère, les voûtes sont généralement surbaissées et les murs sur lesquels elles reposent, assez minces pour ne pas être exposés aux dislocations qui ne manqueraient pas d'amener les hautes températures, elles exercent donc sur ces murs des poussées auxquelles doivent résister les armatures. Celles-ci se composent d'une enveloppe plus ou moins complète de plaques métalliques, en fer ou plus souvent en fonte, rarement en acier et de montants en fer, fonte ou acier qui maintiennent les plaques en position. Ces montants sont reliés d'un côté à l'autre du four par des tirants dont la tension est assurée au moyen de clavettes ou d'écroux.

Parmi les matériaux réfractaires qui sont employés dans la construction des fours, les uns subissent une contraction par le fait des élévations de température, les autres une dilatation, dans le premier cas on doit donc serrer les écroux ou les clavettes quand la chaleur croît dans l'appareil, et dans le second cas il faut au contraire les desserrer.

On évite d'avoir à se préoccuper de ces manœuvres en intercalant sur un côté du four, entre le montant et la clavette ou l'écrou, un ressort suffisamment tendu pour assurer le serrage dans tous les cas ; les ressorts en spirale semblables à ceux dont sont munis les tampons de certains wagons s'appliquent parfaitement dans ces conditions et sont moins encombrants que ceux à lames.

Pour parer à l'usure de certaines parties des fours particulièrement exposées à l'action de la chaleur, on introduit souvent des pièces métalliques, en fonte ou en bronze, dans lesquelles on ménage une circulation d'eau. On conserve, en les refroidissant ainsi, les autels, les cadres des portes, quelquefois les plaques elles-mêmes d'armature. En décrivant les divers procédés de fabrication nous aurons occasion de signaler les précautions de ce genre qui sont à recommander. (V.)

4. — **Matériaux réfractaires**.

Nous désignerons ainsi les matières employées pour la construction des fours, douées de la propriété de résister pendant longtemps à l'action des températures élevées et des influences chimiques et physiques auxquelles elles sont exposées. Ces matières sont soumises à des températures qui tendent à en produire la fusion, à les contracter ou à les dilater, et souvent aussi au contact de corps fortement chauffés pouvant donner lieu à des combinaisons chimiques fusibles. Il en résulte que le mot *réfractaire* n'a rien d'absolu et qu'il dépend beaucoup de l'opération métallurgique que l'on a en vue. Une matière qui résiste parfaitement à la chaleur dans certaines conditions, peut être insuffisante dans une autre circonstance, soit parce que la température est plus élevée, soit parce qu'il se joint à son effet une action chimique d'une nature particulière.

Un corps, à peu près infusible, lorsqu'il est seul, fond quelquefois avec la plus grande facilité si on le met en contact avec un autre, par exemple avec une scorie de composition spéciale. *Nous pouvons donc dire que le choix des matières réfractaires doit dépendre du genre d'opération auquel elles doivent servir, c'est-à-dire qu'on doit tenir compte en même temps, et de la température et des actions chimiques auxquelles elles auront à résister.*

Dans la pratique, il est impossible de se procurer des matières réfractaires absolument pures ; les corps étrangers avec lesquels elles sont mélangées, peuvent déterminer, avec une grande énergie, les actions chimiques du genre de celles que nous venons de signaler et exercer une influence considérable sur la fusibilité ; les alcalis par exemple, les oxydes de fer et de manganèse, qu'on y rencontre le plus souvent, sont tellement nuisibles que les matières qui en contiennent une certaine quantité, ne peuvent plus être regardées comme réfractaires ; une argile presque infusible, quand elle est pure, peut cesser d'être réfractaire si elle contient des alcalis, de l'oxyde de fer, de la chaux, de la magnésie, ou même un excès de silice à l'état de sable en mélange intime. La chaux et la magnésie, infusibles à l'état de pureté, perdent ce caractère quand on les mélange en certaine proportion avec de la silice ou de l'oxyde de fer.

L'influence de ces corps étrangers est d'autant plus sensible qu'ils sont en plus grand nombre dans la matière réfractaire.

Les matériaux réfractaires sont, ou bien des roches dont on prépare par une taille convenable les pièces nécessaires pour les constructions, ou bien des matières fournies également par la nature, mais qui, avant d'être susceptibles d'entrer dans les constructions, doivent subir une préparation spéciale, et ce sont ces dernières qui sont le plus généralement employées.

Les matières réfractaires peuvent être divisées en deux classes d'après leur composition chimique.

A. Mat. réf. à base de quartz. — La silice pure est infusible à la température de nos fours et les matériaux de construction naturels ou artificiels dont elle est l'élément principal, sont généralement les plus réfractaires, surtout s'ils ne sont pas mis en contact avec des corps qui peuvent exercer sur eux une action chimique. C'est le cas qui se présente pour les voûtes des fours à réverbère et pour la partie la plus exposée à la chaleur des chambres de régénération, parce que, dans ces conditions, les matériaux n'ont de contact qu'avec la flamme.

Les matériaux principalement formés de silice ne conviennent pas dans le cas où ils se trouvent, à haute température, en contact avec des alcalis, des terres alcalines, des oxydes de fer et de manganèse, ou bien avec des scories contenant de fortes proportions de ces corps ; ils se comportent mal également lorsqu'ils ont à subir des variations brusques de température, qui les font éclater.

Parmi les roches qui appartiennent à cette classe de matériaux et qui sont employées dans la métallurgie du fer les plus importantes sont les suivantes :

Grès. — Les roches qu'on désigne sous le nom de grès sont formées de petits grains de quartz réunis entre eux par un ciment argileux, ils sont très appréciés pour la construction des hauts-fourneaux au bois et d'autres appareils dans lesquels les parties réfractaires ne doivent pas être en contact avec des scories basiques qui dissoudraient rapidement le quartz. On doit rejeter tous les grès contenant des taches ferrugineuses brunes et, dans la pose de ces pierres, avoir soin de bien observer les plans suivant lesquels elles peuvent se fendre et de les placer de telle sorte que ces plans soient perpendiculaires aux faces intérieures des parois ; sinon on s'exposerait à voir ces matériaux éclater par plaques sous l'influence de la chaleur et se détruire en peu de temps.

Poudingue. — Cette roche est formée de fragments arrondis de quartz, reliés entre eux par un ciment réfractaire ou composé de pétrosilex. On en rencontre des gisements en Angleterre et en Belgique, où on emploie cette matière pour les constructions réfractaires.

Schistes siliceux. — C'est une roche grisâtre, schisteuse, formée principalement de grains de quartz. On en trouve un gisement près de Brieg en Silésie, où elle est très appréciée pour la construction des fours, et particulièrement pour les voûtes des fours à réverbère.

Granite. — Cette roche contient 72 % de silice, 16 % d'alumine, du fer, de la chaux, de la magnésie et des alcalis ; on ne l'emploie que rarement comme matière réfractaire, et seulement dans les conditions où elle n'est pas soumise à une température trop élevée.

Ganister. — On trouve cette roche près de Sheffield, intercalée entre des couches de houille, et près de Dusseldorff. Elle est formée de quartz en grains très fins, mélangés à de l'alumine et à de l'oxyde de fer dans une proportion qui varie de 1 à 7 %. On l'emploie souvent pour le revêtement des cornues Bessemer ; on la réduit en poudre à laquelle on ajoute une petite quantité d'argile pour lui donner de la cohésion, on ajoute un peu d'eau et on emploie cette matière comme un pisé.

Briques Dinas. — On donne ce nom aux produits réfractaires à base de silice, parce que les rochers de Dinas situés dans la vallée de la Neath (Glamorganshire) ont servi à les fabriquer dans le principe. Elles se composent de grains de quartz obtenus par le broyage de la roche en question, ou d'un quartz pur de certaines provenances, auxquels on ajoute environ 1 % de chaux vive ; le mélange est pétri avec de l'eau, moulé sous forme de briques et cuit. En Allemagne on remplace quelquefois la chaux par de l'argile. La cuisson doit s'opérer à la chaleur blanche.

Comme toutes les briques réfractaires, celles de Dinas sont supérieures aux pierres naturelles siliceuses, parce que pendant la fabrication, il est facile d'éliminer les corps étrangers que l'on rencontre. Ces matériaux rendent de grands services dans les constructions qui sont soumises à une très haute température. On doit éviter de les mettre en contact avec les corps qui peuvent agir chimiquement sur elles, et de les exposer aux variations brusques de température.

Dans certaines usines de l'Oural, on emploie pour la construction des hauts-fourneaux une roche talqueuse qu'on débite à la scie suivant les formes convenables ; cette matière contient environ 63 % de silice, 32 % de magnésie, de 0,5 à 0,8 de protoxyde de fer et un peu d'eau.

Dans les Asturies, on utilise pour les constructions réfractaires les plus exposées aux hautes températures, un grès contenant 98 à 99 % de silice et un peu de chaux. (V.)

B. Mat. ref. à base d'Alumine. — *Argiles.* — L'argile est un silicate d'alumine hydraté qui perd son eau sous l'action de la chaleur et ne donne pas le moindre signe de vitrification aux températures les plus élevées lorsqu'il est absolument pure. Les matériaux réfractaires à base d'argile résistent mieux que les précédents au contact des corps basiques, et mieux que les matériaux réfractaires basiques à l'action de la silice ou des scories siliceuses. Lorsque la fabrication a été convenablement menée, les briques composées de matériaux argileux, sont moins sensibles que les pierres siliceuses et que les briques de Dinas aux changements brusques de température ; ces différents avantages les font préférer dans beaucoup de cas, aux matériaux à base de silice.

Il est cependant plus difficile que pour les briques de Dinas de trouver une matière première absolument pure, aussi, dans le cas des très hautes températures, et lorsque les actions chimiques ne sont pas à redouter, a-t-on souvent recours aux briques siliceuses.

En France, on emploie fréquemment pour le revêtement des cornues Bessemer et pour les soles de fours Siemens des sables siliceux presque purs ne contenant que des traces d'alumine et d'oxyde de fer. V.

L'argile perd son eau de combinaison sous l'influence de la chaleur, ses propriétés subissent alors une transformation. C'est pour cette raison qu'on ne peut employer les matières réfractaires argileuses sans leur faire subir préalablement une préparation.

Briques de Bauxite. — Ces briques sont fabriquées avec une matière naturelle à laquelle on a donné le nom de Bauxite parce que le gisement principal est dans le pays des Baux, près d'Arles. Cette roche contient de 50 à 65 % d'alumine, de 8 à 18 % de silice, de 1 à 5 % d'oxyde de fer, quelquefois même davantage, la bauxite alors est moins réfractaire, et enfin de 12 à 15 % d'eau. On calcine cette matière, on la mélange avec de l'eau et de l'argile réfractaire et on la moule sous forme de briques que l'on fait cuire. Dans certains cas, on se sert de ces briques avec avantage, elles sont cependant assez rarement employées, parce que les gisements de bauxite sont trop peu nombreux.

On trouve la bauxite en France dans les départements du Var, de l'Hérault, des Bouches-du-Rhône, de l'Ariège. Il en existe des gisements en Allemagne et en Autriche. La composition est fort variable ; on y trouve de 45 à 85 % d'alumine, de 1 à 15 % de silice. et de 4 à 14 % de peroxyde de fer et de l'eau. Les variétés les plus riches en alumine sont les plus réfractaires. Les briques de bauxite ont l'inconvénient de prendre un retrait considérable aux hautes températures. (V.)

Briques argileuses, pisés réfractaires. — L'argile qu'on trouve dans la nature contient toujours, avec le silicate d'alumine hydraté qui en est l'élément constitutif, un certain nombre de corps étrangers, principalement du sable, des grains de quartz, de l'oxyde de fer, des alcalis, des terres alcalines. Tous ces corps augmentent la fusibilité. L'argile qui est employée à la fabrication des briques ordinaires, non réfractaires, est tellement impure qu'au rouge vif elle se scorifie ou fond complètement.

Nous donnons ci-dessous la composition de quelques argiles réfractaires d'après Bischof.

ORIGINE DES ARGILES	Alumine	Silice combinée	Sable	Terres oxyde de fer Alcalis	Perte au feu
Arg. réfract. de Saarau	36,30	38,94	4,90	1,26	17,78
Arg. réfract. de Bohême.	38,54	40,53	5,15	2,04	13,00
Arg. moyennement réfractaire du Palatinat.	35,05	39,05	8,01	6,75	10,51
Arg. peu réfractaire du pays de Siegen . . .	28,05	30,71	27,61	4,75	8,66

De toutes ces argiles, la moins réfractaire est celle qui contient le plus de sable. On doit donc, lorsqu'on analyse une argile pour savoir à quel usage elle est propre, bien distinguer la silice combinée de celle qui est libre.

Toutes les argiles additionnées d'eau deviennent plastiques et les pièces qu'on en fabrique durcissent par le séchage et surtout par la cuisson ; elles diminuent en même temps de volume et le retrait qu'elles éprouvent détermine souvent des fentes. Une fois cuite, l'argile ne reprend plus sa plasticité en présence de l'eau, et une nouvelle cuisson ne produit pas de nouveau retrait.

Cette contraction de la matière par le séchage et la cuisson et les fentes qui en résultent rendraient très difficile la fabrication des pièces réfractaires, si on se bornait à employer l'argile crue et pure. On corrige ce défaut en mélangeant à celle-ci des corps pulvérisés, infusibles par eux-mêmes, incapables de produire avec l'argile des mélanges fusibles, et ne prenant pas de retrait. La pâte devient ainsi plus *maigre* et il ne se produit plus de crevasses au séchage et à la cuisson. L'effet de l'introduction des matières destinées à *amaigrir* la pâte se comprend facilement ; pour un même volume, il y a d'autant moins d'argile crue produisant le retrait, que la proportion de ces matières est plus grande ; en même temps la contraction de la partie crue du mélange, par le séchage et la cuisson, se produisant entre les grains inertes qu'elle enveloppe, laisse des vides donnant à l'ensemble une certaine porosité ; celle-ci favorise l'échappement de la vapeur d'eau et permet aux pièces ainsi fabriquées de supporter plus facilement les changements de température.

On doit donc étudier la nature de l'argile dont on dispose à ce point de vue pour déterminer la proportion de matière maigre qu'on doit introduire dans le mélange ; plus une argile sera grasse et plus elle supportera de partie maigre ; le rapport de la première à la seconde est souvent de 1 à 2 [1].

La matière que l'on emploie le plus fréquemment pour amaigrir une pâte argileuse est l'*argile réfractaire cuite* qui a perdu la propriété de prendre du retrait par la chaleur.

[1] L'argile très plastique est dite *grasse*, celle qui l'est peu est *maigre*, les corps qui diminuent la plasticité d'une argile la rendent maigre.

Dans la fabrication des pièces réfractaires argileuses, on n'ajoute à l'argile cuite que la quantité d'argile crue strictement nécessaire pour pouvoir mouler la pâte sous la forme voulue. Les briques ainsi préparées sont soumises à une cuisson : on peut également employer la pâte comme pisé pour faire des revêtements, en ce cas la matière est séchée et cuite sur place.

On peut faire rentrer dans la fabrication le pisé qui a servi, de même que les briques à demi usées, en ayant soin d'éliminer les scories ou les matières nuisibles qui y sont demeurées fixées et de broyer les parties bonnes dont on se sert comme de l'argile cuite.

On peut également employer le quartz pour amaigrir l'argile. On doit dans ce cas le casser de la grosseur d'un pois. La présence de cette silice au milieu de l'argile diminue la résistance de la matière à la chaleur, mais elle est d'autant moins nuisible que les grains de quartz sont plus gros ; les surfaces de contact entre l'argile et la silice sont moins étendues.

Dans certains cas on mélange à l'argile cuite et à l'argile crue des matières charbonneuses telles que du *graphite*, du *coke*, ou du *charbon de bois*. Comme tous ces corps sont infusibles on en peut tirer un excellent parti pour amaigrir les argiles crues. On emploie principalement le graphite, surtout pour la fabrication des creusets que l'on compose de deux parties de graphite et d'une partie d'argile. On doit apporter un soin extrême dans le choix de la matière première ; on n'y peut admettre aucun élément fusible par lui-même, ni alcalis, ni terres alcalines, ni oxyde de fer qui formeraient avec l'argile des combinaisons facilement fusibles. Les graphites de Passau en Bavière, de Ceylan et de Sibérie sont particulièrement appréciés pour la fabrication des creusets.

On purifie les graphites renfermant des matières nuisibles soit par une préparation mécanique à laquelle on soumet la matière brute pulvérisée, soit en les calcinant avec ou sans mélange d'alcalis, et les traitant ensuite par des acides. C'est d'après l'état de la matière que l'on décide quel genre d'amélioration, il convient d'y appliquer.

Nous donnerons des renseignements plus complets sur la fabrication des creusets de graphite lorsque nous en serons à la fabrication de l'acier au creuset, dans la troisième partie de cet ouvrage.

C. Mat. refract. basiques. — On emploie les matériaux réfractaires basiques, pour construire les parties des fours qui doivent être en contact avec des matières basiques, les scories, par exemple, lesquelles attaqueraient très rapidement le quartz et l'argile réfractaire. On est absolument obligé d'y recourir lorsque l'opération qu'on doit effectuer exige des scories fortement basiques, qui dissoudraient en partie les matières siliceuses ou alumineuses qu'elles viendraient à toucher et perdraient par cela même leur caractère essentiel qui est la réaction basique.

Dans certains cas, on se sert, comme matières basiques, *d'oxyde de fer*, minerais, battitures ou scories riches, pour garnir les fours ; c'est lorsqu'il est nécessaire de maintenir une scorie très ferrugineuse dont le contact, avec d'autres matières réfractaires, abaisserait la teneur en fer ; les oxydes du fer résistent assez mal à la chaleur, ils ne pourraient donc être utilisés comme garnissage là où la température doit être très élevée.

Le *fer chromé* dont la formule est $FeCr_2O_4$ est plus réfractaire à moins qu'il ne contienne en trop grande proportion des matières nuisibles. On l'a depuis peu appliqué avec plus ou moins de succès, dans quelques usines, à la construction de fours à haute température (Four Martin). On a généralement conclu que le prix de ce minéral est trop élevé pour qu'on trouve une compensation dans l'économie que peut procurer son emploi [1].

Le fer chromé ne doit pas être considéré comme une matière basique, il peut être mis en contact avec la silice ou les scories siliceuses sans être notablement attaqué, de même qu'il résiste à la corrosion par les bases terreuses, chaux et magnésie ; c'est donc avec raison qu'on le désigne sous le nom de matière réfractaire *neutre*. Le fer chromé est un minéral résultant de la combinaison de l'oxyde de chrome avec un certain nombre de bases susceptibles de se substituer l'une à l'autre ou de coexister à côté les unes des autres, telles que l'alumine, la chaux, la magnésie, l'oxyde de fer ; lorsqu'il s'y rencontre de la silice ou des silicates, ces corps sont isolés et ne font pas partie du minéral.

Le fer chromé peut être employé comme garnissage réfractaire, dans son état naturel, sous forme de blocs réunis par un mortier réfractaire ; on en peut faire également un pisé ou des briques en le mélangeant après broyage avec du goudron, de la chaux, de la magnésie ; il est essentiel de ne pas pousser le broyage trop loin pour qu'après cuisson la matière reste poreuse.

Dans plusieurs aciéries Martin, en France, en Espagne, en Russie, en Suède, Angleterre, etc., depuis plusieurs années, on construit ainsi des fours Martin, sole et pieds-droits, qui résistent très bien aux hautes températures et à l'action des scories acides ou basiques.

Voir la notice de M. Deshayes, *Génie Civil*, tome X, p. 22. — (V.)

Depuis 1878, les matières réfractaires à base de *chaux de magnésie* ou d'un mélange de ces deux corps ont acquis une importance considérable. C'est dans les appareils Thomas et Gilchrist, c'est-à-dire Bessemer basique qui seront décrits dans la troisième partie, que ces matières ont été employées pour la première fois. Ce système de déphosphoration n'était possible qu'avec une garniture de ce genre.

A l'état de pureté, la chaux et la magnésie sont infusibles, qu'elles soient isolées ou mêlées ensemble, de faibles quantités de silice ou d'alumine ne

---

[1] *Stahl und Eisen*, 1891, p. 643.

diminuent pas énormément leur degré de résistance à la chaleur, mais une dose trop forte les rendrait fusibles. L'oxyde de fer produit à peu près le même effet que la silice et l'alumine, parce qu'il forme avec la chaux et la magnésie des composés fusibles. On préfère, cependant, en général, qu'il y ait une légère proportion d'oxyde de fer ou d'alumine parce que ces corps provoquent une certaine agglomération de la matière pendant la calcination.

La matière réfractaire dont on se sert le plus souvent pour fabriquer ces sortes de matériaux est la *Dolomie*. Elle est composée d'environ 45 % d'acide carbonique, 30 % de chaux, 20 % de magnésie, 1 à 2 % de silice, 2 % d'alumine, un peu d'oxyde de fer et quelques autres matières étrangères. Elle ne pourrait être employée si elle renfermait plus de 3 % d'oxyde de fer ou beaucoup plus de 2 % de silice.

Plus la teneur en magnésie est élevée, mieux la dolomie remplit le rôle auquel on la destine. Nous citerons, comme exemple l'analyse d'une dolomie employée dans une usine du centre de l'Allemagne pour la fabrication de briques basiques [1].

Chaux.	30,12
Magnésie	19,21
Silice	1,35
Alumine.	2,05
Protoxyde de fer	0,26
Acide carbonique.	44,97
Eau	2,00
	99,96

La préparation de la dolomie consiste en une cuisson poussée jusqu'à l'agglomération. La cuisson est indispensable pour diminuer la tendance de la matière à absorber de nouveau, au contact de l'air, de l'eau et de l'acide carbonique qui les rendraient impossibles à utiliser. En allemand, on dit que la dolomie est *tuée par la cuisson* (en France, on dit frittée). Il en est de même pour les carbonates de chaux et de magnésie. Pour cette cuisson, on se sert de fours soufflés semblables aux cubilots dont on trouvera la description dans la deuxième partie de cet ouvrage.

Les figures 46 et 47 représentent à l'échelle de $\frac{1}{80}$ un des fours à cuire la dolomie employée dans une usine de la Haute-Silésie. L'appareil tout entier, y compris la cheminée est contenu dans une enveloppe en tôle de 10^{mm} d'épaisseur. Le vent de la machine soufflante arrive dans un anneau en tôle *a* formant ceinture et pénètre dans le four par six ouvertures circulaires ou

---

[1] On trouvera d'autres analyses dans le *Stahl und Eisen*, 1886, p. 623.

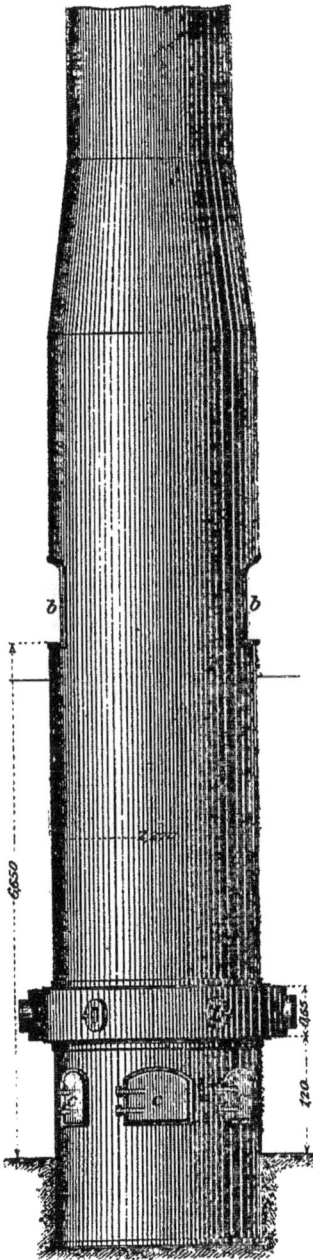

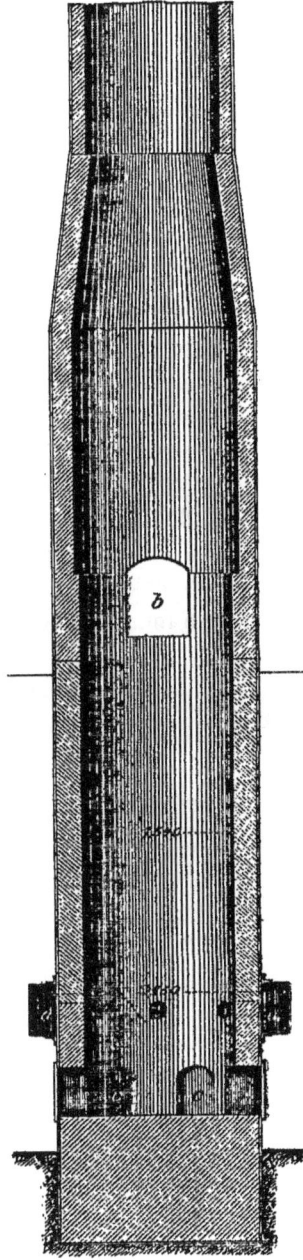

Fig. 46.   Fig. 47.

Fours à cuire la dolomie.

tuyères, de 300^{mm} de diamètre chacune. On voit sur la figure 46, qu'en face de chaque tuyère, on a ménagé dans la paroi extérieure de l'anneau un regard fermé par une plaque de verre ou de mica, par lequel on peut observer ce qui se passe dans le four. On peut également ouvrir ce regard et y passer un outil pour briser les agglomérations qui viendraient obstruer la tuyère. On charge par deux ouvertures *b* placées en face l'une de l'autre et au-dessous desquelles est la plate-forme de chargement. Lorsque la dolomie est complètement cuite on l'extrait par les ouvertures *cc* fermées pendant la cuisson par des portes que l'on n'ouvre qu'après avoir arrêté le vent.

Le four est revêtu intérieurement de briques basiques à partir des tuyères jusqu'à un mètre environ au-dessous des portes de chargement ; le reste est en briques à base d'argile. On emploie le coke comme combustible, et on charge alternativement une couche de coke et une couche de dolomie, le tout par le gueulard. Pour la mise en feu, on emplit la cuve de coke à moitié puis on jette par dessus des couches alternatives de coke et de dolomie jusqu'à la partie supérieure et on maintient la cuve pleine tant que l'appareil est en feu, en introduisant de nouvelles charges à mesure que les précédentes descendent. Pour 250 à 300^k de coke on met 550^k de dolomie ; on consomme donc de 1200 à 1300^k de coke par tonne de dolomie cuite. La pression du vent est de 80^{mm} d'eau, un four de ce genre calcine 4000^k de dolomie par 24 heures.

Les cubilots destinés au frittage de la dolomie, de la magnésie ou de la chaux sont garnis dans la partie où règne une haute température de matière basique employée sous forme de briques ou de pisé. Nous avons fréquemment remplacé ce revêtement qui s'use assez vite et est coûteux à réparer par un autre en morceaux de fer chromé reliés ensemble par un mortier de même matière et de goudron, ou de chaux. Un cubilot ainsi construit peut travailler plusieurs mois sans qu'il y ait lieu de le réparer. (V.)

La dolomie frittée contient 55 % environ de chaux, 35 de magnésie, 5 de silice, le reste se compose d'un peu d'oxyde de fer, d'alumine, des traces de manganèse et de quelques autres corps. Comme type nous donnons ici l'analyse d'une dolomie frittée de Duisburg.

Chaux.	55,27
Magnésie.	35,12
Silice	5,58
Alumine.	1,34
Peroxyde de fer	2,84
	100,15

La dolomie est broyée sous des meules verticales ou par tout autre moyen, tamisée s'il est nécessaire et mélangée à une petite proportion de goudron variant de 2 à 8 % qui permet de l'agglomérer. La proportion de goudron varie avec sa nature et aussi avec l'emploi auquel on destine le mélange.

Cette opération se fait soit à la pelle, soit dans des malaxeurs mus mécaniquement, soit même sous les meules qui ont servi au broyage auxquelles on ajoute des raclettes pour obtenir un bon mélange des matières.

La matière ainsi préparée est employée soit à faire un pisé pour le revêtement d'un four, soit à être moulée sous forme de briques qui servent à la construction des parois des fours.

Avant de les faire entrer dans une construction, cependant, ces briques doivent subir une nouvelle cuisson qui les débarrasse des parties volatiles du goudron ; le carbone de ce dernier reste et sert de liant aux grains de dolomie. Au commencement de la cuisson, la matière se ramollit sous l'influence de la chaleur, puis elle acquiert la dureté de la pierre.

Quant au pisé et aux briques employées crues, on les cuit sur place. Il faut chauffer pendant 12 heures à la température de 300⁰ des briques du poids de 25ᵏⁱˡ. Les pièces plus volumineuses doivent rester jusqu'à 7 jours dans le four à recuire et être chauffées jusqu'au rouge [1].

Nous donnons ci-dessous les analyses d'un certain nombre de dolomies employées dans les usines qui emploient le procédé Bessemer basique (Thomas et Gilchrist).

GISEMENTS DES DOLOMIES	SiO$_2$	CaO	MgO	Al$_2$O$_3$	Fe$_2$O^3	CO$_2$
Environs de Metz	3,20	35,65	15,97	0,21	1,79	43,18
Huddlestone (Angleterre)......	0,45	30,82	21,37	»	0,47	46,75
Kivertone Parck (id.)	3,99	29,12	20,96	0,37	1,65	43,60
Grevenmacher (Luxembourg)...	1,20	29,00	20,00	2,00	»	47,00
Belfort.....................	3,50	29,00	18,99	4,00	»	43,00
Varigny.....................	4,10	28,30	18,60	3,00	1,70	44,20
Dombrowa (Russie)	2,00	31,00	16,00	1,30	3,20	45,40
Oormenges (Hongrie).........	1,54	29,25	21,00	»	1,28	46,25
Dolomie pure théoriqué	»	30,45	21,75	»	»	47,80

Il ne faudrait pas croire qu'on ne puisse employer que des dolomies rentrant dans les limites indiquées par les analyses ci-dessus ; on a recours fort souvent à des calcaires dolomitiques mélangés de carbonate de chaux et de dolomie et qui se comportent très bien chaque fois que la proportion de silice ne dépasse pas de 2 à 3 %.

Dans certaines usines, après avoir broyé la dolomie, on l'humecte avec de l'eau et de la mélasse, on la moule sous forme de briques et on la cuit à haute température de manière à la fritter ; on broie ensuite la matière de nouveau, on la mélange avec 8 à 12 % de goudron et on la moule pour former des briques qui sont employées crues. (V.)

Actuellement, on emploie très souvent la magnésie seule ou en mélange avec la dolomie pour fabriquer des matériaux réfractaires basiques, et si on

[1] On trouvera dans les articles d'Egleston indiqués parmi les ouvrages à consulter, des détails sur la fabrication des briques de dolomie.

ne le fait pas plus souvent, c'est que la magnésie est moins abondante et coûte par conséquent plus cher.

La magnésie calcinée est supérieure à la dolomie, parce qu'elle est moins susceptible d'absorber de l'eau à la température ordinaire et parce qu'elle résiste mieux à l'action de la silice et des scories siliceuses à haute température. On peut la conserver plus longtemps sans altération : les murs et les garnissages faits avec cette matière ont une plus longue durée surtout s'ils ont à résister à des actions chimiques.

Le gisement de carbonate de magnésie, le plus important, celui qui alimente presqu'exclusivement les usines autrichiennes, celles d'Allemagne et d'autres encore, se présente sous forme de couches puissantes dans la vallée de la Veitsch en Styrie ; les gîtes de Frankenstein en Silésie et de l'île d'Eubée, sont moins considérables.

Le carbonate de magnésie de Styrie à l'état cru contient de 90 à 96 % de carbonate pur, un peu de chaux, 3 à 4,5 % de protoxyde de fer, environ 1 % de silice ; après calcination on obtient environ

Magnésie 85
Chaux 2
Oxyde de fer. 8
Silice 2,5

en outre des traces d'oxyde de manganèse, d'acide carbonique, etc. Nous donnerons encore un autre exemple :

	Carbonate brut.	Magnésie calcinée.
Magnésie	42,43	84,26
Chaux.	1,68	2,25
Oxyde de manganèse	0,53	0,72
Peroxyde de fer.	3,53	8,40
Aluminium	0,03	»
Silice	0,92	2,50
Acide carbonique	50,41	0,50

Le carbonate de magnésie de Styrie contient assez de matières étrangères pour que la calcination poussée jusqu'à la chaleur blanche, produise le frittage nécessaire ; on préfère, à ce point de vue que la roche contienne un peu d'oxyde de fer et de silice. Le carbonate de chaux ne fritte pas même aux températures les plus élevées, d'où il résulte que la matière calcinée absorbe facilement l'eau et l'acide carbonique.

Pour la cuisson de la magnésie, on emploie les mêmes fours que pour celle de la dolomie.

On prépare la magnésie de différentes manières :

1° On calcine le carbonate au rouge sans le fritter, on le broie, on le moule en briquettes à la presse hydraulique et on cuit ces briques à la température blanche la plus vive qu'on puisse obtenir [1].

2° Au lieu de soumettre à la pression hydraulique du carbonate calciné au rouge et non fritté, on peut ajouter à ce dernier une certaine proportion de carbonate fritté. Ces opérations se font en général sur le lieu d'extraction parce que les briques sont assez résistances pour supporter un long parcours.

3° On se sert également de carbonate de magnésie comme pisé après calcination poussée jusqu'au frittage. On peut opérer comme pour la dolomie, c'est-à-dire broyer et cribler la magnésie frittée et la mélanger avec du goudron, ou bien remplacer le goudron dont le prix est élevé et qui dégage des produits volatils sous l'action de la chaleur, par un lait de dolomie ou de magnésie qu'on obtient en traitant par l'eau les carbonates cuits sans frittage. Quelquefois aussi on emploie la magnésie en poudre sans aucune addition. La magnésie frittée peut être mise en contact avec l'eau sans inconvénient, ce qui permet d'employer pour l'agglomérer, des moyens qui ne pourraient convenir à la dolomie.

La fabrication des briques de magnésie demande des soins extrèmes ; en Styrie, à Veitsch, on commence par concasser le carbonate et par éliminer tous les fragments dans lesquels on reconnaît la présence de matières étrangères, puis on cuit la matière au blanc dans un four revêtu de magnésie ; la magnésie obtenue est de nouveau triée, on la sépare de la poussière de combustible et de la chaux qui s'éteint d'elle-même sous l'influence de l'air humide ; on broie la matière sous des meules, puis on la comprime dans des moules en acier avec une pression de 300 atmosphères, et on lui fait subir une seconde cuisson dans des fours en magnésie. Cette cuisson est quelquefois répétée deux ou trois fois.

On fait également des briques de magnésie à l'île d'Eubée, mais le carbonate de magnésie est de composition fort variable et le résultat moins certain. (V.)

Les gisements de carbonate de magnésie étant peu nombreux, on a tenté à plusieurs reprises d'extraire la magnésie du chlorure de magnésium, produit sans valeur, résidu de la fabrication du chlorure de potassium.

Le procédé *Closson* consiste à traiter la dissolution de chlorure de magnésium par la dolomie calcinée. On obtient dans le précipité toute la magnésie du chlorure et celle de la dolomie suivant la formule suivante :

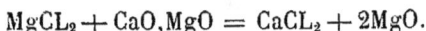

$$MgCL_2 + CaO,MgO = CaCL_2 + 2MgO.$$

Le précipité de magnésie hydratée est reçu sur un filtre, pressé, lavé et calciné. La magnésie est ensuite moulée et soumise à une seconde cuisson.

C. Scheibler part de la dolomie calcinée, il la mélange avec un peu d'eau et la fait passer dans une dissolution de mélasse à 10 ou 15 °/₀ de sucre, il

[1] On trouvera dans *Oesterreichische Zeitschrift*, etc., 1889, p. 102, la description d'un four destiné à cet usage.

se forme un sucrate de chaux soluble et la magnésie se précipite. Un courant d'acide carbonique sépare la chaux de la dissolution de sucrate et le sucre peut servir de nouveau.

Ces deux procédés ont été essayés dans quelques usines mais ils ont été bientôt abandonnés[1]. La magnésie pure obtenue de cette façon s'agglomère plus difficilement sous l'action de la chaleur que celle qui provient du carbonate naturel ; et il est arrivé probablement que l'emploi de ce produit artificiel amenait une augmentation des frais d'entretien.

Dans les contrées où il existe des calcaires peu siliceux et surtout des calcaires magnésiens, et où il est difficile de se procurer le carbonate de magnésie ou la dolomie, on a essayé de les utiliser comme matériaux basiques dans la construction des fours, et on les a préparés comme on le fait pour la dolomie, mais la chaux, les briques et les pisés ayant la chaux pour base sont encore plus sensibles que la dolomie à l'influence de l'humidité. En outre les gisements calcaires remplissant ces conditions sont encore plus rares que ceux de dolomie, on ne recourt donc à cette matière qu'exceptionnellement.

Nous avons pu fritter des calcaires contenant plus de 98 % de chaux en les traitant comme les dolomies, nous ne croyons donc pas que la présence de matières étrangères, silice, alumine ou oxyde de fer soit nécessaire à la transformation moléculaire qu'on désigne sous le nom de frittage. Nous considérons ce changement d'état comme un rapprochement des molécules de chaux ou de magnésie après le départ de l'acide carbonique, d'où résulte une texture compacte, une densité beaucoup plus grande (de 2,8 à 4 environ) et une plus grande résistance aux agents atmosphériques. La chaux frittée peut se conserver quelques jours à l'air libre, mais demeure plus facile à pénétrer que la magnésie par l'humidité de l'air. Broyée immédiatement après cuisson et mélangée de goudron, elle se garde en magasin plusieurs semaines. (V.)

D. — Briques en carbone.

Le carbone étant infusible aux plus hautes températures on a souvent proposé de faire des briques en agglomérant du coke ou du graphite pulvérisés par de l'eau chargée d'argile ou du goudron[2]. Vers 1880 on a employé en France, dans des fours à haute température, du graphite de cornues à gaz aggloméré avec du brai[3]. Depuis 1890, l'emploi de ces matériaux réfractaires s'est développé surtout pour les hauts-fourneaux à la suite des perfectionnements apportés par Burger à leur fabrication et des essais poursuivis pendant plusieurs années, essais qui ont prouvé la valeur de ces produits. D'après les indications de Burger, on remplace le graphite qui est d'un prix élevé par

[1] *Stahl und Eisen*, 1890, p. 225.
[2] B. Kerl, *Grundriss der allg.*, etc., 2e édition, p. 204.
[3] *Stahl und Eisen*, 1885, p. 478.

du coke pur et sec que l'on broie et que l'on mélange avec $\frac{1}{5}$ de son poids de goudron. On moule cette pâte sous forme de briques en la pressant, on sèche à chaleur douce pendant deux semaines puis on cuit ces briques à l'abri de l'air dans des moufles. A poids égal elles coûtent deux fois plus cher que les briques fabriquées avec de l'argile réfractaire, mais leur densité étant dans le rapport de 11 à 20, le prix, à volume égal, est à peu près. le même.

Les briques de carbone ont donné de bons résultats dans un grand nombre de cas ; il faut éviter de les mettre en contact avec des gaz oxydants chauffés à haute température, et de les exposer a être baignées par des scories riches en oxyde de fer qui serait réduit aux dépens des briques. Il faut également les mettre à l'abri du contact du fer peu carburé liquide qui dissoudrait le carbone.

La fabrication des alliages de fer et de manganèse au four Siemens, système Henderson, en 1869, se faisait sur sole en briques de carbone pur ; celles-ci étaient obtenues par le moulage dans des boîtes en fonte facilement démontables, d'une pâte de coke pulvérisé et de goudron ; les moules fermés et frettés étaient soumis à une chaleur rouge qui amenait la volatilisation du goudron en excès et une agglomération parfaite des parcelles de coke. On a quelquefois remplacé le coke par du graphite de cornues à gaz qui est plus dense et plus pur. C'est à Terre-Noire, où cette fabrication avait été entreprise, qu'on a été amené à appliquer les briques en carbone aux creusets des hauts-fourneaux (1874). Les fours Ponsard employés pour la fusion du Spiegel avaient une sole en carbone du même genre qui avait l'avantage de conserver au métal sa teneur en manganèse presque intégralement. (V.)

E. — Mortiers réfractaires.

Il est indispensable d'avoir des mortiers réfractaires pour lier ensemble les briques et boucher les fissures qui se produisent dans les constructions de cette espèce.

Il est évident que la première qualité d'un mortier est de ne pas fondre aux températures auxquelles les matériaux qu'il relie sont soumis, il est à désirer en même temps qu'il adhère à ces matériaux.

Il va sans dire que les joints doivent être aussi minces que possible et les surfaces de contact des briques bien dressées. Il faut donc opérer tout autrement que pour la construction des murs ordinaires où les briques sont posées sur un lit épais de mortier.

Pour que les surfaces de contact soient bien dressées, on a quelquefois l'habitude de les roder en frottant les briques les unes contre les autres avant de les mettre en place ; on enduit alors de mortier la surface de contact de la brique à poser et on la fait glisser deux ou trois fois dans la place qu'elle doit occuper pour que le contact soit plus complet.

Le mortier réfractaire se prépare, généralement, avec les mêmes matières que les briques qu'il doit relier, auxquelles on ajoute quelque corps chargé de donner plus de liant. Lorsqu'on dresse les surfaces de pierres de grès de briques de Dinas ou de briques argileuses, il se produit une poussière que l'on peut recueillir et qui servira pour faire le mortier en y ajoutant un peu d'argile réfractaire crue.

On peut également employer de l'argile cuite broyée et la mélanger avec de l'argile crue et de l'eau.

Pour le mortier destiné à des matériaux non basiques, Lürmann conseille un mélange de sable, de calcaire, et de ciment, ou bien de laitier de haut-fourneau, de verre, d'argile cuite et d'autres matières, le tout finement pulvérisé et mélangé avec la quantité d'eau convenable [1]. Il se propose d'obtenir ainsi un mortier qui, sous l'action de la chaleur, adhère aux surfaces avec lesquelles il est en contact.

Pour les briques basiques, on emploie ordinairement un mortier composé de goudron et de dolomie ou de magnésie calcinée que l'on pose à chaud. On se sert aussi de magnésie calcinée, broyée et criblée et d'eau ou de lait de dolomie. On peut même se contenter de poussière fine de magnésie posée à sec dans les joints.

Pour les briques au carbone le mortier se compose de 4 parties de coke pulvérisé et 1 partie d'argile crue délayée dans un peu d'eau.

Pour les constructions en pierres de fer chromé, on emploie un mortier formé de ce minéral pulvérisé et de chaux éteinte ou de magnésie en poudre ; la chaleur produit une demi-fusion qui transforme ce mélange en une roche demi-poreuse, infusible et excessivement dure. (V.)

Ouvrages à consulter.

Fours.

L. Gruner, *Traité de Métallurgie*, Paris 1877.

Jüptner de Jonsdorff, *Die Untersuchung der Feuerungsanlagen*. Vienne 1891.

P. Havrez, *Fours et fourneaux* comparés au point de vue de l'économie, du combustible, de la main-d'œuvre, des frais d'installation et d'entretien. *Revue universelle*, tome XI, p. 383.

C. Schinz, *Ueber den Nutzeffect und die Construction von Oefen für metallurgische und technische Zwecke*. *Ding. polyt. Journal*, tome CLIX, p. 200.

L. Gruner, *De l'utilisation de la chaleur dans les fourneaux des usines métallurgiques*. *Annales des mines*, 7° série, tome VIII, p. 175.

E. F. Dürre, *Ueber die Ausnutzung der Wärme in den Oefen der Hüttenwerke*. *Dingl. polyt. J.*, tome CCXX, p. 247.

E. Zetzsche, *Beitrag zur Geschichte der Regeneratoren*. *Polyt. Central.* 1872, p. 1441.

[1] *Stahl und Eisen*, 1882, p. 433.

Hennecort, *Ueber den Siemensschen Gasregenerativofen. Berg- u. hütt. Ztg.* 1871, p. 403 ; *Dingl. polyt. J.*, tome CCII, p. 417.

R. Akerman, *Ueber Regenerativ-Puddelöfen. Berg- u. hütt. Ztg.* 1874, p. 353.

F. W. Dick, *A new form of regenerative furnace. Iron and steel Institute* 1884 p. 453.

F. Siemens, *Ueber ein neues Verbrennungs- und Heizungssystem. Glasers Annalen*, tome XVI, p. 126.

F. Lürmann, *Das Siemensche neue Heizverfahren mit freier Flammenentfaltung.* « *Stahl und Eisen* », 1885, p. 238.

G. Westmann, *Das Siemensche neue Heizverfahren. Verhandlungen des Vereins zur Beförderung des Gewerbfleisses*, 1886.

Ein neuer Siemensofen. « *Stahl und Eisen* », 1885, p. 238.

Hempel, *Der neue Siemensofen mit Regenerirung der Abhitze und Abgase. Sitzungsberichte des Vereins zur Beförderung des Gewerbfleisses*, 1891, p. 77.

Schœffel, *Ueber den neuen Siemensofen. Oest. Zeitschr. f. B. u. H.* 1891, p. 212.

Neuer Siemensofen mit Benutzung der Verbrennungserzeugnisse. Berg- u. hütt. Ztg. 1892, p. 70.

Fr. C. G. Müller, *Ueber Feuerungen mit theilweiser Regenerirung der Verbrennungsprodukte.* « *Stahl und Eisen* », 1891, p. 969.

Regenerativofen von Pütsch. Zeitschr. d. Ver. deut. Ing. 1883, p. 290.

J. v. Ehrenwerth, *Regenerativ-Flammöfen für periodischen Betrieb.* « *Stahl und Eisen* », 1888, p. 528.

J. v. Ehrenwerth, *Directe Gasfeuerung mit in Regeneratoren erhitzter Luft.* « *Stahl und Eisen* », 1885, p. 339.

L. Gruner, *Four Boëtius. Annales des mines*, 6e série, tome XVI, p. 201.

M. J. Macar, *Note sur l'application du système Boëtius au puddlage. Revue universelle* 1877, tome I, p. 202.

M. L. Taşkin, *Notice sur le four à gaz du système Bicheroux. Revue universelle*, tome XXXVI, p. 138.

M. A. Raze, *Note sur l'application du système Bicheroux aux fours à puddler. Revue universelle* 1877, tome I, p. 196.

R. Smith-Casson, *Gas puddling and heating furnaces with special reference to the Casson-Bicheroux system. The Journal of the Iron and Steel Institute* 1884, p. 60.

M. Perissé, *Note sur le four à gaz avec récupérateur de chaleur, système Ponsard.*

Ponsards Gasofen. Dingl. polyt. J., tome CCXIX, p. 125.

The Ponsard furnace. Iron, tome XII, p. 342.

A. Holley, *The Pernot furnace. Transact. of the Amer. Instit. of Min. Engin.*, tome VII, p. 241.

Matériaux réfractaires.

Carl. Bischof, *Die feuerfesten Thone mit Berücksichtigung der feuerfesten Materialien überhaupt. Leipzig* 1876.

C. Bischof, *Praktische Versuche zur Bestimmung der Güte feuerfester Thone. Dingl. polyt. J.*, tome CLIX, p. 54.

C. Bischof, *Die Feuerbestændigkeit der Thone nach den Resultaten synthetischer Versuche, analytischer Untersuchungen und der Erfahrungen in technischer wie mineralogischer Beziehung. Dingl. polyt. J.*, tome CLXX, p. 43.

C. Bischof, *Versuch einer empirischen in Procenten ausgedrückten Werthstellung der feuerfesten Thone. Dingl. polyt. J.*, tome CXCIV, p. 420.

C. Bischof, *Analyse der Normalthone, welche zur Werthstellung der feuerfesten Thone dienen*. Dingl. polyt. J., tome CXCVI, p. 431.

C. Bischof, *Verfahren zur pyrometrischen Werthbestimmung kieselreicher Materialien*. Dingl. polyt. J., tome CXCVI, p. 525.

C. Bischof, *Nachtrag, meinen Versuch einer Werthstellung der feuerfesten Thone betreffend*. Dingl. polyt. J., tome CXCVIII, p. 407.

Bruno Kerl, *Abriss der Thonwaarenindustrie. Zweite stark vermehrte Auflage*. Brunswig 1879.

E. Richters, *Ueber die Feuerbestændigkeit der Thone*. Dingl. polyt. J., tome CXCI, p. 59.

E. Richters, *Die Feuerbeständigkeit der Thone bettreffend ; einige Bemerkungen zu den neuesten Aufsätzen Dr. Bischofs über denselben Gegenstand*. Dingl. polyt. J., tome CXCVII, p. 268.

T. Egleston, *Refractory Materials*. Engin. and Min. Journal, tome XXII, p. 103. *Iron*, tome VIII, p. 297.

R. Scheidhauer, *Die Eigenschaften feuerfester Materialien und deren Verwendung in der metallurgischen Industrie*. Zeitsch. d. V. d. Ing. 1885, p. 821.

Quaglio, *Feuerfeste Materialien*. Ver. d. V. z. Bef. 1886, p. 62.

P. Tunner, *Ueber Quarzziegel, ihre Erzeugung und Anwendung*. Berg- u. hütt. Jahrbuch d. k. k. Bergakad., tome XV, p. 132.

J. Khern, *Erfahrungen über die Fabrikation von feuerfesten Quarzziegeln*. Berg- u. hütt. Jahrbuch d. k. k. Bergakad., tome XV, p. 156.

A. Wasum, *Das Verhalten der erdbasischen feuerfesten Materialien gegen die in der Praxis des Hüttenbetriebes, etc.* Zeitsch. d. V. z. Beford., etc. 1884, p. 104.

T. Egleston, *Basic refractory materials*. Transac. of the Americ. Inst. of Min. Engin. tome XIV, p. 455.

Zyromski, *Dolomit und Magnesia*. « Stahl und Eisen » 1886, p. 622.

K. Sorge, *Ueber Magnesit und seine Verwendung als basisches feuerfestes Material*. « Stahl und Eisen » 1887, p. 850.

N. Kjellberg, *Magnesit im basischen Martinofen*. « Stahl und Eisen » 1890, p. 222.

Th. Jung, *Die Verwendung von Kohlenstoffsteinen im Hochofenbetriebe*. Zeits. d. V. d. Ing. 1891, p. 1099.

J. Kail, *Ueber die praktische Anwendung von Kohlenstoffziegeln*. « Stahl und Eisen » 1891, p. 691.

CHAPITRE V

LAITIERS ET SCORIES QUI SE PRODUISENT
DANS LA FABRICATION DU FER ET DE SES DÉRIVÉS

---

1. — Définitions, Composition des scories.

Les scories et les laitiers (qui ne sont qu'une des variétés des scories), sont des matières fusibles qui se forment lorsqu'on chauffe les métaux jusqu'à l'incandescence ou jusqu'à la fusion : ce sont principalement des corps oxydés [1].

Les métallurgistes allemands et anglais confondent sous la désignation générale de *scories* (*schlack*, *slag*) ce qu'en France on distingue sous les noms de *laitiers* et *scories*. Les laitiers sont le résultat de la fusion, au haut-fourneau, des gangues des minerais, des cendres de combustibles et, dans la plupart des cas, des fondants calcaires ou siliceux destinés à faciliter cette fusion ; ils ne contiennent que peu de fer et ne constituent pas un déchet à proprement parler ; ils n'empruntent presque rien aux parois de l'appareil, lorsque celui-ci est en bonne allure, car il existe des hauts-fourneaux dont, pendant des campagnes de 10, 12 et même 18 années, il est sorti des centaines de milliers de tonnes de laitiers.

Les scories sont généralement les produits accessoires de procédés d'affinage, dans lesquels l'oxydation du fer joue un rôle important ; cet oxyde agit plus ou moins énergiquement sur les matériaux des fours, et forme avec eux un composé liquide, presque toujours riche en fer. La scorie est donc en même temps la raison d'un déchet et de l'usure des appareils dans lesquels elle prend naissance. Mais elle sert souvent d'intermédiaire aux réactions que l'on poursuit et son intervention est, dans ce cas, non seulement utile, mais encore indispensable.

Lorsque les laitiers des hauts-fourneaux sont chargés d'oxyde de fer, à l'occasion d'un dérangement d'allure, ils se transforment en scorie et l'on dit que le fourneau marche en scorie.

Les laitiers et les scories, dans un grand nombre de cas, interviennent dans les procédés sidérurgiques pour fournir un milieu liquide dans lequel se produisent ou

---

[1] Les mattes et les régules sont des produits analogues qui ne se forment pas dans les opérations sidérurgiques ; les mattes sont généralement des sulfures, et les régules des arséniures ou des antimoniures.

s'achèvent certaines réactions, certains échanges d'éléments, certaines précipitations ou dissolutions momentanées ; nous verrons, d'ailleurs, à propos de chacun des procédés que nous aurons à étudier ultérieurement, l'importance et la diversité des rôles que peuvent jouer les laitiers et les scories. (V.)

Toutes les scories provenant de la fabrication ou de l'élaboration du fer contiennent ce métal en plus ou moins grande proportion, soit à l'état de protoxyde, soit à l'état d'oxyde magnétique. La teneur des scories en fer peut être de quelques centièmes pour cent seulement, comme elle peut atteindre 70 %, suivant que l'opération où elles prennent naissance est réductrice ou oxydante. Il existe des scories qui sont composées d'oxyde magnétique presque pur [1].

Les corps qui constituent les scories sont, en dehors du fer, certains éléments possédant pour l'oxygène une affinité plus grande que le fer ; ces éléments sont plus faciles à oxyder et plus difficiles à réduire, tels sont : le silicium, les métaux alcalins dont la proportion dépasse rarement 3 %, les métaux alcalino-terreux, principalement le magnésium et le calcium qu'on rencontre souvent en proportion assez considérable, l'aluminium sous forme d'alumine, dans certains cas le manganèse, une quantité de phosphore quelquefois très notable sous forme de phosphates ou de phosphures, parfois aussi jusqu'à 3 % de soufre, généralement à l'état de sulfure de calcium ou de sulfure de manganèse, plus rarement sous forme de sulfate ; les sulfates, en effet, sont pour la plupart décomposés par la chaleur avec dégagement d'acide sulfurique ; les scories liquides ne peuvent donc que difficilement contenir de sulfates, mais, lorsqu'elles sont refroidies, on y reconnaît souvent la présence d'acide sulfurique, surtout si elles sont riches en chaux ; la proportion d'acide sulfurique augmente très fréquemment avec la durée de l'exposition à l'air, les sulfures se transformant en sulfates. Quelquefois aussi l'humidité de l'air donne lieu à un dégagement d'hydrogène sulfuré ; il n'est même pas rare de rencontrer dans certains cas des dépôts de soufre.

Cette transformation graduelle des sulfures en sulfates est très sensible lorsqu'on analyse de nouveau une scorie déjà étudiée après un laps de temps un peu considérable, une année par exemple. La teneur en soufre restant la même, la proportion d'acide sulfurique est de plus en plus grande ; nous avons constaté ce fait, à maintes reprises, sur des scories provenant du traitement des fontes au convertisseur basique.

Quant au dépôt de soufre et au dégagement d'hydrogène sulfuré, on l'explique de la manière suivante :

[1] Les scories très siliceuses ne contiennent le fer qu'à l'état de protoxyde, FeO, base beaucoup plus énergique que le sesquioxyde, Fe^2O^3 ; plus les scories sont basiques et plus elles peuvent renfermer de sesquioxyde. Il arrive fréquemment que le sesquioxyde, dont on constate la présence par l'analyse, s'est formé au contact de l'air pendant le refroidissement, tandis que la scorie liquide ne contenait que du protoxyde.

En présence de l'humidité de l'air et de l'acide carbonique qu'il contient il se forme du carbonate de chaux et de l'hydrogène sulfuré :

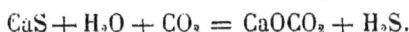

$$CaS + H_2O + CO_2 = CaOCO_2 + H_2S.$$

En même temps, il se produit une autre réaction donnant naissance à de l'hyposulfite de chaux :

$$2CaS + 4O + CO_2 = CaOCO_2 + CaOS_2O_3.$$

Sous l'influence de l'air l'hyposulfite se transforme à son tour en sulfate de chaux avec dépôt de soufre

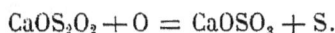

$$CaOS_2O_2 + O = CaOSO_3 + S.$$

Il est incontestable que ces transformations peuvent se produire par suite d'une longue exposition à l'air ; on trouve cependant, parfois, des quantités importantes du soufre déposées dans des cavités intérieures de fragments de scories à peine refroidies. Il faut bien admettre que ce soufre s'est séparé de la scorie immédiatement après la solidification de celle-ci et que c'est le changement d'état de la scorie qui donne lieu à cette séparation. L'auteur a analysé des laitiers du haut-fourneau de Zeltweg qui étaient couverts d'un dépôt de soufre cristallisé et qui contenaient, en outre, du soufre à l'état de combinaison. La composition de ce laitier était la suivante :

Silice	30,13
Alumine	13,21
Magnésie.	7,78
Protoxyde de fer	0,26
Protoxyde de manganèse.	2,44
Chaux	34,99
Sulfure de calcium	8,08

Ce phénomène n'a pu être expliqué d'une façon satisfaisante.

Il est au moins probable que le phosphore qui existe dans la scorie à l'état de phosphate s'y trouve également dans certains cas sous forme de phosphure métallique.

On a rarement constaté la présence de chlorures ou de fluorures dans les scories ; ces corps sont volatils à la température qui a présidé à leur formation, ou donnent naissance à des combinaisons volatiles.

Tous les corps qui entrent dans la constitution des scories, et en particulier les oxydes qui font partie de leurs éléments essentiels, s'y rencontrent en proportions relatives extrêmement variables, paraissant n'avoir aucun rapport avec leurs équivalents. Il ne faut donc pas regarder les scories comme des corps d'une composition chimique définie, comme des silicates, par exemple, répondant à une formule chimique ; ce sont bien plutôt des mélanges de divers corps de composition déterminée, dissous les uns dans les autres à l'état liquide et susceptibles de changer d'état, de se solidifier sans que la composition élémentaire soit modifiée, sans que le fait de la dissolution cesse d'exister.

Cette conception n'a rien d'invraisemblable, et les exemples de faits semblables ne sont pas rares ; l'eau par exemple, peut dissoudre à la fois un grand nombre de corps ; elle peut se solidifier tout en les conservant en dissolution, et sans qu'il intervienne de combinaison en proportion définie entre elle et ces différents corps. Le borax, le sel de phosphore en fusion, dissolvent un grand nombre d'oxydes, et lorsqu'ils retournent à l'état solide, la dissolution persiste quelle que soit la proportion de ces oxydes.

Lorsque la silice ou l'acide phosphorique se combinent à haute température avec la chaux, la magnésie, l'oxyde de fer ou d'autres éléments, rien ne nous oblige à admettre qu'il se produise une combinaison en proportions définies de ces corps entre eux, plutôt qu'une simple dissolution réciproque. L'état cristallin de beaucoup de scories n'est pas lui-même une preuve que l'on ait affaire à des combinaisons définies ; en effet, si nous prenons une dissolution aqueuse contenant plusieurs corps et si nous la soumettons à la congélation, nous voyons apparaître des tendances à la cristallisation. Il en est de même pour les alliages qui sont des dissolutions de métaux les uns dans les autres, on y remarque souvent de fort belles cristallisations qui se sont formées sans qu'il ait été indispensable que les métaux se soient trouvés en proportions correspondantes à leurs poids atomiques.

La densité, la conductibilité, la température de fusion et les autres propriétés des scories ne correspondent pas toujours à la moyenne de celle des éléments qui les composent. Il en est de même pour les dissolutions ; ainsi, si on détermine les températures de fusion d'une scorie et celles de chacun des éléments qui entrent dans sa composition, on reconnaîtra généralement que la température de fusion de la scorie est inférieure à la moyenne de celles des corps qu'elle renferme et même parfois au-dessous de celle des plus fusibles d'entre eux [1].

Il n'en est pas moins vrai qu'il peut se former des combinaisons définies dans les scories comme dans les dissolutions ; on peut le constater au moment de la solidification ou après qu'elle est effectuée, mais nous ignorons si la combinaison existait dans la scorie liquide, ou si elle s'est produite au moment du changement d'état ; nous savons seulement que les conditions dans lesquelles s'effectue le refroidissement ont une influence sur la formation et la nature de ces combinaisons, et nous en concluons que c'est au moment de la solidification qu'elles prennent naissance.

Dans certaines scories solidifiées on ne peut mettre en doute l'existence de

[1] La dissolution de sel marin dans l'eau nous fournit un exemple d'un phénomène du même genre. Le chlorure de sodium passe à l'état liquide à 600°, l'eau à 0° ; tandis que la dissolution du sel dans l'eau reste liquide au-dessous de 0°.

combinaisons nettement définies ; ainsi dans celles qui proviennent du convertisseur Bessemer à garnissage basique, on trouve du phosphate basique de chaux répondant à la formule

$$4CaO,P_2O ;$$

il se présente cristallisé sous forme de lamelles ou de prismes de couleur brune ou bleue [1].

Il arrive aussi quelquefois qu'une dissolution, homogène à l'état liquide, se transforme en plusieurs autres qui diffèrent entre elles par leur composition et par la température à laquelle elles se solidifient. Ainsi, si on refroidit petit à petit une dissolution étendue de chlorure de sodium dans l'eau, une partie du liquide se solidifie, et ne renferme qu'une faible quantité de sel, tandis que l'autre partie reste liquide, c'est une dissolution plus concentrée que la première ; si le refroidissement est poursuivi des solidifications successives se produisent de plus en plus chargées de sel.

Un phénomène du même ordre se passe dans les alliages et prend alors le nom de liquation ; il se présente également dans les scories ; le phosphate à quatre équivalents de chaux dont il est question plus haut est le résultat d'une véritable liquation dans une scorie Bessemer basique.

Les propriétés physiques des scories, comme la couleur, l'éclat, la structure, la dureté, varient considérablement d'un point à un autre, suivant la plus ou moins grande rapidité du refroidissement, sans qu'il soit possible cependant de constater si les divers éléments se sont groupés, formant des combinaisons différentes. C'est l'analyse seule qui permet de reconnaître s'il s'est réellement fait une liquation, c'est-à-dire, si au moment du refroidissement, il y a eu séparation de dissolutions ayant une composition différente. Dans la plupart des cas, on ne trouvera pas, en ces divers points, de différence de constitution élémentaire, et il en faudra conclure que le changement des caractères physiques est uniquement dû à un groupement différent des molécules.

Nous en verrons ultérieurement quelques exemples quand il sera question de la couleur des scories.

Si, comme nous venons de l'indiquer, ces corps ne se constituent pas en proportions nettement définies, il reste à examiner les influences qui déterminent leur composition et leurs propriétés ; c'est là un sujet d'étude de la plus haute importance pour l'intelligence des divers procédés de fabrication au cours desquels les scories prennent naissance.

La nature chimique et les caractères physiques des scories dépendent, sans doute et avant tout, des éléments aux dépens desquels elles se forment, de leur nature et des proportions dans lesquelles ils s'unissent ; mais il est

[1] *Sthal und Eisen*, 1883, p. 498. — 1884, p. 141.

essentiel de compter, au nombre des corps appelés à constituer les scories, les matériaux des fours dans lesquels se passent les réactions, ces matériaux pouvant jouer un rôle d'une importance capitale. La nature de l'opération métallurgique, son caractère principal, tel qu'une action oxydante ou réductrice, la température du milieu, ont également une influence qu'on ne doit pas négliger. La plupart du temps la composition de la scorie et celle du métal qu'elle accompagne sont en relation intime, toute modification dans l'une provoque un changement dans l'autre. Veut-on, par exemple, obtenir une fonte très carburée, riche en silicium ou en manganèse, ou tenant à la fois ces deux corps en forte proportion, on n'y pourra réussir en présence d'une scorie chargée d'oxyde de fer, car la silice et l'oxyde de manganèse plus difficiles à réduire que l'oxyde de fer ne perdront pas leur oxygène tant que le fer sera lui-même à l'état d'oxyde ; le silicium et le manganèse ne passeront donc pas dans la fonte ; on n'arrivera pas non plus à produire une fonte très carburée puisque le carbone serait brûlé par l'oxygène uni au fer.

Au point de vue du degré de carburation, on trouve dans les hauts-fourneaux l'application de la loi qui est comme le fil conducteur destiné à diriger les esprits au milieu des phénomènes de la métallurgie du fer, loi que l'on peut énoncer de la manière suivante : Au-dessus de la température à laquelle la combustion du carbone commence, l'affinité de ce corps pour l'oxygène croît plus vite que celle du fer, du manganèse et du silicium. Il en résulte que la proportion de carbone que peut contenir le fer en contact avec une scorie chargée d'oxyde de fer est d'autant plus faible que la température est plus élevée : en d'autres termes, la teneur de la scorie en oxyde de fer devra être d'autant plus basse que le métal sera plus carburé. A mesure donc que la température augmente, en même temps que la teneur en carbone, en silicium, en manganèse, le laitier est moins chargé d'oxyde de fer, et on constate que, sans exception, toute variation dans le laitier correspond à un changement dans la composition de la fonte.

Lorsque nous étudierons les divers procédés de fabrication nous aurons fréquemment occasion de signaler les cas où ces diverses influences sur la composition des scories se font sentir.

2. — **Classifications et dénominations.**

Si on veut classer les scories d'après leur composition chimique, on peut les diviser en trois sortes distinctes :

1° Les scories siliceuses, contenant beaucoup de silice c'est-à-dire 20 % et au-dessus.

2° Les scories phosphatées, dans lesquelles la silice est en grande partie remplacée par de l'acide phosphorique.

3° Les scories basiques dans lesquelles les proportions de silice et d'acide phosphorique sont insignifiantes, et où dominent les oxydes métalliques, particulièrement ceux de fer et de manganèse.

Si nous voulions traiter à fond la question des scories et des laitiers, nous devrions considérer un très grand nombres de classes intermédiaires entre les trois types que nous venons de définir ; il est presque impossible de trouver des scories phosphatées ou basiques absolument pures, et même dans celles du premier type qui sont les plus communes, il n'en est pas qui soient exemptes de tout mélange.

En résumé, comme c'est à la proportion de silice que les scories doivent leurs propriétés chimiques et physiques et le rôle qu'elles jouent dans les opérations métallurgiques, l'usage a prévalu de les classer d'après leur teneur en silice et de les désigner d'après cette teneur même.

On désigne donc sous le nom de *Trisilicates* les scories dans lesquelles la quantité d'oxygène de la silice est le triple de celle des bases.

Sous le nom de *Bisilicates* celles dans lesquelles cette proportion d'oxygène est de 2 pour 1.

Les *Sesquisilicates* sont ceux dans lesquels la proportion devient 1 1/2 pour 1.

Dans les *Protosilicates*, il y a autant d'oxygène dans les bases que dans la silice.

Ces noms ont été imaginés à une époque où on pensait généralement que toute union entre la silice et les bases correspondait à une combinaison définie ; on s'en sert encore aujourd'hui pour donner une idée approximative de la composition des scories, bien qu'il soit excessivement rare d'en rencontrer dans lesquels ces rapports entre l'oxygène de la silice et celui des bases soit aussi simple. Dans la plupart des cas ce rapport varie par degrés insensibles dans des limites assez étendues.

Dans la métallurgie du fer, on ne rencontre généralement pas de scories plus siliceuses que les trisilicates mais il s'en produit fréquemment de plus basiques que les protosilicates, qui sont alors intermédiaires entre les scories siliceuses et les scories basiques.

Les scories siliceuses contiennent pour la plupart une plus ou moins grande proportion d'alumine en même temps que de la chaux, de la magnésie et quelques autres bases ; l'alumine qui n'est pas une base forte, joue parfois le rôle d'acide surtout dans les scories basiques ; on en a conclu que l'alumine pouvait se substituer à la silice sans que la proportion d'oxygène fût modifiée[1] ; cette manière de voir n'est cependant pas absolument confirmée,

---

[1] Voir pour plus de détails les articles de Muirhead et Kosmann, cités parmi les ouvrages à consulter et « *Sthal und Eisen* », 1892, p. 1.

mais il est incontestable que la composition chimique d'une scorie peut, dans certains cas, servir de guide pour permettre de se rendre compte de la manière dont elle se comporte.

Nous aurons occasion de revenir sur ce sujet d'une façon particulière lorsque nous nous occuperons de la marche des hauts-fourneaux.

3. — Température de fusion, Fusibilité, Fluidité.

La température de fusion des scories est un point de la plus haute importance pour le succès des opérations dans lesquelles elles se forment ; il arrive souvent que la réussite d'un procédé devient impossible ou très difficile si cette température est trop élevée, ou ne l'est pas suffisamment. La température de fusion et la fusibilité sont entièrement liées l'une à l'autre ; cette dernière est inversement proportionnelle à la quantité de chaleur nécessaire pour amener la fusion. Plus cette quantité de chaleur est grande, et moins la scorie est fusible, plus il faut consommer de combustible pour en produire la fusion. Cette quantité de chaleur nécessaire dépend de la chaleur spécifique et de la température de fusion des scories.

Nous ne possédons que des connaissances très vagues au sujet de l'influence de la composition chimique sur la fusibilité, la raison en est que toutes deux, température de fusion et fusibilité, subissent l'influence de tout changement opéré dans cette composition, soit qu'on ajoute ou qu'on supprime un élément, soit qu'on modifie la proportion des corps en présence ; la quantité de scories différentes qu'on peut obtenir par les transformations de ce genre est innombrable.

Si on considère les scories comme des dissolutions réciproques de diverses substances et particulièrement de divers produits de l'oxydation, rien n'est plus simple que de se rendre un compte exact des influences auxquelles elles obéissent.

On sait que tous les corps ne possèdent pas le même degré de solubilité les uns par rapport aux autres. Parmi ceux qu'on rencontre dans les scories, l'acide silicique et l'acide phosphorique forment facilement ces dissolutions avec les bases ; l'alumine se comportera de même avec la chaux et la magnésie et donnera naissance à des aluminates ; l'oxyde de fer et la chaux peuvent également donner lieu à une dissolution de l'un des corps dans l'autre [1].

---

[1] Ce fait a été constaté d'abord par Percy, Schinz, etc. ; on l'a également observé depuis. Thölander (*Recherches expérimentales sur la réduction des minerais de fer*, p. 119), a trouvé qu'à une température peu supérieure au point de fusion de l'argent, c'est-à-dire vers 1000°, la chaux et l'oxyde de fer s'unissent et se liquéfient. Wasum prétend, dans une étude sur les matières réfractaires basiques (*Zeitschr. d. Ver. v. Beford*, 1884, p. 104), que les garnitures très calcaires des fours basiques sont plus attaquées par l'oxyde de fer que par la silice et l'acide phosphorique.

Il est souvent très difficile de reconnaître le degré de solubilité de ces corps parce que celle-ci ne se manifeste qu'à une température élevée ; il suffit cependant dans la plupart des cas, qu'un seul des corps qui doivent entrer en combinaison devienne liquide, ou tout au moins se ramollisse, pour que la dissolution se produise. C'est ce qui se passe dans les solutions qui sont liquides à la température ordinaire ; la liquidité d'un des éléments facilite beaucoup la dissolution des autres, et cet élément prend le nom de dissolvant ; il est clair qu'à l'état solide les corps n'ont pas de points de contact assez intimes ordinairement pour que l'union puisse s'effectuer entre eux. Cependant ainsi que nous l'avons déjà fait observer, la température de solidification ou de liquéfaction d'une dissolution, d'un alliage ou d'une scorie est souvent beaucoup plus basse que celles des éléments qui sont entrés en combinaisons ; aussi, est-ce avec raison qu'on pose la règle suivante : *Les températures auxquelles les scories se forment sont plus élevées que leur température de fusion* [1].

Si deux corps en s'unissant donnent naissance à un composé dont la température de fusion soit plus basse que celle de chacun d'eux, il est bien certain que cette température de fusion du composé dépend de la proportion dans laquelle entre chacun des deux corps en présence ; il est également certain que parmi tous les composés qu'on peut obtenir en faisant varier cette proportion, il en est un dont la température de fusion est moins élevée que celles de tous les autres : c'est un minimum.

Des expériences ont été faites pour déterminer les proportions correspondant à ce minimum dans un certain nombre d'alliages et de dissolutions. Pour les scories, les recherches étaient plus difficiles en raison des hautes températures auxquelles il fallait opérer ; cependant elles semblent bien obéir à la même loi : On a pu constater que pour les scories, comme pour les dissolutions et les alliages, la température de solidification est d'autant moins élevée qu'il y a plus de corps en présence.

Ce fait est d'une très grande importance en métallurgie. Les laitiers, dans la composition desquels n'entrent que la silice et la chaux, sont souvent infusibles : leur point de fusion s'abaisse si on ajoute de la magnésie, de l'alumine, des oxydes de fer et de manganèse. Ces cas se présentent fréquemment.

Si l'on veut conclure de l'analyse chimique d'une scorie sa température préalable de fusion, il ne suffit donc pas de se borner à déterminer la proportion entre la silice et les bases entrant dans la composition, ou entre la silice, l'alumine et l'acide phosphorique d'une part, et les bases de l'autre, il faut encore savoir quel est le nombre des bases en jeu ; plus ce nombre est grand,

---

[1] Cette manière de voir émise, pour la première fois, par Plattner et combattue par Schinz, est confirmée par l'observation pratique. Bischof dans ses études sur l'argile réfractaire en constate l'exactitude.

toutes choses égales d'ailleurs, plus le point de fusion sera bas. De même lorsqu'on remplace la silice en partie par des corps qui se comportent de la même façon, tels que l'alumine et l'acide phosphorique, la température de fusion s'abaissera de ce fait que le nombre des corps entrant dans la scorie se trouve augmenté.

Akerman a fait des expériences très complètes pour déterminer la fusibilité des scories composées de silice, de chaux, de magnésie et d'alumine. Pour déterminer la quantité de chaleur contenue dans les scories liquides, il les versait dans une certaine quantité d'eau ; plus cette quantité de chaleur était faible, et plus, suivant lui, était grande la fusibilité ; celle-ci est, en effet, étroitement liée à la température de fusion et, ordinairement, plus une scorie est fusible et plus est basse sa température de fusion.

Les conclusions à tirer du travail de M. Akerman sont les suivantes :

Si on prend des scories composées de silice, chaux et magnésie ne contenant pas d'alumine ou n'en renfermant que très peu, et si, sans toucher aux proportions des bases entre elles, on fait varier la quantité de silice, on reconnaît que la température de fusion passe par deux minima ; le plus bas correspond à une composition intermédiaire entre le bisilicate et le trisilicate, et l'autre correspond au sesquisilicate. A partir de ces deux minima, le point de fusion s'élève si on augmente, soit la proportion des bases, soit celle de la silice.

Les courbes tracées sur la fig. 48 indiquent les quantités de chaleur que possèdent à leur point de fusion les divers silicates de chaux et trois autres séries de silicates contenant, comme bases, la chaux et la magnésie en trois proportions relatives différentes [1].

La concordance que l'on remarque entre ces diverses courbes est la preuve qu'il n'y a pas eu d'erreurs commises dans les expériences.

Dans la fig. 48 les abscisses indiquent le degré du silicate, ainsi à l'origine, 1,0 correspond au protosilicate c'est-à-dire à celui dans lequel l'oxygène de la silice est égal à celui des bases ; 2, 0 se rapporte au bisilicate. Les ordonnées donnent les quantités de chaleur déterminées par Akerman. (V.)

Si la proportion de silice est plus forte que celle qui correspond au sesqui-silicate, la fusibilité diminue rapidement. Les protosilicates sont les moins fusibles de tous les composés soumis à l'essai.

Les silicates correspondant aux quantités de chaleur minima contenaient en centièmes les quantités de silice suivantes :

[1] Les indications CaO, CaO + MgO, 2CaO + MgO, 3CaO + MgO placées sur les courbes de la fig. 48 indiquent les proportions relatives dans lesquelles se trouvent les bases de la série à laquelle correspond chaque courbe. La courbe marquée CaO se rapporte aux silicates de chaux sans magnésie.

Nature des bases et leur rapport entre elles.

	CaO,	3CaO + MgO,	2CaO + MgO,	CaO + MgO.
Dans les sesquisilicates SiO$_2$ %.	45,0	46,5	47,1	48,4
Dans les silicates intermédiaires entre Bi et Tri .	61,0	59,1	58,5	63,2

On remarque que parmi les silicates composés de silice, de chaux et de magnésie sans alumine, ceux qui contiennent 60 % de silice sont les plus fusi-

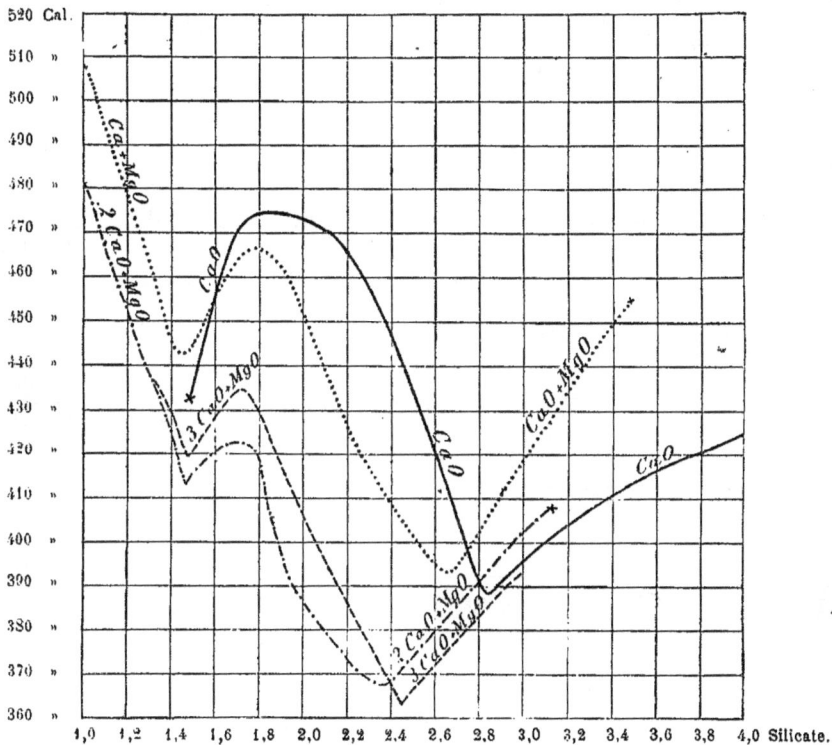

Fig. 48. — Courbes d'Akerman sur la fusibilité des silicates.

bles, et que parmi les silicates composés des mêmes éléments, mais plus basiques, ceux qui contiennent 47 % de silice se distinguent aussi par leur fusibilité.

La fig. 49 indique les changements qui résultent des variations dans les proportions relatives de chaux et de magnésie. Les abscisses représentent la proportion entre l'oxygène de la magnésie et celui de la chaux, ou la proportion entre le nombre de molécules des deux bases. On constate que si dans un silicate de chaux pure, on remplace une certaine quantité de chaux par de la magnésie, le point de fusion s'abaisse. Ce changement est très sensible dans les silicates répondant à 2 et 2,5 d'oxygène dans la silice pour 1 dans les bases ; il est moins important pour le sesquisilicate et le trisilicate.

Si on continue à augmenter la proportion de magnésie on atteint bientôt une limite au-delà de laquelle le point de fusion s'élève au-dessus de celui du silicate de chaux pure. Pour les sesqui et les trisilicates, cette limite corres-

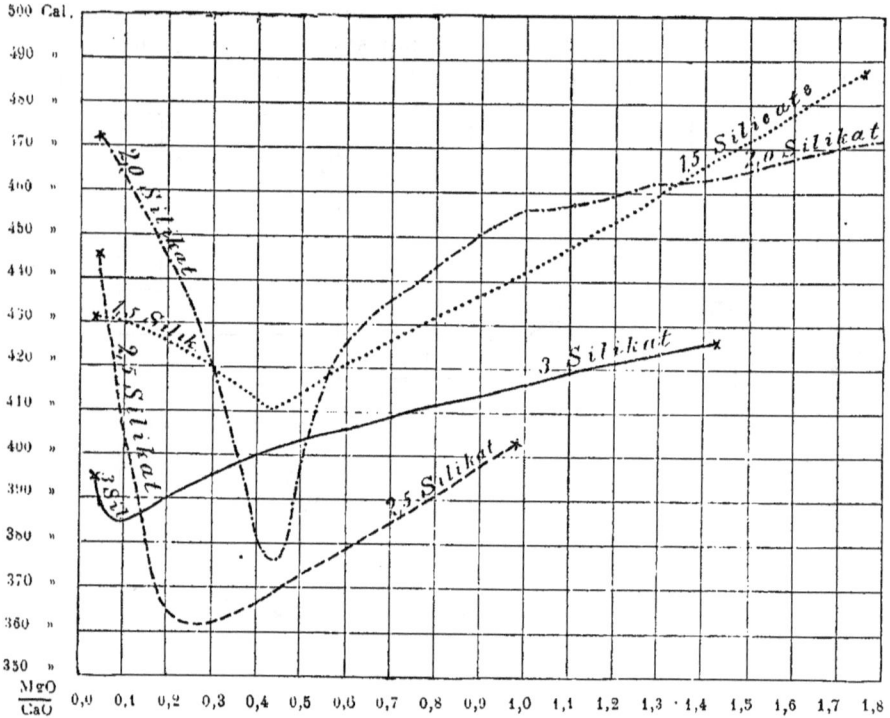

Fig. 49. — Courbes d'Akerman sur la fusibilité des silicates.

pond au point où le rapport entre l'oxygène de la magnésie et celui de la chaux est un peu inférieur à 1 ; pour les autres, il se rapporte au point où ce même rapport est un peu supérieur à 1.

Le point de fusion le plus bas correspond à un silicate compris entre le sesquisilicate et le bisilicate, dans lequel la proportion entre l'oxygène de la magnésie et celui de la chaux est égale à 0,44. Dans ce cas, les deux bases sont en proportion telle qu'elle répond à la formule

$$9CaO + 4MgO.$$

Pour atteindre le point de fusion le moins élevé, on doit donc, dans ces sortes de scories, mettre en présence 1 de magnésie pour 3 de chaux (en poids) ; mais quand la proportion de silice est plus forte, le point de fusion minimum correspond à un rapport plus faible entre la magnésie et la chaux. Les silicates dans lesquels le rapport de l'oxygène de la silice à celui des bases est représenté par 2,5, atteignent leur maximum de fusibilité quand la magnésie et la chaux sont dans la proportion de 1 à 6, et pour les trisilicates cette proportion devient 1 à 12.

Les courbes de la fig. 50 font ressortir l'influence qu'exerce l'alumine sur les silicates de chaux [1] ; les abscisses indiquent le rapport entre l'oxygène de l'alumine et celui de la chaux ; le degré de silicate est calculé en considérant l'alumine comme une base et par conséquent en ajoutant l'oxygène que contient ce corps à celui de la chaux.

On remarque sur cette figure 50 que, pour tous les silicates, le point de fusion s'abaisse rapidement dès qu'on commence à remplacer une partie de la chaux par de l'alumine, et si on compare ces courbes à celles de la fig. 49 on constate que les silicates de chaux sont rendus sensiblement plus fusibles par l'alumine que par la magnésie ; ce résultat se produit même pour le trisilicate ; cependant plus les scories sont siliceuses et plus rapidement on atteint le point au-delà duquel toute augmentation nouvelle d'alumine diminue la fusibilité. D'après Akerman, pour les divers silicates désignés par le rapport de l'oxygène de la silice à celui des bases, le point de fusion le plus bas correspond aux proportions d'alumine et de chaux indiquées dans le tableau suivant :

Silicates	à 0,5	Alumine 7		Chaux	5
—	à 0,7	—	7	—	8
Protosilicate	à 1,0	—	1	—	2
Sesquisil.	à 1,5	—	1	—	4,5
Bisil.	à 2,0	—	1	—	6
Silic.	à 2,5	—	1	—	13
Trisil.	à 3,0	—	1	—	30

Ce tableau montre que plus un silicate est basique et plus il doit contenir d'alumine pour être fusible, ce qui confirme la manière de voir des personnes qui considèrent l'alumine comme jouant dans ce cas un rôle analogue à celui de la silice.

Les expériences d'Akerman au sujet de l'influence du protoxyde de manganèse dans les silicates de chaux, confirment la règle générale qui établit que la présence d'un plus grand nombre de corps dans les laitiers augmente leur degré de fusibilité. Le point de fusion le plus bas est obtenu pour les trisilicates à base de chaux avec 18 °/₀ de protoxyde de manganèse ; pour les protosilicates, on arrive à 60 °/₀. Dans aucun cas, le point de fusion ne s'est abaissé avec cet oxyde métallique autant qu'avec l'alumine ; même dans le trisilicate, l'a-

---

[1] Dans le mémoire d'Akerman se trouvent aussi les courbes correspondantes aux silicates dans lesquels les rapports d'oxygène sont 0,5, 1,5 et 2,5, mais comme leur allure est la même que celles des silicates dont les courbes sont tracées sur la figure que nous donnons ici, nous ne les avons pas reproduites pour éviter de surcharger le dessin et de le rendre moins clair.

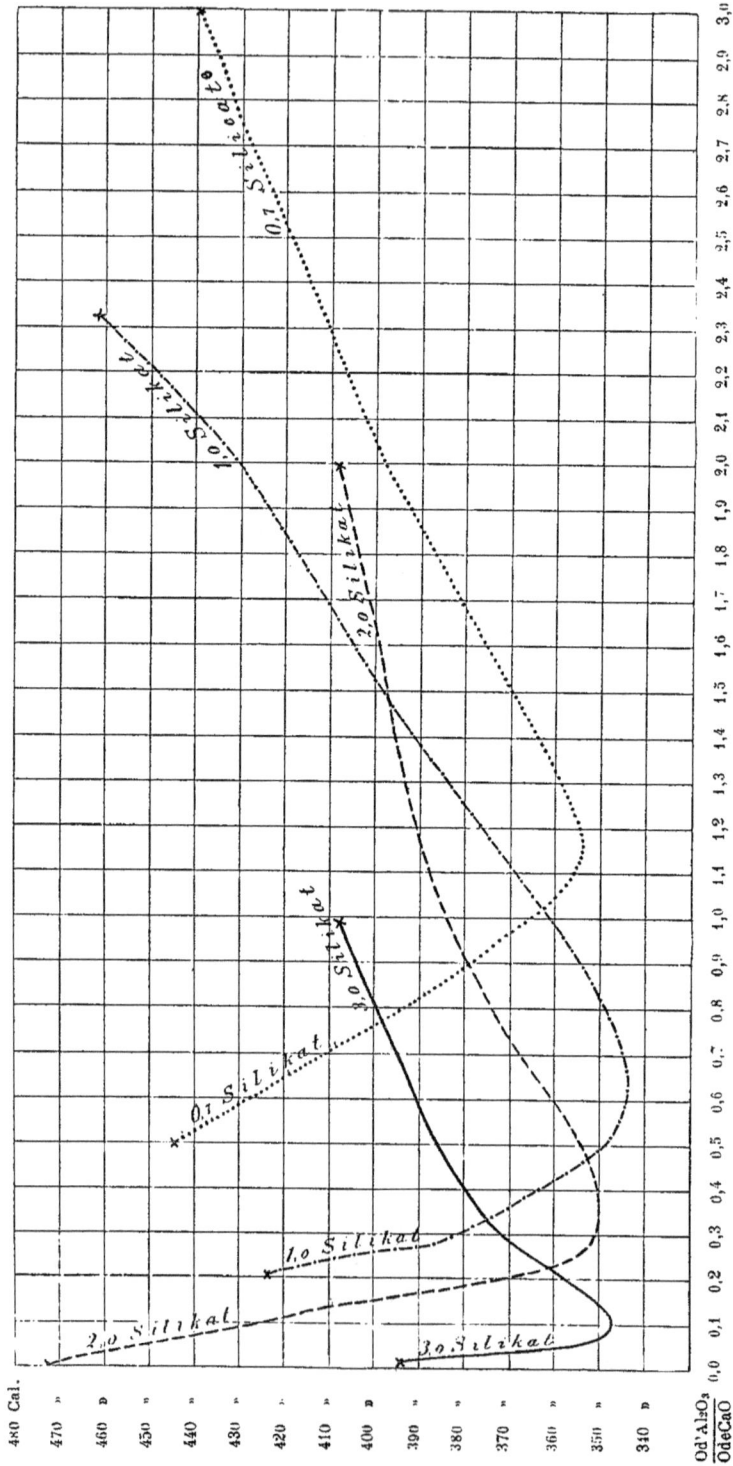

Fig 50. — Courbes d'Akerman sur la fusibilité des silicates.

lumine a augmenté la fusibilité plus que l'oxyde de manganèse ; en effet, avec 2,2 % d'alumine, ce silicate en fusion n'avait que 346 calories, tandis qu'avec 17,8 % d'oxyde de manganèse, il en avait 371.

On rencontre quelquefois dans les laitiers des hauts-fourneaux de l'acide titanique qui lorsqu'il est en forte proportion paraît le rendre plus difficile à fondre [1].

Des expériences très nombreuses ont été entreprises dans ces dernières années par A. Rossi de New-York sur l'emploi au haut-fourneau des minerais titanifères qui sont très abondants aux Etats Unis. Il a eu à sa disposition des minerais de fer contenant depuis 6 jusqu'à 40 % d'acide titanique. Il semble résulter de ces travaux que ce genre de minerai ne mérite pas la réprobation qu'on lui inflige généralement, et qu'on l'utilise très fréquemment dans un grand nombre de fourneaux sans s'en douter. L'acide titanique se comporterait comme la silice, il formerait avec l'alumine et la chaux des laitiers aussi fusibles que les silicates correspondants (Voir Transactions of the american Institute of mining Engineers, T. XXI, p. 833 et Génie Civil, T. XXII, p. 419 et XXIII, p. 86). (V.)

Le fluor au contraire, qui peut provenir d'additions de spath-fluor au lit de fusion ou de la gangue même des minerais, abaisse le point de fusion des laitiers ; on y a quelquefois recours quand on veut obtenir une scorie fusible.

On n'a fait que fort peu d'expériences pour déterminer directement la température de fusion des diverses scories métallurgiques. Lorsqu'elles ne passent pas brusquement de l'état solide à l'état liquide, ce qui est le cas général, il est presqu'impossible de saisir le moment où commence la fusion ou la solidification ; la plupart des scories provenant d'opérations sidérurgiques fondent, c'est-à-dire sont entièrement liquides, à une température comprise entre 1000 et 1300°.

On a souvent cherché à évaluer la température à laquelle les scories se forment ; dans ce but, on mélangeait les éléments destinés à les produire et on soumettait ce mélange à l'action de la chaleur. Il est évident que pour la marche de certaines opérations et, en particulier, pour l'allure des hauts-fourneaux, la connaissance de cette température est aussi intéressante que celle du point de fusion ; or, elle dépend, ainsi que nous l'avons fait remarquer, non seulement de la composition chimique des éléments, mais aussi de leur état physique ; la température de formation sera plus basse, la scorie, pour prendre naissance, exigera une moins grande quantité de chaleur quand le mélange préalable sera plus intime et plus complet. On comprend donc que les résultats qu'on peut obtenir au moyen d'expériences sur pareil sujet,

[1] Il n'a pas été fait d'expériences exactes pour vérifier ce fait. Akerman a déterminé la quantité de chaleur que renfermaient deux scories dans lesquelles il y avait 8,5 et 10 % d'acide titanique, et il a constaté qu'elle était plus élevée que celle des scories du même type exemptes de titane. (*Stahl und Eisen*, 1886, tableau de la page 387.)

ne peuvent avoir qu'une faible valeur, ils peuvent même facilement conduire à des conclusions erronées.

La fluidité touche de très près à la fusibilité ; cependant les corps les plus fusibles ne sont pas toujours en même temps les plus fluides. Généralement, plus l'état intermédiaire entre le solide et le liquide, l'état visqueux, se prolonge, et moins est grande la fluidité définitive.

On dit qu'une scorie est grasse ou visqueuse lorsqu'elle se ramollit avant de fondre, qu'elle peut recevoir des empreintes et se laisser étirer en longs fils comme le verre. Les scories très siliceuses sont dans ce cas, surtout si elles contiennent en même temps de l'alumine et de la magnésie ; ce dernier corps surtout, lorsqu'il est employé à forte dose, rend les scories très pâteuses.

Les scories sèches ou courtes sont celles qui passent brusquement de l'état solide à l'état liquide, et qui sont en même temps très fluides. Telles sont celles qui contiennent de fortes proportions de chaux et peu d'alumine quelle que soit leur température de fusion.

Le protoxyde de fer et celui de manganèse augmentent la fluidité des scories composées de silice, alumine, chaux et magnésie, même lorsque certains de ces éléments sont absents. Cependant, ces scories sont moins courtes, se solidifient moins brusquement que celles qui ne contiennent ni l'un ni l'autre de ces oxydes métalliques.

4. — Structure.

On peut classer les laitiers suivant l'aspect de leur cassure et distinguer les structures *vitreuses, pierreuses* et *cristallines*. La composition chimique d'un côté, les conditions de refroidissement d'un autre, agissent toutes deux pour déterminer la structure.

Les scories très siliceuses ont seules l'aspect vitreux, encore faut-il que le refroidissement ne soit pas trop lent. Les laitiers, qui ressemblent à de l'émail, faiblement translucides, fortement colorés, sont intermédiaires entre ceux qu'on dit vitreux et ceux qui sont franchement pierreux ; ils se rapprochent cependant plus des premiers que des derniers, et en diffèrent surtout par une plus grande proportion d'alumine.

Un refroidissement lent transforme les laitiers vitreux en laitiers pierreux ou cristallins. Aussi remarque-t-on dans une même cassure d'un gros bloc de laitier, l'aspect vitreux à l'extérieur, où le refroidissement a été rapide, et à l'intérieur une structure cristalline.

Lorsque l'aspect pierreux se rencontre même après un refroidissement rapide, c'est l'indice d'une forte teneur en terres alcalines. L'oxyde de fer à haute

dose donne de la compacité, l'apparence est plutôt métallique que pierreuse.

On ne trouve de véritables cristaux que dans les cavités existant au milieu
de blocs de laitiers refroidis lentement ; la cristallisation ne se produit pas
toujours avec la même facilité. Les laitiers siliceux, par exemple, renferment
rarement des cristaux nets ; ils ont facilement une structure vitreuse et passent par l'état pâteux qui nuit à la cristallisation. Au contraire, les scories
riches en protoxyde de fer cristallisent aisément. On trouve également des
cristaux très nets dans les laitiers à base terreuse compris entre le proto et le
bisilicate. Nous avons déjà indiqué qu'on peut reconnaître souvent en examinant des scories soit à l'œil nu, soit au microscope, après les avoir taillés
en lames minces, des cristallisations qui se sont produites au milieu de masses
amorphes au moment du refroidissement.

Dans les laitiers de certains hauts-fourneaux au bois, en Suède, se rapprochant
beaucoup des bi-silicates théoriques, on a trouvé des cristaux parfaitement définis
d'Augite (silicate de chaux et de magnésie) et de Rhodonite (silicate de manganèse
et de magnésie) ; dans quelques laitiers de fourneaux au coke on a constaté la présence de cristaux bien nets de mica. (V.)

Quelques laitiers très calcaires et peu alumineux, surtout ceux des hauts-
fourneaux, se désagrègent et tombent en poussière au moment de leur solidification ou peu de temps après.

D'après Platz [1], les scories de cette nature contiennent au moins 45 % de
bases, l'alumine non comprise. Une forte proportion de magnésie, correspondant à une faible quantité de chaux, empêche ce phénomène de se produire ; un refroidissement rapide empêche également la désagrégation qui
proviendrait d'une liquation favorisée par un refroidissement lent. Une
partie de la chaux et des bases du même genre se sépareraient pendant le refroidissement et détruiraient ainsi la cohésion. Le refroidissement rapide empêcherait la liquation de se produire comme il arrive dans beaucoup d'autres
cas. On peut utiliser ces scories pulvérulentes comme de la chaux éteinte
pour faire des mortiers en les mélangeant avec du sable et de l'eau.

Beaucoup de laitiers visqueux, contenant peu de fer et de manganèse, possèdent la propriété de se boursoufler lorsqu'on les fait couler dans l'eau ; ils
deviennent poreux et prennent l'aspect de la pierre ponce. On les utilise
comme ponces artificielles au polissage des bois ; il arrive souvent qu'elles
dégagent au bout de plusieurs années de l'hydrogène sulfuré provenant d'une
décomposition lente de sulfure de calcium qu'elles contiennent.

---

[1] *Stahl und Eisen*, 1892, p. 7.

5. — Couleur.

Les scories et les laitiers des usines à fer présentent des couleurs excessivement variées ; on en trouve de toutes nuances depuis le blanc de la porcelaine jusqu'au noir, en passant par le bleu, le vert, le violet, le rouge, etc. ; le jaune franc est plus rare, mais le rouge se voit quelquefois, néanmoins, les colorations les plus fréquentes sont le vert et le noir.

Comme la structure, la couleur dépend à la fois de la composition chimique et du mode de refroidissement.

Le même laitier offre une couleur différente suivant qu'il est vitreux par suite d'un refroidissement brusque ou cristallin après refroidissement lent. On rencontre souvent des morceaux de laitiers vitreux et verts à l'extérieur et d'un gris violacé avec texture pierreuse à l'intérieur ; d'autres sont également vitreux et violacés à la surface et d'un gris blanchâtre en dedans, bien que la composition chimique soit la même de part et d'autre.

Il n'est pas rare de trouver des cristaux de couleur très différente de la masse dans laquelle ils se sont formés. Citons, comme exemple, le cas d'une scorie de four Martin coulée dans un moule en fonte. Elle était de couleur vert-olive, vitreuse sur toute la surface en contact avec le moule, là où le refroidissement avait été rapide, le reste était pierreux, opaque et noir. L'analyse faite sur les deux parties a donné les résultats suivants :

	Parties vertes refroidies brusquement.	Parties noires refroidies lentement.
Silice	48,03	48,10
Alumine	1,60	1,85
Protoxyde de fer	16,23	16,66
Protoxyde de manganèse .	31,53	31,67
Chaux	n. d.	1,08

Un fragment de laitier provenant d'un haut-fourneau au charbon de bois, qui avait probablement coulé sur une plaque de fonte et dont la surface avait été refroidie rapidement tandis que le centre l'avait été lentement, était vitreux à l'extérieur et de couleur vert-clair, le centre était grenu, cristallin et d'une belle couleur d'outre-mer qui était encore sensible même après pulvérisation. L'analyse des deux parties a donné les résultats suivants :

	Partie verte refroidie brusquement.	Partie bleue refroidie lentement.
Silice	43,43	43,43
Alumine	17,80	17,28
Protoxyde de fer	1,05	4,64
Protoxyde de manganèse	2,09	2,41
Chaux	33,30	31,57
Magnésie	»	traces.
Soufre	n. d.	n. d.
Alcalis et pertes	2,33	0,77

On remarque ici une différence sensible dans la composition des deux parties de ce laitier, celle qui s'est refroidie lentement contient quatre fois plus de fer que l'autre et moins de chaux et d'alcalis. Il n'y a, toutefois, pas assez d'écart dans l'ensemble de la composition pour expliquer celui que l'on constate dans les propriétés physiques ; on doit attribuer ces changements d'états aux variations dans l'état moléculaire dues à une plus ou moins grande rapidité dans le refroidissement.

Nous sommes bien éloignés de connaitre complètement l'influence que les différents corps que l'on rencontre dans les laitiers, peuvent exercer sur leur couleur. Lorsqu'il n'entre dans leur composition ni fer ni manganèse et que les bases sont exclusivement terreuses ou alcalino-terreuses, les silicates sont clairs et d'aspect blanchâtre.

Même en faible proportion, le protoxyde de fer les colore en vert, ce qui est surtout sensible dans les bi et les trisilicates. A dose élevée, l'oxyde de fer colore en noir. La coloration noire s'observe quelquefois dans des silicates contenant peu d'oxyde de fer, dans ce cas on constate généralement la présence du soufre en notable proportion, et c'est à ce dernier corps qu'on doit attribuer la coloration.

Lorsque le protoxyde de manganèse existe en même temps que le protoxyde de fer dans une scorie, il la colore en vert jaunâtre, à condition que la proportion de soufre soit peu élevée.

Les laitiers et les scories très riches en manganèse et assez siliceux exposés à l'air à l'état liquide, deviennent très noirs à la surface et se couvrent d'une pellicule irisée. Si nos observations sont exactes, quand la scorie contient une quantité suffisante de manganèse, un peu de soufre, peu ou point de protoxyde de fer et beaucoup de silice, la coloration est bleue.

Il se peut cependant que la belle couleur bleue que l'on remarque dans les laitiers d'un grand nombre de hauts-fourneaux soit due à une toute autre cause. Elle a donné lieu à un grand nombre de recherches sans résultat positif. On l'a quelquefois attribuée à la présence de l'acide titanique.

La couleur des scories est souvent une précieuse indication pour la marche des opérations métallurgiques. Pour mettre à profit ce moyen de contrôle, il n'est pas nécessaire de connaitre les causes intimes de ces colorations, il suffit de savoir que telle ou telle couleur correspond à une bonne allure et quelles variations de couleur accompagnent les divers accidents qui peuvent se produire dans la marche du procédé de fabrication.

6. — Poids spécifique.

Le poids spécifique des scories et des laitiers dépend de leur composition et varie entre des limites assez larges. Les plus lourds sont naturellement ceux qui contiennent les oxydes métalliques en plus forte proportion ; dans ce cas, le poids spécifique peut s'élever à 5 ; tandis que ceux dont les bases sont uniquement terreuses ou alcalino-terreuses et principalement les plus siliceux comme les trisilicates ont une densité comprise entre 2,5 et 3.

Ouvrages à consulter.

Percy, *Métallurgie*, traduction française de Petitgand et Ronna, T. I, p. 33 à 78. (On y trouve des renseignements détaillés sur les études antérieures au sujet des scories.)

K. C. v. Leonhard, *Hüttenerzeugnisse und andere auf künstlichem Wege gebildete Mineralien als Stützpunkte geologischer Hypothesen.* Stuttgard 1858. *Ouvrage à recommander pour l'étude de la structure et de la cristallisation, etc.*

P. Berthier, *Traité des essais par la voie sèche.* Paris 1848.

Sefström, *Versuche über die Bildung und Eigenschaften der in den Eisenhochofenschlacken vorkommenden Verbindungen und deren Einfluss bei der Roheisenerzeugung. Erdmanns Journal für technische und œkonomische Chemie, T. X* (1831), p. 145 ; et *Jernkontorets Annaler Jahrgang 12.*

P. Berthier, *Mémoire sur la manière dont se comportent au feu certains mélanges de terres et d'autres bases et particulièrement sur la fabrication industrielle de quelques silicates et aluminates.*

C Fr. Plattner, *Ueber die Bestimmung der Schmelzpunkte mehrerer Hüttenprodukte und der Hitzgrade, bei denen sich verschiedene Silikate bilden. Beilage zu dem Werke von F. Th. Merbach : die Anwendung der erwærmten Luft im Gebiete der Metallurgie.* Leipzig 1840.

C. Rammelsberg, *Beitræge zur Kenntniss der Hochofenschlaken. Poggendorffs Annalen,* T. CXXIV, p. 95 ; *Berg- u. hütt. Ztg.* 1848, p. 477.

C. Bischof, *Relative Schmelzbarkeit der Silikate des Eisens, des Kalks, der Magnesia und der Thonerde. Ding. pol. J.,* T. CLXV, p. 378.

Th. Erhard et A. Schertel, *Die Schmelzpunkte der Prinsepschen Legirungen und deren pyrometrische Verwendung. Jahrbuch f. d. Berg-u. Hütt. i. Kœnig. Sachsen auf d. Jahr* 1879, p. 154. (*Contient la rectification de certains nombres trouvés par Plattner dans ses expériences sur la température de fusion des scories.*)

M. J. Fournet, *Sur la cristallisation des silicates vitreux et sur la couleur bleue des laitiers. Annales de chimie et de physique,* Série III, T. IV (1842), p. 370.

H. Vogelsang, *Ueber die mikroskopische Structur der Schlacken und über die Beziehungen der Mikrostructur zur Genesis der krystallinischen Gesteine. Pogg. Annalen,* T. CXXI, p. 101 ; *Berg- u. hütt. Ztg.* 1864, p. 236.

E. Mène, *Sur la couleur bleue des laitiers. Comptes rendus,* T. LXIII, p. 608.

W. Muirhead, *Formation of aluminates in the blast furnace slags. Revue universelle,* 1880, T. VIII, p. 594.

A. Kerpely, *Molekular-Formeln der Schlaken. Berg- u. hütt. Ztg.* 1872, p. 201.

A. Ledebur, *Ueber Schlacken und die Bedingungen ihrer chemischen Zusammensetzung.* « *Stahl und Eisen* » 1884, p. 249.

R. Akerman, *Ueber die zum Schmelzen verschiedener Hochofenschlaken erforderliche Wærmemenge. Aus Jernkontorets Annaler 1886 in* « *Stahl und Eisen* » 1886, p. 281, 387.

P. Gredt, *Die Bildungstemperatur der Hochofenschlacken.* « *Stahl und Eisen* », 1889, p. 756.

R. Akerman, *Ueber die Bildungstemperatur der Hochofenschlacken.* « *Stahl und Eisen* » 1890, p. 424.

Dr. Kosmann, *Ueber die chemische Stellung der Thonerde in Hochofenschlaken.* «*Stahl und Eisen* » 1892, p. 270.

G. Hilgenstock, *Ueber die Zusammensetzung der Thomasschlacke und ihre Begründung.* « *Stahl und Eisen* » 1886, p. 525.

G. Hilgenstock, *Das vierbasische Kalkphosphat und die Bazicitœtsstüfe des Silikats in der Thomasschlacke.* « *Stahl und Eisen* » 1887, p. 557.

CHAPITRE VI

MINERAIS ET FONDANTS.
LEUR PRÉPARATION AVANT LE TRAITEMENT MÉTALLURGIQUE.

I. — **Minerais.**

On désigne sous le nom de minerais de fer les matières minérales dans lesquelles la quantité de fer, combiné ou mélangé avec un certain nombre d'autres corps, est suffisante pour permettre de les considérer ou de les employer comme matières premières de la sidérurgie.

Le fer se trouve à l'état *natif* dans la nature, mais d'une façon tout à fait exceptionnelle, qui ne permet pas de le regarder comme une ressource pour le traitement métallurgique. Il constitue en grande partie les *météorites*, avec des quantités variables de cobalt, de nickel et de quelques autres corps ; en 1870, Nordenskiold a rencontré de grandes masses de ce minéral à Disco dans le nord du Groenland ; il est vraisemblable que, dans l'air humide des climats tempérés, le fer natif se transformerait peu à peu en oxyde hydraté, on ne le rencontrerait donc pas à l'état métallique.

Pour qu'une substance contenant du fer puisse être utilisée comme minerai, il faut d'abord qu'elle ne renferme pas d'éléments qui soient assez étroitement unis au fer pour n'en pouvoir être séparés ou qui soient susceptibles d'en altérer tellement la qualité qu'il ne puisse être d'aucun usage ; il faut aussi que la teneur en fer soit suffisante pour que le prix de revient du métal obtenu, en permette le placement avec quelque profit. Cette limite inférieure de richesse en fer dépend naturellement en partie des autres conditions locales. On peut en effet se servir utilement d'un minerai plus pauvre quand le prix, y compris les frais de transport à l'usine, est suffisamment bas, ou bien quand les frais de fabrication, c'est-à-dire les dépenses en combustibles, main-d'œuvre, etc., sont elles-mêmes excessivement réduites. La nature des corps combinés ou mélangés au fer est également à considérer ; si, en effet, on ne peut les éliminer par la chaleur seule comme l'acide carbonique et l'eau, il faut les scorifier et certains de ces corps exigent de grandes quantités de fondants pour former une scorie fluide. Quelques-uns des éléments qu'on rencontre dans les minerais de fer fondent sans addition, dans ce cas, un minerai, tout en étant peu riche en fer, peut cependant être traité avec profit.

On emploie rarement des minerais contenant moins de 30 °/₀ de fer ; certaines usines descendent cependant jusqu'à 25 °/₀. Lorsqu'on dispose de plusieurs sortes de minerais et que leurs gangues sont de telle nature qu'en les combinant entre elles on puisse obtenir un laitier assez fusible sans qu'il soit nécessaire d'ajouter des fondants, on peut trouver avantage à utiliser même des minerais plus pauvres, dût-on les considérer comme des fondants ferrugineux. C'est ainsi que certains calcaires contenant 15 °/₀ de fer et même moins peuvent intervenir dans un roulement avec avantage.

On emploie souvent comme minerais des produits secondaires d'opérations métallurgiques ; les plus importantes de ces matières sont considérées et traitées comme de véritables minerais, nous y reviendrons ultérieurement.

La plupart des minerais de fer sont des oxydes anhydres ou hydratés, ou des carbonates ; quant aux silicates naturels, ils sont rarement employés ; leur réduction est trop difficile pour qu'on puisse les considérer comme de véritables minerais. Lorsqu'on veut les utiliser, on les mélange avec d'autres minerais plus fusibles.

Pour produire des alliages riches en manganèse, on doit remplacer une partie du minerai de fer par des matières à forte teneur en manganèse ; nous aurons donc à examiner aussi dans ce qui suit les minerais de ce métal.

A. — Fer carbonaté spathique.

Ce minerai est le résultat de la dissolution d'un composé de fer dans une eau chargée d'acide carbonique. C'est une des formes primitives que les minerais de fer ont prises au moment de leur formation. Lorsque le minéral est pur et qu'il n'a subi aucune altération, il répond à la formule $FeCO_3(FeOCO_2)$ et contient 48,2 °/₀ de fer ou 61,9 °/₀ de protoxyde de fer ; mais, dans le plus grand nombre de cas, il est mélangé, en proportion plus ou moins grande, avec divers carbonates tels que ceux de manganèse, de chaux et de magnésie avec lesquels il est isomorphe ; sa teneur en fer en est naturellement diminuée.

Le fer spathique cristallise dans le système rhomboédrique ; sa cassure présente, tantôt des cristaux plus ou moins volumineux, tantôt une structure compacte. On le trouve rarement en grains ou en rognons ; dans ce dernier cas il prend le nom de *sphérosidérite*. Fraîchement cassé, le minerai est d'un blanc légèrement jaunâtre, les allemands le désignent sous les noms de : *Weisserz, unreifer Eisenspath* (minerai blanc, fer spathique vert) ; mais sous

l'influence de l'air humide il se transforme partiellement en sesquioxyde hydraté et prend une couleur plus sombre, brune, pouvant aller jusqu'au noir
bleuâtre, c'est alors le *Braunerz*, *Blauerz*, *reifer Eisenspath* (minerai brun,
minerai bleu, fer spathique mur).

Le fer spathique constitue fréquemment de puissants filons, ou des amas
étendus dans les terrains les plus anciens et jusque dans les grès bigarrés.
Ceux du pays de Siégen sont fameux depuis l'antiquité et la quantité de tonnes
qu'on en exploite encore de nos jours forme une fraction importante de la
production de l'Allemagne. Il en est de même des gisements de Thuringe,
près de Saalfeld (Kamsdorf, Kœnitz) qui sont une source d'alimentation précieuse pour les hauts-fourneaux allemands particulièrement pour Maximilianshütte à Unterwellenborn près de Saalfeld ; on les expédie même dans
des usines plus éloignées. Il en existe également aux environs d'Osnabruck
que l'on traite à Georgs-Marienhütte. On en trouve enfin des gîtes, moins importants mais également exploités, dans le voisinage de Voigt en Saxe et
dans le Hartz près de Stolberg.

En Autriche et en Hongrie on exploite également de grandes quantités de
ce même minerai ; l'Erzberg de Styrie entre Vordenberg et Eisenerz possède
des masses de 150ᵐ de puissance exploitées depuis l'époque romaine et qui
alimentent, non-seulement les hauts-fourneaux styriens, mais aussi ceux des
contrées plus éloignées. On en trouve également en Carinthie près d'Hütten-
berg qui sont moins considérables et que consomment avec avantage les usines
de cette province ; enfin la Hongrie en possède aussi des gîtes puissants dans
les comtés de Gomor et de Zips que l'on exploite pour les fourneaux du pays
et pour ceux de la Haute-Silésie.

Ceux de France et d'Espagne sont peu considérables si on les compare aux
précédents ; ils ne laissent pas cependant d'avoir une valeur réelle. La
Grande-Bretagne et l'Amérique du Nord sont à peu près dénués de ce genre
de minerais.

On le trouve fréquemment associé à des pyrites, principalement à des pyrites de cuivre, à la galène, à la baryte sulfatée, à la calamine, etc. ; minéraux dont la présence n'est pas indifférente, au point de vue du produit à obtenir. Par contre, les phosphates ne s'y rencontrent que très rarement, aussi
considère-t-on généralement ce minerai comme très précieux pour la fabrication des fers et des aciers que l'on veut exempts de phosphore.

La facilité avec laquelle ce minerai se réduit surtout lorsqu'il a subi un
grillage préalable [1] en rend le traitement aux hauts-fourneaux très commode

---

[1] Le fer carbonaté spathique commence à se décomposer vers 800° (*Essais de Tunner.
Annales de Leoben*, T. X, p. 494); la réduction d'un minerai non carbonaté commence à une
température beaucoup plus basse: la calcination a pour effet de rendre le minerai plus poreux,
plus perméable aux gaz réducteurs, et par conséquent plus facile à réduire.

et comme, en outre, il contient presque toujours une certaine quantité de carbonate de manganèse, il convient tout particulièrement à la fabrication des fontes dans lesquelles on recherche la présence de ce métal, comme les fontes Spiegel, les fontes Bessemer, etc.

Dans certains pays, on donne à ce minerai un nom qui signifie *minerai d'acier*. La raison en est que l'absence de phosphore et la présence du manganèse ont toujours fait rechercher le fer carbonaté spathique pour produire soit de l'acier par les méthodes directes, soit des fontes destinées à être converties en acier. Pour le même motif on donne à certaines mines le nom de *Mine d'acier* (Stahlberg près de Müsen dans le pays de Siegen, etc.)

COMPOSITION

DE QUELQUES MINERAIS DE FER CARBONATÉ SPATHIQUE [1] EMPLOYÉS DANS LES USINES

	Crus							Grillés		
	1	2	3	4	5	6	7	8	9	10
Fer	38,86	34,70	39,40	33,12	26,38	33,37	33,66	43,34	45,34	40,65
Manganèse	9,20	6,50	3,10	4,52	1,82	1,76	1,46	7,39	2,82	2,04
Silice	0,22	8,00	3,52	3,57	1,10	10,55	16,78	14,69	12,33	16,11
Alumine	n.d.	2,10	1,02	0,86	»	3,52	4,30	1,95	1,95	2,58
Chaux	0,70	0,50	4,68	8,92	15,90	0,77	traces	2,29	6,65	0,44
Magnésie	0,51	0,50	1,24	2,12	8,47	5,46	5,56	1,29	1,59	6,03
Plomb	»	»	»	n d.	n.d.	»	»	0,03	»	»
Cuivre	0,03	0,10	n.d.	n.d.	n.d.	0,01	0,05	0,09	n.d.	0,02
Soufre	0,03	n.d.	n.d.	n.d.	n.d.	n.d.	n.d.	n.d.	n.d.	traces
Phosphore	traces	»	0,016	n.d.		0,02	traces	0,06	0,06	traces
Acide carbonique	n.d.	n.d.	{ 28,81 }	n.d.	n.d.	{ n.d.	n.d. }	{ 7,12	8,75 }	n.d.
Eau	n.d.	n.d.		n.d.	n.d.	{ n.d.	n.d. }			n.d.

1° Fer spathique de Struthütten (pays de Siegen) présenté à l'exposition de Dusseldorf en 1880.

2° Fer spathique de Niederhovels (pays de Siegen); mine de Wingertshart. Dusseldorf 1880.

3° Composition moyenne des minerais spathiques de Kamsdorff (Thuringe). (Stahl und Eisen 1882, p. 36).

4° Minerai de Kœnitz (Thuringe). Il contient 2,66 de Baryte et 0,30 de strontiane. On le traite à Kœnigin-Marienhutte (analysé par l'auteur).

5° Minerai spathique de Georgs-Marienhütte analysé dans le laboratoire de l'auteur.

---

[1] Les résultats de ces analyses sont présentés de manière à être aussi utiles que possible aux praticiens. C'est pour cela que le fer et le manganèse sont indiqués séparément. Ces deux métaux sont, en général, à l'état de protoxydes, mais sous les influences atmosphériques il se forme toujours un peu de sesquioxyde hydraté.

6° Minerai du Comté de Zips (Hongrie), mine de Kœhlergrund appartenant à l'usine Krompach, analysé par Ledebur.

7° Même provenance, mine Zahura.

8° Minerai grillé de Rottleberode (Hartz) employé à l'usine de Dortmund (Dürre Anlage und Betrieb der Eisenhütten, tome 1, p. 121).

9° Minerai grillé d'Innerberg (Carinthie) (Dürre, a. a. O, p. 124).

10° Minerai grillé de Kœhlergrund (usine de Krompach en Hongrie), analysé par l'auteur [1].

B. — Sphérosidérite argileuse et minerais analogues.

On désigne sous ce nom un grand nombre de minerais à base de carbonate de fer comme le précédent, mais ne présentant pas nettement la structure cristalline, parce qu'ils sont mélangés intimement à des éléments étrangers, principalement à de l'argile, ce qui leur communique un aspect compact et grenu, très différent de celui des fers spathiques. Il arrive fréquemment que le fer carbonaté ait été transformé en oxyde hydraté sous l'influence des agents atmosphériques ; c'est alors un minerai intermédiaire entre le spathique et l'hématite brune.

Les sphérosidérites constituent un des minerais de fer les plus importants par le nombre de gisements qu'on en connaît, et l'étendue de quelques-uns d'entre eux ; le tiers du minerai extrait du sol de l'Angleterre est composé de sphérosidérite qui occupe une énorme étendue dans le Cleveland et sert de base à la puissante industrie sidérurgique de cette contrée. Le pays de Galles et l'Ecosse en contiennent également.

Il en existe aussi des dépôts importants dans les provinces Rhénanes et en Westphalie, ainsi qu'en Silésie, en France, en Hongrie et en Pensylvanie.

Ces minerais sont fréquemment mouchetés de pyrite, de galène, de blende, ils peuvent donc, comme les fers spathiques, renfermer du cuivre, du plomb et du zinc, mais en outre ils sont beaucoup plus chargés de matières argileuses, siliceuses ou organiques, et contiennent des proportions appréciables de phosphore. C'est également un minerai d'une réduction facile, surtout après grillage. On peut le traiter pour fonte grise ou pour fonte blanche, suivant la nature et la quantité de matières étrangères dont il est chargé.

On peut diviser les sphérosidérites en deux classes :

[1] Nous ne croyons pas utile d'augmenter le nombre d'analyses de minerais de fer données par l'auteur, comme exemples des différents types, même en nous bornant à relater celles qui intéressent plus particulièrement l'industrie française ; des études spéciales ont été faites à plusieurs reprises sur ce sujet notamment par Monsieur Jordan, professeur de métallurgie à l'école centrale ; d'un autre côté le laboratoire de l'école supérieure des mines publie de temps en temps des séries importantes de documents de ce genre, dans les *Annales des mines*, auxquelles il est facile de se reporter. (V.)

1° Sphérosidérite ordinaire ou argileuse : minerai compact, coloré en gris, en brun ou en vert ; on y rencontre de l'argile et souvent des matières organiques, surtout de la houille en forte proportion, il appartient principalement aux terrains houillers, jurassiques ou crétacés.

COMPOSITION

DE QUELQUES SPHÉRO-SIDÉRITES ORDINAIRES OU ARGILEUSES

	1	2	3	4	5	6	7
Fer	28,76	36,14	33,20	32,44	25,10	36,16	40,46
Manganèse.	0,74	1,12	1,16	0,80	4,70	2,86	1,22
Silice	19,13	10,17	10,22	11,60	10.13	11,50	8,76
Alumine.	7,63	4,80	1,14	4,88	4,40	3,64	1,53
Chaux	2,89	0,76	3,32	2,99	9,72	1,88	2,15
Magnésie.	2,29	0,94	2,85	3,43	3,65	2,07	0,51
Cuivre.	n. d.	n. d.	n. d.	n. d.	tr.	n. d.	n. d.
Soufre.	0,10	0,04	0,42	0,08	0,15	0,36	n. d.
Phosphore	0,21	0,33	0,48	0,33	0,01	0,30	0,24
Acide carbonique	25,41	30,44	28,63	30,07	n.d.	n.d.	28,25
Eau et matières organiques .	2,07	2,52	2,89	2,03	n.d.	n.d.	3,80

1. Minerai du Yorkshire d'après Percy.
2.　　»　　du Sud-Staffordshire d'après Percy.
3.　　»　　de Stanton (Derbyshire)　　»
4.　　»　　de Bleanavon (Monmouthshire) d'après Percy.
5.　　»　　d'Euskirchen traité à l'usine de Hœrde (Dürre, a. u. B. I, p. 139).
6.　　»　　Ruppichteroth (Dürre, a. a. O.).
7. Sphérosidérite de Schmiedewalde près Meissen, analysée par l'auteur.

La seconde classe de sphérosidérite comprend le *minerai houiller* proprement dit ou *Blackband*. Ce minerai renferme de si grandes quantités de houille et d'une manière si constante qu'il est absolument noir et qu'il est susceptible de s'enflammer et de continuer à brûler. La proportion de matières combustibles n'est pas inférieure à 10 °/₀ et atteint fréquemment 25 °/₀. Les parties qui contiennent le plus de houille brûlent seules et forment la transition entre les minerais et les houilles les plus chargées de cendres. Sous les autres rapports, ce minerai a la même composition que le précédent. On ne l'emploie, dans les hauts-fourneaux, qu'après un grillage préalable, qui est d'autant plus facile, que ce minerai porte avec lui son combustible en quantité ordinairement suffisante ; il arrive même quelquefois que la chaleur développée par la houille, dont il est imprégné, permet de calciner en même temps d'autres minerais que l'on mélange avec celui-ci.

COMPOSITION

	Crus			Grillés		
	1	2	3	4	5	6
Fer	36,20	34,14	30,30	52,12	46,70	47,66
Manganèse	1,97	»	n.d.	1,21	1,42	0,90
Silice	1,93	10,19	5,26	9.64	16,49	13,44
Alumine.	1,23	2,39	»	5,75	5,88	4,46
Chaux.	2,44	2,10	»	3,15	3,21	3,69
Magnésie	1,39	2,47	»	1,96	4,03	2,65
Cuivre.	n.d.	n.d.	n.d.	n.d.	n.d.	n.d.
Soufre.	0,18	0,09	n.d.	0,79	0,14	0,90
Phosphore.	0,29	0,50	0,30	0,49	0,45	0,50
Matières organiques	10,46 ⎞		25,76 ⎞	» ⎞		
Acide carbonique.	30,77 ⎬ 32,25		» ⎬	» ⎬ 21,11		4,05
Eau.	1,47 ⎠		n.d. ⎠	3,00 ⎠		

1° Minerai des houillères de Shelton (Staffordshire) d'après Percy.

2° M. de Klosterbush, près Kupferdreh, employé par l'usine du Phœnix à Ruhrort. (Dürre, B. u. s. w., p. 90).

3° M. de Westphalie traité à Friedrich-Wilhemshutte près Mulheim. Dusseldorf 1880).

4. Minerai de Westphalie grillé (Dürre, A. u B. Bd I, p. 136).

5. Blackband de Klosterbusch (N° 2) après grillage. (Dürre, A. u. s. w. p. 136).

6. Blackband de Westphalie employé à Friedrich-Wilhelmshütte (Dusseldorf 1880).

C. — Hématite brune.

L'hématite brune renferme de l'eau à l'état de combinaison ; la couleur varie du brun au noir, la poussière est toujours brune ; absolument pure, elle correspondrait à la composition élémentaire représentée par la formule

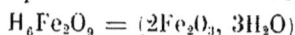

$$H_6Fe_2O_9 = (2Fe_2O_3, 3H_2O)$$

et contiendrait environ 60 °/₀ de fer. Les minéralogistes ont déterminé plusieurs classes d'hématites brunes qui s'écartent plus ou moins du type indiqué ci-dessus (Göthite etc.) Ces minerais passent graduellement, tantôt au sesquioxyde anhydre, tantôt au carbonate de protoxyde qui, la plupart du temps, lui a donné naissance par une décomposition et une suroxydation, sous l'influence des agents atmosphériques. C'est ce qui explique que la proportion d'eau varie dans des limites assez larges.

Ce minerai est extrêmement répandu et on le rencontre dans presque tous les terrains, aussi offre-t-il les aspects les plus divers. Un de ses caractères distinctifs c'est sa facile réductibilité. Quant à la nature et à la proportion des matières étrangères auxquelles il est associé, elles varient beaucoup suivant les gisements. Quelquefois ces minerais se trouvent dans le voisinage immédiat des fers carbonatés spathiques qui les ont produits, et comme eux contiennent du manganèse. On reconnaît même parfois dans l'hématite, la structure cristalline du carbonate spathique.

Les principales classes d'hématites sont les suivantes :

(a) *Hématite brune mamelonnée* ; la pureté de ce minerai permet de le classer parmi les meilleurs, sa couleur varie du brun foncé au noir ; la structure est cristalline et fibreuse, la forme extérieure est souvent mamelonnée ou sphérique (rognons). C'est dans les terrains les plus anciens qu'on rencontre cette sorte d'hématite ; elle a moins d'importance que les suivantes parce qu'elle est plus rare.

(b) *Hématite brune ordinaire*. — On désigne ainsi toutes les hématites brunes que leurs propriétés ne permettent pas de ranger dans les autres classes. Comme les précédents, ces minerais sont parfois d'une grande pureté, d'autres fois, surtout quand ils sont terreux et compacts, ils contiennent des pyrites, de la galène, du minerai de zinc et même des quantités appréciables de phosphates. Certaines variétés ont reçu des noms spéciaux ; on les dit réniformes, coquillers, compacts, terreux, etc.

On trouve dans les Alpes autrichiennes des hématites brunes de formation ancienne, en contact avec les fers carbonatés spathiques ; il en est de même en Thuringe, dans le Hartz, en Espagne, en Algérie, dans l'Amérique du Nord (Kentucky, Tennessee, Canada), etc. Les hématites brunes du Trias, dans la Haute Silésie, servent de base à la grande industrie du fer de cette contrée. Celle des terrains jurassiques sont très abondantes en Angleterre, dans la comtés de Northampton, de Lincoln, de Leicester, etc., elles représentent, comme quantité exploitée, la moitié de la production totale de la Grande-Bretagne.

En Espagne, principalement dans la province de Biscaye ces minerais ont pris une importance considérable (Bilbao, Somorostro), ils sont expédiés en Allemagne, en France, en Angleterre, où on les consomme dans un grand nombre d'usines et où on les apprécie pour leur richesse, leur teneur en manganèse et l'absence de phosphore qui les caractérisent.

1. Hématite brune de Thuringe. Outre les éléments indiqués au tableau, elle contient 0,95 de Baryte et 0,05 de strontiane ; on l'emploie à Kœnigin-Marienhütte. Analysée par l'auteur.

2. Minerai de Bilbao.

3. Minerai de Sulzbach. Employée à l'usine Maximilien. (Stahl und Eisen 1882, p. 351.)

4. M. de Krumbach, comme le précédent.

5. H. brune ocreuse des Büchenberg (Hartz). Preuss. Zeits. f. B. u. H. u. S. 1868, p. 206.

6. H. brune de Tannich, par Elbingerode (Hartz), comme n° 5.

7. H. brune ocreuse mamelonnée de Carinthie. Erzberg.

8. H. brune de Neubeuthen (Silésie). Percy.

9. H. terreuse de Tarnowitz.

10. H. mamelonnée du comté de Gœmor (Hongrie), employée à l'usine de Betler (Kerpely, Ungarn Eisensteine).

11. H. brune de Pensylvanie (Kupelwieser).

COMPOSITION
DE QUELQUES HÉMATITES BRUNES ORDINAIRES

	1	2	3	4	5	6	7	8	9	10	11
Fer	37,84	54,80	50,68	48,58	37,88	42,22	49,12	30,20	36,39	57,11	55,04
Manganèse	5,61	0,57	1,90	2.25	0,17	0,26	3,00	0,51	3,50	»	0,20
Silice	3,43	8,80	8,68	13,08	33,38	17,93	9,35	21,93	17,95	3,30	7,02
Alumine	1,49	1,15	3,21	1,91	0,88	10,28	0,91	2,40	6,22	2,23	2,50
Chaux	11,79	0,50	»	»	0,32	1,82	0,15	0,60	0,40	1,53	0,34
Magnésie	0,63	0,02	»	»	»	tr.	0,11	0,15	0,27	»	0.38
Soufre	n.d.	0,04	n.d.	n.d.	0,06	»	0,24	»	n.d.	0,12	tr.
Phosphore	n.d.	0,02	0,40	0,33	0,57	0,08	0,09	»	0,12	0,09	0,06
Eau	n.d.	10,55	12,14	12,20	7,77	9,38	12,61	31,05	n d.	10,77	10,71
Zinc	n d.	»	»	»	»	»	»	n.d.	3,15	»	»
Plomb	n.d.	»	»	»	»	»	»	n.d.	0,07	»	»

(c) *Minerais en grains et oolithiques.* — Ces minerais se présentent sous forme de petites sphères, ou de grains arrondis, quelquefois reniformes, dont la grosseur varie de la tête d'une épingle à une noix. Quelquefois ces grains sont isolés et ressemblent à de petits cailloux roulés, le plus souvent ils sont agglutinés ensemble par de l'argile ferrugineuse ou de la silice. Ils se trouvent en gisements considérables dans les terrains tertiaires et dans le trias ; ils contiennent généralement du phosphore, quelquefois en quantité considérable, mais, les frais d'exploitation étant le plus souvent très faibles, on a souvent recours à ces minerais pour la fabrication du fer.

On trouve des minerais en grains dans le Brisgau, sur quelques points du Wurtemberg, sur les confins du Hartz (Wilhelmshütte-Salzgitter). Dans les environs de Peine, se trouve une exploitation importante qui alimente les fourneaux d'Ilsede et de Peine. On rencontre en ce point des couches de minerais en grain ayant de 7 à 10ᵐ de puissance reposant sur l'argile de Hils. Dans la partie qui n'est pas comprise dans les affleurements, ou recouverte simplement de terre végétale, le toit de ce gisement est formé d'un calcaire tendre. Quant au minerai lui-même il se présente sous la forme de masses réniformes ou sphériques, réunies par un ciment de carbonate de chaux ou d'argile, et uniformément mélangées de grains de phosphorite. Celle-ci est quelquefois en très petits grains, d'autres fois en éléments de la grosseur du poing qui contiennent toujours de 10 à 12 % de phosphore ; on ne peut en séparer de la partie ferrugineuse qu'une très faible partie, et il en reste assez en mélange avec l'oxyde de fer pour constituer un minerai très phosphoreux ainsi que l'indique l'analyse que nous donnons plus loin.

La France possède un grand nombres de gisement de ce genre en Franche-Comté, dans le Berry, en Champagne.

Une autre variété en très petit grain, *la minette* qui a commencé à attirer l'attention vers 1860, appartient aussi aux minerais oolithiques ; elle alimente aujourd'hui en tout ou en partie, un très grand nombre de hauts-fourneaux. Elle contient fréquemment, en même temps que de l'oxyde hydraté, une certaine quantité de carbonate de fer, dernier vestige de la matière d'où elle tire son origine. La couleur de la minette est assez variable, on en trouve d'un gris verdâtre, d'autres sont brunes ou même noires, d'autres rougeâtres ; Cette coloration dépend de la plus ou moins grande quantité de carbonate non décomposé, restant en mélange, et du degré d'hydratation. La teneur en phosphore est toujours élevée. Un des gisements de minette les plus importants, commence à Nancy, traverse la Lorraine et le Luxembourg et s'avance jusqu'à Longwy et Athus. Sur quelques points à la frontière du Luxembourg, par exemple, sa puissance s'élève parfois à vingt mètres, et c'est à sa présence qu'est due la création d'importants établissements métallurgiques dans le Luxembourg, en Lorraine et dans les parties de la France et de l'Allemagne qui se trouvent dans le voisinage.

On exploite en Angleterre, dans le Lias, une hématite brune à grains fins qui joue un rôle considérable dans la métallurgie du pays ; on la rencontre près des sphérosidérites argileuses du Cleveland et dans les comtés de Northampton, Lincoln, etc.

On traite aussi dans plusieurs usines allemandes un minerai semblable, c'est-à-dire une hématite brune argileuse à grains fins qui appartient également au Lias et que l'on trouve aux environs de Hof en Bavière.

1. M. en grains d'Eschwege près Gebhardshagen (Brunswig). (Percy).

2. M. du Lias de Hof, traité à Kœnigen-Marienhütte, analysé dans le laboratoire de l'auteur.

3. M. argileux d'Adenstedt, près Peine, employée à Ilsède (laboratoire de de l'auteur).

4. M. de même espèce mine voisine, employée à Ilsède.

5.   »   »

6. M. à gangue calcaire de Bultein près Peine.

7. M. à gangue calcaire de Bultein près Peine.

8. Minette verte de Moyeuvre (laboratoire Ledebur).

9. Minette rouge de Belvaux (Durre, der Anlage etc. 1, p. 75).

10. Minette brune de Heydt près Redange. (Durre. a. a. O. p. 79).

COMPOSITION

DE QUELQUES MINERAIS EN GRAINS ET OOLITHIQUES

	1	2	3	4	5	6	7	8	9	10
Fer.	47,46	42,53	45,25	34,30	38,32	27,79	26,26	39,79	40,90	21,69
Manganèse	0,54	0,38	5,03	2,88	1,70	5,58	3,42	0,48	n.d.	n.d
Silice.	7,90	13,90	4,35	9,31	10,37	4,91	5,12	8,70	16,63	14,71
Alumine	8,30	10,25	3,54	5,60	7,32	0,74	0,93	6,21	4,95	3,88
Chaux	2,80	0,85	4,69	6,36	0,24	17,82	20,67	6,25	5,59	21,25
Magnésie	0,80	0,59	»	0,37	tr.	»	tr.	1,47	0,49	0,30
Soufre	n.d.	n d.	n.d.	n.d.	n.d.	n.d.	n.d.	n.d.	0,10	0,05
Phosphore.	0.98	0,41	1,53	1,30	1,91	1,00	0,88	0,74	1,13	0,48
Eau	10,30	n.d.	11,73	11,57	9,60	19,41	21,80	8,20	11,78	9,81
Acide carbonique .	»	»	»					5,76	4,25	18,89
Acide vanadique. .	0,10	»	»	»	»	»	»	»	»	»
Acide arsénique. .	0,10	»	»	»	»	»	»	»	»	»
Eau hygroscopique. (Humidité.)	»	»	»	10,34	10,90	7,05	7,00	»	»	»

(d) *Minerais des Marais.* — Ces minerais sont des dépôts produits par les eaux ferrugineuses dans des vallées marécageuses. Ils occupent généralement une grande étendue superficielle sur une faible épaisseur. Leur structure est le plus souvent terreuse ; on les rencontre cependant aussi en masses compactes ; dans le premier cas, la couleur est brune tirant sur le clair, dans le second, ils sont plus foncés et peuvent arriver jusqu'au brun noir. On les trouve en abondance dans toutes les terres basses du Nord de l'Allemagne, depuis la Hollande jusqu'en Russie ; ils existent également dans ce dernier pays, au Canada, en Pensylvanie, etc. Ces minerais sont intéressants pour la sidérurgie, particulièrement par le bas prix auquel on peut les obtenir.

Les couches ont rarement plus de 0^m,30 d'épaisseur, mais comme elles se trouvent très près de la surface, leur exploitation n'a rien à emprunter à l'art des mines. On les extrait généralement à la pelle ou à la pioche ; la terre végétale que l'on avait enlevée préalablement est remise en place après l'enlèvement du minerai, et le terrain, qui a été exploité pour son minerai pendant une année, reçoit l'année suivante un labour, est ensemencé et donne des récoltes plus belles qu'auparavant parce qu'il est débarrassé de la couche de minerai qui était imperméable.

Ordinairement le minerai des marais contient une forte proportion de grains de quartz ; il produit donc plus facilement de la fonte siliceuse, c'est-à-dire grise, que de la fonte blanche ; il renferme, en outre, souvent de la vivianite (phosphate de fer), ce qui en fait un minerai très phosphoreux, peu convenable pour un certain nombre de fabrications.

Dans quelques-uns de ces minerais, le phosphate de fer se présente sous forme de boules blanchâtres qui peuvent atteindre la grosseur du poing et qui se montrent quelquefois plastiques comme de l'argile ; elles bleuissent au contact de l'air ; un triage à la main, au moment de l'extraction ou après, permet de réduire notablement la proportion de phosphore.

On nomme *minerais des lacs*, ceux qu'on trouve au fond des lacs de Suède et de Finlande. Ils ressemblent aux minerais des marais par leur mode de formation, mais ils sont plutôt en grains. On les emploie sur place pour la fabrication du fer. Les grains ont des dimensions variant depuis le grain de millet, jusqu'à la noix ; ils ont généralement une forme un peu aplatie qui les fait ressembler à des haricots. On les extrait du fond de l'eau avec des filets.

COMPOSITION
DE QUELQUES MINERAIS DES MARAIS OU DES LACS

	1	2	3	4	5	6	7	8
Fer	48,12	36,79	47,34	50,28	54,37	35,60	44,25	53,10
Manganèse.	0,21	tr.	1,67	»	0,22	1,74	1,74	0,55
Silice	7,22	14,32	11,22	4,65	5,40	25,70	13,60	7,05
Alumine.	0,93	»	1,91	»	»	2,47	1,86	1,76
Chaux.	tr.	»	1,56	0,54	»	2,45	0,13	2,95
Magnésie	tr.	»	0,22	0,08	»		»	0,08
Soufre.	n. d.	n. d.	n. d.	n. d.	»	»	»	0,01
Phosphore.	1,01	1,13	0,94	0,47	0,89	0,37	0,07	0,29
Eau	21,22	19,16	13,16	21,79	17,29	15,70	17,70	10,83

1. Minerai d'Elsterwerde, traité à Groditz. (Ledebur).

2.   id.   de Wittenberg, id.   id.   id.

3.   id.   de Hollande, traité à Friedrich-Wilhelmhutte, près Mulheim sur la Ruhr.

4. Minerai de Belgique.

5. Minerai de Québec (Canada) (Kupelwieser. Das Eisenh., etc., U. S.)

6. Minerai de Wolhynie, cercle de Novogradvolinsk, anal. p. Ledebur.

7. Minerai de Finlande (Ledebur).

8. Minerai des lacs de Smaland, anal. p. Svanberg.

D. — Hématites rouges.

Ces minerais correspondent à la formule du sesquioxyde de fer Fe_2O_3.

Lorsqu'ils ne contiennent pas de matières étrangères en forte proportion, ils sont plus riches que les précédents puisqu'ils ne renferment ni eau combinée, comme les hématites brunes, ni acide carbonique, comme les fers spathiques et les sphérosidérites. Leur couleur est noire rougeâtre ou rouge ; la poussière est toujours rouge.

On les classe d'après leur aspect extérieur en plusieurs types ; le *fer oligiste* cristallise dans le système rhomboédrique, il est d'un noir métallique ou gris ; le fer *spéculaire ou micacé* est une variété du même type en écailles minces ; l'*hématite rouge mamelonnée ou fibreuse* a l'aspect de rognons, de grappes ou de stalactites ; la texture est fibreuse, elle ressemble à l'hématite brune mamelonnée, mais elle en diffère par sa couleur qui est rouge ; l'*hématite rouge ordinaire* terreuse ou compacte sans forme spéciale ; l'*hématite rouge oolithique* formée de petits grains, agglomérés comme dans l'hématite brune oolithique, etc.

On trouve ce minerai en filons, en poches et en couches. Les gîtes les plus considérables constituent des couches entre les schistes talqueux et chloritiques, les quartz et les jaspes des terrains azoïques. On rencontre les variétés compactes entre le calcaire et la diabase. Quelques-uns de ces gisements ont une grande réputation ; de ce nombre est celui de l'île d'Elbe qu'on exploite depuis la plus haute antiquité pour la fabrication du fer, ceux du lac Supérieur dans le Michigan et le Visconsin ; ceux du Cumberland et de la partie nord du Lancashire, etc. En Allemagne, on en rencontre principalement sur les bords de la Lahn ; dans l'Eifel, sur certains points de la Westphalie, du Hartz, de Thuringerwald, de l'Erzgebirge, il en existe de moins importants. En Belgique, on trouve des minerais oolithiques d'une assez grande puissance. L'Espagne en possède en abondance et d'excellente qualité qui alimentent les hauts-fourneaux de France, d'Angleterre, de Belgique et d'Allemagne de même que les hématites brunes du même pays que nous avons citées plus haut.

Les hématites brunes se rencontrent plus abondamment que les rouges, mais on recherche ces dernières, parce que, quand elles ne contiennent pas trop de matières étrangères, elles sont plus riches en fer et peuvent par conséquent supporter des frais de transport plus considérables ; les fers oligistes et les hématites rouges mamelonnées sont dans ce cas ; la proportion de phosphore y est le plus souvent faible, ce qui permet de les employer à la fabrication des fontes pures peu phosphoreuses. Il en est cependant qui, de bonne qualité sous d'autres rapports, contiennent de l'apatite. Les variétés terreuses ou oolithiques sont habituellement trop phosphoreuses pour être appliquées à la fabrication des fontes pures, mais même dans ce cas ces minerais contiennent moins de phosphore que les variétés correspondantes d'hématites brunes, surtout si on se borne à tenir compte, ainsi qu'on doit le faire, de la proportion de phosphore relativement au fer contenu dans le minerai. Ce n'est qu'exceptionnellement qu'on en rencontre d'aussi impurs que les minerais de formation récente comme ceux des marais, les minerais en grains et la minette.

On y trouve fréquemment des pyrites et, dans un grand nombre d'espèces, du quartz cristallisé en mélange et en proportion plus ou moins grande, ce qui les rend plus particulièrement applicables à la production de la fonte grise. Rarement on y constate la présence de fortes proportions de manganèse; quelquefois les minerais en contact avec des bancs calcaires retiennent des quantités importantes de carbonate de chaux ; quelquefois aussi on y reconnait de petites quantités d'acide titanique.

Les hématites rouges, même les plus compactes, sont généralement d'une réduction facile. On admet cependant presque partout qu'elles sont un peu plus difficiles à traiter que les hématites brunes.

COMPOSITION
DE QUELQUES HEMATITES ROUGES

	1	2	3	4	5	6	7	8	9
Fer	68,92	62,91	66,22	62,54	38,64	42,04	27,95	31,38	39,07
Manganèse. . .	»	tr.	»	1,93	0,10	0,89	0,13	0,19	5,46
Silice	1,53	5,89	2,60	3,80	17,80	23,88	7,19	0,87	28,10
Alumine. . . .	»	1,39	»	1.71	7,58	9,28	1,12	0.06	2,58
Chaux.	»	0,70	0,60	»	8,10	»	21,91	29,95	0,62
Magnésie. . . .	»	0,42	0,30	0,50	0,82	»	0,67	0,35	tr.
Soufre.	»	0,05	»	0,02	tr.	n.d.	n.d.	»	n.d.
Phosphore . . .	»	0,11	tr.	0,04	0,19	0,21	0,15	0,09	n.d.
Acide titanique.	»	»	0,20	»	»	»	»	»	»
Cuivre.	»	»	»	0,07	tr.	»	»	»	»
Perte au feu.Eau. Acide carboniq.	»	»	1,60	2,23	9,92	4,04	23,16	23,68	»

1. Hématite rouge mamelonnée du Cumberland. (Ledebur.)
2.   id.   id.   compacte du Lac Supérieur. (Wedding.)
3.   id.   id.   d'Algérie, province de Constantine. (Kupelweiser.)
4.   id.   id.   d'Algérie, mine de Mokta. (Dürre.)
5.   id.   id.   de Nassau traitée autrefois à Friedrich-Wilhelmhütte. (Dürre.)
6.   id.   id.   de Nassau traitée à Gutehoffnungshütte. (Dürre.)
7.   id.   id.   de la mine Christiane en Westphalie. (Dürre.)
8.   id.   id.   du Hartz mine Johannes, recueillie à Elbingerode et analysée à l'école des mines de Berlin.
9.   id.   id.   de l'Erzgebirge. (Ledebur.)

E. — Minerais magnétiques.

Ce minerai est composé de protoxyde et de peroxyde de fer, sa formule ne correspond pas toujours à Fe_3O_4; il est noir ou noir verdâtre, sa poussière est toujours noire. Il jouit de propriétés magnétiques auxquelles il doit son nom.

Il cristallise dans le système cubique, mais on le rencontre plus souvent en masse compacte, grenue ou amorphe. Il forme quelquefois au bord de la mer un dépôt de sable. Il se rencontre en couches, en poches, ou en masses couchées dans le gneiss, le schiste micacé, souvent même dans le voisinage de l'hématite rouge. Bien qu'il soit plus rare que les hématites brunes et rouges, il constitue, cependant, certains gisements d'une puissance extraordinaire auxquels il doit son importance et la renommée dont il jouit. Les gîtes les plus considérables sont : en Scandinavie ; dans les monts Oural; aux bords du lac Champlain, dans l'Amérique du nord ; en Pensylvanie, etc. Il en existe d'assez importants en Hongrie, en Saxe, dans l'Erzgebirge, le Hartz, en Thuringe, en Silésie ; mais ils sont loin d'atteindre la puissance des premiers : l'Algérie fournit également aux usines de l'Europe de très beaux minerais magnétiques, en même temps que des hématites rouges et brunes. On en exploite également en Corse et en Sardaigne. L'Angleterre n'en possède que d'insignifiants.

De tous les minerais de fer, celui-ci est le plus riche à l'état de pureté, mais on le trouve plus rarement en cet état que l'hématite rouge, aussi, très fréquemment, il contient moins de fer que certains fers oligistes et certaines hématites mamelonnées. Il est ordinairement très peu phosphoreux, bien qu'en certains gisements, on en trouve de mélangés d'apatite, mais le cas est rare, aussi cette nature de minerai est-elle recherchée pour la production des fontes pures. Les fers de Suède, qui proviennent surtout de minerais magnétiques, doivent à leur pureté la réputation méritée dont ils jouissent.

En Allemagne on emploie fréquemment des minerais magnétiques de Suède et de Norvège pour enrichir les lits de fusion.

On trouve quelquefois, associés à ce minerai, du quartz, du calcaire, des pyrites de fer et de cuivre, des pyrites arsenicales ; souvent aussi de la hornblende, de la chlorite, du grenat, de la blende et de la galène. On y rencontre encore de l'acide titanique principalement en Scandinavie et dans l'Amérique du Nord, en proportion plus considérable que dans les hématites. Il s'en trouve quelquefois jusqu'à 10 %, ce qui a une influence fâcheuse sur le traitement du haut-fourneau, parce que ce corps diminue la fusibilité des laitiers.

Si, par sa richesse et sa pureté, ce minerai offre de précieux avantages, ceux-ci sont en quelque sorte compensés par la difficulté qu'on éprouve à le réduire ; c'est, sans aucun doute, de tous les minerais de fer que nous avons passés en revue jusqu'ici, celui qui, sous ce rapport, présente le plus de résistance ; cependant par une calcination oxydante, qui le transforme en sesquioxyde, on corrige cet inconvénient, aussi est-il d'un usage général de n'employer ce minerai qu'après un grillage préalable.

Nous avons signalé, dans le chapitre V, les recherches intéressantes de M. Rossi sur l'emploi des minerais titanifères et sur la nouvelle manière d'envisager l'acide titanique. (V.)

COMPOSITION

DE QUELQUES MINERAIS MAGNÉTIQUES

	1	2	3	4	5	6	7	8
Fer	66,22	59,51	44,26	63,73	55,67	45,34	48,35	52,96
Manganèse.	0,76	0,12	5,76	0,26	0,16	0,11	0,10	»
Silice	10,14	12,44	1,75	6,48	9,70	32,66	30,05	9,80
Alumine.	0,37	0,33	0,20	1,35	2,25	0,13	1,70	9,48
Chaux.	0,43	1.08	3,80	0,75	5,79	0,48	0,65	1,46
Magnésie.	0,29	0,51	7,53	2,14	1,38	0,28	»	0,72
Soufre.	0,05	0,02	n.d.	n.d.	0,27	»	0,01	0,06
Phosphore	0,01	0,18	tr.	0,02	0,02	0,13	0,04	0,23
Acide titanique. . . .	0,57	»	»	»	»	»	»	4,40
Acide carbonique et eau	»	»	18,72	»	»	2,73	»	»

1. Minerai magnétique de de Lugnas, près Carlstad, en Suède, analysé par Lundstrom.

2. Minerai magnétique de Daniel, Grangesberg (Suède).

3.   »   »   de Norberg (Suède), Ledebur.

4.   »   »   de Taberg   »   »

5.   »   »   de Berggiesshubel, près Pirna.

6.   »   »   de Rœddecker, près d'Elbingerode (Hartz), analysé à l'école des mines de Berlin.

7. Minerai magnétique du lac Champlain, Etats-Unis de l'Amérique du Nord (Wedding).

8. Minerai magnétique de New-Jersey, Etats-Unis de l'Amérique du Nord (Wedding).

F. — Produits accessoires, riches en fer, provenant d'opérations diverses et utilisés comme minerais de fer.

A ce genre de matières appartiennent les scories ferrugineuses des diverses opérations métallurgiques que nous décrirons ultérieurement dans la troisième partie de cet ouvrage, et que l'on peut utiliser comme minerais, en raison de leur richesse en fer.

On emploie principalement les scories des fours à puddler et des fours à souder, ainsi que celles qui proviennent des feux d'affinerie au charbon de bois. On tire même parti, en certains points, de dépôts de scories anciennes provenant des affineries au bas foyer dans lesquelles on transformait directement le minerai en fer ou en acier par le procédé dit *catalan*.

La teneur en fer de ces matières dépasse généralement 50 % ; on en trouvera des analyses dans la troisième partie de cet ouvrage. Celles qui proviennent des fours à puddler contiennent souvent de grandes proportions de phosphore, 2 à 4 % et même, mais exceptionnellement, 7 %. On recherche ces dernières pour la fabrication des fontes très phosphoreuses, dites *Thomas*, lorsqu'on ne dispose pas de minerais suffisamment phosphoreux. Les scories des fours à souder, comme celles des foyers d'affinerie, renferment généralement moins de phosphore.

Les scories sont d'un traitement difficile, en raison de la résistance qu'elles opposent aux actions réductrices ; comme elles se composent de silicates de fer, les oxydes qu'elles contiennent ne perdent que péniblement leur oxygène sous l'influence des gaz réducteurs. Le grillage qui facilite le traitement de certains minerais, tels que les fers spathiques, les sphérosidérites, les fers magnétiques est à peu près sans effet sur les scories.

Nous indiquerons plus loin, dans ce même chapitre, les moyens de griller les scories, les effets et l'utilité de cette préparation. (V.)

Les pyrites grillées (en allemand Purpurerze, en anglais Purple ore), résidus de la fabrication de l'acide sulfurique, ont une importance égale à celle des scories comme traitement au haut-fourneau. La teneur de ces matières est très élevée, elles contiennent généralement de 60 à 65 % de fer ; il convient de les employer principalement lorsque le lit de fusion dont on dispose est pauvre. On y trouve rarement plus de 0,01 % de phosphore : ce sont donc des minerais fort précieux pour la production de fontes peu phosphoreuses.

Il serait cependant difficile de les utiliser sans préparation, parce qu'elles contiennent encore une forte proportion de soufre, quelquefois 6 % ; on y trouve également jusqu'à 12 % de zinc, ce qui est un grand inconvénient pour la fusion au haut-fourneau ; en outre elles renferment parfois des éléments tels que du cuivre, de l'argent, du nikel, qu'on peut en séparer avec profit.

On soumet donc ces résidus à une opération préalable, soit dans l'usine de produits chimiques où on les a grillés, soit aux hauts-fourneaux où l'on veut les fondre. Pour éliminer le soufre, on leur fait subir un nouveau grillage après les avoir pulvérisés et mélangés à du sel marin ; on lave ensuite la poussière obtenue ; les eaux de lavage entraînent le cuivre, l'argent, un peu d'or, et quelquefois du nikel et du cobalt, que l'on traite par les procédés appropriés ; le résidu du lavage ainsi purifié est employé comme minerai de fer ; le métal y est à l'état de sesquioxyde.

Le plomb, l'arsenic et l'antimoine se retrouvent dans le résidu du lavage ; lorsque la proportion de ces divers corps est un peu forte, la valeur de ce genre de produit peut diminuer considérablement au point de vue de la fabrication du fer.

Ce sont des matières pulvérulentes qu'il serait difficile d'employer en forte proportion ; on a proposé de les agglomérer de diverses façons, entr'autres par la mélasse, de manière à pouvoir la mouler en forme de briques sous la presse. Jusqu'à présent on n'a pas obtenu de résultat entièrement satisfaisant, le prix de revient dépassant la valeur du produit obtenu.

Les oxydes de fer pulvérulents provenant du grillage des pyrites dans les fabriques d'acide sulfurique ont été employés aux hauts-fourneaux de Terrenoire dès l'année 1877 et sur une grande échelle ; on faisait subir à ces matières très menues une agglomération en les mélangeant à une faible proportion de chaux hydraulique et d'eau et en les moulant par une pression énergique sous forme de briquettes. Ces matières ainsi préparées entraient pour une forte part dans les lits de fusion destinés à produire la fonte Bessemer ; un grand nombre d'usines ont suivi cet exemple en modifiant plus ou moins le mode d'agglomération. La chaux ainsi introduite a non seulement pour effet de réunir les particules d'oxyde de fer et de former une masse solide, elle intervient également en fixant les petites quantités de soufre que cet oxyde peut encore contenir. En somme ces résidus constituent aujourd'hui une ressource précieuse pour la métallurgie et, au lieu d'être, comme précédemment, un embarras pour les fabriques de produits chimiques, sont devenus une source de profits. (V.)

COMPOSITION

DE QUELQUES RÉSIDUS DU GRILLAGE DES PYRITES APRÈS CHLORURATION ET LAVAGE

	1	2	3	4
Fer	65,80	63,62	64,94	45,81
Manganèse	tr.	0,04	0,02	0,23
Silice	1,66	4,67	2,77	7,77
Alumine	n.d.	1,82	0,26	1,30
Chaux	0,10	0,46	0,41	1,14
Magnésie	tr.	0,12	0,07	0,48
Cuivre	0,02	0,04	0,12	0,05
Plomb	0,14	0,45	1,07	0,83
Zinc	0,03	0,24	0,25	10,59
Arsenic	»	0,05	0,03	0,01
Antimoine	0,02	0,06	0,04	0,01
Soufre	0,67	0,55	0,47	6,40
Phosphore	0,01	0,01	0,01	0,04

1. Pyrites grillées employées dans une usine des bords du Rhin (Ledebur).

2.   »   »   »   »   »   de la Haute-Silésie.

3.   »   »   »   »   »   »   »   (analysées toutes deux par l'auteur).

4. Pyrite mal grillée et mal lavée ; elle a été achetée par une usine de Westphalie, mais n'a pu être employée en raison de la présence en excès du zinc et du soufre. (Ledebur.)

G. — Minerais de Manganèse.

Le carbonate de Manganèse $MnCO_3(MnO,CO_2)$ et l'Acerdèse ou Manganite $H_2Mn_2O_4(H_2OMn_2O_3)$, lorsqu'ils sont purs conviennent parfaitement à la fabrication des fontes manganésées, mais on les rencontre rarement dans la nature. On trouve plus fréquemment la pyrolusite MnO_2, ou des mélanges de protoxyde et de peroxyde, avec une certaine proportion d'eau, tantôt purs, tantôt associés à de la silice, de la chaux carbonatée et à de l'oxyde de fer. Les minerais les plus convenables pour la fabrication des alliages très manganésés sont ceux qui contiennent le moins de silice ; nous en expliquerons ultérieurement la raison. Il n'est pas à désirer que ces minerais aient une teneur élevée en fer. S'ils contiennent beaucoup de phosphore, leur valeur est considérablement plus faible, parce que ce corps, qui passe en entier dans le produit métallique, le rend moins propre aux usages auxquels on le destine.

COMPOSITION

DE QUELQUES MINERAIS DE MANGANÈSE

	1	2	3	4	5
Manganèse.	52,78	36,87	55,03	51,98	51,63
Fer	1,89	11,63	1,40	14,24	13,72
Silice	6,20	15,15	8,30	2,15	0,87
Alumine.	1,40	n. d.	n. d.	2,50	0,69
Chaux.	3,40	n. d.	n. d.	0,30	1,52
Soufre.	»	»	»	0,02	»
Phosphore.	0,15	0,14	0,01	0,12	»

1. Pyrolusite de Huelva employé en France, et dans quelques usines allemandes. (Kerpely.)

2. Minerai de Nassau. (Dürre.)

3. Minerai du Canada. (Dürre.)

4. Minerai de Hongrie, employé dans l'usine de Oláhpatak. (Kerpely.)

5. Minerai de Hongrie [comté d'Eisenburg]. (Kerpely.)

2. — Fondants et Additions diverses.

L'emploi des fondants a pour but de scorifier les *gangues* des minerais; on appelle ainsi les corps étrangers qui leur sont associés. On choisit les fondants de telle sorte que la composition de la scorie produite et sa température de fusion concourent à la bonne marche de l'opération métallurgique que l'on a en vue. Dans certains cas on se propose seulement, en faisant des additions de fondants, d'augmenter la quantité de scorie, lorsque celle-ci a un rôle à remplir dans l'opération elle-même ; il en est de même, lorsqu'on traite de la fonte et que l'on y ajoute certains éléments destinés à donner aux scories la composition exigée par la nature du travail en cours.

Le choix des fondants dépend donc, non seulement du genre d'opération auquel on les applique, mais aussi et surtout, de la composition des matières auxquelles ils sont ajoutés. A un minerai riche en alumine et en silice, par exemple, on devra ajouter des fondants calcaires ou magnésiens ; c'est là, en effet, le cas le plus général, celui que l'on rencontre dans les neuf dixièmes des usines à fer ; le fondant le plus généralement employé est donc le calcaire, quelquefois la chaux vive ; on emploie également la dolomie pour introduire de la magnésie dans le laitier ou plus simplement parce que c'est, dans certaines localités, le fondant le plus économique.

Le calcaire est une matière très abondamment répandue dans la nature ; et dans la plupart des contrées on peut se le procurer à peu de frais et en quantités considérables; il joue un rôle important dans l'industrie du fer puisque la plupart des minerais en comportent, pour être traités, des additions pouvant aller jusqu'à 40 °/₀ de leur propre poids. La valeur vénale du calcaire est donc un élément à considérer dans le prix de revient du métal produit.

Le calcaire pur ($CaCO_3$) ou ($CaOCO_2$) se compose de 56 °/₀ de chaux et de 44 °/₀ d'acide carbonique ; pour introduire 100 de chaux il faut donc employer 178,6 de calcaire pur. Comme l'addition de calcaire à un lit de fusion a surtout pour but de scorifier la silice, ou pour mieux dire, d'obtenir entre la silice et les bases une relation déterminée, un calcaire a d'autant moins de valeur comme fondant qu'il est lui-même plus siliceux. En effet il contient moins de chaux et une partie de celle qu'il renferme est neutralisée par sa propre silice et ainsi détournée de son but.

Les calcaires contenant des fossiles sont quelquefois riches en phosphore, on ne doit donc pas les employer sans les avoir analysés, lorsqu'on se propose la fabrication de produits exempts de ce corps. Le tuf calcaire est, ordinairement, encore plus phosphoreux, il contient en outre beaucoup de silice, ce qui le rend peu propre à la fabrication du fer.

Un grand nombre de calcaires renferment des pyrites de fer et de cuivre, de la galène, de la calamine, du gypse. Un certain nombre sont ferrugineux ; si leur composition le permet, on peut les employer avec avantage comme intermédiaires entre les minerais et les fondants. .

Le calcaire grenu, cristallin, appelé ordinairement marbre, est le plus riche en chaux, et le plus pur ; lorsqu'on ne peut s'en procurer à un prix assez bas, il faut rechercher les calcaires compacts aussi purs que possible ; le plus souvent les fossiles qu'ils renferment, indiquent la présence de phosphore, et on y trouve en outre de la silice et de l'argile. Dans certains districts, on utilise des calcaires oolithiques malgré leur teneur en phosphore ; la craie est plus rarement employée, soit parce qu'on ne la rencontre qu'en un petit nombre de points, comme à Douvres, à Rugen, etc., soit parce qu'elle est associée à des quartz en rognons et à des bancs argileux. On expédie cependant de Douvres à plusieurs usines anglaises des calcaires purs provenant du terrain crétacé. (Percy.)

La dolomie, est, ainsi que nous l'avons indiqué plus haut, employée dans certains cas particuliers ; c'est un mélange, en proportion variable, de carbonate de chaux et de carbonate de magnésie. En moyenne on y trouve 60 °/₀ du premier et 40 °/₀ du second. La dolomie est tantôt grenue, tantôt compacte ; certaines variétés contiennent de grandes quantités de silice, assez souvent de la blende, de la pyrite arsenicale et de la pyrite de fer.

COMPOSITION
DE QUELQUES CASTINES CALCAIRES ET DOLOMITIQUES

	1	2	3	4	5	6	7
Chaux.	51,85	52,58	52,33	33,21	26,65	29,06	33,64
Magnésie	»	1,58	1,86	16,00	16,48	11,34	0,70
Fer	traces	0,51	»	0,77	3,42	0,26	16,32
Manganèse.	traces	»	»	»	traces	»	2,82
Alumine.	»	0,12	0,73	4,70	traces	0,71	0,63
Silice	2,10	1,17	2,10	2,40	11,00	1,54	1,92
Phosphore.	»	»	0,01	n.d.	»	»	»
Soufre.	traces	traces	0,11	n.d.	n.d.	n.d.	n.d.
Acide carbonique.	40,75	43,06	42,89	n.d.	41,17	n.d.	n.d.

1. Calcaire cristallin de Meissen employé à l'usine de Gröditz, analysé par Ledebur.

2. Calcaire cristallin de Hongrie employé à l'usine de Krompach, analysé par Ledebur.

3. Calcaire de Luisbourg sur la Lenne, employé à l'Union de Dortmund. (Dürre).

4. Calcaire dolomitique de l'Eiffel employé à l'usine de Junkerath (Dürre).

5. Calcaire dolomitique d'Ostrau (Saxe) employé à l'usine de Grœditz, analysé par Ledebur.

6. Calcaire dolomitique de Crimmitschau, employé à Königin-Marienhütte (Ledebur).

7. Calcaire ferrugineux de Thuringe, il contient 1,15 % de baryte (Ledebur).

Quelquefois, mais exceptionnellement, on remplace, en tout ou en partie le calcaire par du *spath fluor*. Nous savons que cette matière abaisse le point de fusion du laitier, elle peut donc intervenir d'une façon utile dans certains cas particuliers. Il ne convient pas de l'employer d'une manière continue, parce que ce corps a le double inconvénient d'être d'un prix élevé, et de ronger fortement les parois des fours.

Certains minerais, les fers carbonatés spathiques entre autres, contiennent du spath fluor, ils ont donc la propriété de former des laitiers fusibles et très fluides.

Lorsque par suite de l'absence, dans un lit de fusion, de quantités suffisantes de silice et d'alumine, on se trouve avoir un excès de chaux ou de magnésie, on y introduit, comme fondants, des schistes argileux qui fournissent les éléments nécessaires. La composition moyenne de ces schistes est la suivante :

Silice	60
Alumine	19
Protoxyde et Sesquioxyde de fer	8
Chaux et magnésie	3
Alcalis. Acide carbonique.	10.

Dans d'autres cas on emploie des roches comme le *Gabbro*, la *Diabase*, le *Granite* qui introduisent beaucoup de silice avec peu d'alumine.

La composition chimique moyenne de ces matières est la suivante :

	Silice	Alumine	Protoxyde et sesquioxyde de fer	Magnésie, chaux	Alcalis, etc.
Gabbro	50	15	15	10	10
Diabase	50	16	13	10	11
Granite	72	16	2	2	8

A mesure que les moyens de communication se développent, on trouve plus facilement le moyen de remplacer ces additions de matières siliceuses stériles par celle de minerais à gangue siliceuse, ce qui est beaucoup plus avantageux.

3. — **Préparation des matières constituant les lits de fusion**[1].

A. — **Cassage.**

Pour que le traitement des minerais et des fondants se fasse dans les meilleures conditions, il est nécessaire que ces matières se présentent en morceaux d'un volume déterminé, qui varie avec le procédé de fabrication auquel elles seront appliquées.

Il est clair que plus les morceaux sont petits, plus ils offrent de surface par rapport à leur volume, plus aussi ils ont de facilité à absorber la chaleur et à subir l'influence d'une action réductrice. A ces divers points de vue, il semblerait qu'il y a un avantage incontestable à broyer aussi finement que possible les divers éléments d'un lit de fusion, pour économiser l'agent qui produit la chaleur et celui qui opère la réduction. Dans la pratique, on est obligé de ne pas dépasser une certaine limite parce que les gaz des fours où s'opèrent la fusion et la réduction doivent, surtout dans les fours à cuve, traverser les matières, et qu'ils éprouvent plus de difficultés à cheminer lorsque les espaces qui restent entre les fragments sont très petits. En dépensant un travail mécanique considérable, par l'emploi de puissantes souffleries par exemple, on parviendrait, sans doute, à triompher de ces résistances, mais la marche des gaz deviendrait irrégulière à mesure que la résistance qui leur est opposée s'accroîtrait. On doit donc, dans la division des éléments qui constituent un lit de fusion, ne pas dépasser une certaine mesure.

On arriverait, d'ailleurs, au résultat le plus favorable si les minerais et les fondants étaient en fragments d'égale grosseur dont les dimensions seraient déterminées par la hauteur de la colonne que les gaz auraient à traverser.

Dans les fours peu profonds, dans lesquels on transforme directement le minerai en fer, il est avantageux de traiter les minerais cassés à la grosseur d'un pois ou d'un haricot. Dans les petits hauts-fourneaux au bois, les minerais de la grosseur d'une noisette sont ceux qui conviennent le mieux, mais dans les hauts-fourneaux au coke on obtient les meilleurs résultats de morceaux de la dimension du poing et même plus gros.

On ne peut pas toujours disposer de matières ayant la grosseur convenable; souvent on est obligé d'employer des minerais menus ou en petits grains ; on a jusqu'ici sans succès essayé de les agglomérer ; souvent aussi on se trouve en présence de morceaux trop volumineux qui doivent être cassés.

Quelquefois, mais rarement, le cassage se fait à la main, à l'aide de mar-

[1] La préparation mécanique, qui est l'objet d'études spéciales, ne peut être traitée ici que d'une façon sommaire. Le lecteur trouvera des détails sur cette question dans les ouvrages que nous indiquons à la fin de ce chapitre.

teaux en fer ou en acier. Ce moyen a l'avantage, il est vrai, de permettre un triage et l'élimination succesive des matières nuisibles ou trop pauvres que l'on peut rencontrer, mais il exige l'emploi d'un personnel considérable pour une fabrication de quelque importance.

Dans une journée de dix heures un homme peut casser au marteau de 8 à 12 tonnes de minerai suivant que celui-ci est plus ou moins dur et que les morceaux sont plus ou moins gros. (V.)

On se sert donc, pour le cassage des minerais, de divers appareils mécaniques dont nous allons décrire les principaux.

(a) *Bocards*. — Le bocard consiste en un certain nombre de pilons, maintenus dans la verticale par un guidage et que soulèvent des cames à tour de rôle ; ils retombent par leur poids sur le minerai qu'on leur présente ; ce sont les plus anciens appareils établis pour le concassage des minerais ; ils datent du xvie siècle ; le premier fut établi dans l'Erzgebirge par Sigismond de Maltiz en 1507 ; le plus ancien bocard du Hartz date de 1524.

Le bocard s'applique mal à la préparation des minerais de fer qu'il ne convient pas de réduire en trop menus fragments. Lorsqu'on bocarde les minerais de plomb, par exemple, il se produit une grande quantité de poussière que l'on retient par une aspersion d'eau ; il n'en peut être de même pour les minerais de fer qui doivent être traités à sec. Du reste on n'emploie plus cet appareil dans les usines à fer ; son défaut capital est que plus le morceau qu'on présente au pilon est volumineux et aurait besoin d'être frappé plus vigoureusement et plus, au contraire, il est ménagé puisque le marteau tombe de moins haut ; les petits fragments, de leur coté, qu'il ne faudrait diviser qu'avec précaution reçoivent le choc à toute volée et se trouvent réduits en poussière. On obtient donc un cassage irrégulier, et une mauvaise utilisation du travail.

On estime que, par force de cheval, un bocard produit en douze heures de 3000 à 3500^k de minerai concassé ; c'est un rendement inférieur à celui de tous les autres appareils que nous allons décrire.

(b) *Cylindres horizontaux*. — Cet appareil se compose de deux cylindres parallèles, à surface quelquefois lisse, mais plus souvent cannelée, disposés horizontalement sur le même bati. Un jeu de pignons leur communique le mouvement au moyen d'accouplements simples et les fait tourner en sens contraire, de manière que la matière à casser versée à leur surface soit entraînée par le frottement et contrainte de passer dans l'intervalle qui les sépare après s'être brisée à la grosseur correspondante. Lorsque les cylindres portent des cannelures parallèles à leur axe de rotation, ils saisissent plus facilement les fragments de minerais, mais les cannelures sont exposées à se rompre, surtout si le travail qu'on leur demande est considérable, c'est-à-dire s'il y a, entre la grosseur des morceaux qu'on présente à la machine et celle que l'on veut obtenir, un écart très grand. Pour diminuer ce danger on établit souvent deux paires de cylindres l'une au-dessus de l'autre ; l'une, supérieure, à écartement plus considérable et à fortes cannelures, reçoit la matière brute à laquelle elle fait subir un premier concassage, la paire inférieure, pourvue de cannelures moins profondes et à moindre intervalle, amène les matières à la grosseur voulue.

La fig. 51 représente un concasseur à deux paires de cylindres que l'on employait souvent autrefois pour la préparation des minerais de fer ; un bâti, formé de deux cages robustes A, porte les paliers des cylindres ; ceux de droite sont fixes, les autres sont mobiles ; les premiers sont maintenus par une saillie du bâti, les autres butent contre une saillie correspondante

Fig. 51. — Broyeur à quatre cylindres.

par l'intermédiaire de leviers à contre-poids *bb*; les petits bras de ces leviers agissent sur les broches *cc* et aussi sur les paliers eux-mêmes. Ces dispositions sont très efficaces. Le reste de l'appareil est facile à comprendre. Le minerai arrive dans la trémie *d* qui est suspendue au plancher établi au niveau de la partie supérieure des cages, auquel on l'amène par un plan incliné.

Pour le concassage des minerais de fer, on donne ordinairement aux cylindres un diamètre de $0^m,30$ à $0^m,70$, et la longueur de table varie de $0^m,30$ à $0^m,90$; la vitesse angulaire à la circonférence extérieure est comprise entre $0^m,30$ et $0^m,90$ par seconde. La production d'un semblable appareil dépend naturellement de la dureté des matières à briser et de la grosseur des morceaux qu'on veut obtenir, mais elle est en tous cas supérieure à celle des bocards, elle atteint 4000^k par cheval et par douze heures.

Les cylindres ont, sur les bocards, l'avantage de donner, comme résultat, des fragments beaucoup plus égaux. Leur dimension est aussi plus facile à régler ; depuis le commencement du siècle, époque à laquelle ces appareils ont été établis dans le Cornouailles pour la préparation mécanique des minerais, ils ont peu à peu remplacé les bocards dans les usines à fer ; plus récemment, cependant, ils ont cédé la place aux concasseurs qu'il nous reste à décrire.

(c) *Concasseurs.* — Ces appareils ont été imaginés en 1858 par l'américain Blake ; les dispositions primitives présentant quelques imperfections ont été heureusement modifiées et, depuis ce moment, l'usage s'en est rapidement répandu pour la préparation des minerais et des fondants dans les usines à fer. Ils ont d'abord l'avantage d'occuper moins de place que les précédents tout en produisant beaucoup plus ; ils sont surtout supérieurs aux bocards par la régularité du cassage et la facilité avec laquelle on détermine la grosseur des morceaux.

Les fig. 52 et 53 représentent un de ces concasseurs destiné au cassage des minerais de fer.

La partie en contact avec la matière à casser se compose de deux joues *c* et *d*, dont l'une est fixe et l'autre mobile, toutes deux en fonte trempée ou en acier ; la surface est cannelée. La joue fixe *c* s'appuie sur le bâti en fonte qui doit être construit d'une façon très robuste et qui porte toute la machine ; elle y est assujettie par des clavettes. La joue *d* est fixée de la même manière sur une forte pièce en fonte qui oscille comme un pendule autour de l'axe *C*, rapprochant et éloignant successivement la joue mobile de la joue fixe, et faisant par conséquent varier très rapidement la dimension de l'intervalle qui les sépare. Les morceaux de minerai introduits par la partie supérieure entre ces joues descendent à chaque oscillation et arrivent ainsi successivement dans des espaces plus resserrés, jusqu'à ce qu'ils atteignent la partie la plus étroite qui correspond à la grosseur des morceaux que l'on veut obtenir. Pour produire ces oscillations, on a placé au milieu de l'appareil un arbre coudé *A* sur lequel sont calés deux volants et une poulie ; au coude se fixe une bielle *a* qui reçoit un mouvement vertical alternatif. Sur cette bielle sont articulées les deux barres à genoux *ff* dont l'angle s'ouvre et se ferme alternativement donnant à la joue *d*, le mouvement oscillatoire ; on voit clairement sur le dessin, fig. 52, cette partie de la machine.

Pour limiter la course en avant de la joue mobile, on a disposé un ressort visible sur la figure, qui tend toujours à la ramener en arrière ; l'action de ce ressort empêche en même temps la barre *f* de quitter son logement et de tomber.

On obtient des morceaux de minerai cassés plus ou moins gros en diminuant ou en augmentant la longueur des barres *ff*. On peut, dans une certaine limite, produire le même effet en faisant varier la position du coin *e* qui est suspendu à une vis.

Le concasseur représenté est monté sur roues, ce qui permet de le transporter facilement d'un point à un autre. On le fixe solidement par un moyen

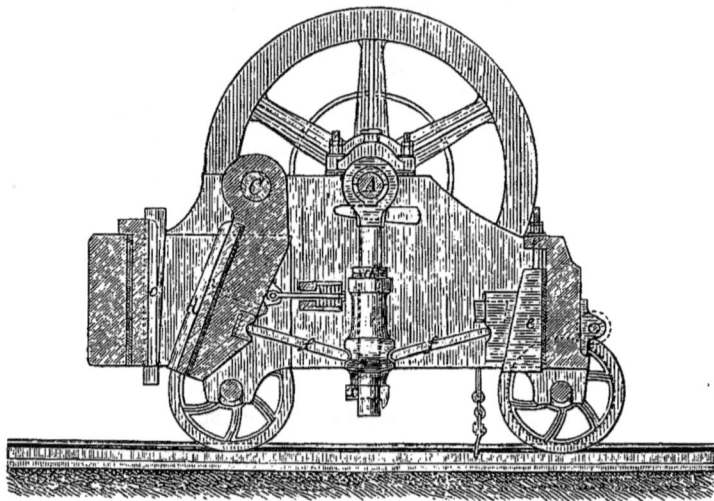

Fig. 52. — Broyeur Blake (coupe).

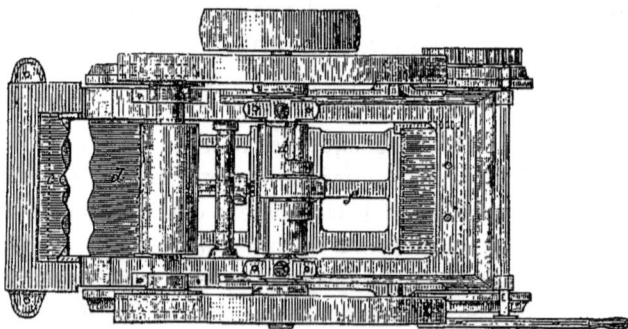

Fig. 53. — Broyeur Blake (plan).

quelconque à l'endroit où il doit fonctionner ; des oreilles saillantes, venues sur le bâti, permettent de maintenir l'appareil sur une fondation préparée à cet effet, au moyen de quelques boulons.

Ce concasseur bat environ 200 coups par minute ; celui dont nous donnons le dessin réduit, à la grosseur du poing, 10 tonnes de fer spathique en une heure et demie en absorbant une force de 3 à 4 chevaux, ce qui revient à 20 tonnes par cheval et par 12 heures. Lorsque le minerai dont on dispose est plus dur et lorsqu'on le réduit en fragments plus petits, on peut compter toujours sur une production de 6 tonnes de rendement, ce qui est bien supérieur à ce que l'on peut obtenir des cylindres.

B. — Lavage.

Il est des cas où les minerais doivent être débarrassés par un lavage de la gangue qui les accompagne, particulièrement lorsque celle-ci se compose de sable et d'argile. C'est surtout aux minerais en grains que cette préparation est utile.

Les lavoirs les plus simples sont les *bacs* auxquels on donne une pente de 5 à 10°, et dans lesquels les minerais sont soumis à l'action d'un courant d'eau ; des ouvriers placés le long du bac et armés de râbles ou de râteaux ramènent incessamment la matière à contre-courant. D'après Rittinger, le bac, qui est en bois, doit avoir $0^m,05$ de largeur, $0^m,30$ de profondeur et de $2^m,50$ à $3^m,75$ de longueur avec une pente maximum de 18^{mm} par mètre. Il peut être avantageux de fixer sur le fond du bac, des traverses formant barrages, derrière lesquels l'eau et le minerai sont partiellement retenus ; ces traverses ont une section triangulaire, de manière à se raccorder par un biseau avec le plan du côté d'aval. L'eau entraîne les boues et les sables ; lorsque le lavage est terminé on recueille le minerai au moyen d'écopes percées de trous.

En consommant de $0^{mc},250$ à $0^{mc},500$ d'eau par minute, on peut dans un bac semblable à celui que nous avons indiqué ci-dessus, laver 10 tonnes par heure en employant un personnel suffisant.

Ce procédé comporte évidemment une main-d'œuvre considérable, et lorsqu'on doit avoir à laver de grandes quantités de minerais, il faut recourir aux appareils mécaniques.

Ces appareils qu'on désigne sous le nom de *patouillets* se composent d'une auge ayant la forme d'un demi-cylindre dans lequel tourne une vis sans fin qui fait cheminer le minerai. On charge celui-ci à un des bouts de l'auge, il se déverse à l'autre extrémité. Le frottement résultant de cette circulation désagrège le sable et l'argile que le courant d'eau arrivant en sens contraire entraîne d'une façon continue [1].

Les *Tambours* ou *Trommels* rotatifs en tôle sont plus fréquemment employés et d'un usage plus efficace. Ces appareils sont à axe horizontal ou légèrement incliné ; on introduit le minerai à une extrémité, il s'avance graduellement et sort par le bout opposé ; les matières étrangères, désagrégées par le frottement, sont entraînées par le courant d'eau ; le minerai, dirigé par

---

[1] *Annales des mines*, 1864, 4° livraison.

des fers d'angle disposés en hélice dans l'intérieur du trommel, ou simplement par la conicité de l'appareil, chemine en sens inverse du courant d'eau.

Les extrémités des trommels sont fermées partiellement pour que le minerai baigne constamment dans une certaine quantité d'eau.

Les dispositions adoptées pour les trommels destinés au lavage des minerais de fer sont très variées, la fig. 54 représente un appareil de ce genre établi aux forges de Cuzorn (Lot-et-Garonne) et signalé dans le rapport de Kerpely sur l'exposition universelle de Paris en 1878.

Le trommel *A* est conique, sauf à l'extrémité la plus large, où il commence par une partie cylindrique de faible longueur ; il tourne autour d'un axe *a*

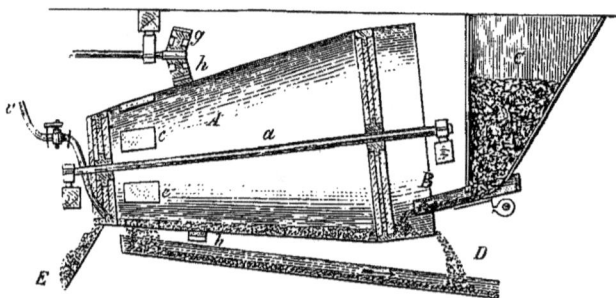

Fig. 54. — Patouillet.

dont l'inclinaison est telle que chaque fragment de minerai chargé en *B* par la trémie *C* suit le mouvement de l'enveloppe de tôle dans un plan normal à l'axe, puis glisse dans un plan vertical, ce mouvement se renouvelant d'une manière continue le minerai remonte peu à peu, vers l'extrémité opposée, la faible pente de la génératrice inférieure, tandis qu'un tuyau *v* amène constamment un filet d'eau qui chemine en sens inverse, entraînant l'argile et le sable et se déverse en *D* par dessus le bord du trommel. Huit ouvertures garnies de toile métallique ou de tôle perforée *rr*, situées près de l'extrémité la plus étroite, laissent échapper une partie de l'eau avec les dernières traces de sable ou d'argile qui adhèrent encore au minerai et achèvent de le purifier au moment où il va quitter l'appareil. Une came, figurée au dessin, en dessous de la trémie *C*, ou un excentrique, imprime au distributeur des secousses qui régularisent l'alimentation du trommel.

Le minerai lavé tombe par la coulisse *E* dans le wagon destiné à le recevoir. Le mouvement de rotation du trommel lui est communiqué par un pignon *g* et une roue dentée *h* qui forme ceinture autour de l'appareil.

Un trommel de ce genre peut laver dix tonnes de minerai à l'heure et les élever à une hauteur de dix mètres en employant une machine de 6 chevaux ;

chaque fragment de la matière à laver séjourne pendant dix minutes dans l'appareil [1].

C. — Grillage.

(a) *Généralités.* — Le grillage est une opération préparatoire par laquelle on soumet le minerai de fer à l'action de la chaleur sans arriver jusqu'à la fusion. Si on atteignait ce point, en effet, certaines réactions chimiques pourraient se produire entre les éléments du minerai, qui rendraient le traitement ultérieur plus onéreux ; il se formerait des scories ferrugineuses beaucoup plus difficiles à réduire que les oxydes libres.

La règle à suivre dans un grillage est donc *d'éviter d'élever la température jusqu'au point où les minerais commencent à se scorifier ou à s'agglomérer.*

Il y a cependant quelques exceptions à cette règle, dont nous donnerons plus loin les raisons.

En soumettant un minerai à l'opération du grillage le résultat qu'on se propose d'obtenir n'est pas toujours de même nature.

Quelquefois, rarement cependant, lorsqu'on a à traiter un minerai dur et compact, on se propose seulement de *le rendre plus poreux* en l'exposant brusquement à une température élevée; ainsi traités, les fragments se gercent et se fendillent, deviennent plus faciles à casser et se laissent plus facilement pénétrer par les gaz réducteurs. On atteint encore mieux ce but en *étonnant* le minerai, c'est-à-dire en le projetant encore chaud dans l'eau froide.

Nous avons entrepris, il y a quelques années, dans notre laboratoire, des études sur la porosité relative des minerais ; elles ne sauraient trouver place ici, nous nous bornerons à indiquer brièvement la méthode suivie et quelques-uns des résultats obtenus.

Nous opérions sur des fragments de minerais de 5 à 6 grammes ; après séchage à 100°, chaque morceau était pesé avec soin, puis mis en contact avec de l'huile non volatile pendant deux heures ; au bout de ce temps, l'imprégnation était complète et le minerai essuyé au papier buvard était pesé de nouveau, d'autres fragments des mêmes minerais étaient alors calcinés dans des creusets de platine en présence d'un courant d'air qui arrivait à l'intérieur par un tube de même métal ; on élevait la température lentement pour éviter l'éclatement des fragments et on refroidissait de même ; on les mettait ensuite en présence de l'huile comme les précédents, on les essuyait et on les pesait.

Nous avons constaté ainsi que certaines hématites brunes par exemple, qui après simple séchage retenaient 8 à 10 % d'huile, après calcination pouvaient en absorber 32 % de leur poids primitif, tandis que des minerais magnétiques de Suède qui, après séchage à 100°, absorbaient à peine 1 % même à la suite d'un contact

[1] Percy-Wedding, *Handbuch der Eisenhüttenkunde*, 2e partie, p. 512 ; on y trouve la description détaillée d'un atelier de lavage établi par la Société Humboldt (autrefois Sievers et Cie) à Kalk près Deutz. Il existe d'autres dessins de laveurs dans l'ouvrage de Dürre, *Anlage und Betrieb...* etc. T. L, pl. XXXVIII, XXXIX et XL, et dans le *Journal of the United States association of charcoal Ironworkers,* T. VI, p. 57.

plus prolongé, lorsqu'ils avaient été soumis à une calcination oxydante pouvaient en retenir de 6 à 12 %.

Nous trouvions dans ces résultats, d'une part l'explication des difficultés que l'on rencontre dans la réduction de certains minerais, et d'autre part la preuve de l'utilité, pour ces mêmes minerais, d'une calcination préalable. (V.)

D'autres fois, on cherche, par le grillage, à *détruire certaines combinaisons chimiques préexistantes dans le minerai lui-même ou dans la gangue qui l'accompagne, et à provoquer le départ de quelqu'élément nuisible*. Les minerais carbonatés et hydratés sont décomposés par cette opération préliminaire, l'hématite brune perd son eau d'hydratation et se transforme en sesquioxyde anhydre, c'est-à-dire en un minerai analogue à l'hématite rouge. Le fer carbonaté spathique, les sphéro-sidérites abandonnent leur carbone sous forme d'acide carbonique et d'oxyde de carbone mélangés, et il demeure un oxyde de fer plus oxygéné que le protoxyde dont la composition, qui dépend de la température à laquelle s'est effectué le grillage, est comprise entre Fe_6O_7 et Fe_2O_3 [1].

Les fondants carbonatés, calcaires et dolomies, soumis au même traitement, se décomposent et deviennent des bases isolées, chaux ou magnésie.

La pratique a démontré que l'avantage qu'on croyait, autrefois et jusque vers le milieu de ce siècle, tirer d'un grillage ayant simplement pour but de priver les minerais de leur eau de combinaison, était insignifiant et même illusoire, aussi a-t-on généralement renoncé à soumettre à ce traitement les hématites brunes, sauf dans des cas et pour des motifs tout à fait spéciaux.

Il en est de même pour la calcination des calcaires et des dolomies employés comme fondants. On ne calcine ces matières que lorsqu'elles doivent être employées comme réactifs destinés à former des scories basiques dans le procédé Bessemer-Thomas.

Quant aux fers carbonatés spathiques et aux sphérosidérites, ils sont, la plupart du temps, soumis au grillage ; la température à laquelle la décomposition des carbonates s'effectue, environ 800°, est plus élevée que celle à laquelle commence la réduction ; le grillage préalable vient donc en aide à celle-ci ; en outre la transformation du minerai, par un grillage oxydant, en sesquioxyde, rend la réduction plus facile.

Le soufre est le plus important des corps étrangers associés aux minerais qu'on puisse enlever par l'opération du grillage. La combinaison de soufre que l'on rencontre le plus souvent est la pyrite jaune, FeS_2 ; on y trouve aussi, fréquemment, de la pyrite blanche ou marcassite, qui a la même composition, de la pyrite magnétique Fe_8S_9, de la pyrite de cuivre $CuFeS_2$, de la pyrite arsenicale, Fe.S.As, de la blende, ZnS, et de la galène, Pb.S. Les oxy-

---

[1] Le sesquioxyde Fe_2O_3 ne se produit que lorsque le minerai porté au rouge se trouve en présence d'un excès d'oxygène libre.

des magnétiques et les carbonates spathiques sont de tous les minerais de fer ceux où ces différents sulfures sont le plus abondants.

Le grillage produit des effets différents sur le soufre, suivant que ce corps appartient à tel ou tel des composés énumérés ci-dessus.

Les pyrites blanches et jaunes se décomposent à basse température, environ la moitié du soufre se sépare et se volatilise ; au contact de l'air, il brûle et se transforme en acide sulfureux ; en l'absence d'oxygène il s'échappe à l'état de vapeur ; le sulfure restant conserve, à peu près, la composition de la pyrite magnétique et ne se décompose pas par la chaleur tant qu'il est à l'abri de l'air, mais chauffé au contact de l'air, il perd une nouvelle partie de son soufre sous forme d'acide sulfureux, et il reste un sulfate de fer, qui, lui-même, est détruit par la chaleur rouge. Une partie de l'oxygène de l'acide sulfurique est employée à suroxyder le fer du sulfure primitif et à donner naissance à un sulfate basique de sesquioxyde de fer ; si la température s'élève davantage, ce sel basique est lui-même décomposé, l'acide sulfurique chassé, et il ne reste que du sesquioxyde de fer.[1]

Ainsi donc, la pyrite magnétique est un des états par lesquels passent les autres sulfures de fer pendant le grillage, et il est démontré que le traitement de ces composés ne laisse comme résidu que de l'oxyde de fer et que tout le soufre disparaît, si la température est suffisamment élevée.

On voit que, théoriquement du moins, un grillage convenable peut désulfurer complètement un minerai qui contient des pyrites jaunes, blanches ou magnétiques, mais dans la pratique on atteint rarement un résultat aussi complet, parce que l'air ne pénètre pas toujours aussi facilement dans l'intérieur des fragments.

Les minerais magnétiques et ceux qui s'en rapprochent sont particulièrement difficiles à désulfurer si la température n'est pas assez élevée pour produire une scorification ; ils demeurent compacts et imperméables, tandis que les fers spathiques et les sphérosidérites se fendillent et se divisent. L'expérience a démontré qu'on ne réussit à désulfurer les minerais de ce genre qu'en les portant à une température où la scorification se produit complètement, et en maintenant cette température assez longtemps, tandis que l'air arrive en abondance en contact avec le minerai. Dans ces conditions le sulfure de fer se liquéfie, suinte par les fissures des fragments de minerais et se décompose au contact de l'oxygène contenu dans le gaz lorsqu'il arrive à la surface[2] ; d'après certains métallurgistes, l'oxyde F_2O_3, qui est un des composants du fer magnétique, oxyderait le sulfure à haute température.

---

[1] Ces phénomènes qui avaient été observés par les anciens métallurgistes ont été de nouveau mis en évidence par les expériences de Valentine ; voir les ouvrages à consulter.

[2] *Jernkontorets Annaler* 1829, p. 452 ; R. Akerman, *Om jernmalmers rostning*, p. 28. Nous ferons remarquer que certaines scories très riches en peroxyde de fer, comme celle des

A l'abri de l'air, la pyrite de cuivre résiste à un degré de chaleur élevé, mais une calcination oxydante détermine la formation de sulfates solubles dans l'eau ; si l'on chauffe davantage, l'acide sulfurique se dégage et il ne reste que des oxydes.

La pyrite arsenicale, chauffée au rouge sombre à l'abri de l'air, perd une partie de son soufre et de son arsenic qui s'unissent pour former du sulfure d'arsenic ; lorsque la température est plus élevée et en présence de l'air, il se produit des sulfates et des arséniates ; les sulfates se comportent comme ceux provenant des pyrites de fer, quant aux arséniates, ils sont indécomposables. Une partie de l'arsenic reste donc unie au fer et le suit dans toutes ses transformations. Cependant des minerais très calcaires peuvent éliminer l'arsenic grâce à la formation d'arséniate de chaux [1].

La partie de l'arsenic qui se dégage, et dont la présence se reconnaît à l'odeur d'ail qui accompagne cette volatilisation, se tranforme, elle-même, en acide arsénique, du moins dans une certaine proportion.

La blende, soumise à un grillage oxydant, produit de l'oxyde de zinc et du sulfate de ce même corps, lequel n'est détruit qu'à très haute température ; comme ce sel est très soluble dans l'eau, on peut s'en débarrasser facilement par un lavage.

La galène perd une partie de son soufre, à l'état d'acide sulfureux, à une température peu élevée et au contact de l'air ; le reste s'unit sous forme d'acide sulfurique à l'oxyde de plomb et constitue un sulfate qui comme celui de zinc ne se décompose pas.

De la manière dont se comportent les divers sulfures lorsqu'on les soumet au grillage nous pouvons tirer les conclusions suivantes :

Dans tous les cas qui peuvent se présenter, il est possible d'enlever aux minerais qui en sont souillés, la plus grande partie de leur soufre.

Quel que soit le sulfure auquel on ait affaire, la désulfuration sera d'autant plus complète que l'afflux de l'air sera plus considérable.

Il peut être utile, dans certains cas, avec les minerais magnétiques compacts, par exemple, d'élever la température jusqu'à la scorification ; cette pratique serait plus nuisible qu'utile avec des minerais peu compacts, puisque la scorification rend la pénétration de l'air plus difficile.

On peut enfin, dans beaucoup de cas, en lavant le minerai, éliminer les sulfates solubles et compléter ainsi l'effet produit par le grillage.

On a depuis longtemps conseillé, et cela à plusieurs reprises, d'employer, pendant le grillage, la vapeur d'eau pour obtenir une décomposition plus

---

fours à puddler, contiennent souvent beaucoup de soufre à l'état de sulfure de fer, bien qu'elles aient été longtemps soumises à la température de fusion, ce qui est contraire à l'hypothèse de l'oxydation du sulfure par le peroxyde de fer.

[1] Consulter *Journal of the Iron and steel Institute*, 1888, L, p. 171.

complète des sulfures métalliques ; des essais ont été faits dans.ce sens qui n'ont pas amené de résultats. Quoiqu'on ne puisse pas mettre en doute l'action de la vapeur d'eau, il a été reconnu que son emploi ne donne pas de désulfuration plus parfaite qu'un simple grillage oxydant, tandis que la dépense est plus considérable.

Le soufre, dont on constate la présence dans certains minerais, peut provenir aussi de minéraux tels que le gypse, l'anhydrite ou la baryte sulfatée, que la chaleur à laquelle on parvient dans une calcination, ne suffit pas à décomposer. On ne peut donc pas, par une opération de ce genre, diminuer la proportion de soufre qui s'offre sous cette forme ; il est juste d'ajouter que ces sulfates se rencontrent beaucoup plus rarement que les sulfures. Pour la même raison la présence simultanée de calcaires et de sulfures est fâcheuse parce qu'il se forme des sulfates de chaux indécomposables et peu solubles dans l'eau.

Nous avons déjà signalé à propos des combustibles, l'innocuité des sulfates terreux de chaux et de baryte contenus dans les cendres. Il en est de même pour les gangues de minerais qui renferment ces deux espèces minérales ; les sulfates se transforment en sulfures de calcium ou de baryum qui se dissolvent dans les laitiers calcaires sans avoir aucune influence sur la fonte. On ne doit donc pas considérer les sulfates de chaux et de baryte comme susceptibles de produire des fontes sulfureuses. (V.)

Le troisième but que l'on se propose en calcinant les minerais est la suroxydation de ceux qui contiennent du fer à l'état de protoxyde. Les carbonates spathiques, les sphéro-sidérites, les oxydes magnétiques sont de ce nombre. La pratique a, en effet, démontré, d'accord avec les expériences de laboratoire, que le sesquioxyde de fer est plus sensible à l'action des gaz réducteurs que les oxydes inférieurs et surtout que l'oxyde magnétique[1].

Les fers carbonatés spathiques et les sphéro-sidérites calcinés à l'abri de l'air, se transforment d'abord en oxydes magnétiques, dans lesquels la proportion d'oxygène varie un peu ; chauffés dans une atmosphère oxydante, ils s'oxydent de plus en plus et passent à l'état de sesquioxyde reconnaissable à sa couleur rouge.

Les minerais magnétiques doivent être soumis beaucoup plus longtemps à l'action des gaz oxydants pour se transformer en sesquioxydes. Dans la pratique on n'arrive, ni pour les uns ni pour les autres, à une suroxydation complète, parce que l'oxygène pénètre difficilement et irrégulièrement à l'intérieur des morceaux ; on s'en rapproche cependant d'autant plus que la surface des fragments est plus grande par rapport à leur volume, que l'opération a une plus longue durée, et que l'air est admis en plus grand excès.

[1] Voir parmi les ouvrages à consulter le *mémoire de Tholander*.

Une température excessive n'est pas favorable à la formation du sesqui-oxyde Fe_2O_3, cet oxyde perd, en effet, une partie de son oxygène à la chaleur blanche sans qu'il y ait intervention d'aucun agent réducteur[1].

Les scories ferrugineuses, provenant de fours d'affinage ou de soudage, dans lesquelles le fer est en partie à l'état de protoxyde et en partie à l'état de sesquioxyde, et que l'on emploie fréquemment en mélange avec le minerai pour la fabrication de la fonte, peuvent être, elle-mêmes, suroxydées par un grillage convenable. Il résulte des expériences de Tholander qu'il se produit une décomposition accompagnée d'élimination de silice, il est évident qu'alors la réduction est beaucoup plus facile. Le temps nécessaire pour obtenir cette suroxydation des silicates est très long et la conduite de l'opération plus délicate qu'avec du minerai ; c'est pourquoi on ne grille les scories que d'une façon exceptionnelle malgré les avantages qu'on retirerait de cette pratique pour le traitement ultérieur.

Le grillage des scories était fort souvent pratiqué autrefois ; il avait principale-ment pour but de fournir une matière propre à garnir les soles de fours à puddler à laquelle on donnait en Angleterre le nom de *bull-dog*. On grille encore les sco-ries dans quelques usines, soit dans ce même but, soit pour obtenir un minerai riche, principalement composé de peroxyde de fer et d'un peu de silice libre. Pen-dant l'opération, en effet, il se produit un dédoublement des éléments de la scorie, la majeure partie de la silice coule sous forme de composé très fluide entraînant une certaine proportion de protoxyde et d'oxyde supérieur de fer, presque la totalité du soufre et du phosphore et il reste une matière relativement infusible, principa-lement composée de peroxyde de fer, dont le traitement au haut-fourneau peut se faire sans difficulté.

Le grillage, qui n'est autre chose, dans ce cas, qu'une liquation accompagnée de suroxydation, se fait soit en tas compris entre des murs en maçonnerie, soit dans des fours à cuve. (V.)

Les considérations que nous venons de présenter établissent qu'on ne soumet, en réalité, à un grillage préalable que certains minerais et que la majeure partie d'entr'eux est employée à l'état cru. L'examen de la nature du minerai et de sa gangue, en même temps que le traitement métallur-gique auquel il doit être soumis permettent de décider si cette opération préliminaire a quelqu'utilité au point de vue du prix de revient.

Dans la plupart des cas, les minerais de fer sont passés au haut-fourneau pour produire de la fonte ; si, comme il arrive le plus souvent avec les com-bustibles minéraux, le laitier est basique, il a la propriété d'absorber le soufre qui cesse alors d'avoir une influence nuisible sur le produit, pourvu que le

---

[1] Ce phénomène, bien connu déjà, a été mis en relief par de nombreuses expériences de Tholander. Le sesquioxyde a été transformé par la chaleur seule en un corps composé de protoxyde et de sesquioxyde dans lequel il y avait une proportion d'oxygène moindre que celle qui se trouve dans Fe_3O_4.

lit de fusion n'en contienne pas une proportion extraordinaire; si au contraire le laitier est peu calcaire, s'il répond à la formule du bisilicate ou
même du trisilicate comme dans la plupart des hauts-fourneaux au bois, la
plus grande partie du soufre passe dans la fonte et nuit considérablement à
la qualité du métal. Dans ce cas, il est non seulement bon, mais indispensable de griller les minerais contenant des sulfures, si on ne veut pas obtenir
un produit sans valeur.

En résumé, l'*hématite rouge* n'est grillée qu'exceptionnellement, lorsqu'elle
contient trop de sulfures, ou que l'on veut diminuer sa compacité.

L'*hématite brune* n'est soumise au grillage que dans les mêmes circonstances; on a constaté, en effet, que l'élimination de l'eau d'hydratation est
sans utilité pour le traitement ultérieur.

Le minerai *carbonaté spathique* et la *sphéro-sidérite,* en y comprenant tous
les carbonates de fer et leurs analogues, sont habituellement grillés, pour
être transformés en sesquioxydes de fer en même temps que débarrassés
du soufre qu'ils contiennent le plus souvent en notable proportion. Lorsqu'on
veut obtenir des fontes d'une certaine nature spéciale, on mélange quelquefois au minerai grillé une quantité plus ou moins grande de minerai cru.

Les minerais magnétiques sont presque toujours grillés pour être transformés en sesquioxydes.

Il est rare qu'on calcine le *calcaire* et la *dolomie* destinés à servir de fondant ou de castine dans les hauts-fourneaux, tandis qu'il est indispensable
d'enlever l'acide carbonique à ces matières lorsqu'on doit les introduire dans
les cornues Bessemer.

Le grillage et la calcination des minerais et des fondants se font généralement dans une atmosphère oxydante; la présence d'un excès d'air est, en
effet, indispensable lorsqu'on se propose d'obtenir une suroxydation ou une
désulfuration; elle est sans inconvénient, si le but qu'on poursuit est
différent.

La température la plus convenable n'est pas la même pour le grillage des
différents minerais; elle doit être d'autant moins élevée, qu'on a plus lieu de
craindre une combinaison entre les oxydes métalliques et leurs gangues;
ainsi ceux qui sont intimement mélangés à une gangue quartzeuse doivent
être grillés à plus basse température que les autres, on peut faire la même
remarque pour les minerais calcaires; on sait en effet que le sesquioxyde
de fer et la chaux s'unissent lorsqu'ils sont exposés à une forte chaleur et
forment une combinaison plus difficile à réduire que l'oxyde seul; il en
résulte que si on avait, ce qui arrive rarement, à soumettre au grillage une
hématite calcaire, un excès de chaleur aurait des inconvénients. Pour les
minerais carbonatés et magnétiques que l'on se propose principalement de
suroxyder en les grillant, le résultat est mieux atteint par une action pro-

longée que par une température très élevée ; dans ce cas la température correspondant au rouge vif est la plus favorable ; la chaleur blanche ou même jaune serait nuisible, ainsi que nous l'avons indiqué plus haut.

Si on se propose, au contraire, d'arriver, par le grillage, à une désulfuration aussi complète que possible, il est bon de déterminer la production d'une chaleur plus élevée que dans les cas précédents.

Le grillage ayant pour effet de rendre les minerais plus friables, il est d'usage à peu près général de ne les concasser qu'après cette opération ; quelquefois même la chaleur les divise suffisamment pour qu'un cassage ultérieur soit inutile. Il faut bien reconnaître cependant que les morceaux de minerais de grandes dimensions offrent moins de surface au contact des gaz oxydants, aussi, lorsqu'on a en vue principalement la désulfuration, on procède à l'inverse de ce que nous venons d'indiquer ; il arrive même que l'on fait double grillage, un premier avant le cassage et un autre ensuite, dont l'effet est surtout de désulfurer.

Les signes auxquels on reconnaît qu'un minerai a été convenablement grillé sont les suivants :

Nous avons dit qu'en général il y avait inconvénient à pousser la chaleur trop loin, si donc on rencontre, dans le minerai grillé, des parties agglomérées par la scorification, on en doit conclure que la température était trop élevée.

Puisque le grillage a pour effet de transformer le minerai en sesquioxyde de fer, le produit de l'opération doit être de couleur rouge ; plus cette couleur est franche et régulière, plus il y a de probabilité pour que le résultat cherché soit atteint ; les minerais que l'on traite pour désulfuration totale, et qu'on doit chauffer, par conséquent, jusqu'à scorification, font exception à cette règle, ils sont d'un bleu grisâtre, qui caractérise aussi bien l'oxyde magnétique que le sesquioxyde qui a subi une fusion.

Lorsqu'on brise un fragment de minerai grillé, on doit trouver à l'intérieur le même aspect qu'à l'extérieur. Si on constate la présence d'un noyau central rappelant le facies du minerai cru, on en doit conclure que l'opération n'a pas été poursuivie assez longtemps. C'est pour éviter ce défaut qu'il est important de ne pas traiter de morceaux trop volumineux, et qu'il peut être opportun de concasser la matière au préalable.

Le minerai grillé doit se rompre avec facilité ; certains d'entre eux, particulièrement les carbonates, après un grillage bien réussi, se brisent entre les doigts en menus fragments.

b. — **Opération du grillage.**

Le grillage des minerais peut s'opérer avec toutes les sortes de combustibles solides ou gazeux, le minerai houiller contient généralement assez de

parties charbonneuses, non seulement pour son propre grillage, mais souvent même pour celui d'autres minerais qu'on lui associe.

Grillage en tas et en stalles. — De même que pour la carbonisation des
combustible, on a commencé par le procédé le plus simple, la meule ou le
tas, auquel ont succédé des méthodes ayant pour but de mieux utiliser la
chaleur et de faciliter la marche de l'opération, de même le plus ancien procédé de grillage est celui du grillage en *tas*.

On dispose des couches alternatives de combustible et de minerais, le
combustible brûle lentement au contact de l'air et grille le minerai ; on emploie généralement comme combustibe du fraisil de charbon de bois ou de
menue houille, quand on n'a pas affaire au minerai houiller qui porte lui-
même son combustible. Le tas a la forme d'une pyramide tronquée à base
rectangulaire, de faible hauteur ; comme il est nécessaire que l'air pénètre
jusqu'au centre de la masse, on fixe la largeur d'après la grosseur des fragments de minerais et la résistance qu'ils peuvent opposer au passage des
gaz. Pour les minerais ordinaires on la règle entre 4 et 6^m ; avec les minerais
houillers on va jusqu'à 10^m. Quant à la longueur, elle ne dépend que de la
quantité qu'on doit griller ou de l'emplacement dont on dispose ; elle atteint
quelquefois 60^m. La hauteur doit être assez faible pour que les gaz puissent
circuler à travers le tas, elle dépend donc aussi de la grosseur des fragments
et de leur forme, elle varie de 1^m à 5^m, mais dépasse rarement 2^m,50.

L'emplacement occupé par le tas doit être à proximité du dépôt de minerai ;
on le prépare, s'il est nécessaire, en terre damée ou en pavés, de façon qu'il
soit sec, résistant et uni.

Lorsqu'on veut griller en tas des minerais autres que les minerais houillers,
on commence par recouvrir l'emplacement d'une couche de matières facilement combustibles, des copeaux de bois mêlés à de la sciure, de la tourbe,
des aiguilles de pin, etc., ou du fraisil de charbon de bois, c'est ce qu'on appelle le *lit de grillage* que l'on recouvre d'une couche de 0^m,40 à 0^m,50 de
minerai en morceaux ; sur celle-ci on étend une couche de combustible,
fraisil ou houille menue, puis une couche de minerai et ainsi de suite. Chaque
couche est versée à la brouette et égalisée soigneusement au râteau. A mesure
que le tas s'élève, on réduit l'épaisseur de la couche de combustible et on
augmente celle du minerai. Les lits supérieurs sont en effet chauffés par les
gaz provenant de la combustion des couches inférieures. On régularise ainsi
un peu mieux le grillage. Lorsqu'on n'a pas dressé autour des tas des murs
formés de gros morceaux, ceux-ci prennent naturellement la forme de pyramide tronquée, l'inclinaison des faces correspondant au talus d'éboulement
des matières employées.

On recouvre le tout de charbon menu et on allume en mettant le feu au
pied du tas.

Le grillage du minerai houiller n'exige pas l'emploi d'un combustible ; si cependant les morceaux s'enflamment difficilement, on forme, avec les plus gros, des galeries d'allumage au niveau du sol, allant jusqu'au centre du tas et on les remplit de matières faciles à allumer.

Lorsque les tas sont d'une grande longueur, on met quelquefois le feu seulement à une extrémité ; il gagne peu à peu en avançant vers l'autre bout; pendant ce temps on enlève au fur et à mesure la partie grillée et, sur le même emplacement, on peut commencer à reconstruire le tas avant que la cuisson du premier ne soit terminée.

Il faut quinze jours pour le grillage d'un petit tas, celui des plus grands dure plusieurs mois. La quantité de combustible consommé dépend de la nature du minerai, de la dimension des tas et de la température que l'on veut atteindre. Lorsqu'on emploie de la houille menue, on peut compter sur une dépense de 100^k de houille et de 0^f,50 à 0^f,625 de main-d'œuvre par tonne de minerai grillé.

Le combustible est mal utilisé, les faces du tas et la partie supérieure étant à découvert se trouvent refroidies par le contact de l'air incessamment renouvelé ; en outre, la marche de la combustion est soumise à l'influence de tous les phénomènes atmosphériques, surtout à celle du vent dont la violence et la direction varient : aussi arrive-t-on rarement à griller d'une manière uniforme toutes les parties d'un tas; même par un temps sec et calme, les irrégularités sont difficiles à éviter, les parties supérieures du tas, chauffées par les gaz des couches inférieures, sont souvent portées à trop haute température, et dans la même région on trouve des morceaux mal cuits et d'autres à demi fondus.

Ces inconvénients reconnus, joints à la nécessité qui s'est imposée, dans les opérations métallurgiques, de réduire les dépenses en combustible et en main-d'œuvre, ont amené graduellement l'abandon de ce mode de grillage. On a, cependant, encore recours pour le minerai houiller, où la consommation de combustible est nulle, à ce procédé qui a pour lui une grande simplicité et des frais d'installation insignifiants.

Quelquefois, pour diminuer les inconvénients que nous venons de signaler, on a limité les tas par des murs de faible hauteur percés d'un certain nombre d'ouvertures pour l'admission de l'air. C'est le mode que l'on désigne sous le nom de grillage en *stalles* ou en *cases*. On règle l'entrée de l'air en fermant plus ou moins les ouvertures avec des briques, ce qui permet d'éviter le mauvais effet des courants d'air que l'on éprouve avec les tas ordinaires ; mais les avantages que l'on obtient de cette méthode sont faibles, et la construction, ainsi que l'entretien des murs sont une aggravation de dépense ; aussi emploie-t-on aujourd'hui les stalles plus rarement que les simples tas.

Grillage dans les fours. — Actuellement on opère le grillage presqu'exclusivement dans des fours à cuve qui diffèrent des stalles ou cases par les points suivants :

Les fours à cuve sont plus hauts et ont une moindre largeur ; ils sont munis, à leur partie inférieure, d'ouvertures destinées à l'enlèvement du minerai grillé, de façon que celui qu'on charge au niveau supérieur ou gueulard descend graduellement ; la marche du four est donc continue.

Les gaz provenant de la combustion, qui a lieu dans la partie basse du fours où l'air pénètre, s'élèvent dans l'appareil, ayant ainsi une circulation de sens contraire à celle du minerai. Nous avons exposé déjà les raisons pour lesquelles cette marche inverse des corps qui fournissent la chaleur, et de ceux qui l'absorbent est favorable à l'effet utile du combustible.

En outre, tout le minerai chargé au gueulard devant passer par les mêmes zones, s'y trouve nécessairement soumis aux mêmes influences calorifiques et oxydantes, le résultat est donc plus uniforme qu'avec les tas ou les stalles.

Cette supériorité du four à cuve, que nous venons d'établir, permet, par conséquent, de le considérer comme le meilleur appareil de grillage. C'est d'ailleurs celui qui est universellement adopté.

Lorsque le grillage dans des fours se fait avec du combustible solide, du charbon de bois ou de la houille menue, on le charge au gueulard en couches alternant avec celles du minerai ; il descend avec celui-ci petit à petit et brûle sous l'action du courant d'air ascendant. Si le combustible employé est du gaz de haut-fourneau ou de gazogène, il pénètre dans le four par des ouvertures ménagées à la partie inférieure. L'air est généralement admis par les orifices, qui servent à l'extraction du minerai grillé, il passe donc ainsi à travers les matières encore chaudes, les refroidit et ramène à l'intérieur du four la chaleur qu'il leur a enlevée. Souvent on établit en outre des ouvertures supplémentaires pour l'admission de l'air, surtout lorsqu'on veut opérer un grillage très oxydant. Le tirage s'établit par le four lui-même qui fait office de cheminée. Ce n'est que dans des cas exceptionnels, lorsqu'on traite des minerais qui se tassent fortement, dans des fours de grande hauteur, qu'on a recours au vent forcé toujours plus coûteux.

Nous avons signalé déjà les avantages que présentent les gaz employés comme combustibles ; ils en ont un tout spécial aux fours de grillage, qui est d'empêcher le minerai de se mélanger avec les cendres du combustible ; le chauffage au gaz permet, en outre, d'arriver plus facilement aux températures élevées et aux actions oxydantes si favorables à la désulfuration complète des minerais pyriteux ; si l'emploi des combustibles solides est plus souvent préféré, c'est que les menus charbons qu'on y utilise, dans la plupart des cas, sont presque sans valeur dans les usines à fer, que leur transformation en gaz exigerait l'installation coûteuse de gazogènes d'une conduite assez délicate et que le grillage au gaz lui-même est plus difficile à régler et exige plus d'attention. Ajoutons que si les gaz permettent plus facilement que les combustibles solides, d'atteindre une température élevée, ils exigent par contre, pour s'enflammer et produire tout leur effet, une chambre de combustion très chaude elle-même, et qui, nous l'avons vu, n'est réellement utile et avantageuse que dans certains cas particuliers. On n'emploie d'ailleurs le grillage au gaz que dans des usines où l'on peut disposer de celui des hauts-fourneaux, produit accessoire de la fabrication de la fonte et ne coûtant rien.

Lorsque les gaz des hauts-fourneaux sont entièrement absorbés par la production de la vapeur et le chauffage du vent, ce qui est le cas dans la plupart des usines, et si on doit, en conséquence, brûler, pour produire le gaz, un combustible plus cher que celui qui suffit aux fours de grillage, on renonce généralement à se servir du grillage au gaz.

Certains fours de grillage sont chauffés au moyen de bois ou de houille que l'on brûle sur des grilles établies en dehors de la cuve ; la flamme et les produits de la combustion cheminent à travers la colonne de minerai chargé au gueulard. Ce système est intermédiaire entre le grillage au gaz et celui qu'on obtient en mélangeant le minerai et le combustible ; les cendres ne sont pas en contact avec le minerai et par conséquent ne le salissent pas, l'action oxydante peut être plus énergique que lorsque le combustible et le minerai sont chargés ensemble ; d'un autre côté, on doit employer un charbon plus coûteux que les menus qui suffisent dans les fours à cuve ordinaires. On a recours à ce mode de grillage lorsqu'on n'a pas de gaz à sa disposition et que l'on redoute la présence des cendres dans le produit de l'opération [1]. Ce système s'est d'ailleurs peu répandu.

La forme et les dimensions des divers fours de grillage employés dans les usines à fer sont extrêmement variés, et comme ce traitement ne s'applique en réalité qu'aux fers carbonatés et aux minerais magnétiques, ce n'est que dans les contrées, où les gisements de ces matières sont abondants, qu'on rencontre ces divers appareils ; comme, d'ailleurs, les conditions de l'opération changent elles-mêmes avec l'état physique du minerai et son mode de traitement ultérieur, chaque district métallurgique a disposé ses fours sur un type spécial caractéristique.

Dans le Cleveland, par exemple, et dans le Sud du pays de Galles, le minerai principalement employé est une sphéro-sidérite argileuse qui exige un grillage oxydant pour devenir facilement réductible, il n'est pas très utile de le désulfurer complètement, parce qu'il ne contient que peu de soufre et

---

[1] L'ouvrage d'Akerman sur le grillage des minerais que nous citons au nombre des travaux à consulter, contient des dessins de ce genre de fours.

qu'il est fondu avec du coke ou de la houille ; il n'est donc pas nécessaire de le griller à une température très élevée ; mais, d'un autre côté, la consommation de ce minerai étant énorme, on attache une grande importance à la production des fours ; aussi ceux que l'on emploie dans ces deux régions se distinguent-ils par leurs grandes dimensions qui correspondent à un tonnage considérable. On y utilise comme combustible une houille menue qu'on peut avoir à bas prix ; le chauffage au gaz n'aurait là aucune raison d'être.

Les conditions sont très différentes dans les contrées où on traite, au charbon de bois, des fers magnétiques très pyriteux, en Suède, par exemple ; on se propose là, non seulement de faciliter la réduction en suroxydant le fer, mais encore de le désulfurer aussi complètement que possible ; pour atteindre ce double but, il ne suffit donc pas de soumettre la matière à une action très oxydante ; il faut, de plus, la chauffer jusqu'à un commencement de scorification ; c'est à quoi l'on arrive par le grillage au gaz. C'est en Suède, par conséquent, où cette opération préparatoire a été étudiée depuis longtemps avec le plus de soin, que les fours, chauffés au moyen du gaz ou par des grilles indépendantes placées hors de la cuve, ont été imaginés et se sont multipliés. Ce mode de grillage a été adopté ensuite dans les contrées placées dans les mêmes conditions telles que l'Amérique du Nord, la Hongrie, l'Oural, mais il serait difficile de trouver un pays où le grillage des minerais soit aussi fréquemment appliqué qu'en Suède.

Dans les Alpes autrichiennes, c'est principalement le fer carbonaté spathique que l'on a à griller avant de le traiter au haut-fourneau par le charbon de bois ; une partie de ce minerai ne contient pas de soufre ; on n'a donc qu'à effectuer la décomposition du carbonate et une suroxydation ; une autre partie, au contraire, contient des mouches de pyrites, en assez grande quantité, celle-là doit être désulfurée, mais la haute température à laquelle on porte en Suède les minerais magnétiques pour les débarrasser de leur soufre produirait, sur les fers spathiques, une scorification complète ; ce chauffage excessif est, d'ailleurs, d'autant plus inutile ici, que les fers spathiques, en perdant leur acide carbonique, deviennent friables et poreux et se laissent aisément pénétrer par les gaz oxydants.

Quelques-uns de ces minerais tombent en poussière au grillage, ce qui gêne le tirage ; ils exigent l'emploi de fours de faible hauteur disposés de diverses manières.

Dans tous les fours destinés au grillage, on admet l'air en abondance par une série d'ouvertures réparties sur une grande surface ; on obtient ainsi une action oxydante énergique et on évite que la température ne s'élève outre mesure en certains points particuliers. Pour le traitement des minerais qui obstrueraient les cuves on a recours à des fours très peu élevés, chauffés au gaz.

En Allemagne, les minerais qu'il est nécessaire de soumettre au grillage sont en plus faible proportion que dans les pays que nous venons de citer ; le combustible est presqu'exclusivement du coke, il est donc presque superflu de chercher à se débarrasser du soufre ; un grillage n'a pas la même utilité qu'en Suède et en Autriche. Certaines usines qui alimentent leurs fourneaux avec des fers carbonatés spathiques et des sphéro-sidérites, possèdent des installations importantes pour le grillage de ces matières. Les fours sont en général de grandeur moyenne, ils sont caractérisés par une grande simplicité dans la construction. Il arrive fréquemment qu'on les emploie successivement au traitement de minerais fort différents, des fers spathiques par exemple et des fers magnétiques.

On se préoccupait autrefois beaucoup des pertes de chaleur par rayonnement des parois, et on construisait les fours avec chemise et massif, le tout d'une grande épaisseur ; on trouve encore dans certaines usines des installations de ce genre anciennement établies et que l'on a conservées uniquement parce qu'il n'y a pas intérêt à les détruire.

Mais lorsqu'on doit faire des constructions nouvelles, on s'inspire des principes sur lesquels nous avons insisté précédemment ; on enveloppe la cuve d'une armature composée de tôles rivées, ou plus simplement encore de cercles en fer ; il n'existe pas de massif. Le four est ainsi moins coûteux, plus léger, il occupe moins de place et sa durée est tout aussi longue. Nous donnerons plus loin, comme exemple, un certain nombre de types de fours à griller de construction moderne.

La production d'un four, c'est-à-dire la quantité de minerai qu'il peut traiter dans un temps donné, dépend en grande partie de sa capacité, mais elle varie aussi avec la nature du minerai, celle du combustible et les besoins de l'industrie. L'expérience a prouvé, en effet, que, dans certaines limites et dans la plupart des fours, surtout dans ceux qui sont chauffés avec des combustibles solides, on pouvait presser ou ralentir l'allure sans autre inconvénient qu'une légère augmentation dans la quantité de combustible consommée lorsque l'allure est précipitée. On comprend donc que certains fours passent de 400 à 450^k par jour et par mètre cube de capacité, tandis que d'autres de même volume intérieur, avec une consommation de charbon un peu plus forte, produisent quatre fois plus.

Lorsqu'on a à établir des fours de ce genre, il ne faut pas oublier de rendre les gueulards accessibles non seulement aux ouvriers mais aussi aux wagonnets qui apportent le minerai à griller et le combustible. Il est donc convenable, quand le terrain est accidenté, de construire les fours avec assez peu de hauteur pour que la plateforme supérieure puisse être mise en relation avec les dépôts de matières premières par des ponts horizontaux ou à faible pente. Lorsqu'on ne peut adopter cette disposition et que la hauteur des fours n'est pas trop considérable, on en facilite l'accès par des plans inclinés formés de charpentes en bois ou en fer, partant du sol de l'usine et aboutissant aux gueulards.

Si l'installation a une importance suffisante, on construit des monte-charges semblables à ceux qui alimentent les hauts-fourneaux. Les différents fours sont réunis par des passerelles ; un seul monte-charge suffit au service. Certains de ces appareils à pression d'eau sont disposés pour recevoir et élever des wagons de chemin de fer avec leur chargement.

Lorsque les magasins de minerais crus sont très éloignés, on peut transporter le minerai jusqu'aux gueulards au moyen de câbles aériens, on n'a alors à se préoccuper, ni des accidents de terrain ni des constructions interposées ; on peut même parfois transporter ainsi directement le minerai de la mine aux fours de grillage.

Quant à la marche de l'opération elle est des plus simples : à des intervalles réguliers qui varient de une à trois heures pour les fours à gaz, de six à douze pour les autres, on retire, par le bas, une certaine quantité de minerai dont le grillage est achevé, on provoque ainsi la descente des matières qui remplissent la cuve ; on comble le vide produit à la partie supérieure des charges, en ayant toujours soin de recouvrir de minerai la dernière charge de combustible. Dans les fours de ce genre, alimentés avec des combustibles solides, la combustion se propage de bas en haut, *le feu monte* et lorsque le moment arrive de retirer le minerai grillé par la partie inférieure, la couche supérieure de combustible est incandescente si le four est peu élevé.

Dans les fours à gaz, au contraire, la combustion a toujours lieu dans la même zone, tant qu'on ne modifie pas les arrivées de gaz et d'air, on y obtient donc plus facilement une température élevée et si les minerais ont tendance à se scorifier, il peut se former des engorgements, et de véritables voûtes qui empêchent la descente régulière des charges ; il faut alors briser avec des ringards ces masses agglomérées, pour maintenir le fonctionnement de l'appareil. Lorsqu'on doit craindre des accidents de ce genre, on ménage à travers les parois, dans la partie où règne la plus forte chaleur, c'est-à-dire un peu au-dessus des entrées d'air, des ouvertures ou regards qui permettent d'introduire des outils.

Les fours construits, comme nous venons de l'indiquer, peuvent fonctionner d'une manière continue jusqu'à ce que l'usure graduelle des parois rende une réparation nécessaire.

Nous n'avons pas besoin de faire observer qu'il est beaucoup plus difficile et plus délicat de diriger la marche d'un four comme ceux qu'on emploie en Suède pour le traitement des minerais magnétiques et dans lesquels on se propose de produire une désulfuration aussi complète que possible en élevant la température jusqu'au point où commence la scorification.

La mise en feu d'un four ordinaire est très simple ; on charge d'abord une couche de matières facilement inflammables, on y met le feu et on les recouvre de houille : lorsque celle-ci est devenue incandescente, on charge du minerai, puis on remplit la cuve de couches successives de houille et de minerai. Pour que le feu ne s'éteigne pas pendant ce remplissage de la cuve, on doit procéder avec d'autant plus de lenteur, que le four est plus élevé, et que le minerai a plus de tendance à se tasser.

Pour l'allumage d'un four à gaz, on dispose des morceaux de bois ou des matières analogues près des entrées d'air, contre les parois ; au milieu, on met un mélange de minerai et de charbon et on recouvre le tout du même mélange jusqu'au tiers ou à la moitié de la hauteur de la cuve. On allume le bois et on continue à charger, peu à peu, de minerai. Lorsque le bas du four est arrivé à la chaleur rouge, on introduit le gaz et la marche suit son cours normal.

Exemples de fours de grillage.

La fig. 55 représente le four de grillage connu sous le nom de four du pays de Siegen. Il paraît difficile d'en imaginer un de forme plus simple. Il se compose uniquement d'un cône tronqué porté par trois pieds. Lorsqu'il est en travail, la partie inférieure de la cuve est occupée par du minerai grillé en voie de refroidissement ; ce minerai enlevé est remplacé au fur et à mesure par d'autre qui descend de la cuve. La forme conique rend plus uniforme la circulation de l'air qui se répartit d'autant mieux qu'il pénètre plus près de l'axe du four, tandis que dans les cuves cylindriques il a toujours tendance à suivre les parois.

Les fours de ce type sont employés avec succès pour griller les minerais tels que les minerais spathiques, les sphérosidérites et les minerais houillers. On leur donne ordinairement des dimensions qui se rapprochent plus ou moins de celles que nous indiquons sur la fig. 55 [1].

La production de ces fours est considérable ; d'après Dürre, à Gaisweid, dans une semblable cuve dont la capacité n'est que de 15 mètres cubes, on peut passer par jour 20 tonnes de fer carbonaté spathique ; aux mines de Kœnitz, en Thuringe, qui appartiennent aux forges de Konigin-Marien, près Zwickau, les fours ont les dimensions suivantes : diamètre de la grande base du cône 3^m,20, à la petite base 1^m,50, hauteur de la cuve 3^m,20, distance de la petite base au sol 0^m,70 ; volume total 17^{mc}. On y grille 31600^k de minerai spathique par 24 heures, en consommant 55^k,3 de houille par tonne de minerai grillé. La perte au feu est de 29 %. A l'usine de Konigin-Marien, dans le même four,

[1] La fig. 55 représente un four installé à Gaisweid ; on trouvera dans l'ouvrage de Dürre, *Anlage und Betrieb der Eisenhütten*, T. I, pl. 2, un dessin complet de l'atelier de grillage de cette usine.

on fait passer par jour 58680^k de minerai houiller de Zwickau, sans employer d'autre combustible que celui qu'apporte le minerai, avec une perte au feu de 30 °/$_0$. On peut donc dans ces fours traiter par jour et par mètre cube 1500^k de fer spathique et 3400^k de minerai houiller cru. Dans les deux cas, la main-d'œuvre ne dépasse pas 0^f,3125 par tonne de minerai cru.

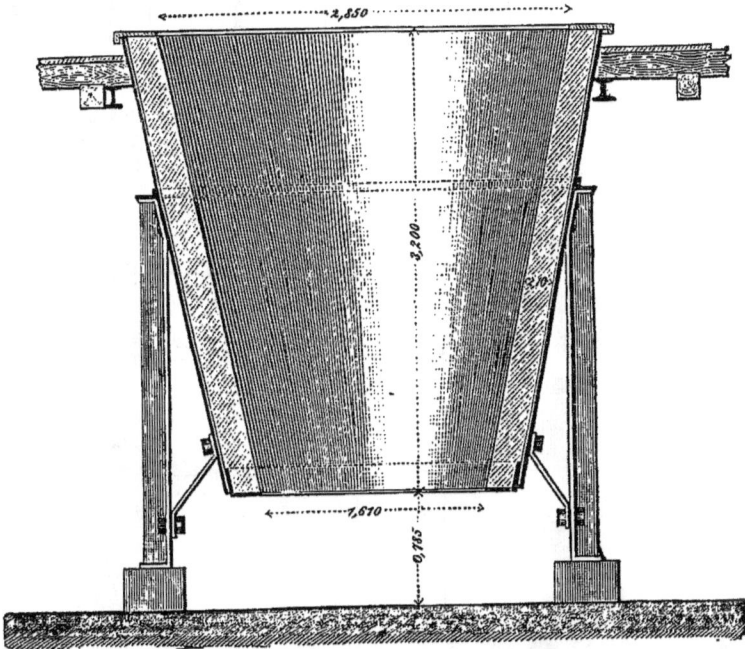

Fig. 55. — Four de grillage de Siegen.

Si on voulait donner à la cuve des dimensions plus grandes, soit pour augmenter la production, soit pour obtenir des températures plus élevées, on ne pourrait, sans inconvénient, conserver le même profil, principalement parce que le gueulard arriverait à un diamètre tel que le chargement deviendrait fort difficile. Dans ce cas, on adopte généralement le type représenté fig. 56, dans lequel la partie supérieure est cylindrique, tandis que le bas reste conique.

On emploie un four de ce genre dans une des usines de la Haute-Silésie, pour griller des fers spathiques et des minerais magnétiques. Lorsqu'on y passe ces derniers, on en grille par 24 heures de 16 à 17 tonnes, la cuve ayant 36 mètres cubes de capacité, soit environ 400^k par mètre cube, et on consomme 50^k de houille menue par tonne de minerai grillé.

Lorsqu'on donne à la cuve des dimensions encore plus grandes, l'air éprouve de plus en plus de difficulté pour pénétrer jusqu'au centre, et on est exposé à rencontrer dans l'axe du four une colonne de minerai à l'état cru ou imparfaitement grillé. On évite cet inconvénient en disposant sur le sol, dans

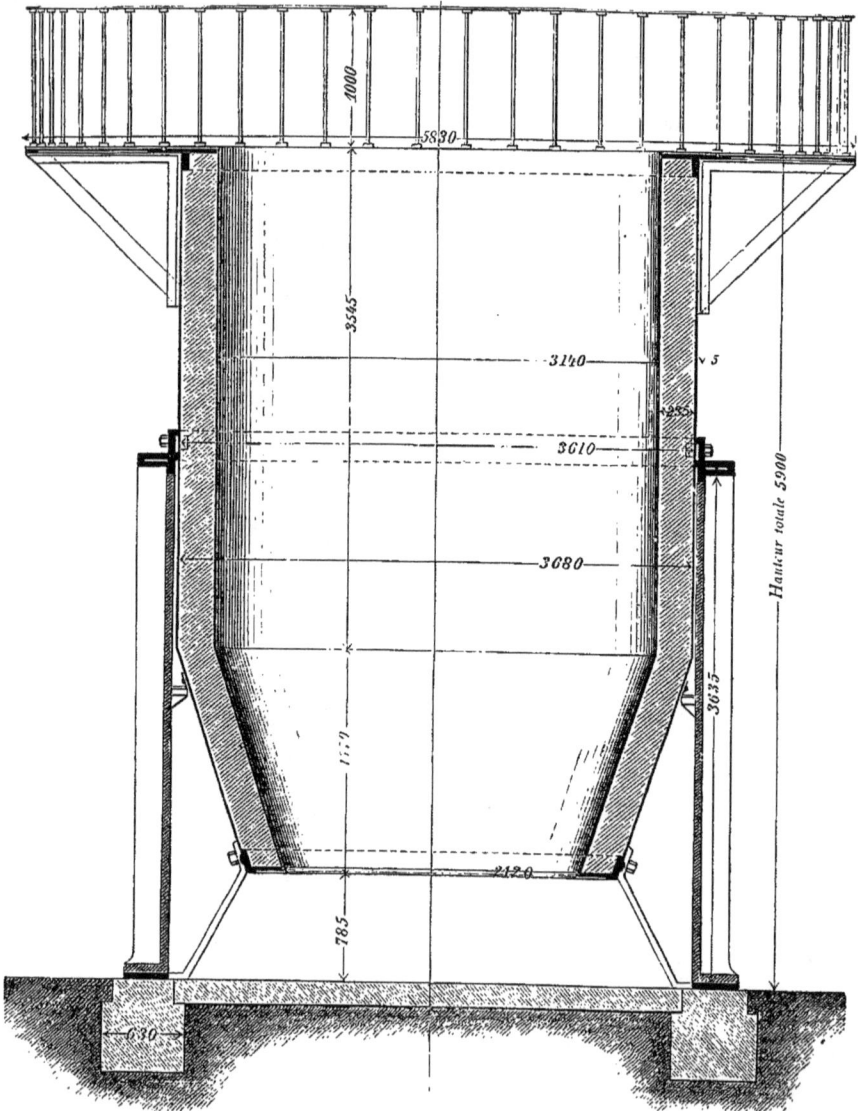

Fig. 56. — Four de grillage (H^te Silésie).

l'axe du four, un cône creux obligeant le minerai à s'ébouler extérieurement, tandis qu'une certaine quantité d'air arrive dans la colonne centrale.

La fig. 57 représente un des fours de ce type, imaginé par John Gjers, et que l'on emploie dans plusieurs usines du Cléveland pour la calcination des sphérosidérites. Le four, qui est d'un poids considérable, est porté par une

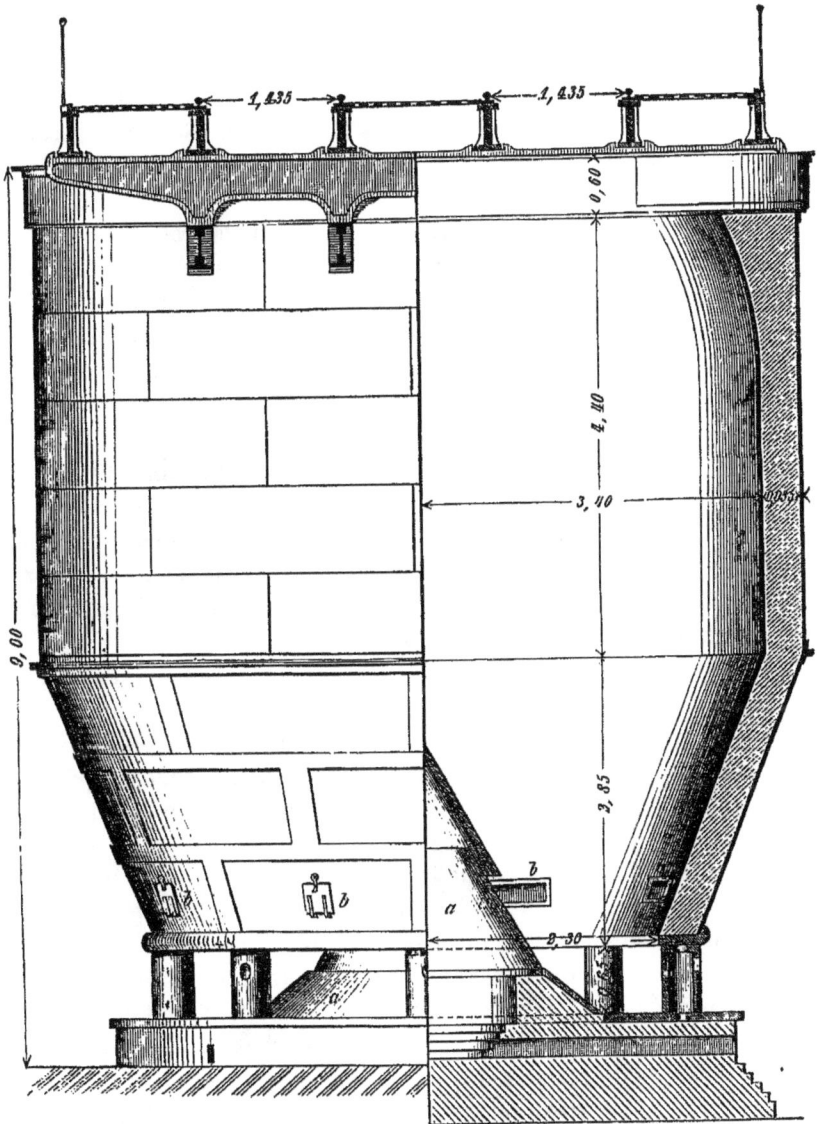

Fig. 57. — Four de grillage de Gjers.

couronne en fonte, qui repose elle-même sur des colonnes courtes de même métal, ou sur des piliers en maçonnerie ; *a* est le cône que nous avons signalé ; un canal, placé sous la sole, et qu'on voit à droite sur la figure, amène l'air dans l'intérieur du cône, d'où il sort pour pénétrer dans le four. Les regards *b, b* servent à introduire des ringards pour briser les agglomérations qui ont pu se produire.

On fait arriver au-dessus du gueulard deux voies parallèles à écartement normal, de sorte que les wagons qui apportent le minerai et le combustible viennent se placer directement au-dessus de la cuve et y laissent tomber la charge qu'ils contiennent. Des plateformes établies entre les voies permettent aux ouvriers l'accès et la manœuvre des wagons qui sont ceux des chemins de fer.

Lorsqu'on a plusieurs fours réunis en batterie, on les relie par des plateformes et des voies ferrées ; si le terrain ne permet pas d'amener directement au gueulard les wagons, on les élève au moyen de monte-charges.

Tous les fours de ce type n'ont pas les dimensions de celui que nous avons représenté. En hauteur, ils varient de 9^m à 15^m ; au point le plus large, on leur donne rarement plus de $7^m,50$ et moins de $6^m,80$. Leur capacité est comprise entre 230^{mc} et 450^{mc}.

On y brûle de la houille menue et on consomme en moyenne 40^k de houille pour 1000^k de minerai cru. Les plus petits de ces fours, celui que nous représentons fig. 57, par exemple, calcinent 100 tonnes de minerai par jour de 24 heures ; les grands arrivent à 160 tonnes ; il en existe même qui vont au-delà. On admet que, par mètre cube de capacité et par jour, de semblables fours peuvent traiter de 400 à 450^k de minerai cru.

John Borrie a construit, dans les usines de Bolckow-Waughan et Cie, Cleveland, des fours analogues de très grandes dimensions ; ils diffèrent de ceux de Gjers principalement par la manière dont la cuve et l'enveloppe sont supportées. Au lieu de reposer sur des colonnes, elle se prolonge jusqu'au sol et on a ménagé dans le bas six ouvertures par lesquelles on extrait le minerai. Le seuil de ses portes se prolonge extérieurement par une coulisse en fonte ou en tôle, inclinée de manière que le minerai tombe de lui-même dans les wagons placés en dessous, dès qu'on ouvre les trappes qui en empêchent la descente. Un de ces fours a $14^m,25$ de hauteur, $6^m,25$ de diamètre intérieur, et peut passer par jour de 150 à 200 tonnes de minerai cru.

Dans les usines des Alpes autrichiennes, on a constamment cherché à faire passer un grand excès d'air à travers le minerai spathique pendant la calcination, pour le désulfurer autant que possible. Pour assurer ce résultat, on a rétréci les fours à la partie inférieure, comme dans les précédents, et, dans la paroi inclinée, on a ménagé des vides par lesquels l'air peut pénétrer.

La fig. 58 représente le four établi par Wagner, pour le grillage du fer carbonaté spathique de l'Erzgebirge ; ce four est employé tel que le montre la figure, ou avec de légères modifications, dans plusieurs districts industriels. Comme on le voit sur la figure, ces fours sont enveloppés d'un massif assez épais *f*, qui entoure la chemise *c*. La grille se termine à la partie inférieure par des gradins formés de fortes plaques de fonte encastrées dans la maçonnerie, au-dessus des deux ouvertures par lesquelles se fait l'extraction du

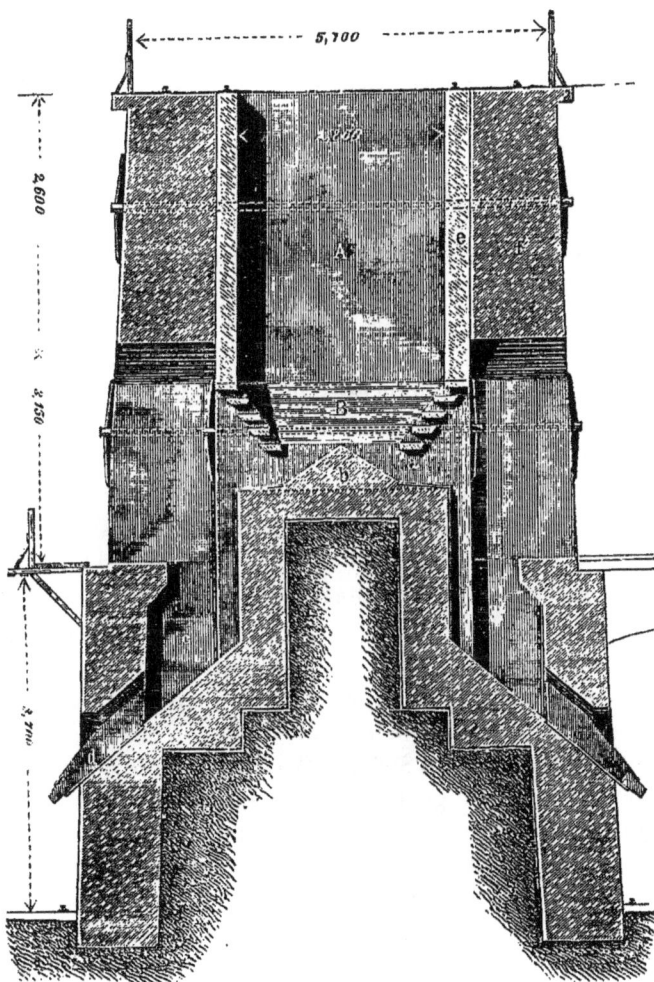

Fig. 58. — Four de grillage de Wagner.

minerai grillé. Ces gradins rétrécissent la cuve, et permettent à l'air un libre accès dans le four. Un petit massif de maçonnerie *b*, formé de deux pentes en sens inverses, facilite la sortie du minerai de chaque côté, en dessous des gradins ; il s'écoule par les couloirs *c, d* dans les wagons qui arrivent à la base du massif.

Le four représenté sur la fig. 58 fait partie d'une batterie établie sur le flanc d'une montagne, la disposition adoptée pour la partie inférieure répond à des conditions tout à fait locales et n'est pas caractéristique de ce genre d'appareil.

Les dimensions de ces fours sont assez différentes, selon l'époque à laquelle ils ont été construits, et l'usine à laquelle ils ont été appliqués.

Ceux d'Eisenerz sont des prismes rectangulaires de $2^m,85$ de largeur, la longueur est de $4^m,50$ pour quelques-uns, de $6^m,50$ pour d'autres, la hauteur varie de 4 à 5^m. Les plus grands ont 85^{mc} de capacité et produisent par jour de 15 à 20 tonnes de minerai grillé. Si on ne charge que de gros morceaux la production s'élève à 30 ou 40 tonnes [1]. En tenant compte de la perte au feu, qui s'élève à 25 %, environ, ces fours passent par jour et par mètre cube de capacité 300^k de minerai menu et de 450 à 550 de gros morceaux soit une moyenne de 450^k. On y brûle 50^k de charbon de bois menu par tonne de minerai cru.

Pour le traitement des minerais spathiques très sulfureux, Wagner a apporté une modification à la disposition de ce four. Il a divisé la cuve dans le sens de la longueur en deux compartiments par une cloison et transformé ainsi chaque cuve en deux autres accolées d'une faible largeur ($0^m,95$) dont la longueur atteint près de 20 mètres. On ménage dans les murs extérieurs et dans la cloison des carneaux qui amènent l'air dans l'intérieur du four par de nombreuses ouvertures ; toute la colonne de minerai comprise dans cette cuve étroite est ainsi soumise à l'action oxydante. Cependant la chaleur développée par le combustible n'est pas parfaitement utilisée, précisément en raison de cet afflux d'air ; aussi consomme-t-on 70^k de charbon par tonne de minerai, mais l'oxydation est très énergique [2].

Les fours de l'ingénieur Suédois Westman, que nous représentons fig. 59 et 60, sont employés au grillage des minerais de fer magnétique en gros morceaux à une température voisine de la scorification. De tous les appareils usités pour ce genre d'opération, ce sont, sans contredit, les plus remarquables en raison de leurs dimensions considérables et de l'importance de leur production. Depuis l'année 1851, date de la construction du premier de ces fours à Sœderfors près Dannemora, ce type n'a cessé de se substituer aux anciens fours qu'on désignait sous le nom de fours Tenninge, il s'est, en

---

[1] Ces chiffres sont extraits d'un mémoire de E. Gruner qui contient des renseignements très complets sur tous les fours de grillage employés en Styrie et en Carinthie. (Voyez ouvrages à consulter.)

[2] On trouvera des dessins de ces fours dans l'ouvrage de Kerl intitulé *Grundriss des Eisenhüttenkunde*, p. 72, et dans Percy-Wedding, *Handbuch der Eisenhüttenkunde*, 2e partie, p. 450. Comme toutes les particularités de ces fours se rapportent à des conditions locales, nous croyons inutile de les reproduire ici.

outre, répandu dans beaucoup d'autres pays où se rencontraient des conditions analogues.

En Suède ces fours sont chauffés exclusivement avec le gaz des hauts-fourneaux, ils pourraient l'être aussi bien avec du gaz de gazogène, pourvu qu'il ne contînt pas une trop forte proportion de vapeur d'eau, mais, comme nous l'avons dit déjà, l'emploi du gaz pour le grillage ne se justifie que quand celui-ci n'a pas d'autre application, qu'il est disponible et ne coûte rien, et la désulfuration, qui résulte de la haute température de tels fours, n'a d'intérêt que quand les fourneaux marchent au charbon de bois, à moins cependant que les minerais se soient extrêmement chargés de soufre.

Le four Westman n'est donc guère employé que là où on traite, au charbon de bois, des minerais magnétiques grillés ; il mérite néanmoins d'être décrit en détail, parce qu'il compte parmi les plus intéressants appareils de l'industrie du fer, dans une contrée dont la production est loin d'être négligeable.

Le profil de la cuve est disposé tout différemment de celui des fours marchant à basse température ; il est évasé par le bas de façon à rendre plus difficile la formation d'accrochages et à aider à la descente des matières.

L'évasement est plus accentué encore dans la zône de grillage, immédiatement au-dessus des orifices d'entrée de gaz, là où les minerais commencent à se ramollir, grâce à la haute température qui règne dans cette région.

Le four est construit avec chemise et enveloppes extérieures. La chemise réfractaire est portée par un anneau en fonte *gg* formé de plusieurs parties, chacune de ces parties forme le linteau d'une des ouvertures *b* par laquelle on extrait le minerai grillé, et est encastrée dans les parties pleines qui séparent ces ouvertures.

Le gaz descend par deux ou quatre tuyaux *a* aboutissant à un tuyau horizontal *c* qui forme ceinture autour du four, et se trouve supporté par une partie avancée de la maçonnerie au-dessus des ouvertures de déchargement *bb*. De cette conduite générale *c* le gaz est distribué par de petits tuyaux *dd* dans des carneaux verticaux *ee* ménagés dans l'épaisseur de la maçonnerie, puis pénètre dans le four par les carneaux horizontaux *ff* disposés immédiatement au-dessus de l'anneau *g* ; ces derniers carneaux débouchent à l'extérieur ; ils sont fermés par des portes ou des clapets, qu'on peut ouvrir lorsqu'on veut atteindre, avec des ringards, le minerai à l'intérieur de la cuve. Il existe deux carneaux d'introduction du gaz pour un orifice de déchargement *b* et ils se trouvent assez rapprochés les uns des autres pour qu'on puisse atteindre toutes les parties de l'intérieur de la cuve à ce niveau. Ils se trouvent, en même temps, assez près des ouvertures de déchargement pour qu'il soit possible, en introduisant des outils, de briser tous les blocs de matières agglomérées qui se formeraient dans la partie basse. On ménage, en outre, au-

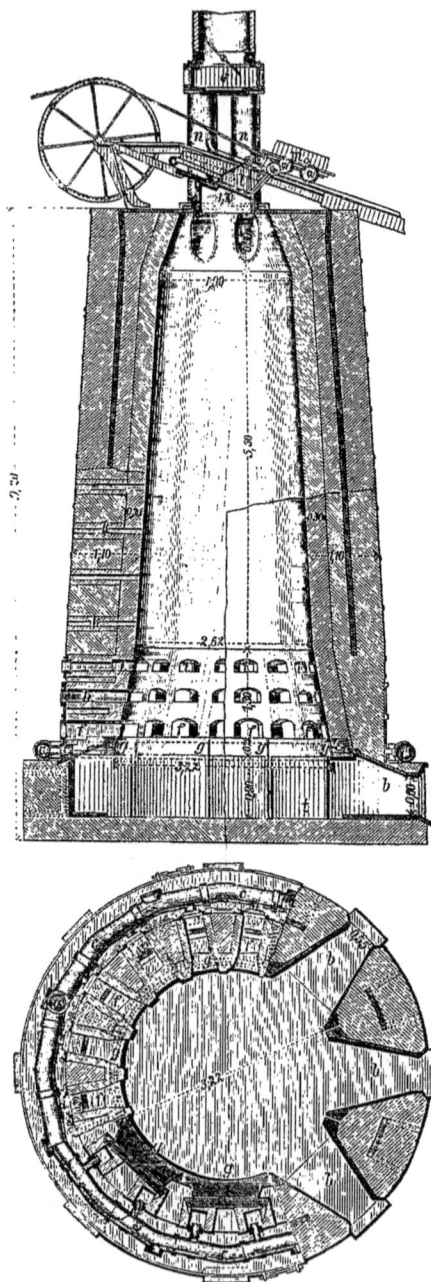

Fig. 59 et 60. — Four de grillage de Westman.

dessus des regards *ff*, d'autres carneaux, à deux niveaux différents *hh, ii* qui permettent également de travailler dans la cuve ; ils sont aussi rapprochés des premiers *ff* que le permet la solidité de la construction. Ces ouvertures sont évasées vers l'intérieur et assez rapprochées les unes des autres pour qu'on puisse parvenir avec des outils à atteindre toute agglomération de minerai formée dans cette zone.

Au-dessus enfin, on trouve encore quatre rangées de regards plus petits, fermés comme les précédents, *kk*, qui permettent de s'assurer de la température qui règne dans les diverses sections du four.

Pendant la marche, le gueulard est fermé par un couvercle incliné *l* qui glisse dans une coulisse lorsqu'il est poussé par le wagonnet *m*, et qui provoque automatiquement la décharge du minerai. Les produits gazeux de la combustion sortent par quatre tuyaux verticaux placés près de la circonférence *nn*, aboutissant à une caisse *o*, d'où part une cheminée *p* de 10^m de hauteur environ, par laquelle ils s'échappent dans l'atmosphère. Un papillon placé à la base de cette cheminée permet de régler le tirage.

L'air nécessaire à la combustion pénètre dans le four par les ouvertures de déchargement *b* et, avant de rencontrer le gaz, s'échauffe au contact du minerai dont le grillage est terminé. Pour régler l'entrée de l'air, les embrasures de déchargement sont elles-mêmes munies de portes dans lesquelles on a laissé cinq ouvertures pourvues de papillons.

Le nombre des embrasures dépend de la dimension du four ; dans les grands appareils semblables à celui que nous représentons, il y en a huit ; dans les plus petits, n'ayant que 1^m,90 de diamètre au bas de la cuve, on en dispose cinq seulement ; les plus grands fours sont les plus avantageux.

Dans quelques fours Westman, au lieu d'appeler l'air dans la cuve par le tirage naturel, on met une soufflerie en relation avec l'anneau *g* qui porte la chemise et qui est creux. Cet anneau est percé sur sa face intérieure de nombreux petits trous par lesquels l'air est lancé dans la cuve. Toutefois cette modification ne paraît pas avoir produit d'amélioration sensible.

On retire en moyenne en 24 heures, 5000^{kil} de minerai grillé de chaque embrasure de déchargement. Un four à huit embrasures, d'une capacité de 31^m produit donc 40 tonnes soit 1300^k par mètre cube de capacité et par jour. Pendant chaque poste de huit heures, on enlève six fois le minerai grillé qui est encore tellement chaud qu'on doit le transporter dans des wagons en fer.

Rinman estime qu'on consomme environ 300^{mc} de gaz de haut-fourneau par tonne de minerai [1].

Pour établir, au point de vue de la dépense en combustible, une comparaison avec les autres appareils de grillage, nous devons commencer par supposer que ces 300^{mc} de gaz de hauts-fourneaux sont à peu près équivalents à 200^{mc} de gaz de gazogène alimenté par de la houille. Or pour produire

---

[1] *Berg- und hütt. Ztg.*, 1872, p. 112.

200ᵐᶜ de gaz dans un gazogène, il faut employer 60ᵏ de houille. Le four Westman consommerait donc un peu plus que ceux dans lesquels on emploie le
combustible solide. Il est juste de faire remarquer que la température obtenue est beaucoup plus élevée et que le minerai grillé sort du four en emportant encore une très grande quantité de chaleur ; il est presqu'incandescent.

Lorsqu'on veut employer le gaz pour griller des minerais spathiques ou
autres qui ne nécessitent pas les températures élevées du four Westman, il
faut donner aux appareils une forme différente. La hauteur doit être réduite,
surtout si le minerai se brise sous l'action de la chaleur, ce qui est un
obstacle au tirage. On trouve fréquemment dans les Alpes autrichiennes des
fours de ce genre appliqués au grillage des fers spathiques et des hématites
brunes qui les accompagnent ; on les appelle fours *Fillafer* du nom de l'inventeur.

Les figures 61, 62 et 63 représentent ceux qu'on emploie dans une usine
de Carinthie. La cuve est un prisme rectangulaire de 0ᵐ,35 de large sur
1ᵐ,25 de longueur ; la hauteur totale est de 2ᵐ,75. Les ouvertures de déchargement sont semblables à celles de la figure 58. Les gradins correspondent aux
faces les plus étroites et laissent plus d'espace pour le passage de l'air. La
batterie se compose d'un grand nombre de fours semblables accolés.

Le gaz arrive par une conduite générale et est distribué à chaque four par
des tubulures et des carneaux horizontaux ménagés dans les parois des faces
les plus larges des fours ; il débouche dans la cuve par neuf orifices étroits
répartis sur toute la longueur et s'allume au contact de l'air arrivant par le
bas, qui s'est échauffé en traversant la masse de minerai déjà grillé.

La figure 61 indique comment se fait le chargement. La chambre située
au-dessus du gueulard et où se trouve le wagonnet, se ferme par une porte
que l'on n'ouvre qu'au moment du chargement. Au sommet de cette chambre,
se trouve une courte cheminée pour l'échappement du gaz. Un four semblable
grille par jour de deux à trois tonnes de minerai.

Fours annulaires. — Le four annulaire, inventé en 1865 par Hoffmann et
Licht pour la cuisson des briques, est employé également aujourd'hui pour
produire la chaux dont on se sert dans la fabrication du fer et de l'acier par les
procédés basiques. On l'applique à cet usage non seulement dans les fabriques
de chaux, mais aussi dans plusieurs aciéries. La production de tels fours
peut être considérable, de 40 à 50 tonnes par jour ; la consommation de combustible est faible, elle ne dépasse pas 160 à 200 kil. de houille non lavée par
tonne de chaux, mais l'installation est coûteuse et, si on veut que l'économie
sur le prix de revient de la chaux justifie cette dépense, on arrive souvent à
une production dépassant les besoins de l'usine. Aussi beaucoup d'aciéries
préfèrent-elles acheter la chaux dont elles ont besoin, ou la cuire dans des

Fig. 61

[Fig. 62

Fig. 63

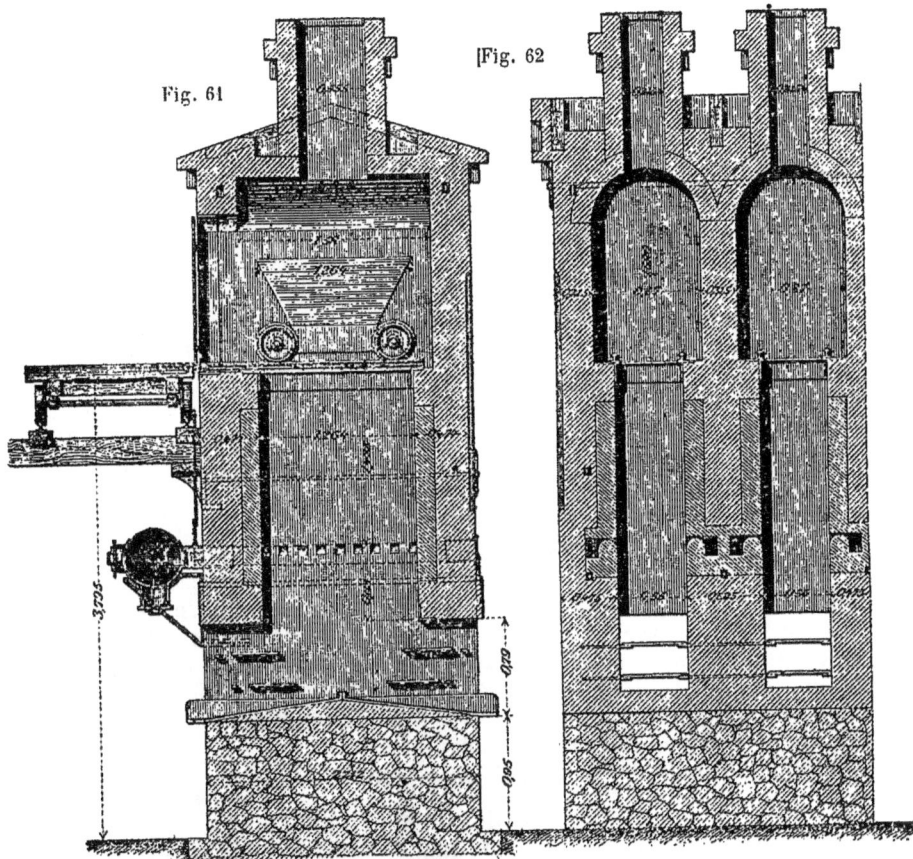

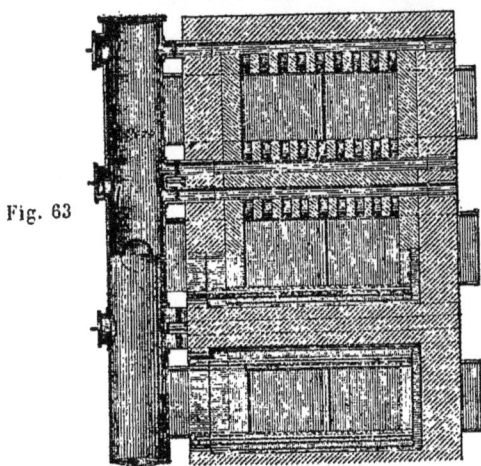

Fig, 61, 62, 63. — Four à griller le fer spathique en Carinthie.

fours plus simples, analogues à ceux employés pour le grillage des minerais[1].

Nous pouvons citer comme type récent de grillage et de préparation mécanique appliqué au fer spathique, l'installation des mines du groupe d'Allevard, appartenant au Creusot. Ces minerais contiennent une proportion importante de menu, et subissent au sortir de la mine un premier criblage qui classe comme gros tous les fragments dont la dimension atteint $0^m,035$; à ce criblage, succède un triage à la main qui permet d'éliminer les matières stériles, puis le minerai ainsi préparé est envoyé aux fours de grillage. Ceux-ci sont formés de deux cuves superposées avec étranglement au tiers de la hauteur totale ; le gaz fourni par des gazogènes spéciaux est distribué par des carneaux régnant sur la circonférence en dessous du four supérieur, la cuve inférieure servant seulement au refroidissement de la partie grillée, en même temps qu'au réchauffement de l'air destiné à la combustion. Dans un four de ce genre, on grille 25000^k de minerai en 24 heures, en consommant 30^k de houille par 1000^k de minerai grillé. Cette opération produit beaucoup de menu, il y a donc lieu de faire un nouveau criblage suivi d'un triage à la main pour le gros définitif qui est envoyé au fourneau ; le résidu du criblage est broyé et soumis à l'électrotrieuse qui sépare la partie riche des gangues broyées.

Tous les menus du premier criblage sont ramenés par un broyage à une dimension ne dépassant pas 0,015, puis classés en un certain nombre de grosseurs qui passent aux lavoirs, et de là vont aux fours spéciaux de grillage ; ces derniers sont ou verticaux ou inclinés, formés d'une succession de soles couvertes de voûtes et disposées en cascades ; ils sont également chauffés au gaz de gazogène ; chaque four produit 25 tonnes par 24 heures, avec une consommation de 60^k de houille par tonne ; le menu grillé est mélangé à 5 °/° de chaux hydraulique et aggloméré à la presse. Tout l'atelier est mis en mouvement par des turbines Girard. Pour les détails, voir le Bulletin de l'Industrie minérale, IIIe série, tome VII, page 465. (V.)

D. — Amélioration des minerais par l'exposition à l'air et le lessivage.

Lorsqu'on laisse exposés, pendant un long temps, les minerais à l'influence des agents atmosphériques, ils éprouvent des transformations chimiques et physiques qui facilitent plus ou moins le traitement ultérieur.

La chaleur du soleil, l'humidité qui pénètre jusqu'au centre des morceaux, provoquent des fissures qui permettent ensuite aux gaz d'atteindre les parties centrales, et qui rendent la matière plus facile à concasser. Quelquefois même, les gangues se séparent spontanément du minerai. Quelques sphérosidérites qui arrivent de la mine, empâtés de schiste argileux très adhérent, se débarrassent après quelque temps d'exposition à l'air de cette enveloppe qui tombe sous forme de plaques. D'après Percy, en utilisant ces actions atmosphériques, on économise, dans le sud du pays de Galles, des sommes importantes qu'on dépensait autrefois en triages.

[1] On trouvera des détails sur les fours annulaires dans l'ouvrage de L. Gruner, Paris 1877, p. 244, et dans le suivant : Heusinger von Waldegg, *Die Ziegel ; Rœhren und Kalkbrennerei* 4 Auflage, Leipsig 1891, T. I, p. 597 ; T. II, p. 113.

Dans les climats très froids, on obtient des résultats analogues de l'effet de la gelée ; l'eau qui pénètre à l'intérieur se transforme en glace et brise les morceaux les plus volumineux.

Quant à l'action chimique principale produite par les agents atmosphériques, elle consiste surtout dans la transformation des sulfures métalliques en sulfates solubles que la pluie fait disparaître petit à petit, ou que l'on peut enlever plus rapidement par un lessivage.

Les sulfures métalliques que l'on rencontre associés aux minerais de fer, les pyrites, la blende, la galène, ne se comportent pas tous de la même façon sous l'influence de ces actions lentes ; quelques-uns n'ont encore éprouvé aucune transformation au bout d'une année entière ; les pyrites jaunes et les pyrites blanches, quoique répondant toutes deux à la même formule, FeS_2, supportent ces actions d'une manière toute différente ; la première, qui cristallise dans la forme cubique, résiste parfaitement à la décomposition, tandis que la marcassite, qui appartient au système rhomboédrique et qui existe fréquemment en même temps que la pyrite jaune, dans le même minerai, subit une très prompte transformation ; il se produit des sulfates.

Nous avons expliqué comment le grillage décompose tous les sulfures métalliques et les transforme partiellement en sulfate.

Il n'est pas douteux qu'en laissant, pendant longtemps, les minerais exposés aux agents atmosphériques, on améliore la qualité de beaucoup d'entre eux, mais il ne faut pas perdre de vue que, d'une part le capital représenté par le stock de minerais soumis à ce traitement ne produit aucun intérêt, et que d'un autre côté, pour traiter ainsi l'énorme quantité de matières premières nécessaire à l'alimentation des fourneaux modernes au coke, on devrait y consacrer une immense surface de terrain.

Dans la première moitié de ce siècle, alors que la fabrication de la fonte n'était encore que peu développée, on a quelquefois eu, méthodiquement, recours à ce mode de préparation des minerais ; certaines parties sont restées exposées aux influences atmosphériques pendant des périodes de dix années et plus, mais à mesure que la production a pris de l'extension, on a dû renoncer à cette pratique, sauf dans certains cas particuliers, comme par exemple dans le pays de Galles, où on l'applique encore aux sphérosidérites à gangue argilo-schisteuse et où l'effet désiré est obtenu en peu de temps.

Le *lessivage* est une opération qui a pour but d'enlever plus complètement et plus rapidement que ne pourrait le faire l'action lente de la pluie, les sels solubles, particulièrement les sulfates, contenus dans les minerais. Comme ces sulfates se produisent surtout dans le grillage, on ne soumet guère au lessivage que les minerais grillés. Cette opération est plus ou moins simple suivant les conditions locales. On se borne le plus souvent à arroser de temps en temps les tas de minerais avec de l'eau provenant d'un réservoir supérieur et lorsque cette eau s'est suffisamment chargée de sulfates, on la fait écouler; à certains intervalles on retourne le tas à la pelle et on arrose de nouveau.

Depuis longtemps dans l'usine de Kladno en Bohème on lessive les minerais d'une façon plus complète. On traite des hématites brunes contenant au sortir de la mine 0,50 % de soufre environ; le minerai est grillé, et comme le départ de l'eau de combinaison diminue le poids du minerai, il contient encore après grillage de 0,30 à 0,40 % de soufre, ce qui le rend impropre à la fabrication de la fonte. On le transporte alors dans des bassins cimentés de 22ᵐ de longueur sur 13ᵐ,30 de large et 2ᵐ de profondeur. Quatre de ces réservoirs forment une batterie. L'eau arrive par le fond, s'écoule par dessus le bord du premier bassin, passe successivement dans les autres, de façon que l'eau fraîche arrive dans celui qui contient le minerai dont le lessivage est le plus avancé. On contrôle la marche de l'opération en déterminant la proportion d'acide sulfurique contenue dans l'eau qui s'écoule du dernier bassin. Cette eau évaporée à sec laisse un résidu qui a la composition suivante :

Peroxyde de fer	0,57
Alumine.	0,61
Silice	1,51
Chaux. . . . . :	13,28
Magnésie	12,28
Acide sulfurique	50,60
Acide phosphorique	0,14
Eau.	21,09.

Après avoir subi ce traitement le minerai ne contient plus que 0,15 % de soufre.

Il ressort de ce qui précède que l'action des agents atmosphériques et le lessivage ont, presque uniquement, pour effet d'enlever aux minerais une partie du soufre qu'ils contiennent; c'est à peine si quelques traces de phosphore peuvent disparaître dans ces opérations préparatoires. Le phosphore se trouve en effet associé aux oxydes de fer sous forme de phosphates de chaux et de fer (apatite et vivianite), qui sont à peu près insolubles dans l'eau ; mais ils sont solubles dans les acides sulfureux ou chlorydriques étendus d'eau, si bien que si on lessivait les minerais avec ces acides on pourrait enlever une grande partie du phosphore.

On a appliqué ce procédé à Kladno, concurremment avec celui que nous venons de décrire, et dans les mêmes bassins. On employait une dissolution d'acide sulfureux provenant du grillage de pyrites que l'on mélangeait aux eaux de lavage.

Les renseignements publiés à cette époque indiquaient que, comme épuration, les résultats étaient satisfaisants, les minerais perdaient réellement une partie du phosphore qu'ils contenaient. Des expériences faites ailleurs sur une plus petite échelle ont également démontré qu'on pouvait, de cette façon, pousser très loin la déphosphoration, mais depuis la découverte des procédés basiques Bessemer et Martin, qui ont permis de déphosphorer, beaucoup plus complètement qu'auparavant, la fonte pendant sa transformation en métal malléable, la purification du minerai, à ce point de vue, a perdu la plus grande partie de son importance. C'est ce qui explique pourquoi ce procédé préparatoire ne n'est pas répandu et pourquoi, à Kladno même, il a été abandonné.

Purification et enrichissement par l'action des aimants. — Il existe un grand nombre de minerais magnétiques mélangés à des gangues stériles ou nuisibles, tels, entre autres, un certain nombre de ceux qu'on traite aux États-Unis, dans la région du lac Champlain et dans le New-Jersey. On a construit un certain nombre d'appareils fondés sur l'action magnétique pour purifier et enrichir en même temps ces minerais ; nous n'en ferons pas l'énumération, ils ne diffèrent souvent que par des détails d'une importance secondaire et ne semblent pas devoir trouver d'application en France. Signalons seulement pour montrer l'efficacité de cette préparation, le résultat obtenu avec l'un d'eux sur des minerais de New-Jersey, à la fois pyriteux et rendus phosphoreux par la présence d'apatite en grains disséminés dans la masse ; après broyage grossier et traitement à l'électrotrieuse, le minerai est passé de la teneur de 42 % de fer à celle de 63 % ; la proportion de phosphore diminue des 3/4 ; les frais de l'opération ne dépassent pas 2f,50 par tonne finie. Lorsque le minerai est très dur, on le grille avant de le broyer.

Ce mode de préparation ne s'applique naturellement qu'aux minerais magnétiques ; dans certains cas, on a rendu magnétiques des minerais de fer qui ne l'étaient pas, en les grillant avec un excès de combustible. Si, par exemple, on grille au gaz un peroxyde de fer mélangé à 3, à 5 % de houille, on obtient comme résultat un oxyde attirable à l'aimant. On a pu par cet artifice séparer, dans un minerai complexe, la blende de l'hématite.

Voir Génie Civil, t. XVII, p. 337. (V.)

Ouvrages à consulter.

(a) Traités.

E. F. Dürre, *Die Anlage und Betrieb der Eisenhütten*, T. I, p. 7-199. (État physique, composition et préparation des minerais et des fondants.)

A. v. Kerpely, *Die Anlage und die Einrichtung der Eisenhütten*, p. 278, 315, 351. (Cassage, lavage et grillage.)

P. Rittinger, *Lehrbuch der Aufbereitungskunde*, Berlin 1867, p. 24 (Bocards, cylindres de broyage, lavage.)

C. Linkenbach, *Traité pratique de la préparation des minerais*, traduction française de Coutrot, Paris 1893.

Haton de la Goupillière, *Éléments de préparation mécanique.*

R. Åkerman, *O n jernmalmers rostning*, Stockholm, 1879 et *Das Rœsten der Eisenerze*, Leipzig 1880.

H. Thœlander, *Experimentelle Untersuchungen über die Reduction von Eisenerzen und die Wirkung der Röstung auf Magneteisensteine und Hamatite*, Wien 1878.

C. F. Plattner, *Traité théorique des procédés métallurgiques de grillage*, traduction française de A. Fetis, Paris. 1860.

(b) Notices.

Fr. Kupelwieser, *Fortschritte der Verröstung der Eisenerze in Steiermark. Berg-u. hütt. Jahr. d. k. k. Bergakad. z. Leoben.* T. XVI (1867), p. 373.

J. v. Ruttner, *Röstung und Abwässerungschwefelkieshaltiger Spatheisensteine zu Mariazell, Erfahrungen u. s. w Jahr.* 1868, p. 15.

E. Gruner, *Grillage des minerais en Styrie et en Carinthie. Annales des mines, série VII,* T. IX, p. 540. (Description détaillée des procédés de grillage employés dans les Alpes autrichiennes avec dessins des fours)

Eisenerzröstofen (fours *Borrie, Wagner). Berg- u. hütt. Ztg.* 1870, p. 60.

John Borrie, *Röstofen für Eisenerze. Berggeist 1870, N° 4 ; polyt. Centralbl.* 1870, p. 536.

Calcination. Iron, T. XIII, p. 163. (Dessins de fours de grillage anglais.)

Calcining kilns at the Ayresome Iron Works, Middlesborough. Engineering, T. XIII, p. 170.

Devi, *Raschettes Eisenerzröstofen. Oest. Zeitsch. f. B. u. Hütt.* 1875, N° 43.

W. J. Taylor, *An Ore roasting furnace. Trans. of the Americ. Inst. of Min. Engen.,* T. IX, p. 304.

Ore roasters. Journal of the Unit. Stat. Associat. of Charcoal Iron Workers, T. V, p. 41, 171.

The Grittinger ore kiln. In vorstehend genannter Zeit. T. V, p. 97.

A. Wendt, *The concentration of iron ores. Trans. of the Americ. Inst. of Min. Engin.,* T. XIII, p. 35.

J. Birkinbine, *Roasting iron ores. In vorstehend genannter Zeit.* T. XII, p. 361.

S. R. Krom, *Improvements in ore-crushing machinery. In vorstehend genannter Zeit.* T. XIV, p. 497.

S. G. Valentine, *Desulphurization of pyritiferous iron ores. In vorstehend genannter Zeit.* T. XVIII, p. 78.

Anreicherungsversuche mit trockenen Erzen von Norberg. « *Stahl und Eisen* » 1888, p. 822 ; 1889, p. 32.

P. W. Hofmann, *Verwerthung der Schwefelkiesrückstände auf Eisen. Zeit. d. Ver. deut. Ing.,* T. XVIII, p. 522 ; *polyt. Cent.* 1874, p. 1477.

E. Rohrig und R. Hass, *Die Eisenerze der Bidasoa und ihre Behandlung durch Rösten und Auslaugen. B. u. hütt. Ztg.* 1873, p. 357.

Verarbeitung von Kupferkies haltenden Spatheisensteinen auf Roheisen. Zeit. d. Ver. deut. Ing. 1872, p. 480.

Zeman, *Notizen aus der Adelberthütte in Cladno.* (Grillage, Lessivage.) *Technische Blætter* 1870, p. 149 ; *Dingl. polyt. J.,* T. CXCVIII, p. 32.

Jacobi, *Neue Methode zur Entfernung und Verwerthung der Phosphorsäure aus Eisenerzen. Dingl. polyt. J.,* T. CCI, p. 245.

F. Gautier, *Ueber das Entphosphorn der Eisenerze in Cladno. Berg- u. hütt. Ztg.* 1876, p. 8.

CHAPITRE VII

PROPRIÉTÉS DU FER ET DES CORPS QUI L'ACCOMPAGNENT, CONSIDÉRÉES AUX POINTS DE VUE CHIMIQUE ET MÉTALLURGIQUE

I. — Généralités.

Il est possible de préparer par des procédés de laboratoire du fer chimiquement pur ; il suffit de réduire de l'oxyde ou du chlorure de fer purs par un courant d'hydrogène sec ne contenant ni hydrogène sulfuré ni hydrogène arsénié ; lorsqu'on traite de cette façon de l'oxyde de fer à basse température, on trouve une poudre grise pyrophorique ; si la température a été suffisamment élevée, on obtient de petites lames blanches brillantes ; le chlorure se transforme en une pellicule brillante de fer métallique, dans laquelle on peut distinguer nettement des cubes bien caractérisés ; le fer dans cet état se forge facilement ; le fer cristallise donc dans la forme cubique. Ce métal, d'après Osmond, fond à 1500°. Il n'est pas nécessaire d'ajouter que le fer ainsi obtenu n'est susceptible d'aucune application industrielle.

Comme tous les autres métaux, le fer a la faculté de s'allier avec d'autres corps simples, c'est-à-dire de s'unir à eux et de constituer ainsi de nouveaux corps conservant le caractère métallique et ayant des propriétés physiques souvent fort éloignées de celles des éléments qui les composent.

Les proportions dans lesquelles ces alliages peuvent se faire diffèrent généralement de celles qui constituent des combinaisons chimiques et n'ont aucune relation avec les équivalents ; elles peuvent varier dans des limites très étendues et même quelquefois sans limite aucune [1].

[1] On a souvent avancé que le mot *alliage* ne devait s'appliquer qu'aux combinaisons des métaux les uns avec les autres, et non pas des métaux avec les métalloïdes. Cette limitation dans le sens du mot est contraire à l'usage adopté, elle n'est pas davantage d'accord avec la façon dont se comportent les métalloïdes puisqu'ils peuvent entrer en combinaison non définie avec les métaux ; on a toujours dit : alliage d'étain et d'antimoine, de plomb et d'arsenic, etc., bien que les chimistes aient depuis longtemps cessé de compter l'antimoine et l'arsenic au nombre des métaux.

On peut regarder un alliage comme une dissolution réciproque de plusieurs corps simples, dissolution au sein de laquelle peuvent se produire de véritables combinaisons chimiques, sans cependant que l'existence de ces combinaisons soit essentielle [1]. Il est probable que la formation, de même que la destruction des combinaisons chimiques entre les éléments d'un alliage, dépendent de circonstances particulières, principalement de la température ; ce sont ces conditions variables qui interviennent pour produire des modifications dans les propriétés d'alliages dont la composition paraît identique.

La proportion dans laquelle se trouvent les corps en présence, et l'affinité plus ou moins grande qu'ils ont les uns pour les autres, déterminent également la formation ou la destruction de combinaisons chimiques définies. Si, dans un alliage, il se trouve en même temps deux corps qui, dans les conditions actuelles, aient une grande tendance à former une combinaison chimique, c'est, en réalité, ce composé qui sera dissous dans l'alliage et non pas les éléments isolés. Si ces deux corps sont susceptibles de se combiner en diverses proportions, la combinaison qui prendra naissance sera celle dans laquelle le corps qui se trouve en excès sera en plus grande abondance.

Par exemple si du fer, à l'état de fusion, absorbe de l'oxygène, ce qui est le cas général, il résulte de la grande affinité du fer pour l'oxygène que celui-ci se trouvera passer à l'état d'oxyde de fer, et comme le fer est en grand excès, la combinaison qui se formera entre ce corps et l'oxygène sera celle dans laquelle la proportion de fer est au maximum, c'est-à-dire du protoxyde, FeO. Toute combinaison plus oxygénée Fe_3O_4, Fe_2O_3, serait ramenée à l'état de FeO par le fer en excès. Ce phénomène n'est pas uniquement le résultat des propriétés chimiques générales des deux corps fer et oxygène, il obéit à la loi de la Thermochimie, d'après laquelle la combinaison qui prend naissance est celle qui dégage la plus grande quantité de chaleur [2].

Dans l'exemple ci-dessus, l'oxygène absorbé se trouve en présence d'un excès de fer, il se forme du protoxyde parce que c'est de cette combinaison que sortira la plus grande quantité de chaleur, ainsi qu'on peut le vérifier par le calcul en se servant des données de la page 48.

D'après la définition de Pattison Muir, la thermochimie est la science qui traite des relations réciproques entre les actions chimiques et les phénomènes thermiques. Grâce aux travaux de Troost et Hautefeuille, de Berthelot, de Thomsen, etc., cette science a déjà réuni un certain nombre de données numériques au moyen desquelles on peut mettre en évidence et mesurer, en quelque sorte, l'intensité de diverses réactions qui se produisent dans la métallurgie du fer. Ces résultats ne sont cependant pas encore assez nombreux pour trouver leur place d'une manière générale dans l'explication des phénomènes de la métallurgie du fer. Consulter les essais de mécanique chimique de Berthelot et le Génie civil, tome XV, p. 45. (V.)

[1] Pour plus de détails consulter : A. Ledebur, *Die Legirungen*, Berlin 1890, p. 1 à 4.
[2] Jahn, *Grundsætze der Thermochemie*, 2e édition, p. 128.

Considérons maintenant un bain formé d'un métal A dans lequel existe en dissolution une combinaison de A avec un autre corps B ; si on vient à introduire un troisième corps C, qui ait pour B plus d'affinité que A, la combinaison AB sera détruite, et il s'en formera une entre B et C ; la réaction sera d'autant plus rapide et plus complète que C aura plus d'affinité pour B.

A la température de fusion du fer, de l'acier ou de la fonte, par exemple, le silicium, le manganèse, l'aluminium ont plus d'affinité pour l'oxygène que le fer ; si donc on introduit un de ces trois corps dans un bain de fer à l'état de fusion, contenant en dissolution de l'oxyde de fer, FeO, ce dernier est détruit avec d'autant plus de rapidité que l'addition est plus abondante, et si la nouvelle combinaison est insoluble dans le bain, il peut y avoir élimination complète de l'oxygène [1].

Les fers, les fontes et les aciers qu'on trouve dans le commerce et dont nous avons, en quelques mots, indiqué la classification et les principaux caractères distinctifs, dans les premières pages de ce manuel, peuvent être regardés, tous, comme des alliages du fer avec d'autres métaux et avec un certain nombre de métalloïdes ; la proportion totale de ces corps alliés au fer ne dépasse pas, parfois, quelques centièmes pour cent dans certains fer, mais dans la fonte, par exemple, elle peut s'élever de 2,3 $\%$ au minimum à 8 ou 12 $\%$; dans les ferro-manganèses la proportion de fer peut être moindre que celle des corps autres que le fer et le manganèse, réunis.

Comme les autres métaux, le fer s'allie plus ou moins facilement avec les différents corps. L'alliage peut se faire en proportions quelconques entre le fer et les corps suivants : Manganèse, Chrome, Tungstène, Nikel, Cobalt, Or, Platine, Aluminium, Antimoine, Arsenic, Soufre, Phosphore, Silicium, etc.; il ne peut s'allier qu'à des doses limitées de Zinc, d'Etain, de Bismuth, de Cuivre et de Carbone. C'est à peine s'il peut former des alliages avec le Plomb, l'Argent et le Mercure.

Les propriétés des métaux, et particulièrement celles du fer, éprouvent des modifications qui dépendent de la nature des corps avec lesquels il s'allie, et des proportions dans lesquelles se font ces alliages. Mais on reconnaît une certaine régularité dans les variations de ces propriétés et on peut admettre les lois suivantes qui se vérifient dans la majorité des cas :

La résistance de l'alliage est généralement supérieure à celle du métal principal, pourvu que la proportion du corps allié ne dépasse pas une certaine limite, au-delà de laquelle elle diminue rapidement. La résistance est géné-

---

[1] Il n'est pas inutile de rappeler à ce propos que dans une dissolution ordinaire à basse température, les décompositions obéissent aux mêmes influences. Ainsi, si nous voulons obtenir une précipitation complète dans le cours d'une analyse quantitative, nous ne pouvons être assurés de réussir que, si le réactif qui la produit est en excès ; plus cet excès est important et plus la réaction est rapide.

ralement plus basse dans les alliages ayant pour élément allié un métalloïde que dans ceux obtenus avec un métal.

La dureté d'un alliage est plus grande que celle du métal principal.

La *ductilité*, la *malléabilité* à chaud et à froid sont plus faibles dans l'alliage que dans les métaux qui le constituent.

La température de fusion des alliages est ordinairement inférieure à la moyenne de celles des éléments qui les composent, elle est même souvent au-dessous de celle du plus fusible d'entre eux. Ainsi, si on fait une addition d'un corps difficilement fusible comme le manganèse, à un bain de fer à l'état de fusion, la température de fusion de la masse est abaissée pourvu que la proportion de manganèse ne soit pas trop grande. Les alliages de manganèse ont une température de fusion inférieure à la moyenne de celles des éléments qui les constituent.

Cette loi s'applique d'une manière remarquable aux alliages du fer avec le carbone, corps complètement infusible lorsqu'il est à l'état de pureté. La température de fusion baisse au fur et à mesure que la proportion du carbone augmente.

Il arrive quelquefois que les alliages se liquatent, c'est-à-dire que, par suite d'une transformation lente, ils se transforment en une série d'alliages ou de corps simples et d'alliages superposés et doués d'une température de fusion différente. Lorsqu'un alliage, à l'état liquide, est susceptible de se liquater et se refroidit, chacun des alliages nouveaux ou des corps simples isolés qui entraient primitivement dans sa composition, se solidifie à mesure que la température arrive au point de solidification qui lui appartient, ceux qui sont plus fusibles restant encore à l'état liquide.

On remarque aussi, mais plus rarement, le phénomène inverse lorsqu'on élève graduellement la température d'un alliage à l'état solide de façon à arriver à la fusion complète ; plus les changements de température sont lents, dans un sens ou dans l'autre, lorsqu'on approche des points de fusion des divers éléments d'un alliage, et plus la liquation prend d'importance. Il n'est pas rare d'observer ce phénomène dans les alliages de fer produits industriellement, et de constater qu'il joue dans certaines circonstances un rôle prépondérant.

On est même autorisé à croire que, parmi les divers produits de la métallurgie du fer, dans lesquels ce métal est constamment uni à une proportion plus ou moins grande d'éléments étrangers, il n'en existe aucun qui, après être passé de l'état liquide à l'état solide, reste parfaitement homogène ; certaines combinaisons, des alliages d'une nature déterminée, des corps simples même, se séparent inévitablement de la masse au milieu de laquelle ils restent isolés prenant des formes variées, réseaux, veines, nodules, etc. Lors donc qu'on polit un échantillon de fer, d'acier ou de fonte et qu'on le soumet à l'action d'un agent chimique peu énergique, lequel attaque à un degré différent les divers corps simples ou composés qui constituent le métal, le microscope permet de distinguer très nettement ces éléments divers et les formes qu'ils accusent.

On rend beaucoup plus apparents les dessins résultant de l'attaque du métal, en chauffant l'échantillon à la température qui produit les colorations du recuit, la même température fait prendre des nuances différentes aux divers corps mis à nu.

On obtient un résultat analogue en faisant déposer par un procédé galvanoplastique, de l'or ou du cuivre sur la surface attaquée ; le dépôt se forme sur le corps qui a une certaine composition et pas sur tel ou tel autre.

Ce moyen d'investigation a été fréquemment employé depuis quelques années pour étudier, tantôt la manière dont le métal se comporte au moment de sa solidification suivant que celle-ci s'accomplit avec une plus ou moins grande rapidité et suivant sa composition chimique, tantôt les relations qui peuvent exister entre les propriétés mécaniques et la structure intime. D'importants progrès ont été accomplis ainsi, à la suite d'études de laboratoire dont la métallurgie pratique a profité ainsi qu'elle fait toujours des conquêtes de la science. Mais on aurait tort d'espérer que l'étude microscopique du métal, considérée comme moyen d'essai et au point de vue des emplois industriels, puisse entrer dans le domaine de la pratique des usines. Ces procédés sont trop compliqués pour être d'un usage courant et conduiraient à des indications trop vagues.

Le lecteur trouvera dans les ouvrages indiqués à la fin de ce chapitre des détails sur l'examen microscopique du fer et de ses dérivés.

Nous aurons occasion de revenir dans la troisième partie de cet ouvrage sur ce phénomène de liquation qui se produit dans certaines circonstances au milieu de masses métalliques liquides pendant la durée de leur solidification, principalement lorsque le refroidissement s'accomplit lentement. La formation de divers composés ou la séparation d'éléments simples qui accompagnent ce phénomène a reçu en Angleterre et en Amérique le nom de *Ségrégation* qui a une signification plus nette. (V.)

Nous avons indiqué plus haut que le fer cristallise dans le système cubique ; cependant dans les cavités du fer, de la fonte et de l'acier produits industriellement on reconnaît deux formes cristallines très différentes ; l'une appartient au système cubique, mais ne se présente pas sous l'apparence de cubes bien nets : ce sont des arborescences dans lesquelles on reconnaît les dispositions de l'octaèdre régulier ; les ramifications sont toutes perpendiculaires les unes aux autres et prennent souvent jusqu'à trois directions différentes successives [1]. La fig. 64 indique l'aspect sous lequel se présentent ordinairement ces cristallisations auxquelles on donne dans les usines allemandes le nom de « Tannenbaumkrystalle » (cristaux en forme de sapins) parce qu'ils rappellent la forme générale de ces arbres. C'est dans les cavités de la fonte grise qu'on les rencontre le plus souvent et qu'ils atteignent les plus grandes dimensions ; les parois des cavités de la fonte en sont parfois entièrement tapissées. Ils se produisent moins dans la fonte blanche, dans le fer et l'acier, on peut cependant encore les y reconnaître, à l'aide d'une loupe ou d'un microscope.

Fig. 64. — Cristaux de fer.

En général, ces cristaux se forment principalement lorsque le fer contient une faible proportion de corps étrangers. Si nous les avons signalés comme fréquents dans la fonte grise qui contient jusqu'à 10 % d'éléments autres que le fer, c'est que dans cette variété de métal, il se produit des liquations, la plus grande partie du carbone se sépare au refroidissement sous forme de graphite, et le fer n'est plus allié qu'à une faible proportion de ce corps, c'est alors qu'il cristallise dans la forme ci-dessus décrite. La présence d'une forte proportion de silicium n'est pas un obstacle à cette cristallisation ; et c'est pourquoi c'est surtout dans la fonte grise qu'on les rencontre, celle-ci contenant toujours une forte dose de silicium.

Il existe aussi, dans les produits de l'industrie sidérurgique, une autre forme cristalline, ce sont des prismes ou des aiguilles appartenant au système rhomboédrique ; ces cristaux constituent un des caractères distinctifs de certains alliages de fer avec le manganèse, le chrome, le phosphore. On en rencontre de beaux échantillons dans les ferro-manganèses contenant plus de 30 % de Mn. On ignore cependant si cette cristallisation est due à la présence du manganèse ou à la forte proportion de carbone que ces fontes contiennent toujours. Il en est de même des alliages de chrome qui sont également très carburés, et des fers contenant 10 % de phosphore.

Il est possible que cette forme cristalline se présente dans des alliages de fer moins phosphoreux ou d'autre nature qui ne sont pas employés dans la sidérurgie.

2. — Fer et Oxygène. — Combinaisons du Fer avec l'Oxygène.

L'affinité du fer pour l'oxygène est assez forte, elle est supérieure à celles

[1] A. Knop, *Molekularconstitution und Wachsthum der Krystalle*, Leipzig 1867, p. 68.

du cuivre, de l'étain, du plomb et de tous les métaux nobles dont les oxydes sont plus faciles à réduire que ceux du fer.

L'*acide ferrique*, H_2FeO_4, et son anhydride FeO_3 qui n'existe qu'à l'état de combinaison, ne jouent aucun rôle dans la métallurgie du fer.

Le *sesquioxyde* Fe_2O_3 est à l'état libre dans l'hématite rouge, il est hydraté dans l'hématite brune. Il se produit toutes les fois que le fer, ou ses minerais oxydés, ou les pyrites, sont portés à la température rouge et soumis à des actions très oxydantes. A la chaleur blanche, ainsi que nous l'avons dit (p. 249) le sesquioxyde perd une partie de son oxygène ; mais déjà, au rouge, il joue le rôle d'un oxydant énergique en présence de corps avides d'oxygène comme le carbone, l'oxyde de carbone, l'hydrogène, le manganèse, le silicium, etc. Dans ce cas il se transforme en oxyde magnétique, en protoxyde ou en fer métallique, suivant la température et la proportion des corps réducteurs.

Le sesquioxyde de fer forme avec la chaux un composé soluble, il joue donc plutôt le rôle d'un acide que celui d'une base, surtout à température élevée, aussi ne le rencontre-t-on dans les scories que lorsqu'elles sont fortement basiques. Plus la scorie est acide et la température élevée, et plus rapidement se produit la transformation du sesquioxyde en protoxyde. C'est ainsi que les bisilicates formés à haute température, les scories de l'opération Bessemer, par exemple, ne contiennent généralement pas trace de sesquioxyde, quelqu'énergiques qu'aient été les actions oxydantes auxquelles elles aient été soumises, et même dans les scories basiques on trouve généralement plus de protoxyde que de sesquioxyde.

L'*oxyde magnétique*, dont la composition variable est comprise entre celle du protoxyde et celle du sesquioxyde, ne répond que rarement à la formule Fe_3O_4. On le trouve dans la nature sous forme d'oxyde magnétique ; il prend naissance lorsqu'on chauffe du fer sous l'influence d'actions oxydantes moins énergiques que celles qui produisent le sesquioxyde. On peut le considérer comme une combinaison ou un alliage en proportions variables des deux autres oxydes FeO et Fe_2O_3 ; il contient d'autant plus d'oxygène que les conditions dans lesquelles il s'est formé ont favorisé la production du sesquioxyde.

Le *protoxyde* FeO est difficile à conserver à l'état libre, mais il joue le rôle d'une base énergique, il est alors d'autant plus stable que la combinaison dont il fait partie est plus acide. Comme nous venons de l'indiquer, il s'unit au sesquioxyde pour former l'oxyde magnétique. Combiné à l'acide carbonique on le trouve dans la nature sous la forme de minerai spathique et de sphérosidérite. Il existe également en abondance dans les scories.

Nous avons fait remarquer (p. 277) que lorsque le fer à l'état liquide, ne contient pas une suffisante proportion de corps réducteurs, il se forme du protoxyde qui peut demeurer en dissolution dans le bain, et que les oxydes plus oxygénés sont ramenés à l'état de protoxyde au contact du fer en fusion ; la quantité de protoxyde, qui peut se dissoudre ainsi, est cependant limitée ; d'après nos propres observations, elle ne peut dépasser 1,1 %, ce qui correspond à 0,25 % d'oxygène. Cette proportion est, d'ailleurs, d'autant plus faible que celle des corps réducteurs, carbone, manganèse, silicium etc., est plus grande ; moins il existe de protoxyde en dissolution, plus son élimination ou, pour mieux dire, sa décomposition est rapide.

On a soumis à l'analyse chimique du fer produit dans un appareil Bessemer basique (système Thomas) et recueilli après la période de sursoufflage, c'est-à-dire après l'action prolongée du vent ; on a obtenu les résultats suivants :

	I	II	III
Carbone	0,037	0,123	0,050
Silicium	0,001	0,000	0,000
Soufre	0,059	0,093	0,057
Phosphore	0,058	0,149	0,075
Manganèse	0.080	0.180	0,115
Cuivre	0,046	0,095	0,061
Cobalt-Nikel	0,064	0,140	0,110
Protoxyde de fer	1,098	0,837	0,774

Le premier échantillon, qui contient le moins de carbone et de manganèse, est le plus chargé en protoxyde de fer.

Il peut demeurer cependant de faibles doses d'oxyde de fer, FeO, dans un métal contenant du carbone et du manganèse en notable quantité, si le passage à l'état solide s'est fait rapidement avant que la réduction du protoxyde ait eu le temps de s'opérer.

Nous donnons, comme exemples, les analyses d'échantillons provenant d'un four Martin, d'un appareil Bessemer acide et d'un appareil Bessemer basique.

	IV	V	VI	VII
Carbone	0,240	0,160	0,120	0,240
Silicium	0,000	0.030	0,000	0,120
Soufre	0,050	0,060	0,060	0,030
Phosphore	0,080	0,080	0,120	0,280
Manganèse	0.120	0,170	0,120	0,370
Cuivre	0,180	0,111	0,020	0,160
Cobalt-Nikel	0,050	0,050	0,030	0,180
Protoxyde de fer	0,320	0,320	0,180	0,120

Il ne peut pas exister de protoxyde de fer dans la fonte parce qu'elle contient une trop grande quantité de corps réducteurs, sous forme de carbone, de silicium ou de manganèse qui le réduiraient.

Le protoxyde de fer, en dissolution dans le fer ou l'acier fondus, modifie profondément leurs propriétés. Le métal devient rouverin dès que la proportion en dépasse 0,5 % ce qui correspond à peu près à 0,1 % d'oxygène ; il est fragile à la chaleur rouge; à une température plus élevée il retrouve sa ductilité et supporte le travail de la forge.

L'action constante du protoxyde de fer sur le carbone, qui existe toujours en plus ou moins grande proportion dans un bain métallique, donne naissance à de l'oxyde de carbone ; ce gaz se dégage en bouillonnant, mais au moment de la solidification du métal, il reste emprisonné et produit des soufflures.

La réduction du protoxyde donne du fer métallique puisqu'il n'existe pas de combinaison moins oxygénée de ce métal ; celle du sesquioxyde est facile à l'état de protoxyde, mais la séparation de l'oxygène de ce dernier exige une haute température et une action réductrice énergique ; ce qui est d'accord avec la différence de chaleur dégagée par la même quantité d'oxygène suivant qu'elle transforme du fer en protoxyde ou celui-ci en sesquioxyde (page 48).

Dès 1866 (Bulletin de l'Industrie minérale, tome XI) nous avions signalé la présence de l'oxyde de fer dans le métal Bessemer avant l'addition finale, et fait remarquer que le caractère rouverin du métal était dû, sans aucun doute, à l'action de cet élément ; nous étions amenés par cette considération et l'obligation de produire un métal malléable de moins en moins carburé, à rechercher pour l'addition, les fontes les plus manganésées, et à fonder bientôt dans l'usine de Terrenoire, l'industrie du ferro-manganèse.

Selon nous, à toutes les phases de l'opération Bessemer, le métal fondu contient soit en dissolution, soit en suspension un excès d'oxyde, la combustion du fer étant le phénomène primitif, dominant depuis la première bulle d'air qui traverse le métal, jusqu'à la dernière. Cet oxyde est sans doute immédiatement réduit par les éléments plus oxydables, tant qu'il en existe en présence, mais à quelque moment qu'on arrête l'opération, il reste de l'oxyde de fer qui ne s'élimine que peu à peu, soit par liquation, soit par scorification aux dépens des parois de l'appareil, soit enfin par sa réaction sur les dernières traces de carbone, ou des corps ayant pour l'oxygène, une plus grande affinité. (V.)

Oxydation du fer à haute température.

L'oxygène sec est sans action sur le fer à la température ordinaire, il ne commence à agir qu'à 200° ou un peu au-dessus. Si la surface de l'échantillon soumis à la chaleur est absolument nette, elle commence, un peu au-dessus de 200°, à prendre une teinte jaune clair, c'est ce qu'on appelle la couleur du recuit ; elle est due à la formation d'une pellicule extrêmement mince d'oxyde de fer. Si la température s'élève, la teinte devient plus foncée, parce que la pellicule est elle-même plus épaisse, et passe successivement par les couleurs suivantes : jaune foncé, brun, rouge, violet, bleu et enfin gris.

Si on chauffe davantage, au point de rendre le fer lumineux, il se forme à la surface une couche épaisse d'oxyde auquel on donne le nom de *battitures*, composé d'oxyde magnétique plus ou moins mélangé à des oxydes contenant diverses proportions d'oxygène. Lorsqu'on maintient cette température un temps suffisant, on reconnaît que l'oxygène agit sur les corps alliés au fer, principalement sur le carbone combiné qui brûle et disparait ; le fer devient donc moins carburé. Ce phénomène ne s'arrête pas à la surface, et si la chaleur est prolongée assez longtemps, le carbone chemine de l'intérieur vers l'extérieur et disparait.

Celui qui existe dans les fontes grises sous forme de graphite ne s'oxyde pas ou ne s'oxyde que très peu dans ces conditions.

L'action de la chaleur et des gaz oxydants sur le fer est-elle prolongée au-delà du point où le carbone se dégage, le fer absorbe de plus en plus d'oxygène, l'oxyde magnétique se transforme en sesquioxyde, le fer augmente de volume, et finit par passer entièrement à l'état d'oxyde. Le graphite cependant n'est jamais entièrement brûlé, même lorsqu'il ne reste plus trace de fer métallique. C'est un fait qu'il est facile de vérifier en examinant des fontes qui ont été soumises pendant des mois, des années même, à l'action des flammes oxydantes, c'est-à-dire contenant en mélange de l'acide carbonique, de l'oxygène libre, de la vapeur d'eau, de l'azote et de faibles quantités de gaz non brûlés. Elles sont devenues des *fontes brûlées*.

Nous avons analysé une plaque de fonte, qui pendant nombre d'années, avait constitué le ciel d'un foyer de poêle d'appartement ; la cassure ne montrait qu'une matière rouge ayant l'aspect de l'oxyde de fer. Cette substance contenait :

Fer	68,386
Manganèse.	0,023
Cuivre, cobalt, nikel . . .	0,125
Silicium.	1,240
Soufre.	0,079
Phosphore.	0,269
Arsenic	0,056
Graphite.	0,960
Oxygène.	28,899
	100,037

Lorsque la fonte ou le fer, oxydés ou brûlés de cette façon, sont en fragments assez épais, on y constate la présence de plusieurs couches successives d'un aspect fort différent les unes des autres ; la composition chimique de ces couches varie, non seulement par la teneur en oxygène, mais aussi par la proportion de silicium, de soufre, de phosphore et même quelquefois de manganèse qu'on y retrouve. Ces pièces de métal maintenues longtemps à l'état d'incandescence ont éprouvé une sorte de liquation. Il s'est formé en même temps des silicates, des phosphates et des sulfites qui se sont accumulés dans les parties les plus riches en protoxyde de fer, ce qui ne doit pas surprendre, puisque nous savons que cet oxyde est une base énergique.

Dans ses études sur ce genre de phénomènes, Platz a soumis à l'analyse les trois zones différentes reconnues dans une porte de four à coke. La plus extérieure était saine, la moyenne était très brûlée, celle qui était à l'intérieur ne consistait qu'en une couche épaisse d'oxyde. Les résultats des analyses sont consignés dans le tableau suivant :

	Fer	Manganèse	Silicium	Phosphore
Zone saine extérieure	90,82	0,88	2,57	1,70
Zone moyenne	81,25	0,77	1,87	1,05
— par rapport au fer de la partie saine.		0,86	2,09	1,17
Zone intérieure	60,84	0,78	3,88	2,81
— par rapport au fer de la partie saine.		1,16	5,79	4,19

La proportion de protoxyde et de sesquioxyde de fer dans les deux zones brûlées n'a pas été déterminée ; il est probable que la zone moyenne contenait encore beaucoup de fer métallique et que c'est pour cette raison qu'on y a trouvé plus de fer [1].

Le tableau suivant donne les résultats d'analyses faites dans notre laboratoire, dans le but de reconnaître plus nettement l'influence qu'exerce, sur la composition, la proportion plus ou moins grande de protoxyde de fer. La pièce soumise à nos recherches était un tirant faisant partie de l'armature d'un four à griller le minerai de zinc ; il fut rompu et on constata dans la cassure l'existence de quatre zones très distinctes :

La première à l'extérieur était nettement rouge, et présentait une structure à larges lames ;

La deuxième était de couleur plus sombre et d'aspect grenu.

La troisième était violette et à grains fins.

La quatrième allant jusqu'au centre, avait l'apparence du fer à grains.

---

[1] *Stahl und Eisen*, 1885, p. 472. On y trouve d'autres résultats d'analyses que nous ne donnons pas ici.

	Fe_2O_3	FeO	Mn	Ph	Si	S
1re zòne	76,170	23,050	0,330	0,021	0,140	?
2e —	28,960	70,600	0,230	0,012	0.047	0,005
3a —	18,530	80,050	0,260	0,355	0,192	0,058
4e — partie centrale	Fer = 98,150		0,380	0,204	0,050	0,025
Pour 100 du métal primitif, on avait						
1re zòne	»		0,465	0,029	0,194	?
2e —	»		0,310	0,016	0,065	0,007
3e —	»		0,477	0,468	0,226	0,076
4e —	»		0,387	0,204	0,050	0,025

La décarburation du métal à la température d'incandescence peut se produire, non seulement en présence de l'air ou de gaz oxydants, mais encore au contact de corps solides susceptibles de dégager de l'oxygène à cette température comme le sesquioxyde de fer et l'oxyde de zinc. Dans ce cas, le fer, le manganèse, le silicium et le phosphore ne sont pas oxydés, le carbone seul est en mouvement ; aussitôt que la décarburation commence, il se porte de l'intérieur à l'extérieur des pièces de métal soumises à ce traitement, les molécules les plus carburées cèdent du carbone à celles qui le sont moins, de sorte que l'homogénéité de composition tend toujours à s'établir pendant toute la durée de l'opération, à laquelle on donne en allemand le nom de Glühfrischen, ce qu'on peut traduire par « affinage à la température d'incandescence ». C'est sur ce phénomène qu'est basée la fabrication de ce qu'on appelle la *fonte malléable* et de l'acier par décarburation « Temperstahl » ou cémentation inverse dont nous nous occuperons dans la troisième partie de cet ouvrage.

Si sur un bain métallique, composé principalement de fer allié à des corps plus oxydables, tels que le carbone, le silicium, le manganèse, le phosphore, etc., on fait agir des corps oxydants, de l'air, des gaz, des scories chargées de peroxyde de fer, etc., les éléments plus oxydables que le fer brûlent ; ils sont éliminés si le produit de leur oxydation n'est pas soluble dans le bain.

Si ce bain est de la fonte et qu'après cette opération éliminatrice il n'ait pas changé de nature et soit demeuré à l'état de fonte, il est devenu ce qu'on appelle de la *fonte finée*. Lorsqu'au contraire, l'oxydation a été prolongée jusqu'à la transformation de la fonte en métal malléable, on dit que la fonte est *affinée*. C'est sur ces réactions que sont fondés la plupart des procédés actuels de la fabrication des produits malléables, fers et aciers, soudés ou fondus, que nous décrirons dans la troisième partie [1].

[1] Autrefois le verbe « *Frischen* », affiner, s'appliquait à la fabrication du métal malléable, soit qu'on partît de la fonte comme matière première, soit qu'on transformât directement les minerais en fer ou en acier. Depuis le commencement de ce siècle, il n'est plus employé que pour désigner la transformation de la fonte en fer ou en acier.

Ce n'est pas toujours dans un ordre invariable que les éléments unis au fer sont oxydés et se séparent du métal ; la proportion dans laquelle ils se trouvent par rapport au fer, la température du bain, la présence ou l'absence de corps doués d'affinité pour le résultat de l'oxydation, ont une influence déterminante.

Sont-ils en très faible proportion par rapport au fer, autrement dit, très dilués dans le bain, ils se trouvent moins exposés aux actions oxydantes, il faut un temps plus considérable pour les éliminer. C'est ainsi qu'une notable partie du fer est elle-même oxydée et passe dans les scories avant que le bain soit entièrement débarrassé de corps plus oxydables que lui, et on doit brûler d'autant plus de fer qu'on veut pousser plus loin l'élimination de ces éléments étrangers. Aussi le fer obtenu par l'affinage de la fonte contient-il toujours un peu de carbone ; pour éliminer complètement ce dernier corps, il faudrait sacrifier une trop grande quantité de fer, le déchet serait trop considérable.

A mesure que la température s'élève, l'affinité des éléments étrangers pour l'oxygène croît généralement, mais plus vite pour les uns que pour les autres. Celle du carbone en particulier augmente très rapidement, et c'est à cette circonstance qu'est dû l'emploi de ce corps pour la réduction des oxydes de manganèse, du silicium, des métaux alcalins, l'affinité de ces corps pour l'oxygène progressant plus lentement. C'est pour la même raison que, lorsqu'un métal contient à la fois du carbone, du silicium, du manganèse, etc., et que la température s'élève, l'oxydation se porte principalement sur le carbone ; tant qu'il en existe dans le bain, le carbone s'oppose à l'oxydation des autres éléments ; c'est également pour cette raison que, si à la température relativement basse de fusion de la fonte, le silicium et le manganèse sont brûlés avant le carbone, il n'en est plus de même lorsque le bain atteint la chaleur correspondant à la fusion du fer, la combustion complète du silicium et du manganèse ne peut plus se faire qu'après départ complet du carbone.

Nous avons indiqué, page 37, l'influence qu'exerçait sur l'oxydation la présence d'un troisième corps. Une scorie siliceuse augmente l'affinité pour l'oxygène des corps qui produisent des oxydes, bases énergiques, comme le fer et le manganèse ; au contraire, la présence de bases augmente l'affinité des métalloïdes pour l'oxygène, ce qui facilite la formation de silicates, de phosphates, etc.

Une de ces conséquences à tirer de ces faits, c'est que le phosphore restera uni au fer, en présence d'une scorie siliceuse. A basse température, au contact de scories basiques, le phosphore s'oxyde en même temps que le silicium, avant le carbone ; à très haute température, il ne peut plus être séparé du fer qu'après le départ à peu près complet du carbone. Ce dernier corps, dans ces conditions, réduit même l'acide phosphorique contenu dans la scorie et restitue le phosphore au métal.

C'est sur ces propriétés qu'on a basé les diverses méthodes de déphosphoration, en faisant intervenir des bases puissantes, le protoxyde de fer, de manganèse, la chaux, etc.

Si la réaction se passe à basse température, le phosphore s'oxyde avant le carbone, mais tout le silicium contenu dans le métal passe à l'état de silice. Si, au contraire, on opère à une chaleur élevée, comme dans le Bessemer basique, système Thomas, le phosphore n'est brûlé qu'après la plus grande partie du carbone, du silicium et du manganèse.

L'influence qu'exerce sur l'oxydation la présence d'un troisième corps permet de comprendre également pourquoi le carbone est plus promptement et plus complètement éliminé dans les fours à garniture basique que dans ceux qui sont revêtus de matières siliceuses. Dans ces derniers, en effet, l'affinité du fer pour l'oxygène est exaltée par la présence de la silice en excès avec laquelle le protoxyde de fer tend à s'unir ; le fer absorbe donc l'oxygène avec plus d'avidité et protège le carbone contre l'oxydation. Il n'en est pas de même en présence d'une garniture basique et l'action de l'oxygène se porte principalement sur le carbone.

Les corps, dont les oxydes sont plus faciles à réduire que ceux du fer, n'en peuvent pas être séparés par oxydation, à moins d'oxyder en même temps la plus grande partie du fer. Le cuivre, le cobalt, le nikel sont dans ce cas. Lorsqu'ils sont une fois alliés au fer, ils l'accompagnent à travers toutes les phases de la fabrication et comme les procédés oxydants, en éliminant les autres corps, diminuent le poids total du métal, il en résulte que la proportion de ces trois métaux augmente à la suite de chaque opération.

Lorsque l'action oxydante est suffisamment prolongée, le soufre, autant qu'on a pu s'en assurer par nombre d'observations. se transforme en acide sulfureux et est éliminé sous cette forme. Comme cependant on ne le rencontre qu'en très faible proportion, très dilué dans le bain métallique, l'élimination obtenue par ce moyen est extrêmement lente. En présence des scories basiques et manganésées, une autre partie du soufre disparaît à l'état de sulfure parce que le sulfure est plus soluble dans une scorie basique que dans le fer. En tous cas, il reste encore dans le métal une portion importante du soufre qu'il contenait primitivement.

Détérioration du fer par l'action des liquides et des gaz. — Rouille.

On donne en général le nom de *rouille* à tous les sels de fer basiques qui se forment à la surface du fer exposé à l'influence d'un liquide ou d'un gaz quelconque, et qui sont insolubles dans l'eau. Il s'applique en particulier à la matière ferrugineuse de couleur brune qui se développe sur le fer soumis à l'action des agents atmosphériques.

La rouille s'attaque d'abord à la surface, puis pénètre de plus en plus dans le corps du métal qui finit par être entièrement transformé. La facilité avec laquelle le fer se détruit par la rouille est quelquefois un obstacle à son emploi ; Pline, dans son langage imagé, dit qu'il faut voir là une malédiction du ciel dont le but est de punir le fer des crimes nombreux qu'il aide à commettre, dans la main des voleurs et des meurtriers.

On sait que la rouille se compose essentiellement d'hydrate de peroxyde de fer. Elle ne peut donc se développer dans un air absolument sec. On y trouve aussi un peu d'acide carbonique et des traces d'ammoniaque. Calvert a reconnu, dans la rouille recouvrant le fer du pont tubulaire établi sur la Conway, 0,900 % de carbonate de fer (FeO,CO_2), et dans un autre échantillon 0,617 %.

On peut en conclure que l'acide carbonique joue un rôle important dans la formation de la rouille, mais on le reconnaît plus clairement encore, si on prend deux morceaux de fer identiques et si on expose l'un d'eux à l'action d'une eau contenant de l'acide carbonique en dissolution, et l'autre à de l'eau privée de ce gaz. Le premier se couvrira rapidement de rouille, l'autre restera intact, si l'eau avec laquelle il est en contact ne peut absorber d'acide carbonique pendant l'expérience ; on peut se garantir de la présence de l'acide carbonique en ajoutant à l'eau de la chaux ou une petite quantité d'alcalis caustiques.

Si l'acide carbonique est en excès dans l'eau, de façon à empêcher l'action de l'oxygène, il se forme un carbonate soluble, mais dès que cette solution arrive au contact de l'air, le carbonate se décompose, il se forme un peroxyde de fer insoluble qui se précipite. C'est à un phénomène de ce genre qu'est due la formation de beaucoup de dépôts de minerais de fer.

Lorsque le fer se trouve exposé à l'action simultanée de l'eau et de l'acide carbonique, l'eau se décompose, l'hydrogène est mis en liberté et en se combinant avec l'azote de l'air donne naissance à de l'ammoniaque. Dès 1683, Claude Bourdelin avait démontré, qu'en faisant agir sur du fer, de l'eau contenant de l'air, on obtenait de l'ammoniaque.

C'est donc uniquement à l'action de ces trois corps, oxygène, eau, acide carbonique, qu'est due la formation de la rouille, et comme l'eau et l'acide carbonique existent toujours dans l'air, le fer exposé à l'air, sans être protégé par un enduit quelconque, trouve tout ce qu'il faut pour se couvrir promptement de rouille. Si un de ces trois corps manque, il ne se fait pas de rouille. Calvert s'est assuré que le fer exposé à l'oxygène humide, en l'absence de tout acide, n'a qu'une très faible tendance à se rouiller.

L'action de l'acide carbonique peut être remplacée par celle d'autres acides ou même de certains sels, tels que le chlorure de magnésium, les chlorures alcalins, etc. Ces solutions acides ou salines en présence de l'air se comportent comme l'acide carbonique et déterminent la formation de la rouille.

La rouille peut se produire également dans les environs des foyers dans lesquels on brûle des combustibles minéraux, sous l'influence de l'acide sulfureux qui se dégage de la combustion et qui, répandu dans l'atmosphère, est transformé en acide sulfurique par l'ozone et l'azotate d'ammoniaque qu'il y rencontre. Il en est de même de l'hydrogène sulfuré qui existe toujours autour des habitations et que l'azotate d'ammoniaque change en acide sulfurique ainsi que l'a constaté Thœrner [1].

La rouille, produite dans ces conditions, contient toujours de l'acide sulfurique. Thœrner a analysé 14 échantillons de rouille qui avaient pris naissance dans des conditions très diverses et y a trouvé de 0,6 à 9,4 °/₀ d'acide sulfurique.

Les corps gras eux-mêmes ne protègent le fer contre la rouille qu'autant que les agents extérieurs ne peuvent pas les transformer en acides gras [2].

La pratique a démontré que la plus ou moins grande résistance des fers, des fontes et des aciers, à l'action de la rouille ou à celle des acides, dépend en partie de leur composition chimique, et en partie de leur structure et de leur forme.

Certains corps alliés au fer rendent plus difficile la production de la rouille, d'autres la favorisent. Certains corps mélangés mécaniquement au fer, comme les scories, donnent naissance à des courants électriques qui facilitent la formation de la rouille. Le même fait se présente, quand au moment du refroidissement du métal en fusion, il se sépare de la masse, par liquation, des alliages de compositions différentes. C'est avec raison qu'on a attribué à l'action de ces courants électriques la façon fort différente dont se comportent des fers, des fontes ou des aciers ayant en apparence la même composition, et le fait extraordinaire du développement d'une épaisse couche de rouille sur des fers qui restaient longtemps exposés à l'action d'une eau privée d'air et d'acide carbonique.

La résistance à la formation de la rouille varie avec les conditions dans lesquelles se trouvent le métal et les propriétés des liquides ou des gaz qui l'attaquent. Il arrive fréquemment qu'une pièce résiste bien dans certaines conditions, qui se rouille promptement dans d'autres.

On ignore à peu près encore l'influence que peuvent exercer les différents corps qui s'allient au fer au point de vue de la corrosion par la rouille. Dans certains cas, les fers riches en manganèse sont rapidement attaqués, dans

[1] *Stahl und Eisen*, 1889, p. 830.
[2] *Annales des mines*, 7ᵉ série, tome XV, p. 234.

d'autres ils résistent mieux que ceux qui n'en contiennent pas. Les alliages très riches en manganèse se distinguent par leur résistance. On constate des anomalies aussi grandes dans la manière dont se comportent, à cet égard, le silicium, le phosphore et le carbone. Ce dernier élément, cependant, favorise la production de la rouille lorsqu'il est disséminé dans la fonte grise à l'état de graphite, parce que sa présence rend le métal poreux et permet aux agents chimiques de pénétrer profondément. On trouve, néanmoins, des fontes très graphiteuses douées d'une grande résistance à la rouille, lorsque le graphite n'est pas en larges lamelles ; il semble même que ce corps communique à la fonte une partie de sa propre résistance.

Le soufre rend toujours le métal plus facilement attaquable. On a remarqué qu'un fer sulfureux, soumis à l'action d'une eau courante, perd peu à peu une partie de son soufre. Ce phénomène ne peut s'expliquer que par l'effet de la décomposition de l'eau qui provoque en même temps l'oxydation du fer.

On a soumis pendant 65 heures des cubes de fontes, de fers et d'aciers de diverses provenances à l'action de l'acide sulfurique étendu ; nous donnons ci-dessous la composition approximative de ces échantillons et la perte de poids, qu'ils ont éprouvée, rapportée au poids primitif.

	Perte pour cent.
Fonte spéculaire (Spiegel-eisen)(à 10 $^o/_0$ de manganèse et 4,5 $^o/_0$ de carbone combiné)	14,15
Fonte blanche peu carburée. (C. 3,5 $^o/_0$.— Ph. 0,7 $^o/_0$; pas d'autres corps).	19,70
Fonte noire au coke. (Si.2,5 $^o/_0$. — Mn. 1,5 $^o/_0$. — Graph. 3,5 $^o/_0$. Ph. 0,8 $^o/_0$)	27,60
Fonte grise au bois. (Si. 1,8 $^o/_0$. — Mn. 1 $^o/_0$. — Carbone 3,5 $^o/_0$. Ph. 0,6 $^o/_0$).	37,70
Acier à outils anglais (C. 1 $^o/_0$; pas d'autres corps étrangers) .	66,50
Fer doux (C. 0,1 $^o/_0$)	88,60

On voit qu'ici c'est le métal qui contenait la plus forte proportion de manganèse et de carbone qui a le mieux résisté ; on voit également que cette résistance a diminué en même temps que la proportion des éléments autres que le fer.

Gruner a fait des expériences plus complètes [1]. Les échantillons soumis aux essais étaient sous forme de plaques carrées de dix centimètres de côté dont les faces étaient polies ; la perte de poids indiquait l'importance de la corrosion. Il a obtenu les résultats suivants :

[1] *Annales des mines*, série 8, tome III, p. 5.

NATURE DES ÉCHANTILLONS	PERTES DE POIDS		
	dans l'air humide pendant 20 jours	dans l'eau de mer pendant 9 jours	dans l'eau acidulée pendant 10 jours
7 échantillons d'acier au creuset, contenant : de 0,16 à 1,56 % de carbone. de 0,12 à 0,16 % de Mn. de 0,09 à 0,32 % de Si.	de 4g,0 à 4g,8. Les échantillons les moins carburés étaient les moins attaqués ; l'attaque était irrégulière.	de 1g,1 à 2g,2 Les moins attaqués étaient ceux qui contenaient 0,6 % de C.	de 0g,6 à 1g,2. Les moins attaqués étaient ceux qui contenaient 0,45% de C.
Acier chargé de Si et de Mn, contenant : 0,59 % de C. 1,36 % de Mn. 0,93 % de Si.			Les plus attaqués, ceux qui contenaient 0,16 et 1,56 de C.
(a) non trempé	3g,8	3g,0	2g,0
(b) trempé	1 ,8	2 ,8	5 ,3
Fonte noire à gros grains : 3,4 % de Mn. 1 à 2 % de Si. un peu de Ph et de S	4 ,1	3 ,5	9 ,2
Fonte au bois pour canons, refondue au creuset, peu graphiteuse, grains fins	3 ,3	3 ,1	3 ,0
Fonte pour machines, refondue au creuset, très phosphoreuse	2 ,9	5 ,0	5 ,8
Fonte spéculaire, contenant environ 20 % de Mn	1 ,9	7 ,0	1 ,0

Dans l'eau douce, les divers échantillons ont été attaqués beaucoup moins que dans l'eau de mer mais dans les mêmes proportions relatives.

Il ressort de ces expériences que la fonte spéculaire, qui contenait beaucoup de manganèse et de carbone et pas de soufre, s'est mieux comportée que les autres dans l'air humide et l'eau acidulée, mais beaucoup moins bien dans l'eau de mer. L'acier manganésé, au contraire, a moins résisté que les 7 aciers qui contenaient peu de manganèse ; ces derniers se comportaient mieux à l'eau de mer et à l'eau acidulée, mais ils étaient plus corrodés par l'air humide que l'acier à forte teneur de manganèse.

Gruner a constaté en outre que l'acier chromé est plus atteint par la rouille que l'acier sans chrome, dans l'air humide et dans les acides.

W. Parker a fait en 1880, pour le compte du Lloyd anglais, une série d'expériences très importantes sur des fers malléables, de diverses qualités, laminés sous forme de tôles ; quelques-unes des pièces restèrent plongées pendant 437 jours dans l'eau du port de Brighton ; d'autres furent exposées à l'action de l'air humide sous le plancher de la chambre des machines d'un navire au long cours ; d'autres ont été soumises aux agents atmosphériques sur le toit d'une maison de la Cité à Londres ; enfin trois séries d'échantillons furent placés entre les tubes de chaudières marines, de manière à se maintenir toujours à 0^m,30 au moins au-dessous du niveau de l'eau. Une de ces séries demeura ainsi pendant 361 jours dans une chaudière appartenant à un navire qui faisait le service des Indes; on avait mis du zinc pour empêcher l'oxydation de la chaudière, et on ne vida celle-ci que très rarement. Une autre série fut suspendue, de la même façon, pendant 264 jours dans la chaudière d'un navire faisant le service de Chine ; celle-ci ne contenait pas de zinc et à chaque station extrême elle était vidée et remplie à nouveau avec de l'eau de mer. La troisième série a voyagé pendant 336 jours, enfermée dans la chaudière d'un caboteur qui s'alimentait avec l'eau de la Tyne, fortement souillée et rendue acide en cet endroit par les écoulements d'une grande fabrique de produits chimiques. Au bout de dix semaines on nettoyait cette chaudière qui était en pression quatre jours sur cinq.

En examinant les tôles après ces essais, on a constaté les résultats consignés dans le tableau suivant :

NATURE des ÉCHANTILLONS	COMPOSITION MOYENNE des tôles AVANT LES ESSAIS							Perte moyenne de poids par an en kilogrammes par mètre carré					
	C	Si	Ph	S	Cu	Mn	Ni,Co	Eau de mer à Brighton	Chambre des machines	Air de la Cité à Londres	Chaudières à vapeur des Indes	Chaudières à vapeur de la Chine	Chaudières du caboteur
								kil.	kil.	kil.	kil.	kil.	kil.
1° Deux sortes de fer puddlé ordinaire. Moyenne.	0,10	0,06	0,25	0,03	0,04	0,01	0,07	0,795	2,372	0,748	0,293	0,978	2,570
2° Cinq sortes de fer puddlé de bonne qualité. Best....	0,11	0,11	0,11	0,01	0,02	0,01	0,01	0,957	2,572	0,810	0,327	0,949	3,110
3° Quatre sortes de fer fondu, qualité douce	0,15	0,02	0,06	0,06	traces	0,50	»	1,010	2,555	1,095	0,630	1,280	3,480

Le fer fondu a été plus attaqué que le fer puddlé dans la plupart des expériences ; il est possible que la forte proportion de soufre ait contribué à ce résultat; toutefois la différence des chiffres représentant la corrosion n'est pas telle qu'on en puisse conclure une supériorité quelconque en faveur du fer puddlé.

On n'ignore pas que le fer est protégé contre la rouille par la présence du zinc ; ce métal forme le pôle positif d'une pile et se combine avec l'oxygène provenant de la décomposition de l'eau ; cette propriété est souvent mise à profit dans les chaudières à vapeur ; tel était le cas de la chaudière faisant le service des Indes, elle contenait des fragments de zinc, aussi la corrosion y a-t-elle été moins grande que dans les autres. Les choses se passent d'une manière toute différente lorsque le fer est en contact avec des métaux qui jouent le rôle électronégatif vis-à-vis de lui-même, tels que le cuivre, l'étain, le plomb. Un morceau de fer couvert de zinc se rouille peu, alors même que sur quelque point de la surface, il se présente à nu à l'action des agents d'oxydation, tandis qu'un fer étamé ne résiste à la corrosion que, si le fer est partout recouvert d'étain ; si l'enveloppe protectrice manque en un seul point, la rouille attaque la pièce avec une extrême rapidité.

Réduction des oxydes de fer par le carbone et l'oxyde de carbone.

Nous avons indiqué que le fer s'extrayait de ses oxydes à l'aide de réducteurs qui sont le carbone solide et l'oxyde de carbone gazeux.

L'oxyde de carbone, que l'on emploie pour cette réduction, provient toujours de la combustion incomplète du carbone, ce corps est donc l'agent primitif de réduction dans les deux cas ; on dit qu'il y a *réduction directe* lorsque le carbone agit directement sur les oxydes, *réduction indirecte* lorsqu'elle se fait au moyen de l'oxyde de carbone. Ces expressions ne sont pas heureusement choisies, puisqu'elles ont besoin d'être expliquées pour être comprises.

Les oxydes de fer qui contiennent une forte proportion d'oxygène et, particulièrement, le sesquioxyde, Fe_2O_3, abandonnent leur oxygène lorsqu'ils sont en contact avec les corps réducteurs à une température peu élevée. L. Bell a constaté que ce phénomène commence à se produire vers 200°, pour les minerais de Cleveland grillés [1], mais l'action réductrice agit très faiblement ; dans une de ses expériences, en effet, le minerai, après avoir été soumis pendant une heure à la température de 270° à l'action des corps réducteurs, n'avait perdu que $\frac{1}{400}$ de son oxygène. A mesure que la température s'élève, la réduction devient plus rapide ; la chaleur doit être poussée d'autant plus, qu'on veut obtenir une réduction plus avancée [2].

D'après les travaux d'Akerman [3], le sesquioxyde de fer traité par l'oxyde de carbone à 450° se convertit en oxyde magnétique, le protoxyde ne peut être obtenu qu'en poussant la température jusqu'à 850° ; il faut au moins 900°

---

[1] L. Bell. *Principles of the Manufacture of Iron and Steel*, London 1884. Cet ouvrage a été traduit en français par M. Hallopeau (Baudry, édit.).

[2] Schinz a fait également des recherches sur ce sujet ; consulter ses mémoires sur les hauts-fourneaux. Berlin 1868, p. 74.

[3] *Jernkontorets Annaler*, 1882 et *Stahl und Eisen*, 1883, p. 149.

pour arriver au fer métallique. Tunner a obtenu le même résultat. Lorsqu'on emploie l'oxyde de carbone comme réducteur, ce gaz se transforme en acide carbonique : celui-ci oxyde le fer métallique si le gaz réducteur n'est pas en grand excès, et plus la température est élevée, plus la proportion d'acide carbonique doit être faible, si on veut éviter cette oxydation du fer. A 900°, point le plus bas auquel on puisse réduire les oxydes en fer métallique, il faut, pour n'avoir point d'oxydation, que le gaz contienne deux volumes d'oxyde de carbone pour un d'acide carbonique.

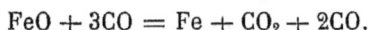

$$FeO + 3CO = Fe + CO_2 + 2CO.$$

Lorsqu'on emploie le carbone directement comme réducteur la réaction a lieu suivant la formule

$$FeO + C = Fe + CO$$

sans qu'un excès de carbone soit nécessaire, puisque l'oxyde de carbone n'est pas susceptible d'oxyder le fer, mais il est essentiel qu'il se produise uniquement de l'oxyde de carbone.

Il est incontestable que l'obligation d'opérer avec un excès d'oxyde de carbone, lorsqu'on emploie ce corps comme réducteur, est un inconvénient, mais, d'un autre côté, la réduction par le carbone consomme une beaucoup plus grande quantité de chaleur.

Il est facile de calculer la différence des quantités de chaleur dépensées dans les deux cas (p. 46) ; on a vu que lorsque le carbone est transformé en oxyde de carbone par l'oxygène du protoxyde de fer suivant la formule FeO + C = Fe + CO, chaque kilogramme d'oxygène déplacé ne dégage que 1855 calories, tandis qu'il en dégage 4205, lorsqu'il transforme l'oxyde de carbone en acide carbonique suivant la formule FeO + CO = Fe + CO_2. Les calculs peuvent s'établir de la manière suivante :

(a) *Réduction par le carbone*, FeO + C = Fe + CO. — D'après le poids atomique des corps en présence nous avons : 56^k de fer, unis à 16^k d'oxygène, en présence de 12^k de carbone, produisent 56^k de fer métallique et 28^k d'oxyde de carbone ; si on divise ces nombres par 12 pour les rapporter à 1^k de carbone nous aurons :

$\frac{14}{3}$ de fer, unis à $\frac{4}{3}$ d'oxygène, en présence de 1^k de carbone, produisent $\frac{14}{3}$ de fer et $\frac{7}{3}$ d'oxyde de carbone.

Or le nombre de calories dégagées par une combinaison chimique est exactement le même que celui des calories absorbées par la destruction de cette combinaison ; il en résulte que, puisqu'un kilog. de fer en passant à l'état de protoxyde, dégage 1352^{cal}, la réduction de la quantité de protoxyde correspondant à 1^k de fer absorbera 1352^{cal} ; nous en devons conclure que dans la réaction ci-dessus nous avons perdu d'un côté :

$$\frac{14}{3} \times 1352 = 6309^{cal}.$$

Nous avons gagné de l'autre :

$1 \times 2473 = 2473$;   différence 3836 calories qui constituent une perte réelle de chaleur due à l'emploi d'un kilog. de carbone à la réduction directe.

Si on voulait rapporter la réaction au kilog. d'oxygène on trouverait que pour un kilog. d'oxygène enlevé au protoxyde on a perdu 2877^{cal} ; rapportée au kilog. de fer réduit, la perte serait de 822^{cal}.

(b) *Réduction par l'oxyde de carbone* $FeO + CO = Fe + CO_2$. — 56^k de fer, unis à 16^k d'oxygène, en présence de 28^k d'oxyde de carbone produisent 56^k de fer métallique $+ 44^k$ d'acide carbonique et en divisant comme précédemment par 12 pour rapporter la réaction à 1^k de carbone,

$$\frac{14}{3} \text{ de fer} + \frac{4}{3} \text{ d'oxygène} + \frac{7}{3} \text{ d'oxyde de carbone} = \frac{14}{3} \text{ de fer} + \frac{11}{3}$$

d'acide carbonique.

Par la réduction de l'oxyde de fer on perd $\frac{14}{3} \times 1352 =$ 6309^{cal}.

Par la transformation de CO en CO^2 on gagne $\frac{7}{3} \times 2403 = 5607^{cal}$

la perte se réduit donc à $\overline{702^{cal}}$

par kilog. de carbone employé sous forme d'oxyde de carbone ; rapportée au kilog. d'oxygène enlevé au protoxyde, elle serait de 527 et par kilog. de fer réduit de 150.

Il ressort de ces calculs que, par kilog. d'oxygène enlevé au fer à l'état de protoxyde, la réduction par le carbone direct comparée avec la réduction par l'oxyde de carbone, absorbe 2350 calories de plus (2877 — 527). C'est là une considération très importante pour la fusion réductrice des minerais aux hauts-fourneaux, comme nous le verrons dans la seconde partie de cet ouvrage.

En faisant un calcul du même genre pour les autres oxydes de fer plus oxygénés on trouvera des résultats analogues.

Lorsque l'oxyde de carbone se trouve en présence de peroxyde de fer, naturel ou artificiel, à une température inférieure à celle qui est nécessaire pour la production du fer métallique, et surtout entre 300 et 400°, il est décomposé, il se produit de l'acide carbonique et du carbone libre qui apparaît sous forme d'une poudre noire

$$2CO = C + CO_2.$$

Si on fait cette expérience avec du minerai en morceaux, ceux-ci gonflent, se fendillent et tombent en poussière ; celle-ci contient le carbone résultant de cette réaction. Ce phénomène ne cesse pas de se produire lorsque la

quantité de carbone déposé a atteint une proportion fixe relativement au fer
en présence ; il semble, au contraire, résulter des connaissances actuellement établies, que le dépôt de carbone augmente indéfiniment tant que l'oxyde
de carbone se renouvelle, et même que la rapidité avec laquelle se fait ce
dépôt croit avec le temps. Nous avons traité de cette façon un fragment
d'hématite rouge et en 41 heures il s'était déposé un poids de carbone égal à
cinq fois le poids primitif du minerai.

On a pesé à des intervalles réguliers du minerai traité de cette manière et
on a constaté que dans les six premières heures, la température ayant été
trop basse, le dépôt de carbone a été nul.

De la 6e à la 11e h. il s'est déposé par h. 1,6 de carbone pour 100 de minerai.

»	11e	»	16e	»	»	3,2	»	»	»
»	16e	»	20e	»	»	4,2	»	»	»
»	20e	»	24e	»	»	4,5	»	»	»
»	24e	»	28e	»	»	7,2	»	»	»

et ainsi de suite.

Stammer a été le premier à constater ce phénomène ; il remarqua, dès
1851, qu'en faisant passer de l'oxyde de carbone sur du fer chauffé au rouge
vif, il se déposait sur ce fer une matière noire veloutée. Plus tard, lorsque
L. Bell eut observé et soumis à l'étude l'action des minerais de fer sur l'oxyde
de carbone, Gruner a démontré que, quand on répète l'expérience de Stammer le dépôt de carbone n'a lieu que si le fer contient quelque trace d'oxyde
de fer, ce qui est le cas général.

On trouve dans les hauts-fourneaux, aux points où l'oxyde de carbone a
été en contact prolongé et sans agitation avec de l'oxyde de fer, des dépôts
de carbone qui ne contiennent que quelques centièmes de fer, ce qui prouve
que cette transformation, une fois commencée, se continue tant que les
conditions restent les mêmes. Un dépôt de ce genre que nous avons analysé
ne contenait que 2,99 % de fer.

Comme nous l'avons indiqué, la température la plus favorable à la formation de ce dépôt est comprise entre 300 et 400° ; au-dessous de 300° il est très
faible, au-dessus de 400°, l'oxyde de carbone agit comme réducteur de l'oxyde
de fer, et le carbone, au lieu de se déposer, absorbe l'oxygène. Les expériences de Stammer et d'autres observations permettent, cependant, de conclure que, dans certaines conditions particulièrement favorables, dont la
principale est une forte teneur en oxyde de carbone du courant gazeux, on
peut obtenir ce dépôt même au rouge vif. Gruner a tiré, de ses expériences,
la conclusion que ce phénomène ne peut se produire que quand il y a en
même temps que du fer métallique, de l'oxyde en présence ; un certain nombre de faits démontrent que cette assertion n'est pas exacte ; il faut remarquer,
tout d'abord, qu'il est établi qu'entre 3 et 400° on peut ramener le sesqui-

oxyde à l'état de protoxyde, mais qu'on n'obtient pas de fer métallique ; de son côté Akermann a constaté, par des expériences directes, que la présence du fer métallique n'est pas nécessaire pour que le dépôt de carbone se produise[1].

D'après Bell, le dépôt de carbone s'arrête lorsque, dans le courant gazeux, le volume de l'acide carbonique atteint la moitié du volume de l'oxyde de carbone. L'acide carbonique agit, avec d'autant plus d'énergie sur le carbone solide, que la température est plus élevée ; la proportion convenable d'acide carbonique varie donc probablement avec la température et est d'autant plus faible que celle-ci est plus haute.

On n'a pas, jusqu'à présent, trouvé d'explication plausible à ce phénomène. Il n'est cependant pas sans importance dans la pratique ; faisons simplement remarquer que l'oxyde de carbone agit sur les matériaux de construction contenant du fer à l'état d'oxyde, qui sont soumis incessamment à l'influence de ce gaz, dans la région, où règne une température comprise entre 300 et 400°. Dans les fissures et les joints, dans les pores même des briques ou des pierres, partout où se trouvent de petites quantités d'oxyde de fer que l'oxyde de carbone peut atteindre, il se forme un dépôt de carbone qui grossit de plus en plus, finit par rompre la pierre ou la brique et amener la destruction des appareils.

C'est peut-être à un phénomène du même genre qu'il faut attribuer la coloration noirâtre que prennent les fragments de chaux, de dolomie ou de magnésie que l'on cuit à très haute température (frittage). On la constate même sur les matières ne contenant pas de traces dosables d'oxyde de fer. Il est possible que les bases terreuses portées à un degré de chaleur qui transforme leur état moléculaire, aient sur l'oxyde de carbone la même influence que l'oxyde de fer. (V.)

3. — Fer et Carbone. — Quantité de carbone que peut absorber le fer.

L'affinité du fer pour le carbone est tellement grande qu'il est presqu'impossible de réduire un oxyde de fer par le carbone solide ou un gaz carburé, sans que le métal obtenu en conserve une certaine quantité. On en trouve en effet dans tous les fers, dans les aciers et dans les fontes, quelquefois cependant moins de 0,1 %. Il suffit de chauffer au rouge vif un morceau de fer au contact du charbon, ou de corps contenant du carbone, pour que sa carburation préexistante augmente, à moins cependant qu'elle ait déjà atteint le maximum correspondant à la température présente. Le carbone absorbé par la surface de contact se répand uniformément dans la masse par transport moléculaire ; c'est sur cette propriété qu'est basée la fabrication de l'acier

[1] *Stahl und Eisen*, 1883, p. 157.

par cémentation dont nous nous occuperons dans la 3ᵉ partie de ce manuel.

Le fer enlève facilement aux hydrocarbures une partie de leur carbone ; c'est ce qui se passe lorsqu'on met en présence, au rouge vif, du fer peu carburé, du gaz d'éclairage, de la vapeur de pétrole ou d'autres gaz carburés [1].

Le cyanogene, plusieurs cyanures, entre autres ceux de potassium et de sodium, produisent des effets analogues. Dans la petite industrie, on emploie fréquemment le prussiate jaune de potasse ou cyanoferrure de potassium pour augmenter la carburation du fer ; il suffit d'un simple contact à la chaleur rouge.

Dans les mêmes circonstances l'oxyde de carbone ne produit pas de carburation ; il faudrait en effet que ce gaz se dédoublât en carbone et acide carbonique $(2CO = C + CO_2)$, et nous savons que plus la température est élevée et plus la réaction inverse est inévitable, l'acide carbonique agissant comme oxydant énergique sur le carbone libre. Lors donc qu'on met en présence, pendant plusieurs heures, du fer à la température d'incandescence et de l'oxyde de carbone on ne constate aucune augmentation dans la carburation [2].

Nous avons indiqué plus haut qu'à une température plus basse, le fer qui contient des oxydes de fer enlève à l'oxyde de carbone une partie de son carbone mais ne se combine pas avec lui.

Maximum de carburation du fer.

Quelque puissante que soit l'affinité du fer pour le carbone, ce métal n'en peut absorber qu'une proportion limitée. Il ressort des expériences de Percy et de quelques autres métallurgistes que, lorsqu'on fond du fer pur en présence d'un excès de carbone, le métal ne contient jamais plus de 4,6 % de carbone ; le plus fréquemment même il n'en absorbe que 4 %.

Si d'autres corps sont alliés au fer, ils modifient la proportion de carbone que celui-ci peut absorber et son point de saturation.

Le manganèse, par exemple, l'élève d'une façon très nette ; dans les alliages de fer et de manganèse ne contenant pas d'autres corps susceptibles d'intervenir, on a constaté les degrés de carburation suivants :

Les alliages contenant de 10 à 20 % de manganèse peuvent atteindre à 5 % de C.

ceux de	35 %	»	»	»	5,5 %
ceux de	50 %	»	»	»	6 %
ceux de	65 %	»	»	»	6,5 %
ceux de	80 %	»	»	»	7, %
ceux de	90 %	»	»	»	7,5 %

ce dernier alliage ne contient plus que 2,5 % de fer.

[1] Voyez le compte rendu des expériences faites dans le laboratoire de Percy sur l'action des hydrocarbures sur le fer. Percy, *Métallurgie*, traduction française, T. II, p. 181.

[2] On peut voir le compte rendu d'expériences à ce sujet dans la *Métallurgie* de Percy, traduction française, T. II, p. 174.

Le chrome élève également le point de saturation du fer par le carbone ;
d'après les analyses de Riley (Journal of the Iron and Steel Institute 1888,
II, p. 165) un alliage à 47,7 % de chrome peut contenir 7,2 % de carbone ;
à 49,3, 7,8 % ; à 18 % il n'en contient que 5,8 %. [1]

La plupart des métalloïdes et en particulier le *silicium* et le *soufre* abaissent la limite supérieure de carburation ; l'influence du *phosphore* est moins
sensible. La fonte siliceuse ou sulfureuse est donc toujours moins carburée
que le fer pur à saturation. Le carbone, le silicium et le soufre se remplacent
à peu près en raison inverse de leurs poids atomiques pour produire le même
degré de saturation, c'est-à-dire que 1 de silicium produit, au point de vue
de la saturation, le même effet que $\frac{3}{7}$ de carbone, 1 de soufre le même effet
que $\frac{3}{8}$ de carbone. Une fonte contenant 2 % de silicium et pas de manganèse ne peut renfermer plus de 3,8 % de carbone ; un ferromanganèse à
50 % de manganèse et 2 % de silicium n'aura pas plus de 5 % de carbone.
Il n'en faudrait pas conclure, cependant, que des alliages de fer et de silicium
dans lesquels ce dernier élément atteint 11 % et plus, ne dussent plus être
carburés du tout, sous le prétexte que d'après les équivalents 11 de silicium,
doivent produire le même effet que 4,6 de carbone et par conséquent éliminer complètement celui-ci : on constate toujours la présence d'au moins 1 %
de carbone dans les alliages de ce genre les moins carburés.

Les recherches de laboratoire entreprises par Karsten d'abord, par Percy
ensuite, ont démontré très clairement que, lorsque du fer saturé de carbone
absorbe du soufre, une partie du carbone se sépare à l'état solide avant que
le métal soit figé [2]. En ajoutant du sulfure de fer à de la fonte liquide contenant 4,5 % de carbone, Weston a obtenu un métal dans lequel il a trouvé
3,17 % de carbone et 2,12 % de soufre. D'autres expériences du même genre
ont démontré que la proportion de carbone diminue quand celle du soufre
augmente.

L'influence du phosphore sur le point de saturation du fer par le carbone
n'a pas été étudiée par des expériences directes, on a constaté, cependant,
que les fontes très phosphoreuses contiennent moins de carbone que les autres. J'ai reconnu, pour ma part, qu'une fonte produite dans un petit fourneau d'essai avec du minerai de fer, du phosphate de chaux et du combustible en excès renfermait :

---

[1] Brustlein a trouvé 7,3 de carbone dans un alliage contenant 42 % de chrome (*Journal
of the Iron and steel Institute*, 1886, T. II, p. 770. Dans « Stahl und Eisen », 1889, p. 858, on
trouve des analyses d'alliages de chrome indiquant de fortes proportions de carbone, mais il
est douteux qu'elles soient exactes.

[2] Karsten, *Manuel de métallurgie du fer*, édition française, 1830, T. I, p. 157. — Percy,
Métallurgie, édition française, T. II, p. 224-227.

Phosphore 10,19 %; Carbone 1,11 ; Silicium 0,00 ; Manganèse 5,17.

Ainsi, malgré la présence du manganèse, la teneur en carbone est de beaucoup inférieure à celle de la saturation du fer, et, cependant, dans cette
expérience, le métal se trouvait dans d'excellentes conditions pour se saturer
de carbone ; on doit donc attribuer ce résultat à la présence du phosphore en
excès [1].

Il est très probable que l'arsenic, l'antimoine, l'étain et l'aluminium, abaissent également la limite de saturation du fer par le carbone, mais il n'a pas,
jusqu'à ce jour, été fait de recherches exactes sur ce sujet. Berthier a constaté dans des boulets algériens la présence de 27 % d'arsenic avec 1 et 1,5
de carbone, les autres éléments, entre autres, le soufre n'ont pas été dosés,
on ne peut donc rien conclure de cette analyse [2]. Il paraît que, lorsqu'on
ajoute à de la fonte très carburée, de l'étain, il se produit un départ d'une
partie du carbone comme avec le soufre mais on n'a pas encore entrepris
d'études précises sur ce phénomène.

Etats divers dans lesquels se trouve le Carbone associé au Fer.

Il est bien reconnu que des sortes de fer, contenant la même proportion
de carbone, présentent souvent un aspect, une texture et des propriétés fort
différentes; on sait également que le carbone, séparé du fer par des procédés
de l'analyse chimique, se montre sous des formes très variées ; on sait enfin
que, dans le même métal, ce corps se trouve à plusieurs états, deux tout au
moins ; on en doit donc conclure que le carbone associé au fer y existe à divers états.

Depuis que ce fait est reconnu, on a cherché à déterminer la nature de ces
variétés de carbone et l'influence que chacune d'elles exerce sur les propriétés
du fer, de la fonte et de l'acier ; on n'a pas jusqu'à présent réussi à élucider
complètement la question.

En étudiant les procédés de fabrication, les emplois, les essais de ces métaux, on arrive à penser qu'il existe encore des sortes de carbone que nous
ne connaissons pas. Pour le moment nous en distinguons quatre qui sont :

Le graphite ;

Le carbone constituant le carbure ou de cémentation ;

Le carbone de recuit ;

Le carbone de trempe.

1° *Graphite.* — Celui-ci constitue le carbone en lamelles hexagonales qui a
cessé d'être en combinaison ou en dissolution dans le fer, et qui se trouve
disséminé, à peu près uniformément, dans la masse métallique. Ce corps
n'est attaqué ni par l'acide chlorydrique bouillant, ni par l'acide azotique

---

[1] Analyses de fontes phosphoreuses peu carburées. *Stahl und Eisen*, 1884, p. 5.
[2] *Annales des mines*, 1837, p. 501.

bouillant faiblement concentré ; lorsqu'on dissout dans l'un de ces acides la fonte contenant du graphite, on trouve celui-ci dans le résidu insoluble, mélangé avec la silice provenant du silicium de la fonte. Le graphite est le résultat d'un phénomène de liquation puisque le carbone, dissous dans le métal, s'en sépare seulement au moment de la solidification ; ce qui tend à le prouver, c'est la dissémination régulière de ce corps qui n'a qu'une densité de 2,3 dans un métal de 7,5 de densité. Si le graphite était libre dans le fer en fusion, il s'en séparerait nettement et monterait à la surface du bain. C'est d'ailleurs ce qui se produit, lorsque la température est assez élevée au-dessus du point de fusion, pour qu'il se soit fait une sursaturation et qu'il y a commencement de refroidissement. Le même phénomène se remarque, quand, dans un fer en fusion saturé de carbone, on vient à abaisser la limite de saturation par une addition de silicium ou de tout autre corps produisant le même effet ; tout l'excédant de carbone se sépare sous forme de graphite et vient flotter à la surface. Dans les fonderies on appelle *bourre* ou *limaille*, ce carbone qui se sépare du métal en fusion et qui par conséquent cesse d'être un des éléments constituants de la fonte.

Cette sorte de liquation, qui donne naissance au graphite disséminé dans le fer, ne peut se produire que lorsque le point de saturation du métal est plus élevé à l'état de fusion qu'à l'état solide, ce qui ne se présente pas toujours. La fonte qui ne contient que du fer et du carbone n'est jamais graphiteuse. Pour que le graphite se forme, il faut la présence d'un corps qui, au moment où la fonte passe de l'état liquide à l'état solide, abaisse brusquement son point de saturation et oblige ainsi une partie du carbone à se séparer ; il apparaît alors sous la forme cristalline connue. C'est généralement la présence du silicium qui provoque cette séparation. Le fer peut, sans doute, être combiné à la fois à une certaine quantité des deux éléments, silicium et carbone, sans que ce dernier passe à l'état de graphite ; mais au-delà d'une certaine proportion de carbone, variable avec la teneur en silicium, la solidification du métal est toujours accompagnée du départ de tout l'excédant de carbone. La proportion de ce corps, qui peut rester combinée, diminue quand la richesse en silicium augmente. Il peut donc arriver qu'une fonte très siliceuse et par conséquent peu carburée, dégage peu de graphite au moment de sa solidification, tandis que dans une autre saturée de carbone, à l'état liquide, mais pauvre en silicium, on verra, grâce à la présence de ce dernier métalloïde, se faire une abondante séparation de graphite.

Il n'est pas possible d'indiquer exactement la proportion de carbone et de silicium que peut contenir un fer sans qu'il y ait formation de graphite, ni de calculer combien, dans chaque cas particulier, il faudrait de silicium pour déterminer la précipitation d'une partie du carbone ; la présence d'autres corps, les conditions de refroidissement interviennent dans la production de ce phénomène. Dans une fonte contenant 4 °/₀ de carbone, il suffit d'une faible quantité de silicium, tandis qu'un métal ne tenant que 1 °/₀ de carbone peut recevoir une addition considérable de silicium sans qu'on voie apparaître le graphite.

L'aluminium ne peut exister dans la fonte, le fer ou l'acier que si on l'a introduit à l'état métallique ; il a, comme le silicium, la propriété de déterminer la précipitation du graphite. Nous avons eu l'occasion d'analyser une fonte contenant de l'aluminium ; elle avait la composition suivante :

Carbone total 2,69
Graphite. 0,74
Aluminium 9,06
Silicium. 2,65
Manganèse. 0,51

La proportion de carbone total n'était pas suffisante pour que la quantité de silicium provoquât la précipitation du graphite ; il faut donc attribuer la présence de celui-ci à l'aluminium. Une expérience de Hadfield met encore mieux cette influence en évidence. Dans une fonte spéculaire contenant 13,65 °/₀ de manganèse et exempte de graphite, il a ajouté de l'aluminium et après refroidissement, il a trouvé un métal contenant :

Carbone total. 4,38
Graphite 3,45
Silicium 1,30
Manganèse. 11,75
Aluminium. 3,19

La cassure était entièrement grise, et la proportion de silicium était loin d'être suffisante pour justifier la formation d'une aussi grande quantité de graphite [1].

Le manganèse et le soufre s'opposent à la précipitation du graphite. La fonte peut donc contenir une proportion de silicium plus considérable sans qu'il se forme du graphite quand elle est manganésée ou sulfureuse. Ces deux corps, manganèse et soufre, agissent cependant d'une manière très différente, puisque le premier élève le point de saturation du fer par le carbone, tandis que le second l'abaisse.

Un alliage de fer et de manganèse, renfermant 10 °/₀ de ce dernier métal et 5 °/₀ de carbone, peut contenir plusieurs dix-millièmes de silicium sans qu'il y ait apparence de graphite ; un ferro-manganèse à 60 °/₀ de manganèse, peut renfermer 5 °/₀ de carbone et 2,5 de silicium sans que le carbone cesse d'être combiné·

[1] *Journal of the Iron and Steel Institute*, 1890, II, p. 183.

Quant à l'influence du soufre, il résulte des expériences faites par Percy dans son laboratoire :

1° Qu'une fonte graphiteuse à 3,80 % de carbone, additionnée de soufre, de telle façon qu'elle en contienne 2,1 % après solidification, a perdu du carbone et n'en renferme plus que 3,17 %; elle se solidifie sans formation de graphite ;

2° Qu'en ajoutant à une fonte graphiteuse à 4,39 de C, du soufre, de manière qu'elle en renferme 0,72 % après refroidissement, on la transforme en un métal moins graphiteux. Le carbone n'a pas été dosé, et malheureusement on a négligé aussi de doser le silicium, dans ces expériences.

On croit que le phosphore s'oppose à la formation du graphite, mais il n'a pas été fait des expériences suivies qui permettent de l'affirmer. On sait qu'il existe des fontes phosphoreuses très riches en graphite lorsqu'elles contiennent une proportion suffisante de silicium pour provoquer le départ d'une partie du carbone.

Le mode de refroidissement a également une grande influence sur la formation du graphite, en favorisant plus ou moins la liquation; on peut donc avancer qu'une fonte saturée de carbone contiendra une proportion de graphite d'autant plus grande qu'elle s'est refroidie plus lentement, et d'autant plus faible que le refroidissement a été plus prompt depuis le moment où elle a commencé à se solidifier.

Une même fonte peut donc contenir plus ou moins de graphite, suivant que le refroidissement aura été lent ou rapide, elle n'en renferme pas la même proportion dans toutes les parties d'une même section; ainsi on en trouve moins sur les bords et dans les parties minces que dans l'intérieur et dans les parties de fortes épaisseurs.

Il faut remarquer, d'ailleurs, que la teneur en carbone total, graphite et carbone combiné, dans un même échantillon, augmente quand celle du graphite pris isolément diminue. Elle est donc généralement plus forte dans les parties qui se sont refroidies et solidifiées plus rapidement que les autres. Ces dernières en revanche contiennent plus de silicium. Ainsi nous avons trouvé dans un gros cylindre de laminoir, dont la table avait été coulée en coquille, c'est-à-dire refroidie rapidement, tandis que les tourillons avaient été coulés dans du sable étuvé et s'étaient refroidis lentement, les chiffres suivants :

	Partie refroidie rapidement.	Partie refroidie lentement.
Carbone total . . .	3,20	2,84
Graphite	0,19	1,93
Dans un autre :		
Carbone total. . . .	3,08	2,40
Graphite	0,18	1,24.

Un refroidissement rapide, comme celui qu'on obtient par la coulée du métal liquide dans un moule métallique, permet donc de s'opposer absolument à la formation du graphite dans les fontes qui, dans d'autres conditions, en auraient montré des quantités considérables. Aussi, lorsqu'on examine des pièces épaisses coulées en fonte de cette nature, dans des moules disposés de façon à refroidir brusquement certaines parties, on reconnaît que celles-ci ont les apparences de la fonte blanche, tandis que là où le refroidissement a été lent, presque la totalité de carbone s'est transformé en graphite.

C'est sur ce phénomene qu'est basée la fabrication des fontes trempées composées de parties blanches et de parties grises.

La formation du graphite au moment où le métal se solidifie est accompagnée d'un dégagement de chaleur ainsi qu'il arrive ordinairement lorsqu'il y a liquation.

D'après ce que nous avons fait observer des propriétés du graphite, il résulte évidemment qu'on ne rencontre cette forme de carbone que dans la fonte, c'est-à-dire dans le produit du fer le plus carburé, puisque, pour que cette sorte de carbone prenne naissance, il est nécessaire que le métal, à l'état liquide, en contienne une proportion plus grande que celle qu'il peut conserver, combinée ou dissoute, lorsqu'il est à l'état solide. Le graphite caractérise donc la fonte grise et n'existe jamais dans le fer ni dans l'acier.

2° *Carbone du carbure ou de cémentation.* — Cet état du carbone a été découvert par Faraday en 1822 (Philosophical transactions 1822, p. 265) et observé depuis par Caron (Comptes-rendus, T. LVI, p. 43) et par Rinman (Erdmanns Journal für praktische chemie, T. 100, p. 33) qui lui a donné le nom assez mal choisi de carbone de cémentation. Ce carbone n'est pas simplement mélangé au fer comme le graphite, il constitue un élément d'un carbure de fer plus carburé que les autres, d'une composition à peu près invariable. Lorsqu'un morceau de fonte, de fer ou d'acier, après avoir été porté au rouge vif, se refroidit, ce carbure se sépare et forme, au milieu de la masse, un réseau ou des veines, invisibles à l'œil nu, mais qu'il est possible de reconnaître au microscope, lorsque la surface a été convenablement préparée (p. 280).

On a donné le nom de carbure à ce corps parce qu'on admet qu'il est le résultat d'une combinaison chimique. Tout ce que l'on sait jusqu'à ce jour, c'est que le carbure contient de 6,6 à 7,7 % de carbone et de 93,4 à 92,4 % de fer, soit en moyenne 7,2 de carbone et 92,8 de fer; ce dernier pouvant être en partie remplacé par du manganèse [1].

La composition de ce carbure répond à peu près à la formule Fe_3C (6,67 de C et 93,33 de Fe). Si on admet ces derniers chiffres, pour savoir la quan-

---

[1] Voir au nombre des ouvrages à consulter les publications d'Abel, de Muller et de Ledebur sur les différents états du carbone dans le fer.

tité de ce carbure existant dans un échantillon donné, il suffit de multiplier par 15 le nombre trouvé pour le carbone combiné; si au contraire on préfère partir de la composition moyenne indiquée plus haut, le multiplicateur sera 13,8 au lieu de 15.

On peut isoler ce carbure de fer par différents procédés. Muller traite le métal finement pulvérisé, à l'abri de l'air, par l'acide sulfurique très étendu et prolonge l'attaque pendant plusieurs jours[1].

D'après Abel, on obtient le même résultat en employant, avec certaines précautions, un mélange d'acide sulfurique et de bichromate de potasse[2]. Le résidu se compose de silice, de graphite, etc., et d'une poudre gris foncé, qui, observée au microscope, paraît composée de petits grains brillants comme de l'argent et dont la dureté est comprise, d'après Muller, entre celle du feldspath et celle du cristal de roche (N° 6 de l'échelle de dureté minéralogique).

Lorsqu'on emploie comme dissolvants l'acide sulfurique ou l'acide chlorydrique bouillants, le carbure est décomposé et son carbone se dégage à l'état d'hydrogène carboné dont l'odeur est désagréable. Cette réaction permet de séparer ce carbone du graphite.

Avec l'acide azotique, le carbone du carbure se comporte d'une manière particulière; le résidu d'une attaque à froid est brun et floconneux; si on chauffe la liqueur, il se dissout en lui communiquant une teinte brune d'autant plus foncée qu'il est en plus grande quantité.

C'est sur cette coloration qu'est fondé l'essai Eggerts pour le dosage du carbone dans les aciers. Quoiqu'il n'ait pas le caractère d'une précision absolue, il rend de grands services dans les laboratoires d'usines. (V.)

Comme le graphite, le carbure prend naissance par suite d'une liquation qui se produit au moment du refroidissement d'un métal dont la composition était homogène à une température plus élevée. D'après les expériences d'Osmond, ce phénomène se produit entre 660 et 708°, et à une température d'autant plus élevée que le métal est moins carburé; comme dans le cas du graphite, il est accompagné d'un dégagement de chaleur que l'on peut constater en observant la température soit avec des instruments, soit même à l'œil nu quand le refroidissement se passe dans un endroit obscur; l'incandescence du métal devient plus vive au moment où le carbure se forme; vient-on à élever la température du métal au-dessus de celle qui correspond à la formation du carbure, celui-ci se décompose, le carbone redevient libre et se dissout dans le fer; en même temps une quantité de chaleur devient latente, égale à celle qui s'est dégagée au moment de la formation du carbure.

[1] *Stahl und Eisen*, 1888, p. 292.
[2] *Engineering*, XXXIX, p. 151.

Il suffit, d'après Osmond, pour amener cette décomposition, de dépasser de 40°, la température de formation.

Quelque peu carburé que soit un fer, une partie de son carbone est toujours à l'état de carbure ; la proportion varie avec la température et les conditions du refroidissement.

On n'a fait, jusqu'à présent, que peu d'expériences pour déterminer l'influence des corps étrangers sur ce phénomène ; le manganèse et le tungstène semblent s'opposer, jusqu'à un certain point, à la formation du carbure. En faible proportion, le silicium est sans influence, en forte quantité, il rend la production du carbure moins abondante parce qu'il provoque la précipitation d'une partie du carbone sous forme de graphite avant que le métal se soit refroidi au point où le carbure prend naissance.

Un refroidissement lent favorise la formation du carbure, un refroidissement rapide s'y oppose. Le phénomène obéit, comme on le voit, aux mêmes lois qui président à la formation du graphite.

Si on prend un échantillon refroidi brusquement par son immersion dans l'eau, par exemple, et contenant moins de carbure, par conséquent, que s'il eût été refroidi lentement, et si on le réchauffe graduellement, dès que la température aura dépassé 100°, il commencera à se produire une nouvelle quantité de carbure ; vers 400°, il contiendra à peu près la proportion qu'il eût atteinte par un refroidissement normal. Dans ce cas, comme dans celui que nous avons cité, la formation du carbure est accompagnée d'un dégagement de chaleur[1].

On s'oppose donc à la formation du carbure en trempant dans l'eau le métal incandescent ; on favorise cette formation par un chauffage modéré ; ce sont là les bases sur lesquelles reposent la *trempe* et le *recuit* de l'acier sur lesquels nous reviendrons ultérieurement.

3° *Carbone de recuit.* — Si on maintient du fer carburé contenant peu de manganèse, pendant plusieurs jours, à une température qui n'est pas encore exactement définie, mais qui est intermédiaire entre celle à laquelle le carbure prend naissance et celle qui provoque la précipitation du graphite, une partie du carbone se sépare du métal, sous une forme particulière, à laquelle on donne le nom de carbone de recuit parce qu'on l'obtient principalement quand, pour adoucir le métal, on le maintient longtemps à l'état d'incandescence. Lorsqu'il se trouve en proportion suffisante et qu'il n'est pas masqué par une quantité de graphite trop considérable, il apparaît dans la cassure sous forme de petits points noirs disséminés à peu près uniformément, ou réunis par groupes de quelques millimètres de diamètre, communiquant au métal l'aspect d'une surface mouchetée. Si on soumet ce métal à l'attaque

---

[1] Cette expérience a été plusieurs fois répétée par Osmond.

des acides, le carbone se comporte à peu près comme le graphite ; il n'est pas attaqué et on le trouve dans le résidu insoluble sous forme d'une poudre noire ; on ne connaît pas, jusqu'à présent de moyens qui permettent de le séparer du graphite avec lequel il est souvent confondu[1].

Le carbone de recuit se distingue cependant du graphite puisqu'il est amorphe au lieu d'être cristallisé, et qu'en outre, il se comporte différemment lorsqu'on chauffe le métal, c'est-à-dire la fonte, au contact de corps oxydants, comme l'oxyde de fer, par exemple. Dans ces circonstances, le graphite reste intact, tandis que le carbone de recuit se transforme en oxyde de carbone (p. 287). Forquignon a même constaté que l'hydrogène sec peut éliminer le carbone de recuit, qu'il appelle graphite, sous forme d'hydrocarbure[2].

Il résulte des observations faites jusqu'à ce jour, que le carbone de recuit ne subit pas de changement par l'opération de la trempe ; il ne se comporte donc pas comme celui du carbure lorsqu'on plonge dans l'eau le métal incandescent ; par ce caractère, il se rapproche encore du graphite ; on ignore, jusqu'à présent, s'il existe à l'état isolé dans le métal où s'il fait partie d'un second carbure plus carburé que celui que nous avons décrit plus haut, et qui se produirait à une température plus élevée ; il serait comme lui décomposé par les acides, mais au lieu de se dégager sous forme de gaz, ou de se dissoudre dans la liqueur, il resterait dans la partie insoluble sous forme pulvérulente. Cette dernière hypothèse s'accorderait assez bien avec la manière dont se comporte le carbone de recuit, tandis que le métal est incandescent.

Le manganèse à forte dose s'oppose à la formation du carbone de recuit ; on ne sait rien encore de l'influence que peuvent avoir, sur ce phénomène, les autres éléments alliés au fer tels que le silicium, le phosphore et le soufre.

4° *Carbone de trempe.* — Sous cette forme, le carbone est dissous uniformément dans le fer, mais en proportion qui varie avec les circonstances. Dans le fer, l'acier ou la fonte à l'état liquide, la totalité du carbone existe à l'état de carbone de trempe, puis au moment où commence la solidification, une partie se sépare sous forme de graphite, plus tard, une autre partie se transforme en carbure, enfin, si on maintient longtemps le métal à la température d'incandescence, une troisième partie devient du carbone de recuit.

Mais si on suit la marche inverse, si on prend un fer contenant du carbone de recuit et du graphite, et si on le chauffe jusqu'à produire la fusion, le

[1] Il est probable que la plupart des fontes grises contiennent du carbone de recuit en même temps que du graphite lorsqu'elles ont été refroidies lentement. Dans l'impossibilité où on se trouve de séparer ces deux sortes de carbone, on les dose ensemble sous le nom de graphite.
[2] *Annales de physique et de chimie*, série V, T. XXIII, p. 443.

carbone de recuit d'abord, puis le graphite se transforment en carbone de trempe qui se dissout dans le métal.

Lorsqu'on attaque à froid, par de l'acide chlorydrique ou par de l'acide sulfurique très dilués, un métal contenant du carbone de trempe, il se dégage un carbure d'hydrogène très odorant; le carbone du carbure n'est pas attaqué dans ces circonstances.

L'acide azotique, à froid, donne un résidu très noir, très différent de celui du carbone de carbure qui est floconneux ; si on agite la liqueur, ce résidu se dissout rapidement, tandis qu'au repos, il faut quelques minutes pour que la dissolution soit complète. En chauffant cette dissolution à 100°, on voit se dégager le carbone sous forme de gaz, et la liqueur de couleur sombre devient plus claire [1].

Il est évident que dans un métal contenant une quantité donnée de carbone total, on trouvera d'autant moins de carbone de trempe, que les conditions de traitement auront été plus favorables à la formation des autres sortes de carbone ; lors donc qu'on laisse le métal se refroidir lentement, ou lorsqu'on le maintient longtemps à l'état d'incandescence, on diminue la proportion de carbone de trempe, puisque, dans le premier cas, on facilite la production du graphite et du carbure, et que dans le second, on favorise celle du carbone de recuit, et qu'il arrive même qu'on transforme ainsi tout le carbone de trempe en carbone de recuit.

La présence du silicium en forte proportion, déterminant la précipitation du graphite et peut-être la formation du carbure, s'oppose à ce que le métal renferme du carbone de trempe en notable quantité.

On a donné en allemand à ce genre de carbone le nom de *Hærtungskohle*, carbone de durcissement, parce que sa présence augmente la dureté du fer et de l'acier, principalement de l'acier à outils ; si on trempe dans l'eau l'acier porté à l'incandescence, une grande partie du carbone qu'il contient, demeure à l'état de carbone de trempe et le métal est durci. Lorsqu'on recuit la pièce, la proportion de carbone de trempe diminue, parce qu'une partie se transforme en carbone de carbure et l'acier devient moins dur.

On désigne fréquemment sous le nom collectif de *carbone combiné*, le carbone du carbure et celui de trempe, qui tous deux peuvent être dissous et transformés en gaz par les acides à chaud ; quelquefois, on leur donne le nom de carbone amorphe, mais à tort, puisque le carbone de recuit laisse un résidu amorphe par l'attaque aux acides.

Analyses. — Les analyses dont les résultats sont consignés dans le tableau suivant, montrent dans quelle proportion les diverses sortes de carbone peuvent se rencontrer dans la fonte, dans le fer et dans l'acier ; elles ont été

[1] Ces observations ont été faites et publiées pour la première fois par Osmond et Werth.

faites dans notre laboratoire, et les résultats en ont été publiés dans le
« Stahl und Eisen », 1888, page 746, et en 1891, page 294.

NATURE DES ÉCHANTILLONS			Graphite et carbone de recuit	Carbone de carbure	Carbone de trempe	Carbone Total
Fonte noire, contenant	Si	2,77.	3,33	0,44	0,00	3,77
	Ph	0,80				
	S	0,02.				
	Mn	0,30.				
Fonte grise claire, contenant	Si	1,02.	2,40	0,73	0,17	3,30
	Ph	0,59.				
	S	0,09.				
	Mn	0,28.				
Fonte blanche ordinaire, contenant	Si	0,72.	0,16	1,88	0,54	2,58
	S	0,20.				
	Mn	0,10.				
Fonte spéculaire, contenant	Si	0,30.	0,00	3,09	1,41	4,50
	Mn	11,11.				
Ferro-manganèse, contenant	Si	2,07.	0,00	3,06	1,64	4,70
	Mn	46,54.				
Fonte trempée, partie blanche, contenant	Si	0,83.	0,19	2,43	0,58	3,20
	Mn	0,15.				
	Ph	0,88.				
	S	0,10.				
Fonte blanche, contenant	Si	0,87 (a) non recuit.	0,00	n. d.	n. d.	2,82
	Mn	0,10 (b) recuit vers 900° pendant 108 heures	1,55	n. d.	n. d.	2,29
Acier coulé, contenant	Si	0,28 (a) non recuit	0,00	0,62	0,36	0,98
	Mn	0,20 (b) recuit vers 800° pendant 12 heures	0,01	0,92	0,16	1,09
Acier forgé à outils, contenant	Si	0,11 (a) refroidi dans les conditions ordinaires.	0,00	0,71	0,22	0,93
	Mn	0,11 dureté naturelle :				
		(b) trempé à l'eau	0,00	0,38	0,65	1,03
		(c) recuit au bleu (200°). . . .	0,00	0,67	0,36	1,03
Fer fondu contenant	Si	0,00 (a) refroidi dans les conditions ordinaires.	0,00	0,17	0,05	0,22
	Mn	0,58 (b) trempé à l'eau.	0,00	0,17	0,04	0,21

Comme on le voit, ce sont les fontes grises qui contiennent le plus de graphite et de carbone de recuit, ils disparaissent tous deux dans le fer doux, à
moins que celui-ci n'ait été recuit.

Tous les échantillons analysés renfermaient du carbone de carbure ; il
était surtout abondant dans les ferro-manganèses et les fontes spéculaires

(spiegel-eisen), très carburées et en même temps riches en manganèse ; après viennent les fontes blanches. Les fontes trempées contiennent également beaucoup de carbure, malgré le refroidissement brusque qu'elles ont subi : cela tient à ce que cette sorte de trempe amène la solidification rapide de la surface extérieure et empêche le dépôt du graphite, mais elle n'abaisse pas la température au point de s'opposer à la naissance du carbure : en effet, la chaleur emmagasinée dans la masse centrale de métal suffit pour maintenir pendant longtemps la partie trempée à une température assez haute pour qu'une grande quantité de carbure puisse prendre naissance.

Si on calcule la proportion de carbure contenu dans chaque échantillon, en admettant que ce corps réponde à la formule Fe_3C (il suffit de multiplier par 15 le nombre trouvé pour le carbone de ce carbure), on constate que cette proportion est à peu près :

De 50 % pour le ferro-manganèse et la fonte spéculaire ;

De 40 % pour la fonte trempée ;

De 30 % pour la fonte blanche ;

De 10 % pour l'acier coulé non recuit ;

De 2,6 % pour le fer fondu.

On ne trouve pas de carbone de trempe dans la fonte noire très graphiteuse, tandis que la fonte spéculaire et le ferro-manganèse en contiennent beaucoup ; ces derniers sont d'ailleurs les plus riches en manganèse, en carbone total et en carbure.

Les analyses de la fonte blanche et de l'acier coulé font ressortir l'influence que peuvent avoir les conditions dans lesquelles se trouve le métal pendant qu'il est incandescent, sur les transformations du carbone de trempe ; la fonte blanche a été recuite et maintenue longtemps à haute température (900°), le carbone de trempe et le carbure qui existaient se sont changés en carbone de recuit ; l'acier coulé n'a été maintenu que quelques heures à une température moindre (800°) et, bien qu'une grande partie du carbone de trempe se soit transformée en carbure, la proportion de carbone de recuit est insignifiante.

L'effet de la trempe et du recuit sur les diverses formes du carbone dans les aciers à outils, est nettement indiqué par les chiffres des analyses ; ceux-ci montrent également que la trempe est sans effet sur le carbone du fer fondu, ce métal ne prend pas la trempe.

Le graphite et le carbone de recuit sont visibles à l'œil nu, quand ils se trouvent en quantité assez grande dans le métal ; mais lorsque le fer contient du carbone de trempe, celui-ci se confond avec le carbure ; ils ont le même aspect et sont intimement mélangés. Lorsqu'on prépare l'échantillon comme nous l'avons indiqué, qu'après avoir poli la surface, on attaque celle-ci par un acide très étendu, on découvre alors le carbure à l'aide du microscope et même à l'œil nu ; il est moins attaqué que le reste du métal et conserve par conséquent un éclat plus vif. Avec le microscope il se présente ou sombre ou brillant suivant l'éclairage, mais se détache toujours du fond.

Les fig. 65, 66 et 67 indiquent la façon dont ce carbure est distribué ; elles sont la reproduction d'images microscopiques de surfaces métalliques, polies puis traitées par un acide faible. Dans le fer fondu (fig. 65) on voit relativement peu de carbure, dans la fonte grise (fig. 66), il occupe à peu près la moitié de la surface et se montre uniformément réparti, dans la fonte grise, au contraire, il est localisé en certains points entourés du reste du métal ; celui-ci est traversé par des feuillets de graphite qui sont sans contact avec le carbure[1].

Les métallurgistes ne sont pas unanimes à admettre les quatre états du carbone que reconnaît le professeur Ledebur ; certains d'entr'eux persistent à confondre sous le même nom, le graphite et le carbone de recuit. (Voir la discussion du mémoire de M. Ledebur au meeting de Chicago, 1893). Le carbone de recuit se distingue cependant d'une façon bien nette du graphite, puisque, à la température de 1000°, il est enlevé par un courant d'hydrogène tandis que le graphite n'est pas altéré.

Il est certain que le dernier mot n'est pas dit sur les divers états que peut prendre le carbone dans la fonte, le fer et l'acier, suivant la température à laquelle se fait l'observation, le nombre et la nature des corps en présence, etc., etc. ; il n'en est pas moins incontestable que les patientes recherches de M. Ledebur ont fait faire un pas important à la question. (V.)

Influence de la proportion de carbone sur les propriétés du fer, de la fonte et de l'acier.

Il ressort des considérations que nous venons de développer qu'à proportion égale de carbone contenu, les fers, les fontes et les aciers peuvent posséder des propriétés très différentes. Un même métal peut présenter des caractères très divers suivant que son carbone aura pris, au moment du refroidissement, telle ou telle autre forme. Un fait constant, cependant, c'est que *le carbone abaisse la température de fusion du fer ;* d'après Osmond, le fer pur fond à 1500°, la fonte à 4,1 % de carbone, à peu près exempte de corps étrangers, fondrait à 1085° ; chaque unité pour cent de carbone abaisserait la température de 100°. On ignore si c'est à la plus forte teneur en carbone que correspond la plus basse température de fusion, ou si celle-ci coïncide avec une proportion de carbone inférieure à celle de saturation. Il faudrait admet-

---

[1] Il est bon de faire remarquer que les savants n'attribuent pas tous la même importance aux études microscopiques du fer et de ses dérivés, il y a peu de temps d'ailleurs qu'on les a entreprises et elles ont soulevé un certain nombre de questions qui ne sont point encore résolues. On trouvera parmi les ouvrages à consulter des mémoires sur ce sujet.

Fig. 65.
Fer fondu.
(70 : 1)

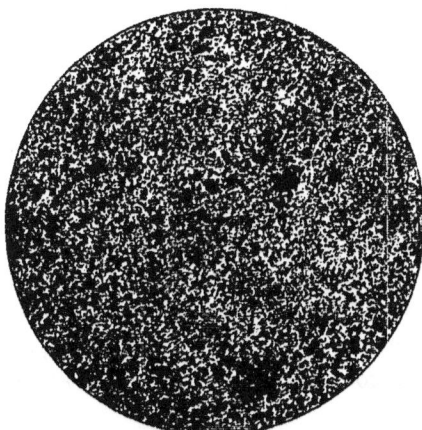

La partie blanche
représente
le carbure.

Fig. 66.
Fonte blanche.
(50 : 1)

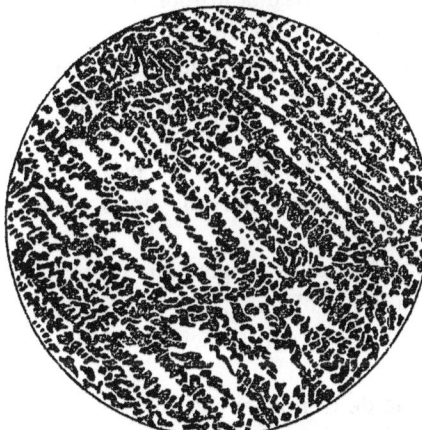

La partie blanche
représente
le carbure.

Fig. 67.
Fonte grise.
(50 : 1)

La partie noire
représente le car-
bure ; les lignes
noires, le graphite.

Fig. 65, 66 et 67. — Fers et fontes vus au microscope.

tre que cette température s'élèverait lorsqu'on approcherait de la limite supérieure de carburation[1].

Sous ce rapport, d'ailleurs, les différentes sortes de carbone ne produisent pas les mêmes résultats. Ainsi que nous l'avons indiqué, le carbone du carbure se transforme en carbone de trempe à une température de beaucoup inférieure à celle de la fusion, le graphite à son tour, subit le même sort vers le point où le métal commence à se ramollir, enfin, à l'état liquide, celui ci ne contient plus que du carbone de trempe. Il est évident que plus est importante la proportion de graphite et de carbone de recuit existant dans le métal, plus il faudra de temps pour en amener la dissolution, par conséquent, si on compare, au point de vue de la fusibilité, deux fontes de même teneur en carbone total, celle qui en contiendra le plus sous forme de graphite sera la plus difficile à fondre.

La dureté du métal augmente avec la proportion de carbone de trempe ; le carbure est, lui-même, plus dur que le fer pur, mais comme il forme un réseau, ou des veines au milieu de la masse, il influe moins sur cette propriété que le carbone de trempe qui est uniformément réparti. Quant au graphite et au carbone de recuit, ce sont des corps étrangers, de très faible dureté par eux-mêmes, et dont la présence a, pour résultat, de détruire la cohésion là où ils se trouvent. Nous devons donc conclure d'une manière générale que :

1º *La dureté* du métal croît avec la proportion de carbone de trempe et de carbure ; c'est ainsi que la fonte blanche, qui renferme le plus de carbone sous ces deux formes, est plus dure que l'acier et celui-ci plus dur que le fer peu carburé.

2º L'influence du carbone de trempe sur la dureté est plus énergique que celle du carbure. On augmente donc cette dureté en plongeant dans l'eau l'acier incandescent, on la diminue par le recuit ; on arrive à faire avec de l'acier très carburé, des outils qui, trempés, peuvent entamer la plupart des fontes blanches ; au contraire, sur le fer très peu carburé, la trempe ne produit pas d'effet parce que cette opération ne change pas sensiblement la proportion des deux états du carbone. Pour une raison inverse, on en peut dire autant de la fonte blanche ; la quantité de carbone de trempe qu'elle contient est si considérable qu'un refroidissement brusque ne peut guère l'augmenter[2].

3º La fonte grise est moins dure que la fonte blanche et que l'acier, elle est d'autant plus douce qu'elle est plus graphiteuse. Lorsqu'on la refroidit

---

[1] *Stahl und Eisen*, 1884, p. 705.

[2] Il n'a pas été fait de recherches scientifiques sur l'augmentation de dureté de la fonte blanche par la trempe, la question ne pouvant avoir aucune importance au point de vue de la pratique.

brusquement au moment de sa solidification, en la coulant dans des moules métalliques, sa dureté augmente.

4° Le recuit diminue la dureté de la fonte, de l'acier et du fer, parce qu'il a pour effet de transformer le carbone de trempe en carbone de carbure et même en carbone de recuit si le métal est maintenu longtemps à l'état incandescent. La fonte blanche elle-même se laisse facilement attaquer à la lime lorsqu'elle a été recuite un temps suffisamment long.

Les divers états du carbone produisent des effets analogues sur la *ténacité* du métal. Le carbone de trempe augmente la résistance à la traction, diminue la malléabilité et accroît la fragilité [1]. Cette dernière suit une marche ascendante à mesure que la proportion de ce carbone devient plus considérable, mais il n'en est pas de même de la résistance à la traction qui atteint promptement un maximum et s'abaisse rapidement ensuite. Le carbone de carbure se comporte de la même façon, quoiqu'avec moins d'énergie ; on ne sait pas encore, cependant, quelle est la proportion de ces deux états du carbone correspondant au maximum de résistance, et ce maximum lui-même ne doit pas être le même pour les diverses actions mécaniques exercées sur le métal, traction, compression, torsion. On admet généralement que le fer atteint la plus grande résistance lorsqu'il contient 1 % de carbone, soit à l'état de carbone de trempe, soit à l'état de carbure ; dans ces conditions, néanmoins, il est fragile et peu ductile. La ductilité maximum correspond au fer pur.

Le graphite, ayant peu de ténacité, diminue celle du métal dans lequel il se trouve et cela d'autant plus qu'il est en paillettes plus grosses ; il en est de même, sur une moindre échelle, du carbone de recuit qui est plus divisé cependant ; comme la présence du carbone sous ces deux formes correspond généralement à une moindre teneur de carbone de trempe et de carbure, il peut arriver que de la production du graphite résulte une augmentation de ténacité.

Aussi voit-on souvent la fonte grise être moins fragile et posséder plus de résistance que la fonte blanche, mais elle reste sous ce rapport, inférieure à l'acier parce que la proportion de carbone qu'elle contient dépasse toujours celle qui correspond au maximum de résistance.

L'acier a plus de ténacité et, en même temps, plus de fragilité que le fer.

Le recuit a toujours pour effet d'augmenter la malléabilité, en outre dans les métaux qui renferment un excès de carbone de trempe, il accroît, en même temps, la résistance.

---

[1] *Comptes rendus*, T. LXXVI, p. 483.

4. — **Fer et Silicium**.

La silice n'est pas réduite par le carbone seul, même à la chaleur blanche, mais la réduction se fait assez facilement lorsqu'avec le carbone se trouve du fer auquel le silicium peut s'allier. On ne sait pas encore si c'est le carbone libre qui agit directement sur la silice, dans ces circonstances, on est plutôt disposé à penser que la réduction est due au carbone que contient le fer, ou à celui que le métal peut absorber pendant l'opération. Ce qu'il y a de certain c'est que lorsqu'on chauffe au rouge un mélange de silice, de carbone et de fer, ce dernier corps se charge de silicium bien avant d'arriver au point de fusion. D'après Troost et Hautefeuille, toutes les fois qu'on fait fondre du fer carburé dans des creusets dont les parois sont siliceuses, une partie du carbone allié au fer réduit la silice et le silicium produit s'unit au fer.

Le manganèse allié au fer réduit également la silice, passe à l'état de protoxyde qui s'unit à une autre partie de silice pour former un silicate

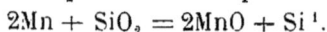

$$2Mn + SiO_2 = 2MnO + Si\,[1].$$

Lors donc qu'un métal très manganésé est maintenu longtemps à haute température en contact avec de la silice, ou des corps qui en contiennent, comme les parois des fours et des creusets, on voit la proportion de manganèse diminuer et celle du silicium augmenter, ce qui démontre la grande affinité du fer pour le silicium.

Si on fond simplement un mélange de fer, de carbone et de quartz pulvérisé, on obtient un métal qui peut contenir jusqu'à 16 % de silicium ; on arrive au même résultat en chauffant de l'oxyde de fer, avec du quartz et du carbone, pourvu que celui-ci soit en quantité suffisante ; dans ce cas, le carbone s'unit au métal sous les diverses formes que nous avons décrites.

Il en est encore de même avec des scories siliceuses fondues en présence de fer ou d'oxyde de fer et de carbone ; il se produit encore du silicium qui s'allie au fer. Cette réaction est d'autant plus facile à réaliser, que la scorie contient moins de bases susceptibles de retenir la silice en combinaison, et que la température est plus élevée ; même avec une scorie basique on obtient encore la réduction d'une partie importante de la silice, par l'action combinée du fer et du carbone, pourvu que la température soit suffisamment élevée. L'affinité du fer pour le silicium croît donc avec la température plus rapidement que celle de la silice pour les bases, de telle sorte, que plus la chaleur du milieu dans lequel les corps sont mis en présence est élevée, plus la proportion de silicium produit est considérable.

[1] *Comptes rendus.* T. LXXVI, p. 483. — *Jahrb. f. d. Berg- und Hüttenwesen in Kœnigr. Sachsen*, 1880, p. 7. — *Stahl und Eisen*, 1883, p. 604 ; 1885, p. 371 ; 1886, p. 698.

Nous avons obtenu au laboratoire de l'usine de Terrenoire vers 1871, en fondant ensemble dans un creuset du quartz pulvérisé et de la fonte en limaille en présence de charbon de bois, un alliage de fer et de silicium renfermant 22,7 de ce dernier corps ; il était très dur, inattaquable aux acides ; sa texture était à larges facettes d'un blanc jaunâtre. Quelques années après on produisait au haut-fourneau des fontes contenant 10 °/₀ de silicium et quelquefois davantage. (V.)

Le fer allié au silicium par un des procédés indiqués ci-dessus contient toujours du carbone, mais comme nous l'avons déjà établi, il est d'autant plus pauvre en carbone qu'il renferme plus de silicium ; au moyen de certains artifices on peut même obtenir des alliages de fer et de silicium exempts de carbone et riches en silicium. Hahn a réussi à obtenir du ferro-silicium à 30,8 °/₀ de silicium en fondant ensemble du chlorure double de fer et de sodium, du silico-fluorure de sodium, et du sodium ; et Mrazek, en soumettant à la fusion un mélange de 100 parties de fil de fer doux, 242 parties de quartz, 105 de spath-fluor et 62 de sodium, a obtenu un métal qui contenait 7,4 °/₀ de silicium et seulement le carbone apporté par le fil de fer[1].

D'après Troost et Hautefeuille, la combinaison du fer et du silicium est accompagnée d'un dégagement de chaleur, tandis que le fer se combine avec le carbone sans en dégager[2].

Lorsque le fer contenant du silicium est en fusion, le silicium est oxydé par l'air, l'acide carbonique, la vapeur d'eau, les oxydes de fer et les autres agents oxydants ; il disparaît même complètement avant le carbone, si la température n'est pas très élevée, et s'il se trouve en présence de scories basiques qui augmentent son affinité pour l'oxygène, tel est le cas pour les feux d'affineries et les fours à puddler ; mais à mesure que la température s'élève, l'affinité du carbone pour l'oxygène s'accroît (nous savons qu'alors le carbone réduit la silice), son oxydation devient plus énergique et prend un caractère dominant, surtout si le carbone est en excès par rapport au silicium ; si, d'ailleurs les scories sont moins basiques, elles provoquent, avec une moindre énergie, la production de la silice. Il peut donc arriver que le silicium s'oxyde en même temps que le carbone et même que le métal contienne encore du silicium après le départ complet du carbone, si la température est extrêmement élevée et les scories siliceuses ; c'est ce qui se passe en effet dans l'appareil Bessemer.

La cassure des alliages de fer et de silicium est blanche, mais s'ils contiennent du carbone, celui-ci se sépare sous forme de graphite au moment du refroidissement et masque la couleur du métal ; ils cristallisent dans le sys-

---

[1] Le spath-fluor en présence du fer et de la silice, facilite la réduction du silicium, alors même qu'on emploie le carbone comme réducteur au lieu du sodium ; il est probable qu'il se forme un silico-fluorure de calcium qui abandonne son silicium au fer.

[2] *Annales de Chimie et de Physique*, 1878, T. IX, p. 56.

tème cubique ; celui que Mrazek a obtenu à 7,4 % de silicium et qui était exempt de carbone, accusait nettement cette forme cristalline ; dans les alliages à 16 % on rencontre également les cristallisations ramifiées analogues à celles que nous avons signalées pour le fer (p. 281) et qui sont formées de petits octaèdres.

Ainsi qu'on l'a établi précédemment, la présence du silicium abaisse la capacité de saturation du fer par le carbone et contraint ce dernier élément à se séparer sous forme de graphite au moment de la solidification, lorsque le métal contient en même temps de fortes proportions de ces deux corps. Le silicium se comporterait comme un élément plus puissant que le carbone, et l'obligeant à abandonner le fer [1].

Le silicium peut s'unir à certains des éléments qui se trouvent dans la fonte, l'acier et le fer, et former des combinaisons volatiles qui se dégagent du métal en fusion. C'est ce qui se produit particulièrement avec le soufre. Dans les cavités de la fonte siliceuse, on trouve quelquefois un enduit blanc formé de silice pure qui provient certainement de la combustion de gaz qui contenaient du silicium. On a également trouvé des sortes de mousses, composées de silice, dans les entonnoirs qui se forment au centre des masselottes de fonte.

D'après les recherches de Fremy et Colson dont les résultats se trouvent confirmés par celles de l'auteur, le sulfure de silicium prend naissance quand le soufre, le carbone et la silice sont en présence à la chaleur blanche ; on l'obtient également en faisant agir l'hydrogène sulfuré sur le silicium. Ce corps est volatil à la chaleur blanche, et dès qu'il est arrivé à l'état gazeux, il est entraîné par les autres gaz et peut être transporté ainsi à des distances considérables. L'air humide l'oxyde rapidement et le transforme en hydrogène sulfuré et en silice [2].

Peut-être aussi le siliciure d'azote joue-t-il un rôle dans le phénomène ; d'après Wœhler et Deville, ce corps se forme lorsqu'on fait agir l'azote sur le silicium à haute température : il est décomposé au rouge par la vapeur d'eau [3].

Enfin on peut obtenir du siliciure d'hydrogène, d'après Morton, en faisant passer au rouge, un courant d'hydrogène sec sur du silicium. Il n'a pas été fait d'autres recherches sur ce sujet [4].

[1] On doit regarder comme entachées d'erreur les observations d'où semblait résulter que le silicium se séparait du fer sous une forme particulière analogue à celle du graphite. Dans les alliages qui contiennent les plus fortes proportions de silicium, ce corps est toujours uni au fer. Jordan et Turner ont cherché inutilement et tout récemment à séparer du fer du silicium à l'état libre (Iron, T. XXVII, p. 406).

[2] Comptes rendus, 1852, T. XCIV, p. 1526. — Berg- und Hüttenwesen Ztg., 1878, p. 324.

[3] Liebig's Jahresberichte, 1859, p. 154.

[4] Journal of the Iron and Steel Institute, 1874, 1, p. 102.

La présence du silicium abaisse la température de fusion du fer, mais d'une manière peu considérable. Mrazek a constaté que le fer chargé de 7,4 de silicium, sans carbone, qu'il avait obtenu, avait une température de fusion supérieure à celle de la fonte graphiteuse à 5 % de carbone, mais inférieure à celle de l'acier à 0,75 de carbone. Osmond a mesuré exactement celle d'un ferro-silicium à 10 % de silicium et 2,38 de carbone, et a trouvé 1130°; d'autre part, certain métal contenant 4,2 de silicium et seulement 0,25 de carbone, n'était pas fondu à 1400° [1].

Le silicium augmente la dureté du métal, mais infiniment moins que le carbone ; on perce sans difficulté avec une mèche d'acier un ferro-silicium à 16 %. Mrazek a trouvé pour son alliage à 7,4 %, une dureté comprise entre celle de l'apatite et celle du feldspath, c'est le n° 5,5 de l'échelle minéralogique ; un métal à 1,4 de silicium et 0,17 de carbone correspondait comme dureté au n° 4,5 ou 5 de la même échelle.

Le silicium est sans influence sur la trempe ; puisqu'il tend à expulser le carbone de la fonte sous forme de graphite, il contrecarre la propension de cette même fonte à blanchir par le fait d'un brusque refroidissement.

Une proportion modérée de silicium augmente la résistance, mais on ne connaît pas encore exactement la dose à laquelle correspond le maximum de résistance au-delà duquel il se manifeste une diminution. Le produit de Mrazek était cassant et entièrement dépourvu d'allongement à la température ordinaire. Au rouge, on le forgeait en le traitant avec précaution ; au blanc, il se comportait parfaitement. On suppose donc que le silicium a beaucoup moins d'influence que le carbone sur la malléabilité.

6. — Fer et Phosphore.

Dans les minerais, les castines, les fondants et les cendres des combustibles, le phosphore se rencontre à l'état d'acide phosphorique uni à la chaux comme dans l'apatite et la phosphorite, au fer, comme dans la vivianite, et à d'autres oxydes métalliques. Le phosphore est désoxydé à haute température par le carbone, et cette réaction est plus facile en présence du fer pour lequel il a une très grande affinité. La présence de bases puissantes ne suffit pas pour empêcher la décomposition des phosphates et l'absorption du phosphore par le fer, sous l'action d'agents réducteurs. Si on met en contact du fer carburé à l'état liquide et des phosphates, il n'est même pas nécessaire de faire intervenir des corps agissant comme réducteurs, pour que la décomposition de l'acide phosphorique se produise, pourvu que la température soit assez élevée ; le carbone allié au fer suffit. Il est très vraisemblable que le

[1] *Stahl und Eisen,* 1891, p. 637.

silicium et le manganèse qui se trouvent dans les fontes employées à la fabrication du fer, réduisent également les phosphates. D'après Finkener et Hilgenstock, le fer seul, dans certaines conditions et en excès, peut décomposer les phosphates et absorber le phosphore.

Ces observations préliminaires font aisément comprendre pourquoi, lorsqu'on soumet à une action réductrice des minerais de fer en contact avec du carbone, une grande partie du phosphore contenu dans les minerais, dans les fondants et les cendres de combustible, passe dans le métal. Les phosphates sont réduits à peu près complètement lorsque, comme dans les hauts-fourneaux, la température est élevée et l'action réductrice assez forte pour enlever aux scories jusqu'aux dernières traces de fer.

Celles-ci dans ce cas ne renferment que des quantités insignifiantes de phosphates ou de phosphures, même quand elles sont très basiques. Mais si la température s'abaisse, si les scories contiennent du fer, on y trouve une plus forte proportion de phosphates provenant du lit de fusion et des cendres de combustible. Nous verrons dans la troisième partie de ce manuel qu'on peut, en mettant à profit cette manière d'être du phosphore obtenir avec des minerais phosphoreux du fer qui en soit peu chargé, si on emploie le procédé du bas foyer, de la méthode catalane ou un autre du même genre, dans lequel le fer reste en contact avec une scorie très ferrugineuse. C'est ainsi qu'on fabriquait le fer dans l'antiquité.

En prenant pour base les analyses des lits de fusion, des produits, fontes et scories, on a cru pouvoir conclure que, dans la fusion réductrice qui s'accomplit aux hauts-fourneaux, une partie du phosphore pouvait disparaître. On n'a pas, cependant, encore pu découvrir de phosphore dans les produits gazeux de l'opération.

Le phosphore s'unit au fer en toutes proportions; il a été possible de constituer un grand nombre de composés définis s'accordant avec les poids atomiques. Ces recherches sont d'ailleurs absolument sans intérêt pour la métallurgie du fer.

Nous avons eu occasion de suivre, il y a quelques années, une tentative dont le but était de fabriquer du phosphore au haut-fourneau en faisant réagir à haute température de la silice sur du phosphate de chaux, en présence du carbone en excès. On a recueilli comme produit accessoire une sorte de fonte d'un gris jaune, à grains fins, renfermant 32 % de phosphore, 1 1/2 de carbone et 0,95 de silicium. (V.)

Lorsqu'on attaque par les acides des fers, des aciers ou des fontes contenant du phosphore, le résidu renferme quelquefois des phosphures dont la composition semble indiquer qu'il se produit, au moment du refroidissement, certain composé de fer et de phosphore, comme nous avons vu se former du carbure de fer[1] ; mais les recherches n'ont pas été poussées assez loin pour que l'on puisse en tirer des conclusions bien nettes.

Il est possible d'éliminer le phosphore en l'oxydant. Il suffit de se placer dans les mêmes conditions que pour l'élimination du silicium, sans perdre de vue que le phosphore a plus d'affinité pour le fer et moins pour les bases à haute température ; il est donc plus difficile à séparer du fer que le silicium ; il est nécessaire avant tout que les scories, en présence desquelles se fait la réaction, soient très basiques afin qu'elles s'emparent de l'acide phosphorique au fur et à mesure de sa formation. Si la température n'est pas beaucoup plus élevée que celle de la fusion de la fonte, on peut, par l'oxydation et en présence de scories basiques, enlever le phosphore en même temps que le silicium et avant le carbone ; mais si la température est très élevée, on ne peut éliminer le phosphore qu'après avoir chassé la plus grande partie du carbone, qui autrement réduirait l'acide phosphorique et restituerait le phosphore en métal.

Le phosphore abaisse la température de fusion du fer, mais on n'a pas établi par des expériences précises la relation qui peut exister entre la proportion de phosphore et l'abaissement du point de fusion. Cette influence du phosphore est très probablement moins forte qu'on ne l'a cru ; on a été induit en erreur par la fluidité plus grande du métal phosphoreux. D'après Freese[2] les phosphures de fer exempts de carbone sont difficiles à fondre ; Hilgenstock a constaté que le fer contenant 15 % de phosphore fondait plus difficilement que le ferro-silicium à 9 %[3].

Le phosphore durcit le fer, mais, à même teneur, il augmente la dureté moins que le carbone ; il n'agit pas d'une manière sensible sur la trempe.

L'influence que ce corps exerce sur les propriétés mécaniques du fer est très considérable ; une faible proportion ne semble pas agir sur la résistance à la traction sans choc ; une dose un peu forte la diminue.

La limite d'élasticité, et le coefficient d'élasticité sont plus élevés, le fer a moins de ductilité, il devient cassant ; des vibrations quelquefois très faibles amènent la rupture du fer phosphoreux ; elle a lieu souvent dès que la limite d'élasticité est dépassée ; plus la température est basse et plus l'influence du phosphore est manifeste.

On dit communement que le fer phosphoreux est *cassant à froid.*

Ce défaut provient en partie du changement produit dans la texture du fer par la présence du phosphore ; le grain devient plus gros, or c'est un fait général que plus les cristaux d'un corps sont volumineux, plus il est fragile et plus sa ductilité diminue.

---

[1] *Stahl und Eisen*, 1887, p. 180.
[2] *Poggendorffs Annalen*, T. CXXXII (1867), p. 225.
[3] *Stahl und Eisen*, 1884, p. 6.

Le fer phosphoreux est d'autant plus fragile à froid qu'il contient plus de carbone combiné et surtout de carbone de trempe. Les produits malléables doivent donc contenir d'autant moins de phosphore qu'ils sont plus carburés : 0,01 de phosphore exerce une influence sensible sur de l'acier très carburé, tandis que 0,20, c'est-à-dire vingt fois plus, tout en produisant un effet positif sur les propriétés mécaniques d'un fer peu carburé, ne l'empêchent cependant d'être utilisable pour les usages ordinaires.

C'est sur cette propriété qu'a été établie à Terrenoire, en 1873, la fabrication des rails d'acier dits *phosphoreux*. En remplaçant, au four Martin, dans l'addition finale, le spiegel-eisen à 10 ou 15 % de manganèse par un ferro-manganèse à 40 ou 50 %, pour une même quantité de manganèse nécessaire à la désoxydation, on introduisait de 3 à 4 fois moins de carbone, et on arrivait à employer, pour la fabrication des rails, un métal tenant de 2 à 3 millièmes de phosphore, tandis que la teneur admise comme assurant toute sécurité, dans les conditions ordinaires, ne dépassait pas un demi-millième. (V.)

La fonte grise contient d'autant moins de carbone de trempe qu'elle est plus siliceuse, les conditions sont donc différentes et d'ailleurs on n'attache pas la même importance à la résistance des fontes qu'à celle des fers et des aciers, il en résulte qu'on peut admettre, dans les fontes de moulage, une proportion beaucoup plus élevée pourvu que celle du silicium soit suffisante.

Il n'est pas rare de trouver 1 % de phosphore dans les pièces ordinaires de fonte moulée.

6. — Fer et Soufre.

La grande affinité du fer pour le soufre est facile à constater. Toutes les fois qu'on met en contact du fer chauffé au rouge et du soufre, il y a combinaison immédiate et si le soufre est en quantité suffisante, fusion. Ces deux corps s'unissent ainsi en proportion quelconque.

On sait que le soufre se rencontre dans un grand nombre de minerais de fer ; nous l'avons signalé à propos de l'opération du grillage, et nous avons indiqué qu'une grande partie de cette substance peut être éliminée par un grillage convenable, dont on complète quelquefois l'effet par un lessivage.

Les combustibles minéraux, principalement les houilles, qui remplacent de plus en plus le bois et le charbon de bois dans la métallurgie du fer, sont encore plus souvent chargés de soufre que les minerais. Le lavage et la carbonisation font disparaître une grande partie de cette impureté, mais il en reste toujours une certaine proportion qui dépasse parfois 2 %.

Si on ne combattait pas la grande affinité du fer pour le soufre, il serait susceptible d'en absorber de telles quantités au contact des combustibles, que le produit, fonte, fer ou acier, provenant du traitement de minerais ordinaires par les combustibles minéraux, serait absolument impropre à tout usage.

Heureusement, l'action de la chaux sur le fer sulfureux fournit aux métallurgistes un moyen de purifier le métal. En fondant du fer chargé de soufre avec un mélange de chaux et de charbon, il se produit du sulfure de calcium, insoluble dans le bain métallique et soluble dans la scorie. On peut représenter cette réaction par la formule suivante :

$$FeS + CaO + C = Fe + CaS + CO.$$

Il n'est pas nécessaire que la chaux soit à l'état libre pour produire cet effet, les laitiers chargés de chaux possèdent la même propriété et absorbent le soufre avec d'autant plus d'énergie qu'ils sont plus basiques. En relatant les expériences faites dans son laboratoire, le professeur Akerman cite les faits suivants : il fondit un minerai de fer d'abord avec 15 % de quartz, puis avec 5 % de calcaire, enfin avec 20 % de calcaire. La teneur en soufre de la fonte obtenue était dans le premier cas de 0,09 %, dans le second elle tombait à 0,04, et dans le troisième à 0,01 %. Parmi les nombreuses expériences que nous avons faites nous-mêmes pour étudier cette action de la chaux sur le soufre, nous citerons la suivante : Après avoir préparé du fer contenant 2,23 % de soufre, nous en avons fondu une partie avec un protosilicate, et une autre avec un bisilicate ; ces deux silicates contenaient de la chaux et un peu d'alumine ; dans chaque essai, nous mélangions le métal avec le double de son poids de silicate. Après fusion, nous avons trouvé dans le protosilicate 1,445 % de soufre, et dans le métal seulement, 0,079 % ; le bisilicate contenait 0,681 de soufre et le fer 0,357 %.

Le protoxyde de manganèse contenu dans la scorie favorise aussi le départ du soufre.

La magnésie n'exerce pas d'action désulfurante aussi énergique ; le magnésium n'a que peu d'affinité pour le soufre ; cependant une scorie à base de magnésie, dans laquelle les bases sont en excès, est capable d'enlever du soufre au fer. Nous avons traité le même fer à 2,23 % de soufre avec des proto et des bisilicates dans lesquels la chaux était remplacée par de la magnésie en quantité équivalente ; après fusion, le protosilicate contenait 1,069 % de soufre et le fer 0,260 ; le bisilicate n'avait absorbé que 0,290 % de soufre et le fer en renfermait 0,391 %.

L'alumine qui fait partie constituante du laitier, n'a pas d'influence directe sur la désulfuration.

De ce qui précède, on peut tirer la conclusion suivante : *Quand on traite au haut-fourneau un minerai de fer, la proportion de soufre qui sera retenue par la fonte dépend moins de celle qui existait dans le lit de fusion et les cendres du combustible, que de la teneur en chaux du laitier.*

La pratique démontre qu'on produit une fonte moins sulfureuse en combinant, pour un lit de fusion et un combustible chargés de soufre, un laitier très basique, moins acide que le protosilicate, et surtout très riche en chaux et abondant, qu'en partant d'un lit de fusion peu sulfureux et de combustible exempt de soufre comme le charbon de bois, mais accompagné d'un laitier siliceux. Les fontes obtenues avec des laitiers très calcaires, même au coke, contiennent généralement au plus quelques dix-millièmes de soufre, de 0,01 à 0,03 %.

Une haute température favorise l'absorption du soufre par les scories et par conséquent la production d'un métal peu sulfureux.

Le fer en fusion s'assimile d'autant plus facilement le soufre contenu dans les gaz, qu'il est moins carburé. On doit tenir compte de ce fait lorsqu'on fond du fer au four Martin, par exemple, avec des gaz sulfureux ; la présence de scories très calcaires ne suffit pas à protéger complètement le métal dans ces circonstances [1].

On peut recourir à divers procédés pour éliminer le soufre ; puisque la présence de laitiers très calcaires et du carbone s'oppose au passage, dans le métal, du soufre contenu dans les minerais et les combustibles, on doit, en se plaçant dans les mêmes conditions, enlever cet élément au métal qui en est souillé. Nous avons reconnu qu'il en était ainsi dans des expériences où nous avions fondu du fer sulfureux avec des scories de diverses compositions, expériences que nous avons relatées plus haut. Ces essais ont été faits dans des creusets brasqués avec du charbon de bois où le fer se trouvait en contact avec toute la quantité de carbone nécessaire.

Lorsque les fontes contiennent une forte proportion de soufre, elles dégagent, au moment de la coulée, une forte odeur d'acide sulfureux ; une partie de cet élément se sépare donc spontanément au contact de l'air et brûle. (V.)

Lorsque le fer contient une très forte proportion de soufre, il peut être désulfuré en partie à très haute température par le carbone seul; il se forme probablement des sulfures de carbone. En fondant de la fonte blanche à 0,78 % de soufre à haute température en contact avec du charbon de bois, Smith a obtenu dans le laboratoire de Percy un métal qui ne renfermait plus que 0,35 % de soufre [2]. D'autres essais faits dans le même laboratoire, on peut conclure que, lorsque le fer est très sulfureux, on peut obtenir ainsi une épuration partielle.

On attribue au silicium une influence analogue à celle du carbone. Turner a fondu du ferro-silicium avec du fer sulfureux et a recueilli des culots dans

---

[1] Odelsjerna a reconnu que, dans ces conditions, le fer pouvait absorber jusqu'à 0,03 % de soufre (*Jernkontorets Annaler*, 1885, p. 2). Des observations du même genre ont été faites dans des usines allemandes.

[2] *Métallurgie* de Percy, édition française (Petitgand et Ronna), T. 2, p. 225.

lesquels la proportion de soufre était notablement inférieure à celle des métaux employés [1].

Percy a constaté qu'en fondant un mélange de silice, de sulfure de fer et de charbon de bois, 95 $^0/_0$ du soufre était éliminé probablement à l'état de sulfure de silicium ; en l'absence de charbon de bois il n'obtenait aucune élimination [2]. Il est regrettable, que dans ces expériences, on n'ait pas suffisamment démontré que le résultat devait être attribué à la présence du charbon de bois.

Le soufre peut également être séparé du fer en fusion lorsque celui-ci contient une grande quantité de manganèse, parce qu'il a plus d'affinité pour ce métal que pour le fer et que le sulfure de manganèse est moins soluble dans le bain que celui du fer.

Berthier, alors qu'il s'occupait de recherches sur la fusibilité, a remarqué le premier qu'en soumettant à la fusion un mélange de matières contenant à la fois du soufre et du manganèse, le soufre passait dans la scorie. Caron, en étudiant le même sujet, reconnut qu'en fondant de la fonte sulfureuse avec du manganèse, on pouvait lui enlever une grande partie de son soufre ; c'est ainsi qu'un métal à 1,15 $^0/_0$ de soufre, refondu sans addition et contenant encore 1,14 après refroidissement, fondu une seconde fois avec 6 $^0/_0$ de manganèse, ne renfermait plus que 0,15 $^0/_0$ de soufre ; la teneur en manganèse était tombée à 3,92 $^0/_0$. Les essais de ce genre répétés reproduisirent le même résultat et révélèrent quelques fois une épuration plus complète encore [3].

L'action épuratrice du manganèse sur les fontes sulfureuses était déjà connue et mise à contribution au début de l'industrie Bessemer en France, c'est-à-dire dès 1862-1863 ; car on y traitait d'une manière presque générale des mélanges de fontes indigènes et de spiegel-eisen, bien que le prix de ces derniers fût alors fort élevé. C'est à cette même époque que le capitaine Caron étudiait la question au laboratoire de Saint-Thomas d'Aquin et confirmait, par les résultats qu'il obtenait, l'utilité de cette pratique. (V.)

En mélangeant simplement une fonte sulfureuse et une autre très riche en manganèse, Walrand a réduit la teneur en soufre du métal de 0,50 $^0/_0$ à 0,06 [4].

Cette influence du manganèse sur le soufre se vérifie en maintes occasions dans la pratique des fonderies ; ainsi il arrive fréquemment que sur la fonte dite Thomas, à la fois sulfureuse et manganésée, on voit apparaître des nodules de la grosseur d'une noisette, et même plus volumineux encore ; ils sont solidifiés, alors que la masse du métal est encore liquide, et ils contien-

---

[1] *Stahl und Eisen*, 1888, p. 580.
[2] Percy, édition française, T. 2, p. 60.
[3] *Comptes rendus*, T. LVI, p. 828, etc.
[4] *Revue universelle*, 1881, T. X, p. 407.

nent plus de soufre, de manganèse et moins de carbone que le métal sur lequel ils flottent; nous avons analysé un de ces nodules de couleur gris clair et nous avons trouvé qu'il contenait : soufre 3,04 %, manganèse 8,51 % et carbone 2 %, tandis que le métal environnant renfermait : soufre 0,15 %, manganèse 3,0 % et carbone 3,0 %.

Les ampoules qui se forment souvent sur la fonte liquide en repos, de couleur sombre et d'aspect feuilleté, ont la même origine ; elles résultent en partie d'une oxydation commençante et contiennent plus de soufre et de manganèse que le reste du métal.

Nous avons reproduit dans le tableau suivant les résultats d'analyses faites dans notre laboratoire, d'une part sur une fonte de moulage et d'autre part sur les ampoules qui s'étaient formées à la surface pendant que cette fonte était encore liquide et en repos ; les ampoules ont été recueillies avant que la masse fût solidifiée ; ces chiffres mettent en évidence la façon dont se répartissent les divers éléments qui composent la fonte et la mesure dans laquelle se produit ce phénomène.

	C	Si	Ph	S	Mn	Fe	O par différence
Fonte.	3,463	2,196	n. d.	0,056	2,620	n. d.	0,000
Ampoules.	3,818	1,869	0,475	0,223	5,188	87,899	1,328

On n'avait généralement examiné la nature de ces ampoules qu'après le refroidissement complet du métal, alors que certains éléments oxydables de la fonte exposés à l'influence de l'air en avaient modifié la composition, ce qui masquait en partie, dans les résultats de l'analyse, le rôle joué par le manganèse. Malgré le côté défectueux de cette manière de prendre les échantillons, on a toujours reconnu que le soufre s'accumule dans les ampoules. Nous donnons ci-après les nombres trouvés par Muck, en analysant trois échantillons différents de ces ampoules :

Silice.	31,874	31,939	28,731
Protoxyde de fer.	39,609	38,107	45,873
Protoxyde de manganèse . . .	24,612	25,876	21,108
Chaux.	1,580	1,363	0,615
Magnésie	0,130	0,051	0,031
Acide phosphorique	3,401	4,088	4,335
Soufre	1,602	1,701	0,824
TOTAUX.	102,828	103,125	101,517

On voit que les totaux dépassent tous le nombre 100, c'est la preuve que les corps indiqués comme oxydés doivent se trouver, en partie, à l'état métallique ou combinés avec le soufre. La proportion de manganèse était suffisante pour absorber tout le soufre. Quant à la chaux et à la magnésie on ne voit guère d'où ces corps peuvent provenir.

De notre côté nous avons aussi soumis à l'analyse des ampoules recueillies après refroidissement complet et nous avons reconnu la composition suivante :

Silice	29,30
Sesquioxyde de fer	13,46
Protoxyde de fer.	46,73
Protoxyde de manganèse	6,40
Sulfure de manganèse	1,25
Acide phosphorique	2,66
	99,80

Dans les opérations métallurgiques, on utilise fréquemment la grande affinité du manganèse pour le soufre en faisant ainsi passer ce corps dans les scories ; d'après Akerman, l'action du manganèse est plus énergique que celle de la chaux et la désulfuration est d'autant plus complète qu'il y a plus de manganèse en présence.

Dans certaines usines on purifie les fontes sulfureuses en les mélangeant à l'état de fusion avec des fontes manganésées, on provoque ainsi la formation de sulfure, nous donnerons des détails à ce sujet dans la seconde partie, à propos de l'épuration des fontes.

L'oxydation à laquelle on a recours pour éliminer le phosphore et le silicium est, à peu près, sans action sur le soufre ; s'il se produit une désulfuration pendant l'affinage des fontes, le soufre se retrouve dans les scories à l'état de sulfure, encore est-il nécessaire que celles-ci soient très basiques.

En employant le moyen que nous venons d'indiquer on peut, même lorsqu'on a affaire à des fontes très sulfureuses, réduire la proportion de soufre à 0,2 ou même 0,1 %. Il est très heureux qu'il en soit ainsi, car il suffit de très faibles quantités de cet élément pour altérer la qualité du métal.

Le soufre est loin d'être uniformément réparti dans les fontes ; nous avons fait à ce sujet un essai concluant d'où semble résulter que, pendant le refroidissement, ce corps tend à se séparer et à se concentrer à la partie supérieure. Nous avons fait couler verticalement, en source, un lingot de fonte grise n° 4 de $0^m,100$ de côté et de $0^m,400$ de hauteur et nous avons fait latéralement dix prises d'essai de 25 grammes chacune à environ $0^m,030$ l'une de l'autre. La teneur en soufre croissait presque régulièrement depuis le bas jusqu'en haut, on trouvait en bas, 0,065 %, vers le milieu 0,096 et aux dernières prises 0,152 et 0,155. Quand on voudra comparer des fontes au point de vue de la proportion de soufre qu'elles contiennent, il sera donc important de faire les prises d'essai de la même façon et dans la même région.

Un certain nombre de procédés ont été préconisés récemment pour la purification de la fonte, du fer et de l'acier sulfureux, ils n'ont pas reçu suffisamment jusqu'à ce jour, la sanction de la pratique pour trouver place ici. Nous aurons, d'ailleurs, occasion d'y revenir ultérieurement. Il nous semble, en tous cas, que le haut-fourneau est le purificateur par excellence et que l'emploi des laitiers calcaires et de petites doses de manganèse répond à la plupart des desiderata. (V.)

Le soufre abaisse le point de fusion du fer, mais quand il est en excès, la fonte n'est plus fluide, et solidifiée, on y trouve des cavités formées par des dégagements de gaz. Il se forme, probablement, du sulfure de carbone qui au contact du sable humide se transforme en hydrogène sulfuré et se dégage.

Tant que la proportion de soufre ne dépasse pas 0,10 % la ténacité du fer à froid n'est pas altérée, et comme il est rare qu'il s'en trouve davantage, il n'est pas aisé d'entreprendre des expériences comparatives. Il n'est pas douteux, cependant, que des teneurs plus élevées auraient pour effet de diminuer la résistance et surtout la ductilité du métal.

Si on chauffe au rouge sombre, du fer malléable contenant une certaine quantité de soufre, il perd à cette température toute cohésion ; sous l'action du marteau et du laminoir, il crique dans tous les sens et tombe en morceaux. On dit alors que le fer est *rouverin*, que c'est un fer *de couleur*. L'oxygène produit le même effet, mais une moindre quantité de soufre amène des résultats aussi mauvais. A la chaleur blanche, au contraire, l'effet nuisible, dû à la présence du soufre comme de l'oxygène, ne se fait pas sentir.

La proportion de soufre qui rend le métal rouverin, et celle qui le rend impossible à utiliser ne sont pas les mêmes pour les fers obtenus par des procédés différents. La présence du manganèse atténue dans une certaine mesure l'effet produit par le soufre ; ainsi, tandis que des fers sans manganèse commencent à se montrer rouverins dès qu'ils contiennent 0,02 % (deux dix-millièmes) de soufre, ceux, dans lesquels se trouve 0,7 de manganèse, peuvent renfermer 0,15 de soufre sans être sensiblement rouverins. On peut expliquer cette différence par l'affinité du manganèse pour le soufre, et par ce fait, que le sulfure de manganèse, en dissolution dans le métal, a une moins mauvaise influence que le sulfure de fer sur la qualité finale.

On n'a pas remarqué que la proportion de carbone eût de l'influence sur l'action du soufre, comme elle en a sur l'effet produit par le phosphore. Quelques métallurgistes cependant pensent que, dans la pratique, l'acier très carburé est moins facilement rouverin que celui qui contient peu de carbone ; il est possible que cette différence tienne à la plus forte teneur en manganèse des aciers durs.

Nous avons indiqué déjà l'action du soufre sur les divers états du carbone et sur le point de saturation de fer par ce corps, rappelons que le soufre rend plus difficile la formation du graphite et qu'il abaisse le point de saturation ; s'il existe en forte proportion, il favorise la production de la fonte blanche peu carburée.

7. — Fer et Manganèse.

Le manganèse fait partie du groupe de métaux dont les oxydes sont d'une réduction difficile ; pour séparer ce corps de l'oxygène auquel il est combiné, il faut réunir les actions simultanées du carbone solide et de la chaleur blanche ; cependant, comme l'affinité du manganèse pour le fer est assez grande, la présence de ce dernier corps facilite beaucoup la réduction ; c'est ce qui explique pourquoi, lorsqu'on traite au haut-fourneau des minerais de fer contenant du manganèse, celui-ci passe, à l'état métallique, dans la fonte produite, sans que la température ait atteint celle qui est nécessaire à la réduction des oxydes de manganèse ; en même temps, une partie de ce corps se retrouve dans le laitier à l'état de protoxyde.

La présence de bases énergiques, et de laitiers très calcaires favorise la réduction des oxydes de manganèse ; le protoxyde qui est une base puissante, avide de silice, ne peut être transformé en métal que par un excès de chaux.

Lorsqu'on réduit les oxydes de manganèse par le carbone, on obtient toujours un métal renfermant 7,5 % de carbone à moins que les affinités entre ces deux éléments ne soient modifiées par la présence d'autres corps ; il arrive en effet fréquemment que certaine quantité de silice se réduise en même temps, ce qui abaisse le point de saturation par le carbone, en outre tous les minerais de manganèse contenant du fer, ce dernier métal se retrouve dans le produit obtenu. Pour avoir un manganèse absolument privé de fer, il faudrait employer des oxydes dans lesquels ce métal aurait été éliminé par des préparations chimiques appropriées.

Le degré de chaleur nécessaire pour la réduction complète des oxydes de manganèse et la température de fusion du métal obtenu sont d'autant plus élevés que la proportion de fer associé au manganèse est plus faible ; pour obtenir des alliages très riches en manganèse, il faut arriver à des températures telles, qu'une partie du manganèse se volatilise et brûle au contact de l'air, en produisant une fumée rousse d'oxyde Mn_3O_4.

A mesure que la richesse en manganèse de l'alliage croît, les difficultés de fabrication augmentent et le prix de l'unité de manganèse suit la même progression.

Lorsque la teneur en manganèse atteint ou dépasse légèrement 90 %, on constate un phénomène particulier. Les fragments de métal, se fissurent au bout de peu de temps, se gonflent et tombent en poussière. On ne connaît pas encore à quelle cause est dû ce phénomène ; d'après les recherches que nous avons faites sur un métal qui s'était altéré de cette façon, il n'y a pas eu oxydation ; même après plusieurs années, l'échantillon que nous avons analysé ne contenait que très peu d'oxygène. Il est permis de supposer que le manganèse absorbe à l'état liquide, une très grande quantité de gaz qui se dégage après refroidissement avec une telle force d'expansion qu'il brise la masse et la réduit en poudre. Pour que le phénomène se produise il faut que la teneur en manganèse dépasse une certaine limite qui varie avec la nature des corps alliés. La partie désagrégée de l'alliage, sur lequel portaient nos expériences, avait la composition suivante :

Manganèse.	88,590
Fer	3,910
Carbone.	7,240
Silicium	0,240
	99,980

Au milieu de cette matière pulvérulente, on trouvait des noyaux solides, gros comme des noisettes, qui au bout de plusieurs années avaient conservé leur forme et leur ténacité et qui contenaient :

Manganèse.	85,500
Fer	7,827
Carbone.	6,613
Silicium	0,060
	100,000

Il nous paraît probable que la différence, entre la manière de se comporter de ces deux alliages, tient surtout à ce que le premier renferme 3 % de manganèse de plus que le second.

Suivant Brunner, le manganèse métal qu'on obtient, sans carbone ni silicium, en réduisant le chlorure par le sodium, ne tombe jamais en poussière. Il est assez probable que le carbure de manganèse à 90 % et même plus riche conserverait sa consistance s'il contenait une proportion de silicium plus élevée que celle du métal sur lequel nous avons expérimenté.

En fondant ensemble :

717 parties de chlorure de manganèse fondu ;
898 » de quartz ;
674 » de cryolite ;
645 » de sodium,

Mrazek a obtenu un alliage de manganèse et de silicium contenant :

13,13 de silicium ;
86,87 de manganèse,

qui résistait à l'attaque des acides les plus énergiques. C'est aussi ce qu'on observe avec d'autres alliages riches en silicium.

Wœhler a rencontré dans un alliage, obtenu par la méthode de Brunner, des cristaux bacillaires.

Une forte dose de manganèse n'élève pas la température de fusion du fer autant qu'on est porté à le croire : d'après Osmond, un alliage à 20 °/• fond vers 1083°, à 50 °/₀ vers 1145°; si on remarque que le premier devait contenir 5 °/₀ de carbone et le second 6 °/•, on voit qu'il n'y a pas grande différence entre les températures de fusion de ces fontes et celles des fontes très carburées et peu manganésées. Pratiquement on reconnaît que des doses de 1 à 2 °/₀ de manganèse abaissent plutôt le point de fusion, cependant il n'a pas été fait de recherches précises à cet égard (de petites quantités de plomb abaissent de même la température de fusion de l'étain, et de faibles doses d'argent, celle du plomb).

Lorsqu'on augmente graduellement la proportion de manganèse alliée au fer, on ne voit pas la dureté du métal croître dans le même rapport ; elle commence par s'élever puis elle diminue pour s'élever de nouveau. D'après Hadfield, lorsqu'on opère sur du fer ou de l'acier contenant moins de 1°/• de carbone, on constate que la dureté augmente avec la teneur en manganèse, jusqu'à ce que celle-ci atteigne 6 °/₀ environ ; aucun outil ne peut attaquer un alliage de cette composition; au-delà, la dureté diminue jusqu'à la teneur de 10 °/₀ où elle serait un minimum, puis elle augmente de nouveau et est très grande dans l'acier à 22 °/₀ de manganèse [1].

On trouvera dans le Génie civil, tome V, p. 244, un résumé très clair des recherches d'Hadfield sur les aciers au manganèse. (V.)

Mrazek a constaté qu'à dose égale de carbone (0,38 °/₀), le métal le plus dur était celui qui contenait le plus de manganèse (1,38 °/₀) et, d'après Muller, une proportion de 5 °/₀ de manganèse augmenterait la dureté autant que 1 °/₀ de carbone. Cette loi peut être regardée comme approximativement exacte lorsque la teneur en manganèse ne dépasse pas 1 °/₀ [2].

Dans un fer peu carburé, la résistance croît avec la teneur en manganèse, mais, au-delà d'une certaine proportion, elle diminue rapidement; la limite est d'autant plus vite atteinte que le métal est plus carburé.

Wedding, après avoir fait un grand nombre d'expériences sur la ténacité des fers et des aciers manganésés, en a conclu que la dose de manganèse ne doit jamais dépasser 3 °/₀, si on veut obtenir une grande résistance, et que les proportions qui semblent les plus favorables, à ce point de vue, paraissent être 0,95 °/₀ de carbone et 0,50 ou 0,60 de manganèse.

La limite d'élasticité croît en même temps que la ténacité et même plus rapidement, par conséquent le métal devient moins ductile et moins malléable à mesure que la proportion de manganèse augmente, mais, sous ce

---

[1] *Transactions of the American Institute of mining Engineers*, T. XIII, p. 233 ; T. XV, p. 461.

[2] *Glasers Annalen*, T. X, p. 224.

rapport, l'influence du manganèse ne se fait sentir que faiblement et peu à peu, et semble, à dose égale être cinq fois moindre que celle du carbone, c'est la relation que nous avons indiquée plus haut.

D'après Hadfield, déjà cité, lorsque la teneur en manganèse dépasse 6 %, l'influence de ce métal sur le fer peu carburé est l'opposé de ce qu'elle était auparavant ; jusqu'à la teneur de 18 % la fragilité diminue et la résistance augmente en même temps que la proportion de manganèse, au-delà de 18 % l'effet inverse se produit une seconde fois.

Les fontes très manganésées, les spiegel-eisen et les ferro-manganèses sont tellement fragiles qu'on peut les pulvériser dans un mortier.

Nous avons déjà exposé l'effet qui résultait de la présence du manganèse sur le point de saturation du carbone, et sur les divers états de ce corps dans la fonte, l'acier et le fer ; il favorise la formation d'un métal très carburé et s'oppose à la précipitation du graphite ; il agit donc à l'inverse du silicium.

Nous avons également indiqué son rôle dans la désulfuration des produits du fer.

Le manganèse ne produit pas d'effet sensible sur le fer phosphoreux cassant à froid, il n'aggrave ni n'atténue les défauts de ce métal, il se comporte donc à cet égard de toute autre manière que le carbone. Il n'agit pas comme pour le soufre, en facilitant l'épuration du métal phosphoreux, cependant, comme de son oxydation résulte la production d'une base énergique, il peut dans certains cas venir en aide à la déphosphoration ; son influence dans ce cas ne paraît pas encore bien nette.

8. — Fer et Cuivre.

Le fer absorbe sans difficulté de petites quantités de cuivre ; comme ce métal est moins oxydable que le fer, et comme ses oxydes sont d'une réduction plus facile, la totalité du cuivre contenu dans les minerais passe dans le fer. Les agents d'oxydation ne peuvent l'éliminer, ainsi qu'ils le font, pour le manganèse, le silicium et le carbone ; il accompagne donc le fer dans toutes les transformations qu'on lui fait subir.

Heureusement, les quantités de cuivre que les minerais peuvent apporter sont peu considérables, elles n'ont qu'une influence insignifiante sur les propriétés du métal ; le cuivre ayant une valeur bien supérieure à celle du fer, dès qu'un minerai en contient une certaine quantité, il est soumis au traitement pour cuivre ; le fer ne peut donc provenir que de minerais à très faible teneur, il est extrêmement rare qu'on y trouve des doses supérieures à 0,4 %.

Il n'est pas douteux qu'une petite quantité de cuivre augmente la ténacité du fer pur de même qu'une petite dose de fer accroît celle du cuivre pourvu que certaine limite ne soit pas dépassée [1]. En somme, le fer, fabriqué par les procédés industriels, contient trop peu de cuivre pour que l'influence de ce corps puisse se faire sentir ; lorsqu'on en ajoute intentionnellement une proportion trop forte, le résultat obtenu est désastreux ; la fragilité augmente en même temps que la résistance ; on doit donc redouter la présence du cuivre dans le fer, l'acier et la fonte qui doivent résister à des chocs. En outre, le cuivre rend le fer rouverin ; son action est analogue à celle du soufre, quoiqu'à un degré moindre. On admettait autrefois qu'un fer ne pouvait pas contenir 0,4 % de cuivre sans être cassant à chaud. Eggertz a émis l'opinion que cet effet est plus sensible sur l'acier que sur le fer, le premier ne peut être d'aucun usage s'il contient 0,5 % de cuivre, tandis que le second, avec la même dose, est à peine rouverin. De nouvelles recherches entreprises par Wasum ont démontré que, sur un fer ne contenant que 0,2 à 0,3 % de carbone, l'action du cuivre, en si faible proportion, est à peine sensible. On trouvera des détails sur cette question dans la troisième partie, lorsque nous nous occuperons de la malléabilité à chaud du fer et de l'acier.

Lorsqu'on fond ensemble les deux métaux, fer et cuivre, on peut obtenir des alliages plus ou moins riches en cuivre, qui ne sont d'ailleurs doués d'aucune propriété utile qui en justifie la fabrication. Quand le cuivre domine, le métal est dur et fragile, il a une forte tendance à se liquater ; plus le fer employé contient de carbone, et plus facilement se fait la liquation, ce qui prouve que le cuivre s'allie difficilement au carbone. Il y a longtemps qu'on a tenté, à Liège, de produire un alliage en fondant ensemble de la fonte et du cuivre ; toutes les tentatives faites dans ce sens sont demeurées infructueuses.

Même lorsque l'analyse ne découvre pas trace de cuivre dans un minerai ou dans une fonte, il en peut exister des quantités infiniment petites qui sont révélées par la coloration verte de la flamme qui sort de l'appareil Bessemer ou des gaz qui s'échappent des lingots de fer et d'acier pendant le dégrossissage. Nous avons été témoin de ce phénomène dans les usines de l'Oural où on traite les minerais magnétiques d'une grande pureté, mais dans lesquels on rencontre ici et là des mouches de cuivre carbonaté.

Le cuivre peut d'ailleurs être introduit accidentellement dans un lit de fusion au moment de la charge sous forme de fragments de pièces mécaniques.

Lorsqu'on chauffe un métal dans lequel on a ajouté volontairement du cuivre et qu'on a dépassé le point de fusion de ce métal, on voit souvent se former un réseau cuivreux enveloppant des noyaux ferreux. Il semble donc que l'alliage fer et cuivre soit fort instable. (V.)

9. — Fer et Cobalt ou Nikel.

On rencontre fréquemment dans les minerais de fer de petites quantités de

[1] A. Ledebur, *Metallverarbeitung auf Chemisch-physikalischem Wege*, 1882, p. 38.

cobalt et de nikel ; une fusion réductrice produit, sur les oxydes de ces métaux, le même effet que sur ceux du cuivre ; l'oxygène est éliminé et le cobalt et le nikel s'allient au fer qu'ils accompagnent ensuite dans toutes ses transformations. Dans les fers du commerce, la proportion de ces éléments atteint quelquefois quelques millièmes, le plus souvent elle ne dépasse pas un petit nombre de dix-millièmes. Aucune étude n'a été faite, jusqu'à présent, relativement à l'influence de ces corps à si faibles doses sur les qualités du fer.

Lorsqu'on fond du cobalt ou du nikel avec du fer, on obtient facilement des alliages ; on a cherché depuis longtemps à les produire industriellement sans que les résultats aient été satisfaisants ; hâtons-nous d'ajouter que cet insuccès provenait de l'impossibilité où on se trouvait alors d'obtenir ces métaux à l'état de pureté, et complètement débarrassés de cuivre, d'arsenic, de soufre et d'autres éléments nuisibles.

On a, depuis peu, réussi à fabriquer le cobalt et le nikel purs, et de nouveaux essais ont démontré qu'une certaine dose de nikel donne au fer fondu des qualités précieuses dans certains cas spéciaux. Le métal gagne en dureté et en ténacité, sans que la fragilité augmente ainsi qu'il arrive pour le carbone.

L'alliage de nikel et de fer s'obtient facilement par la dissolution du premier métal dans le fer en fusion ; l'opération peut se faire au creuset ou au four Martin, ainsi que nous l'indiquerons dans la troisième partie. Le métal, contenant quelques centièmes de nikel, se travaille presqu'aussi bien à la forge, à la presse et au laminoir que celui qui n'en renferme pas ; à plus forte dose, il exige plus de ménagements. On a fabriqué industriellement des alliages à 25 % de nikel spécialement destinés aux blindages, mais le prix élevé de ce métal est un obstacle au développement de ces applications. L'addition de 1 % de nikel augmente d'un tiers le prix du métal.

Cette même considération s'oppose à l'emploi des alliages du cobalt et de fer dont le prix serait encore plus élevé.

C'est ici le lieu de rappeler que ces trois métaux, fer, nikel et cobalt sont généralement alliés dans les météorites.

10. — Fer et Chrome.

Lorsqu'on traite des minerais de fer contenant du chrome, ce métal se réduit sans difficulté et forme avec le fer un alliage ; mais si on soumet cet alliage fondu à une action oxydante, le chrome est éliminé facilement avec le silicium et le manganèse [1].

[1] Riley, *Journal of the Iron and Steel Institute*, 1877, p. 104.

La présence accidentelle du chrome dans le fer fabriqué par les procédés ordinaires est très rare, mais on obtient des alliages des deux métaux par la fusion accompagnée de réduction d'un mélange de leurs oxydes ; on en obtient également en fondant dans un creuset, avec du charbon, le minerai de chrome, ou fer chromé, qu'on trouve dans la nature. Lorsqu'on emploie le fer chromé, il faut y ajouter des fondants convenables pour scorifier la gangue. Percy recommande de mêler 100 parties de minerai avec autant de verre ne contenant pas de plomb et 40 parties de borax. En France, à l'usine de Terrenoire, on a fabriqué, au haut-fourneau, des ferrochromes, dont l'introduction, à dose plus ou moins forte, dans un bain d'acier en fusion, permet d'obtenir ce qu'on a nommé les aciers au chrome. Ce métal a la propriété d'augmenter la dureté du fer, et on y a recours lorsqu'on veut développer cette propriété, sans que, par une teneur exagérée en carbone, le métal devienne difficile à forger et à souder, et sans que la résistance à la traction diminue. Une proportion relativement très faible de chrome détermine un accroissement de dureté remarquable. Un acier contenant 0,3 $^o/_o$ de chrome est beaucoup plus dur que celui qui contient la même dose de carbone et pas de chrome.

Ce corps augmente donc d'une façon remarquable la résistance tant qu'on ne dépasse pas une certaine limite, et la ténacité ne semble pas diminuer, comme dans le cas où on obtient cette même résistance en forçant la proportion de carbone [1].

C'est en 1878, à l'occasion de l'exposition universelle de Paris, que l'usine de Terrenoire montrait des échantillons de fonte chromée contenant 25 $^o/_o$ de chrome obtenue au haut-fourneau. Les hauts-fourneaux de Saint-Louis et du Boucau ont depuis produit couramment des ferro-chromes beaucoup plus riches et qui sont entrés dans la pratique de certaines aciéries. Nous aurons occasion d'y revenir. (V.)

La grande résistance de l'acier au chrome a fait naître la pensée de l'utiliser dans les constructions dans lesquelles le métal doit supporter des charges considérables. Il resterait à savoir si l'économie réalisée par un poids moindre de métal employé compenserait la différence de prix. Certains ponts des Etats-Unis (Saint-Louis) qu'on avait annoncés comme construits en acier chromé ont été reconnus par la suite ne pas contenir trace de chrome (voir Howe, p. 79).

On a pu être de fort bonne foi en livrant comme aciers chromés des tôles, et des pièces profilées qui ne contenaient pas trace de chrome. Ce métal est en effet tellement oxydable, qu'avant de l'introduire dans un bain de fer ou d'acier en fusion, il faut prendre certaines précautions pour éviter qu'il ne passe entièrement

---

[1] On trouvera des détails à ce sujet dans la 3ᵉ partie. Voir aussi : *Metallurgy of Steel* de Howe, p. 76.

dans la scorie. Nous indiquerons la manière d'opérer dans la 3e partie de cet ouvrage. (V.)

Il est certain que, lorsqu'on a besoin d'un métal très ductile et, en même
temps, d'une grande ténacité, capable de résister aux vibrations, la présence
du chrome est un danger, car on atteint vite la limite au-delà de laquelle la
résistance cesse d'augmenter et la fragilité entre en jeu. Cet effet est mis en
évidence, lorsqu'on trempe l'acier au chrome ; celui qui contient 0,5 % de
chrome et 1 % de carbone doit être trempé avec beaucoup de précautions,
pour éviter qu'il ne se brise au moment où on le plonge dans l'eau. La teneur
de 1 % semble être celle qu'on ne doit pas dépasser pour le métal destiné à
subir l'épreuve de la trempe.

Les alliages plus riches en chrome se réduisent en morceaux sous le marteau même quand ils ont été refroidis lentement. Un ferro-chrome à 54,5 %
sur lequel nous avons fait quelques essais, était tellement fragile qu'on a pu
le pulvériser en mortier d'agate.

Ces alliages riches sont blancs : ils présentent, surtout lorsqu'ils contiennent une forte proportion de chrome, une texture particulière qui les fait
ressembler à un amas de cristaux bacillaires, au milieu desquels se détachent
quelques aiguilles isolées : à teneur moindre, la texture est plus compacte.
La présence du chrome dans l'acier se révèle par un aspect finement con-
choïdal tout à fait caractéristique.

La température de fusion des alliages s'élève avec la proportion de chrome,
aussi ne prépare-t-on pas habituellement de métal tenant plus de 50 % de ce
corps.

Quant à l'influence de la présence du chrome sur le point de saturation du
fer par le carbone, nous l'avons indiquée précédemment (p. 301).

11. — Fer et Tungstène.

Les alliages de fer et de tungstène sont destinés, comme ceux qu'on obtient
avec le chrome, à être introduits dans l'acier, lorsqu'on veut, pour des usages
spéciaux, obtenir une dureté exceptionnelle.

Déjà au siècle dernier (1784) les frères d'Elhuyar préparèrent des alliages
de tungstène avec le fer et d'autres métaux, mais il n'en fut fait aucune
application [1]. Plus tard, Berthier étudia la question et détermina les propriétés
de ces alliages [2]. Depuis 1855 leur production s'est développée ainsi que leurs
applications.

Pour les obtenir on emploie la Wolframite, $F_2Mn_3W_5O_{20}$, ou la Scheelite

---

[1] Percy, *Métallurgie*, édition française, T. II, p. 316.
[2] *Traité des Essais par voie sèche*, T. II, p. 215-344.

(Scheelin calcaire) $CaWO_4$. On commence par griller le minerai, pour en chasser le soufre, puis on le lave et on le fond ensuite au creuset avec du carbone. D'après Kerpely, on a également fabriqué cet alliage au haut-fourneau à Terrenoire, mais l'emploi en est trop limité pour que ce procédé soit appliqué d'une manière suivie.

On fabrique aujourd'hui couramment les alliages de fer et de tungstène dans une grande usine du midi de la France. (V.)

Une partie du manganèse contenu dans la Wolframite passe inévitablement dans l'alliage, à moins qu'on ne l'ait séparé avant traitement par des procédés chimiques, mais comme la présence du manganèse est généralement sans inconvénient, on évite cette préparation coûteuse et les alliages contiennent les trois métaux associés ; quelquefois même la proportion de manganèse est telle qu'il semble que cet élément ait été ajouté à dessein.

La température de fusion croit rapidement avec la richesse en tungstène, aussi prépare-t-on rarement des alliages contenant plus de 40 °/₀ de tungstène. Dans un alliage provenant de Hânovre, nous avons trouvé 29,12 °/₀ de tungstène, 67,93 de fer, 1,17 de carbone et 0,61 de silicium avec une très petite quantité de manganèse. Kerpely a trouvé dans l'alliage de Terrenoire fabriqué au haut-fourneau 24,23 °/₀ de tungstène, 30 de fer, 41,50 de manganèse, 5,65 de carbone et 0,14 de phosphore ; il est probable que la teneur élevée en carbone vient de l'influence du manganèse plutôt que de celle du tungstène.

On peut préparer du tungtsène exempt de carbone, en chauffant, au rouge, de l'acide tungstique dans un courant d'hydrogène ; il se présente alors sous forme pulvérulente, et est infusible dans les fourneaux ordinairement employés ; on s'en sert pour préparer les aciers wolframés.

Les alliages qui contiennent de fortes doses de tungstène sont blancs, durs et cassants ; la dureté que ce métal communique à l'acier est inférieure à celle que peut lui donner une dose égale de chrome, aussi peut-on en introduire une proportion de 2 à 5 °/₀ et même jusqu'à 9 °/₀, tandis qu'on doit se limiter à 1 °/₀ pour le chrome.

Employé à petite dose, le tungstène augmente la résistance du métal ; en plus grande proportion, il la diminue (on trouvera des exemples dans la 3ᵉ partie). La fragilité croît beaucoup avec la quantité de ce métal introduit dans l'acier. On ne doit donc incorporer de tungstène à l'acier que lorsqu'on a principalement en vue d'obtenir un excès de dureté.

12. — Fer avec Arsenic, Antimoine, Etain ou Bismuth.

Sous beaucoup de rapports, les alliages de fer avec l'*arsenic* se comportent comme ceux dans lesquels entre le soufre, ils prennent facilement naissance et se forment en toutes proportions. L'arsenic ne peut en être éliminé par la chaleur même au blanc soudant.

D'après les recherches de Pattinson et Stead, l'arsenic se trouverait dans le fer et l'acier à l'état d'arséniure qu'on peut isoler en attaquant le métal par un acide faible ; ce corps est légèrement décomposable par la chaleur puisqu'il dégage des vapeurs dont l'odeur est caractéristique. On a pu laminer et forger sans difficulté des aciers contenant jusqu'à 1 % d'arsenic, tandis qu'un demi-millième rend le soudage impossible. Aussi la présence de cet élément est-elle beaucoup plus nuisible dans le métal obtenu par soudage que dans celui qui résulte d'une fusion oxydante à haute température. (V.)

Lorsqu'on soumet au grillage un minerai contenant de la pyrite arsénicale, une partie de l'arsenic demeure à l'état d'arséniate, qui pendant la réduction et la fusion s'unit au fer à l'état métallique et constitue un alliage. La présence d'un excès de chaux dans le laitier ne peut l'éliminer. En outre le fer absorbe, avec grande facilité, l'arsenic contenu dans les gaz ; il en résulte que tout ce qu'un lit de fusion peut renfermer de ce corps se retrouve dans la fonte et l'accompagne dans toutes ses transformations. On ne connaît pas de moyen de purifier de cet élément un métal qui en est souillé.

On rencontre, dans la plupart des fers, de petites quantités d'arsenic, mais la proportion en est en général trop faible pour avoir une influence sur les qualités du métal. Toutefois lorsque celui-ci contient, en même temps que l'arsenic, des corps capables d'exercer sur ses propriétés une action analogue, la présence de l'arsenic aggrave toujours l'effet produit.

Une forte dose de ce corps est toujours nuisible ; comme le phosphore il rend le métal cassant à froid, comme le soufre il le rend rouverin ; il suffit de 0,1 % d'arsenic pour que sa funeste influence se fasse sentir [1].

Il semble que ce corps abaisse le point de saturation du fer par le carbone, et rende plus difficile la formation du graphite.

L'Antimoine se comporte avec le fer comme l'arsenic, il abaisse la température de fusion, rend le métal dur, fragile, cassant à froid et à chaud ; les minerais de fer contiennent rarement assez de ce corps pour que les fâcheux effets de sa présence soient à redouter. Cependant on en trouve de 0,01 à 0,03 % dans la plupart des produits sidérurgiques [2].

L'Étain exerce sur le fer une action analogue à celle des deux métaux précédents ; il forme des alliages en toutes proportions, et, même à très faible dose, rend le fer dur, cassant à froid et à chaud. Celui que Billings a essayé et qui contenait seulement 0,73 % d'étain et 0,06 de carbone était fragile et

[1] *Journal of the Iron and Steel Institute*, 1888, p. 183.
[2] Percy, *Metallurgie*, édition française, T. II, p. 286.

MANUEL DE LA MÉTALLURGIE DU FER

impossible à forger ; d'après lui, aucun métal n'exerce sur le fer une influence aussi nuisible[1].

Les minerais de fer ne contiennent, presque jamais, des quantités d'étain suffisantes pour influer sur le métal, mais lorsqu'on traite comme matière première, des rognures de fer blanc ou des objets émaillés qui renferment aussi de l'étain, il peut arriver qu'on introduise dans le produit une proportion assez considérable de ce métal, pour que son action pernicieuse se révèle. Lors donc qu'on recherche, pour les transformer en acier, des ferrailles on doit proscrire avec soin toutes celles dans lesquelles peut entrer l'étain.

Nous avons déjà fait observer le rôle joué par ce métal sur le point de saturation du fer par le carbone.

On ne trouve que des traces de *Bismuth* dans les minerais de fer et on n'en a jamais signalé la présence dans les fontes. Il est vrai qu'il a été fait très peu de recherches sur l'affinité du fer pour ce corps et sur l'influence que le bismuth peut exercer sur les propriétés du fer. Billings a constaté qu'à très petite dose, il rend le fer rouverin et qu'une teneur de 5 à 10 % produit un métal d'une extrême dureté[2].

13. — Fer et Aluminium.

Lorsqu'on traite des minerais alumineux, l'alumine n'est jamais ramenée à l'état métallique, quelqu'énergique que soit l'action réductrice. Les résultats d'analyses qui signalent la présence d'aluminium dans un certain nombre de fontes sont erronés ; on ne connaît, il est vrai, que depuis peu, un moyen satisfaisant de séparer l'aluminium du fer, lorsque ce dernier est en proportion considérable dans l'échantillon sur lequel on opère. Il arrive en outre fréquemment que la fonte emprisonne, entre ses cristaux, des particules de laitiers qui contiennent nécessairement de l'alumine. Quant à nous, nous n'avons jamais reconnu d'aluminium dans la fonte, même dans celle qui passait pour en contenir.

En fondant un mélange de fil de fer, de cryolithe, de quartz et de sodium. Mrazck a obtenu un alliage contenant 91,59 % de fer, 2,30 % d'aluminium, 5,95 % de silicium et 0,16 % de carbone.

On peut produire des alliages de fer et d'aluminium en proportion quelconque, soit par la fusion directe des deux métaux, soit en réduisant leurs oxydes par le charbon tandis qu'un courant électrique traverse la masse du lit de fusion.

Lorsque les alliages obtenus sont riches en aluminium, ils sont durs, fra-

[1] *Dinglers polyt. Journal*, T. CCXXVIII, p. 427 et Percy, *Métallurgie*, éd. franç., T. II, p. 271.
[2] *Dinglers polyt. J.* comme plus haut.

giles : leur cristallisation est aciculaire. H. Sainte-Claire Deville est le premier qui ait déterminé leurs propriétés [1].

En présence d'une fusion oxydante, l'aluminium est promptement éliminé [2].

Une petite proportion d'aluminium, moins de 2 %, augmente la résistance et diminue la ténacité ; jusqu'à la teneur de 0,1 % son influence sur la ténacité est sensible mais faible, au-dessus elle s'accentue et amène un abaissement rapide de cette propriété.

On emploie souvent l'aluminium en addition dans un bain de fer ou d'acier pour décomposer le protoxyde de fer en dissolution et absorber l'oxygène. Il faut avoir soin de calculer cette addition de manière à enlever tout l'oxygène sans laisser dans le métal un excès d'aluminium qui lui donnerait de la fragilité.

La présence de l'aluminium n'abaisse pas sensiblement la température de fusion. Osmond a reconnu qu'un alliage contenant 5,08 % d'aluminium, 0,15 % de carbone et 0,20 % de silicium, fondait à 1475° c'est-à-dire à une température qui se rapproche beaucoup du point de fusion du fer pur (1500°), bien que la présence du carbone et du silicium ait dû rendre l'alliage plus fusible.

L'aluminium rend le fer ou l'acier fondu moins fluide. Le fer fondu contenant 0,5 d'aluminium coule difficilement même à très haute température.

Au-dessus de la teneur de 5 % le métal ne peut plus se forger.

Nous avons exposé plus haut en détail l'influence de l'aluminium sur le point de saturation du fer par le carbone et sur les différents états de celui-ci.

14. — Fer avec Titane ou Vanadium.

La plus grande partie de l'acide titanique contenu dans les minerais de fer passe dans les laitiers parce qu'il est d'une réduction très difficile ; il en résulte qu'on trouve extrêmement peu de *Titane* dans la fonte ; lorsque celle-ci est produite à très haute température, elle en peut contenir de 0,1 à 0,2 %, rarement plus. La présence de l'acide titanique dans les minerais a donc moins d'influence sur le métal que sur les laitiers dont il diminue la fusibilité.

Nous avons déjà signalé les travaux de Rossi sur l'emploi des minerais titanifères, et sur la réhabilitation qui en résulte pour ses matières fort abondantes en de certaines contrées. Voir le Génie civil, tome XXII, p. 419 et tome XXIII, p. 86. (V.)

On n'obtient que difficilement des alliages des deux métaux en fondant ensemble au creuset un mélange d'acide titanique et de fer ou d'oxyde de fer

[1] *De l'aluminium, ses propriétés, sa fabrication, ses applications*, Paris 1859, p. 40.
[2] *Journal of the Iron and Steel Institute*, 1890, II, p. 189.

avec du charbon ; Sefstrœm cependant a réussi une fois à produire un métal contenant 4,78 % de titane, il était très dur et malléable à chaud.

Lorsqu'on soumet à une fusion oxydante un alliage contenant du titane, celui-ci est certainement très rapidement éliminé, comme le silicium et le manganèse.

Nous devons signaler ici une combinaison particulière, dans laquelle il entre du titane et qu'on trouve dans les hauts-fourneaux éteints sous forme de cristaux cubiques ayant l'éclat métallique et présentant l'apparence de cuivre rouge ; elle recouvre quelquefois les loups de fer d'une pellicule rougeâtre ; d'après les recherches de Wœlher la composition de ce corps répond à la formule $Ti_6C.Az_4$ (Nitrocyanure de Titane) ; d'après Zincken, il est volatil à haute température.

On trouve quelquefois du *Vanadium* dans les produits résultant du traitement de minerais qui contiennent cet élément. Sefstrœm l'a le premier signalé dans un fer de Caberg; comme ce fer provenait de l'affinage d'une fonte, il en résulte que le vanadium ne disparaît pas complètement sous une action oxydante. On n'a pas encore étudié l'influence que ce corps peut avoir sur les propriétés du fer.

15. — Fer avec Plomb, Argent, Zinc, Or, Platine, Osmium, Iridium, Palladium ou Molybdène.

On rencontre fréquemment dans les minerais de fer de la galène dont le *Plomb* passe à l'état métallique en même temps que le fer ; mais, ainsi que nous l'avons fait observer, les deux métaux s'allient difficilement, et on profite de leur différence de densité pour les recueillir séparément. Le plomb contient ordinairement de l'*Argent*. Ce dernier métal n'a que très peu d'affinité pour le fer tandis qu'il en possède une très grande pour le plomb, il s'allie donc avec ce dernier métal dont on le sépare par un traitement ultérieur. Dans certaines usines, le bénéfice résultant de la vente du plomb argentifère est une part importante des profits de l'industrie.

Le *zinc* est souvent associé au fer dans les minerais, mais ces métaux n'ont que peu d'affinité l'un pour l'autre ; le zinc en outre est volatil à haute température, il est donc entraîné par le courant gazeux, puis, lorsqu'il rencontre un milieu oxydant, de l'oxygène libre ou de l'acide carbonique, il s'oxyde de nouveau. Lorsqu'on traite au haut-fourneau des minerais zincifères, on voit se former dans la partie la plus élevée et la plus froide de la cuve un dépôt composé d'oxyde de zinc, d'un peu de zinc métallique et de corps étrangers ; ce dépôt auquel on a donné le nom de *cadmies*, va sans cesse en augmentant de volume et doit être enlevé de temps en temps, si on ne veut pas voir le gueulard complètement obstrué. Les cadmies sont vendues aux usines à zinc qui en extraient le métal.

On a très rarement trouvé des quantités de zinc dosables dans les fers, les aciers ou les fontes provenant du traitement de minerais zincifères ; cependant on sait très bien dans les fonderies que, lorsqu'on introduit du zinc dans une fonte grise à l'état liquide, celle-ci tend à durcir et à devenir blanche. S'il ne se forme pas d'alliage, il faut admettre que le zinc agit indirectement en enlevant à la fonte du silicium avec lequel il entrerait en combinaison. Nous ne connaissons aucune étude faite sur cette question.

Le zinc peut facilement dissoudre une petite proportion de fer ; au fond des chaudières de fer ou de fonte qui servent à la fusion du zinc et dans lesquelles ce métal est maintenu longtemps à l'état liquide, il se forme un alliage dont la température de fusion est plus élevée que celle du zinc et qu'il faut enlever de temps en temps, parce qu'il est un obstacle à la transmission de la chaleur. La couleur de cet alliage est d'un gris blanc, la cassure en est lamelleuse, à grandes surfaces ; il contient ordinairement 4 °/₀ de fer et un peu de carbone. Un échantillon que nous avons analysé avait la composition suivante :

$$\text{Fer} \dots \dots \dots \dots \quad 4,005$$
$$\text{Carbone} \dots \dots \dots \dots \quad 0,327$$
$$\text{Zinc} \dots \dots \dots \dots \quad 95,638.$$

Lorsqu'on affine le zinc en le maintenant longtemps en fusion, un certain nombre d'alliages de ce genre se séparent de la masse. Nous en avons analysé un échantillon qui renfermait : 6,33 °/₀ de fer, des traces de plomb et de soufre, il était à grains fins, gris blanc.

D'après Billings, le fer peut absorber de petites quantités de zinc, il devient alors rouverin.

Le fer peut s'allier à l'*Or*, au *Platine*, à l'*Osmium*, à l'*Iridium* et au *Palladium*, mais on ne peut espérer tirer un parti quelconque de ces alliages. La présence de ces corps augmente la dureté du métal et en même temps le rend fragile. Le plus souvent elle fait disparaître la malléabilité à chaud. D'après Billings, 1 °/₀ de *Molybdène* rend le fer rouverin et lui ôte toute valeur.

D'après les études les plus récentes, le molybdène aurait des propriétés analogues à celles du tungstène et allié à l'acier donnerait des produits moins fragiles ; à dose plus faible, il communiquerait au métal le même degré de dureté. On serait parvenu, d'ailleurs, à fabriquer le molybdène à 96 °/₀ de pureté à un prix relativement peu élevé. Voir Génie civil, tome XXIV, p. 276. (V.)

16. — Fer avec Calcium, Magnésium, Baryum, Strontium, Potassium et Sodium.

Le *Calcium* et le *Magnésium* ne forment pas d'alliages avec le fer, ou du moins on ne peut en obtenir que très difficilement. Ni Gay-Lussac, ni Thénard n'ont réussi à produire un fer contenant du calcium. Il en est de même du magnésium [1]. Lorsque des analyses indiquent la présence de ces corps dans un métal, il faut admettre qu'ils proviennent de scories interposées. Le *Baryum* et le *Strontium* sont exactement dans le même cas.

Il n'en est pas de même du *Potassium* et du *Sodium* qui peuvent être réduits par le carbone et s'allier au fer; Gay-Lussac l'a démontré pour le premier de ces deux corps; il est donc probable que de petites quantités de ces deux éléments peuvent être réduites au haut-fourneau et s'unir avec le fer [2], mais leur présence à faible dose est sans influence sur les propriétés du métal [3].

17. — Fer et Hydrogène.

L'*Hydrogène* est absorbé par le fer en différentes proportions et forme avec lui un alliage analogue à ceux qui unissent entre eux les métaux ; comme les autres cet alliage peut se présenter à l'état liquide où à l'état solide. Il suffit d'une très petite quantité d'hydrogène pour modifier les propriétés du fer.

Cailletet, en décomposant à l'aide d'un courant électrique, une dissolution de chlorure de fer rendue neutre par une addition d'ammoniaque, a obtenu de petites paillettes de fer brillantes, très dures qui rayaient le verre et qui contenaient 0,028 % d'hydrogène [4]. Lorsqu'on les introduisit dans l'eau, on vit se dégager de l'hydrogène, d'une manière très vive, surtout lorsque l'eau fut chauffée à 60 ou 70°. En plaçant ces paillettes dans le vide, on élimina presque complètement ce corps. Le métal était fragile mais redevenait malléable dès qu'il était débarrassé de son hydrogène [5].

[1] Percy, *Métallurgie*, édit. franç., T. II, p. 330 et suiv.
[2] Fresenius a constaté dans une fonte 0,06 de potassium et des traces de sodium.
[3] Les résultats d'analyse indiquent souvent la présence du calcium, mais nous avons eu occasion de constater que l'on n'avait pas tenu compte de la chaux contenue dans le papier à filtre employé. Si on omet de laver préalablement le papier avec un acide, on peut introduire de ce chef une quantité de chaux qui peut faire croire à la présence de 0,3 % de calcium dans le métal, alors même qu'il n'en contient pas du tout. Il arrive aussi que certains réactifs peuvent en apporter.
[4] *Comptes rendus*, T. LXXX, p. 319.
[5] On exprime généralement en volume la proportion d'hydrogène trouvée dans le métal, comme si ce corps était déjà séparé et qu'on le mesurât à l'état libre. Les nombres qu'on obtient ainsi sont naturellement beaucoup plus grands, ainsi 0,028 % correspond à 300 fois

Lorsqu'on attaque du fer par de l'acide sulfurique ou de l'acide chlory-drique étendus, il se fait un dégagement d'hydrogène, une partie de ce gaz peut être retenue par le métal'; ce fait a été observé pour la première fois par Johnson, plus tard par Hughes, ensuite par Baedeker et enfin par nous-même [1] qui avons trouvé 0,0021 et 0,0052 % d'hydrogène dans des fils de fer traités de cette façon. Lorsque le fer a absorbé ainsi de l'hydrogène, il est devenu fragile et ne peut supporter la flexion. Cet effet est surtout sensible sur les échantillons de peu d'épaisseur et plus marqué sur l'acier que sur le fer ; la fonte est encore moins altérée que le fer dans ses propriétés. C'est ainsi que des ressorts d'acier très flexibles et très élastiques, se cassaient, lorsqu'après les avoir attaqués par un acide faible, on essayait de les fléchir. Des fils de fer que l'on pouvait plier plusieurs fois sur eux-mêmes cassaient du premier coup après un décapage à l'acide. (On trouvera dans la 3e partie des détails sur ce genre d'essais). Si on laisse exposé longtemps à l'air un fer devenu fragile à la suite de ce traitement par les acides, il reprend peu à peu ses propriétés primitives ; et en le chauffant, on lui restitue état antérieur ; dans les deux cas l'hydrogène a été éliminé à l'état de gaz.

Pour le fer déposé par l'électricité, de même que pour le fer ordinaire traité par les acides et qui tous deux avaient absorbé de l'hydrogène, cet élément a été éliminé par la chaleur, et cependant le métal à l'état de fusion peut éga-lement s'allier à l'hydrogène lorsque celui-ci se trouve à l'état naissant [2], ce qui se présente fréquemment, puisque l'air et les gaz combustibles renfer-ment toujours de la vapeur d'eau qui, en présence du fer et du carbone incan-descent, se décompose et fournit de l'hydrogène.

La quantité d'hydrogène que le fer peut absorber est considérable, elle dépend de la pression à laquelle le bain est soumis ainsi que de sa composi-tion chimique ; on n'a fait malheureusement qu'un fort petit nombre d'obser-vations sur l'influence de la composition relativement à la capacité de satu-ration du fer par l'hydrogène, ce que justifie suffisamment la difficulté de ces sortes d'études. On a reconnu cependant qu'à forte dose, le manganèse facilite cette absorption et que le carbone la diminue.

le volume du fer dans lequel se trouve cette quantité d'hydrogène. En réalité, l'hydrogène contenu dans le fer n'est pas à l'état gazeux, il forme, suivant le cas, un alliage solide ou liquide, on ne peut donc admettre cette manière d'évaluer les proportions de cet élément qui n'est pas plus logique que celle qui consisterait à désigner par un volume la quantité d'oxy-gène contenue dans un oxyde de fer, dans la silice, etc.

[1] Johnson. *Proceedings Royal Society*, XXIII, p. 168 (1875).

Hughes, *Journal Society Telegraph Engineers*, 1880, p. 163 et *Scientific American* T. XLII, p. 362.

Baedeker Zeitschr. d. Ver. deutsch Ingenieure, 1888, p. 186.

Ledebur, *Stahl und Eisen*, 1887, p. 681 ; 1889, p. 745.

[2] Parry a reconnu que le fer en fusion pouvait aussi absorber de l'hydrogène sans que ce corps fût à l'état naissant, il n'est pas douteux cependant que ce ne soit là une circonstance des plus favorables. (*Journal of the Iron and Steel Institute*, 1874, I, p. 92).

Lorsque le fer, la fonte ou l'acier en fusion, après avoir absorbé de l'hydrogène, sortent du four qui les contenait, ils en laissent dégager une partie, soit
que l'agitation du métal favorise ce départ[1], soit que le refroidissement
le facilite, soit enfin que la diminution de pression à laquelle le métal est
soumis produise ce résultat. Tant que le métal est entièrement liquide, on
voit sa surface recouverte de gaz enflammés d'un faible pouvoir éclairant,
quand la consistance du métal devient pâteuse, des étincelles jaillissent formées de particules métalliques projetées par le gaz. Si, avant de se solidifier,
le métal passe par l'état mou, comme le fer et l'acier, il se boursoufle, et
lorsque rien ne s'y oppose, monte dans les moules. Enfin quand la consistance est telle que le gaz ne peut plus se dégager à l'extérieur, il reste emprisonné dans des vides dont les uns sont microscopiques, les autres visibles
dans la cassure et constituent des *soufflures*.

Müller a foré des trous dans des échantillons de fer et d'acier plongés dans
l'eau et analysé les gaz qui s'étaient ainsi trouvés mis en liberté ; il a obtenu
les résultats consignés dans le tableau suivant :

NATURE DES ÉCHANTILLONS	H	Az	CO
Acier Bessemer pour rails	90,3	9,7	0,0
id. id. pour ressorts.	81,9	18,1	0,0
id. id. pour rails avant l'addition de spiegel. . .	88,8	10,5	0,7
id. id. id. après id. id. . .	77,0	23,0	0,0
Acier sans soufflures avant forgeage . . . . . , ...	92,4	5,9	1,4
id. id. id. après id.	73,4	25,3	1,3
Acier Martin de Bochum.	67,0	30,8	2,2
Fonte hématite anglaise peu manganésée	52,1	44,0	3,9
Fonte de Georges-Marienhutte, manganésée.	62,2	35,5	2,8

Stead[2] a répété ces expériences et trouvé des résultats semblables.

Le dégagement d'hydrogène dépend aussi de la composition chimique du
bain ; ainsi, on reconnaît très nettement que la présence du silicium et de
l'aluminium le diminue : le gaz reste en dissolution dans le métal et celui-ci
se solidifie d'une façon plus calme.

Même lorsqu'il est solidifié, mais encore incandescent, le métal dégage
encore de l'hydrogène, c'est ce qui ressort de l'observation suivante : Les
gaz mis en liberté dans les expériences de Muller et de Stead occupaient, à la
pression ordinaire, un volume beaucoup plus grand que lorsqu'ils étaient em-

---

[1] On peut remarquer tous les jours que les gaz en dissolution se dégagent plus facilement
d'un liquide en mouvement que d'un liquide en repos ; par exemple l'acide carbonique dissous dans l'eau.

[2] *Iron*, T. XVII, p. 414.

prisonnés dans le métal, et supérieur à celui des trous forés. Muller a calculé
que leur pression devait s'élever à 3 ou 4 atmosphères lorsqu'ils étaient à la
température ordinaire, mais, si on songe qu'à cette température le gaz, sous
pression constante, n'occupe que le cinquième du volume qu'il possède à la
température de solidification, on doit en conclure que si ces gaz ne s'étaient
dégagés que, tandis que le métal était à l'état liquide, l'ouverture des cavités
n'aurait donné lieu à aucune émission de gaz, il y eût eu au contraire aspiration; en outre la capacité des soufflures eût dû être bien supérieure à ce
qu'elle était en réalité.

Les expériences de Muller ont été résumées dans le Génie civil, T. IV, p. 385 ; il
en résulte indubitablement que la fonte, l'acier et le fer sont susceptibles d'absorber
certains gaz tels que l'azote, l'hydrogène et l'oxyde de carbone dans des conditions
qui ne sont pas encore bien nettement déterminées, et de laisser dégager partie de
ces gaz pendant leur solidification. Ce phénomène, en soi, n'est pas plus surprenant
que celui de la condensation de certains gaz dans les pores du charbon de bois ; ce
corps peut absorber jusqu'à 90 fois son volume de gaz ammoniac ; il faut bien admettre que ce gaz se concentre en changeant d'état, puisqu'on ne peut supposer
une pression énorme dans une substance aussi peu résistante. Porté à cent et quelques degrés le charbon de bois restitue lentement le gaz absorbé ; cette faculté
dont il jouit, varie d'ailleurs avec la nature du gaz ; c'est ainsi qu'il ne peut condenser que 9 fois et demie son volume d'oxyde de carbone et seulement une fois trois
quarts son volume d'azote.

Le fer et ses dérivés ont des préférences du même ordre. Dans l'opération Bessemer, par exemple, le métal est traversé par un volume d'azote infiniment plus
grand que celui de la vapeur d'eau que l'air peut entraîner, et cependant c'est
l'hydrogène qu'il retient en plus grande proportion. Il y a là encore bien des points
qui ne sont pas complètement élucidés ; cette question qui, il y a quelques années
avait vivement passionné les esprits de certains métallurgistes, est restée, avec ses
points obscurs, depuis plusieurs années et demanderait à être reprise et traitée jusqu'à lumière complète. (V)

On a remarqué que les chambres étroites et fermées dans lesquelles on
enferme les lingots après la coulée pour que leur température s'égalise, auxquels on donne le nom de puits Gjers et dont nous nous occuperons dans la
3e partie, contiennent une grande quantité d'hydrogène, lorsqu'on les ouvre
pour en retirer les lingots. Pattinson et Stead [1] ont constaté que les gaz de
ces puits avaient la composition suivante en volume :

Azote	62,92	69,65
Hydrogène.	25,16	18,62
Oxyde de carbone	7,95	6,90
Acide carbonique	3,97	4,83
Oxygène	0,00	0,00

De ce qu'il ne s'y trouvait pas d'oxygène on peut conclure que l'air con-

[1] Journal of the Iron and Steel Institute, 1882, p. 499.

tenu dans la chambre avant l'introduction du lingot a brûlé une partie de l'hydrogène et que par conséquent la quantité qui s'est dégagée du métal était plus considérable que celle indiquée par les analyses.

L'analyse des gaz recueillis dans un puits Gjers ne fournit pas un argument de grande valeur. Cet appareil est une fosse rectangulaire dans laquelle on enferme le lingot sortant de son moule et où on le maintient jusqu'à ce qu'il soit arrivé à une température uniforme dans toute sa masse et puisse passer au laminoir; il y séjourne de 20 à 30 minutes. Or au moment où on introduit un lingot dans cette fosse, celle-ci est remplie d'air saturé de vapeur d'eau par tous les arrosages qui se font dans le voisinage, rien de surprenant donc qu'après un séjour de 20 ou 30 minutes, cette vapeur d'eau se soit décomposée au contact du métal incandescent, donnant naissance à de l'hydrogène qui reste libre, tandis que l'oxygène, en même temps que celui contenu dans l'air, oxyde le métal ; de son côté, une partie de cet oxyde réagit sur le carbone et produit de l'oxyde de carbone. Il est assez naturel de penser que l'hydrogène et l'oxyde de carbone reconnus par l'analyse des gaz doivent en partie leur origine à ces réactions. (V.)

La présence du manganèse favorise l'absorption de l'hydrogène par le métal, celle du carbone la rend plus difficile. Le silicium s'oppose au dégagement du gaz dissous ; une fonte grise peu manganésée, mais riche en silicium, ne fournit que peu d'hydrogène, une fonte spéculaire contenant beaucoup de manganèse et peu de silicium en dégage beaucoup moins cependant que le fer fondu, qui ne renferme que peu de carbone et de silicium. Les soufflures résultant du dégagement du gaz à l'intérieur du métal, sont plus abondantes dans le fer fondu, qui passe par l'état pâteux avant de se solidifier et emprisonne par conséquent les bulles de gaz, que dans la fonte, et surtout que dans celle qui possède une forte teneur en manganèse. Celle-ci en effet passe brusquement de l'état liquide à l'état solide sans permettre au gaz de former des cavités.

Muller a constaté, en forant des trous comme nous l'avons indiqué plus haut, que les diverses sortes de métaux contenaient les proportions suivantes de gaz en volume, en désignant par 100 le volume du métal.

Fonte siliceuse peu manganésée (hématite). 3,5
Diverses fontes manganésées pour Bessemer . . . . . de 10 à 35,0
Diverses sortes d'aciers fondus, non forgés, Bessemer ou
  Martin. . . . . de 14 à 60,0
Aciers fondus forgés 5,5

parmi ces derniers, il s'en trouvait deux échantillons qui ont fourni 14 et 17 de gaz.

Les gaz mis en liberté dans ces expériences se composaient toujours d'un peu d'azote, quelquefois d'une petite quantité d'oxyde de carbone et pour le reste d'hydrogène.

Troost et Hautefeuille ont maintenu dans le vide pendant 190 heures, à la température de 800°, des cylindres métalliques pesant 500 grammes [1]. Dans ces conditions, une fonte spéculaire renfermant silicium et manganèse a dégagé 29^{cc},5 de gaz, contenant 27^{cc} d'hydrogène ; une fonte de moulage au charbon de bois, moins manganésée, mais plus siliceuse a laissé se dégager 16^{cc},7 de gaz contenant 12^{cc},3 d'hydrogène ; l'acier fondu au creuset et forgé, 2^{cc},2 contenant seulement 0^{cc}50 d'hydrogène ; enfin du fer soudé, il est sorti 18^{cc},5 de gaz renfermant 10^{cc},8 d'oxyde de carbone qui provenait certainement de l'action de la scorie riche en oxyde de fer sur le carbone du métal.

Les mêmes échantillons ont été maintenus pendant 48 heures à 800° au milieu d'un courant d'hydrogène ; la fonte au charbon de bois absorba 44^{cc} d'hydrogène, l'acier fondu 6^{cc},4 et le fer soudé 10^{cc}.

Il n'est pas probable que dans cette seconde série d'expériences il y ait eu en réalité dissolution d'hydrogène dans le métal, nous devons plutôt supposer que le gaz a pénétré dans les espaces vides et s'est condensé sur les surfaces rugueuses, et c'est là qu'on l'a retrouvé.

Nous avons cru utile de rappeler ces expériences parce que les publications techniques y font fréquemment allusion.

Une partie de l'hydrogène que le métal absorbe pendant qu'il est à l'état liquide et dont une certaine quantité se sépare pendant le passage à l'état solide et l'incandescence, reste en dissolution ou sous forme d'alliage, mais il est très difficile d'en évaluer la proportion, parce que, pendant les expériences que l'on peut faire pour élucider cette question, il vient se mêler à l'hydrogène ainsi combiné, celui qui est emprisonné dans les soufflures microscopiques.

Nous avons oxydé, dans un courant d'oxygène absolument sec, divers échantillons très finement divisés et nous avons constaté qu'ils contenaient les quantités d'hydrogène suivantes, en poids :

Ferro-manganèse à 70 % de manganèse 0,0078

Ferro-silicium à 11,29 de silicium ; 2,08 de manganèse et 1,59 de carbone. 0,0028

Fer fondu Martin à 0,10 de carbone ; 0,14 de silicium et peu de manganèse 0,0017

reste à savoir si une partie de cet hydrogène n'était pas simplement emprisonné dans le métal. Il faudrait pour s'en assurer faire de nouvelles recherches.

18. — **Fer et Azote.**

On a démontré par des expériences qui ne laissent aucun doute que, dans

[1] *Comptes rendus*, T. LXXVI. p. 482 et 565.

certaines conditions, le fer peut absorber des quantités considérables d'azote ;
Savart et Despretz [1] ont découvert, et plus tard Buff [2] a confirmé leur observation, qu'en chauffant, au rouge, du fer au milieu d'un courant de gaz ammoniac, le métal augmente en poids de 11 %, il devient cassant et sa densité
diminue. On a constaté que, dans ces conditions, le fer absorbe de l'azote ;
d'après les expériences de Fremy [3], il n'y avait pas d'hydrogène absorbé.

Stahlsmidt a fait une série d'études sur le fer azoté que l'on obtient en
chauffant du chlorure de fer dans un courant de gaz ammoniac ; il a reconnu
que le fer contenait 11,1 % d'azote et conclu qu'il se forme, dans ces conditions, une combinaison chimique répondant à la formule Fe_4Az. Si on
chauffe fortement ce corps dans un courant d'hydrogène, d'air ou même de
gaz ammoniac, il se décompose et l'azote est éliminée [4].

Si on brise un gros bloc de métal, principalement de fer fondu, on constate,
soit par l'odorat, soit par des procédés chimiques, qu'il se dégage de l'ammoniaque, d'où on doit conclure que le métal renfermait, hydrogène et azote [5] ;
mais comme on sait que l'ammoniaque est décomposée à chaud par le fer, il
faut admettre que la combinaison entre les deux éléments, hydrogène
et azote, n'a pu se faire qu'après le refroidissement.

On a cru, à une certaine époque, trouver, en maintes occasions, de grandes
quantités d'azote dans les produits sidérurgiques, et on a attribué à la présence de ce corps une influence spéciale [6], des expériences nouvelles dues à
Rammelsberg [7] et ensuite plus récemment à Allen [8], ont démontré d'une manière positive, que les proportions d'azote contenues dans le fer sont excesssi-
vement faibles et ne peuvent avoir d'influence sur les propriétés du métal.

Allen a trouvé dans des échantillons de :

Fil de fer.	0,0123 %	d'Az.
Plaque de blindage	0,0131	id.
Acier Martin à 0,22 de carbone	0,0107	id.
Acier fondu à 1,30 de carbone	0,0172	id.
Fonte spéculaire à 3,8 de carbone et 20 % de manganèse.	0,0041	id.

Tollander a dosé dans de nombreux échantillons de fer fondu de 0,006 à
0,022 % d'azote [9].

[1] *Annales de Chimie et de Physique*, T. XLII, p. 122.
[2] *Liebig's Annalen*, T. LXXXIII, p. 375.
[3] *Annales de Chimie et de Physique*, T. LXXXIII, p. 375.
[4] *Poggendorffs Annalen*, T. CXXV, p. 37.
[5] Howe, *Metallurgy of Steel*, p. 113.
[6] Ainsi, par exemple, Schafhault a cru trouver 0,76 d'azote dans la fonte blanche et 1,20
dans la fonte spéculaire (*Philosophical Magazine*, 1840, T. XVI, p. 44.
[7] *Monatsberichte der Berliner Akademie der Wissenschaften*, 1862, p. 692.
[8] *Iron*, T. XVI, p. 132.
[9] *Stahl und Eisen*, 1889, p. 115.

Le fer, l'acier ou la fonte en fusion peuvent donc dissoudre en même temps que de l'hydrogène, une certaine quantité d'azote qui est éliminé à l'état de gaz au moment de la solidification, c'est ce qui résulte des analyses de gaz trouvées dans les soufflures ; il est en outre probable qu'une petite partie de ces gaz reste dans le métal après refroidissement, c'est ce qu'on peut conclure de la présence de l'ammoniaque, mais il est aussi difficile de savoir pour l'azote qu'il l'était pour l'hydrogène, si de si faibles quantités étaient en dissolution dans le métal ou provenaient d'autres sources.

Si on porte à l'incandescence dans un courant d'azote sec sans atteindre le point de fusion, des échantillons divers de ces métaux, on ne reconnait pas qu'il y ait absorption d'azote, du moins nous n'avons pu le constater. Stahlsmidt, déjà cité plus haut, dans ses expériences, est arrivé aux mêmes conclusions.

19. — Fer et oxyde de carbone.

Nous avons exposé comment se comporte l'oxyde de carbone avec le fer et les oxydes de fer, surtout quand on lui fait jouer le rôle de réducteur ; nous avons décrit également le phénomène particulier qui se produit, lorsque ce corps se trouve, à 400°, en contact avec l'oxyde de fer, la décomposition partielle de l'oxyde de carbone et le dépôt de carbone.

Stead prétend avoir constaté que l'aluminium métallique peut aussi en se transformant en alumine, décomposer l'oxyde de carbone avec dépôt de carbone[1] ($2Al + 3CO = Al_2O_3 + 3C$). Cette réaction suffit, peut-être, à expliquer le rôle que joue l'aluminium introduit à très faible dose dans le fer ou l'acier fondu; il décomposerait l'oxyde de carbone en voie de formation, ou en dissolution, et empêcherait aussi le développement du gaz.

Nous avons fait observer (p. 283) qu'il peut se produire de l'oxyde de carbone par l'action du protoxyde de fer dissous dans le bain sur le carbone du métal; le dégagement de ce gaz est accompagné des mêmes particularités que celui de l'hydrogène, projections, soufflures; aussi trouve-t-on souvent dans les soufflures, un mélange des deux gaz, comme on le voit par les analyses de la page 346 ; l'oxyde de carbone domine même dans les gaz qui s'échappent du fer, de l'acier ou de la fonte en fusion[2]. Lorsqu'un bain métallique contient en même temps du protoxyde de fer et du carbone, si on y ajoute du ferro-manganèse pour décomposer le pro-

---

[1] *Journal of the Iron and Steel Institute*, 1890, II, p. 190.
[2] Il est bon de rappeler ici que la plus grande partie du gaz contenu dans les soufflures y est entré après la solidification du métal, nous en avons donné les preuves. Si le métal à l'état solide laisse échapper de l'oxyde de carbone ce n'est jamais en aussi grande proportion que l'hydrogène.

toxyde de fer, c'est non seulement le manganèse qui intervient, mais encore
le carbone; il en résulte un dégagement de gaz assez violent mais de peu de
durée. Ce gaz contient une plus forte proportion d'oxyde de carbone que celui
qui se dégageait auparavant. Muller dont avons cité plus haut les analyses des
gaz emprisonnés dans les soufflures après complet refroidissement, a recueilli
également les gaz dégagés par le fer, l'acier et la fonte en fusion et a trouvé
qu'ils avaient la composition suivante :

NATURE DES ÉCHANTILLONS	CO	H	Az	CO²
Acier Bessemer avant l'addition de ferromanganèse.	18,6	54,2	24,9	2,3
id. id. après id. id.	37,3	47,3	7,9	7,5
id. id. id. id. id. .	34,0	49,5	8,6	7,9
id. id. id. id. id.	43,4	46,9	6,6	3,1
id. id. dégageant beaucoup de gaz avant l'add.	38,4	51,0	2,2	8,4
id. id. id. id. id. id.	70,7	20,7	6,5	2,1
id. Thomas avant l'addition	8,8	71,9	18,1	2,0
id. id. id. id.	27,3	43,5	26,2	3,0
id. id. id. id.	35,0	38,4	22,5	4,1
id. id. après id.	61,3	2,3	36,4	»
id. id. id. id.	57,5	4,7	38,0	»
id. id. id. id.	50,9	5,1	43,3	0,3
id. id. id. id.	77,3	6,4	16,0	0,4
id. Martin avant id.	48,0	35,1	15,4	1,5
id. id. id. id.	46,1	43,6	6,9	3,4

L'acide carbonique provient certainement de l'introduction d'une petite
quantité d'air qui ne peut être entièrement évitée, au moment de la prise de
gaz; l'oxygène de cet air a fait passer une partie de l'oxyde de carbone à l'état
d'acide carbonique.

L'oxyde de carbone peut se dissoudre, jusqu'à un certain point, dans le
métal à l'état liquide et se dégager dans les mêmes circonstances que l'hydrogène et l'azote. On en trouve la preuve dans ce fait, que la fonte, qui ne contient pas de protoxyde de fer laisse échapper, lorsqu'elle est à l'état liquide,
de l'oxyde de carbone en même temps que de l'hydrogène. Or on ne peut
admettre qu'il se produise de l'oxyde de carbone en l'absence de protoxyde
de fer.

Muller a reconnu que les gaz dégagés par la fonte en fusion avaient la composition suivante :

NATURE DES ÉCHANTILLONS	CO	H	Az	CO²
Fonte Bessemer grise contenant C = 3,68 ; Si = 1,68 ; Mn = 1,93	37,3	58,3	0,5	3,9
Spiegel-eisen contenant C = 4,18 ; Si = 0,25 ; Mn = 7,37	48,7	49,5	0,5	1,3
Fonte Thomas contenant C = 3,10 ; Si = 0,20 ; Mn = 0,74 ; Ph = 2,03	39,6	46,9	10,0	3,6

Les analyses de la page 346 montrent que dans les soufflures de la fonte, du fer et de l'acier après refroidissement complet, la proportion d'hydrogène est beaucoup plus grande que celle des autres gaz. Le métal solidifié laisse dégager pendant qu'il est incandescent de l'hydrogène et de l'azote mais il ne laisse pas échapper d'oxyde de carbone.

Si on fait passer un courant d'oxyde de carbone sur du fer réduit par l'hydrogène à basse température il peut former avec le fer à 45 ou 60° un composé volatil qui est détruit à une température plus élevée. C'est d'ailleurs un phénomène sans importance pour la métallurgie.

Ouvrages à consulter.

(a) Traités.

Percy, *Traité de métallurgie*, traduction française de Petitgand et Ronna.

Henry Marion Howe, *Métallurgie de l'acier*, traduction française de Octave Hock. Paris 1894.

J. Lowthian Bell, *Principes de la fabrication du fer et de l'acier*, traduction française de Hallopeau, Paris 1888.

C. Schinz, *Documents concernant le haut-fourneau*, traduction française de Fiévet. Paris 1868.

(b) Notices.

Sur la microstructure.

A. Martens, *Ueber die Mikroskopische Untersuchung des Eisens. Zeitschr. d. Ver. deutsch. Ing.*, 1878, p. 11.

A. Martens, *Zur Mikrostructur des Spiegeleisens. Même publication*, 1878, p. 205 et 481.

A. Martens, *Ueber das mikroskopische Gefüge und die Krystallisation des Roheisens, speciell des grauen Roheisens. Même publication*, 1880, p. 398.

A. Martens, *Ueber die mikroskopische Untersuchung des Eisens. Sitzungsberichte d. Ver. Beförd. d. Gewerbfl.*, 1882, p. 233.

A. Martens, *Ueber das Kleingefüge des schmiedbaren Eisens. « Stahl und Eisen »* 1887, p. 235.

H. C. Sorby, *On the microscopical structure of iron and steel. Journal of the Iron and Steel Institute*, 1887, 1, p. 283.

J. C. Bayles, *Microscopical analysis of the structures of iron and steel. Transactions of the American Institute of Mining Engineers*, T. XI, p. 261.

H. Wedding, *Die Eigenschaften des schmiedbaren Eisens, abgeleitet aus der mikroskopischen Untersuchung des Gefüges. « Stahl und Eisen »* 1885, p. 489.

Sur la ségrégation.

A. Ledebur, *Ueber einige Saigerungserscheinungen. « Stahl und Eisen »* 1884, p. 634, 705.

H. Reuss, *Ueber das Saigern von Bessemerstahl. Même publication*, 1891, p. 634.

B. W. Cheever, *The segregation of impurities in Bessemer steel ingots on cooling. Transact. of the Amer. Inst. of M. Engin.*, T. XIII, p. 167.

Fer et Oxygène, Rouille, etc.

P. C. Calvert, *Sur l'oxydation du fer. Comptes rendus*, T. LXX, p. 453.

A. Wagner, *Ueber den Einfluss verschiedener Lösungen auf das Rosten des Eisens. Dingl. polyt. Journal*, CCXVIII, p. 70.

W. Parker, *The relative corrosion of iron and steel. The Journ. of the I. a. St. Inst.*, T. I, p. 39.

A. Mercier, *Note sur l'altération du fer et de la fonte par les matières grasses dans les organes des machines soumis à l'action de la vapeur. Annales des mines*, série 7, T. XV, p. 234.

R. Åkerman, *Ueber das Rosten des Eisens.* « *Stahl und Eisen* » 1882, p. 417.

M. L. Gruner, *Mémoire sur l'oxydabilité relative des fontes, des aciers et des fers sous l'action de l'air et de l'eau plus ou moins chargés d'éléments étrangers. Revue universelle*, 1883, p. 659. *Annales des mines*, série 8, T. III, p. 5.

W. Thörner, *Ueber Ursache und Verhinderung der starken Oxydation des eisernen Eisenbahn-Oberbaus im Tunnel.* « *Stahl und Eisen* » 1889, p. 822.

R. Åkerman, *Die Reduction von Eisenoxyden durch Kohlenstoff.* « *Stahl und Eisen* » 1883, p. 149.

Dr. Stammer, *Ueber Reduction durch Kohlenoxyd, namentlich des Eisens. Poggendorffs Annalen*, T. LXXXII, p. 136.

J. L. Bell, *Supplementary remarks on carbon impregnation by dissociation of carbonic oxyde. The Journal of the I. a. S. Inst.*, 1872, p. 43.

M. L. Gruner, *Mémoire sur le dédoublement de l'oxyde de carbone sous l'action combinée du fer métallique et des oxydes de ce métal. Annales de chimie et de physique*, série 4, T. XXVI, p. 5.

M. L. Gruner, *Etudes métallurgiques. Annales des mines*, série 7, T. XV, p. 108.

A. Ledebur, *Kohlenstoffausscheidung im Hochofen. Berg- u. hüttenm Ztg.* 1877, p. 277.

Fer et Carbone.

F. Abel, *Carbon in steel. Engineering*, T. XXXIX, p. 150, 200.

Osmond et Werth, *Théorie cellulaire des propriétés de l'acier. Annales des mines*, série 8, T. VIII, p. 5.

F. Osmond, *Transformations du fer et du carbone dans les fers, les aciers et les fontes blanches.* Paris 1888.

J. A. Brinell, *Ueber Texturveränderungen des Stahls bei Erhitzung und bei Abkühlung.* « *Stahl und Eisen* » 1885, p. 611.

E. J. Ball, *On the changes in iron produced by thermal treatment. Journ. of the I. a. St. Inst.*, 1890, I, p. 85; 1891, I, p. 103.

A. Ledebur, *Einige neuere Untersuchungen und Theorien über die Formen des Kohlenstoffs im Stahl und Eisen* « *Stahl und Eisen* » 1886, p. 373.

A. Ledebur, *Ueber das Verhalten des Roheisens beim Glühen in Holzkohle.* « *Stahl und Eisen* » 1886, p. 719.

A. Ledebur, *Ueber ein beachtenswerthes Verhalten des Eisens und Stahls.* « *Stahl und Eisen* » 1887, p. 447.

A. Ledebur, *Ueber die Benennung der verschiedenen Kohlenstoff-formen im Eisen.* *Même pub.*, 1888, p. 742.

A. Ledebur, *Neuere Untersuchungen über den Kohlenstoffgehalt des Eisens. Même pub.*, 1891, p. 294.

F. C. G. Müller, *Grundzüge einer Theorie des Stahls. Même pub.*, 1888, p. 291.

F. C. G. Müller, *Die kritischen Punkte der Eisenlegirungen nach den Untersuchungen Osmonds. Même pub.*, 1891, p. 634.

Fer et Silicium.

W. Mrazek, *Experimentelle Untersuchungen über Silicium und Mangan im Stahl. Jahr. d. k. k. Bergakademien zu Leoben u. a.,* T. XX, p. 406.

R. A. Hadfield, *On alloys of Iron and Silicon. Journ. of the I. a. St. Inst.,* 1889, II, p. 222.

A. Ledebur, *Ueber den Einfluss eines Siliciumgehalts auf schmiedbares Eisen.* « *Stahl und Eisen* » 1889, p. 1000.

F. C. G. Müller, *Untersuchungen über den Einfluss des Siliciums auf die Beschaffenheit des Werkzeugstahls. Même pub.*, 1888, p. 375.

Fer et Manganèse.

R. A. Hadfield, *On manganese steel. Journ. of the I. a. St. Inst.,* 1888, II, p. 41.

J. D. Weeks, *Hadfields Manganese Steel. Trans. of the Amer. Inst. of Mining Engin.,* XIII, p. 233 ; XV, p. 461.

H. M. Howe, *Manganstahl.* « *Stahl und Eisen* » 1891, p. 993.

Fer et Phosphore.

C. Freese, *Ueber die Verbindungen des Eisens mit dem Phosphor. Poggendorffs Annalen,* T. CXXXII, p. 225.

G. Hilgenstock, *Ueber das Verhalten des Phosphors im Hochofen.* « *Stahl und Eisen* » 1884, p. 2.

G. Hilgenstock, *Die Reducirbarkeit des basischen Kalkphosphats. Même pub.*, 1886, p. 719.

W. Cheever, *Two conditions of phosphorus in iron. Trans. of the Amer. Inst. of Mining Engin.,* XV, p. 448 ; XVI, p. 269.

L. Schneider, *Zu dem Einflusse der Phosphorverbindungen auf Eisen. Oesterr. Zeitschr. für Berg- und Hüttenwesen,* 1887, p. 362.

Fer et Soufre.

M. H. Caron, *Etudes sur l'acier. Comptes rendus,* LVI, p. 828.

P. Tunner, *Zur Abscheidung des Schwefels aus flüssigem Eisen. Oesterr. Zeitschr. für Berg- und Hüttenwesen,* 1891, p. 205.

A. Ledebur, *Ueber Silicium und Schwefel im Eisen.* « *Stahl und Eisen* » 1888, p. 580.

G. Hilgenstock, *Ueber das Schwefelabscheidungsverfahren. Même pub.*, 1891, p. 798.

Fer et Cuivre, Nikel, Chrome, etc.

A. Wasum, *Ueber den Einfluss von Schwefel und Kupfer auf den Stahl beim Verarbeiten desselben in der Wærme.* « *Stahl und Eisen* » 1882, p. 192.

Choubley, *Ueber den Einfluss von Kupfer auf den Stahl. Même pub.*, 1884, p. 374.

J. Riley, *Ueber Nikelstahl.* « *Stahl und Eisen* » 1889, p. 859.

Pattinson and Stead, *On the Behaviour of Arsenic in Ores and Metal durning Smetting and Purification processes. Journ. of the I. a. St. Inst.*, 1888, I, p. 171.

Harbord and Tucker, *On the Effect of Arsenic on mild Steel. Même volume*, p. 183.

A. Hadfield, *On Aluminium-Steel. Même pub.*, 1890, II, p. 161.

G. H. Billings, *Ueber die Eigenschaften der Verbindungen des Eisens mit anderen Metallen. Dinglers polyt. Journal*, CCXXVIII, p. 427.

R. Åkerman. *Die Beziehungen von Wolfram und Titan zum Eisen. Zeitschr. d. berg- und hütt. Ver. f. Steiermark und Karnten*, 1876, p. 326.

Brustlein, *On chrome pig-iron and steel. Journ. of the Iron a. St. Inst.*, 1886, II, p. 770.

Busek, *Bemerkungen über Ferrochrom und Chromstahl.* « *Stahl und Eisen* » 1889, p. 727.

Boussingault, *Sur la production, la constitution et les propriétés des aciers chromés. Annales de chimie et de physique*, série 5, T. XV, p. 91.

Hadfields Untersuchungen über Eisenchromlegirungen. « *Stahl und Eisen* » 1893, p. 14.

Fer et Hydrogène, Azote, Oxyde de carbone.

L. Cailletet, *Recherches sur les gaz contenus dans la fonte et l'acier à l'état de fusion. Comptes rendus*, T. LXI, p. 850.

L. Cailletet, *Sur le fer hydrogéné.* Id., T. LXXX, p. 319.

A. Ledebur, *Ueber die Leizbrüchigkeit des Eisens.* « *Stahl und Eisen* » 1887, p. 681 ; 1889, p. 745.

J. Parry, *Gases occluded in the pig-iron, steel and wrought-iron. Journ. of the I. a. St. Instit.*, 1873, I, p. 429.

J. Parry, *The absorption of hydrogen by pig-iron. Même pub.*, 1874, I, p. 92.

L. Troost et P. Hautefeuille, *Sur la dissolution de l'hydrogène dans les métaux et la décomposition de l'eau par le fer. Comptes rendus*, T. LXXX, p. 788.

L. Troost et P. Hautefeuille, *Recherches sur la dissolution des gaz dans la fonte, l'acier et le fer. Comptes rendus*, T. LXXVI, p. 482.

L. Troost et P. Hautefeuille, *Sur les fontes manganésifères. Comptes rendus*, T. LXXX, p. 909.

F. C. G. Müller, *Ueber die Ausscheidungen in Bessemergüssen. Zeitschr. d. Ver. deutsch. Ingenieure*, 1879, p. 494.

F. C. G. Müller, *Ueber den Wasserstoff- und Stickstoffgehalt im Eisen und Stahl. Berichte der Deutschen chemischen Gesellschaft*, 1881, p. 6.

F. C. G. Müller, *Ueber die Gasausscheidungen in Stahlgüssen.* « *Stahl und Eisen* » 1882, p. 531.

F. C. G. Müller, *Neue Experimentaluntersuchungen über den Gasgehalt von Eisen und Stahl.* « *Stahl und Eisen* » 1882, p. 443.

A. Ledebur, *Zur Theorie der Gasentwickelung im Flusseisen. Même pub.*, 1883, p. 599.

C. Stahlschmidt, *Beiträge zur Kentniss des Sticksoffeisens. Poggendorffs Annalen*, CXXV, p. 37.

A. H. Allen, *Further experiments on the existence of nitrogen in iron and steel. Iron* T. XVI, p. 132.

H. Tholander, *Ueber den Sticksoffgehalt im Flusseisen.* « *Stahl und Eisen* » 1889, p. 115.

———

DEUXIÈME PARTIE

LA FONTE ET SA FABRICATION

CHAPITRE PREMIER

PROPRIÉTÉS ET CLASSIFICATION DES FONTES ET DU FERRO-MANGANÈSE

---

1. — Généralités.

Lorsque le fer est allié à une proportion de métalloïdes et surtout de carbone et de silicium telle qu'il a perdu la ductilité et la malléabilité qui le caractérisent à l'état de pureté, on lui donne le nom de *fonte*. Si les corps étrangers, autres que le carbone, sont en quantité insignifiante, la limite inférieure de la teneur en carbone dans la fonte est 2,3 %. Quelques autres métalloïdes, tels que le silicium, le phosphore, le soufre, etc., diminuent également la malléabilité du fer, dans une mesure plus ou moins grande, mais, dans tous les cas, la proportion de carbone la plus élevée que le métal puisse atteindre sans cesser d'être du fer est au-dessous de 2,3 %.

A l'aide des procédés et des appareils destinés à la fabrication de la fonte, on obtient également des alliages carburés de fer et de manganèse dont on utilise les propriétés dans certaines opérations métallurgiques. Tant que la teneur en manganèse est faible, ces alliages conservent le nom de fontes, mais si elle dépasse certaines limites, on les désigne sous le nom de *ferro-manganèses* ; ces produits contiennent quelquefois plus de manganèse que de fer.

On obtient par les mêmes procédés du ferro-silicium carburé, qui par ses propriétés et sa composition peut être considéré comme une véritable fonte. Plus rarement on fabrique de la même façon des alliages de fer et de chrome, etc.

La *fonte moulée* est celle qui est transformée, sans que sa nature soit changée, en objets de formes diverses ; elle est coulée dans des moules préparés à cet effet ; la *fonte de bocages*, ou débris de fonte moulée, est employée comme la fonte brute et peut être transformée en fonte moulée par une nouvelle fusion, ou convertie en fer ou en acier.

Les fontes peuvent se classer de diverses manières suivant le point de vue auquel on se place. Comme nous l'avons déjà vu, on peut prendre comme base la couleur de la cassure et distinguer : les fontes grises, que l'on peut confondre avec les ferro-silicium, les fontes blanches et le ferro-manganèse ; on peut prendre comme point de départ la nature du combustible employé, on classe alors les fontes en fonte au charbon de bois, fontes au combustible minéral ; on peut enfin les désigner par l'usage auquel elles sont destinées et les distinguer en fonte de moulage réservée à la fabrication des pièces moulées, et en fonte d'affinage.

Dans ce qui va suivre nous classerons les fontes par la couleur de leur cassure.

La fonte grise passe à la fonte blanche par nuances insensibles, ces deux qualités de métal appartiennent à une série continue dont les termes extrêmes sont, comme nous le verrons plus loin, d'une part le ferro-silicium, qui ne contient que très peu de manganèse, et d'autre part le ferro-manganèse qui ne renferme que fort peu de silicium. Les fontes grises sont caractérisées par la présence du graphite dont nous avons expliqué la formation page 302. La fonte très graphiteuse est, en effet, très nettement grise dans sa cassure, elle s'éclaircit quand la proportion de graphite diminue ; lorsqu'on approche de la limite, on distingue seulement quelques mouches de graphite sur un fond blanc ; dans certains cas, l'analyse révèle la présence du graphite, alors que l'œil ne le peut reconnaître. Il arrive quelquefois que sur la cassure de fontes désignées et vendues comme blanches, on aperçoit quelques lamelles de graphite en certains points, tandis que le métal a d'ailleurs les propriétés et tous les caractères des fontes blanches ; dans ce cas le graphite s'est produit accidentellement par suite de circonstances particulières qui ont favorisé sa formation.

Lorsque nous traiterons des lits de fusion et de leur nature nous reviendrons sur les distinctions qui ont pour base soit la nature du combustible, soit l'usage auquel les fontes sont destinées.

2. — Propriétés des fontes.

(a) Distribution des divers éléments.

Ainsi que nous l'avons exposé (page 280) la fonte est un alliage du fer avec le carbone et, le plus souvent, avec quelques autres éléments ; comme tous les alliages, elle a donc une tendance à se liquater lorsqu'elle passe de l'état liquide à l'état solide ; d'où il résulte que la fonte refroidie n'est jamais un corps homogène ; on y reconnait constamment un certain nombre de produits de liquation constitués, soit par des alliages, soit par des corps simples isolés, dont les propriétés peuvent être très différentes. Ces divers éléments s'allient ou se dissolvent de nouveau lorsqu'on remet la fonte en fusion, pour se séparer au moment de la solidification. Les conditions dans lesquelles se fait le refroidissement, et la composition chimique de la fonte déterminent la manière dont se produit la liquation, et la nature des produits liquatés. Ce phénomène est d'autant moins sensible que le refroissement est plus rapide, il se fait néanmoins, même après solidification, séparation de quelques corps ; c'est ainsi que se produit le carbure qui se sépare de la masse (page 306).

Les propriétés d'une fonte donnée peuvent être fort différentes suivant la plus ou moins grande rapidité du refroidissement ; la fonte grise est particulièrement sensible sous ce rapport. On sait que la formation du graphite, qui caractérise ce genre de fonte, est due à la présence du silicium lequel au moment de la solidification provoque l'expulsion du carbone ; dès que le métal est passé à l'état solide, il se forme un carbure pourvu que tout le carbone n'ait pas été éliminé à l'état de graphite [1].

La plupart des fontes grises sont donc composées de trois éléments principaux : le graphite de couleur gris-noir, friable et tendre qui s'il est très abondant, couvre toute la surface de la cassure ; le carbure, alliage de fer et de carbone et dans certains cas de quelques autres corps qui est dur et cassant, enfin le fer peu carburé lequel forme la masse principale et renferme la plus grande partie du silicium, du phosphore du soufre et même du manganèse, si ce dernier ne fait pas partie du carbure. Ce fer ne contient que très peu de carbone de trempe, il est moins dur et moins fragile que le carbure.

On distingue ces éléments les uns des autres en examinant à la loupe la surface d'un morceau de fonte grise polie et attaquée faiblement par un acide (voir la fig. 67, page 314) ; quelquefois même, on peut les reconnaitre avec une simple loupe sur une cassure fraîche ; toujours, d'ailleurs, le graphite est visible à l'œil nu dès qu'il est en proportion un peu forte.

La fonte blanche ne contient pas de graphite ; elle se compose d'un mélange de carbure et de fer moins carburé ; le premier de ces corps y est plus abondant que dans la fonte grise parce que le carbone n'étant pas éliminé à l'état de graphite, se trouve en plus grande quantité pour constituer le carbure (voir les analyses page 311). Quant à la masse de fer moins carburé, elle contient plus de carbone de trempe que celle de la fonte grise.

Outre ces éléments qui constituent la fonte, on rencontre, dans la plupart des échantillons, d'autres corps, produits de la liquation, qui se montrent

---

[1] La séparation totale du carbone à l'état de graphite n'a lieu que dans les fontes extrêmement siliceuses qui sont de véritables ferro-silicium. L'aluminium produirait le même résultat.

sous la forme de globules ou de parties mamelonnées, dans certaines cavités ; celles-ci prennent naissance au moment de la solidification et sont envahies, après coup, par les matières liquatées ; on en trouve également sur la surface des gueusets, présentant l'aspect d'ampoules ou de parties feuilletées (page 327). Le plus souvent on y constate plus de phosphore et de soufre que dans la masse du métal ; quelquefois aussi plus de manganèse[1].

La vitesse de refroidissement de la fonte liquide exerce donc une influence sur la composition des éléments qui constituent la fonte à l'état solide et sur la liquation en général ; il n'est donc pas surprenant que, dans les pièces de grandes dimensions, on constate des différences de nature entre le métal du centre et celui de la surface ; dans la fonte grise, le graphite est plus abondant dans les parties centrales ; lorsque la fonte est trempée, cette différence est plus marquée ; la proportion de carbone total est au contraire plus forte à l'extérieur et cela d'une façon très nette. Ainsi, en analysant un gueuset de fonte très grise provenant de Bilbao nous avons constaté les résultats suivants :

	À la surface.	Au centre.
Carbone total, ...	3.97	3,41
Silicium.	3,65	3.68
Manganèse.	1,58	1,32
Phosphore	0,02	0,01
Soufre.	0,03	0,02

Les analyses de la page 305 indiquent des différences presqu'aussi grandes.

Ces échantillons n'ont montré de différences sensibles que dans la proportion de carbone, mais on reconnaît parfois des variations également dans les autres éléments ; ainsi la fonte très phosphoreuse contient fréquemment plus de phosphore à la surface qu'au centre [2] ; il en est de même du manganèse et du silicium dont la répartition est souvent inégale.

On doit tenir compte de ces faits lorsqu'on opère des prises d'essai pour analyser des fontes.

(b) Poids spécifique.

Lorsqu'il y a formation de graphite, le volume de la fonte augmente, aussi la fonte grise est-elle moins dense que la fonte blanche ; une fonte très graphiteuse possède une densité de 7 au plus, celle qui l'est moins, tout en étant grise encore, atteint 7,2 ; la fonte blanche arrive à 7,6.

---

[1] Nous avons donné page 327 les résultats des analyses de quelques-uns de ces produits de liquation ; consulter à ce sujet : Ledebur, *Handbuch der Eisen-und Stahlgiesserei*, 2e édit., Weimar 1892, p. 33, 35, 36. Ledebur, *Das Roheisen*, 3e édit. Leipzig 1891, p. 10 ; et les ouvrages à consulter indiqués à la fin de ce chapitre.

[2] Analyses dans *Stahl und Eisen*, 1887, p. 22.

(c) **Température de fusion**.

D'une manière générale la température de fusion de la fonte s'abaisse à mesure qu'elle contient une plus grande proportion d'éléments autres que le fer. Dans la première partie de cet ouvrage, nous avons signalé l'influence exercée par quelques-uns de ces corps tels que le carbone, le silicium, le phosphore etc., sur la température de fusion ; il n'est pas inutile de faire remarquer que le carbone ne peut abaisser cette température que s'il est allié au fer ; le graphite est bien à l'état de dissolution dans la fonte en fusion mais plus il s'en élimine par le refroidissement, moins le métal reste carburé et plus par conséquent son point de fusion est élevé. Il en résulte que la fonte grise fond plus difficilement que celle qui est blanche. Pouillet a reconnu que la température de fusion de diverses fontes blanches est comprise entre 1050 et 1100°, et celle de la fonte grise entre 1000 et 1200° [1] ; Osmond a déterminé, par des expériences précises, qu'une fonte blanche contenant : Carbone 4,1 % ; silicium 0,22 % ; manganèse 0,12 % et phosphore 0,02 % fondait à 1085° [2]. Le Châtelier a trouvé pour la fonte grise 1220° ; on peut donc admettre qu'en moyenne la fonte blanche fond à 1050° et la grise à 1200°, mais il faut tenir compte de la composition chimique. La fonte grise qui a été solidifiée brusquement et qui par conséquent se trouve moins chargée de graphite est plus fusible que dans les conditions ordinaires. Le silicium abaisse la température de fusion mais dans une faible proportion. Le manganèse à haute dose l'élève, jusqu'à 3 % il l'abaisse.

Si la fonte est destinée au moulage, la fluidité a une importance sérieuse ; le silicium, le manganèse et surtout le phosphore augmentent la fluidité ; le soufre, même en très faible quantité, la diminue [3].

(d) **Dureté**.

Au point de vue de la dureté, les trois éléments de la fonte ont les propriétés suivantes : le graphite est friable et tendre, le carbure est assez dur, quant au fer contenant peu de carbone comme dans la fonte grise, il est moins dur que le carbure, il le dépasse en dureté, au contraire, s'il est lui-même allié à une forte dose de carbone comme dans la fonte blanche.

Il en résulte que la fonte grise est relativement assez tendre ; elle se laisse

---

[1] *Comptes rendus*, T. III, p. 789.

[2] F. Osmond, *Transformation du fer et du carbone*, Paris 1888, p. 24 et 28.

[3] Travaux ayant pour but d'étudier l'influence du soufre : « *Stahl und Eisen* » 1886, p. 311 ; von Kerpely. *Ungarns Eisensteine und Eisenhüttenerzeugnisse*, p. 65. On peut remarquer fréquemment dans les fonderies l'influence du soufre sur la fluidité.

entamer sans difficulté par les outils tranchants, tels que limes, burins, mèches, crochets de tours, etc. ; sa dureté augmente à mesure que la proportion de graphite diminue. La fonte blanche peut encore être attaquée par des outils en acier très dur, lorsqu'elle ne contient pas plus de 3 °/₀ de carbone, au-delà elle résiste à tous les outils.

Un refroidissement rapide augmente la dureté surtout celle de la fonte grise et c'est cette propriété qu'on utilise lorsqu'on fabrique des fontes trempées. Un recuit prolongé, qui favorise la production du carbune et celle du carbone de recuit, adoucit la fonte. Par ce moyen on peut même diminuer suffisamment la dureté de la fonte blanche pour pouvoir la travailler.

Le manganèse et le chrome augmentent la dureté de la fonte, en partie directement par leur présence, en partie parce qu'ils diminuent la tendance du carbone à se séparer sous forme de graphite. Le silicium produit le même effet s'il existe en forte proportion, mais à la teneur ordinaire de la fonte grise, il amène un résultat inverse, puisque, provoquant le départ du carbone sous forme de graphite, il ne laisse qu'un métal pieu carburé.

Le phosphore et le soufre, aux doses ordinaires que l'on rencontre dans les fontes, ne semblent pas avoir d'influence sur la dureté.

(e) Résistance aux efforts mécaniques.

Nous avons à considérer surtout ici les résistances aux efforts de compression, de torsion, etc., sous des charges sans mouvement et en même temps les résistances aux chocs et aux vibrations. Les premières sont faciles à mesurer directement, quant aux secondes, on les évalue, soit en soumettant le métal à des changements de forme [1], soit en lui faisant subir les épreuves du choc.

La fonte résiste mal au choc et aux vibrations, c'est un métal fragile. Il existe cependant de grandes différences entre la fragilité d'une fonte et celle d'une autre, et on doit tenir compte de la nature de chacune d'elles lorsqu'on les transforme en pièces moulées.

Nous n'insisterons pas sur les coefficients d'élasticité, la limite de celle-ci, etc., ces propriétés ont moins d'importance pour ce genre de métal que pour le fer et l'acier, elles varient, d'ailleurs, dans des limites plus étroites [2].

Quant à la résistance à la rupture, elle dépend et de la texture et de la

---

[1] Plus le changement de forme que peut supporter le métal sans se rompre est considérable, plus l'effort mécanique auquel il peut résister est grand et par conséquent moins on a à craindre qu'il arrive à se rompre.

[2] On trouvera des détails sur ce sujet dans les ouvrages suivants de l'auteur : *Eisen und Stahl in ihrer Anwendung für bauliche und gewerbliche Zwecke*, Berlin 1890, p. 23 ; *Das Roheisen*, 3e édit., Leipzig 1891, p. 48 ; *Handbuch der Eisen-und Stahlgiesserei*, 2e édit., Weimar 1892, p. 52.

composition chimique ; plus la fonte est à gros grains, plus les éléments juxtaposés, dont l'ensemble la constitue, sont volumineux et plus il est facile de les désagréger ; la ténacité est donc moindre que dans le métal à grain fin.

Une petite quantité de carbone de trempe augmente la résistance, une forte dose la diminue, et la fragilité s'accentue de plus en plus à mesure que la fonte contient plus de carbone sous cette forme ; aussi la fonte grise est-elle plus résistante que la fonte blanche ; la différence entre ces deux métaux serait plus grande encore si le graphite interposé entre les éléments de la fonte grise ne créait de multiples solutions de continuité qui diminuent la cohésion et, par conséquent, la ténacité ; une fonte très graphiteuse ne possède jamais une grande résistance aux efforts de rupture.

Les fontes qui sont renommées pour leur ténacité contiennent de 2,6 % de carbone total, dont 2 % à l'état de graphite, à 3,5 de carbone total avec 3 % de graphite ; elles renferment de 0,4 à 0,7 % de carbone combiné sous forme de carbure ou de carbone de trempe.

La présence d'une petite quantité de silicium est nécessaire pour provoquer la séparation du graphite, mais un excès de ce corps est funeste à la ténacité du métal surtout si celui-ci est très carburé ; les meilleures fontes au point de vue de la résistance contiennent généralement de 1 à 3 % de silicium.

A la dose de 1,5 %, le manganèse augmente la résistance dans une faible mesure, tout en rendant le métal plus fragile ; au-delà, il y a diminution de résistance et plus grande fragilité.

Dès que la proportion de phosphore dépasse une limite assez faible, la fonte devient moins résistante, surtout en présence d'une dose un peu forte de carbone de trempe ; un métal phosphoreux contenant beaucoup de graphite résiste donc mieux qu'un autre moins graphiteux. La présence du manganèse augmente l'influence du phosphore. Cependant, comme en général on n'attache pas à la résistance et à la ténacité des fontes, la même importance qu'à celles du fer et de l'acier, la fonte peut contenir, sans être privée de toute valeur, de beaucoup plus grandes quantités de phosphore. On rencontre 1,5 % et même plus de phosphore dans des pièces moulées ; elles sont sans doute plus fragiles que d'autres moins phosphoreuses, mais, pour certains usages, cette fragilité est sans inconvénient. Les pièces de fonte employées dans les constructions ne doivent pas renfermer plus de 1 % de phosphore ; toutes choses égales d'ailleurs, la fonte résiste d'autant mieux aux efforts de rupture et aux vibrations qu'elle est moins phosphoreuse [1].

[1] Consulter l'ouvrage de l'auteur : *Das Roheisen*, 3e éd., p. 54.

Quant aux autres corps simples qu'on rencontre .quelquefois dans la fonte, tels que le soufre, l'arsenic, l'antimoine, le cuivre, le titane, etc., ils peuvent en petite proportion et dans une faible mesure augmenter la résistance aux efforts accompagnés de chocs, mais ils rendent toujours le métal plus fragile; alors même que chacun de ces éléments serait en quantité très réduite, ils peuvent, par leur réunion, avoir une influence nuisible. On considère donc les fontes qui en sont privées comme supérieures au point de vue de la résistance, et c'est ce qui fait préférer dans certains cas les fontes au bois à celles qui sont fabriquées au combustible minéral possédant d'ailleurs la même composition comme carbone, silicium, manganèse et phosphore.

La fonte au bois, en effet, est généralement produite à plus basse température, elle a donc moins de tendance à absorber des corps étrangers.

Les conditions dans lesquelles s'opère la solidification ont également une influence sur la résistance des fontes ; lorsqu'elles sont grises et soumises à un refroidissement très lent, les facettes des divers éléments qui les constituent ont de plus grandes dimensions, la séparation du graphite est plus complète ; aussi le métal contenant à la fois silicium et carbone en forte proportion, est-il inférieur aux autres s'il se refroidit lentement ; les pièces moulées massives, que l'on coule en fonte de cette nature, offrent donc peu de résistance puisque, nécessairement, leur solidification ne s'opère qu'avec lenteur. A l'inverse, si on refroidit brusquement une pièce de fonte peu siliceuse, et, par conséquent, ayant peu de propension à expulser son carbone sous forme de graphite, celui-ci reste combiné comme carbone de trempe et la pièce est fragile.

Dans ce dernier cas, cependant, on peut obtenir une amélioration dans les qualités de résistance, en retardant le refroidissement ou en opérant un recuit.

On admet généralement que la fonte grise a, en moyenne, une résistance à la compression de 70^k par millimètre carré ; à la traction, elle résiste à 12^k et à la flexion à 25^k pour une barre de section carrée. Ces chiffres se rapportent à la fonte brute, si on opère sur une pièce dont la croûte superficielle a été enlevée, on peut admettre une résistance de $\dfrac{1}{10}$ en plus [1].

Il faut bien dire d'ailleurs qu'on obtient des résultats très différents dans les essais, suivant que les échantillons ont telle ou telle composition, que le refroidissement s'est opéré lentement ou rapidement et même, suivant la forme de la pièce soumise aux épreuves. C'est ainsi que lorsqu'on essaie à la compression des barres de diverses longueurs, les plus courtes sont les plus résistantes ; à la flexion, la forme de la barre amène des résultats variant

[1] *Zeitschr. d. Ver. deutsch. Ingenieure*, 1889, p. 141 ; *Stahl und Eisen*, 1890, p. 603 ; Ledebur. *Das Roheisen*, 3e édit., p. 54.

dans des limites considérables : Bach, par exemple, en soumettant à des épreuves de ce genre, des pièces d'une même fonte, dont les sections avaient des formes différentes, a trouvé comme résistance depuis 19k,8 jusqu'à 32k,2 par millimètre carré [1].

Dans les cas les moins favorables, les résistances peuvent tomber à des chiffres moitié moindres que ceux que nous avons indiqués, de même que dans les meilleures conditions, elles peuvent arriver au double.

Nous avons déjà fait remarquer que le changement de forme que les pièces de fonte peuvent supporter sans se rompre est assez faible ; c'est, dans une certaine mesure, un moyen d'estimer la ténacité du métal. On trouvera des détails plus complets à ce sujet dans les ouvrages que nous avons déjà cités.

Les résistances de la fonte blanche varient également dans de grandes limites ; elles sont toujours inférieures à celles de la fonte grise ; cette dernière est de beaucoup la moins fragile, aussi, est-ce la seule que l'on emploie pour la fabrication des moulages.

3. — **Fonte grise et Ferro-silicium**.

Ainsi que nous l'avons vu, les éléments qui constituent la fonte grise *telle qu'on l'obtient par le traitement des minerais*, sont le fer, le carbone et le silicium [2]. La présence du silicium est nécessaire, puisque c'est à elle qu'est due la séparation du graphite ; lorsqu'on réussit à priver une fonte grise de son silicium, elle devient blanche ; on a quelquefois recours, dans la pratique, à une opération qui porte le nom de *finage*, dont l'effet est d'éliminer le silicium sans brûler de carbone ; nous y reviendrons ultérieurement ; la fonte finée est blanche.

La fonte grise, proprement dite, contient de 0.5 à 5 °/₀ de silicium ; dans le ferro-silicium on en trouve jusqu'à 16 °/₀ ; il y a formation de graphite avec une proportion de silicium d'autant plus forte que la teneur en manganèse est plus faible et celle en carbone plus élevée. Avec 3 °/₀ de carbone et seulement 0,5 de silicium, la fonte est blanche si elle n'a pas été refroidie avec une grande lenteur ; un pour cent de plus de carbone détermine la formation du graphite pourvu qu'il n'y ait pas trop de manganèse ; le graphite devient de plus en plus abondant, à mesure que la teneur en silicium augmente. Avec 2 °/₀ de silicium, une fonte qui ne contient que 3 °/₀ de carbone est graphiteuse.

[1] *Zeitschr. d. Ver. deutsch. Ingenieure*, 1888, p. 198 ; Ledebur, *Das Roheisen*, p. 58.
[2] Nous disons : « telle qu'on l'obtient par le traitement des minerais », parce que nous savons qu'en ajoutant de l'aluminium à de la fonte blanche, on peut obtenir de la fonte grise ; l'aluminium peut remplacer le silicium.

Le manganèse s'oppose à la séparation du carbone sous forme de graphite, aussi la fonte grise ne peut-elle en contenir beaucoup ; lors donc qu'on a en vue la production de fontes de moulage, on recherche des minerais pauvres en manganèse, ce corps ayant d'ailleurs la propriété d'augmenter la fragilité, le retrait et le dégagement des gaz, toutes choses qui nuisent à la qualité des pièces moulées. La bonne fonte de moulage ne doit donc contenir que 1,5 % de manganèse au plus.

Dans les fontes d'affinage et surtout dans celles qui sont destinées à être traitées à l'appareil Bessemer, on rencontre fréquemment 5 % de manganèse accompagnés de 2,5 % de silicium au moins.

D'une manière générale, on peut dire qu'il y a de plus fortes doses de soufre dans les fontes au bois que dans celles au coke. Ce fait, surprenant au premier abord, tient à ce que, dans la fabrication de la fonte au coke, on est obligé, pour éliminer le soufre apporté par le combustible, de composer des laitiers plus basiques et surtout plus chargés de chaux ; le charbon de bois donne trop peu de chaleur pour qu'on puisse recourir à ce procédé d'épuration. Le départ du soufre est donc plus facile à obtenir dans les fontes au coke que dans celles au charbon de bois, bien que ces dernières en apportent moins dans le lit de fusion. On trouve rarement plus de 0,04 % de soufre dans la fonte grise [1] au coke.

Nous avons indiqué, page 304, l'influence du soufre sur le degré de carburation de la fonte liquide et sur la formation du graphite ; ce corps rend plus difficile la production de la fonte grise à mesure que sa teneur augmente ; il arrive un moment où le métal est nécessairement blanc.

Les quantités de cuivre, de nikel, d'arsenic, d'antimoine que contiennent les fontes dépendent uniquement de la teneur des minerais dans chacun de ces corps ; pour tous les usages auxquels la fonte grise est destinée, il est à désirer qu'elle en renferme le moins possible.

Les corps difficiles à réduire comme le titane, le vanadium, peut-être aussi le calcium, passent plus facilement dans la fonte au coke que dans celle qui est fabriquée au moyen du charbon de bois ; cette dernière est donc généralement plus pure et demeure supérieure pour un certain nombre d'usages.

Puisque c'est la présence du silicium qui distingue la fonte grise de la fonte blanche, au point de vue de la composition élémentaire, on devrait admettre que le ferro-silicium est la plus parfaite des fontes grises. Ce qui confirme cette manière de voir, c'est que, en effet, le prix de la fonte augmente avec sa teneur en silicium ; on n'obtient de teneurs élevées qu'aux dépens d'une plus grande consommation de combustible et par conséquent d'une moindre pro-

---

[1] Les anciennes analyses indiquent des teneurs en soufre plus fortes mais, sans aucun doute, elles sont entachées d'erreur.

duction par jour du haut-fourneau ; nous en expliquerons les raisons, lorsque nous décrirons les phénomènes qui se passent dans ces appareils.

L'aspect du ferro-silicium très riche n'est cependant pas celui d'une fonte parfaitement grise, car à mesure que la quantité de silicium s'accroît, le métal absorbe moins de carbone et la proportion de graphite est moins abondante dès qu'on arrive à 3 °/₀ de silicium ; la cassure du métal présente alors une apparence plus claire et le signe caractéristique de la fonte grise disparaît ainsi petit à petit.

Aussi longtemps qu'on n'a pas reconnu l'importance de la présence du silicium dans la fonte grise et il y a peu de temps qu'on l'a constatée, alors qu'on ne cherchait pas à produire de ferro-silicium, on avait l'habitude de classer les fontes, surtout celles que l'on fabriquait au coke, d'après l'aspect de leur cassure. On admettait que la fonte la plus graphiteuse était la meilleure, et d'après la grosseur du grain, on estimait la quantité de graphite qu'elle contenait. On payait donc la fonte d'autant plus cher que son grain était plus gros, supposant qu'elle contenait plus de graphite et que par conséquent elle était de meilleure qualité. On désignait les diverses nuances par des numéros d'après l'aspect de la cassure. A celle qui avait le grain le plus gros, qui, en apparence, contenait le plus de graphite, on donnait le N° 1 ; celle qui avait le grain le plus fin, qui paraissait la moins graphiteuse, se rapprochant de la fonte blanche, on appliquait le N° 5. Cette classification est encore en usage dans le commerce, bien que les métallurgistes éclairés sachent parfaitement aujourd'hui que l'aspect des cassures ne suffit pas pour établir avec certitude la valeur d'une fonte grise, puisque cette valeur dépend en réalité non pas de la proportion de graphite qu'elle contient, mais bien de sa teneur en silicium [1].

Une fonte contenant 5 °/₀ de silicium a un grain plus fin et une couleur plus claire que celle qui n'en renferme que 2 ou 3 °/₀ ; si donc on juge seulement d'après l'aspect de la cassure, la première sera cotée à un prix inférieur à celui de la seconde. Une fonte à 1 °/₀ de silicium et 4 °/₀ de carbone, coulée très chaude et refroidie lentement, aura la même apparence qu'une autre contenant 2,5 °/₀ de silicium et 3,5 °/₀ de carbone quoique sa valeur soit réellement inférieure [2]. On ne peut donc connaître positivement la valeur d'une fonte qu'après en avoir fait l'analyse.

[1] Les usines qui fabriquent de la fonte de moulage phosphoreuse, en Lorraine, en Angleterre, dans le Grand-Duché de Luxembourg, classent leurs fontes du N° III au N° VII, ces différents numéros correspondant généralement à l'échelle des prix de vente ; comme actuellement la fonte phosphoreuse se vend moins cher que celle qui n'en est pas, on donne au métal, qui, par sa teneur en silicium et en graphite, mériterait le N° I, un N° inférieur, le N° III et son prix est celui d'une fonte non phosphoreuse qui est classée comme grain au N° III.

[2] Nous avons admis jusqu'ici que la valeur de la fonte a pour mesure sa teneur en silicium ; ce serait, cependant, une erreur de croire que celle qui est la plus riche en cet élément

Les types principaux de fontes grises et de ferro-siliciums sont les suivants :

Ferro-silicium proprement dit [1] ; il contient de 5 à 16 % de silicium et d'autant moins de carbone qu'il est plus riche en silicium ; les plus pauvres ont 3 % de carbone, ceux à forte teneur n'en contiennent pas plus de 1 %, quelquefois moins encore ; ce carbone est presque complètement à l'état de graphite. La dose de manganèse varie avec les minerais employés ; on en trouve rarement dans le ferro-silicium proprement dit dont le carbone est à l'état de graphite. Les ferro-siliciums riches en manganèse, qu'on fabrique pour certains usages particuliers, seront décrits avec les fontes blanches. On emploie rarement des minerais phosphoreux pour la fabrication du ferro-silicium dont la présence du phosphore diminuerait la valeur.

Entre 5 et 10 % de silicium, cet alliage a une couleur gris clair d'autant plus vive et tirant d'autant plus sur le jaune que la richesse en silicium est plus grande ; au-dessus de 10 %, la proportion de carbone devient si faible que la couleur d'un blanc jaunâtre propre au métal se distingue nettement au milieu des lamelles de graphite. Dans les plus riches, on ne voit de graphite qu'en petits groupes de lamelles isolées ; la texture est à grains d'autant plus fins que la teneur en silicium est plus grande ; entre 5 et 10 %, le métal a une apparence écailleuse ; on y voit çà et là des surfaces de séparation couvertes de graphite de forme conchoïdale.

Le ferro-silicium ne peut se produire qu'à l'aide d'une température très élevée ; lorsqu'on le coule, il sort du fourneau avec une couleur blanche éclatante ; il se solidifie sans agitation et sans lancer d'étincelles ; on n'emploie guère que du coke pour le fabriquer.

Cet alliage est utilisé, soit à désoxyder le fer ou l'acier fondus, soit à fournir du silicium aux fontes qui en ont une quantité insuffisante pour permettre d'obtenir de bons moulages.

Fontes grises très siliceuses. — Celles-ci contiennent de 3,5 à 5 % de silicium et de 2,5 à 3,5 de carbone dont la plus grande partie est à l'état de graphite ; elles ressemblent aux ferro-siliciums les plus pauvres ; leur grain est d'autant plus fin et leur couleur d'autant plus sombre qu'elles sont moins graphiteuses ; d'après leur aspect, on les confondrait avec une fonte pauvre en graphite par manque de silicium et on leur attribuerait les numéros III

est la plus convenable pour tous les usages ; une pièce de moulage, par exemple, coulée en fonte à plus de 2 % de silicium serait sans valeur. Par contre, si on a pu se procurer à bon compte une fonte peu siliceuse, qui s'appauvrit encore à chaque nouvelle fusion, on n'en peut tirer parti, comme fonte de moulage, qu'en la mélangeant à une fonte riche en silicium ; plus cette dernière aura une teneur élevée et moins il en faudra introduire dans le mélange ; c'est là ce qui explique la valeur des fontes extra-siliceuses.

[1] Cette dénomination n'est pas exacte puisque c'est toujours le fer qui domine et non pas le silicium. Voir *Stahl und Eisen*, 1890, p. 292.

et IV de la classification ordinaire ; si on ne prend pas la précaution d'analyser ces fontes, on s'expose à les vendre comme telles.

Les phénomènes qui se produisent au moment de la coulée et de la solidification sont semblables à ceux que nous avons signalés pour le ferro-silicium. Le meilleur emploi que l'on puisse faire de ce métal c'est de le mélanger avec des fontes pauvres en silicium, soit pour la fabrication des moulages soit pour l'affinage par le procédé Bessemer.

Fontes noires. — Ces fontes renferment de 2 à 3,5 °/$_0$ de silicium et de 3,5 à 4 °/$_0$ de carbone total ; il existe également des fontes noires à 1,5 °/$_0$ de silicium, mais leur teneur en carbone s'élève alors à 4 ou 4,5 °/$_0$ tandis que celle en manganèse est très faible. Ces fontes sont les plus graphiteuses de toutes, on y trouve de 3,2 à 3,6 °/$_0$ de graphite dont les lamelles couvrent entièrement les surfaces de cassure, et c'est à cela qu'elles doivent la nuance foncée qui les caractérise. Leur texture est nettement grenue. Fabriquées au coke, elles sont à gros grains ; produites au charbon de bois, à une température moins élevée, coulées en gueusets de moindres dimensions et par conséquent refroidies plus vite, elles présentent un grain plus fin. A la surface et dans les cavités on rencontre souvent ce qu'on appelle de la *bourre* ou de la *limaille*, c'est-à-dire des nids de graphite pur. Les fontes de ce genre sont classées dans le commerce comme n° I, ou si elles sont très phosphoreuses comme n° III ; lorsqu'elles sortent de fourneaux au charbon de bois on les désigne souvent en France sous le nom de *fontes bourrues* ou *limailleuses* (en allemand hochgaares ou todtgaares).

A la coulée elles sont d'une couleur blanche éclatante, la rigole se couvre de graphite dont une partie flotte dans l'atmosphère ; elles ne semblent cependant pas très fluides parce que la séparation du graphite les rend pâteuses. La solidification se fait avec calme.

On les emploie en mélange avec les fontes moins siliceuses.

Fontes grises ordinaires. — Elles contiennent rarement plus de 2°/$_0$ de silicium et de 3,5 °/$_0$ de carbone total dont 3 °/$_0$ environ sous forme de graphite ; le grain est moins gros, la couleur moins foncée que dans les fontes précédentes ; on leur applique ordinairement le n° II, mais elles peuvent aussi, dans quelques cas, passer pour du n° I ou du n° III entre lesquels elles sont comprises comme teneur en graphite ; elles rejettent moins de paillettes de graphite au refroidissement, à la limite même on n'en voit plus du tout ; elles sont plus fluides que les fontes noires, sous tous les autres rapports elles se comportent de la même façon. On peut avec ce métal couler des pièces minces dont le refroidissement est rapide, ce qui, avec des fontes d'une autre nature ne produirait que des pièces cassantes et dures. On utilise également ce type de fonte pour les opérations Bessemer, pourvu toutefois que les éléments qui entrent dans leur composition, le phosphore par exemple, ne s'y opposent

pas. On les emploie enfin comme fonte de moulage de deuxième fusion, opération qui amène toujours une diminution dans la proportion de silicium et
de graphite, on en mélange avec des fontes dont la teneur en silicium est insuffisante.

Fontes gris clair. — Celles-ci contiennent de 1 à 1,5 °/₀ de silicium et de 3 à
3,5 °/₀ de carbone total, dont 2 °/₀ ou un peu plus sous forme de graphite ; le
grain est plus fin et la couleur moins foncée que dans les fontes grises ordinaires ; dans les échantillons les moins graphiteux, on voit déjà nettement
apparaître la couleur blanche du métal entre les lamelles de graphite. On
donne ordinairement le nom de fontes *piquées* à celles qui ont cet aspect surtout lorsqu'elles sont fabriquées au charbon de bois, et on dit, selon le cas,
qu'elles sont faiblement ou fortement piquées. Si le graphite n'est pas uniformément réparti, mais forme des taches noires sur un fond blanc dans la cassure, ces fontes prennent souvent le nom de *truitées*. Les fontes au coke de
ce type, dont la cassure est uniformément grise, sans apparence de parties
blanches, sont désignées dans le commerce comme n° III ; lorsque la proportion de graphite est moindre et quand on distingue le blanc du métal,
elles passent au n° IV ; pour les fontes phosphoreuses ce sont les n°ˢ V et
VI. Nous avons fait remarquer qu'à l'aspect des cassures, la confusion était
facile entre ces fontes et celles qui sont très riches en silicium et peu carburées.

Les fontes gris clair sont produites à une température moindre que les précédentes, à la coulée elles ont un éclat plus faible, lancent des étincelles formées de particules métalliques que projette le dégagement des gaz et qui
brûlent à l'air ; à mesure que la teneur en silicium diminue le nombre de ces
étincelles augmente. A la surface des moulages coulés à découvert on voit le
métal se mouvoir avec vivacité, en formant des dessins qui changent à chaque instant et auxquels on donne parfois le nom de *jeu de la fonte* (Spiel des
Roheisens) ; après solidification, la face supérieure des gueusets apparaît criblée de trous d'autant plus larges et plus profonds que le métal contient
moins de silicium [1].

C'est la présence de ces trous qu'on remarque quelquefois en très grand nombre
sur la surface des gueusets, qui a fait donner à ce genre de fontes le nom de *piquées*.
Les mouvements de surface sont souvent désignés par le mot de *moiré*. (V.)

On emploie ces fontes pour le moulage ou pour l'affinage soit seules, soit
en mélange avec d'autres plus siliceuses.

Fontes truitées (n° V des fontes au coke, cotées comme n° VII lorsqu'elles
contiennent beaucoup de phosphore). — Elles renferment encore moins de sili-

---

[1] Pour plus de détails sur ces phénomènes et sur les causes qui les provoquent, consulter :
Ledebur, *Das Roheisen*, 3ᵉ édition, p. 37 et Dürre, *Handbuch des Eisengiessereibetriebes*,
3ᵉ édition, p. 129.

cium et de carbone que les fontes gris clair, environ 1 °/₀ du premier de ces éléments et 2,5 à 3 °/₀ du second ; la proportion de graphite est très faible ; on en voit quelques lamelles parsemées sur un fond blanc, ce qui donne au métal une certaine ressemblance avec le ferro-silicium, cependant la teinte est moins jaune et la texture différente ; il est plus facile, néanmoins, de distinguer ces deux produits en comparant leur cassure que de décrire les caractères qui les séparent l'un de l'autre. Ces fontes sont intermédiaires entre les grises et les blanches, et se rapprochent souvent plus des secondes que des premières par leur aspect ; elles ne sont fréquemment qu'un produit accidentel, résultant d'une altération dans la marche du haut-fourneau. Elles sont peu fluides, à la coulée, elles lancent une énorme quantité d'étincelles, leur surface est encore plus criblée de trous que celle des fontes gris clair ; quelquefois elle est boursouflée par le dégagement des gaz et il s'y forme des ampoules volumineuses. Ces fontes sont souvent très sulfureuses, parce que la température à laquelle elles se sont formées étant plus basse, le laitier n'a pu enlever aussi complétement au métal le soufre qu'il pouvait contenir.

Les fontes truitées sont le plus souvent divisées en truitées grises et truitées blanches ; dans les premières on distingue des points blancs sur un fond gris-clair, dans les secondes des mouches grises ressortent sur un fond blanc. (V.)

Nous donnons, comme exemples, dans le tableau suivant la composition d'un certain nombre de fontes.

DÉSIGNATION DES FONTES (Nous indiquons le nom de la personne qui a fait l'analyse ou qui nous l'a communiquée.)	Silicium	Carbone total	Graphite	Manganèse	Phosphore	Soufre	Cuivre
(a) Fontes fabriquées au combustible minéral :							
Ferrosilicium de Hœrde.......... (Ledebur).	16,31	0,80	0,80	1,22	0,18	n.d.	n.d.
Id. de Kœnigshutte..... (id.)	11,29	1,59	1,59	2,08	0.08	0,02	n.d.
F. très silicieuse de Friedenshutte.. (Jungst).	5,32	2,46	2,25	2,52	0,48	0,01	n.d.
Id. provenant de l'Angleterre, vendue comme n° III. (Ledebur).	4,37	2,74	2,64	0,71	n.d.	n.d.	n.d.
Id. de Westphalie, vendue comme n° III .... (Wachler).	3,50	3,42	3,27	0,79	0,96	0,04	0,04
F. d'Ecosse (Coltness) n° I, noire .. (id.)	3,50	3,50	3,30	1,58	0,98	0,02	0,10
Même fonte d'une autre coulée.... (Ledebur).	2,77	3,78	3,33	1,31	0,80	0,02	0,09
F. d'Ecosse (Coltness) n° III, grise.. (id.)	2,16	2,82	2,54	0,67	0,51	n.d.	0,08
Id. (Langloan) n° I, noire.. (Wachler).	2,93	3,86	3,40	1,62	0,75	0,04	0,07
F. Middlesborough n° III ¹ (Id.)	2,52	3,52	3,39	0,68	1,49	0,05	0,04
F. de Terrenoire n° I ², noire (1878). (Usine).	2,25	4,15	3,25	1,25	0,05	0,02	n.d.
Id. n° II grise id. (id.).	1,95	3,58	2,55	1,05	0,05	0,04	n.d.

¹ Ainsi que nous l'avons fait observer, les fontes de la région de Middlesborough, de Clarence, de Newport, de Claylane, etc., qui ont toutes à peu près la même composition et qui contiennent environ 1,5 °/₀ de phosphore sont classées sous un certain nombre de numéros dont le premier terme est N° III.

² Ces analyses de fontes de Terre-Noire sont empruntées à la brochure que la Direction

DÉSIGNATION DES FONTES	Silicium	Carbone total	Graphite	Manganèse	Phosphore	Soufre	Cuivre
F. de Terrenoire nº III (1878) grise (Usine).	1,75	3,47	1,95	0,95	0,05	0,06	n.d.
Id. nº IV (id.) gris clair (id.)	1,55	3,23	1,15	0,65	0,04	0,07	n.d.
Id. nº V (id.) truitée (id.)	1,45	3,02	0,85	0,58	0,05	0,08	n.d.
F. de Lorraine nº III, grise gros grain (id.)	2,71	3,82	3,30	0,59	1,78	n d.	n.d.
Id. nº IV, grise (id.)	2,71	3,82	3,30	0,61	1,93	n.d.	n.d.
Id. nº V, gris clair (id.)	2,86	3,71	3,40	0,56	1,89	n.d.	n d.
Id. nº VI, gris clair (id.)	1,87	3,76	3,10	0,51	1,85	n.d.	n.d.
Id. nº VII, gris clair, grain fin (id.)	2,29	3,76	3,10	0,59	1,86	n.d.	n.d.
F. Bessemer noire de Georgsmarienhutte (communic. personnelle).	3,31	4,76	4,00	3,41	0,07	0,05	n.d.
Id. grise id. nº II (id.)	2,52	3,76	3,10	3,90	0,07	0,03	n.d.
Id. gris clair id. nº III (id.)	1,73	3,14	2,97	3,78	0,08	0,04	n.d.
Id. Nº I de Schwechat. (Ledebur).	2,31	3,57	n.d.	3,74	0,07	0,03	n.d.
(b) Fonte au charbon de bois :							
F. gris foncé de Zorge (Hartz).... (Ledebur).	2,11	3,61	3,01	0,47	0,46	0,04	0,03
F. piquée id. id. .... (id.)	0,87	3,38	n.d.	0,22	0,43	0,06	n.d.
F. grise de Styrie.............. (id.)	1,35	3,78	3,07	2,52	0,03	0,05	0,11
F. piquée id. [1] .... (id.)	1,79	3,01	2,26	2,33	0,03	0,04	0,05
F. de moulage d'Ilsenburg (1875). (id.)	2,20	3,50	2,97	0,41	0,51	0,07	0,05
F. piquée id. (id.) (id.)	1,68	2,93	2.53	0,35	0,54	0,07	0,08
F. très piquée id. (1874). (id.)	1,02	3,19	2,40	0,28	0,59	0,09	0,10
F. truitée id. (id.) (id.)	0,70	3,21	1,63	0,14	0,56	0,14	0,09
F. grise de Kallich (Bohême) 1861. Echantillon de la collection de l'Ecole des Mines de Freiberg. Cavité avec cristaux octaédriques bien nets recouverts de silice :							
(a) Métal pris sous les cristaux..............	1,85	3,11	n.d.	0,18	n.d.	0,04	0,17
(b) Cristaux débarrassés de la silice..	2,00	3,28	n.d.	0,09	n.d.	0,05	n.d.
F. grise de moulage de Plozko (Hongrie) (Ledebur).	1,45	3,81	3,19	1,69	0,37	0,01	n d.
F. grise de Sulzau-Werfen .... (id.)	0,82	3,83	2,78	1,17	0,09	0,04	n.d.
F. grise de Szalocz.............. (id.)	1,07	3,67	3,31	2,13	0,07	0,03	0,07
F. grise de Krompach............ (id.)	1,48	3,50	2,35	2,44	0,12	0,05	0,34
F. trempée de Krompach, trempant bien. (id.)	0,82	3,82	n.d.	2,85	0,11	0,005	0,15
F. gris clair de Rhonitz..... ...... (Kerpely).	1,76	2,73	2,23	1,42	0,36	0,12	0,05
F. piquée de Diösgyör............ (id.)	2,54	2,52	1,78	2,88	0,15	0,04	0,32
F. grise de Pioneer-Furnace (Amér. du Nord). (Kupelwieser).	2,24	3,68	2,88	0,17	0,14	0,01	n.d.
F. piquée de Finspong (Suède) employée pour la fabrication des canons, provenant de la collection de l'Ecole des Mines de Freiberg. (Ledebur).	0,63	2,70	2,26	0,32	traces	0,15	traces

de cette usine a publiée à l'occasion de l'exposition de 1878. Elles ont été reproduites par M. Kerpely dans son compte rendu de l'exposition qui a paru à Leipzig en 1879. (V.)

[1] Il est intéressant de comparer ces deux sortes de fontes de Styrie. Celle qui contient le plus de silicium est moins graphiteuse que l'autre parce qu'elle est moins carburée ; aussi est-elle de couleur plus claire.

4. — **Fontes blanches et Ferro-manganèse**.

Nous avons vu que, pour constituer la fonte grise, il fallait trois corps, le fer, le silicium et le carbone ; deux suffisent pour la fonte blanche, fer et carbone ; on y trouve encore cependant du silicium en proportion d'autant plus grande que la teneur en carbone est plus faible et celle en manganèse plus élevée ; si la quantité de silicium dépasse une certaine limite, la fonte devient grise.

Ce cas se présente assez fréquemment ; lorsque, par exemple, la fonte blanche reste longtemps en contact à haute température avec des matières siliceuses, le carbone réduit la silice et on voit la fonte devenir grise ; c'est ce qui arrive surtout quand le métal contient en même temps du manganèse qui, lui aussi, sert de réducteur pour la silice aux dépens de laquelle il s'oxyde. Depuis quelque temps on transforme ainsi dans les fonderies des fontes blanches en fontes grises au moyen d'addition de ferro-silicium, et on les rend de cette façon propres au moulage.

Il est rare que, dans la fonte blanche proprement dite, il y ait plus de 0,8 % de silicium ; généralement on en trouve une quantité moindre.

Le manganèse favorise la production de la fonte blanche parce qu'il s'oppose à la formation du graphite ; aussi les minerais manganésifères sont-ils traités de préférence pour fonte blanche. La teneur en carbone augmente en même temps que celle en manganèse, et c'est dans le ferro-manganèse qu'on trouve la plus forte proportion de ces deux éléments.

La quantité de phosphore qu'on rencontre dans les fontes blanches peut être de moins de 0,1 %, comme elle peut dépasser 3 %. Nous avons déjà indiqué qu'il était plus convenable de transformer les minerais très phosphoreux en fonte blanche qu'en fonte grise ; on tire en effet meilleur parti de la première que de la seconde.

Dans la fonte Thomas, qui est blanche, il est utile d'avoir, au minimum, 2 % de phosphore.

Les fontes blanches sont généralement plus sulfureuses que les grises (de 0,05 à 0,20 %) parce qu'elles sont produites à plus basse température, en présence de laitiers moins basiques, même lorsqu'on emploie, pour les fabriquer, le combustible minéral ; dans ces conditions il serait difficile de fondre les laitiers très calcaires auxquels on a recours pour la fonte grise. Aussi la fonte blanche, provenant de fourneaux au coke, est-elle généralement plus sulfureuse que celle que l'on obtient des fourneaux au bois.

Lorsque, cependant, le lit de fusion contient du manganèse, celui-ci fait passer le soufre dans le laitier et le métal est peu sulfureux.

Le cuivre, le nikel, l'antimoine, l'arsenic se rencontrent dans ces fontes en même proportion que dans les fontes grises ; par contre les corps d'une réduction difficile, comme le titane, ne passent pas aussi facilement dans le métal, en raison de la plus basse température à laquelle il est produit ; à ce point de vue la fonte blanche peut donc être plus pure que l'autre [1].

Nous allons décrire ci-après les types les plus tranchés de fontes blanches et de ferromanganèses.

Fonte blanche ordinaire, qu'on désigne en Allemagne sous le nom de *Matteisen* à cause de son peu de fluidité, ou sous celui de *Treibeisen* parce qu'elle s'affine promptement ; comme celle de la fonte truitée, sa cassure est à grains fins, mais on n'y distingue plus d'apparence de graphite. Parmi ces fontes il en est qui ont une structure légèrement rayonnée ; leur couleur est d'un blanc un peu gris ; elles contiennent rarement plus de 3 % de carbone, une faible quantité de manganèse, de 0,1 à 1 % ; on y trouve jusqu'à 0,8 % de silicium et de 0,1 à 0,2 de soufre.

Ces fontes sont employées à l'affinage, et à la fabrication des objets en fonte malléable que nous décrirons dans la 3e partie ; le métal le plus convenable, dans ce cas, doit renfermer peu de carbone, de manganèse et de phosphore, et contenir de 0,4 à 0,7 de silicium.

Pendant la coulée, on observe les mêmes phénomènes que ceux que nous avons signalés pour la fonte truitée ; les étincelles sont très nombreuses et très brillantes ; si le métal n'est pas phosphoreux, il passe par l'état pâteux avant de se solidifier.

Fonte blanche rayonnée ainsi nommée parce que sa cassure présente des rayons dirigés normalement aux surfaces de refroidissement ; on y trouve de 3 à 4,5 % de carbone et de 1 à 4 % de manganèse et moins de soufre que dans la précédente ; suivant que les rayons sont plus ou moins nettement tracés, on dit que cette fonte est rayonnée ou très rayonnée ; cette dernière est la plus riche en carbone et en manganèse ; si la teneur en silicium s'élève au point de provoquer la formation de graphite, la fonte prend l'apparence et le nom de fonte truitée.

Ce métal est plus fluide que le précédent, il lance peu d'étincelles à la coulée, celles-ci manquent même souvent tout à fait ; les plus manganésées paraissent couvertes, lorsqu'elles sortent du fourneau, d'une couche de gaz enflammés qui forment une fumée blanche très légère, composée principalement de silice.

Cette fonte s'emploie surtout pour l'affinage ; exceptionnellement on la mélange à des fontes grises pour en améliorer la qualité.

_____

[1] C'est pour ce motif qu'on peut obtenir des fontes grises très résistantes et par conséquent très favorables pour le moulage de certaines pièces, en fondant une fonte blanche peu manganésée avec du ferro-silicium. Consulter à ce sujet : C Jungst, *Schmelzversuche mit Ferro-silicium*, Berlin 1890.

Fonte spéculaire ou Spiegeleisen (le mot allemand qui désigne ces fontes est passé en France dans la pratique du commerce et des usines, on dit aussi *fontes miroitantes.*)

Quand les lignes rayonnées qui caractérisent les fontes précédentes se multiplient, elles arrivent à former des facettes planes de couleur blanche dirigées, comme les lignes, normalement aux surfaces de refroidissement. Ces facettes se croisent en tous sens, elles ont un vif éclat qui les a fait comparer à des miroirs, d'où le nom sous lequel on les connaît.

Ces fontes se distinguent par leur plus haute teneur en carbone et en manganèse, on y trouve de 4 à 5 % de carbone et de 5 à 20 % de manganèse ; on évite de les produire avec des minerais phosphoreux, parce que la présence du phosphore ôterait à la fonte une grande partie de sa valeur ; on en rencontre donc rarement plus de 0,15 % et le plus souvent cette teneur est loin d'être atteinte ; le soufre n'y est qu'en petite quantité, puisque le manganèse facilite le passage de cette impureté dans le laitier.

Dans les cavités de la fonte spéculaire, on trouve fréquemment des cristallisations ayant la forme de feuillets minces disposés comme des cloisons enchevêtrées ; ces feuillets se composent de prismes à quatre faces appartenant au système rhomboédrique juxtaposés. Martens est le premier qui ait signalé ce fait (Zeitsch. des Ver. deutsch. Ingenieure 1878, p. 205).

La fonte intermédiaire entre celle dite rayonnée et le spiegeleisen, n'a que de petites facettes se rapprochant des lignes rayonnées, c'est ce qu'on appelle *demi-spéculaire* ; avec 6 % de manganèse et de petites facettes bien nettes, c'est du *petit spiegel* ; lorsque la teneur en manganèse est comprise entre 6 et 15 % et que les facettes sont très développées, c'est le véritable spiegeleisen, au-delà de 15 % on le dit très manganésé. Si ce métal s'est trouvé dans des conditions telles qu'il ait pu absorber beaucoup de silicium, on aperçoit au bord des lamelles cristallines un peu de graphite, et on désigne cette variété par le nom de spiegel-eisen gris.

Cette fonte est tellement fluide qu'elle passe à travers les fissures des fourneaux ; à la coulée elle est couverte d'une flamme fumeuse, mais ne dégage pas d'étincelles. La cristallisation est d'autant mieux développée que le refroidissement a été plus lent et pour la favoriser, lorsqu'on attache une importance quelconque à l'aspect des cassures, on laisse couler au-dessus de la fonte une couche de laitier sous laquelle il se refroidit plus lentement [1].

Le spiegel-eisen n'est employé que dans les opérations d'affinage ; c'est un métal doué d'une grande dureté en même temps que d'une extrême fragilité.

---

[1] Autrefois on jugeait la valeur de la fonte spéculaire à son aspect, comme on le faisait pour les autres fontes, et c'est au développement de la cristallisation qu'on s'en rapportait. Aujourd'hui on détermine par l'analyse chimique la teneur en manganèse qui sert de base à l'établissement du prix de vente.

Ferro-manganèse. — Lorsqu'une fonte contient plus de 25 °/₀ de manganèse, sa texture perd l'aspect lamelleux caractéristique des spiegel-eisen, elle devient compacte, à grains fins et les cristallisations qu'on y rencontre sont aciculaires ; la teinte blanche est remplacée par une nuance d'un blanc jaunâtre et dans les fissures où l'air a pu pénétrer en quantité limitée, on trouve de belles couleurs irisées.

A partir de la teneur de 25 à 27 °/₀ de manganèse les fontes ne sont plus sensiblement attirées par le barreau aimanté et peuvent être considérées comme ferro-manganèses. (V.)

On produit en grand le ferro-manganèse à des teneurs variant entre 30 et 85 °/₀ de manganèse ; quelquefois même on dépasse ce dernier chiffre ; la proportion de carbone croît en même temps, elle atteint 7,5 °/₀ lorsqu'il n'y a pas une trop grande quantité de silicium.

On fabrique également pour certains usages un alliage de fer, de silicium et de manganèse, auquel on donne ordinairement le nom de silico-spiegel quoiqu'il n'ait pas la texture du spiegel-eisen ; il contient jusqu'à 12 °/₀ de silicium ; sa teneur en carbone s'abaisse à mesure que celle en silicium augmente ; la présence d'une forte proportion de manganèse retient le carbone en combinaison et empêche la formation du graphite.

Tous ces alliages de fer et de manganèse n'ont d'utilité que pour enlever l'oxygène au fer et à l'acier fondu. Leur prix de revient croît considérablement avec la teneur en manganèse ; on ne peut cependant se passer des alliages riches, lorsqu'on veut introduire dans un bain de métal une quantité importante de manganèse, sans augmenter en même temps la dose de carbone.

Nous donnons dans le tableau ci-dessous la composition d'un certain nombre de fontes blanches et de ferro manganèses.

DÉSIGNATION DES FONTES	Carbone total	Graphite	Manganèse	Silicium	Phosphore	Soufre	Cuivre
F. blanche ordinaire du Cumberland pour fonte malléable .... (Ledebur).	3,03	»	0,16	0,28	0,02	0,10	n. d.
F. blanche ordinaire de Gleiwitz...............	3,18	»	0,78	0,53	0,96	0,07	id.
F. rayonnée finement de Reschitza. (Kerpely).	3,66	»	0,56	0,74	0,19	0,21	0,06
F. blanche ordinaire d'Ilsede (1).	1,64	»	1,68	0,03	3,12	0,14	n. d.
F. blanche ordinaire au bois de Haute-Silésie. (Jüngst).	2,76	»	0,52	0,33	0,91	0,08	id.
F. rayonnée blanche au bois d'Eisenerz.......	3,72	»	0,69	0,12	0,07	0,02	id.
F. rayonnée blanche d'Ilsede.....	2,68	»	3,84	0,11	3,29	0,04	id.
F. rayonnée de Reschitza .... (Kerpely).	4,27	»	2,22	0,32	0,04	traces	0,24

¹ On remarquera le faible degré de carburation de cette fonte, on ne pourrait pas le considérer comme de la fonte s'il ne contenait autant de phosphore et de soufre.

DÉSIGNATION DES FONTES	Carbone total	Graphite	Manganèse	Silicium	Phosphore	Soufre	Cuivre
F. rayonnée de Firminy (Loire)	3,20	»	1,02	0,40	0,07	0,07	n. d.
F. rayonnée blanche de Mont-Saint-Martin	3,20	»	2,00	0,35	2,20	0,02	id
F. rayonnée de Lölling, au bois	3,50	»	4,22	0,57	traces	0,05	id.
F. rayonnée truitée de Gleiwitz	3,51	0,75	3,36	1,23	0,89	0,05	id.
F. rayonnée truitée de Georgs-Marienhütte....	3,67	2.46	2,74	1,03	0,09	0,05	id.
Spiegeleisen à petites facettes, même provenance	3,83	»	4,28	0,37	0,08	traces	id.
Spiegeleisen, même provenance	4,07	‹	4,75	0,20	0,08	0,05	id.
Spiegeleisen des usines Krupp..... (Ledebur).	5,30	»	11,30	0,30	0,16	0,01	id.
Spiegeleisen de Reschitza .... (Kerpely).	5,39	»	7,05	0,52	0,002	0,21	0,07
Spiegeleisen très manganésé de St-Louis (1889)..	6,00	»	27,41	0,23	0,06	0,01	0,02
Spiegeleisen gris de Georgs-Marienhütte	5,20	2.71	4,47	0,88	0,07	0,04	n. d.
Spiegeleisen gris d'Aplerbeckerhütte. (Ledebur).	4,18	»	3,80	0,45	0,29	0,02	0,25
Ferro-manganèse de Reschitza...... (Kerpely).	4,01	»	28,35	0,90	0,24	0,00	0,06
Id. d'Oberhausen, cristallisé . (Ledebur).	5,53	»	35,43	0,06	traces	traces	n d.
Id. de Hœrde (1881)........ (id.)	5,31	»	55,06	2,52	0,38	traces	0,17
Id. du Phœnix (Ruchrort).. (id.)	6,94	»	76,95	0,02	0,24	n. d.	0,37
Silicospiegel de Middlesborough	1,39	»	19,25	12,25	0.05	traces	0,01
Id. de Terre-Noire (1878).....	2,65	»	20,50	10,20	0,18	n. d.	n. d.

Aux analyses données par M. Ledebur, nous croyons utile d'en ajouter un certain nombre puisées dans les documents de l'exposition de 1889 et dans nos propres connaissances, elles se rapportent pour la plupart aux usines françaises et présentent à ce point de vue un intérêt particulier. (V).

PROVENANCE DES FONTES	Carbone total.	C. graphite.	C. combiné.	Si.	Mn.	Cr.	W.	S.	Ph.
Allevard, coke, fonte grise.	»	2,809	0,530	2,062	2,983	»	»	0,006	0,018
Longwy, fontes fortes moulage, n° 1. . .	»	3,200	0,400	2,700	1,300	»	»	0,020	0,090
Id. id. id. n° 2. . .	»	3,030	0,500	2,300	1,100	»	»	0,040	0,070
id. id. id. n° 3. . .	»	3,000	0,600	1,800	0,900	»	»	0,060	0,060
id. id. id. n° 4 . .	»	2,500	1,300	1,400	0,850	»	»	0,090	0,060
id. fonte Thomas blanche	3,000	»	»	0,200	1,500	»	»	0,040	2,000
id. id. truitée	3,200	»	»	0,350	2,000	»	»	0,020	2,200
id. fonte à lingotières.	3,530	»	»	2,100	2,050	»	»	0,020	0,060
Micheville, fonte moulage, n° 3.	»	2,500	0,700	2,500	»	»	»	0,033	1,800
id. fonte blanche affinage . . .	»	0,750	2,750	0,500	»	»	»	0,350	1,800
Halanzy, fonte moulage, n° 1.	3,700	3,350	0,350	2,850	0,850	»	»	0,010	1,600
id. id. n° 4	3,300	2,700	0,600	2,050	0,650	»	»	0,030	1,450
id. id. n° 6	3,050	2,100	0,950	1,650	0,450	»	»	0,050	1,350
Isbergues, fonte moulage, n° 1	4,250	»	»	3,500	1,900	»	»	0,010	0,050
id. id. n° 4	3,500	»	»	2,500	1,750	»	»	0,040	0,050
id. fonte truitée grise, n° 5 . . .	3,250	»	»	2,000	1,650	»	»	0,050	0,050
id. fonte truitée blanche, n° 6 . . .	3,000	»	»	1,500	1,300	»	»	0,060	0,030
id. fonte blanche, n° 7	2,500	»	»	0,750	1,250	»	»	0,070	0,030
Champagne, fonte moulage	4,000	»	»	2,500	0,750	»	»	0,050	0,600
id. fonte affinage	3,750	»	»	0,500	0,800	»	»	0,050	0,600

PROVENANCE DES FONTES	Carbone total.	C. graphite.	C. combiné.	Si.	Mn.	Cr.	W.	S.	Ph.
Champagne fonte rubannée	3,450	»	»	0,350	1,250	»	»	0,050	0,600
id. fonte manganésée	3,750	»	»	0,220	4,750	»	»	0,030	0,570
Miérès (Asturies)	»	1,580	1,700	2,643	»	»	»	0,089	1,097
Tavernole (Italie), au charbon de bois . .	2,880	»	»	1,300	5,469	»	»	tr.	0,122
id. id. id. . .	3,400	»	»	0,752	3,172	»	»	0,012	0,015
Tamaris (Alais), fonte affinage fer fin . .	»	0,500	3,000	0,600	3,500	»	»	tr.	0,060
id. id. fonte à acier	»	0,500	3,000	0,600	3,500	»	»	0,010	0,060
id. id. fonte pour fer maréchal.	»	»	2,500	0,600	0,600	»	»	0,050	0,300
id. id. fonte moulage, n° 1 . .	»	3,300	0,900	2,500	1,500	»	»	tr.	0,100
						Ti.			
Pottstown (États-Unis), fonte n° 2. . . .	»	2,407	1,045	0,605	0,225	0,217	»	0,024	2,900
id. id. id. n° 4 . . .	»	1,936	1,258	0,329	0,333	0,259	»	0,010	3,920
id. id. id. truitée . .	»	1,987	0,816	0,312	0,314	0,170	»	0,025	3,980
id. id. id. blanche. .	»	0,079	2,271	0,096	0,131	0,023	»	0,055	3,620
Tamaris (Alais), spiegel-eisen.	»	»	4,500	0,500	20,000	»	»	tr.	0,080
id. id. id.	»	»	4,500	0,400	10,500	»	»	tr.	0,100
id. id. ferro-manganèse	»	»	5,300	0,200	81,000	»	»	»	0,080
						Cr.			
id. id. ferro-chrome.	»	»	5,000	1,100	2,500	48,000	»	0,100	0,080
id. id. ferro-silicium	»	»	2,500	14,000	1,500	»	»	»	0,120
Hoerde, ferro-manganèse.	7,000	»	»	0,050	70,000	»	»	»	0,120
id. ferro-silicium.	2,300	»	»	9,500	»	»	»	»	0,130
id. ferro-phosphore	?	»	»	?	»	»	»	?	12,000
Isbergues, ferro-silicium.	3,000	»	»	7,500	»	»	»	0,010	0,050
id. spiegel-eisen	4,500	»	»	0,600	11,000	»	»	0,010	6,050
Le Boucau, ferro-chromes	8,500	»	»	0,400	»	44,800	»	?	?
id. id.	8,750	»	»	0,400	»	51,100	»	?	?
id. id.	9,100	»	»	0,350	»	55,500	»	?	?
id. id.	9,380	»	»	0,500	»	57,960	»	?	?
id. id.	9,550	»	»	0,450	»	60,350	»	?	?
id. id.	10,050	»	»	0,420	»	63,100	»	?	?
id. id.	11,800	»	»	0,380	»	65,200	»	?	?
id. ferro-tungstène.	3,600	»	»	0,800	»	»	73,500	0,200	0,06
id. id.	2,800	»	»	»	»	»	83,400	»	»
id. id.	3,000	»	»	»	»	»	88,600	0,08	0,05
St-Louis (Marseille) ferro-manganèse 1889.	7,600	»	»	0,466	85,400	»	»	tr.	0,168
id. ferro-silicium	2,100	»	»	12,600	2,500	»	»	0,054	0,088
id. ferro-chrome	6,065	»	»	1,100	1,350	61,230	»	»	0,045

Ouvrages à consulter.

(a) Traités.

E. F. Dürre, *Ueber die Constitution des Roheisens und den Werth seiner physikalischen Eigenschaften zur Begründung eines allgemeinen Constitutionsgesetzes für dasselbe.* Leipzig 1868.

R. Wachler, *Vergleichende Qualitätsuntersuchungen rheinischwestfälischen und aus-ländischen Giesserei-Roheisens. Sonderabdruck aus Glasers Annalen für Ge-werbe und Bauwesen*. Berlin 1879.

A. Ledebur, *Das Roheisen mit besonderer Berücksichtigung seiner Verwendung für die Eisengiesserei*. Leipzig 1891.

(*b*) Notices.

C. Jüngst, *Schmelzversuche mit Ferrosilicium. Zeitschr. für Berg-Hütten-und Sali-nenwesen*, tome XXXVIII.

A. Martens, *Zur Mikrostructur des Spiegeleisens. Zeitschr. d. Ver. deutsch. Inge-nieure* 1878, p. 205, 481.

A. Martens, *Ueber das mikroskopische Gefüge und die Krystallisation des Roheisens, speciell des grauen Roheisens. Zeitschr. d. V. deutsch. Ingenieure*, 1880, p. 398.

H. Wedding, *The difference in the microscopical structure of Charcoal and coke pig irons. Journal of the Charcoal Iron workers*, tome VII, p. 120.

Th. Turner, *The constituants of cast iron. Journal of the Iron and Steel Institute* 1886, I, p. 163.

A. Platz, *Ueber einige Saigerunserscheinungen beim weissen Roheisen.* « *Stahl und Eisen* » 1886, p. 244.

A. Ledebur, *Ueber einige Saigerunserscheinungen beim Eisen.* « *Stahl und Eisen* » 1884, p. 634.

A. Ledebur, *Ueber die Kügelchenbildung in Gussstuken.* « *Stahl und Eisen* » 1887, p. 170.

B. Platz, *Die Wanzenbildung auf Roheisen und die Kügelchenbildung im Roheisen.* « *Stahl und Eisen* » 1887, p. 639.

Riemer, *Die Wanzenbildung auf Roheisen und die Kügelchenbildung im Roheisen.* « *Stahl und Eisen* » 1887, p. 791.

A. Jaumain, *Notice sur la composition des pailles qui se détachent de la partie supé-rieure des gueusets et de certaines fontes d'affinage. Annales des mines*, S. 8, tome I, p. 552.

W. Shimer, *Titanium carbide in pig iron. Transactions of the American Institute of Mining Engineers*, tome XV, p. 455.

A. Ledebur, *Ueber den Einfluss der Winderhitzung auf die Zusammensetzung des erblasenen Roheisens.* « *Stahl und Eisen* » 1887, p. 168.

A. Ledebur, *Neuere Untersuchungen über die Eigenschaften des Gusseisens.* « *Stahl und Eisen* » 1890, p. 602.

CHAPITRE II

HAUTS-FOURNEAUX

---

1. — Historique.

Les fours qui servent à la fabrication de la fonte et du ferro-manganèse, sont, en raison de leur grande hauteur, désignés sous le nom de hauts-fourneaux. Nous avons expliqué antérieurement comment, à partir du moment où la force hydraulique a été appliquée à mouvoir les souffleries, les fours dans lesquels on produisait le fer doux en l'extrayant directement des minerais, se sont graduellement transformés, pour aboutir aux hauts-fourneaux.

Les premières traces de fabrication industrielle de la fonte remontent au commencement du XIIIe siècle ; elle existait alors dans le pays de Siegen et à Schmalkade [1]. Les premiers hauts-fourneaux portaient alors le nom de Blau-œfen ou Bla-œfen (Blase-öfen, fours soufflés), leur hauteur dépassait à peine 3 mètres. Vers la fin du XIIIe siècle, en Alsace, on les éleva jusqu'à 5 mètres et dès lors on les désigna sous le nom de Hochofen (Hauts-fourneaux).

Vers le milieu du XVe siècle, la fabrication de la fonte, qui était étroitement liée à celle des moulages en première fusion, pénétra en Angleterre, et, dans les premières années du siècle suivant, elle s'introduisit dans le Hartz. Quant à l'Amérique du Nord, c'est en 1644 que le premier haut-fourneau fut construit dans la Baie de Massachusetts [2].

Cette nouvelle industrie fut très lente à s'établir dans la plupart des contrées ; à la fin du siècle dernier, on produisait encore, dans les Alpes autrichiennes, le fer au moyen des stuckofen d'où sortait toujours un peu de fonte avant que la loupe fût formée [3] ; dans certaines parties du Japon on pratique encore une opération analogue.

---

[1] Adolf Gurlt, *Bergbau und Huttenkunde*, 2e édition, p. 128.
[2] James M. Swank, *History of the manufacture of Iron*, Philadelphia 1892, p. 108.
[3] G. Jars, *Voyages métallurgiques*.

La production des hauts-fourneaux de cette époque était extrêmement faible si on la compare à celle que l'on obtient aujourd'hui ; le haut-fourneau d'Ilsenburg, construit dans le Hartz en 1544, donnait vers la fin du xvıᵉ siècle, d'après les comptes de l'usine, 15 quintaux de fonte par jour, soit 750ᵏ[1]. Les appareils actuels produisent 150 fois autant, et quelquefois davantage lorsque les conditions sont favorables.

Les premiers hauts-fourneaux étaient alimentés avec du charbon de bois mais, dans le courant du siècle dernier, et déjà même au xviiᵉ siècle, la rareté croissante des bois en Angleterre excita les maitres de forges de ce pays à multiplier les tentatives pour la substitution du combustible minéral à celui qu'ils tiraient des forêts ; dès 1625, on essaya de charger les hauts-fourneaux avec de la houille à Duddley, et le propriétaire de l'usine, Dud Duddley, obtint en 1663 la prolongation d'un de ses brevets, dans lequel il annonçait qu'il était en état de faire, avec du coke, dans un haut-fourneau, 7000ᵏ de fonte par semaine. Pour obtenir un résultat satisfaisant il fallait commencer par apprendre à fabriquer un coke convenable, aussi le premier haut-fourneau qui ait été alimenté régulièrement avec du combustible minéral fut-il celui de Coalbrookdale dans le Shropshire, en 1735, sous la direction d'Abraham Darby ; bientôt après, à celui de Pontypool dans le Monmouthshire on adopta le même procédé de fabrication.

Sur le continent, les premières tentatives pour employer le coke, furent faites à Sulzbach, dans le pays de la Saar, en 1767 ; mais en réalité, le premier haut-fourneau au coke fut établi à Gleiwitz (Haute-Silésie) en 1794, 1795 ; il avait 12ᵐ,90 de hauteur et 40ᵐᶜ de capacité : il ne produisit d'abord que 1000ᵏ par 24 heures, mais dès 1800 il avait atteint 3000ᵏ ; la plus grande partie de cette fonte était convertie en pièces de moulage; depuis des siècles on obtenait du fer directement des minerais et la pensée n'était pas venue d'abandonner ce procédé si simple pour en adopter un autre, on fabriquait donc uniquement de la fonte grise pour moulage de première fusion et on n'envoyait à l'affinage que les débris de fonte. C'est ce qui explique pourquoi, dans les contrées où les minerais sont manganésifères et par conséquent plus enclins à produire de la fonte blanche que de la fonte grise, on est demeuré si longtemps avant d'entreprendre la fabrication de la fonte et de substituer cette nouvelle industrie à celle du fer et de l'acier qu'on obtenait par la méthode directe.

La fabrication de la fonte blanche ne s'est développée que lorsque la découverte de la machine à vapeur d'une part, la construction des chemins de fer de l'autre, eurent accru dans une énorme proportion la demande de fer doux; en même temps on apprenait à affiner la fonte au moyen de la houille, alors que la production directe du fer exigeait l'emploi du charbon de bois, et à

---

[1] Wedding, *Beiträge zur Geschichte des Eisenhüttenwesens im Harz.*

préférer pour cet usage, la fonte blanche à la fonte grise, dont la transformation en fer est plus difficile. C'est ainsi que les hauts-fourneaux furent amenés à produire des fontes dites d'affinage, blanches et grises. La fonte au
coke a donc pris un rapide développement, tandis que le nombre des hauts-
fourneaux au bois allait en décroissant.

En même temps, l'emploi du coke pour la fabrication de la fonte a eu pour
résultat de faire disparaître de plus en plus l'industrie des moulages en première fusion et d'encourager la création de nombreuses fonderies indépendantes des hauts-fourneaux [1].

La moulerie constitua donc une industrie spéciale ; cette séparation commença à se manifester vers la fin du xviii° siècle ; vers le milieu du xix° il
existait encore cependant un assez grand nombre d'usines où l'on continuait
à couler des pièces en première fusion, surtout près des fourneaux au charbon
de bois, mais le nombre de ces derniers diminuant sans cesse, on ne fabrique
plus guère aujourd'hui de moulages qu'en 2° fusion.

Il y a une quarantaine d'années, un grand nombre de hauts-fourneaux du Berry
et de la Champagne, pour ne citer que ceux-là, marchant au charbon de bois avec
ou sans mélange de coke, produisaient uniquement des fontes de moulage pour
première fusion, on y obtenait régulièrement des fontes n° 3 qui étaient immédiatement converties en pièces moulées. Aujourd'hui même nous pourrions citer
une grande fonderie du département de l'Allier dont les fontes au coke sont trans-
formées en moulages de toutes sortes sans passer par le cubilot.

C'est donc à la spécialisation des industries qu'est dû principalement l'emploi
beaucoup plus général à notre époque de la 2° fusion ; il est vrai que les cubilots
consommaient autrefois beaucoup plus de combustible que maintenant et que
l'écart entre le prix de revient de la 1re et celui de la 2e fusion s'est considérablement atténué.

Quoi qu'il en soit, il n'est pas plus difficile de maintenir un haut-fourneau en
allure de fonte de moulage pouvant être moulée sans refonte, que de produire régulièrement du métal propre à être converti en acier par le procédé Bessemer acide
ou basique. (V.)

2. — Forme intérieure ou profil des hauts-fourneaux.

Les divers profils et leur influence sur l'allure des appareils. — Le haut-
fourneau est un four à cuve dans lequel l'orifice supérieur ou *gueulard* sert à
l'introduction des matières destinées à la production de la chaleur et à la réduction, telles que le charbon de bois, le coke, la houille crue, l'anthracite ou

[1] Les hauts-fourneaux qui produisent de la fonte destinée au moulage donnent en général
des fontes trop grises, qu'il est impossible d'utiliser directement. En outre la fonte obtenue
avec du coke, en contact dans le haut-fourneau avec des gaz à une pression relativement
forte, doit en absorber une plus grande quantité, et les pièces coulées avec un semblable
métal, en 1re fusion auraient certainement plus de soufflures que celles provenant de fontes
au bois.

même le bois cru, en couches successives alternant avec celles de minerais ;
à la partie la plus basse de l'appareil a lieu la combustion au moyen d'air
soufflé sur le combustible.

Comme dans tous les fours à cuve, il se fait donc un mouvement en sens
inverse des produits gazeux de la combustion d'une part, et des matières
solides d'autre part, ce qui permet un contact prolongé entre ces divers
éléments et assure à ce genre de four une supériorité incontestable sur tous
les autres : tandis que les gaz circulent dans l'appareil de bas en haut et vont
s'échapper par le gueulard, les corps solides descendent vers la base du four,
apportant la chaleur qu'ils ont empruntée aux gaz ; à la partie inférieure, le
combustible est brûlé par l'air injecté, le minerai achève de se réduire et
entre en fusion donnant naissance à la fonte et au laitier qui se rassemblent
en dessous des orifices par lesquels se fait l'introduction de l'air (les
tuyères) ; comme la fonte a une densité d'environ 7,3 et le laitier une densité
de 2,8, ces deux corps se classent spontanément et on les extrait séparément du haut-fourneau ; les corps combustibles ont donc une double mission
à remplir, ils produisent la chaleur qu'ils cèdent aux matières minérales, et
ils sont en même temps les agents de la réduction.

En se reportant à ce que nous avons exposé sur la réduction des minerais,
on voit que cette opération peut être effectuée par l'oxyde de carbone gazeux
ou par le carbone solide, et les calculs que nous avons développés page 296
établissent que la dépense en chaleur est plus grande dans le second cas que
dans le premier ; toutes choses égales, d'ailleurs, un haut-fourneau consom-
mera d'autant moins de combustible pour la production d'une même quantité de fonte que les minerais seront réduits en plus grande partie par l'oxyde
de carbone, et en moindre partie par le carbone solide.

Or, la réduction par le gaz ne peut avoir lieu qu'à la condition que le minerai ne sera ni fondu, ni scorifié, car à partir du moment où cette fusion se
produit, c'est l'action du carbone solide qui se substitue à celle de l'oxyde
de carbone : si donc on tient à prolonger la période de réduction par les gaz,
il faut faire en sorte que ceux-ci, qui au-dessus du niveau des tuyères possèdent une température assez élevée pour amener la fusion des minerais, se
refroidissent rapidement au-dessous du point où commence la formation du
laitier et la scorification du minerai imparfaitement réduit.

D'un autre côté, la réduction à peu près complète du fer n'est possible et
la combustion du fer réduit par le vent des tuyères ne peut être évitée, que
si l'oxygène de l'air insufflé est rapidement et complètement transformé en
oxyde de carbone au contact du combustible ; le gaz en s'élevant peut, d'ailleurs, contenir une certaine proportion d'acide carbonique sans perdre son
pouvoir réducteur si sa température est suffisamment basse (page 35).

Le combustible chargé dans le haut-fourneau doit donc produire la chaleur

nécessaire à la fusion de la fonte et du laitier, et l'oxygène de l'air insufflé
doit se transformer uniquement en oxyde de carbone qui, en gagnant les
régions supérieures de l'appareil opère la réduction du minerai. On a dit avec
raison que le haut-fourneau est un gazogène parfait, dans lequel le gaz produit est immédiatement employé à réduire le minerai, tandis que la chaleur
dégagée suffit à fondre la fonte et le laitier et à satifaire aux autres consommations de calorique, telles que la décomposition des carbonates, la vapori-
sation de l'eau, etc.

L'acide carbonique, résultant de l'action de l'oxyde de carbone sur l'oxyde
de fer, ne doit, que le moins possible, se transformer en oxyde de carbone,
car cette transformation dans les régions supérieures de l'appareil est une
consommation de combustible absolument sans profit, le gaz qui en résulte
s'échappant inutilisé par le gueulard.

On peut donc dire que, moins il y a de carbone employé à la réduction
directe du minerai ou à celle de l'acide carbonique et se trouvant ainsi
détourné de son but, qui est de produire de la chaleur, et meilleure est l'allure du haut-fourneau.

La forme intérieure, ou le profil des hauts-fourneaux doit tendre à favoriser
cette bonne allure dont nous venons d'indiquer les conditions.

La forme la plus simple d'un tel appareil serait le cylindre ; elle répondrait
cependant d'une manière d'autant moins satisfaisante au but qu'on se propose que les dimensions de ce cylindre seraient plus grandes. Ce fait, confirmé par une pratique séculaire, peut être expliqué par les considérations
suivantes :

Pour que les gaz traversent d'une manière uniforme toute la colonne de
matières solides accumulées dans la cuve, pour qu'ils soient également en
contact avec toutes ces matières, il est nécessaire que la combustion, d'où
ils résultent, se fasse elle-même uniformément dans toute la section de
l'appareil ; il faut donc que le vent pénètre jusqu'à l'axe ; or si cet axe est
très éloigné de la paroi, il faudra imprimer au vent une vitesse plus considérable c'est-à-dire déployer un effort mécanique plus grand ; on favorise donc
la régularité de la combustion en ne donnant au fourneau, au niveau des
tuyères, là où le vent pénètre, qu'une faible section ; d'un autre côté, les gaz
ont toujours tendance à suivre le chemin qui leur présente le moins de
résistance, c'est-à-dire à monter le long des parois où les matières sont rendues moins compactes, ameublies en quelque sorte, par le frottement ; ce
dernier effet ne manquerait donc pas de se produire si on conservait la
forme cylindrique au-dessus des tuyères ; on facilite la répartition uniforme
des gaz en élargissant la capacité à partir de ce point en forme d'entonnoir.
Ajoutons que, si on conservait à l'appareil, la forme cylindrique, jusqu'au
gueulard, en même temps que la section réduite à laquelle on est obligé de

s'arrêter au niveau des tuyères, on serait amené à donner à l'appareil des hauteurs considérables pour obtenir une capacité et par conséquent une puissance de production suffisantes ; et d'ailleurs plus la hauteur de la colonne est grande et plus les gaz éprouvent de difficulté à circuler à travers les matières solides qui la remplissent, plus la résistance s'accroît dans la partie inférieure, et plus, par conséquent, le vent doit avoir de pression pour vaincre ces résistances, ce qui entraîne une dépense de force mécanique plus considérable.

On limite donc la partie étroite du fourneau à la région des tuyères, et au-dessus on augmente la largeur de manière à obtenir une grande capacité sans exagérer la hauteur[1].

Il ne serait pas convenable, cependant, de prolonger jusqu'au gueulard l'élargissement dont nous avons reconnu la nécessité dans la région qui s'élève au-dessus des tuyères ; on arriverait à un diamètre exagéré, qui rendrait presqu'impossible une bonne répartition des matières de la charge ; en outre la forme en entonnoir a pour effet d'accroître les frottements et de provoquer le rassemblement vers le centre des parties les plus lourdes du lit de fusion, c'est-à-dire, du minerai, ce qui serait plus nuisible à l'allure du fourneau qu'un profil cylindrique. On élargit donc seulement sur une certaine hauteur à partir des tuyères, puis on rétrécit graduellement la cuve pour arriver au gueulard avec une dimension convenable, en forme d'entonnoir renversé, ce qui en même temps a pour effet de rendre moindres les frottements contre les parois.

Le profil primitif de haut-fourneau que nous donnons dans la figure 68 est ainsi conçu, il a été adopté il y a plusieurs siècles à la suite d'essais empiriques et on le trouve encore usité dans certaines contrées, dans les Alpes autrichiennes, par exemple ; il se compose de deux troncs de cône unis par leur grande base ; la section a, b qui correspond au plus grand diamètre est ce qu'on appelle le *ventre* ; la partie comprise entre le ventre et les tuyères constitue *les étalages* ; au-dessus du ventre est la *cuve*, proprement dite. La descente des charges sera régulière, si la hauteur du ventre est telle que la diminution graduelle de section du haut en bas soit proportionnelle à la diminution progressive du volume des charges, due à la gazéification du combustible et à la fusion du minerai.

Une autre variété de cette forme est représentée, figure 69, dans laquelle le *creuset*, c'est-à-dire l'espace où se rassemblent la fonte et le laitier, est un peu plus profond que dans la première disposition.

---

[1] L'influence que peuvent avoir les différents profils sur la marche des hauts-fourneaux est surtout sensible pour ceux de grande dimension, aussi a-t-on pu établir, sur divers points, des petits fourneaux cylindriques sans que, de cette forme, il ait paru résulter des inconvénients sérieux. Voir : *Stahl und Eisen*, 1887, p. 167 ; 1888, p. 121, 337.

Lorsqu'on veut obtenir de la fonte grise, on doit produire une plus haute température dans la zone de fusion, immédiatement au-dessus des tuyères, afin d'assurer la réduction de la silice et la fluidité du métal; aujourd'hui, on arrive à ces températures élevées en insufflant le vent chauffé préalablement, mais ce moyen n'a été découvert qu'au xixᵉ siècle et les appareils de chauffage du vent n'ont été perfectionnés que très lentement; on réalisait donc autrefois ces hautes températures de fusion en conservant la section étroite, que le fourneau possède au niveau des tuyères, sur une certaine hauteur, comme dans la figure 70; de cette façon, les gaz traversent cette partie de la charge avec une plus grande vitesse, y laissent par conséquent une moindre quantité de chaleur et en apportent davantage dans la zone immédiatement supé-

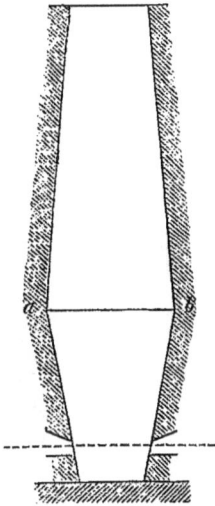
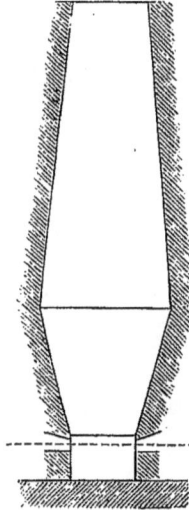
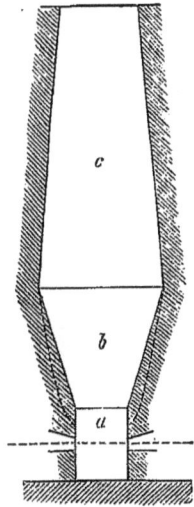

Fig. 68.   Fig. 69.   Fig. 70.

Profils de hauts-fourneaux.

rieure. Le profil d'un haut-fourneau de ce type est donc composé de trois parties à partir du niveau des tuyères, l'*ouvrage a* qui est cette partie cylindrique ou même prismatique dans les plus anciens appareils, quelquefois légèrement élargie vers le haut, les *étalages b* fortement évasés et la *cuve c*.

Avant l'emploi du vent chauffé, tous les hauts-fourneaux devant produire de la fonte grise, avaient des ouvrages étroits et prolongés assez haut, comme les représente les dessins d'anciens fourneaux que nous reproduisons dans les figures 79 et 82, quelquefois même on établissait également un ouvrage pour les fourneaux en fonte blanche, mais on le faisait un peu plus large et on lui donnait moins de hauteur.

Plus l'ouvrage occupe de hauteur et est d'un faible diamètre, et plus il est facile d'y maintenir une haute température; mais en même temps la pression des gaz y est plus grande et il faut employer plus de travail mécanique pour comprimer le vent. On a quelquefois, avec assez de justesse, comparé l'effet d'un ouvrage étroit et de grande hauteur, à celui d'un sabot qu'on placerait sous la roue d'un véhicule circulant en plaine[1]; ou bien on augmente le travail à produire pour conserver la même vitesse, c'est-à-dire la même production, ou bien, on retarde la marche, en conservant la même force. La pratique a d'ailleurs démontré que l'usure, c'est-à-dire la fusion des parois de l'ouvrage, est d'autant plus rapide que cette partie du fourneau est plus étroite dans la partie ponctuée figure 70, celle-ci s'élargit donc rapidement, aussi a-t-on fait les ouvrages de plus en plus bas et de plus en plus larges à mesure qu'on a su mieux utiliser le vent chauffé. Aujourd'hui donc on conserve les mêmes profils pour la fonte blanche et la fonte grise, et le même appareil travaille indifféremment et alternativement dans l'une et l'autre allure. On trouve encore cependant quelques hauts-fourneaux munis d'ouvrages comme ceux de la figure 70.

Toute variation brusque dans le profil peut amener une descente irrégu-

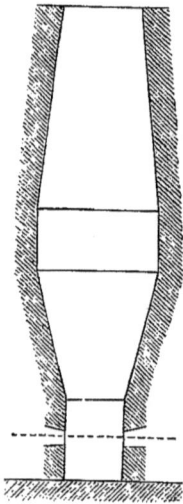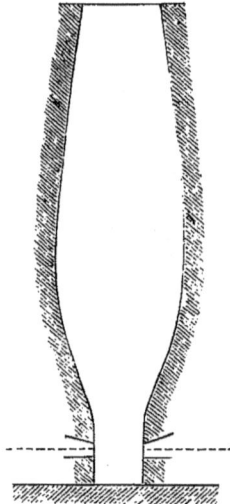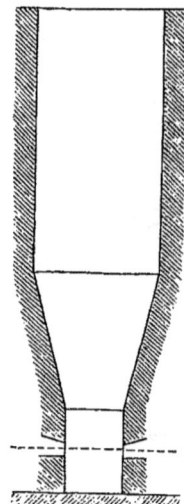

Fig. 71.   Fig. 72.   Fig. 73.
Profils de hauts-fourneaux.

lière; pour éviter cet inconvénient on adopte souvent le profil représenté fig. 71, où l'on voit une partie cylindrique intercalée entre la cuve et les étalages; dans certains fourneaux, principalement en Amérique, cette partie qui n'a habituellement que quelques décimètres de hauteur, constitue une

[1] E. Schinz, *Studien uber den Hochofen,* p. 80.

fraction importante de la hauteur totale ; cette partie cylindrique est la plus large du profil et porte également le nom de ventre.

Pour mieux éviter encore les brusques variations de profil on réunit souvent les lignes droites par une courbe comme dans la figure 72 et cette disposition serait plus fréquemment adoptée si elle n'obligeait à fabriquer des briques spéciales ou à tailler les matériaux naturels.

Tous les hauts-fourneaux sont aujourd'hui construits en briques et l'on peut donner à celles-ci les formes les mieux appropriées au profil que l'on a adopté. Comme d'ailleurs, ces briques n'ont qu'une faible épaisseur qu'on ne peut dépasser sans se heurter à des difficultés de cuisson considérables, on se contente généralement de remplacer par des lignes droites plus ou moins inclinées sur la verticale, les courbes adoptées pour le profil, celui-ci se compose donc d'une suite de lignes brisées se rapprochant très sensiblement de la courbe. Si la construction se fait avec de petits matériaux comme les briques anglaises de format ordinaire (6, 12, 24 par exemple) on emploie les briques sans les tailler, il en résulte une série de petits gradins peu saillants droits ou renversés qui sont promptement usés par le frottement des matières et remplacés au bout de quelques jours par une surface unie. En somme il n'y a aucun inconvénient à raccorder les lignes droites par des courbes et tout avantage à éviter les changements brusques de direction dans les lignes d'un profil. (V.)

Le rétrécissement graduel de la cuve à mesure qu'on se rapproche du gueulard, comme nous l'avons indiqué dans les profils précédents, facilite la descente régulière des charges en même temps qu'il rend moins pénible le service des chargeurs. L'excès de ce rétrécissement, c'est-à-dire un gueulard trop étroit et une convergence trop rapide des lignes du profil, a aussi des inconvénients. Un gueulard trop étroit oblige les gaz à prendre beaucoup de vitesse à la sortie et a pour conséquence d'augmenter leur pression dans le haut-fourneau, ce qui exige plus de travail de la part des machines soufflantes. D'un autre côté, une trop grande inclinaison des parois oblige les charges à s'étaler rapidement en descendant, ce qui laisse des vides le long des parois précisément là où il serait désirable d'avoir le plus de compacité.

Depuis qu'on a reconnu l'inconvénient des gueulards étroits et surtout la diminution de production qu'ils amènent, et qu'on a constaté les avantages de ceux à large section, on a renoncé dans quelques usines à la forme conique de la cuve et on a adopté la forme cylindrique représentée fig. 75 ; cependant la pratique a montré, dans la plupart des cas, qu'un faible rétrécissement de la cuve vers le gueulard est utile à la descente régulière des charges, aussi est-il rare qu'on fasse la cuve exactement cylindrique.

Nous croyons qu'il n'est pas sans intérêt de signaler une forme de fourneau qu'on ne rencontre pas dans nos contrées, mais dont il existe d'assez nombreux exemples en Russie et particulièrement dans la région de l'Oural.

Nous voulons parler du haut-fourneau du type Raschette, dont la section intérieure au lieu d'être circulaire est elliptique; la figure 72 *bis* représente le profil d'un de ces fourneaux tels qu'ils sont établis actuellement dans les usines de la famille Demidoff, en Sibérie. Le ventre a 4ᵐ,45 dans un sens et 2ᵐ,77 dans l'autre, le fond du creuset a 2ᵐ,92 sur 0ᵐ,70. La hauteur totale est de 15ᵐ,24. Ce fourneau est alimenté avec du charbon de bois et des minerais magnétiques de la contrée, il

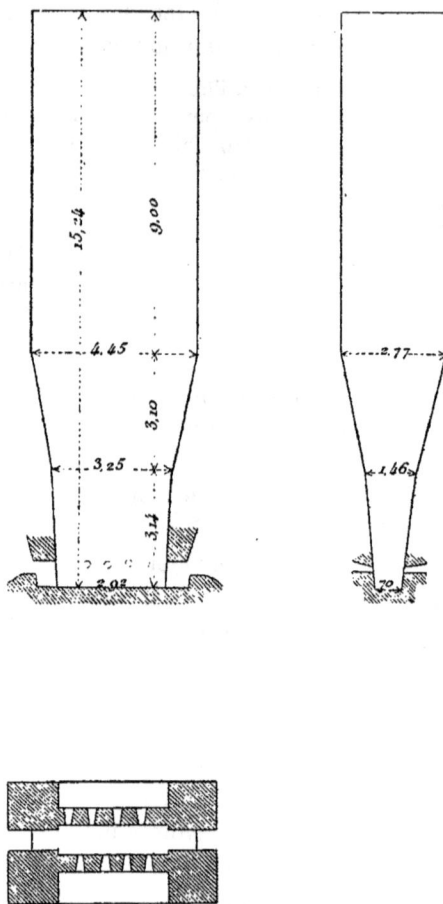

Fig. 72 bis. — Profil du haut-fourneau Raschette (Usines de l'Oural).

produit par 24 heures de 20 à 25ᵗ de fonte Bessemer. Il est soufflé par huit tuyères se faisant face mais dont les axes ne se rencontrent pas. On peut en réalité considérer ce fourneau comme la fusion en un seul de deux fourneaux accolés, permettant avec une faible pression de vent qui est possible dans un ouvrage étroit, d'atteindre une forte production. (V.)

Indépendamment des profils dont nous n'avons indiqué que les plus caractéristiques, il existe entre les hauts-fourneaux d'autres différences qui les font classer en deux types principaux ; nous voulons parler de la disposition du creuset, sorte de réservoir situé en dessous des tuyères, dans lequel se réunissent la fonte et le laitier.

Au premier de ces types appartiennent les fourneaux qu'on dit *à poitrine fermée* dans lesquels le creuset est fermé comme le montre la fig. 74 et n'est que le prolongement, vers le bas, de l'ouvrage ou des étalages. Dans la paroi latérale du creuset, immédiatement au-dessus de la sole et à un endroit convenable, se trouve une ouverture disposée de manière à permettre à la fonte de s'écouler. C'est *le trou de coulée*. Il est bouché avec du sable ou de la terre réfractaire et on ne l'ouvre que de temps en temps, lorsque le moment est venu de faire sortir la fonte du fourneau.

Plus haut, un peu au-dessous du niveau des tuyères à vent, et généralement sur le côté, dans une embrasure différente de celle où se trouve le trou de coulée, on ménage une seconde ouverture plus petite, *le trou du laitier*, par laquelle on laisse écouler celui-ci, soit d'une manière continue, soit par intermittences. Le niveau de cette ouverture détermine la hauteur maximum que peut atteindre la masse des matières en fusion dans le haut-fourneau. Cette disposition est celle qu'on employait dans les plus anciens hauts-fourneaux dont nous avons parlé (Blauöfen) et on désigne encore dans certaines contrées par le nom de Blauöfen, les fourneaux à poitrine fermée. On ne peut atteindre l'intérieur du fourneau que par les orifices des tuyères, qui sont relativement petits et par le trou du laitier ; il est donc nécessaire quand on adopte cette disposition, de s'arranger de façon à avoir des laitiers très fluides, autrement il pourrait se produire des masses adhérentes aux parois qu'il serait fort difficile d'enlever et qui finiraient même par compromettre la continuation de la campagne.

Les laitiers de fonte grise sont en général moins fluides et se solidifient plus facilement que ceux qui accompagnent la fonte blanche ; or c'était principalement la première qu'on cherchait à obtenir à l'origine de l'emploi des hauts-fourneaux. Ce fut donc une inspiration fort heureuse, dont l'auteur est d'ailleurs inconnu, que de rendre accessible l'intérieur du creuset en établissant, comme l'indique la fig. 75, un barrage *a* auquel on donne le nom de *dame*, en avant du creuset, et en prolongeant les parois de celui-ci (*costières*) de manière que ce barrage fût compris entre elles. La fonte est aussi bien retenue avec cette disposition qu'avec la précédente, et on peut, grâce à elle, atteindre facilement l'intérieur du creuset et en arracher les matières solidifiées au moyen d'outils que l'on passe par dessus le bord de la dame. Ce type de hauts-fourneaux est dit *à poitrine ouverte*. Dans la dame, ordinairement sur l'un de ses côtés, se trouve le trou de coulée de la fonte, tandis que le laitier s'écoule librement par dessus le bord de ce barrage et s'il manque de fluidité suffisante pour s'écouler spontanément, on le tire avec des crochets de temps en temps. Si au contraire il est très fluide, on établit un talus de sable et de fraisil sur lequel on trace un sillon qu'il suit en s'écoulant.

Pour que le bain des matières en fusion ne puisse pas s'élever jusqu'à la hauteur des tuyères, il faut, quand le laitier est visqueux, que le bord supérieur

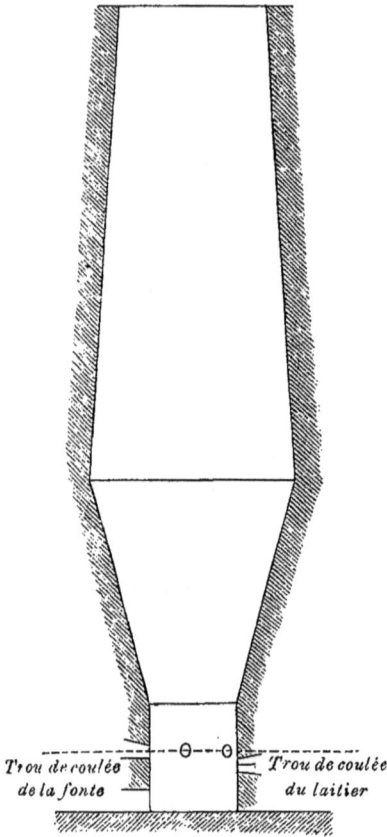

Trou de coulée de la fonte   *Trou de coulée du laitier*

Fig. 74. — Profil de hauts-fourneaux à poitrine fermée.

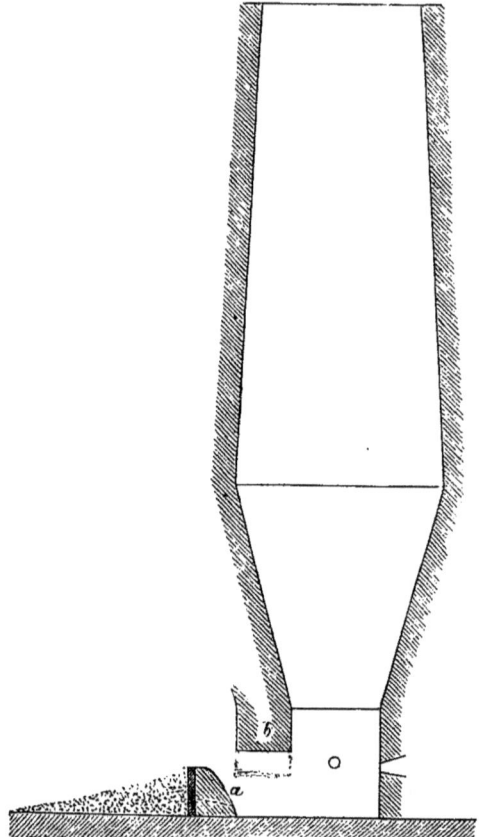

b   *a*

Fig. 75. — Profil de hauts-fourneaux à poitrine ouverte.

de la dame soit à un niveau inférieur à celui des tuyères ; si, au contraire, il est très fluide on maintient la partie supérieure de la dame un peu plus élevée que les tuyères, et c'est la pression intérieure qui chasse la matière liquide par dessus cette espèce de barrage.

La partie de paroi *b*, souvent une seule pierre, qui forme le bas de l'ouvrage au-dessus de la dame, se nomme *tympe*, sa face inférieure doit être à peu près au même niveau que le dessus de la dame ou à un niveau peu différent, de façon que le laitier maintienne fermé le vide compris entre la tympe et la dame et empêche les gaz de s'échapper.

Les hauts-fourneaux à poitrine ouverte qui existaient dès la fin du xiii° siècle donnaient des résultats satisfaisants et ce n'est qu'exceptionnellement que, pendant les siècles suivants, on adopta la poitrine fermée pour les usines où on produisait de la fonte blanche avec des minerais contenant du manganèse et fournissant des laitiers très fluides. Ceux-ci s'écoulaient librement par une ouverture pratiquée dans la paroi de l'ouvrage. Il était, cependant, impossible d'empêcher cette paroi de se ronger très rapidement sous l'action corrosive du laitier et cet inconvénient fut longtemps un obstacle à l'adoption de cette disposition.

La poitrine ouverte a, elle aussi, ses désavantages. La tympe et la dame s'usent assez promptement et doivent être changées de temps en temps, opérations pénibles à entreprendre et à exécuter lorsque le fourneau est en feu ; mais il est un inconvénient plus grave encore parce qu'il se renouvelle incessamment : le niveau du laitier baisse naturellement pendant la coulée, la face inférieure de la tympe devenant libre, les gaz passent au-dessous et s'échappent au dehors, il faut alors arrêter le vent. La coulée terminée, on nettoie le creuset, on le remplit de fraisil pour empêcher le vent de passer sous la tympe et on remet en marche. Il résulte de ces arrêts qui se reproduisent à chaque coulée, une perte de temps, c'est-à-dire une diminution de production, un refroidissement de l'ouvrage et dans l'allure, des irrégularités, qu'on ne peut éviter que par une augmentation dans la proportion de combustible consommé.

On peut cependant éviter d'arrêter le vent au moment de la coulée et c'est ce qu'il est indispensable de faire lorsque les gaz du haut-fourneau sont employés non pas pour le service du haut-fourneau lui-même mais dans une industrie parallèle et cependant indépendante comme le chauffage de fours à puddler ou à souder. Pour s'opposer à la sortie de la flamme par dessous la tympe qui rendrait inabordable le devant du fourneau, immédiatement avant la coulée on couvre la surface du laitier entre la dame et la tympe d'une couche épaisse de terre argileuse et de fraisil, sur laquelle on fait reposer une plaque de fonte ; le tout reste en place et ferme toute issue aux gaz, non seulement pendant la coulée, mais encore jusqu'au moment où le nouveau laitier remplit l'avant-creuset et doit trouver un écoulement. C'est ainsi, que même avec une poitrine ouverte, on peut maintenir le soufflage d'une façon continue. (V.)

L'introduction du vent chaud permit d'obtenir une plus haute température dans la zone de fusion, d'éviter d'une manière presque certaine la production des masses solidifiées, et d'avoir des laitiers plus liquides s'écoulant facilement ; on put donc renoncer aux poitrines ouvertes pour revenir aux premières dispositions, et, pour remédier à l'inconvénient de l'usure rapide du trou ménagé pour l'écoulement du laitier, on eut recours à un appareil inventé par Lurmann en 1867, et qu'on appelle la *tuyère Lurmann* ; elle consiste en une boîte métallique à courant d'eau ; l'ouverture réservée à la sortie du laitier se trouve ainsi préservée.

Depuis lors, on substitue universellement la disposition primitive à poitrine fermée à l'autre, et on ne conserve cette dernière que lorsqu'on ne peut obtenir que des laitiers peu fluides, se solidifiant facilement, comme dans les hauts-fourneaux au charbon de bois travaillant en fonte grise et consommant des minerais siliceux ; on y a recours également dans quelques autres cas spéciaux.

Règle pour servir à la détermination du profil des hauts-fourneaux. — Nous avons indiqué, dans ce qui précède, un certain nombre de profils de hauts-fourneaux et nous avons signalé l'influence qu'ils pouvaient exercer sur la marche de l'appareil. Nous en concluons naturellement qu'il n'existe pas de type spécial qu'on puisse recommander dans tous les cas ; il n'est pas moins incontestable que des hauts-fourneaux placés dans des conditions identiques peuvent donner d'excellents résultats quoiqu'ils aient des profils très différents les uns des autres, nous n'en voulons pour preuve que la continuation d'une bonne allure, ce qui n'est pas rare, dans un haut-fourneau dont le profil a été altéré par une campagne déjà longue.

Toutefois, des considérations précédentes, et des résultats de la pratique, il ressort qu'il doit exister, entre les différentes parties d'un haut-fourneau, certaines proportions, si on veut en obtenir un bon travail.

Capacité ou volume des hauts-fourneaux. — Toutes choses égales d'ailleurs, la puissance de production d'un haut-fourneau, c'est-à-dire la quantité de fonte qu'il peut donner dans l'unité de temps, dépend de sa capacité. Plus le volume intérieur est grand, plus grande est aussi la quantité de minerai qui peut se réduire et fondre, et plus grande la quantité de combustible qu'on peut brûler dans un temps déterminé. Au commencement de ce siècle, tant que l'écoulement de la fonte était relativement faible, la plupart des hauts-fourneaux alimentés avec du charbon de bois n'avaient pas plus de 6 à 10^{mc} de capacité, et le volume des premiers appareils travaillant au coke ne dépassait pas 30^{mc}. Mais à partir de 1830, avec l'établissement des chemins de fer, la demande de fonte s'accrut rapidement et les dimensions des hauts-fourneaux suivirent la même progression ; en 1850 on leur donnait déjà de 120 à 150^{mc} ; en 1860, dans le pays de Galles et en Ecosse, leur volume atteignait 230^{cm} ; en 1861 on construisait, à Thornaby, trois hauts fourneaux de 362^{mc} de capacité chacun ; en 1864 ceux de Southbank arrivaient à 450^{mc} ; à Tees-side on leur donnait 566^{mc} ; à Norton en 1867, 736^{mc} ; à Middlesborough, en 1868, 815 et enfin à Ormesby, en 1870, on construisait un haut-fourneau de 1165^{mc} de capacité.

On s'est arrêté là. L'expérience a, en effet, démontré que, si la production augmente avec la capacité, cet accroissement n'est pas proportionnel à celui des volumes des appareils, et si on rapporte la puissance de production des hauts-fourneaux au mètre cube de capacité, ce sont les plus petits qui l'emportent.

Ainsi les petits appareils en usage au commencement du xive siècle produisaient plus de 500^k par mètre cube et par 24 heures. Un pareil chiffre n'est atteint que d'une façon tout à fait exceptionnelle dans les grands hauts-fourneaux actuels, malgré l'emploi très favorable du vent chauffé ; ceux de la plus grande capacité ne donnent guère plus de 120^k par mètre cube de capacité et par 24 heures[1].

Nous reviendrons dans le chapitre V sur la production comparée des différents fourneaux. (V.)

Cette différence tient en partie à ce que la puissance des souffleries n'a pas été augmentée dans la même proportion que la capacité des hauts-fourneaux qu'elles desservent. Pour introduire dans un grand haut-fourneau autant de vent par mètre cube de capacité qu'on le fait dans un petit, il faut arriver à des pressions très élevées, en même temps qu'à d'énormes volumes, parce que les résistances qu'éprouvent les gaz pour traverser la haute colonne de matières, croissent naturellement avec les dimensions des appareils et ne peuvent être surmontées que par une forte pression ; là est l'écueil ou la limite, chaque augmentation de pression correspondant à un plus grand effort mécanique et à des pertes plus multipliées.

On se proposait d'ailleurs un autre but en augmentant le volume des hauts-fourneaux ; on avait en vue de diminuer la quantité de combustible consommé par tonne de fonte produite.

Il est incontestable que les pertes de chaleur sont moindres dans un grand fourneau que dans un petit et, qu'en agrandissant le volume de l'appareil, on doit réaliser une économie de combustible, mais celle-ci n'est pas proportionnelle à l'augmentation de capacité, elle est même d'autant moins sensible qu'on arrive à de plus grandes dimensions.

Pour se rendre compte de l'influence que peut avoir la capacité sur la consommation de combustible, il est nécessaire de comparer des hauts-fourneaux travaillant dans les mêmes conditions et dans la même usine, après des agrandissements successifs, tout restant égal d'ailleurs. A l'époque où les avis étaient partagés sur les dimensions les plus avantageuses à adopter, Gruner mit en présence les uns des autres les résultats obtenus dans des

[1] Il est juste de faire remarquer que la production d'un haut-fourneau dépend, non seulement de ses dimensions intérieures, mais encore de plusieurs autres conditions qui ont également une grande influence, telles que la richesse du lit de fusion, la nature de la fonte etc. Nous entrerons dans des détails plus étendus à ce sujet en exposant les diverses allures des hauts-fourneaux.

hauts-fourneaux de différentes capacités et nous extrayons le tableau suivant des mémoires qu'il publia sur ce sujet [1].

DÉSIGNATION DES HAUTS-FOURNEAUX COMPARÉS.	CAPACITÉ en mètres cubes.	CONSOMMATION de combustible par tonne de fonte.
Lölling, en Carinthie, fonte blanche au bois, 1808 . .	8,5	875
id. id. id. 1875	52	675
Treibach, id. id. 1873 . .	28,5	800
id. id. id. 1875 . .	53	625
Hieflau, id. id. 1869 à 1874 .	32	750
id. id. id. 1876 .	100	750
Clarence, fonte grise au coke . . . . 1853 . .	170	1430
id. id. . . . . 1865 . .	330	1125
id. id. . . . . 1866 . .	440	1125
id. id. . . . . 1870 . .	700	1125
Ferry-Hill, id. . . . . avant 1870 . .	453	1025
id. id. . . . . après 1870 .	935	1000

Il serait nécessaire dans une comparaison de ce genre de faire la part de l'introduction du vent de plus en plus chaud, d'une connaissance plus complète des bonnes conditions d'un roulement, d'un meilleur choix de combustibles, etc., etc., et en fin de compte faire dans chaque cas la balance de chaleur, c'est alors seulement qu'on peut se rendre un compte exact du degré d'utilisation d'un combustible. (V.)

Il est facile d'expliquer pourquoi la production des appareils et l'économie de combustible ne croissent pas proportionnellement avec la capacité, et pourquoi même la consommation de combustible cesse de diminuer complètement quand les dimensions du haut-fourneau ont atteint une certaine limite. On comprend bien, en effet, qu'il doit exister, pour la quantité de charbon brûlé, un minimum correspondant à ce qui est strictement nécessaire pour la réduction et la fusion, et que plus on s'approche de ce minimum et moins on peut gagner à chaque agrandissement de volume.

Il ne faut pas oublier que, d'un autre côté, les frais de construction et ceux de fabrication s'élèvent rapidement avec la capacité et surtout avec la hauteur des appareils, qui, comme nous le verrons bientôt, croît en même temps que le volume. En effet, l'élévation des hauts-fourneaux exige un supplément de travail mécanique pour monter les charges, et pour obtenir une plus grande pression de vent de manière à permettre aux gaz de traverser les colonnes de matières constituant le lit de fusion de plus en plus hautes. Il doit donc exister un volume maximum qu'il n'est pas avantageux de dépasser.

Sur le continent Européen, particulièrement en Allemagne, on donne

[1] *Annales des mines*, série VII, T. XII, p. 472.

actuellement aux nouveaux hauts-fourneaux que l'on construit une capacité comprise entre 300 et 500ᵐᶜ. La plupart de ceux de l'Amérique du Nord, au coke ou à l'anthracite, se trouvent dans les mêmes conditions ; dans les nouvelles constructions de Cleveland on atteint 830ᵐᶜ [1].

Lorsqu'on doit déterminer la capacité à adopter pour un haut-fourneau, il faut tenir compte de la nature du combustible employé ; plus il est friable et d'une combustion facile, et plus le volume correspondant au maximum d'économie sera faible. On se rappelle en effet que, dans un combustible de ce genre, la transformation de l'acide carbonique en oxyde de carbone dans les régions supérieures du fourneau, transformation qui correspond à une dépense inutile de carbone, est d'autant plus facile que le combustible est plus menu et plus inflammable et que son contact avec les gaz est plus prolongé, ce qui a nécessairement lieu dans un appareil de grande hauteur. C'est pour ce motif qu'on donne généralement aux hauts-fourneaux au charbon de bois une capacité qui ne dépasse presque jamais 100ᵐᶜ ; la plupart de ceux qui existent encore en Europe ont même un volume beaucoup plus petit, et c'est exceptionnellement qu'on en rencontre dans l'Amérique du Nord qui dépassent cette limite supérieure.

On doit également prendre en considération l'état physique des minerais que l'on a à traiter ; ceux qui sont menus et ont une tendance à se tasser, comme il en existe en Haute-Silésie, exigent des fourneaux moins élevés et par conséquent de moindre capacité, parce qu'ils opposent une plus grande résistance à la circulation des gaz.

Proportion entre le diamètre et la hauteur d'un haut-fourneau. — Il y a des inconvénients à donner trop de hauteur par rapport au diamètre du ventre, ou à adopter un trop grand diamètre par rapport à la hauteur. Si le diamètre est trop petit, les charges descendent avec difficulté, les gaz sont gênés dans leur mouvement ascensionnel ; on n'y remédie qu'en élevant la pression, ce qu'on ne peut obtenir qu'avec un surcroît d'effort mécanique. Le diamètre est-il trop grand, les charges descendent irrégulièrement en raison du frottement qu'elles éprouvent le long des parois ; les matières les plus voisines de l'axe se trouvant soustraites à l'action de ce frottement prennent de l'avance sur les autres, les morceaux les plus lourds roulent vers le milieu des charges, s'y réunissent et s'opposent au passage des gaz, tandis que le combustible s'accumule à la circonférence. Le minerai est donc exposé dans de mauvaises conditions à l'action des gaz ; et plus le diamètre est grand plus cet effet, qui a de fâcheuses conséquences, se fait sentir.

La pratique nous apprend que le rapport le plus favorable entre le diamètre au ventre et la hauteur doit être compris entre $\frac{1}{3}$ et $\frac{1}{4}$; le plus souvent la

---

[1] *Journal of the Iron and Steel Institute*, 1887, I, p. 95.

hauteur H varie entre $3,2 \times V$ et $3,6 \times V$, V étant le diamètre au ventre. La forme élancée est favorable à l'économie de combustible, mais si l'on fabrique exclusivement de la fonte blanche, il y a moins d'inconvénient à employer un fourneau de grand diamètre que lorsqu'on marche en fonte grise.

Les plus grands hauts-fourneaux construits jusqu'à ce jour ont 28ᵐ de hauteur et 9ᵐ,30 de diamètre au ventre ; la plupart de ceux qui marchent au coke ont actuellement de 18 à 24ᵐ de hauteur et de 5 à 7ᵐ au ventre.

Diamètre du gueulard. — Nous avons indiqué page 390 les effets résultant d'un gueulard trop étroit ou trop large ; le rapport entre le diamètre du gueulard et celui du ventre est compris entre $\frac{1}{1}$ qui correspond à la cuve cylindrique, et $\frac{1}{2}$; celui qui semble le plus favorable est $\frac{3}{4}$ ou $\frac{5}{6}$.

Pente des étalages et hauteur du ventre. — Les étalages très inclinés ont pour effet de raccorder d'une manière moins brusque la partie la plus large du fourneau avec la cuve ; on comprend qu'en général, la descente des charges se fait avec d'autant plus de régularité que les changements de section sont ménagés plus graduellement. Dans les nouveaux hauts-fourneaux on règle la pente des étalages à 65° au moins, et le plus souvent à 70 ou 80° ; la hauteur du ventre dépend naturellement de l'angle des étalages et de leur point de départ au-dessus des tuyères. Ordinairement le ventre est situé à moitié ou au tiers de la hauteur totale ; plus haut il pourrait nuire à la régularité de l'allure.

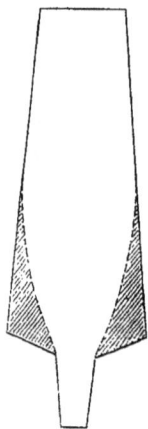

Fig. 76. — Profil de hauts-fourneaux à étalages plats.

Cependant des étalages extrêmement plats ont quelquefois donné de bons résultats ; on les employait encore au Hartz en 1860, où on les avait adoptés dès l'origine de l'introduction des hauts-fourneaux ; peut-être les a-t-on conservés jusqu'à présent dans quelques usines. Sur ces étalages plats (fig. 76) s'établit, comme nous l'indiquons par des hachures, un garnissage de charbons au centre duquel descend la colonne de matières solides ; il se forme ainsi des étalages artificiels dont la forme dépend de la nature des matières et qui répond probablement aussi bien que possible au but qu'on se propose d'atteindre. Les étalages inclinés à 40 ou 50°, tels qu'on les avait généralement adoptés vers le milieu de ce siècle, ont donné généralement de moins bons résultats.

Diamètre et hauteur de l'ouvrage ; diamètre au niveau des tuyères. — Nous avons exposé plus haut la nécessité de rétrécir les hauts-fourneaux au niveau des tuyères, et les inconvénients des ouvrages trop étroits et trop hauts ; plus

la vitesse du vent peut être considérable et plus on peut élargir l'ouvrage ;
plus la température de ce vent peut être élevée, et plus l'ouvrage peut être
bas, même lorsqu'on fabrique de la fonte grise. Dans la plupart des hauts-
fourneaux le rapport entre le diamètre au niveau des tuyères et celui du ventre
est compris entre $\frac{1}{1,7}$ et $\frac{1}{2,3}$, au-dessous de cette limite inférieure, la production serait très réduite. Il est rare que dans les plus grands fourneaux, le
creuset ait plus de 3^m. On a vu que l'ouvrage était inutile lorsqu'on disposait
de vent chaud, aussi dans la plupart des constructions actuelles, les étalages
commencent immédiatement au-dessus des tuyères. On ne regarde comme
nécessaire la conservation d'un ouvrage que là où on fait de la fonte grise au
charbon de bois ; dans aucun cas, toutefois, sa hauteur ne doit dépasser $\frac{1}{6}$
de la hauteur totale, à partir du fond du creuset.

Disposition des ouvertures de tuyères. — Le diamètre du creuset étant donné,
c'est de la hauteur des orifices des tuyères au-dessus de la sole que dépend
la quantité de fonte qu'on peut laisser s'accumuler avant de couler. Cette capacité est perdue pour les réactions mêmes auxquelles le haut-fourneau est
destiné, c'est-à-dire pour la réduction du minerai et la fusion de la fonte et
des gangues ; en outre, lorsque les tuyères sont très éloignées de la sole, il
est plus difficile à celle-ci de rester suffisamment chaude pour que le métal
ne s'y solidifie pas. Il y a donc à tenir compte de ces deux considérations.
Plus, cependant, la production sera grande et plus le creuset pourra avoir de
profondeur, surtout si on marche en fonte blanche et à poitrine fermée. Dans
les plus grands appareils le creuset a de 1^m,20 à 2^m de hauteur, dans les petits
fourneaux au bois on ne dépasse guère 0^m,50.

Autrefois et jusqu'au milieu de ce siècle, les fourneaux au bois n'avaient
qu'une tuyère ; le nombre en a augmenté avec la dimension des appareils
parce qu'en divisant le vent entre plusieurs orifices on obtient une combustion plus régulière dans toute la section. Avec des jets plus nombreux le contact entre l'air destiné à la combustion et le combustible est plus parfait ; on
évite ainsi de laisser de l'oxygène inutilisé ou de l'acide carbonique non
transformé et nous savons qu'il est essentiel que ces deux gaz disparaissent
entièrement et avec promptitude.

Aussi emploie-t-on aujourd'hui, même dans les plus petits fourneaux, au
moins deux tuyères, plus souvent encore, trois ; dans les grands, on va jusqu'à huit. On doit, cependant, en limiter le nombre parce que les ouvertures
que l'on pratique ainsi dans la paroi de l'ouvrage ont pour conséquence d'en
diminuer la solidité ; il doit donc toujours rester entre les tuyères, des massifs pleins suffisants pour porter le poids des constructions supérieures. Dans
la plupart des cas, et pour les fourneaux à poitrine fermée, on peut, sans
affaiblir la maçonnerie d'une façon dangereuse, placer autant de tuyères que

la circonférence intérieure de l'ouvrage, à ce niveau, a de mètres ; si nous supposons un diamètre de 2^m,50, ce qui correspond à une circonférence de 7^m,70, on mettra 7 ou 8 tuyères ; un de ces orifices sera consacré à recevoir une tuyère Lurmann dans les fourneaux à poitrine fermée, ou sera remplacé par l'avant-creuset dans les fourneaux à poitrine ouverte.

La position relative des tuyères n'est pas tout à fait indifférente ; la méthode la plus simple et la plus efficace, pour assurer une distribution régulière de vent, consisterait à répartir les orifices uniformément sur la circonférence, mais les constructions extérieures du haut-fourneau, la présence d'un avant-creuset, lorsqu'on l'a conservé, ne permettent pas toujours de procéder exactement de cette façon ; d'un autre côté, il existe un grand nombre de directeurs de hauts-fourneaux qui redoutent de disposer deux tuyères exactement en face l'une de l'autre, les deux jets d'air pouvant se choquer à leur rencontre ; c'est, en effet, ce qui pourrait arriver si on avait un nombre pair de tuyères disposées régulièrement sur la circonférence et dirigées suivant les rayons. On évite cet inconvénient en adoptant un nombre impair ou en disposant les orifices d'une manière irrégulière.

La figure 77, qui représente une coupe horizontale par l'axe des tuyères, indique une disposition de ce genre pour un nombre pair de tuyères ; on y voit six ouvertures *h* destinées à les recevoir, *i* en est une septième couverte par la tympe et limitée en avant par la dame ; il s'agit comme on le voit d'un fourneau à avant-creuset.

Fig. 77.
Disposition des tuyères en nombre pair.

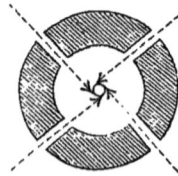

Fig. 78.
Autre disposition des tuyères.

On peut, d'ailleurs, tout en plaçant les tuyères aux extrémités d'un même diamètre, éviter les chocs entre les jets de vent en ayant soin de ne pas les diriger exactement vers le centre, comme l'indique la figure 78.

Nous reviendrons plus tard sur les tuyères elles-mêmes, pièces métalliques qui doivent être placées dans les orifices qu'on leur a réservés dans la paroi de l'ouvrage.

3. — De la construction des hauts-fourneaux.

Hauts-fourneaux avec massifs. — On enveloppait autrefois les hauts-fourneaux d'une maçonnerie très épaisse; on estimait qu'un appareil, dans lequel
on doit développer une quantité de chaleur aussi considérable et maintenir
une haute température, devait être protégé contre les pertes par rayonnement. On ne laissait donc libres que les ouvertures nécessaires à l'entrée du
vent, à la surveillance des tuyères, et à la coulée de la fonte et des laitiers.
Les figures 79 et 80 montrent la disposition d'un fourneau de ce genre en
1716 [1].

On devait construire de la même façon aux siècles précédents. Le massif *b*,
de plusieurs mètres d'épaisseur, est établi sur une fondation *a* presqu'entièrement souterraine, il est rectangulaire et enveloppe le fourneau proprement dit. On y a ménagé deux embrasures, l'une qu'on voit figure 79, par
laquelle arrive le vent, dans l'autre (fig. 80) se trouve l'avant-creuset, on y
voit en *c* la tympe et en *d* la dame. Au milieu du massif et en contact immédiat avec lui, on distingue la chemise réfractaire qui se compose de la
cuve, des étalages et de l'ouvrage. On constate, d'après le dessin, que déjà à
cette époque, la chemise de la cuve était supportée par le massif et ne char-
geait pas de son poids les étalages et l'ouvrage.

On ne construisait ces deux dernières parties du haut-fourneau que lorsque la cuve était terminée ; c'est encore comme cela qu'on procède aujourd'hui.

La cuve, l'ouvrage et le creuset étaient établis autrefois en quartiers de
grès, et on adoptait généralement la forme rectangulaire pour toutes les sections (elle est rectangulaire à pans coupés dans le dessin) ; on préférait cette
forme parce qu'en plaçant la tuyère sur un des côtés les plus longs du rectangle, le vent pénétrait plus facilement jusqu'à la paroi opposée, ce qui
avait son importance alors qu'on ne disposait que de souffleries d'une faible
puissance.

Ce haut-fourneau avait environ 7^m de hauteur de la sole au gueulard qui
avait 0^m,48 sur 0,81 ; au ventre, on donnait 2^m sur 2,30.

La figure 81 représente l'installation complète de l'usine; *h* est le haut-
fourneau vu du côté de l'embrasure du travail, où se trouvent la dame et le
trou de coulée. On aperçoit à gauche la roue hydraulique qui met en mouvement de simples soufflets. Au fond, sur une élévation, deux mules apportent,
sur leur dos, des sacs de charbon qu'on emmagasine dans la halle pour de

[1] Courtisson et Bouchu, *Art des forges et fourneaux à fer*, section III. Paris 1762, d'après les notes laissées par Réaumur.

Fig. 79.   Fig. 80.

Fig 81.

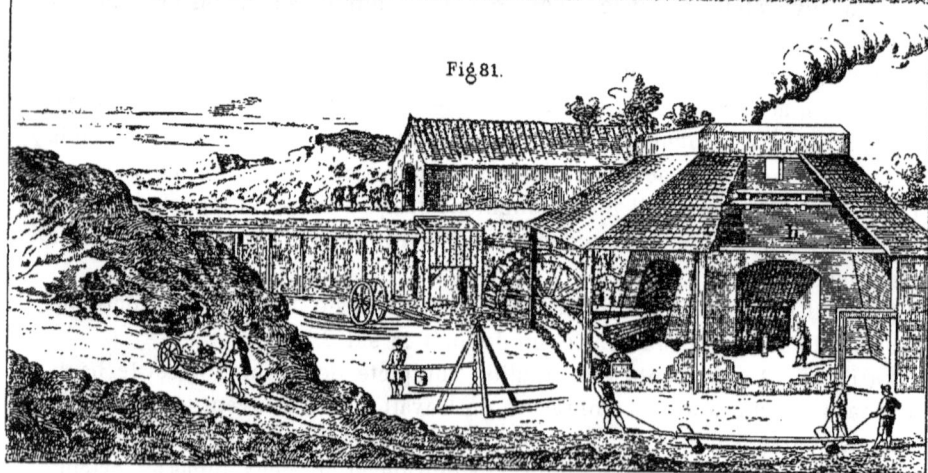

Disposition d'un haut-fourneau au commencement du xviiie siècle.

là le transporter au gueulard. A gauche se trouve un assez gros dépôt de laitiers.

Jusque vers 1850, on a construit les hauts-fourneaux d'après ces principes,
c'est-à-dire avec un massif qui enveloppait la cuve, les étalages et l'ouvrage [1],
mais peu à peu on y apporta des modifications. Les figures 82 et 83 représentent un haut-fourneau avec massif (dans certaines contrées on dit *masse*)
bâti dans la première moitié du XIXᵉ siècle [2], il est muni de trois tuyères et à
poitrine ouverte. Sur des fondations solides traversées par deux galeries GG
on établit d'abord quatre forts piliers d'angle en pierres de taille qu'on appelle *piliers de cœur*, entre lesquels on a réservé trois embrasures pour les
tuyères et une quatrième pour le travail et la coulée de la fonte et du laitier.
Si le fourneau n'a que deux tuyères, l'embrasure opposée au travail est supprimée ou condamnée par un mur. Lorsqu'on veut augmenter le nombre de
tuyères on les dispose deux par deux dans chaque embrasure. Un passage R
est ménagé dans les piliers de cœur, permettant d'aller plus facilement
d'une tuyère à l'autre, sans faire le tour des massifs.

A une hauteur convenable l'intervalle entre les piliers est recouvert par
des voûtes coniques ou par des poutres en fonte auxquelles on donne le nom
de *marâtres* et qu'on dispose en gradins renversés. Sur ces voûtes ou sur ces
marâtres repose le massif le plus souvent construit en moellons et qui enveloppe le fourneau. Ce massif se rétrécit à la partie supérieure sous la forme
d'un tronc de pyramide à base carrée. La maçonnerie du massif est traversée
dans le sens vertical comme dans le sens horizontal par de nombreux canaux
aboutissant à l'extérieur et qui ont pour but de faciliter le séchage [3] ; elle est
en outre maintenue par des tirants en fer qui ont pour mission de s'opposer
à la production de fissures dans la maçonnerie ; l'expérience a d'ailleurs démontré que les tirants les plus solides se rompent sous la poussée que produit la dilatation des matériaux, sans que, dans la plupart des cas, la solidité
de la construction soit compromise.

La cuve des premiers hauts-fourneaux était constituée par une chemise
réfractaire en contact direct avec le massif, comme le représentent les figures
79 et 80 ; plus tard on construisit deux cuves concentriques *m* et *i*, fig. 82,
entièrement isolées l'une de l'autre ; l'espace vide *l*, qu'on ménage entre elles,
est rempli de menus charbons ou de matières meubles analogues ; on a pour
but, par cette disposition, de permettre la libre dilatation des matériaux sans
augmenter les pertes par rayonnement ; quelquefois même on laisse un autre

---

[1] L'ouvrage et les étalages étaient reconstruits après chaque mise-hors ; la chemise de la
cuve durait plusieurs campagnes.

[2] Extrait de l'ouvrage de Bruno Kerl, *Grundriss der Eisenhüttenkunde*. Leipzig 1875.

[3] Lorsqu'on construisait les hauts-fourneaux de cette façon on avait aussi l'habitude de
ménager sous le fond du creuset des conduits de séchage qui communiquaient avec ceux des
piliers de cœur ; on les voit en H (fig. 82).

intervalle entre la fausse chemise et le massif enveloppant. Les deux che-

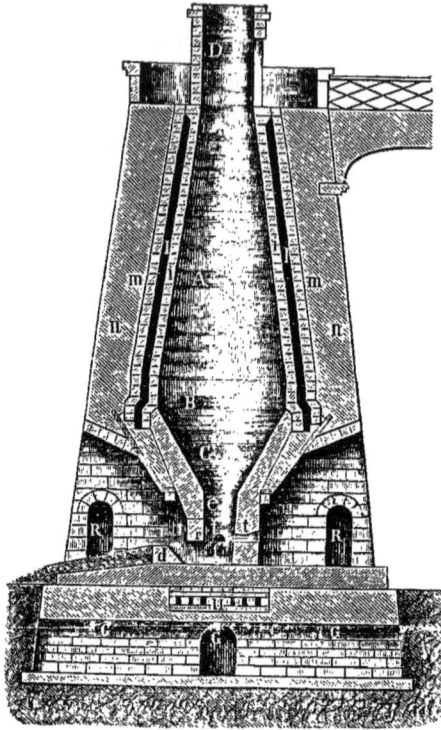

Fig. 82. — Haut-fourneau de 1850.

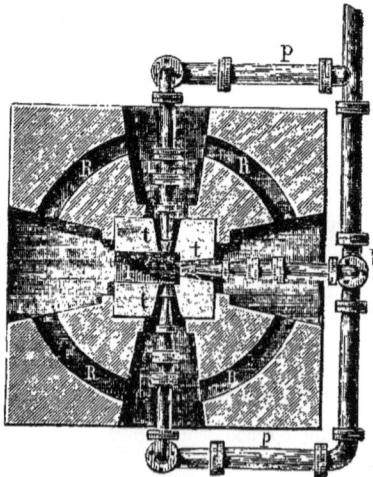

Fig. 83. — Haut-fourneau de 1850.

mises reposent sur le massif comme on le voit fig. 82 et sont complètement indépendantes de l'ouvrage et des étalages.

Aussi longtemps que les hauts-fourneaux ont été alimentés avec du charbon de bois et ont produit principalement des fontes grises, on construisait
l'ouvrage en blocs de grès aussi gros que possible et bien dressés ; souvent
on lui donnait une forme rectangulaire comme dans la figure 83, pour faciliter la taille des blocs ; la cuve, la plupart du temps, était à section circulaire. Dans les fourneaux au coke, où la chaleur est beaucoup plus forte, on
a dû remplacer les grès, qui ne résistaient pas à la corrosion de laitiers plus
basiques, par des briques réfractaires.

Dans les hauts-fourneaux que nous venons de décrire et qu'aux environs
de 1870, on rencontrait encore dans un grand nombre de contrées où ils
marchaient au combustible végétal, l'ouvrage est presque complètement enveloppé par le massif et n'est accessible qu'au droit de chaque tuyère et du
côté de l'embrasure de travail ; on ne peut donc refroidir les parois lorsque
cela paraît nécessaire, elles sont exposées à fondre et les réparations en
marche sont impossibles puisqu'on ne peut atteindre ces parties de l'extérieur.

Cet inconvénient est devenu plus sensible depuis que, par le soufflage de
vent chauffé, on est arrivé à élever considérablement la température dans la
zone de combustion ; on a donc été amené à supprimer le massif autour de
l'ouvrage de manière à le rafraîchir extérieurement par le contact de l'air, et
à faire en marche les réparations indispensables ; on a pu, du même coup,
répartir d'une façon plus rationnelle, les tuyères autour des ouvrages de
grand diamètre. On obtient ce résultat en laissant un espace vide entre les
piliers de cœur et l'ouvrage ; la chemise repose soit, comme dans les hauts-
fourneaux où les piliers de cœur et l'ouvrage sont en contact, sur le massif
même, soit, comme le montrent les fig. 84 et 85, sur de forts anneaux en
fonte reposant sur des colonnes ; *aa* sont les colonnes, *bb* une couronne en
fonte munie de trois nervures verticales, en partie supportée par les marâtres
cc, allant d'un pilier à l'autre ; le massif repose sur des pièces de fonte en
forme d'U que l'on distingue sur la figure [1].

Entre le massif et la chemise on disposait un épais garnissage ; comme
il est facile de s'en rendre compte, l'ouvrage et les étalages pouvaient être
changés sans qu'il fût nécessaire de toucher à la cuve. Dans la figure 85, la
dame est représentée en *d*.

Hauts-fourneaux sans massifs. — Les hauts-fourneaux avec massifs forment
un ensemble lourd et coûteux à établir, même lorsqu'on s'est décidé à dégager
l'ouvrage comme nous venons de l'indiquer ; ces inconvénients deviennent
d'autant plus grands que l'appareil a lui-même des dimensions plus considérables, aussi dès que, vers 1840, on commença à augmenter la capacité des

---

[1] Ces figures représentent le fourneau de Rothehutte (Hartz) tel qu'il existait en 1867.

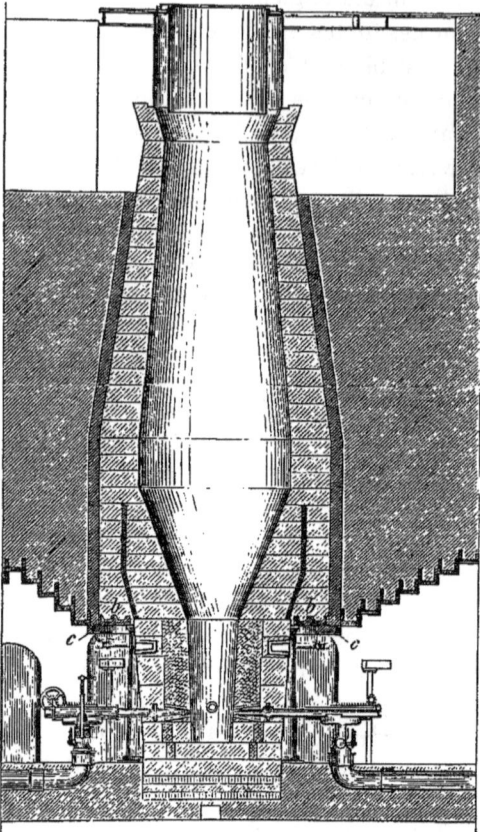

Fig. 84. — Haut-fourneau de Rothehutte (Hartz) 1867.

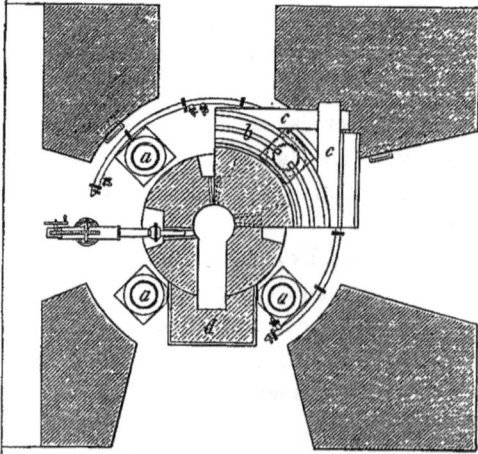

Fig. 85. — Haut-fourneau de Rothehutte (Hartz) 1867.

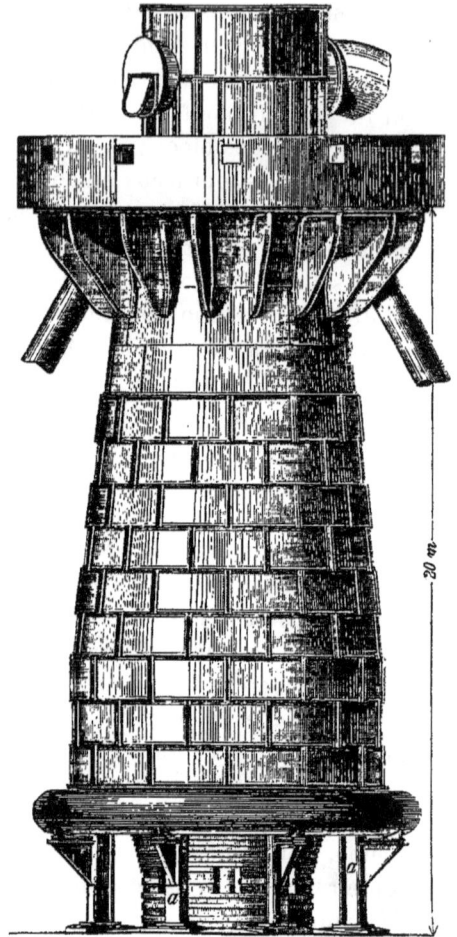

Fig. 86. — Haut-fourneau
de Friedrich-Wilhelmshutte, 1875.

Fig. 87. — Haut-fourneau
de Friedrich-Wilhelmshutte, 1875.

hauts-fourneaux pour suivre le mouvement ascendant de la consommation de
la fonte, reconnut-on la nécessité de modifier le mode de construction légué
par les anciens maîtres de forges.

Ce fut d'abord en Ecosse que l'on rompit avec les errements passés ; on
réduisit dans une forte proportion, l'épaisseur du massif enveloppant le
fourneau, on le supprima même complètement, on fit reposer la chemise
ou les deux chemises concentriques sur un anneau de fonte porté par des
colonnes, et on se contenta d'entourer la maçonnerie d'une enveloppe en
tôle.

Le résultat obtenu ne laissa pas de doutes sur les avantages de ce système ;
les hauts-fourneaux écossais, comme on les appela aussitôt, étaient moins
coûteux, plus durables et d'un accès plus facile pour les réparations en
marche. Les craintes de la plupart des fondeurs qui s'attendaient à une consommation de combustible beaucoup plus grande, ou à une allure mauvaise,
ne se réalisèrent pas. Peu à peu ce mode de construction se répandit dans
d'autres contrées ; cependant les fondeurs du continent, plus circonspects,
ne se décidèrent que difficilement et avec lenteur à renoncer à l'opinion admise qui attribuait une heureuse influence à la grande épaisseur des parois,
et, après 1860, c'est-à-dire à la suite d'une expérience de dix années sur les
hauts-fourneaux écossais, on construisait encore sur le continent un nombre
considérable de fourneaux avec des massifs, et on n'empruntait au nouveau
type que l'isolement de l'ouvrage et l'établissement de la chemise sur des
colonnes [1].

En 1875 on construisit à Friedrich-Wilhelmshutte près Mulheim un fourneau
du même genre que nous représentons figures 86 et 88.

Sur les colonnes *aa* auxquelles est suspendue la conduite de vent *w* au
moyen de consoles boulonnées, repose une forte couronne en fonte munie de
nervures qui supporte la chemise ; cette couronne est formée de plusieurs
segments que l'on réunit au moyen de frettes posées à chaud et est solidement fixée sur les colonnes ; avant toute construction, on établit l'enveloppe
en tôle qui doit servir à entourer la maçonnerie. Cette enveloppe s'appuie sur
la couronne ; elle est formée de tôles, dont l'épaisseur décroît de 20 à 10
millimètres, ordinairement réunies par des rivets les unes aux autres; sur le
fourneau que nous représentons, cependant, elles sont boulonnées jusqu'au
neuvième rang à partir du bas, pour qu'il soit possible de séparer au besoin
une feuille quelconque de la cuve, et faire les réparations nécessaires en
marche. Chaque feuille est, à cet effet, rivée sur ses quatre côtés, à des cornières, et ce sont ces cornières qui sont traversées par les boulons d'assemblage. La partie supérieure de cette tour métallique porte des consoles de

[1] En Allemagne le premier haut-fourneau construit sur le type écossais fut établi en 1855
à Hasslinghausen en Westphalie (*Zeit. d. Ver. deutsch. Ingenieure*, 1874, p. 615.

grandes dimensions, ordinairement en tôle, sur lesquelles repose la plate-forme du gueulard.

Entre l'enveloppe de tôle et la chemise, on doit ménager un espace de 10

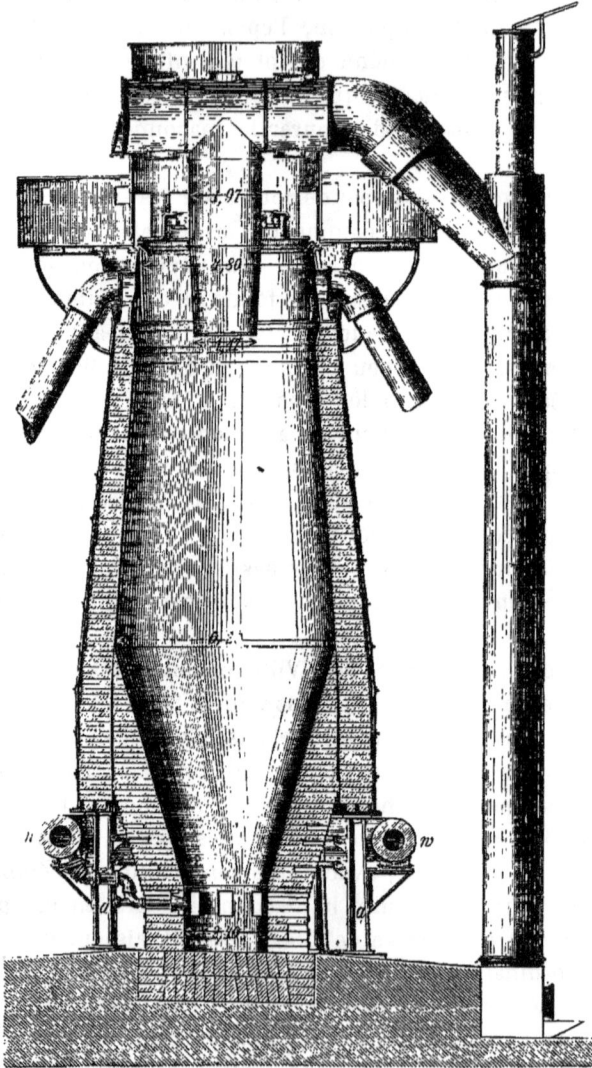

Fig. 88. — Haut-fourneau de Friedrich-Wilhelmshutte, 1875.

à 20 centimètres pour parer à la dilatation des maçonneries, on laisse cet espace vide ou bien on le remplit de matières compressibles ; si ce vide est insuffisant ou si les matières dont on le remplit, résistent à l'écrasement, les enveloppes les plus fortes peuvent être déchirées.

La chemise réfractaire une fois construite à l'intérieur de l'enveloppe on établit l'ouvrage et les étalages.

Dans les fourneaux de ce type les plus nouvellement construits on se contente d'une chemise unique relativement épaisse, mais dans ceux qu'on a installés au début, on trouve encore deux chemises concentriques laissant entre elles l'intervalle nécessaire pour un garnissage, et reposant toutes deux sur la même couronne.

Les colonnes qui supportent la couronne peuvent être en fonte ou en tôle.

Ce fourneau est muni de 7 tuyères et marche à poitrine fermée, la tuyère à laitier du système Lurmann prend la place d'une huitième tuyère à vent ; sur la figure 88 on voit la coupe du trou de coulée.

La disposition que nous venons de décrire est plus simple que les précédentes, cependant, l'enveloppe en tôle qui entoure la cuve et qui dans la pensée des promoteurs de ce mode de contruction devait servir à protéger la chemise réfractaire, rend difficile l'accès de la maçonnerie même avec le système d'assemblage que nous avons indiqué, d'ailleurs fort coûteux. Il est facile de comprendre qu'avec une armature à claire voie, il est aussi facile de maintenir la cuve qu'avec une enveloppe continue, et c'est ainsi qu'on a été amené à adopter un genre de construction dans lequel la chemise est entièrement nue et seulement armée au moyen de barres de fer.

Le haut-fourneau d'Ilsède, près Peine, élevé en 1864, a été un des premiers établi de cette façon[1]. Cette disposition fut plus généralement connue quelques années après, lorsque Buttgenbach construisit, dans la petite usine de Heerdt près de Neuss, un haut-fourneau dont la chemise de la cuve était absolument nue, et lorsque, dans différents pays, on eut accordé des brevets pour des modifications de ce système ; à partir de 1875 le nombre de hauts-fourneaux établis de cette façon s'est beaucoup accru et c'est à peu près sur ce seul type que se font les nouvelles installations[2].

Les figures 89 et 90 représentent deux des hauts-fourneaux les plus récemment construits. Au lieu de reposer sur des consoles boulonnées à l'enveloppe de tôle, la plate-forme du gueulard est portée par des colonnes ou des piliers métalliques établis autour des fourneaux et reliés les uns aux autres. Dans le haut-fourneau de la figure 89, ces colonnes sont établies en forte tôle, au nombre de quatre et entretoisées par des traverses et des tirants en fer: la cuve repose sur huit piliers *b* en fonte disposés en cercle et suppor-

---

[1] *Zeitschr. d. Ver. deutsch. Ingenieure*, 1874, p. 614. Ce système a été adopté à la même époque dans plusieurs usines ; on trouvera, à cet égard, des détails dans la brochure que nous venons d'indiquer.

[2] Les hauts-fourneaux Buttgenbach proprement dits, qu'on a construits de 1870 à 1880 dans un certain nombre d'usines, et surtout hors de l'Allemagne, ne doivent plus exister. Leur description se trouve dans la brochure déjà citée et dans: *Berg- und hüttenm. Ztg.*, 1874. p. 281 ; et dans : Kerl, *Grundriss der Eisenhüttenkunde*, p. 105.

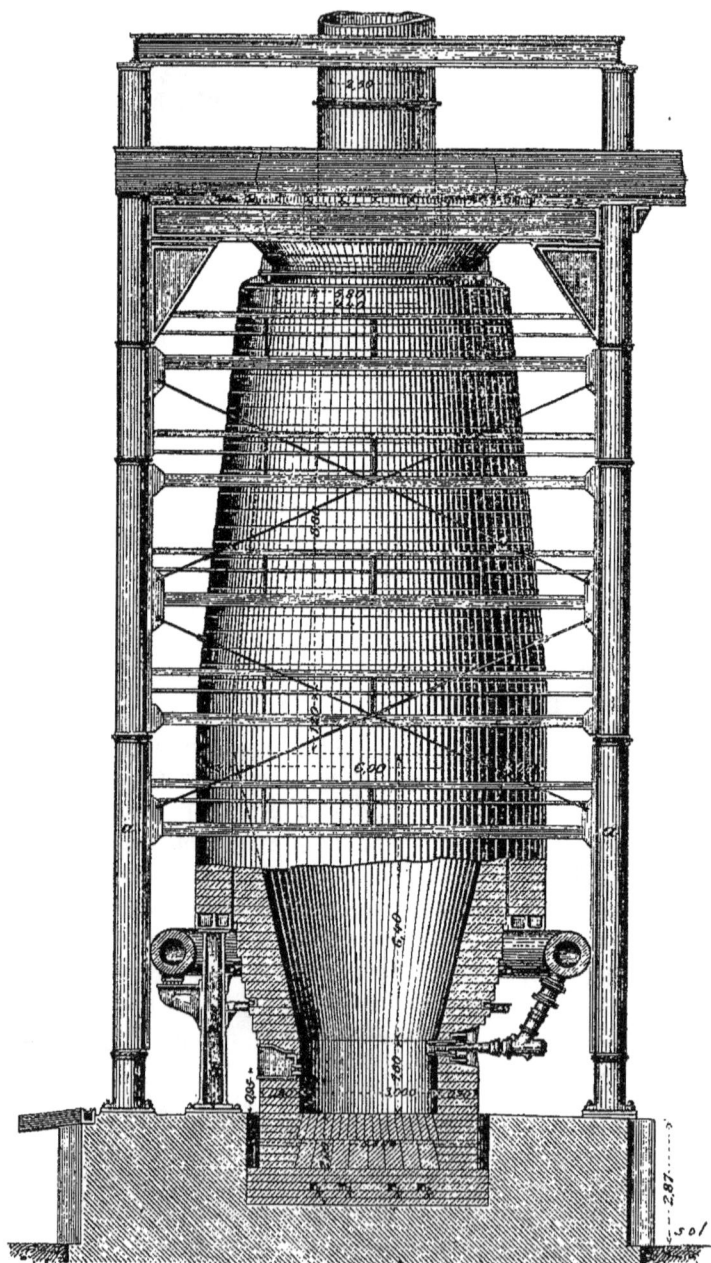

Fig. 89. — Haut-fourneau de Friedenshutte.

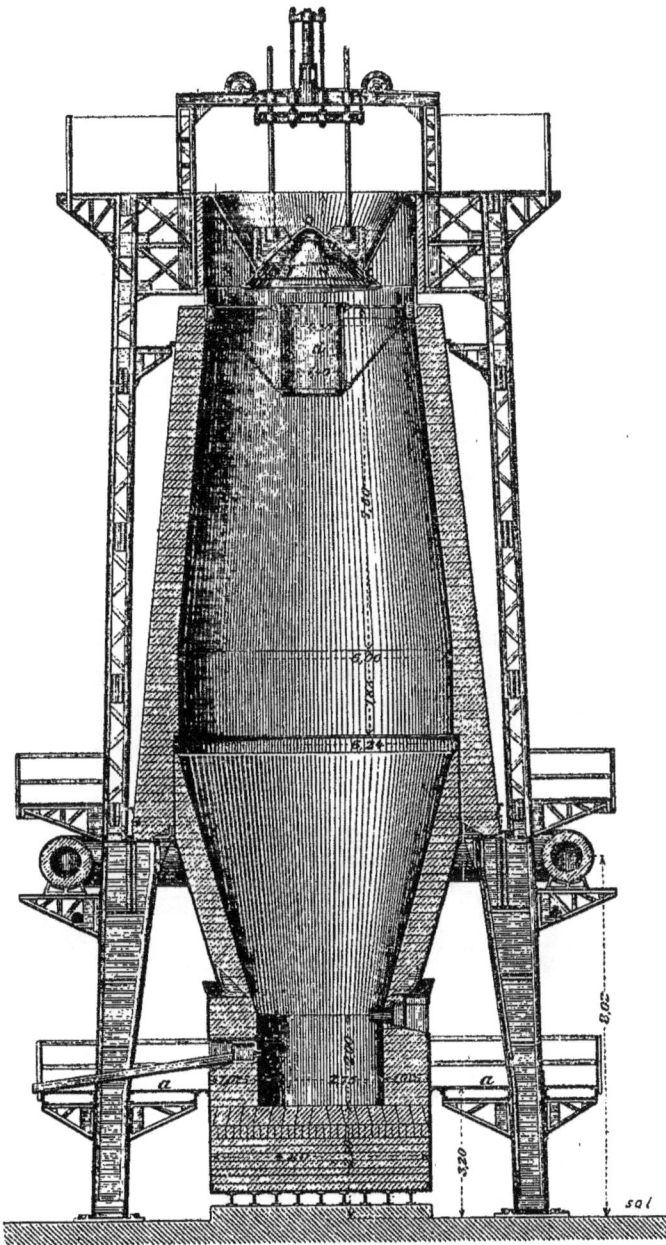

Fig. 90. — Haut-fourneau de Donawitz.

tant une couronne en fonte. Dans la figure 90 les huit piliers qui portent la cuve, se continuent sous forme de montants en tôle sur lesquels repose la plate-forme du gueulard.

La cuve est armée de cercles en fer et pour que ces cercles s'appliquent mieux sur la surface extérieure des briques, celle-ci est verticale de sorte que la construction semble extérieurement faite en gradins.

Pour que les cercles ne se rompent pas sous l'effort produit par la dilatation des briques, on les place avant la mise en feu sans leur donner de tension; on doit d'ailleurs les composer de telle sorte qu'il soit possible de les serrer ou de les desserrer à volonté. On remplit cette condition de différentes manières; sur la figure 91, on voit une disposition à clavettes; *aa* sont les

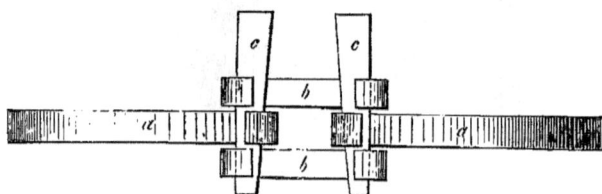

Fig. 91. — Serrage des cercles.

deux bouts du cercle qu'on doit recourber en crochets de façon qu'ils offrent une grande résistance; deux bouts de barre *bb* sont préparés de la même manière, le serrage des clavettes *cc* produit une diminution dans le diamètre du cercle. La figure 92 représente un autre mode de serrage par boulon et

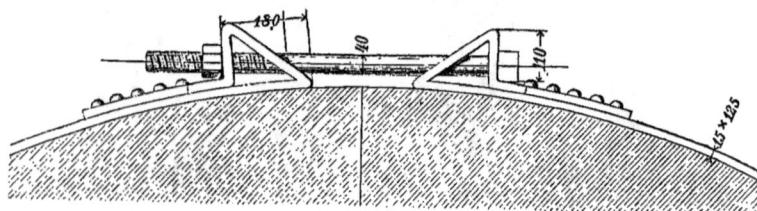

Fig. 92. — Serrage des cercles.

écrou, il se comprend au simple examen. Les cercles que l'on pose sur les hauts-fourneaux de grandes dimensions doivent être munis de plusieurs appareils de serrage, parce que chacun d'eux ne possède qu'un jeu très limité.

On peut encore assembler les différentes parties des cercles de la manière représentée par la figure 92 *bis*. Les extrémités des barres sont façonnées de façon à présenter deux talons *aa*, elles sont maintenues en contact par des étriers *bb*; des clavettes insérées entre les talons produisent le serrage.

Quelle que soit la méthode employée pour former les cercles, il est prudent de les faire reposer sur des crampons enfoncés dans la maçonnerie, de telle sorte que s'ils

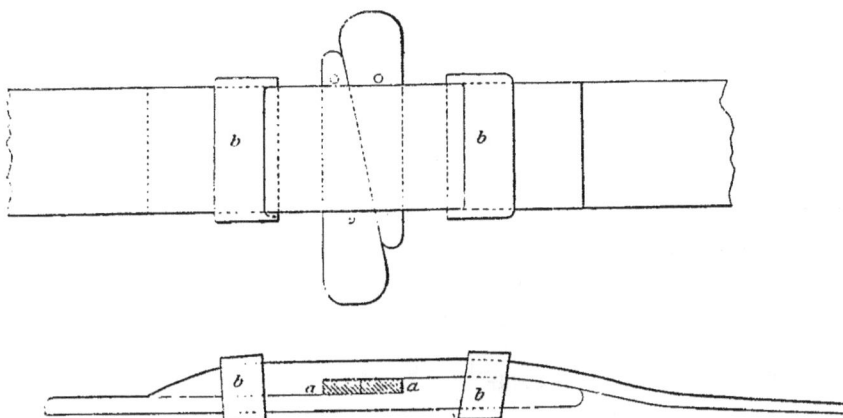

Fig. 92 *bis*. — Serrage des cercles.

viennent à se rompre, ce qui arrive fréquemment, ils ne tombent pas sur les appareils placés au-dessous ou sur le personnel circulant autour du fourneau. (V.)

On a pu redouter que la suppression des massifs enveloppant les chemises réfractaires n'amenât une augmentation de consommation de combustible en facilitant le rayonnement; des essais très intéressants ont été faits vers 1865 à la fonderie royale de Gleiwitz pour étudier l'influence que pouvait avoir cette suppression sur la marche des hauts-fourneaux.

Deux des hauts-fourneaux de cette usine étaient enveloppés d'un massif qui entourait la cuve et l'ouvrage; on le supprima pour l'un deux depuis le gueulard jusqu'à une faible hauteur au-dessus du ventre, la chemise resta libre sans être pourvue d'une enveloppe de tôle; quant à l'ouvrage il fut également dégagé. La partie du massif conservée pour servir de base à la construction formait dans la région des étalages une ceinture de 3^m,50 de hauteur, sans liaison avec la paroi du fourneau, dont elle était séparée par un espace libre de 0^m,47 de largeur. On reconnut qu'il s'établissait dans cet intervalle un vif courant d'air qui refroidissait la paroi du haut-fourneau, sans qu'il parût résulter de ce refroidissement une consommation de combustible plus grande que celle du haut-fourneau auquel on avait conservé le massif intact.

On remplit alors de coke, corps mauvais conducteur, cet espace libre de 0^m,47 et on suivit les consommations pendant plusieurs semaines, sans constater de diminution.

Enfin on enleva le remplissage du coke, le courant d'air se rétablit tout autour de la cuve et au bout d'une période de temps plus longue que la première, il se trouva que le haut-fourneau consommait par tonne de fonte 19 °/₀ de moins de coke que pendant les semaines durant lesquelles l'intervalle était garni de coke.

Quoique ces résultats aient pu être influencés par d'autres causes inaperçues, il semble bien prouvé par ces expériences que dégager la chemise d'un haut-fourneau n'amène aucun dérangement dans l'allure.

On a, de plus, remarqué à Gleiwitz et dans d'autres usines, que les chemises libres, dépourvues d'enveloppe, se dilatent moins en diamètre et en hauteur que celles qui sont entourées d'un massif ou d'une ceinture de tôle. A Gleiwitz, la chemise dégagée se dilata de 0ᵐ,078 en hauteur, tandis que les précédentes s'élevaient de 0ᵐ,235, ce qui s'explique assez naturellement par le moindre échauffement des chemises exposées au contact de l'air, et, pour la solidité de la construction, il n'est pas indifférent que la maçonnerie se dilate dans la plus faible proportion possible.

Quels que soient les avantages, souvent discutés d'ailleurs, des chemises réfractaires isolées, on construit encore aujourd'hui un grand nombre de hauts-fourneaux avec une contre-chemise en briques ordinaires. C'est ainsi que sont établis la plupart des hauts-fourneaux américains dont la rapidité d'allure a fait tant de bruit dans ces dernières années; c'est également le genre de construction qui semble prévaloir en France; il faut bien, en effet, remarquer que les briques réfractaires que l'on conserve avec un soin extrême à l'abri de l'humidité avant leur emploi, ne sauraient sans inconvénient être exposées aux intempéries, à la pluie et à la gelée pendant la construction et les périodes d'extinction. Une enveloppe en briques ordinaires de peu d'épaisseur suffit à mettre la maçonnerie réfractaire à l'abri des influences atmosphériques. Elle peut, d'ailleurs, être fort légère.

Nous citerons comme exemple les hauts-fourneaux de Pompey, construits par M. Rémaury après 1870, dont la chemise intérieure est formée de briques creuses; elle a 45° d'épaisseur, de distance en distance un cordon de briques faisant saillie permet de soutenir les cercles. (V.)

Détail de construction des différentes parties d'un haut-fourneau. — Les modifications successives qu'a subies la construction des hauts-fourneaux dans le courant du xixᵉ siècle, ont porté sur chacune de ses parties : la substitution même des briques argileuses aux blocs réfractaires a amené un changement dans le système de construction, il fallut faire un choix de briques, et leur fabrication se perfectionna à mesure que la consommation devenait plus considérable. Les pierres réfractaires peuvent, il est vrai, être obtenues en blocs de plus grande dimension, et occasionnent moins de joints, mais elles sont plus fragiles, d'une taille difficile exigeant beaucoup de main-d'œuvre ; c'est précisément cette considération qui fit adopter le plus souvent pour les ouvrages et les creusets la forme rectangulaire bien qu'elle fût moins favorable à la descente des matières. On peut au contraire donner aux briques [1]

---

[1] Pendant fort longtemps on donnait la préférence pour la construction des hauts-fourneaux, aux briques de Garnkirk (Ecosse) non seulement en Angleterre, mais encore en Alle-

les formes que l'on veut et celles qui conviennent le mieux à l'emplacement qu'elles occupent.

Rappelons ici qu'il est dangereux d'employer dans la construction des hauts-fourneaux, des matériaux qui contiennent du fer quand même ils seraient très réfractaires, parce que, comme nous l'avons indiqué page 297, les gaz riches en oxyde de carbone qui s'élèvent à travers la cuve, abandonnent du carbone lorsqu'ils rencontrent des matières contenant de l'oxyde de fer ; c'est ainsi qu'on voit certaines briques se désagréger et tomber en poussière[1].

Les briques réfractaires employées à la construction des hauts-fourneaux sont exposées, suivant la région qu'elles occupent. à des actions diverses; dans la partie supérieure de la cuve et jusque dans le voisinage du ventre, la température n'est pas excessive et il ne se produit pas de fusion; les parois sont donc principalement usées par le frottement des matières de la charge; dans les étalages, au contraire, et dans l'ouvrage, les silicates se forment et la chaleur va en augmentant à mesure qu'on se rapproche des tuyères, et c'est l'action simultanée des silicates et de la haute température qui tend à détruire les matériaux réfractaires. On devra donc préférer pour les parties hautes des briques de grande dureté, c'est-à-dire celles dans lesquelles l'argile étant en excès produit une grande compacité; là où la température est plus élevée, on fera choix de briques plus siliceuses, prenant peu ou pas de retrait.

D'après de récentes recherches le coke contiendrait des quantités non négligeables de sulfate de soude et de chlorure de sodium ; un haut-fourneau consommant 100 tonnes de coke par jour recevrait dans le même temps 63^k 1/2 du premier et 117^k du second; ces corps auraient sur les revêtements réfractaires une influence fâcheuse qui expliquerait en partie leur destruction. (V.)

Les *fondations* des hauts-fourneaux ont été considérablement réduites, depuis que l'on a supprimé les massifs extérieurs ; elles coûtaient autrefois trois ou quatre fois plus qu'aujourd'hui, et l'on devait souvent les établir sur pilotis pour qu'elles pussent supporter le poids énorme de la construction (voir fig. 82).

Les emplacements choisis pour l'établissement des premiers hauts-fourneaux nécessitaient des précautions particulières dans la préparation des fondations. Les souffleries étaient toutes mises en mouvement par des chutes d'eau et l'on n'obtenait généralement la puissance nécessaire qu'en barrant des vallées. Le

---

magne et partout où on marchait au coke ; ces briques avaient la réputation d'être très résistantes. Aujourd'hui on en fabrique d'aussi satisfaisantes en Allemagne.

[1] Lenibor signale un accident de ce genre. Après cinq mois de marche on mit hors à Friedrich-Wilhelmshutte un haut-fourneau qui avait été construit en briques de Garnkirk (1875) ; on reconnut que ces briques avaient perdu toute cohésion et se trouvaient pénétrées par une substance noire qui à l'analyse se trouva composée de 20 °/₀ d'oxyde de fer et 24 °/₀ de carbone. Les briques qui n'avaient pas été employées furent analysées à leur tour, on y trouva 6,23 °/₀ d'oxyde de fer. Pattinson constata le même phénomène aux forges de la Tees près de Middlesborough (*Journal of the Iron and Steel Institute*, 1876). On trouve souvent lors de la démolition d'un haut-fourneau des briques imprégnées de carbone en plus faible proportion.

fourneau était donc établi dans le fond de cette vallée au-dessous du barrage et le plus souvent dans le lit même du cours d'eau qu'on devait utiliser, c'est-à-dire en terrain plus ou moins vaseux et humide ; aussi devait-on prendre pour le séchage des soins qui paraissent aujourd'hui exagérés.

Nous avons eu occasion de voir un de ces anciens fourneaux bloqué en quelques heures par un loup considérable parce que, pour empêcher la fonte de passer par une fissure de la sole, on avait imaginé de remplir de maçonnerie la galerie de séchage qui passait par dessous. (V.)

Il suffit aujourd'hui, pour les fourneaux actuels, de disposer une couche de béton d'un mètre d'épaisseur, et quelquefois moins, si le sol est suffisamment résistant et l'on est certain que la construction aura toute la stabilité nécessaire, et c'est sur cette surface bétonnée qu'on établit les bases de l'appareil. On commence alors à dresser sur un massif en maçonnerie convenable les piédestaux des colonnes qui doivent porter la cuve et la plateforme du gueulard, puis les colonnes elles-mêmes et la couronne en fonte qui les réunit à leur partie supérieure. On monte ensuite la cuve en prenant le soin de faire les joints aussi bien dressés et garnis de mortier qu'il est possible.

L'épaisseur de la *chemise*, c'est-à-dire, la différence entre le rayon extérieur et le rayon intérieur, varie avec la hauteur, ce qui est naturel puisque les assises inférieures doivent porter le poids des autres ; il est donc convenable de réduire l'épaisseur à mesure qu'on s'élève, de cette façon on économise les matériaux réfractaires et on diminue le poids de la construction. Dans les hauts-fourneaux de moyenne grandeur (15 à 20^m de hauteur) une épaisseur de 0,750 à 0,800 en bas et de 0^m,600 au gueulard est suffisante, et dans un grand nombre de constructions, cette épaisseur est constituée par une seule brique, les joints étant dirigés dans le sens des rayons de la circonférence ; cette disposition oblige donc à employer des briques de grandes dimensions.

Ailleurs on établit la chemise avec des petites briques, comme on le voit fig. 92 ; le nombre de joints est beaucoup plus considérable, mais les petites briques ont l'avantage, en général, d'être cuites d'une façon plus régulière et sont plus faciles à manier.

On termine le montage du haut-fourneau par l'établissement du creuset et des étalages ; là on doit n'employer que des matériaux choisis avec le plus grand soin parce que ce sont les parties les plus exposées à l'action des hautes températures, des matières en fusion et des gaz.

Depuis peu de temps on a adopté pour ces parties des hauts-fourneaux des briques en carbone (page 189) au lieu de briques argileuses ; elles n'ont cependant pas toujours réalisé les espérances que l'on avait conçues lorsqu'on en a proposé l'emploi. Elles ne conviennent pas, par exemple, lorsqu'on fabrique des fontes blanches peu carburées, parce que le métal détruit les

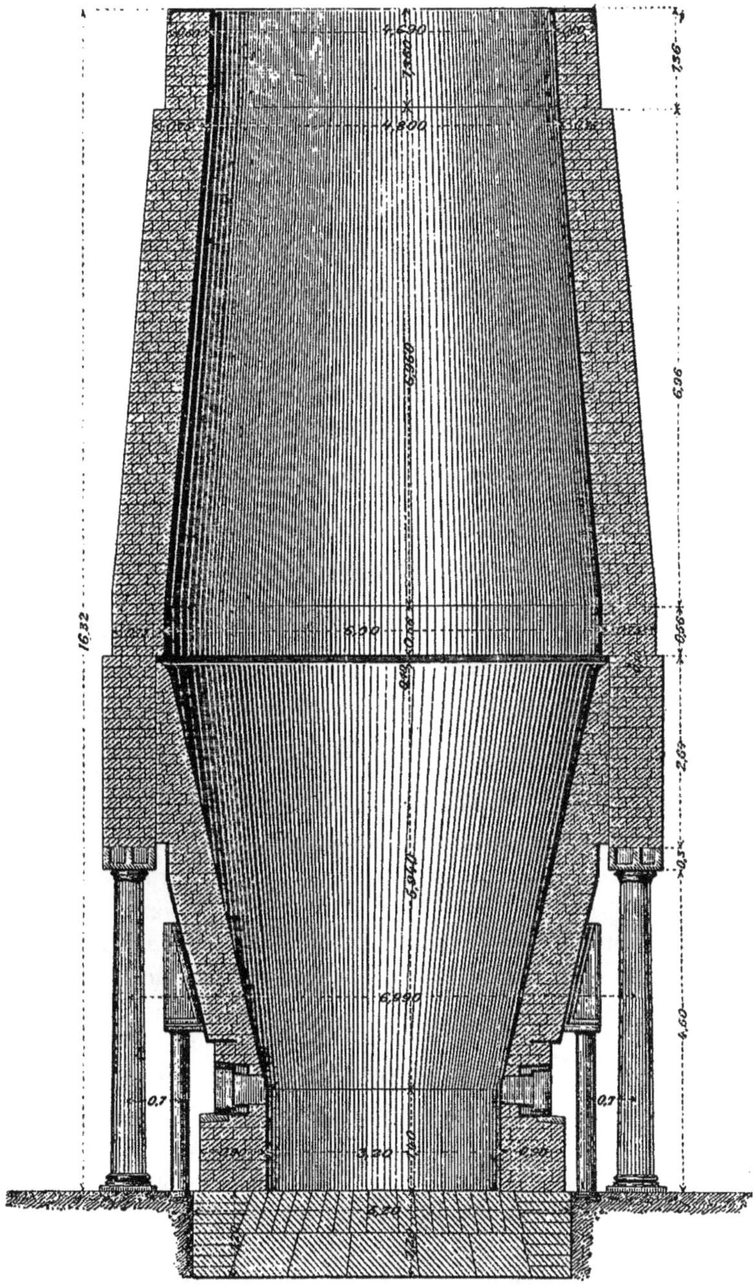

Fig. 93. — Haut-fourneau n° 1, de l'Union de Dortmund.

briques en s'emparant du carbone ; la magnésie appliquée à la construction de la sole et du creuset a, au contraire, donné de bons résultats [1].

C'est, croyons-nous, à Terrenoire que les briques en carbone ont été, pour la première fois, appliquées aux hauts-fourneaux vers 1874. Des essais ont été faits plus récemment aux Etats-Unis sur diverses compositions de graphite et d'argile, de coke et d'argile et de coke et de goudron. C'est cette dernière formule qui avait été adoptée à Terrenoire, qui donne les meilleurs résultats. A Donawitz, d'après Tunner, on a construit entièrement en briques de carbone un petit haut-fourneau ; le creuset seul a été usé rapidement par l'action de la fonte sur le carbone, les parties supérieures, au contraire, ont très bien résisté.

L'emploi de ce genre de matériaux convient particulièrement aux fourneaux marchant en fontes très carburées ou manganésées. (Voir Transactions of the american Institute of mining engineers, tome XXI, page 114). (V.)

Le fond du creuset doit être prévu à un niveau assez élevé au-dessus du sol de l'usine pour que la fonte trouve la pente nécessaire à son écoulement, et que les laitiers soient faciles à enlever. Dans la plupart des cas, les laitiers des grands hauts-fourneaux, s'écoulent dans des wagonnets qui circulent sur une voie ferrée établie sur le sol de l'usine ; le fond du creuset doit donc être à 2m,50 ou 3m au-dessus de ce sol ; c'est la disposition adoptée pour les fourneaux de construction récente représentés par les fig. 89 et 90.

Le fond du creuset (la sole) est composé d'un grand nombre de briques qu'on doit disposer de telle sorte qu'elles se maintiennent les unes les autres afin de résister à la tendance qu'elles peuvent avoir, à se soulever et à gagner la surface du métal fondu dont la densité est de beaucoup supérieure ; en outre les joints doivent être faits avec un soin tout particulier pour que la fonte ne file pas à travers. Pour réaliser ces conditions on donne à la brique centrale la forme d'un coin et à toutes les autres celle de voussoirs de manière à constituer cette sole comme une voûte plate renversée. Les fig. 88, 89, 90 et 93 représentent cette disposition. Les dernières briques de cette voûte plate supportent le poids des parois du creuset qui les maintiennent en place et assurent ainsi la stabilité de tout l'ensemble. Ordinairement on établit deux voûtes appareillées de cette façon l'une sur l'autre en s'arrangeant pour que les joints de l'une ne coïncident pas avec ceux de l'autre ; l'épaisseur totale de cette double voûte atteint 1m ou 1m,50 et dépasse quelquefois cette dimension. Autrefois on entourait ce massif réfractaire formant la fondation de l'ouvrage d'une certaine épaisseur de maçonnerie ordinaire sur une large surface qui servait de plateforme de travail aux ouvriers chargés de surveiller les tuyères, l'écoulement du laitier et de faire la coulée, et c'est là-dessus qu'on établissait les colonnes et les piliers destinés à supporter la superstructure, comme on le voit fig. 88, 89 et 93 ; cependant, de

[1] *Stahl und Eisen*, 1891, p. 984.

même qu'un massif extérieur non seulement ne protège pas les cuves des hauts-fourneaux, mais, au contraire, favorise leur destruction dans les parties exposées à la chaleur parce qu'il empêche les parois d'être rafraîchies par l'air, et que de plus il rend les réparations difficiles, de même la maçonnerie qui enveloppe le fond du creuset est plus nuisible qu'utile à sa conservation ; aussi a-t-on récemment adopté dans la construction de plusieurs hauts-fourneaux, une disposition proposée par Lurmann et représentée fig. 90 [1] ; les briques qui forment le fond du creuset sont établies dans une cuve en tôle dont la partie inférieure, une forte plaque, repose sur des poutrelles en fer ; de cette façon le fond est rafraîchi au contact de l'air et on peut même le refroidir avec de l'eau dans le cas où il risquerait d'être percé par la chaleur. Il faut alors construire une plateforme spéciale pour le service du haut-fourneau comme l'indique la fig. 90 ; des consoles aa, sont boulonnées à une hauteur convenable aux piliers qui supportent la cuve et sur ces consoles on fait reposer les plaques qui constituent la plateforme.

Lorsqu'on traite des minerais contenant du plomb, ce métal, plus lourd que la fonte et très fluide, filtre à travers les joints du fond du creuset ; on le recueille en disposant, sous la sole, des conduits communiquant entre eux et ayant une faible pente vers l'extérieur. On distingue dans la fig. 89 quatre de ces carneaux désignés par la lettre k.

Sur le fond reposent les parois du creuset composées d'assises de briques parfaitement jointives ; aux creusets isolés on donne une épaisseur de 0m,900 à 1m,000. Tantôt les briques ont toute l'épaisseur de la paroi, tantôt on la compose de petits éléments suivant les matériaux dont on dispose. La fig. 93 représente un creuset et des étalages construits, comme la cuve, en petites briques.

On ménage les ouvertures nécessaires pour les tuyères, le trou de coulée, etc.; si on emploie de grandes briques, il en faut faire de spéciales pour ces différentes parties.

Lorsque le fourneau possède un avant-creuset, la dame doit être maintenue entre les deux costières qui se prolongent suffisamment pour la recevoir comme on le voit fig. 94. La partie antérieure de ces costières est munie de fortes plaques de fonte aa, auxquelles on donne le nom de gendarmes qui les protègent contre le choc des outils. Ces plaques sont percées de trous dans lesquels on fixe de forts crochets destinés à soutenir les outils pesants dont on est exposé à se servir ; elles sont assujetties soit par des boulons scellés dans la maçonnerie de l'ouvrage, soit par des bandes de fer qui entourent celui-ci. Deux tirants relient entre elles ces deux plaques en haut et en bas.

C'est sur ces gendarmes que l'on attache la plaque de dame b au moyen

[1] *Stahl und Eisen*, 1888, p. 303. Une disposition du même genre a été brevetée en Amérique. (*Stahl und Eisen*, 1888, p. 706 ; 1889, p. 525).

de crochets à clavette ou de toute autre façon : cette plaque porte également le nom de *dame* ou de *robinet*.

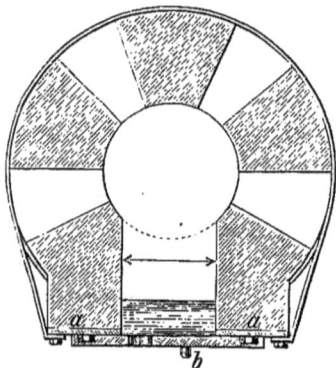

Fig. 94.

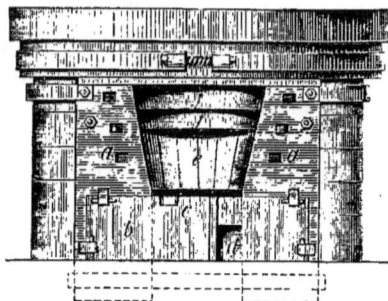

Fig. 95.

Creuset d'un haut-fourneau à poitrine ouverte.

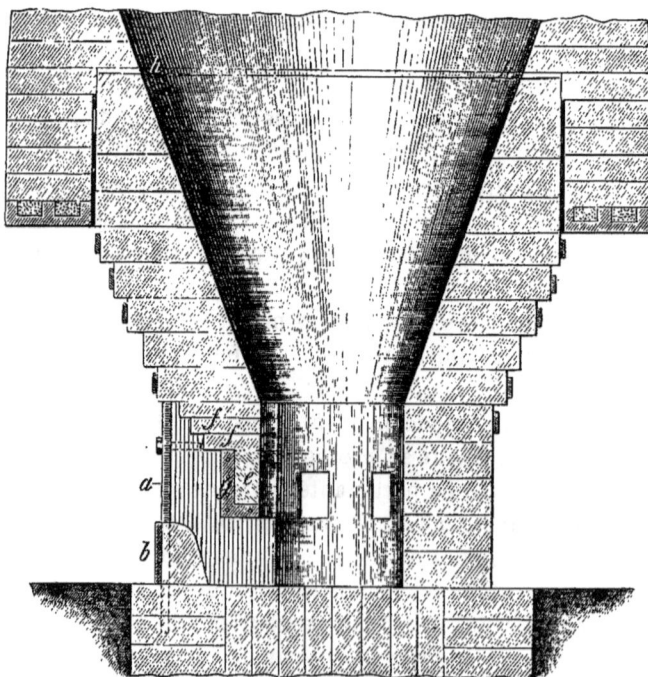

Fig. 96. — Creuset d'un haut-fourneau à poitrine ouverte.

Lorsque le laitier est assez fluide pour couler de lui-même comme dans les hauts-fourneaux au coke, et dans ceux à charbon de bois marchant en fonte blanche, la plaque de dame porte une échancrure *c* dite *le bec* par la

quelle passe ce laitier ; ce bec est ménagé du côté opposé à celui de la coulée *d*.

Dans les petits hauts-fourneaux au bois, on donne à l'avant-creuset la largeur du creuset lui-même et, si celui-ci est·rectangulaire, il est très facile
d'en atteindre toutes les parties, notamment les tuyères où les masses solidifiées peuvent s'accumuler (voir la fig. 83) ; mais dans les grands hauts-
fourneaux, il serait peu convenable de suivre les mêmes dispositions et on
donne rarement plus d'un mètre d'écartement entre les costières, ce qui est
tout à fait suffisant ; on dispose là en effet de très hautes températures et il
n'y a pas d'intérêt à se réserver le moyen d'atteindre des masses solidifiées
qui ne se forment que très rarement.

La *tympe e* (fig 95) est construite comme une voûte plate en briques ayant
la forme de voussoirs ; elle bute de chaque côté sur les parois de l'ouvrage
où l'on a ménagé des faces inclinées qui servent de naissance à cette voûte [1].

L'ouverture destinée à recevoir la tympe a généralement plus de hauteur
que la tympe elle-même, et l'intervalle se remplit avec des briques *ff*.

Le fer de tympe ou *tymplon* (fig. 96) *g* a pour but de protéger le dessous et
quelquefois le devant de la tympe (Dans la fig. 95 on a supposé que cette
pièce n'était pas en place). Nous avons expliqué page 393 dans quelle position la dame, la tympe et les tuyères devaient se trouver les unes par rapport
aux autres.

La disposition des *étalages* est représentée fig. 88, 89, 93 et 96 ; ordinairement la dernière assise est taillée en biseau comme dans les fig. 83 et 84 ; il
est préférable, cependant, d'adopter l'arrangement indiqué sur la fig. 96, le
joint *h* se ferme de lui-même par suite de la dilatation de l'ouvrage ; les
fourneaux des fig. 90 et 93 ont une disposition analogue.

Dans les fig. 88, 89 et 96, on voit que les étalages entièrement dégagés sont
entourés de cercles de fer qui doivent empêcher les briques de s'écarter sous
la poussée des charges ; dans ce cas le poids des étalages est supporté par
l'ouvrage et le creuset ; or l'ouvrage est affaibli par les nombreuses ouvertures
qu'il a été nécessaire d'y ménager et de son côté le creuset se détruit peu à
peu par la chaleur, il peut arriver qu'il succombe sous le poids qu'il doit supporter. On écarte ce danger et on soulage d'autant l'ouvrage et le creuset en
enveloppant les étalages d'une chemise de tôles assemblées. Ce système de
construction qui a été employé pour la première fois, d'après les conseils de
Lurmann, dans un haut-fourneau de Georgs-Marienhutte [2] a reçu depuis de
nombreuses applications ; c'est ainsi que sont soutenus les étalages des fig. 90
et 93. Ceux de la fig. 90 prennent leur point d'appui sur les colonnes qui sup-

---

[1] Dans les hauts-fourneaux construits en blocs de grès, la tympe était formée d'une seule
pierre et reposait sur les costières.
[2] *Stahl und Eisen*, 1887, p. 569.

portent la chemise et la plateforme du gueulard ; ceux de la fig. 93 reposent sur de petites colonnes qui entourent le creuset.

On fait aujourd'hui fort peu d'ouvrages en *pisé*, c'est-à-dire en damant de la terre réfractaire de même composition que celle qu'on emploie pour la fabrication des briques argileuses ; ce mode de construction est cependant encore utilisé dans quelques localités ; on procède de la manière suivante : on dispose un moule formé d'une enveloppe extérieure et d'un noyau, laissant entre eux un vide représentant l'épaisseur des parois, et on dame dans cet intervalle le mélange réfractaire préparé ; on sèche avec précaution et on chauffe jusqu'à ce que toute trace d'humidité ait disparu, après quoi on peut mettre le fourneau en feu [1].

On employait beaucoup le pisé à l'époque où l'on ne savait pas encore fabriquer de bonnes briques ; il est certain que, quand on pouvait se procurer de bonne terre réfractaire ayant les propriétés convenables, et qu'on avait acquis l'habileté nécessaire pour mener à bien cette préparation, on obtenait des parois de fourneaux dans lesquelles ne se trouvait aucun joint. Ce n'était là cependant qu'un avantage apparent, et la cuisson ne s'achevait que quand le fourneau était en pleine marche, elle devait donner lieu à des fissures qui pouvaient être dangereusement placées.

C'est ainsi qu'a été construit l'ouvrage du fourneau représenté fig. 84, p. 407.

Pour la préparation du pisé, on utilise autant que possible les débris de celui qui a déjà servi et qu'on retire de la démolitition d'un ouvrage après une mise-hors ; on broie cette matière et on la crible, puis on y mélange la quantité de terres réfractaire neuve et de matières amaigrissantes convenable pour obtenir une cohésion suffisante et remplacer les parties de pisé fondues ou altérées qu'il a fallu éliminer ; on humecte le tout avec de l'eau et on opère le mélange soit avec les pieds sur une aire en planches préparée à cet effet, soit au moyen de machines. La proportion d'eau doit être telle que la pâte prenne corps lorsqu'on la presse entre les doigts, sans y adhérer.

On commence d'abord par préparer la sole. Pour cela on élève tout autour un mur en briques qui forme l'enceinte dans laquelle elle sera battue ; on jette, dans le bassin ainsi formé, une couche de plusieurs centimètres de pisé que l'on étend sur toute la surface et on foule la matière avec des battes en fer munies de manches en bois et qu'on a préalablement chauffées légèrement ; on arrête le battage lorsque les clous des souliers ne laissent plus d'empreintes sur la surface ; on pique alors celle-ci de nombreux petits trous pour que la nouvelle couche y adhère et on continue ainsi jusqu'à ce que la sole ait atteint la hauteur voulue.

---

[1] A Laurahutte (Hte-Silésie) on construit encore de cette façon l'ouvrage et les étalages des hauts-fourneaux.

Pour la confection du creuset et de l'ouvrage, on commence également par élever un mur en briques qui forme l'enceinte extérieure, puis on dispose au milieu le noyau, représentant le vide du fourneau ; il peut être en bois ou en pièces de fonte minces solidement assemblées ; le pisé est alors bourré dans l'intervalle compris entre le mur en briques et le noyau, de la même manière que pour la sole ; pour plus de facilité, on construit le noyau en plusieurs pièces qui se superposent les unes aux autres et qu'on peut aisément enlever une fois le travail terminé.

Lorsque tout est prêt, on place la dame qui elle aussi peut être en pisé ; puis on procède très graduellement au séchage ; à cet effet on entretient un feu devant le creuset pendant plusieurs semaines ; un séchage précipité produirait des crevasses, ou bien on verrait le dégagement de la vapeur d'eau soulever les matières par larges écailles ; une fois l'eau complètement vaporisée, on peut élever la température en plaçant le foyer dans le fourneau lui même et procéder au chauffage qui constitue la première partie de l'opération que nous décrirons plus tard sous le nom de *mise à feu*.

Les parois des hauts-fourneaux sont exposées à une très haute température surtout dans la zone de combustion, et l'introduction du vent chauffé a augmenté, dans une large mesure, les effets de fusion et de corrosion qui résultent de leur situation, aussi a-t-on reconnu la nécessité de les refroidir extérieurement et imaginé, pour atteindre ce but, un certain nombre de dispositions toutes basées sur l'emploi de l'eau ; on ne peut compter, en effet, sur le rafraîchissement par l'air qui serait absolument insuffisant.

On doit donc disposer, à un niveau supérieur à tous les points qu'il s'agit d'arroser, d'un bassin de capacité suffisante que l'on maintient constamment plein et d'où partent les conduites de distribution qui aboutissent aux points voulus. Une autre série de tuyaux d'évacuation emmènera les eaux chaudes.

La température des parois des hauts-fourneaux, varie naturellement d'un appareil à l'autre, suivant que le vent y est plus ou moins chauffé, qu'on y fabrique telle ou telle fonte, qu'on y consomme tel ou tel combustible ; il n'y a donc pas de règle générale pour l'application des appareils de refroidissement, et chaque cas doit être étudié en particulier.

Tuyères. — Ce fut d'abord aux tuyères elles-mêmes qu'on fut amené à disposer des réfrigérants ; aussi longtemps qu'on conserva l'emploi du vent froid pour le soufflage des hauts-fourneaux, les tuyères furent simplement des ajutages coniques en cuivre dont l'extrémité la plus étroite était dirigée vers l'intérieur de l'ouvrage ; on les logeait dans les ouvertures ménagées dans les parois de l'ouvrage et on les calait en place au moyen d'un bourrage en terre réfractaire ; dès qu'on commença à chauffer le vent, la combustion se faisant plus énergique et plus voisine de l'extrémité de la tuyère, celle-ci fondait au bout de quelques heures et l'on dut recourir à une autre disposition.

Aujourd'hui toutes les tuyères de haut-fourneau sont refroidies par des courants d'eau ; la combinaison la plus fréquemment employée, car il en existe un grand nombre, est représentée fig. 97 à l'échelle de $\frac{1}{15}$; la tuyère faiblement conique est à double paroi ; elle est munie à l'arrière de deux tuyaux a et b dont l'un amène l'eau fraîche et l'autre évacue celle qui a été chauffée ; le tuyau d'amenée est raccordé à la conduite générale ; il est préférable de faire arriver l'eau fraîche par le tuyau inférieur, on est certain, par cet arrangement, de maintenir l'intervalle entre les deux parois constamment plein et d'éviter la production de vapeur tant que le courant d'eau n'est pas

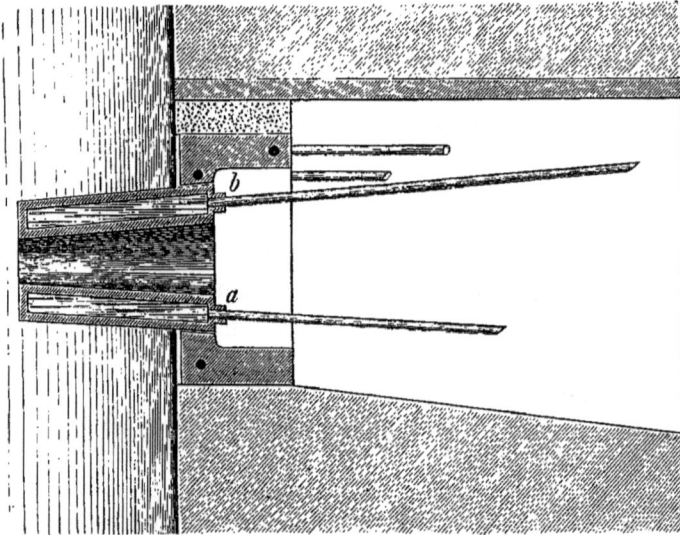

Fig. 97. — Tuyère à courant d'eau, fermée.

interrompu. Les tuyères de ce genre sont généralement en bronze et coulées d'une seule pièce ; elles demandent à être moulées avec des soins tout particuliers et par des ouvriers spéciaux, aussi doit-on toujours demander ce genre de pièces aux fonderies qui ont l'habitude de cette fabrication. Le bronze phosphoreux est particulièrement propre à cet usage [1].

Tant qu'une tuyère de ce genre est en service, le vide intérieur occupé par l'eau ne peut être visité, il s'y accumule peu à peu de la boue, ou il s'y fixe des incrustations principalement dans la partie la plus étroite et la plus chauffée qu'on appelle le *nez* ; l'écoulement de l'eau devient plus difficile, le dépôt s'épaissit rendant moins efficace le refroidissement, et il peut arriver

---

[1] On sait que ce métal est un bronze amélioré par l'addition de cuivre phosphoreux dont le phosphore élimine les oxydes en dissolution dans le métal.

que la tuyère vienne à perdre, c'est-à-dire qu'il s'y produise une fissure ou un trou par lequel l'eau pénètre dans le fourneau ; si donc l'eau employée forme des dépôts abondants, il faudra changer fréquemment les tuyères, ou renoncer à ce type et en adopter un autre qui offre plus de sécurité.

On fait usage de diverses formes de tuyères ouvertes à l'arrière de façon à permettre l'enlèvement des dépôts à mesure qu'ils se forment et en marche ;

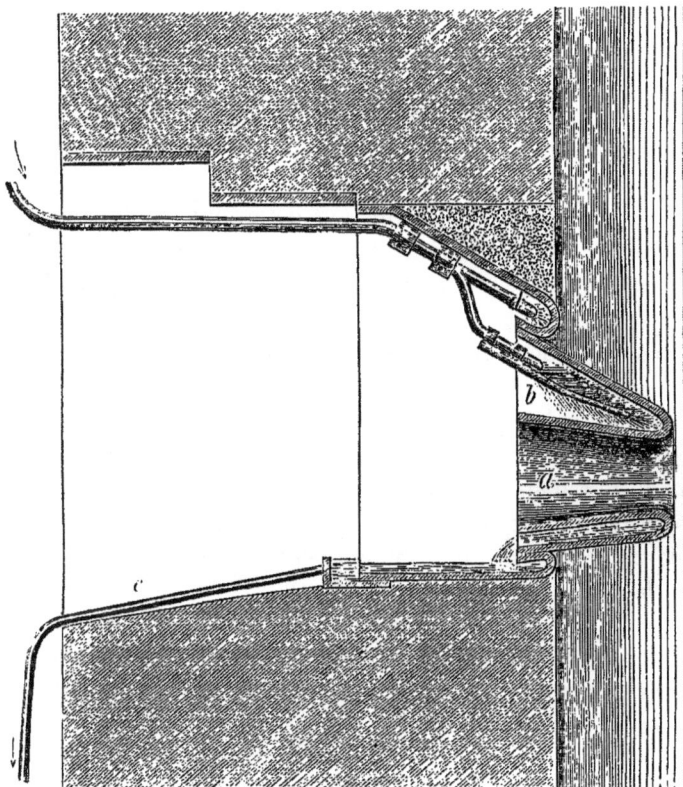

Fig. 98. — Tuyère ouverte.

un des types les plus simples est celui qui a été imaginé par G. Hilgenstock et qu'on peut voir fonctionner dans plusieurs usines allemandes et notamment à Hœrde ; elle est représentée à l'échelle de $\frac{1}{15}$ fig. 98 ; a est la tuyère en tôle de fer, à double enveloppe, entièrement ouverte à l'arrière ; à la partie supérieure et entre les deux enveloppes, se trouve une gouttière plate b que l'on ajoute à l'extrémité du tuyau d'arrivée d'eau et qui a pour effet de diviser le jet d'eau en filets déliés qui jaillissent sur toute la surface, se réunissent en dessous et, après être sortis de la tuyère, s'échappent par le tube *c*. Comme on le voit la surveillance et le nettoyage sont faciles, et on évite les fuites qui se produisent trop souvent dans la tuyère fermée et peuvent entraîner les plus fâcheuses conséquences [1].

On employait beaucoup, il y a une vingtaine d'années, un genre de tuyères qui semble abandonné aujourd'hui. Il se composait d'un tube en fer enroulé en spirale légèrement conique, soit nu, soit noyé dans une enveloppe en fonte. Ces tuyères, d'un prix assez élevé, avaient l'inconvénient de se boucher fréquemment, de ne pouvoir être visitées ni réparées. (V.)

On donne généralement aux tuyères une longueur de $0^m,300$ à $0^m,400$: le diamètre de *l'œil*, c'est-à-dire de l'ouverture qui débouche à l'intérieur de l'ouvrage et par laquelle le vent pénètre dans le fourneau, est ordinairement égal ou légèrement supérieur à celui de la *buse* (extrémité de la conduite de vent qu'on introduit dans la tuyère) ; on détermine la dimension de cette buse en tenant compte de la température, de la pression, et du nombre des tuyères ; dans la plupart des hauts-fourneaux elle est comprise entre $0^m,080$ et $0^m,150$.

Nous avons expliqué page 401 comment il convenait de placer les tuyères ; l'axe est le plus souvent horizontal, mais la position du *nez* à l'intérieur du fourneau est de plus d'importance que la direction de l'axe ; autrefois on plaçait la tuyère de façon que l'extrémité affleurât la paroi de l'ouvrage, comme on le voit dans le haut-fourneau représenté fig. 84, p. 407 ; on comprend qu'une tuyère faisant saillie à l'intérieur de l'ouvrage et constamment refroidie devait, avant l'emploi de vent chauffé, provoquer la formation de masses de laitier et de fonte solidifiées qui l'enveloppaient, rendaient son remplacement difficile et pouvaient, surtout dans un ouvrage étroit, gêner la marche du fourneau ; dans les hauts-fourneaux au charbon de bois, marchant en fonte grise, on a continué à mettre le nez des tuyères affleurant la paroi ; le vent, dans ces conditions, pénètre en partie jusqu'au centre si la pression est suffisante, une autre partie est refoulée contre les parois dans le voisinage de la tuyère par suite de la résistance qu'elle rencontre dans l'ouvrage et s'élève ensuite verticalement. Il en résulte que la quantité de gaz qui monte au centre du fourneau est relativement faible, tandis que le reste se rassemble contre les parois et que la réduction s'opère dans de moins bonnes conditions. En outre, la partie intérieure de l'ouvrage située immédiatement au-dessus des tuyères, se détruit rapidement par fusion, parce que la combustion y est très active, et il s'y produit des cavités dangereuses.

[1] Des tuyères du même genre avaient été établies antérieurement par Seichmann (Percy-Wedding, *Eisenhüttenkunde*, 2e partie, p. 384 ; par Hodgett, *Berg- u. hütt. Ztg.*, 1870, p. 445 ; par Plum, *Journal of the Iron and Steel Institute*, 1878, p. 299 et par Lloyd, *Grothe's Polyt. Ztschr.*, 1876, Nos 29 et 30.

On évite ces inconvénients en disposant les tuyères, comme le montrent les fig. 97 et 98, en saillie dans l'ouvrage. Grâce à cet arrangement le vent pénètre aussi facilement jusqu'au centre dans un ouvrage large, qu'il le faisait avec les tuyères affleurantes dans un ouvrage étroit, et comme les matières moins tassées n'offrent pas une aussi grande résistance, se répartit plus uniformément.

Il y a naturellement, à la saillie des tuyères, une limite qu'il ne faut pas dépasser, sous peine de voir la production diminuer, la combustion de combustible augmenter et la marche de l'appareil devenir irrégulière. Cette limite dépend de la forme et de la grandeur du haut-fourneau, de la pression et de la température du vent, et de la nature du lit de fusion. D'après Cochrane [1], dans un fourneau qui avait $2^m,440$ à l'ouvrage et dont les tuyères étaient en saillie de $0^m,305$, la production par semaine était de 483 tonnes ; elle s'éleva à 599^t lorsqu'on eut reculé les tuyères de manière à les faire saillir seulement de $0^m,150$; dans le premier cas on consommait 603^t de combustible par semaine ; dans le second la consommation s'éleva seulement à 630^t, c'est-à-dire qu'après la modification la quantité consommée par tonne de fonte était moindre ($1248\ ^0/_{00}$ dans le premier cas contre 1050 dans le second).

Pour régler cette saillie, il faut d'ailleurs tenir compte de la pression et éviter que les jets de vent animés d'une trop grande vitesse ne viennent à se choquer.

Dans les petits hauts-fourneaux on se contente de placer les tuyères dans les ouvertures qui leur sont destinées, et on garnit les vides avec un pisé réfractaire ; dans ceux de grandes dimensions, et surtout avec les tuyères en saillie, on emploie pour les assujettir des cadres disposés à cet effet ; ces cadres sont à courant d'eau et disposés de telle sorte qu'il soit facile de les remplacer ; on peut en voir deux types différents dans les fig. 97 et 98. Le premier est formé d'un tube en fer noyé dans une pièce de fonte ; un courant d'eau serpente dans le tube et le rafraîchit ; mais il est assez difficile de couler la fonte autour d'un tube de ce genre ; aussi emploie-t-on plus souvent des sortes de caisses entièrement vides que l'on fabrique en bronze ou en tôles rivées comme on le voit fig. 93. Pour avoir moins de difficulté à les retirer lorsque leur remplacement est devenu nécessaire on leur donne, en hauteur, $0^m,070$ et en largeur $0^m,055$ de moins que les ouvertures qu'elles doivent garnir et on remplit l'intervalle avec de la terre réfractaire.

Le châssis de tuyère représenté fig. 96 est en fer, il est complètement ouvert à l'arrière et maintenu froid comme la tuyère elle-même, par des filets d'eau qui s'échappent du tube d ; l'eau chaude s'évacue avec celle de la tuyère.

[1] *Stahl und Eisen*, 1882, p. 434, 555.

Trou du laitier. — Le mode de refroidissement de l'orifice servant à l'écoulement du laitier a été établi par Lurmann sur le même principe que celui qu'on avait adopté pour les tuyères, aussi a-t-on donné à cet appareil le nom de *tuyère à laitiers;* ainsi que nous l'avons exposé, les hauts-fourneaux à poitrine fermée ne devinrent pratiques que lorsqu'on eut adopté la tuyère Lurmann que nous représentons à l'échelle de $\frac{1}{15}$ fig. 99, 100 et 101. B est la

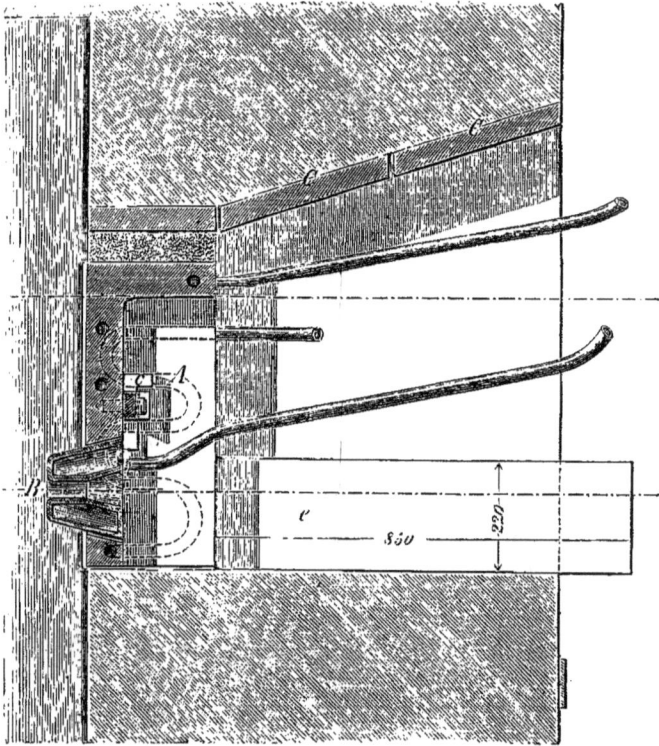

Fig. 99. — Tuyère à laitier (coupe verticale).

tuyère proprement dite, en bronze, à double enveloppe et à courant d'eau, l'orifice ou œil tourné vers l'intérieur du fourneau a de 0^m,025 à 0^m,050 de diamètre suivant que le laitier est plus ou moins fluide et suivant la quantité qui doit y passer dans un temps donné, il doit être placé à 0^m,035 ou 0^m,040 au-dessous du niveau des tuyères à vent et en un point de la circonférence où l'enlèvement du laitier soit facile; il serait peu commode par exemple de mettre cet orifice dans le voisinage du trou de coulée qu'il pourrait encombrer. On ménage, dans la paroi de l'ouvrage, une ouverture de 0^m,700 de hauteur sur 0^m,500 de large dont le plafond est soutenu par des plaques de fonte *cc* qui se maintiennent suffisamment sans être rafraîchies tant que l'ouvrage conserve ses dimensions ; dans cette ouverture vient se loger le cadre

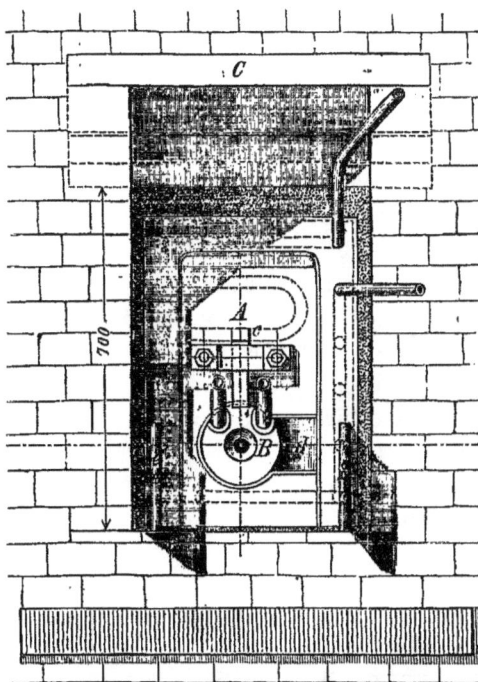

Fig. 100. — Tuyère à laitier (vue de face).

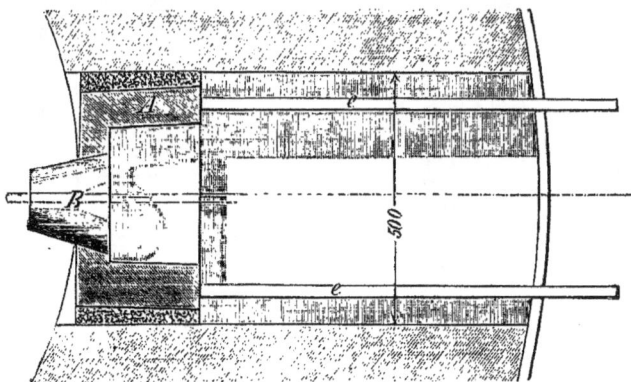

Fig. 101. — Tuyère à laitier (coupe horizontale).

en fonte à courant d'eau *A* composé d'un tube de fer en serpentin noyé dans la fonte, ou d'une caisse creuse. Ce cadre porte une ouverture destinée à recevoir la tuyère qu'un simple verrou maintient en place quand il est au bas de sa course ; un côté de cette ouverture est arrondi suivant la circonférence de la tuyère, l'autre est formé de lignes droites et sans contact avec la tuyère, d fig. 100; le vide latéral qui demeure ainsi entre la tuyère et le bord du cadre se bouche avec de la terre réfractaire; cette disposition permet, 1° de faire couler le laitier dans le cas où pour une raison quelconque il ne peut passer par la tuyère à laitier, 2° d'introduire des outils ou crochets pour arracher la tuyère lorsqu'on veut la changer.

En arrière de la tuyère dans l'embrasure ménagée dans la paroi de l'ouvrage, on place deux plaques de fonte, verticalement, ee, en laissant entre ces plaques et les parois en briques un intervalle d'environ $0^m,040$, puis on remplit l'espace compris entre les deux plaques, de sable de moulage dans lequel on trace une rigole pour l'écoulement du laitier ; cet intervalle de $0^m,040$ réservé derrière les plaques permet d'y introduire de l'eau dans le cas où elles s'échaufferaient trop. Le cadre qui porte la tuyère a des dimensions moindres que l'ouverture qui le reçoit, et dans laquelle il est calé par de la terre réfractaire.

Trou de coulée. — Lurmann a aussi proposé pour les hauts-fourneaux à poitrine fermée, un appareil destiné à refroidir les abords du trou de coulée ;

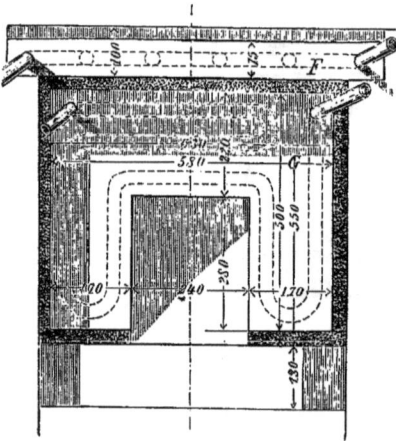

Fig. 102. — Trou de coulée (vue de face).   Fig. 103. — Trou de coulée (coupe verticale).

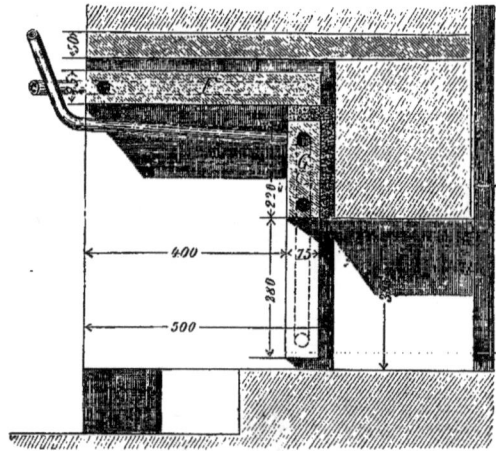

nous le représentons par les fig. 102 et 103 qui sont suffisamment claires pour qu'on en comprenne la disposition. La plaque supérieure horizontale F reçoit un courant d'eau continu, la plaque verticale G ne se met en place que lorsque, par suite de corrosion, la paroi du fourneau n'a plus que $0^m,200$ d'épaisseur ; quelquefois même, dans ces conditions, le refroidissement produit par cette plaque est insuffisant pour arrêter l'irruption du métal en fusion;

il faut alors établir un barrage en argile devant le trou de coulée et remplir d'eau l'intervalle entre ce barrage et le mur du fourneau ; une heure et demie avant la coulée, on fait évacuer l'eau et on détruit le barrage pour avoir le temps de préparer et de sécher la rigole par laquelle doit passer la fonte.

Lorsque le fourneau marche à poitrine ouverte, le trou de coulée est pratiqué à travers la dame et on ne prend aucune disposition pour refroidir celle-ci puisqu'il est toujours facile de la remplacer quand elle est usée ; cependant, on emploie quelquefois comme plaque de dame, une plaque en fonte enveloppant un tube en fer dans lequel passe un courant d'eau.

Tympe. — Dans ces mêmes fourneaux, pour assurer une longue durée à la plaque de tympe qui est constamment en contact avec le laitier liquide, il est indispensable de la refroidir ; on la prépare donc, comme les plaques du trou de coulée précédemment décrites, munie d'un courant d'eau intérieur. Dans les petits fourneaux au charbon de bois, cette plaque est remplacée par une pièce de fonte à section carrée qui ne garantit que l'angle extérieur de la tympe, et qui est traversée d'un bout à l'autre par un courant d'eau circulant dans un tuyau droit ; aux fourneaux de plus grande dimensions, on adapte une pièce en forme de cornière dont une des ailes placée horizontalement soutient les briques de la tympe ; un tube en fer recourbé plusieurs fois sur lui-même est noyé dans l'épaisseur de la fonte et assure un refroidissement plus complet ; cette disposition se comprend suffisamment sans qu'il soit nécessaire d'en donner le tracé.

Ouvrage, étalages et cuve. — Les parois de l'ouvrage qui se trouvent dans le voisinage des tuyères et des cadres, qui maintiennent celles-ci, sont rafraîchies dans une certaine mesure par la présence de ces appareils ; dans les grands hauts-fourneaux qui reçoivent le vent chauffé à haute température, on refroidit plus complètement encore les parois de l'ouvrage, des étalages et même de la cuve afin de prolonger leur durée.

On peut obtenir ce résultat de diverses façons ; on emploie par exemple une série de bâches à eau logées dans l'épaisseur de la paroi et constamment parcourues par un courant d'eau comme les cadres des tuyères ; les fig. 104 et 105 représentent une disposition de ce genre ; dans la première, on voit, en coupe verticale, trois bâches et une tuyère ; la seconde est une vue de face de l'extérieur des bâches et des tuyaux qui amènent l'eau et assurent son évacuation. Pour économiser l'eau, on utilise celle qui sort de la tuyère et qui s'élève au-dessus de la bâche supérieure dans un tuyau horizontal *a* de 0^m,050 de diamètre ; de là elle descend dans la bâche à son point le plus bas, en ressort par le haut, redescend dans la deuxième bâche et ainsi de suite ; une conduite spéciale *b* peut au besoin fournir de l'eau froide, si celle sortant de la tuyère ne suffit pas. Chaque bâche est ouverte à sa partie supérieure au-dessus du niveau de l'eau qu'elle contient, pour que la vapeur puisse s'en échapper ; dans la fig. 88, page 372, on voit quelques-unes de ces bâches en place.

Un autre moyen de refroidir les parois consiste à les arroser extérieurement au moyen de tuyaux percés de petits trous disposés tout autour ; l'eau

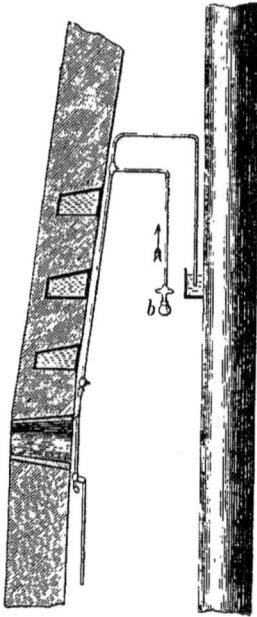

Fig. 104.   Fig. 105.
Bâches de refroidissement pour les étalages.

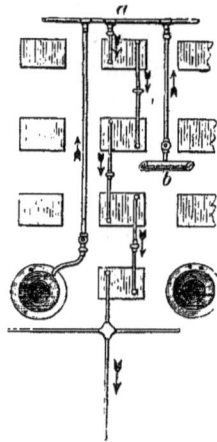

est recueillie au bas du haut-fourneau, quelquefois on emploie cet arrosage concurremment avec les bâches.

On est depuis longtemps convaincu de la nécessité de refroidir extérieurement les étalages et les creusets des hauts-fourneaux et on s'est contenté pendant de nombreuses années de les arroser au moyen de filets d'eau ; ce genre de refroidissement a l'inconvénient de délaver les joints, en enlevant le mortier de proche en proche; il s'exerce à trop grande distance de la paroi intérieure, d'où il résulte, grâce à la faible conductibilité des briques, que celles-ci s'usent sur une grande partie de leur épaisseur.

Au haut-fourneau d'Allevard, on a enveloppé complètement les étalages et l'ouvrage, dont l'épaisseur a été réduite à 0^m,380, de bâches en tôle qui maintiennent une épaisseur d'eau continue de 8 centimètres contre la paroi extérieure; à Ria M. Dulln a renfermé les étalages dans une série de 8 segments en tôle réunis par des boulons. Sur ces tôles et dans chaque segment il a établi cinq augets brasés et rivés (fig. 105); le plus élevé reçoit l'eau qui s'écoule en cascade par dessus le bord et retombe dans l'auget inférieur et ainsi des autres. Avec cette disposition il a pu réduire l'épaisseur de la maçonnerie à 10 ou 15 centimètres. (Voir Bulletin de l'Industrie minérale, 3ᵉ série, tome VI, p. 373.)

Aux États-Unis où la rapidité d'allure des hauts-fourneaux et la haute températature qui règne dans la zone de fusion amènent une usure rapide des étalages, on

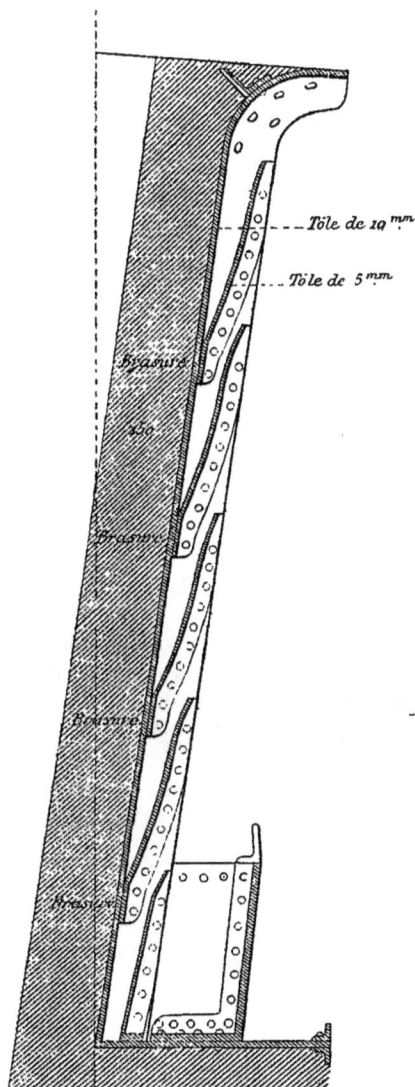

Fig. 105-*a*. — Enveloppe des étalages du fourneau de Ria. Echelle de 1/15.

est arrivé à augmenter considérablement leur durée en noyant dans l'épaisseur des parois des boîtes métalliques à courant d'eau; nous donnons fig. 105ᵇ et 105ᶜ deux types de ces appareils fort usités et qui paraissent donner toute satisfaction. (Voir

Transactions of the american Institute of mining Engineers, tome XXI, p. 109 et suivantes.[1]

La première est due à l'ingénieur Scott ; l'eau fraîche entre en *a* et sort en *b*

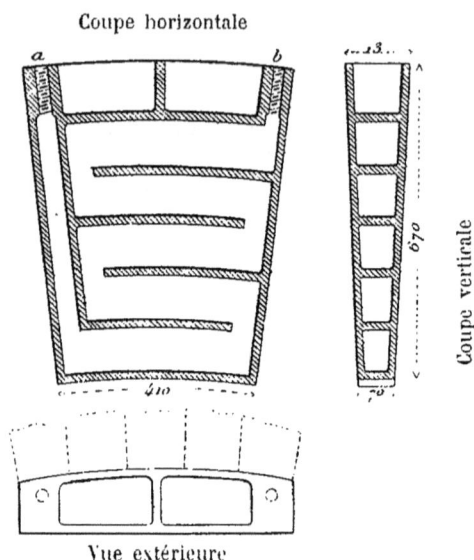

Fig. 105-*b*. — Boite de Scott pour le refroidissement des étalages.

après s'être échauffée dans son parcours. La face supérieure de la boîte est cintrée de façon à reporter, au moyen de briques formant voûte, le poids de la maçonnerie supérieure sur des coins massifs qui séparent deux boites voisines. On forme avec ces boîtes quatre ou cinq couronnes complètes sur la hauteur des étalages en les faisant pénétrer jusqu'à 15 centimètres de la paroi intérieure du fourneau.

La fig. 105° (coupes verticale et horizontale) représente la boîte Gayley ; on a

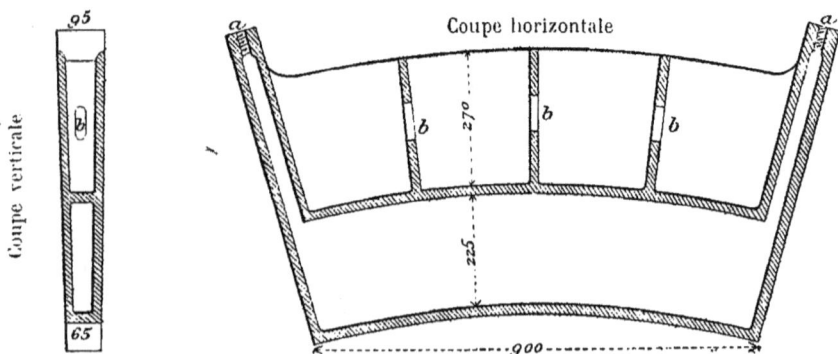

Fig. 105-*c*. — Boite de Gayley pour le refroidissement des étalages.

reconnu qu'il suffisait d'amener l'eau vers le fond sans augmenter son parcours par des cloisons multiples. Avec ce type on forme également des couronnes complètes au nombre de 5 à 6 sur la hauteur des étalages. L'eau entre par un des deux trous *aa* : *bbb* sont des vides par lesquels on peut arracher la boîte lorsqu'elle doit être changée.

Ces boîtes sont en bronze ; ce métal est en effet préférable à la fonte malgré son

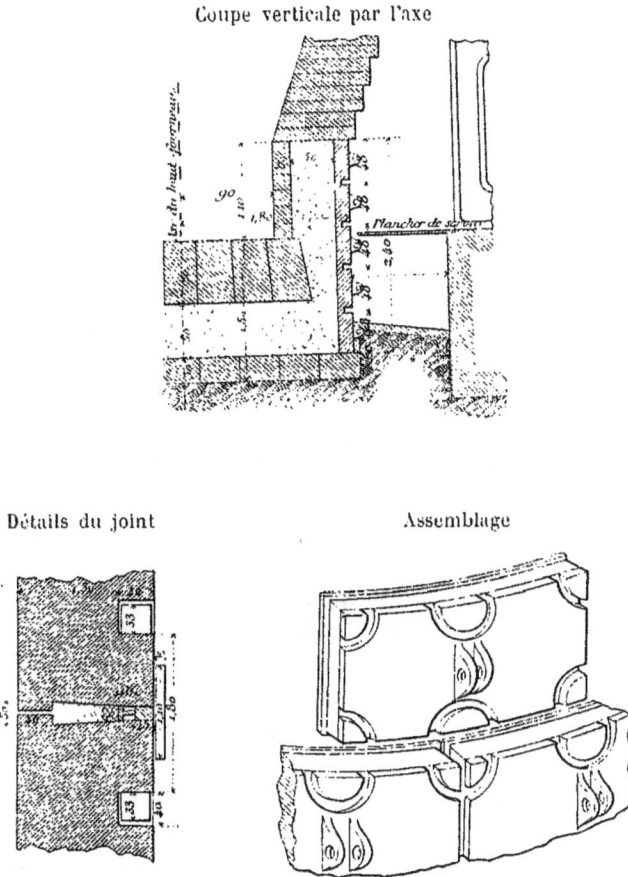

Coupe verticale par l'axe

Détails du joint   Assemblage

Fig. 105-*d*. — Enveloppe en acier moulé du creuset du haut-fourneau de Firminy.

prix beaucoup plus élevé. L'expérience a démontré que lorsqu'une partie de bronze vient en contact avec le feu, elle se conserve pourvu qu'elle soit suffisamment arrosée.

Quant au creuset, on l'enveloppe ordinairement de plaques de fonte boulonnées entre elles que l'on arrose extérieurement. La fonte cependant se laisse percer dès que le métal en fusion arrive en contact avec elle malgré un arrosage abondant ;

un ingénieur français, M. Boivin, a enveloppé le creuset du haut-fourneau de Firminy de plaques d'acier moulé formant voussoirs de 15 centimètres d'épaisseur, réunies entre elles par des frettes en acier noyées dans leur épaisseur (voir compterendus mensuels de l'Industrie minérale, mars 1892). Une fois ces pièces assemblées, les joints bourrés avec soin, le tout forme une enceinte invariable capable de résister à toutes les poussées, et ne laissant aucun passage au métal. La surface extérieure de ces plaques est arrosée par un courant d'eau continu (fig. 105ᵈ). (V.)

Sole. — Lorsque la sole du creuset était enveloppée par une épaisse maçonnerie, il était assez difficile de la refroidir d'une manière efficace, tandis qu'en la construisant comme le montre la figure 90, il est possible de la rafraîchir par aspersion.

Quantité d'eau à employer. — La quantité d'eau nécessaire pour alimenter tous les appareils réfrigérants d'un haut-fourneau est assez considérable, surtout lorsqu'il marche à haute température et qu'il est soufflé avec du vent fortement chauffé. Autant que possible on utilise pour l'alimentation des bâches, celle qui sort des tuyères et de leurs cadres ; une seule tuyère doit recevoir de 60 à 75 litres par minute et son cadre en exige de 75 à 100 ; un haut-fourneau doit donc pouvoir disposer la plupart du temps de 2000 litres par minute et quelquefois du double de cette quantité. Pour les fourneaux marchant en fonte blanche, à basse température, de 600 à 1000 litres suffisent ; ceux au bois en demandent un moindre volume encore.

Dans tous les cas il est bon d'alimenter les appareils de telle sorte que l'eau n'en sorte jamais à plus de 50°.

Plateforme du gueulard. — Une plateforme est indispensable au gueulard pour permettre d'opérer le chargement des matières composant le lit de fusion et le combustible ; la manière dont cette plateforme peut s'établir dépend naturellement du système adopté pour la construction du haut-fourneau ; dans les anciens, pourvus d'un massif extérieur, on trouvait assez de place sur la maçonnerie même ; il suffisait de la couvrir de plaques de fonte pour la préserver des dégradations et d'élever tout autour un mur de 3ᵐ environ de hauteur pour garantir les ouvriers.

Lorsque les cuves sont enveloppées de tôle (fig. 86 et 87), on fixe à celles-ci des consoles au moyen de boulons ; on relie les consoles entre elles par des poutrelles et un système convenable de traverses en fer, et sur le tout on pose des tôles striées ; les ouvriers sont protégés par un garde-fou en tôle.

Pour les fourneaux à cuve isolée, sans enveloppe de tôle, la plateforme doit être supportée par des colonnes partant du sol, reliées entre elles par un réseau de poutrelles, sur lequel on dispose également un plancher en tôles striées.

Ce serait une faute grave d'appuyer la plateforme sur l'extrémité supérieure de la cuve qui serait constamment ébranlée par les manœuvres des wagonnets qui amènent la charge ; cette maçonnerie se dilate d'ailleurs par la chaleur, dès que le fourneau est en feu, elle monte de 2 à 3 % ; on doit donc établir la plateforme indépendante, de façon qu'elle ne puisse être soulevée par le mouvement ascensionnel de la chemise réfractaire ; il est facile, d'ailleurs, lorsque celui-ci est complet, de garnir l'intervalle qui reste entre les briques et le dessous de la plateforme.

Il peut arriver, quand la plateforme est ainsi indépendante de la cuve, que les gaz passent par l'intervalle qui existe en dessous et viennent incommoder les ouvriers. On évite, au moins en partie, cet inconvénient en adoptant la disposition imaginée par Lurmann et qui figure sur le haut-fourneau représenté fig. 90 ; un cylindre en tôle garni intérieurement de briques est fixé à la plateforme ; d'un autre côté la partie supérieure de la chemise porte une couronne en fonte en forme de T, dont une des ailes pénètre à frottement dans ce cylindre.

Les plateformes de fourneaux voisins les uns des autres et de même hauteur, sont reliées entre elles par des ponts métalliques, de même que les monte-charges le sont à ces mêmes plateformes ; on installe dans l'endroit le plus convenable un escalier généralement en fer, qui permet l'accès des gueulards.

4. — Appareils pour la prise et la conduite des gaz, leur épuration et leur combustion.

Les diverses réactions qui se passent dans les hauts-fourneaux ont pour effet de donner aux gaz, qui doivent être évacués par le gueulard, une certaine richesse en oxyde de carbone qui est, comme on le sait, un combustible de grande valeur ; la proportion de ce gaz varie avec la nature du lit de fusion et l'allure du fourneau, mais elle représente généralement, en volume, 24 % de la quantité totale des gaz sortants supposés secs ; c'est, comme on le voit, une richesse analogue à celle des produits d'un gazogène alimenté avec de la houille ; on y trouve en outre quelques centièmes d'hydrogène et de carbures d'hydrogène.

Il est facile de se rendre compte de l'énorme quantité de combustible utilisable qui s'échappe ainsi par le gueulard, si on considère qu'un haut-fourneau au coke, de grandeur moyenne, c'est-à-dire de 350^{mc} de capacité, consomme, chaque jour, 80.000^k de carbone, et qu'à chaque kilogramme de carbone correspond 1^{mc}.2 d'oxyde de carbone contenu dans le gaz du gueulard [1] ; il sort donc chaque jour du gueulard 96.000^{mc} d'oxyde de carbone ; or, chaque

---

[1] On trouvera des données sur ce sujet dans : C. Stöckmann, *Die Gase des Hochofens und der Siemens-Generatoren, Ruhrort*, 1876 ; Gruner, *Études analytiques sur les hauts-fourneaux etc.*

mètre cube, en se transformant en acide carbonique dégage 3.000 calories ; on dispose donc *par seconde* de 3.300 calories, ce qui, d'après l'équivalent mécanique de la chaleur, correspond à 20.000 chevaux [1] ; et dans ce calcul nous n'avons tenu compte, ni de l'hydrogène, ni des carbures de cet élément.

Malheureusement nos foyers et nos machines ne parviennent à utiliser qu'une faible partie de cette puissance, et la combustion des gaz d'un haut-fourneau ne suffit à produire la vapeur nécessaire aux machines qui le desservent qu'à la condition d'être obtenue dans des appareils convenablement établis.

Les considérations économiques auraient dû dès l'origine attirer l'attention des directeurs de hauts-fourneaux sur la valeur des gaz comme combustible, alors qu'ils constataient chaque jour la vive chaleur qu'ils dégageaient en brûlant au gueulard ; on les laissa néanmoins s'échapper librement, inutilisées, dans l'atmosphère jusqu'à la fin du siècle dernier, ou bien on ne les employait qu'à sécher des moules de fonderie ou à quelqu'autre usage secondaire.

Les usines de cette époque avaient, pour la plupart, des moteurs hydrauliques, leurs hauts-fourneaux marchaient à l'air froid, le prix du combustible était relativement peu élevé, c'est ce qui explique suffisamment pourquoi on se préoccupait peu de l'utilisation des gaz.

Aussi dans les premières applications qui furent tentées par Aubertot en France, dans une usine du département du Cher en 1809 [2], on se borna à chauffer des appareils qui n'avaient aucune relation avec les hauts-fourneaux, tels que des fours de cémentation, des fours à chaux, etc., que l'on établissait sur la plateforme même des gueulards ; à leur sortie du fourneau, les gaz enflammés pénétraient dans ces appareils, il n'y avait pas, à proprement parler, de prise de gaz.

C'est seulement en 1837, à Wasseralfingen, que Faber du Faur essaya avec succès de recueillir les gaz avant leur inflammation ; il entrait dès lors dans la voie qui devait le conduire à perfectionner le chauffage au gaz et à produire dans des gazogènes spéciaux, des gaz combustibles.

Ce n'est cependant qu'avec lenteur que l'emploi des gaz des hauts-fourneaux s'est développé, quoique déjà la nécessité de recourir aux moteurs à vapeur se fût fait sentir, et qu'on eût reconnu l'avantage résultant du chauffage de l'air ; il est vrai, qu'au début, on réussit rarement à capter ces gaz

---

[1] La puissance calorifique des gaz de hauts-fourneaux varie dans certaines limites ; si on traite pour fonte blanche des minerais faciles à réduire et riches, en consommant peu de combustible, elle est plus faible que dans les conditions inverses. Lors donc que les gaz dans le premier cas, ne donnent pas autant d'effet utile que dans le second, il ne faut pas s'en prendre au système de prise de gaz et croire que l'utilisation du combustible est moins parfaite.

[2] *Journal des mines.* 1814, T. 35, p. 375.

sans qu'il s'ensuivit un dérangement dans l'allure du fourneau, parce qu'on commit généralement la faute de les prendre à une trop grande profondeur au-dessous des gueulards, avant qu'ils eussent accompli leur rôle d'agents de réduction; cette erreur était d'autant plus grave que les hauts-fourneaux de cette époque n'avaient qu'une faible hauteur ; il fallait donc, pour maintenir l'allure, compenser le manque de réduction par le gaz en consommant du carbone supplémentaire pour la réduction directe, d'où dépense en combustible plus considérable. On perdait ainsi l'avantage qui pouvait résulter de l'emploi des gaz ; aussi se contentait-on le plus souvent, comme Aubertot, de placer, sur la plateforme du gueulard, les chaudières et les appareils à air chaud. En 1860, on voyait encore un grand nombre de hauts-fourneaux au bois installés dans ces conditions.

Cependant à mesure que les fourneaux croissaient en hauteur, cet encombrement du gueulard devenait plus gênant, en même temps l'inconvénient des prises profondes était moins sensible, et disparaissait même entièrement, grâce au perfectionnement des appareils destinés à capter les gaz ; si bien qu'aujourd'hui, on n'hésite plus à recueillir les gaz au gueulard avant leur inflammation et à les amener jusqu'au niveau du sol de l'usine, où sont établis les appareils dans lesquels ils doivent être brûlés.

Prises de gaz. — On a imaginé, à cet effet, un grand nombre de dispositions. On donne le nom de prise de gaz à l'appareil employé pour capter le gaz avant tout contact avec l'air et le faire pénétrer dans les conduites qui l'amènent aux points où il sera utilisé.

La prise de gaz de Faber de Faur consistait simplement dans un certain nombre d'ouvertures ménagées dans l'épaisseur de la cuve, en dessous du gueulard, et aboutissant à un conduit circulaire qui recueillait le gaz ; les charges qui se trouvaient au-dessus de ces ouvertures servaient de fermeture, par conséquent le captage était d'autant plus complet que les prises étaient à une plus grande profondeur ; nous avons expliqué à quel point cette disposition pouvait avoir une fâcheuse influence sur l'allure du fourneau, elle servit cependant de type à de nombreuses installations dont quelques-unes subsistent encore aujourd'hui ; les fourneaux marchaient à gueulard ouvert.

Dans les grands hauts-fourneaux, ce système n'altère pas sensiblement l'allure, lorsque les prises ne sont pas placées à une trop grande distance au-dessous du gueulard, mais il a l'inconvénient de ne recueillir qu'une partie du gaz, et cette partie varie elle-même constamment ; elle est plus grande lorsqu'on vient de charger, elle diminue graduellement à mesure que le niveau des charges descend ; il peut même arriver que, par suite de négligence ou d'accident, les ouvertures de prise de gaz soient momentanément à découvert.

On fut donc amené à fermer complètement le gueulard avec un couvercle, qui obligeait la totalité des gaz à passer dans les conduites quel que fût le niveau des charges ; il devenait alors indifférent de faire les prises à une plus ou moins grande profondeur au-dessous du gueulard. C'était là un progrès considérable.

Cependant, toutes les fois qu'on doit charger le fourneau on est contraint de lever ce couvercle, et le gaz s'échappe alors en abondance d'une façon d'autant plus fâcheuse que la durée du chargement est plus grande.

Il existe un système de prise de gaz dans lequel cet inconvénient est atténué, il consiste à préparer la charge, le fourneau étant fermé, autour du joint de la fermeture, de telle façon qu'elle glisse à l'intérieur de la cuve dès qu'on ouvre ce joint ; grâce à cet artifice, le temps pendant lequel le gueulard est ouvert est beaucoup plus court ; on doit donc disposer l'appareil de fermeture, d'une part de façon à pouvoir préparer la charge autour du joint de fermeture, et d'autre part de manière à la répartir dans le fourneau comme il est le plus avantageux pour sa bonne marche ; or le minerai, qui constitue la partie la plus lourde du lit de fusion, a toujours tendance à se rassembler vers le centre et à gêner le passage des gaz dans cette région, il vaut donc mieux, généralement, répartir le minerai à la circonférence et accumuler le combustible vers le centre.

Les types de prises de gaz usitées jusqu'à ce jour sont au nombre de trois, il nous reste à décrire les plus intéressantes.

Prise de gaz de Pfort. — Cet appareil a été établi par Pfort, maître de forges

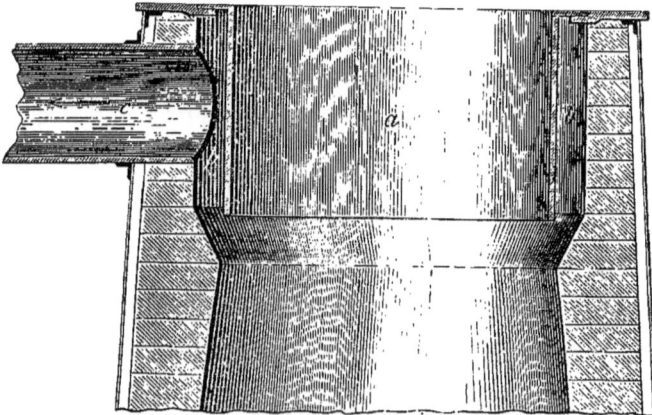

Fig. 106. — Prise de gaz de Pfort (Trémie).

à Weckerhagen en 1842 et a été adopté, depuis lors, dans un grand nombre d'usines ; il est représenté par la fig. 106 ; on suspend dans le haut-fourneau une cuve *a* en fonte ou en tôle ouverte par ses deux extrémités ; l'orifice supérieur arrive au niveau du gueulard. Entre l'extérieur de ce cylindre et les parois de la cuve, il reste un espace annulaire *b* de 0m,250 à 0,500 de largeur, dans lequel se rassemblent les gaz qui sont ensuite dirigés, vers le point où ils seront employés, par le tuyau *c* ; au lieu d'un seul tuyau *c* on en dispose quelquefois plusieurs sur la circonférence du fourneau pour que les gaz ne soient pas attirés dans une direction unique ; l'espace *b* doit être, comme l'indique la figure, un élargissement de la cuve pour que le cylindre puisse avoir comme diamètre celui de la cuve au-dessus du point où il se termine. Quelquefois cependant on laisse à la cuve sa dimension normale jusqu'en haut et le cylindre a un moindre diamètre ; dans ce cas, les charges, lorsqu'elles le quittent, doivent s'étaler subitement.

Le cylindre auquel on donne généralement en France le nom de *trémie* se termine à la partie supérieure par un rebord à angle droit au moyen duquel il repose sur une couronne circulaire en fonte qui porte elle-même sur la dernière assise de la cuve. De cette façon la trémie peut être remplacée facilement. Souvent, comme dans la fig. 88 page 409, on établit, en plaques de fonte assemblées, toute la partie supérieure de la cuve, au-dessus de la maçonnerie ; il est alors encore plus facile d'y suspendre la trémie et de fixer les tuyaux de prise de gaz.

Appareil Darby ou prise centrale. — En prenant les gaz à la circonférence, comme on le fait avec la trémie, on favorise leur tendance à cheminer le long des parois de la cuve, ce qui a des inconvénients au point de vue de la marche du haut-fourneau ; on combat, au contraire, cette tendance en établissant la prise au centre même de la cuve, c'est ce qui a été réalisé pour la première fois en 1835 par Darby sous le nom de « prise centrale » ; la fig. 107 représente la disposition actuelle de cet appareil. *a* est le tuyau de captage des gaz, il est en tôle et communique à sa partie supérieure avec une conduite horizontale par laquelle les gaz sont dirigés vers le point où ils seront employés ; dans le prolongement de cette conduite, se trouve une tubulure fermée par un couvercle à clapet *b* qui sert comme soupape de sûreté, et permet le nettoyage de la conduite dans laquelle se dépose une certaine quantité de poussières entraînées par le courant gazeux. Cette tubulure est également utile, pour permettre d'établir solidement l'appareil qui est supporté soit par des colonnettes en fonte reposant sur la plateforme, soit et mieux encore par une cheminée *c* également en tôle placée au-dessus du gueulard. Le tuyau *a* est cylindrique ou légèrement rétréci à sa partie inférieure de façon à diminuer le frottement des matériaux de la charge ; plus le diamètre de ce tuyau est grand et plus facilement les gaz y affluent, mais il reste d'autant moins d'espace annulaire pour le chargement ; d'un autre côté les minerais leurs fondants et le combustible chargés à la circonférence forment un entonnoir d'éboulement d'un plus grand volume. Il y a donc lieu d'observer une

certaine relation entre le diamètre du gueulard et celui de la prise centrale ;
ordinairement, on donne à cette dernière comme dimension transversale, le
tiers du diamètre de la cuve au gueulard ; il y a donc intérêt à construire

Fig. 107. — Prise de gaz Darby.

celui-ci aussi grand que possible ; on obtient ainsi une prise de plus grande
section et un espace moins rétréci pour le chargement.

En s'éboulant vers l'axe du fourneau dès qu'elles ont dépassé l'extrémité
inférieure du tuyau central, les charges rendent cette zône plus perméable
au gaz ce qui est généralement considéré comme avantageux ; quelquefois
même, l'appel des gaz vers ce point est tel, qu'il n'en passe plus suffisamment
dans le voisinage des parois ; c'est là un inconvénient du même genre que

celui que nous avons signalé pour la trémie, mais en sens inverse. On y a plus tard remédié en réunissant les deux systèmes dans le même fourneau, comme on peut le voir sur les fig. 86 et 88, pages 407, 409 ; la prise centrale d'une part et la trémie de l'autre recueillant la totalité des gaz, le gueulard est complètement fermé au moyen d'un couvercle suspendu à des chaînes qui ne sont pas figurées sur le dessin ; on le soulève ou on le rabaisse en manœuvrant un levier pourvu de contrepoids, le couvercle porte un rebord qui plonge dans une rigole maintenue pleine d'eau et formant fermeture hermétique. On réunit ainsi les avantages des deux systèmes de prises de gaz.

Système Parry, cup and cone. — Cette prise de gaz est représentée par la fig. 108 ; c'est également celle qu'on peut voir sur le haut-fourneau de la fig. 90 ; c'est la forme la plus ancienne des prises de gaz permettant d'ob-

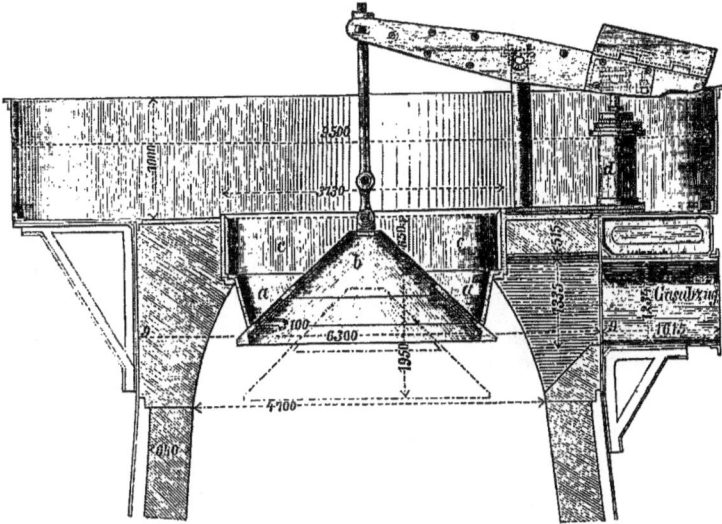

Fig. 108. — Prise de gaz Parry, cup and cone.

tenir à la fois la fermeture du gueulard et le chargement automatique ; elle a été appliquée pour la première fois par Parry en 1850 au fourneau d'Ebbw-vale et ensuite fréquemment dans les usines anglaises. On la rencontre plus rarement en Allemagne sous cette forme primitive.

L'appareil Parry se compose de deux pièces principales un entonnoir fixe *a* en fonte et un cône mobile *b* que l'on établit en fonte ou en tôle ; ce dernier est suspendu à une chaîne au moyen de laquelle on le fait monter ou descendre. L'entonnoir (cup) est ordinairement formé de deux pièces portant toutes les deux des rebords qui s'ajustent les uns sur les autres de manière que la partie inférieure *a* soit portée par la pièce supérieure *c* qui est elle-même solidement fixée à la maçonnerie de la cuve, tandis que la pièce *a* peut être changée quand cela devient nécessaire. Le diamètre du cône à sa base est de dimension telle qu'il puisse passer par la plus petite ouverture de la pièce *c*, afin qu'on en puisse faire le remplacement sans difficulté en enlevant d'abord l'entonnoir *a*.

Lorsque le cône est dans la position indiquée par le dessin, le gueulard est entièrement fermé et les gaz sont obligés de s'échapper par l'ouverture latérale ; on amène alors les matières composant la charge, coke, minerais, castine dans l'intervalle compris entre les parois de l'entonnoir et celles du cône ; vient-on à abaisser le cône dans la position indiquée par le pointillé, les matières tombent en glissant sur sa surface extérieure qui les dirige vers les parois de la cuve. Si la surface supérieure des charges à ce moment est assez loin du cône, ces matières vont frapper la cuve, puis sont renvoyées vers le milieu du haut-fourneau ; si, au contraire, il y a peu de distance entre ce cône et la dernière charge, la nouvelle reste disposée en anneau contre les parois. On cherche généralement à accumuler les éléments du lit de fusion à la circonférence et le coke au centre, pour combattre la tendance naturelle qu'ont ces matières à prendre spontanément une situation inverse. On y arrive assez facilement en chargeant d'abord le combustible, lorsque la surface des charges est descendue assez bas au-dessous du cône et immédiatement après le lit de fusion, et en tenant pour celui-ci le cône aussi bas que possible. On peut remarquer sur la fig. 90, un tuyau en forte tôle suspendu au-dessous du cône et qui a pour but d'empêcher le tassement des charges vers le milieu de la section, ce tuyau produit le même effet que celui de la prise Darby.

Il faut remarquer, d'ailleurs, que la forme du cône et le volume de la charge de combustible ont une influence sur le résultat qu'on obtient de cet appareil ; l'angle du cône à son sommet est au moins de 90° ; toutes choses égales d'ailleurs, plus le cône sera effilé et moins les fragments de matières qui constituent la charge seront rejetés vers les parois ; et plus le volume chargé d'un seul coup sera considérable et moins il y aura de tassement vers les parois, les dernières parties de la charge rouleront vers l'entonnoir formé par les premières et tendront à le combler.

Pour faciliter la manœuvre du cône, on l'équilibre au moyen de contrepoids et on règle le mouvement par un frein hydraulique ; dans la fig. 108, le poids est fixé à l'extrémité du levier et il est calculé de telle façon que le cône ferme de lui-même le gueulard tant qu'il n'est pas chargé, et qu'il s'abaisse au contraire sous le poids des matières ; *d* est le cylindre du frein hydraulique que l'on remplit d'eau ou de glycérine ; un tuyau, qui n'est pas représenté sur la figure, met en communication les deux extrémités du cylindre, en dessus et en dessous du piston, il est muni d'un robinet. Lorsque le cône ferme le gueulard, le piston est au bas de sa course, le robinet étant fermé, tout mouvement est impossible. Dès que la charge est répartie convenablement dans l'entonnoir et sur le cône *a* et que le moment de charger est venu, on ouvre le robinet, le poids des matières entraîne le piston, le liquide du cylindre qui est au-dessus du piston passe dessous et le cône descend, pendant que les matières tombent dans le fourneau ; le cône devenu libre remonte seul par l'effet du contrepoids et vient fermer le fourneau de nouveau. Il suffit de fermer le robinet à un moment quelconque pour que l'appareil ne puisse plus bouger [1].

Le système Parry a l'avantage d'être simple et d'une manœuvre facile ; il a, par contre, l'inconvénient, comme celui de Pfort, de prendre les gaz contre les parois, c'est-à-dire dans une région où il n'a déjà que trop de tendance à se frayer un passage. Si le gaz sort du fourneau par un orifice unique situé latéralement, il peut se faire qu'il s'établisse, vers ce point, un courant prépondérant à partir d'une région située beaucoup plus bas ; si on multiplie les orifices, on atténue ce défaut sans le supprimer ; lorsque les minerais sont d'une réduction facile, il n'en résulte pas, cependant, de conséquences fâcheuses, aussi emploie-t-on de préférence le système Parry, dans le Cleveland, en Styrie, etc., là où les minerais sont aisés à réduire, tandis qu'ailleurs, il est moins usité.

Prise de gaz de Hoff. — L'appareil Hoff opère le chargement comme celui de Parry, qui lui est antérieur, mais la prise se fait dans l'axe du fourneau ; il a été appliqué pour la première fois à Hœrde vers 1860, et a été adopté depuis dans un assez grand nombre d'usines, surtout en Allemagne. La fig. 109 est la reproduction d'une prise de ce genre installée vers 1870.

L'entonnoir est disposé, comme dans la prise de Parry, mais le cône qui sert d'obturateur, au lieu de se terminer en pointe, est surmonté par un large tuyau qui s'élève au-dessus du gueulard ; à sa partie supérieure, ce tuyau porte en dehors une rigole profonde dans laquelle plonge l'extrémité inférieure du tuyau de prise de gaz *c* ; on peut, dès lors, cette rigole étant maintenue pleine d'eau, abaisser le cône sans que le gaz s'échappe entre la pièce mobile et la partie fixe.

Deux leviers parallèles en fer *a*, réunis par des étrésillons, servent à la manœuvre du cône ; ils passent à droite et à gauche de la conduite de gaz *c* et se terminent par des chaînes qui supportent le cône ; on fait la manœuvre au moyen d'un treuil placé vers le point *b*.

La couronne en fonte fixée dans la cuve, à l'intérieur de la chemise, a pour

---

[1] Wrigtson est le premier qui ait installé cet appareil hydraulique. Voir *Journal of the Iron and Steel Institute,* 1872, II, p. 236.

but de protéger les briques du choc des fragments de minerais durs qui, glissant le long du cône, vont frapper les parois.

L'appareil primitif de Hoff a reçu de nombreuses modifications ; c'est ainsi que souvent on prolonge jusqu'au niveau du gueulard et même qu'on des-

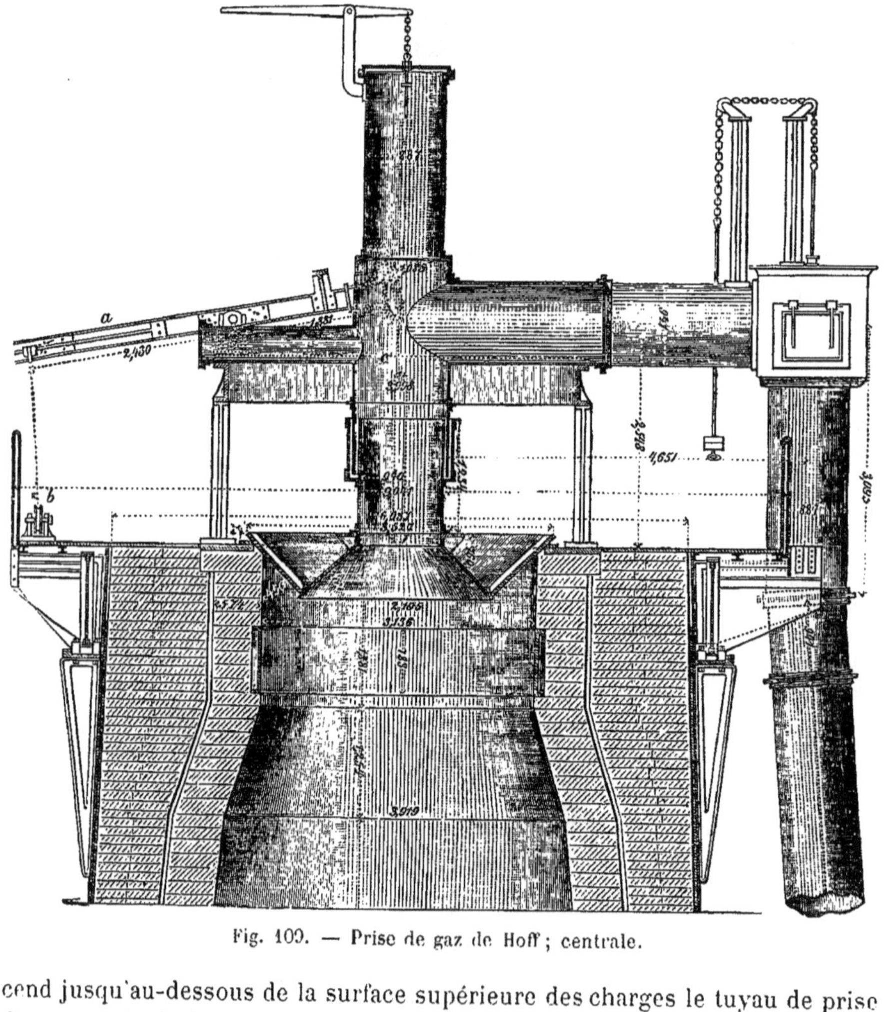

Fig. 109. — Prise de gaz de Hoff ; centrale.

cend jusqu'au-dessous de la surface supérieure des charges le tuyau de prise de gaz, principalement lorsque les matières du lit de fusion ont tendance à se tasser ; il en résulte un effet semblable à celui que nous avons signalé dans la prise Darby, la partie centrale des charges se trouve ameublie et plus perméable, la circulation des gaz dans le voisinage de l'axe du fourneau en est encore mieux facilitée qu'avec l'appareil primitif de Hoff. Les fig. 110 et 111 représentent la prise de gaz des hauts-fourneaux de l'Union de Dort-

mund ; la manœuvre du cône se fait au moyen d'un piston *a* mû par la vapeur, le petit cylindre *b* rempli d'un mélange d'eau et de glycérine sert de

Fig. 110.

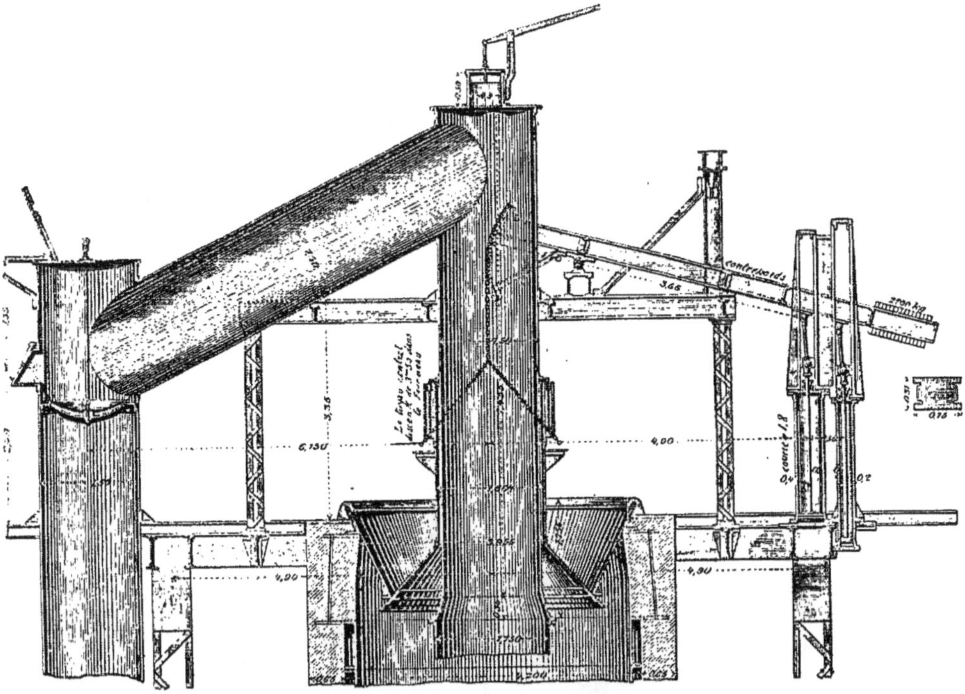

Fig. 111.

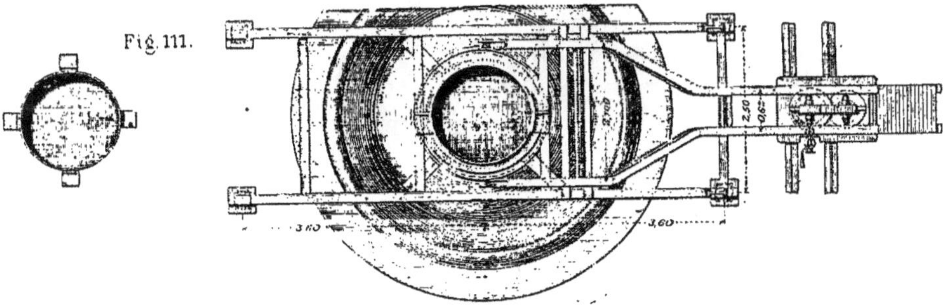

Prise de gaz de l'Union de Dortmund.

modérateur, son piston est percé de deux trous de $0^m,025$ de diamètre par
lesquels l'eau doit s'écouler pour passer d'une des faces du piston à l'autre ;
le tronc de cône s'abaisse par son propre poids dès que la vapeur cesse d'agir
sur le dessus du piston *a*.

Au lieu de faire plonger le tuyau de prise de gaz dans les charges, comme dans l'exemple que nous venons de citer, on se contente quelquefois, pour rendre la colonne centrale plus perméable, de fixer un cylindre ouvert aux deux extrémités de telle façon que par le bas il pénètre dans les charges, tandis qu'en haut, il reste libre dans le tronc de cône : c'est un cylindre de ce genre qu'on voit dans la fig. 90. Parfois aussi on dispose ce cylindre de manière à avoir la possibilité de le faire plonger plus ou moins bas sans arrêter le fourneau ; on se réserve ainsi le moyen de le fixer par tâtonnements dans la position qui donne les résultats les plus satisfaisants [1].

Appareil Langen. — Il a été établi par Langen, directeur de Friedrich-Wilhelmshutte, vers 1865, dans l'usine de Troisdorf, et appliqué ensuite dans plusieurs autres ; nous le représentons fig. 112.

Sur la maçonnerie du gueulard, est fixé un entonnoir en fonte *a* fermé par un obturateur *b* qui repose sur son bord inférieur ; cet obturateur se compose de deux parties, dont l'une est une cloche en fonte au sommet de

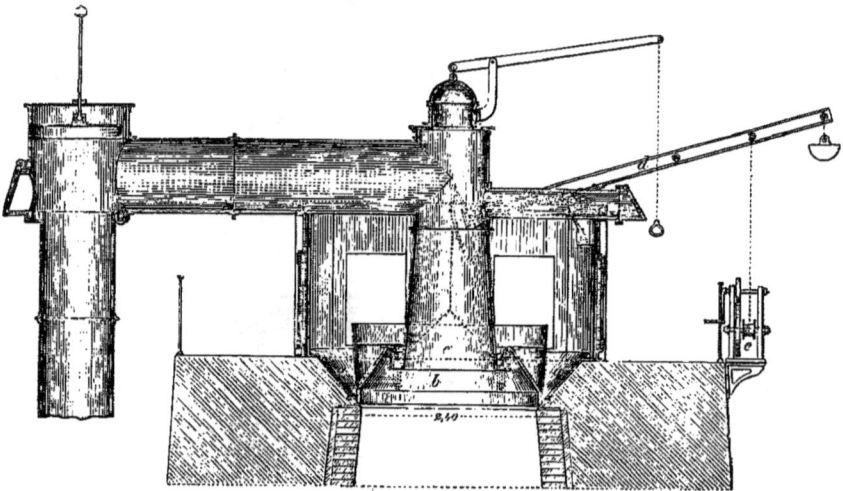

Fig. 112. — Prise de gaz Langen.

laquelle on ménage une ouverture circulaire munie de rebords qui plongent dans la rigole adaptée à l'extrémité inférieure de la conduite de gaz *c* et maintenue pleine d'eau, l'autre est un cylindre en tôle, ouvert aux deux bouts, légèrement évasé vers le haut et fixé au bord inférieur de la cloche,

---

[1] On trouvera des dessins d'une disposition de ce genre dans « *Stahl und Eisen* » 1890, juillet, planche IX.

c'est entre la surface intérieure de cet anneau et l'entonnoir que se dispose
la charge. Lorsqu'on soulève la cloche et le cylindre qui y est attaché, les
matières accumulées dans l'espace annulaire glissent sur les parois du cône
et tombent dans le fourneau, la manœuvre est d'ailleurs très facile, puisque
la présence de cette portion de cylindre empêche la charge de peser sur le
cône ; elle se fait au moyen de deux leviers d reliés entre eux et d'un petit
treuil e [1].

A la manière dont les charges pénètrent dans la cuve des fourneaux, on
comprend qu'elles se disposent tout autrement qu'avec les appareils précédents ; au lieu d'aller frapper les parois de la cuve tout d'abord, elles sont
dirigées vers l'axe où elles forment un cône par l'éboulement d'une partie des
matériaux vers la circonférence. Là encore le coke doit être introduit le
premier dans le fourneau.

Comme le mouvement de la cloche se fait de bas en haut, la cuve peut être
tenue plus pleine qu'avec les autres systèmes dans lesquels on doit laisser
libre l'espace nécessaire pour la descente du cône ; c'est un des avantages de
l'appareil Langen ; il permet en outre, quand la cloche est soulevée, de voir
les matières accumulées dans le fourneau et de s'assurer qu'elles descendent
régulièrement, ce qui est presqu'impossible avec les dispositions précédentes.

Un certain nombre de hauts-fourneaux sont encore pourvus d'appareils
Langen construits exactement comme celui que nous représentons ; dans
d'autres usines on a modifié le type primitif, en raison de la nature des
matières constituant le lit de fusion ; quelquefois on fait descendre le tuyau
de prise de gaz jusque dans les charges comme on le voit fig. 110 ; dans
d'autres cas on a ajouté une trémie pour ne pas attirer uniquement le courant
gazeux vers le centre (usine Aplerbecker, par exemple), c'est alors la disposition de la fig. 88 avec l'entonnoir et l'obturateur Langen qui permettent le
chargement automatique.

En Allemagne on emploie surtout les systèmes Langen et Hoff, tandis qu'en
Angleterre, dans l'Amérique du Nord, en Autriche on se contente le plus
souvent de l'appareil Darby dont nous avons fait remarquer les inconvénients
lorsqu'on traite des minerais d'une réduction difficile.

C'est la nature du lit de fusion qui doit servir de guide dans le choix à
faire entre le système Langen et celui de Hoff qui distribuent les matières
d'une manière absolument différente ; ce n'est en réalité qu'après les avoir
essayés tous deux dans chaque cas particulier qu'on peut décider quel est
celui qui est susceptible de donner les meilleurs résultats ; n'oublions pas,
d'ailleurs, que l'efficacité de chacun de ces appareils varie avec le volume des
charges, la pente des cônes, etc., etc.

[1] Voir Jordan, *Album du cours de métallurgie*, Pl. XXVI, fig. 3.

Les prises de gaz Parry et Hoff ne sont pas applicables aux fourneaux qui traitent des minerais zincifères, dans lesquels il se forme, près des gueulards, des dépôts de cadmies, que le choc des morceaux les plus volumineux de la charge détacherait sans cesse et ramènerait au milieu des autres matières, ce qui produirait des dérangements dans l'allure.

Prise de gaz Buderus. — On a souvent combiné des appareils de prise de gaz dans lesquel on cherchait à obtenir une distribution des matières plus régulière que celle qui résulte de l'application des systèmes précédents ; on est arrivé, quelquefois, à une extrême complication dans les installations sans atteindre le but qu'on se proposait, aussi l'emploi de ces divers types ne s'est pas répandu, et ils n'ont, pour la plupart, été établis que dans une seule usine.

De ce nombre nous pouvons citer, comme exemple, le type créé par G. Buderus en 1874 aux hauts-fourneaux de Main-Weserhutte et à ceux de Sophienhutte, et qu'on a appliqué dans quelques usines du pays de Siégen et de la Sarre ; il est représenté fig. 113.

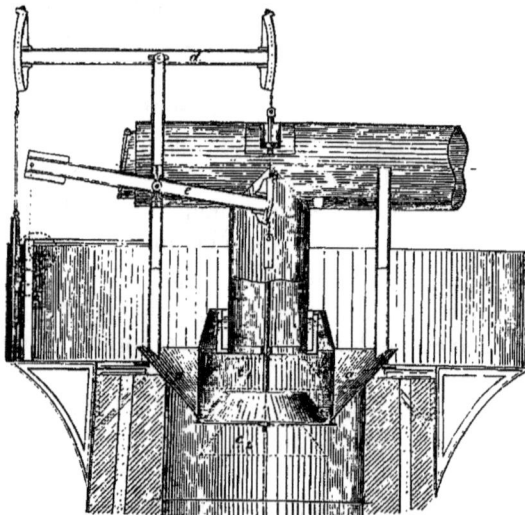

Fig. 113. — Prise de gaz Buderus.

C'est une combinaison des systèmes Hoff et Langen : *bb* est la cloche du second, *c* le cône du premier ; mais ce cône ne vient pas en contact avec le bord de l'entonnoir *a*, il est d'un diamètre plus petit et peut passer par l'ouverture de cet entonnoir ; il est suspendu à une tringle en fer dans l'axe du tuyau de prise de gaz ; cette tringle se prolonge jusqu'au dessus des conduites et se manœuvre au moyen du balancier *d* ; deux autres balanciers *e* permettent de soulever ou d'abaisser la cloche *b*. Lorsqu'on veut faire tomber au milieu de la cuve les matières contenues dans l'entonnoir, on soulève le cône en c′, puis on lève la cloche, le chargement s'opère alors comme dans l'appareil Langen; veut-on au contraire charger à la circonférence, on abaisse le cône en c², puis on lève la cloche et les charges rencontrent le cône et sont rejetées vers la circonférence[1].

Il y a vingt-cinq ans environ, on se préoccupait beaucoup de la répartition des matières au gueulard et de l'appel uniforme des gaz. de là un grand nombre de systèmes de prises de gaz plus ou moins ingénieux, plus ou moins compliqués qui ont passionné les métallurgistes et surtout les inventeurs. Cette fièvre s'est calmée avec le temps et beaucoup de hauts-fourneaux récemment construits, parmi ceux qui donnent les résultats les plus satisfaisants, sont simplement pourvus du « cup and cone » avec deux ou trois prises latérales.

Lorsque l'allure du fourneau est rapide et les gaz animés d'une grande vitesse, il n'y a pas à s'inquiéter beaucoup de la direction que les prises peuvent imprimer au courant gazeux; à fort peu de distance au-dessous du gueulard cette direction est brisée par les mille obstacles que le gaz rencontre, et si le fourneau est suffisamment élevé les gaz se répartissent inévitablement et spontanément dans les vides qui se trouvent sur leur chemin et ne peuvent choisir le plus court. (V.)

Tuyaux de conduite de gaz, appareils de purification. — Les tuyaux de conduite de gaz des hauts-fourneaux sont généralement en tôle; aux petits fourneaux en bois on adapte des tuyaux de 0m,30 à 0m,50 de diamètre, leurs dimensions atteignent 1m,50, 2m,50 et plus dans les grandes installations actuelles; on leur donne une section telle que la vitesse des gaz ne soit pas exagérée. On calcule ordinairement cette vitesse en admettant qu'un kilogramme de combustible donne naissance à 4mc,5 de gaz à la température de 0° et à la pression de 0m,76; mais comme ces gaz sont à une température plus ou moins élevée, pour en évaluer le volume actuel, on se sert de la formule

$$V_1 = V(1 + 0,00366t),$$

dans laquelle V est le volume à 0°, et t la température prise à la sortie du gueulard[2], qui dépasse quelquefois plusieurs centaines de degrés.

On peut également se servir de la formule de d'Aubuisson $p - p' = m \frac{LP}{S} \delta u^2$, déterminer le diamètre que devrait avoir la conduite pour une perte de charge donnée, $p - p'$, en supposant le gaz à 0° et ensuite multiplier le résultat par

[1] Nous citerons encore parmi les appareils de prise de gaz employés les suivants : App. Navay décrit par Kerpely dans son *Compte rendu de l'exposition de Vienne*, pl. IV, fig. 8 ; App. Coingt ; App. Sattler 1826 ; App. Schlinks, *Stahl und Eisen*, 1887, p. 621, etc.

[2] D'après Steffen, lorsque le haut-fourneau est en allure chaude et traite un lit de fusion rendant de 40 à 45 %, le poids des gaz est égal à cinq fois et demie celui du coke : si on suppose que 1k de gaz ait un volume de 0mc,750, le volume correspondant à 1k de coke serait 4mc,3. (*Stahl und Eisen*, 1883, p. 70 ; 1887, p. 307). Osann a calculé que 127k de coke devaient donner 553mc de gaz de haut-fourneau, ce qui correspond à 5mc,4 par kil. de coke (*Stahl und Eisen*, 1890, 591); on peut sans inconvénient ne pas tenir compte de la légère pression qu'ont les gaz dans les conduites.

$\sqrt[4]{1 + \alpha t}$ suivant la température (de Langlade, Annales des mines 1885, juillet et août). (V.)

Il est convenable de limiter la vitesse du gaz à 3^m par seconde, dans certaines usines cependant elle atteint et dépasse $6^{m\,1}$.

Lorsque l'usine comprend plusieurs hauts-fourneaux voisins les uns des autres, on réunit leurs gaz dans une conduite générale ; si on marche à gueulard fermé, on doit se réserver le moyen de laisser échapper le gaz que pour une raison quelconque on ne peut utiliser ; le moyen le plus simple consiste à établir, au point le plus élevé du tuyau de prise, un clapet que l'on manœuvre à l'aide d'un balancier ; on voit sur les fig. 109, 110, 111 et 112 des dispositions de ce genre.

Il est toujours utile de munir les conduites de gaz, dans le voisinage du gueulard, d'un appareil qui permette de les fermer ; cette précaution est même indispensable quand les ouvertures de prise de gaz ne sont pas masquées par les charges, car on doit, chaque fois que le gueulard est ouvert et pour éviter des rentrées d'air qui amèneraient des explosions, interrompre la communication entre le fourneau et les conduites. Le mieux est d'employer de simples soupapes comme celles que représentent les fig. 110 et 112. Quelquefois on relie la tige de cette soupape au moyen de chaînettes au cône de chargement de façon que la soupape se ferme automatiquement lorsqu'on ouvre le fourneau et inversement ; on dispose également des appareils obturateurs sur tous les tuyaux de distribution du gaz. Ce sont des soupapes, des clapets ou des registres ; la manœuvre de ces derniers est quelquefois gênée par la présence de dépôts de poussières.

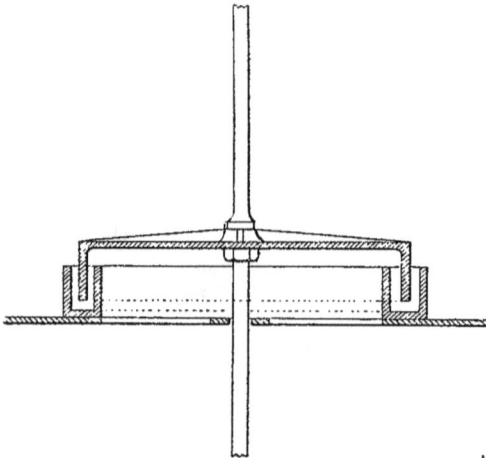

Fig. 113 *bis*. — Soupape pour la fermeture des prises de gaz.

Quel que soit le système adopté pour interrompre la communication entre la prise de gaz et la conduite, on éprouve de grandes difficultés pour obtenir une fermeture hermétique ; les registres et clapets se voilent sous l'influence de la chaleur ou sont obstrués par les poussières. Le type de soupape représenté par la figure 113 *bis* donne des résultats assez satisfaisants ; il se compose d'une auge circulaire en fonte qui se remplit naturellement de poussière et dans laquelle on en peut mettre d'avance une certaine quantité, et d'une cloche assez lourde qui doit pouvoir remonter

' On en voit un exemple dans *Stahl und Eisen*, 1883, p. 70.

assez haut dans la boîte qui fait suite à la prise pour démasquer celle-ci complètement, et retomber promptement au moment voulu. La tige de cette cloche se
prolonge en dessous de manière à servir de guide. Le mouvement de la cloche
peut être relié à celui du clapet d'échappement. (V.)

Les gaz des gueulards entraînent, en effet, indépendamment de la vapeur
d'eau, une certaine quantité de poussières dont nous indiquerons la composition et les propriétés ultérieurement, en énumérant les produits accessoires
des hauts-fourneaux.

La quantité de vapeur d'eau que contiennent les gaz dépend de la teneur
en eau des minerais et des combustibles ; si les minerais ne sont que peu
hydratés, le gaz renferme de 5 à 10 $^0/_0$ d'eau à l'état de vapeur, mais avec
certaines hématites brunes, cette proportion peut s'élever à 20 $^0/_0$.

Quant à la quantité de poussières elle varie avec la composition de la
charge et la température qui règne dans le haut-fourneau ; elle est plus considérable quand les laitiers sont très calcaires et en allure chaude, que lorsqu'on marche en laitiers siliceux et avec un degré de chaleur moins élevé.
Un mètre cube de gaz peut contenir de 1 à 5 grammes de poussière [1].

La présence de la vapeur d'eau et des poussières dans les gaz abaisse naturellement leur température de combustion ; elle empêche donc de tirer de
ces gaz tout le profit qu'on en pourrait attendre et peut même, si elles sont
en forte proportion, s'opposer à leur inflammation ; elle a, en outre, un inconvénient plus grave encore, lorsqu'on utilise ces gaz dans les appareils à
air chaud ou sous des chaudières, c'est d'obstruer les carneaux.   .

Il est donc utile de débarrasser les gaz des poussières et de la vapeur d'eau
avant de les utiliser.

Si les conduites ont une longueur et une section suffisantes la vapeur
d'eau se condense d'elle-même par refroidissement, aucun appareil spécial
n'est nécessaire. Lorsque, cependant, les matières chargées dans le haut-
fourneau, contiennent des quantités d'eau exagérées, on dispose sur un point
convenable de la conduite un appareil d'arrosage en pluie ou en filets déliés
qui produit une condensation plus énergique [2].

Quant aux poussières, elles se déposent dans les conduites d'autant plus
complètement que la vitesse des gaz est moindre ; il y a donc avantage à disposer de tuyaux de grandes dimensions et à se ménager les moyens de
localiser les accumulations de matières en des points déterminés que l'on
puisse débarrasser de temps en temps.

---

[1] Dans le gaz d'un haut-fourneau de l'usine du Phœnix, Stockmann a trouvé environ 2^g
de poussière par mètre cube de gaz. (*Die Gase des Hochofens und der Siemens-Generatoren*,
Ruhrort, 1876, p. 35) ; Gredt en a reconnu de 3 à 4^g. (*Stahl und Eisen*, 1890, p. 591).

[2] Si la température des gaz est très élevée, l'arrosage peut être plus nuisible qu'utile,
lorsque, toutefois, la quantité de vapeur d'eau n'est pas exagérée ; il vaudrait mieux empêcher ce refroidissement en enveloppant les conduites de maçonnerie.

A chaque extrémité des tuyaux, verticaux, horizontaux ou inclinés, on adapte des clapets par lesquels on peut enlever les poussières lorsque l'arrivée des gaz est interrompue ; on en distingue quelques-uns sur les fig. 84, p. 407 ; 107, p. 443 ; 109, p. 447 et 112, p. 450 ; ce sont des plaques de fonte mobiles autour d'une charnière ; placés à l'extrémité supérieure d'un tuyau vertical, ils reposent sur un siège horizontal en fonte dressé avec soin ; sur des tuyaux horizontaux ou inclinés, ces clapets sont inclinés eux-mêmes de manière à reposer naturellement par leur propre poids sur leurs sièges sans qu'il soit nécessaire de garnir le joint d'argile. Installés de cette façon, ils remplissent le rôle de soupapes de sûreté pour le cas où les gaz feraient explosion ; ils sont soulevés par le brusque épanchement des gaz et retombent sur leurs sièges dès que les choses ont repris leur état normal.

Lorsqu'il se produit des explosions, les clapets de sûreté sont soulevés brusquement et exposés à se briser contre les obstacles qu'ils rencontrent ; il est donc prudent de limiter leur course en y fixant des chaînettes dans la longueur desquelles on peut disposer un ressort à boudin destiné à réduire l'intensité des chocs.

Les clapets hydrauliques doivent présenter une grande surface d'eau de façon que la projection d'une partie de cette eau par l'explosion n'en abaisse pas sensiblement le niveau, sans quoi l'air rentre dans les conduites et provoque une nouvelle explosion souvent plus grave que la première. (V.)

Au bas des tuyaux verticaux, on adapte également des clapets automatiques, maintenus fermés par des leviers et des contrepoids ; la fig. 114 indique une disposition de ce genre ; ce clapet peut être remplacé par une fermeture hydraulique, lorsque la vapeur d'eau peut se condenser dans les conduites ; la fig. 88, p. 409 et la fig. 115 représentent l'extrémité d'un tuyau vertical aboutissant à une capacité fermée par une nappe d'eau ; ce genre de ferme-

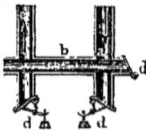

Fig. 114. — Clapets de sûreté.   Fig. 115. — Clapets de sûreté, hydrauliques.

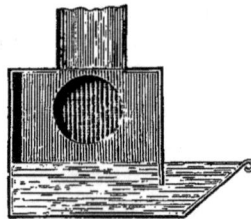

ture n'est, cependant, applicable qu'aux gaz dont la température est inférieure à 100° puisque plus chauds ils se chargeraient d'une nouvelle quantité de vapeur ; s'ils en contiennent déjà par eux-mêmes 15 %, pour éviter que cette proportion augmente, on n'emploiera les fermetures hydrauliques que dans le cas où la température ne dépasserait pas 70°.

Dans l'appareil représenté par la fig. 115, la poussière et l'eau de conden-

sation se rassemblent dans le réservoir que constitue la partie inférieure ;
l'eau en excès s'écoule par dessus le bord, quant aux poussières on peut les
extraire en marche avec des raclettes ou avec d'autres outils appropriés. S'il
survient une explosion, l'eau est chassée violemment et les gaz qui en résultent s'échappent par le bas.

Les appareils dans lesquels on cherche à concentrer les dépôts de poussière et d'eau se composent donc de vastes chambres placées habituellement à l'extrémité inférieure d'un tuyau vertical, dans lesquelles la vitesse
des gaz se trouve ralentie ; celle dont nous donnons la section est très efficace si la longueur est de 8 ou 10^m ; on aura soin de la mettre à l'abri de la
gelée.

La fig. 116 est une forme un peu différente d'un appareil conçu sur le
même principe, et qu'on désigne sous le nom de *Lorrain.*

Fig. 116. — Appareil Lorrain.   Fig. 117. — Autre appareil de sûreté.

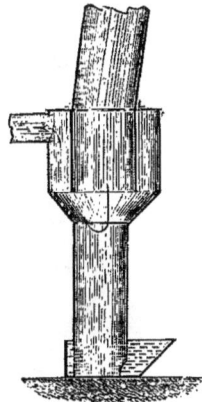

La fig. 117 représente la disposition d'un autre appareil de dépôt avec
fermeture hydraulique qui occupe moins de place que le précédent. Les gaz
descendent par le tuyau vertical, en vertu de leur vitesse acquise ils dépassent l'extrémité inférieure de ce tuyau, puis, ne trouvant pas d'issue, sont
obligés de rebrousser chemin et de remonter dans l'espace laissé libre autour
de ce tuyau, et de là s'échapper par la conduite de distribution ; ce changement de direction provoque la chute d'une partie des poussières dans l'eau
qui fait fermeture hydraulique ; si cette dernière doit être évitée, on peut la
remplacer par un clapet de sûreté qui sert au nettoyage.

Dans un grand nombre d'usines américaines on emploie pour retenir les poussières l'appareil que nous représentons figure 117 *bis*, le gaz arrive par le tuyau *A*,
il se termine par une cloche de forme conique *B* qui débouche dans un magasin *C* de grand diamètre, à la partie inférieure duquel se trouve un cône d'éva-

cuation D, le gaz doit changer brusquement de direction et remonter dans l'intervalle entre le cône B et les parois du magasin C, pour gagner le tuyau d'échappement E; un écran H empêche le gaz de prendre le chemin le plus court

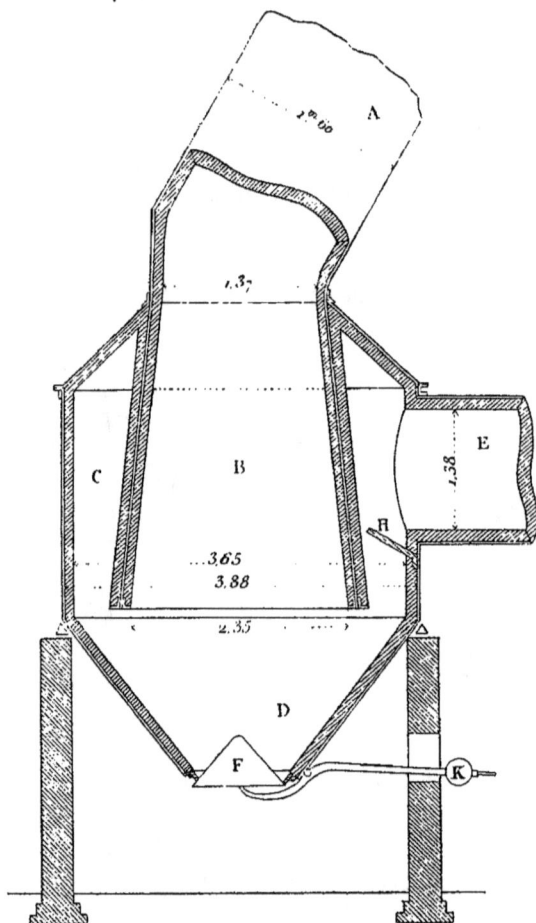

Fig. 117 *bis.* — Purgeur de poussières américain.

pour arriver au tuyau E. Un levier muni de contrepoids K permet de vider de temps en temps même en marche le cône D. Loin de chercher à condenser la vapeur d'eau, on cherche à conserver aux gaz leur chaleur. A cet effet les tuyaux sont revêtus, ainsi que l'appareil à poussière, d'un garnissage intérieur en briquettes de 6 à 7 centimètres d'épaisseur. (V.)

On emploie également, pour recueillir les poussières, de grandes caisses prismatiques formées, soit de plaques de fontes boulonnées les unes aux autres, soit de tôles rivées. Les fig. 118 et 119 représentent un appareil de ce type installé dans une usine du Luxembourg. Quelquefois on divise ces caisses en plusieurs compartiments, au moyen de cloisons qui obligent les gaz à serpenter et à prolonger la durée de leur parcours ; dans ce dernier cas, naturellement, leur vitesse est plus grande que. dans le premier ; sur

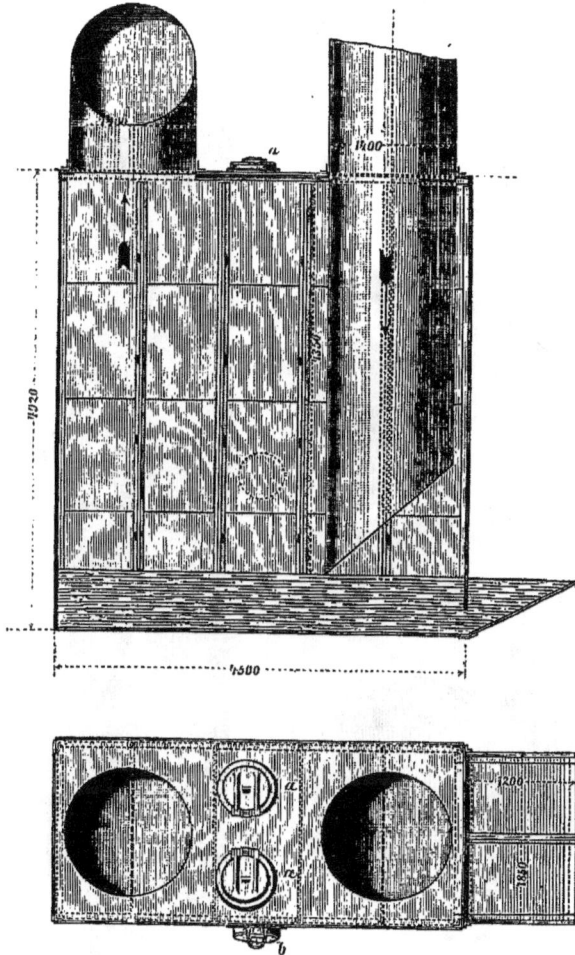

Fig. 118 et 119. -- Caisse à poussières du Luxembourg.

notre dessin *aa* et *b* sont des clapets de sûreté qui servent en même temps de trous d'homme pour pénétrer dans la chambre.

Il est tout particulièrement à recommander de purifier le gaz de ses poussières autant qu'il est possible, lorsqu'on traite des minerais contenant du zinc qui est entraîné à la fois à l'état métallique et à la fois comme oxyde ; ce genre de poussière a non seulement l'inconvénient d'encombrer les carneaux comme les dépôts ordinaires, mais de plus il s'attache fortement aux bri-

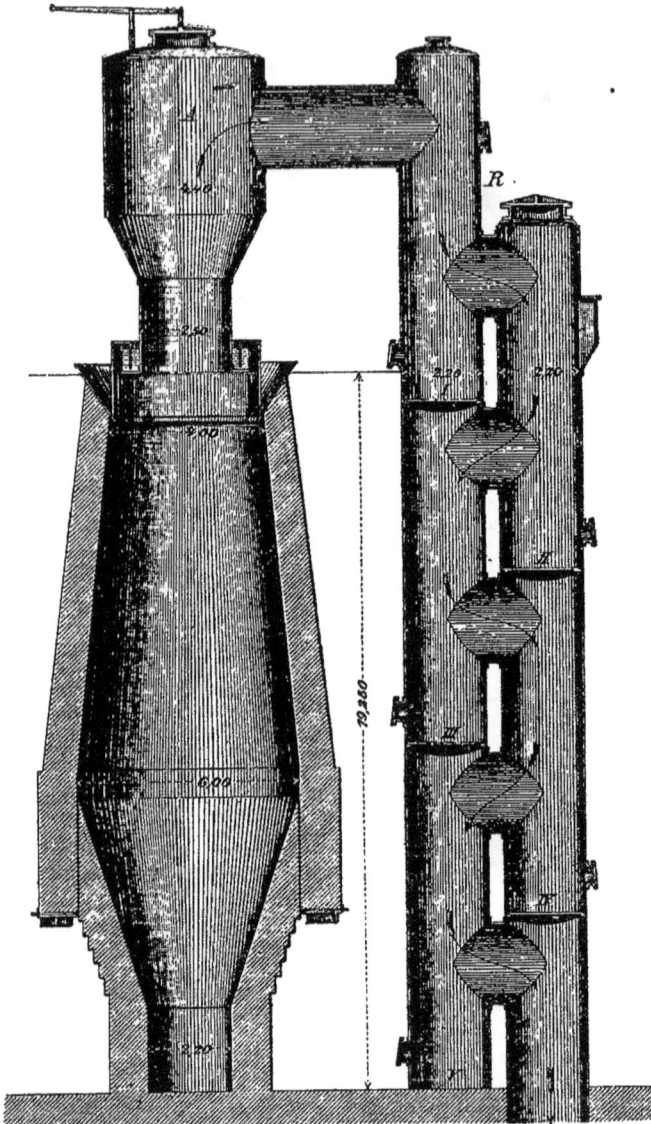

Fig. 120. — Purification des gaz dans la Haute-Silésie.

ques ; en outre il peut être repris par le vent chaud et ramené dans le four-neau dont il dérange nécessairement l'allure.

Les fig. 120 et 121 indiquent les dispositions d'un appareil destiné à purifier les gaz chargés de poussières zincifères [1].

Le tuyau de prise de gaz est renflé en *A* pour que les poussières les plus

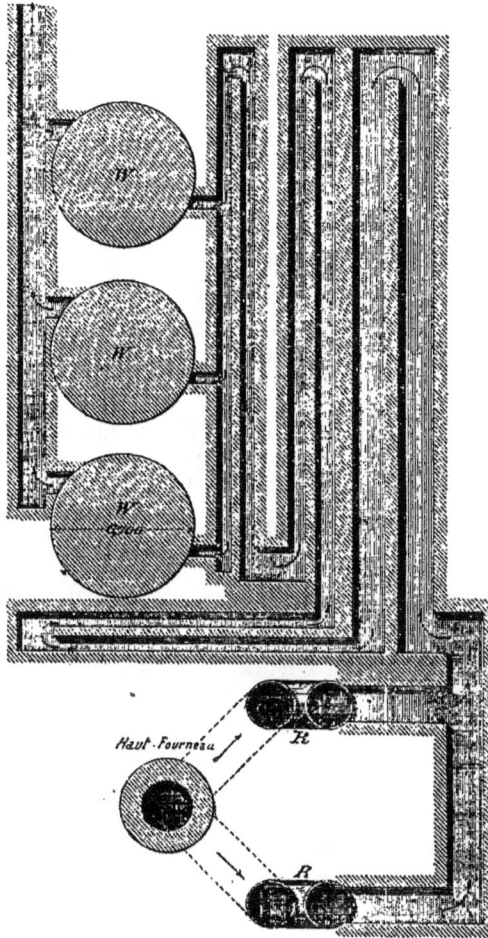

Fig. 121. — Purification des gaz dans la Haute-Silésie.

lourdes retombent immédiatement dans le gueulard ; de là les gaz passent
dans deux courts tuyaux horizontaux et redescendent dans deux paires de
tuyaux verticaux *R*, réunis par des tubulures et cloisonnés de telle sorte que

[1] Établi à Redenhutte dans la H^te-Silésie par H. Macco (*Stahl und Eisen*, 1886, p. 532) ; le
plan de la fig. 121 diffère de celui reproduit dans le travail ci-dessus, il montre l'appareil tel
qu'il est employé après modification du plan primitif, cette figure à une échelle de moitié
plus petite que celle de la fig. 120.

le gaz est obligé de changer 5 fois de direction pour passer de l'un à l'autre ;
les cloisons horizontales de ces deux tuyaux sont établies assez bas au-dessous
des tubulures de communication, pour qu'entre ces deux points les poussières
puissent s'accumuler comme en autant de réservoirs qui sont débarrassés par
des clapets convenablement placés. Ces réservoirs de poussière sont indiqués par les chiffres romain, I, II, III, IV et V. En sortant de ces appareils
les gaz circulent dans des galeries en briques établies sous le sol de l'usine,
disposées de telle sorte qu'ils aient un long circuit à parcourir ; W, W, W,
sont les appareils à air chaud auxquel ces galeries amènent le gaz ; avant
d'arriver aux points où ils sont brûlés, les gaz parcourent 180^m ou 206^m suivant qu'ils proviennent des tuyaux R les plus rapprochés ou des plus éloignés ;
les galeries en briques ont une section de 4^{mq} au commencement du parcours et 2^{mq} ensuite. Dans le principe on avait disposé dans une section ré-
trécie une chute d'eau en pluie formant cloison et destinée à arrêter complètement la poussière, mais cette complication n'a pas produit le résultat
attendu et on y a renoncé.

En sortant des appareils dans lesquels ils ont été brûlés, les gaz sont dirigés par un carneau vers une cheminée de 70^m de hauteur ayant 2^m de diamètre intérieur en haut.

La quantité de poussière recueillie en une année dans un tel appareil, du
1er octobre 1891 au 1er octobre 1892 a été la suivante :

Dans les tuyaux R	184.370^k ou	45,65
dans les conduites en briques . .	195.360^k	48,45
dans les appareils à air chaud . .	24.000^k	5,90
	403.730^k	100,00

On voit donc que moins de 6 %, des poussières sont arrivés jusqu'aux appareils de combustion.

A Friedenshutte, Haute-Silésie, où l'on se trouve dans les mêmes conditions,
on emploie des tuyaux verticaux disposés de la même façon, mais on a remplacé les galeries en briques par cinq caisses de 14^m de hauteur, 2^m de large
et 3^m de long divisées en 2 compartiments par une cloison. On en obtient
d'aussi bons résultats.

Dans les usines pourvues de moteurs hydrauliques, une partie des gaz des hauts-
fourneaux est disponible et on l'utilise à des réparations diverses, au puddlage ou
au chauffage du fer, par exemple. Le puddlage au gaz de haut-fourneau essayé dès
1836 a reçu en 1860 une première application suivie de succès, grâce aux dispositions adoptées par M. de Langlade pour purifier les gaz, régulariser leur pression
et éviter les explosions. Nous représentons figure 121 bis l'ensemble des appareils
employés pour atteindre ce but, tel qu'il fonctionne dans un certain nombre
d'usines en France, en Italie et en Espagne.

Le gaz arrive du haut-fourneau par le tuyau Q, il pénètre dans une cloche suspendue dans la caisse A dans laquelle la pression d'eau est réglée par la hauteur

du déversoir, une cloison *ab* qui fait partie de la cloche est disposée de telle sorte que, si la pression vient à s'élever, le gaz passe dans le tuyau vertical *N* qui est une cheminée d'échappement; en marche normale, le gaz remonte par le tuyau *P*, redescend en *P'* et pénètre dans la descente *B* en dessous d'une tôle perforée *S* qui reçoit l'eau d'évacuation de la caisse *A* par le petit tuyau *ee*; la pluie s'écou-

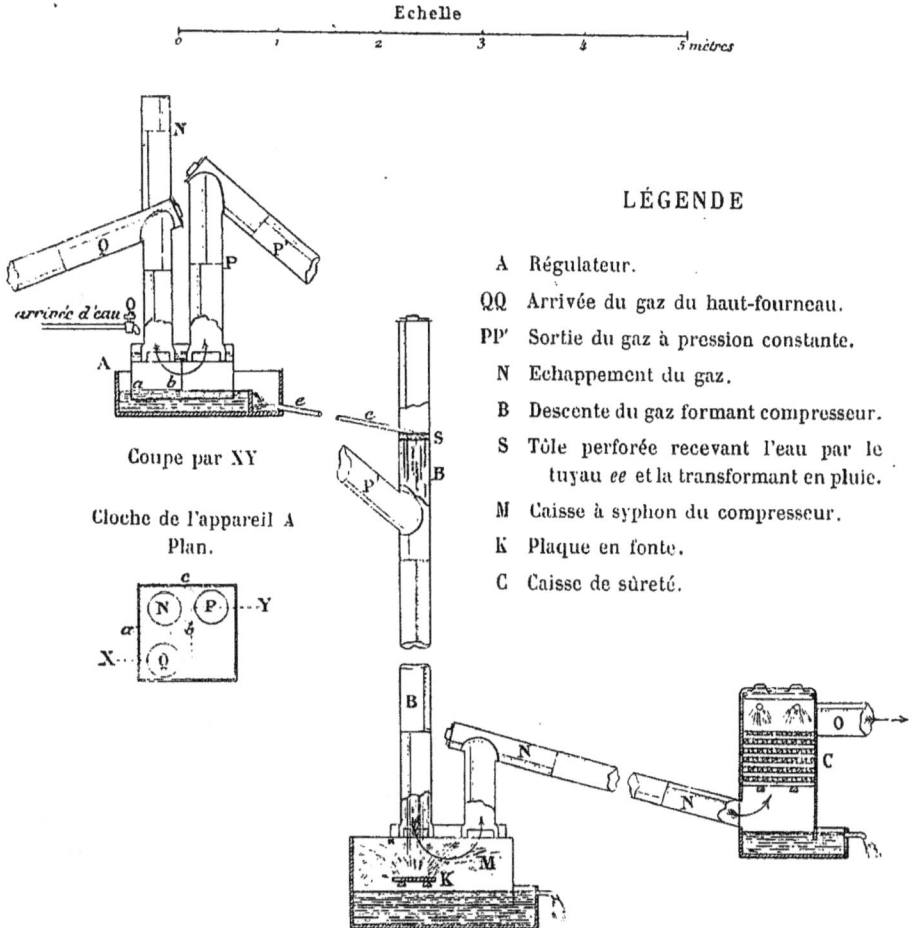

Echelle

Coupe par XY

Cloche de l'appareil A
Plan.

LÉGENDE

A   Régulateur.

QQ Arrivée du gaz du haut-fourneau.

PP' Sortie du gaz à pression constante.

N   Echappement du gaz.

B   Descente du gaz formant compresseur.

S   Tôle perforée recevant l'eau par le
    tuyau *ee* et la transformant en pluie.

M   Caisse à syphon du compresseur.

K   Plaque en fonte.

C   Caisse de sûreté.

Fig. 124 *bis*. — Lavage et purification des gaz de hauts-fourneaux, système de Langlade.

lant en *s* traverse le gaz, condense la vapeur d'eau et produit un refroidissement énergique qui se transforme en pression dans la caisse *M*. La pluie vient se briser sur une plaque *K* qui la pulvérise et facilite le refroidissement et la précipitation des poussières; de la caisse *M*, le gaz passe par le tuyau *N* et arrive dans la caisse de sûreté *C* garnie de barreaux de fonte disposés en chicane, constamment arrosés par la partie supérieure, et par la conduite *O* gagne le four à puddler. Les barreaux de fer font le même office que la toile métallique des lampes de sûreté, ils empêchent la propagation de la flamme dans les conduites. (V.).

Combustion des gaz. Cheminées. — De tous les gaz dont on utilise la combustion, ceux qui proviennent des hauts-fourneaux sont les plus difficiles à enflammer et à brûler, parce qu'ils contiennent, en plus forte proportion, les gaz inertes tels que l'azote, l'acide carbonique, etc. ; il est donc particulièrement utile, lorsqu'on veut les employer, de tenir compte des règles que nous avons énoncées page 43 sur la combustion des gaz ; ce serait, par exemple, une faute grave que de mélanger l'air et le gaz dans une chambre où se trouveraient des corps à une température relativement basse, comme des chaudières à vapeur, ou les tuyaux en fonte d'un appareil de chauffage dans lesquels passe un courant d'air froid. Pour de semblables applications, il est bon d'opérer préalablement la combustion dans une chambre en briques dont les parois s'échauffent fortement ; en sortant de cette chambre, les produits de la combustion arrivent en contact avec les appareils qui doivent utiliser la chaleur dégagée. Plus la surface des chambres de combustion est grande et plus il est facile d'obtenir le résultat désiré.

Nous donnons fig. 122 et 123, comme exemple, le système de chauffage de chaudières établi par Bœcker et qui est employé à Friedenshutte et dans quelques autres usines ; le gaz arrive dans une première chambre *C* où il dépose ses poussières, puis il pénètre dans la chambre de combustion *A* où il rencontre l'air et s'enflamme, les gaz brûlés traversent alors une série de conduits verticaux *B* en briques, avant d'arriver en contact avec la chaudière. L'emploi des chambres de combustion a un avantage important ; il assure l'inflammation spontanée des gaz après une interruption momentanée comme celle que peut occasionner le chargement du fourneau ; le gaz s'enflamme de lui-même dès qu'il arrive en contact avec les parois incandescentes ; si on craignait cependant que la température des parois fût insuffisante pour garantir l'inflammation des gaz, ce qui pourrait amener la formation de mélanges détonants, on devrait établir une grille au-dessous de l'arrivée des gaz dans la chambre et y brûler des débris de houille ou de coke.

Le chauffage préalable de l'air destiné à la combustion est un excellent moyen de faciliter celle-ci et d'en augmenter l'effet utile. Dans l'installation de Bœcker, l'air s'échauffe en passant au-dessus de la voûte de la chambre, ailleurs on l'élève à une plus haute température en le faisant circuler dans des carneaux disposés en serpentins tout autour de la chambre de combustion[1].

L'air nécessaire à la combustion est attiré dans le foyer par l'aspiration d'une cheminée qui facilite en même temps la circulation du gaz combusti-

[1] On trouvera dans Ledebur, *Die Gasfeuerungen*, Leipzig, 1891, p. 117, les dessins d'une installation analogue imaginée par Lurmann et appliquée dans quelques usines.

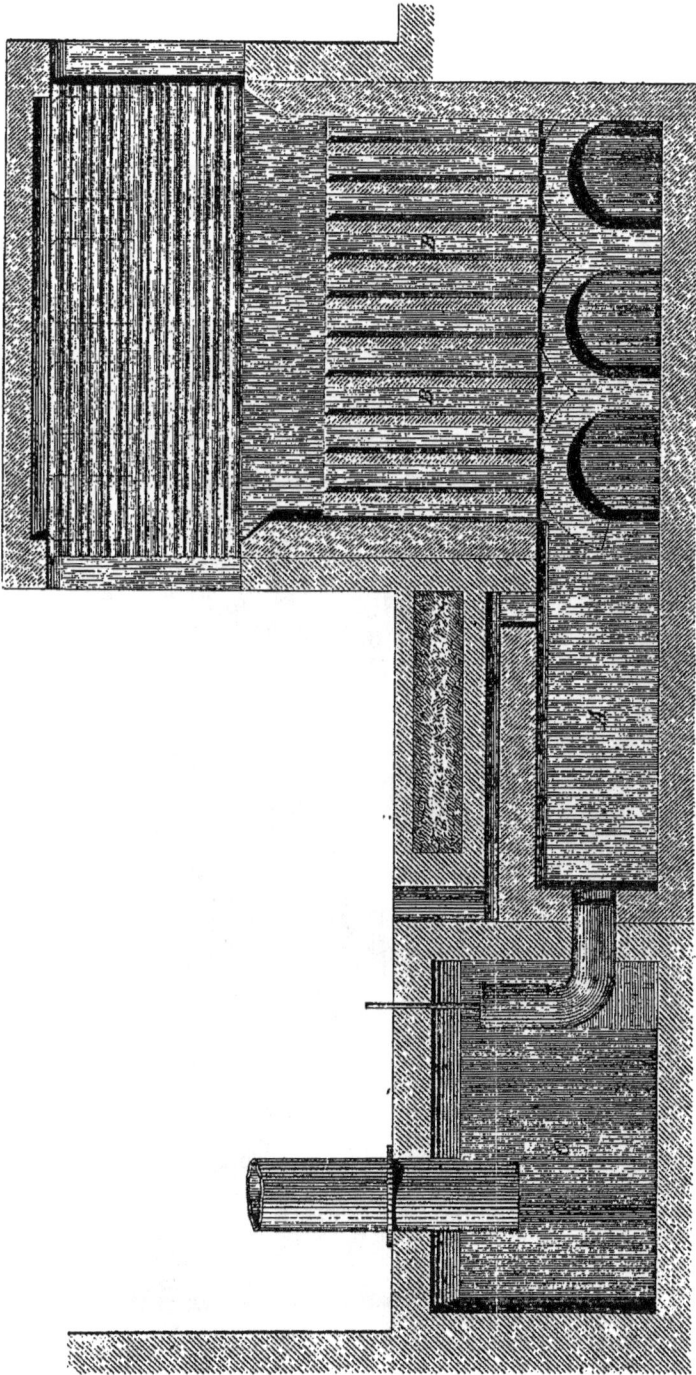

Fig. 122. — Combustion des gaz, système Bœker.

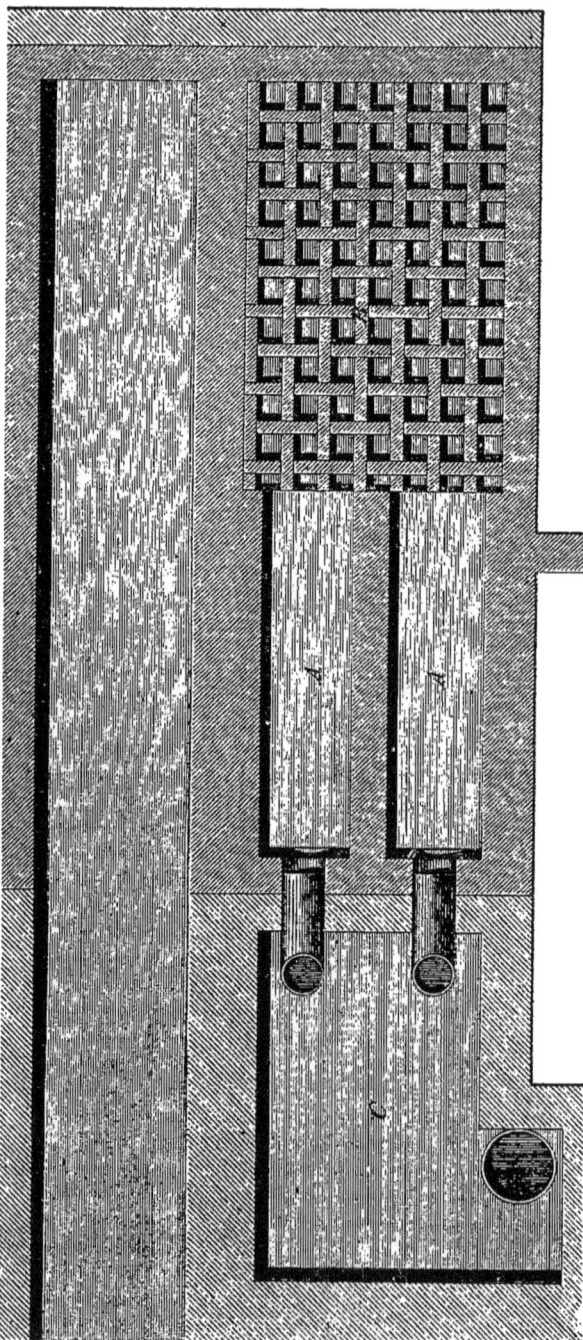

Fig. 123. — Combustion des gaz, système Bœker.

ble dans les conduites ; c'est le système généralement adopté pour les fours
à gaz. Il n'est pas douteux que, le gueulard étant fermé, la pression des gaz
à l'intérieur du fourneau, ne forçât ceux-ci à cheminer dans les conduites,
mais il en résulterait pour leur circulation dans la cuve, un accroissement
de résistance dont on ne pourrait triompher qu'en augmentant la puissance
de la soufflerie.

L'aspiration de la cheminée diminue donc cette résistance ; il peut même
arriver, si cette aspiration est trop forte, que la pression dans les conduites
soit négative, c'est-à-dire en dessous de la pression atmosphérique, ce qui
est une faute et constitue un danger ; une faute puisque l'expérience nous
apprend que lorsque la pression diminue dans un haut-fourneau, le feu
monte c'est-à-dire que la température de fusion atteint les zônes où ne doit
se produire que la réduction ; un danger parce que la pression dans les conduites étant inférieure à celle de l'air, celui-ci tend à y pénétrer par toutes
les voies qui se présentent : un joint de tuyau, un clapet fermant mal, etc., et
amène la formation d'un mélange détonant suivi d'explosions quelquefois
terribles. Il est important de se mettre en garde contre ce genre d'accident.

On doit donc en avant de chaque orifice de sortie du gaz disposer un appareil, soupape, valve ou clapet, qui permette de régler l'écoulement du gaz
de telle façon qu'il y ait toujours une légère pression dans les conduites ;
si on place un manomètre en chacun de ces points, il est facile de surveiller
le débit du gaz.

Les dimensions à donner aux cheminées, dépendent du volume de gaz
qu'elles doivent débiter et des résistances qu'ont à surmonter les gaz et les
produits de la combustion. Si on chauffe des appareils en fonte ayant la
forme de tours verticales, si les sinuosités des carneaux sont faibles, il est
inutile de construire une cheminée, l'appareil lui-même en tient lieu ; mais
si les conduites de gaz sont longues et sinueuses, on doit recourir à des cheminées auxquelles on donne 70ᵐ de hauteur et un diamètre en haut de 2ᵐ à
2ᵐ,50 ; un tirage trop faible peut être fort nuisible, et paralyser toute une
coûteuse installation, tandis qu'on peut toujours être maître de régler à volonté un tirage trop énergique.

Ouvrages à consulter.

(a) Traités.

S. Jordan, *Album du cours de métallurgie professé à l'Ecole centrale des Arts et Ma-
nufactures.* Paris 1875, pl. XIV à XXVII.
A. v. Kerpely, *Die Anlage und Einrichtung der Eisenhütten.* Leipzig 1873, p. 569.
E. F. Dürre, *Die Anlage und der Betrieb der Eisenhütten.* T. II, Leipzig 1883.

(b) Notices.

J. Gjers, *A description of the Ayresome Iron works (Middlesborough) with remarks upon the alteration in size of Cleveland furnaces. Journal of the Iron and Steel Institute*, 1871.

Th. Withwell, *The construction, dimensions and management of blast furnaces. Iron*, T. XI, p. 677, 745, 806 ; T. XII, p. 456, 486.

E. Gruner, *Profils des hauts-fourneaux au charbon de bois en Styrie et en Carinthie. Annales des mines*, S. 7, T. IX, p. 551.

M. L. Gruner, *Formes et dimensions intérieures des hauts-fourneaux. Annales des mines*, S. 7, T. XII, p. 472.

H. Fehland, *Ueber Rauminhalt der Hochöfen.* « *Stahl und Eisen* » 1882, p. 553.

P. Trasenster, *Die Herstellung des Roheisens in den Vereinigten Staaten (mit Abbildungen der Hochöfen). Aus der Revue universelle des mines in* « *Stahl und Eisen* » 1885, p. 552.

J. Pohlig, *Die Rümelinger Hochofenanlage. Zeitschr. d. Ver. deutsch. Ingenieure*, 1886, p. 525.

E. Walsh, *The irregularities of the blast furnace process and practical way to avoid them. Engineering and Mining Journal*, T. XLII, p. 311.

F. Lurmann, *Welche Form verhindert am wenigsten den regelmässigen Niedergang der Beschickung.* « *Stahl und Eisen* » 1887, p. 164.

A. Ledebur, *Ueber die Entwickelung der innern Form der Eisenhochöfen.* « *Stahl und Eisen* » 1887, p. 310.

B. Samuelson, *Notes on the construction and cost of blast furnaces in the Cleveland district in 1887. Journal of the Iron and Steel Institute*, 1887, p. 91.

J. Birkinbine, *The distribution and proportions of American blast furnaces. Transaction of the American Institute of Mining Engineers*, T. XIV, p. 561.

Die Hochofenanlage des South Chicago Stahlwerks. « *Stahl und Eisen* » 1887, p. 698.

Die neue Hochofenanlage zu Ensley in Alabama. « *Stahl und Eisen* » 1888, p. 6.

Hochofen der Elisawerke in Pittsburg. « *Stahl und Eisen* » 1890, p. 700.

J. Gayley, *The developpement of American blast-furnaces. Iron and Steel Institute (Journal of the)* 1890, II, p. 18.

Limbor, *Ueber die Einwirkung der Hochofengase und der Alkalien auf das Zustellungsmaterial der Hochöfen. Woschenschr. d. Ver. deutsch. Ingenieure*, 1878, p. 259.

Langen, *Ueber Kühlungen an Hochöfen. Zeitschr. d. Ver. deutsch. Ingenieure*, 1868, p. 599.

Ueber das Durchbrennen der Hochofen-Gestellwandungen und die Mittel, dies zu verhütten. Dingl. polyt. Journ., T. CCXXV, p. 151.

Conservirung des Mauerwerks in Betrieb befindlicher Hochöfen. Dingl. polyt. Journ., T. CCXXXI, p. 42.

F. Lurmann, *Ueber das feuerfeste Mauerwerk der Hochöfen und dessen Erhaltung* « *Stahl und Eisen* » 1892, p. 265.

K. Sorge, *Muss man Hochofenschächte unbedingt in feuerfesten Mauerwerk dastellen?* « *Stahl und Eisen* » 1892, p. 268.

J. Gayley, *The preservation of the hearth and bosh-walls of the blast-furnace. Transact. of the Americ. Instit. of Mining Engineers*, T. XXI, p. 102.

Ch. Cochrane, *Ueber die Stellung der Formen bei Hochöfen.* « *Stahl und Eisen* » 1882, p. 434, 555.

Ch. Wood, *On further improvements in blast-furnaces hearths. Journal of the Iron and Steel Instit.*, 1875, II, p. 427.

F. Lurmann, *Besprechung des Vortages von Ch. Wood: Ueber fernere Verbes. serungen der Hochofengestelle. Dingl. polyt. Journ.*, T. CCXXI, p. 28.

J. M. Hartmann, *Tuyeres, waterbreasts and cindernotches. Journal of the United States Association of Charcoal-Iron-Workers*, T. VI, p. 282.

Th. Jung, *Ueber Hochofengasfänge. Zeitschr. d. Ver. deutsch. Ingenieure*, 1884, p. 969.

A. Weinlig, *Einfluss der Gasfänge auf die Betriebsergebnisse der Hochöfen.*

Reinigung der Gichtgase. « *Stahl und Eisen* » 1883, p. 609.

Beitrab zur Frage der Gichtgasreinigung. « *Stahl und Eisen* » 1883, p. 609.

F. Lurmann, *Die Befreiung der Gichtgase von mitgerissenem Staube. Zeitschr. d. Ver. deutsch. Ingenieure* 1884, p. 263.

H. Macco, *Gasreinigung und Winderhitzung. Zeitschr. d. Ver. deutch. Ingenieure* 1888, p. 180.

CHAPITRE III

SOUFFLERIES, APPAREILS A AIR CHAUD, CONDUITES DE VENT

1. — **Machines soufflantes**.

Généralités. — Jusque vers le milieu du xviiie siècle, le vent était fourni aux fourneaux par des soufflets trapézoïdaux en bois établis comme le montrent les figures 79, 80 et 81 ; mais aujourd'hui les hauts-fourneaux sont exclusivement alimentés par des machines soufflantes à cylindres ; celles-ci, lorsqu'elles ont été conçues et exécutées dans de bonnes conditions, utilisent mieux que toute autre machine, le travail moteur, et fournissent sans difficulté, comme volume et comme pression, tout ce que peuvent exiger les hauts-fourneaux actuels : il a fallu, en effet, pour atteindre les énormes productions auxquelles on est arrivé, augmenter non seulement la capacité des fourneaux, mais encore la puissance des souffleries, en même temps qu'on apportait plus de soins dans leur installation.

On avait débuté par établir des machines soufflantes composées de caisses carrées en bois dans lesquelles se mouvait un piston, mais lorsqu'on eut constaté que ces appareils étaient incapables de fournir les pressions qu'exigeait la combustion du coke dans ces fourneaux de plus en plus grands, on entreprit la construction de souffleries constituées par des cylindres en fonte ; la première machine de ce type fut établie en 1870 à l'usine de Carron en Ecosse.

La description complète d'une machine soufflante étant plus du domaine de la mécanique que de celui de la métallurgie, nous supposerons à nos lecteurs des connaissances générales suffisantes de la disposition de ces appareils, et nous nous bornerons à signaler les principaux types employés dans les usines à fonte, et à indiquer les avantages et les défauts de chacun d'eux.

La pression de vent qu'exige la marche des hauts-fourneaux actuels dépend

de leur hauteur, de la plus ou moins grande compacité des charges et de la
nature des combustibles ; elle est généralement comprise entre 30 et 1000
grammes par centimètre carré (22^{mm} et 735^{mm}) de mercure ; elle ne dépasse 500 grammes que dans les fourneaux alimentés avec de l'anthracite.

Il faut donc tout d'abord que la machine soufflante soit capable de fournir
le vent à la pression demandée ; il faut en outre qu'elle soit établie de telle
sorte que les réparations y soient aussi rares que possible, puisque le haut-
fourneau doit marcher sans interruption pendant des années et que tout arrêt entraîne non seulement un manque de production, mais le plus souvent
un dérangement dans l'allure.

Les souffleries sont pour la plupart mises en mouvement par la vapeur et
lorsque les prises de gaz, les chaudières à vapeur et les machines elles-mêmes
sont convenablement installées, le gaz des hauts-fourneaux suffit à la production de la vapeur nécessaire, et au chauffage du vent ; si on dispose
d'une force hydraulique, il est encore utile de se ménager le moyen de parer
à une insuffisance momentanée du cours d'eau, qui amènerait un ralentisse-
ment dans la marche du haut-fourneau, en ayant une machine à vapeur de
secours.

Si des fours à coke se trouvent dans le voisinage des hauts-fourneaux, on
peut utiliser également les gaz qui s'en échappent pour produire la vapeur
nécessaire aux machines soufflantes.

Dans tous les cas, comme les gaz combustibles, de quelque source qu'ils
viennent, trouvent toujours leur utilisation, on devra construire la machine
soufflante de telle sorte qu'elle consomme le moins de vapeur possible
et, si on dispose d'une quantité d'eau suffisante, y appliquer la condensation.

On construit les machines soufflantes avec un, deux ou trois cylindres à
vent ; un cylindre unique coûte, il est vrai, moins cher d'établissement, mais
nécessite l'emploi d'un régulateur de pression ; ajoutons que la moindre réparation entraîne l'arrêt complet de la soufflerie, ce qui est un inconvénient,
tandis que les machines à plusieurs cylindres peuvent encore donner du vent
lorsque l'un d'eux est en réparation (il suffit de démonter la bielle correspondante au cylindre qu'on a à réparer), et, si on a calé convenablement les
manivelles qui agissent sur les pistons soufflants, on arrive à éviter les irrégularités de pression provenant des points morts, ou, pour les appareils verticaux, des poids des pistons et des accessoires.

Enfin lorsqu'on a besoin de souffleries très puissantes, il est souvent plus
facile et préférable à divers points de vue, d'avoir plusieurs cylindres de petit diamètre plutôt qu'un seul de volume considérable.

Les souffleries modernes sont pour la plupart munies de volants ; on en a,
cependant, il y a quelques années, construit un certain nombre privées de cet

organe, mais elles ont donné de mauvais résultats [1], ce qui n'a rien de surprenant ; lorsqu'en effet les tiges de piston sont reliées à des bielles et à des
manivelles, leur course est absolument fixe, l'espace nuisible peut être réduit
au minimum ; dans le cas contraire, on est obligé de disposer les pièces de
distribution de vapeur de façon que le piston change le sens de son mouvement avant d'avoir atteint l'extrémité de sa course pour éviter qu'il ne vienne
frapper les fonds du cylindre, ce qui amènerait de graves accidents ; on se
résigne donc à laisser des espaces nuisibles plus considérables. On emploie,
il est vrai, quelquefois des butoirs très résistants contre lesquels le piston
vient frapper et s'arrêter, il n'en résulte pas moins des chocs d'une grande
violence.

Lorsque la soufflerie se compose de plusieurs cylindres, l'emploi des
bielles et des manivelles est indispensable ; les volants ont d'ailleurs l'avantage d'éviter les irrégularités dans la vitesse des machines ; si le moteur
est hydraulique, sa masse est par elle-même suffisante pour faire office de
volant.

On a construit à une certaine époque des machines soufflantes à grande
vitesse ; elles ont l'avantage d'avoir des organes plus petits et plus légers,
des cylindres d'un moindre diamètre, elles sont donc moins coûteuses à établir ; les frottements y sont plus faibles, la force produite mieux utilisée ;
néanmoins pour le soufflage des hauts-fourneaux on ne recherche pas ces
grandes vitesses qu'on ne peut obtenir qu'au prix de réparations fréquentes.

Dans les machines les plus récentes, on ne donne pas au piston une vitesse
supérieure à $1^m,50$ par seconde, en moyenne, on s'arrête à $1^m,20$; le rapport
entre la course et le diamètre est compris entre 0,70 et 0,80 [2].

Non seulement les machines à grande vitesse donnent lieu à des réparations
fréquentes fort préjudiciables à la marche du haut-fourneau, mais elles ont, en
outre, un rendement très inférieur à celui des souffleries dans lesquelles la vitesse
du piston ne dépasse pas $1^m,20$ à $1^m,50$ par seconde ; la levée des soupapes et leur
retombée, lorsque ces machines en sont munies, demandent un temps qui est une
fraction notable de la course ; le volume d'air aspiré n'est donc la plupart du temps
que les 2/3 et quelquefois moins, de celui qui est engendré ; si pour remédier au
bris fréquent des soupapes, on les remplace par des tiroirs comme on l'a fait il y a
une quarantaine d'années avec un engouement qui a peu duré, l'air éprouve un
étirage en passant par les lumières et arrive dans le cylindre avec une pression
inférieure à celle de l'atmosphère. Aussi a-t-on promptement renoncé à ce genre
de machine pour revenir aux vitesses modérées. (V.)

[1] Consulter Schlink, *Ueber Gebläsemaschinen*, Berlin 1880.
[2] Une course moindre oblige à multiplier le nombre de coups par minute et augmente par
conséquent, l'effet produit par les espaces nuisibles ; elle fatigue en outre les soupapes et tous
les organes d'aspiration et de refoulement.

On doit loger les souffleries avec leurs moteurs dans des édifices spéciaux où ils soient à l'abri des poussières et des influences extérieures ; l'air qui remplit la chambre de la machine à vapeur, comme celui qui environne les moteurs hydrauliques, est généralement saturé de vapeur d'eau ; si donc l'aspiration du cylindre à vent se fait dans cette chambre même, le fourneau reçoit un air chargé d'eau qui se décompose dans la zône de combustion ; il faut remarquer, en outre, que les machines très puissantes, produisent par leur aspiration, le vide dans le local qu'elles occupent, leur marche en est rendue plus pénible, l'air extérieur s'y précipite avec violence, soulevant la poussière, ébranlant portes et fenêtres. On peut éviter ces divers inconvénients en adoptant une disposition usitée en Angleterre et qui consiste à envelopper les orifices d'aspiration d'un tambour commun, communiquant avec l'extérieur par un large tuyau ; de cette façon, l'air est pris au dehors, dans un point que l'on peut choisir, et complètement distinct de celui de la chambre des machines.

Types de souffleries les plus fréquemment employées. Souffleries horizontales. — Dans ce genre de machine, les axes des cylindres soufflants, comme ceux des cylindres à vapeur sont horizontaux, ils peuvent être dans le prolongement l'un de l'autre, les tiges des pistons étant réunies par un manchon ; le cylindre à vapeur est placé entre le volant et la soufflerie ; la fig. 124 représente à l'échelle de $\frac{1}{120}$ une double machine de ce genre ayant un volant commun.

Une autre disposition moins convenable, mais à laquelle on a parfois recours parce qu'elle est moins coûteuse, consiste à n'avoir qu'un cylindre à vapeur pour deux souffleries ; dans ce cas les trois axes sont parallèles, le cylindre à vapeur étant placé entre les deux autres et donnant le mouvement par l'intermédiaire d'une bielle à un arbre coudé qui commande au moyen d'autres bielles les tiges des pistons soufflants ; pour mieux équilibrer la machine, on emploie deux volants placés l'un à droite, l'autre à gauche de la machine à vapeur.

Les machines soufflantes horizontales sont relativement peu coûteuses à établir, faciles à surveiller, toutes les parties étant constamment en vue, mais comme le piston porte d'une façon continue sur la partie inférieure du cylindre, il tend à l'ovaliser ; c'est là un inconvénient commun à toutes les machines horizontales, que l'on cherche à combattre de diverses manières ; on établit les pistons à vent aussi légers que possible, surtout ceux d'un grand diamètre, on y adapte des tiges de grande section pour éviter le fléchissement, et on les évide à l'intérieur pour qu'elles soient moins lourdes, on munit cette tige et son prolongement de guides, enfin, comme le poids du piston croît avec son diamètre et que la tendance à fléchir augmente avec la longueur, on limite le diamètre à $2^m,25$ et la course à $1^m,60$.

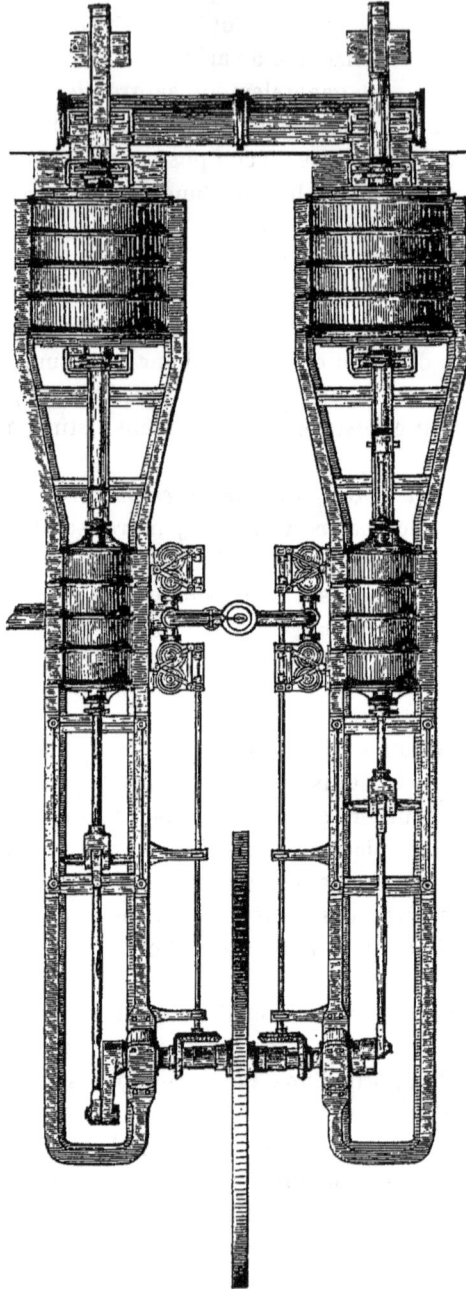

Fig. 424. — Machine soufflante horizontale.

En somme, les souffleries horizontales construites dans ces conditions desservent un très grand nombre de hauts-fourneaux et ont donné des résultats satisfaisants.

Mach. soufflantes à balancier. — Ce sont les plus anciennes machines à cylindres que l'on ait construites et on les emploie encore fréquemment à cause de leur stabilité, de leur résistance et de la course plus grande qu'on peut donner aux pistons grâce à la disposition verticale de l'axe des cylindres ; depuis quelque temps cependant ce type de machine perd du terrain ; c'est

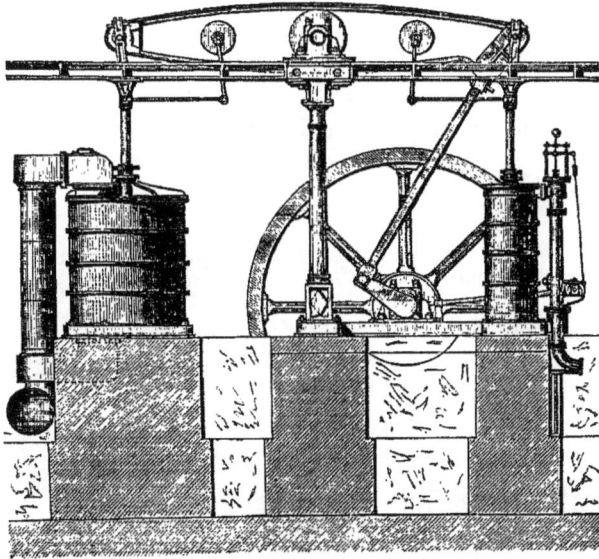

Fig. 125. — Machine soufflante à balancier.

d'ailleurs le plus coûteux à établir, son prix d'achat est élevé, elle exige des fondations considérables, un logement ayant à la fois beaucoup de hauteur et une grande longueur ; il est enfin d'un entretien et d'une surveillance plus difficiles que la machine horizontale.

La fig. 125 représente à l'échelle de $\frac{1}{175}$, une machine à balancier, bielle, manivelle et volant, n'ayant qu'un seul cylindre à vent [1]. A droite on voit le cylindre à vapeur, à gauche le cylindre à vent ; les deux pistons sont reliés par un balancier porté par des colonnes en fonte, et dont les deux extrémités sont munies de parallélogrammes qui transforment en mouvement rectiligne le mouvement circulaire des points d'attache des tiges.

Lorsque le moteur est hydraulique, roue ou turbine, un arbre horizontal portant une manivelle reçoit le mouvement et le transmet au volant au

[1] Cette fig. est empruntée à l'ouvrage de Schlink déjà cité.

moyen d'une bielle ; l'absence de cylindre à vapeur permet de placer la manivelle à l'aplomb de l'extrémité du balancier qui reçoit le mouvement.

Comme la position verticale du cylindre à vent permet de lui donner de grandes dimensions, il est rare qu'on en établisse plusieurs ; si cependant on s'y décide, chaque cylindre à vent est relié à son cylindre à vapeur par un balancier qui porte une bielle actionnant un arbre unique ; pour deux cylindres, les bielles sont calées à 90° l'une de l'autre. L'arbre du volant se place soit entre le cylindre à vent et le cylindre à vapeur comme dans la fig. 125, soit au-delà de ce dernier ; dans ce cas le balancier porte un prolongement sous forme de corne sur lequel vient s'attacher la tête de la bielle [1].

Dans les machines de ce type on donne aux cylindres soufflants jusqu'à $3^m,50$ de diamètre et une course de 3^m; le rapport entre ces deux éléments peut varier de $\dfrac{5}{6}$ à $\dfrac{6}{5}$.

Mach. soufflantes de Seraing.— La fig. 126 représente la disposition générale de ce type de machine dont il a été construit un grand nombre, depuis 1850, par la Société John Cockerill à Seraing. Le cylindre soufflant est supporté par un bâti reposant sur des colonnes en fonte, la tige de son piston est en dessous et est reliée à celle du piston à vapeur ; au point de jonction des deux tiges se trouve une traverse ou joug, guidé par des glissières, et portant à ses deux extrémités des manetons qui reçoivent les têtes de deux bielles pendantes ; celles-ci agissent sur les manivelles de deux volants dont l'axe commun passe sous le cylindre à vapeur, et qui sont placés entre les bielles et le cylindre.

Comme on doit laisser entre les deux cylindres une distance telle que le joug puisse se mouvoir, ces machines ont une très grande hauteur, elles exigent donc une construction élevée, ce qui rend la surveillance plus difficile.

Cette disposition de machine soufflante est, cependant, très satisfaisante lorsqu'elle ne comporte qu'un seul cylindre ; on l'a d'ailleurs rarement appliqué à un plus grand nombre.

Nous devons néanmoins faire remarquer que dans toutes les machines verticales à action directe, toutes les pièces en mouvement sont soulevées en même temps que le piston et redescendent avec lui ; le travail du moteur est aidé par le poids de ces organes pendant le mouvement de descente, mais il doit le relever pendant le mouvement inverse, il est donc fort inégal, à moins qu'on ne place sur les volants des contrepoids qui établissent une sorte d'équilibre. Si on accouple plusieurs souffleries comprenant chacune plus d'un

---

[1] On trouvera dans l'ouvrage de Schlink un exemple de cette disposition ainsi que l'exposé des motifs qui l'ont fait adopter.

cylindre à vent, on peut arriver à régulariser le travail en disposant convena-

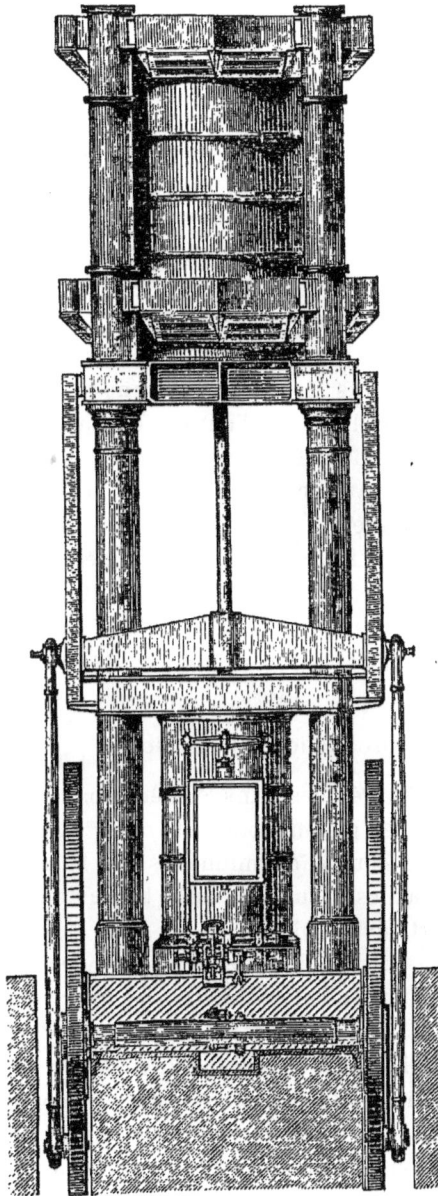

Fig. 126. — Machine soufflante verticale, type Seraing.

blement les manivelles, mais pour accoupler des machines du type de Seraing dans lesquelles les pièces animées d'un mouvement alternatif pèsent plus de 8000ᵏ, il faudra recourir à des artifices très compliqués.

On se contente donc de placer des contrepoids sur la circonférence des volants ; quelquefois on emploie pour la machine à vapeur un piston différentiel, ce qui diminue l'action de la vapeur sur la face supérieure.

Quoi qu'il en soit des inconvénients que nous venons de signaler, la machine de Seraing possède des avantages incontestables ; grâce à son action directe, une foule d'organes intermédiaires se trouve supprimée, on peut donner aux cylindres à vent de grands diamètres et de grandes courses ; la surface occupée est faible, les fondations couvrent peu de terrain.

On donne au cylindre soufflant jusqu'à 3ᵐ de diamètre et la course est comprise entre 2ᵐ,50 et 2ᵐ,80.

Mach. soufflantes du Cleveland. — Ces machines sont également verticales, à action directe et à volants ; le cylindre à vent et le cylindre à vapeur sont superposés et en contact l'un avec l'autre ; ils sont supportés par des colonnes ou des piliers. La tige du piston à vent se prolonge en dessous du plateau inférieur et porte une traverse à glissière à laquelle est suspendue une bielle qui transmet le mouvement à l'arbre des volants placé au niveau du sol.

Tantôt le cylindre à vent occupe la partie supérieure de la machine, tantôt il est en dessous comme dans le Cleveland ; cette dernière disposition plus satisfaisante à l'œil a l'inconvénient de laisser tomber sur le fond supérieur du cylindre à vent l'eau condensée qui s'échappe du presse-étoupes de la machine à vapeur.

La fig. 127 est la reproduction à l'échelle de $\frac{1}{136}$ d'un ensemble de trois machines de ce genre réunies dans le même bâtiment mais indépendantes les unes des autres ; les pistons soufflants ont 2ᵐ,438 de diamètre, le cylindre à vapeur a 1ᵐ,016, la course commune est de 1ᵐ,220 ; toutes les parties de ces machines sont faciles à surveiller ; la bielle donne le mouvement à un arbre coudé qui porte deux volants.

Ce qui caractérise les machines de ce système, c'est que tout en ressemblant au type de Seraing, elles en diffèrent par la position de la bielle qui se trouve rattachée à la tige au-dessous des deux cylindres au lieu de l'être entre les deux, ce qui permet l'emploi d'une traverse plus petite portant une seule bielle. D'un autre côté ce petit avantage est compensé par l'obligation où l'on se trouve d'élever beaucoup plus les machines. En examinant les deux figures, on reconnaît en effet que dans les machines de Seraing, les bielles placées latéralement, augmentent de longueur en même temps que la course des pistons, ce qui satisfait au principe des longueurs de bielles croissant proportionnellement à celles des manivelles, tandis que dans le type du Cleveland on est conduit à réserver au-dessous des guides de la tra-

verse une hauteur suffisante pour obtenir une longueur de bielle convenable ;
il en résulte que plus la course est grande et plus il faut relever l'ensemble

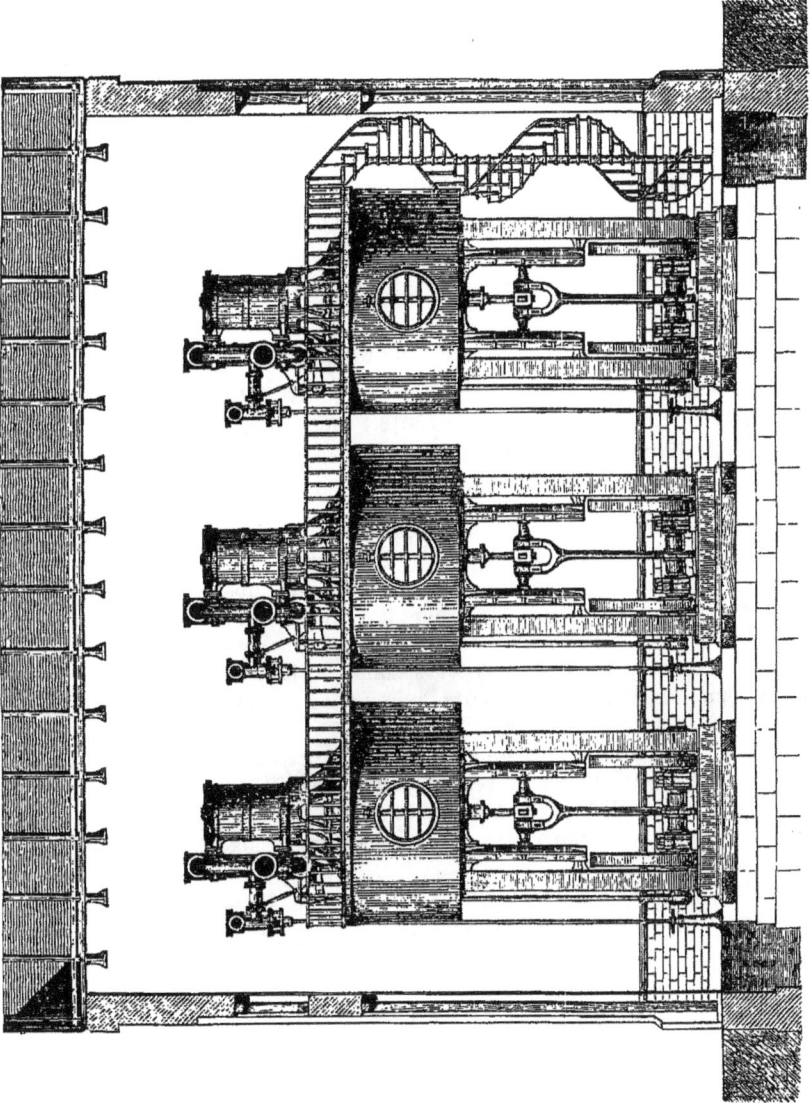

Fig. 127. — Machines soufflantes verticales type du Cleveland.

des machines. Aussi emploie-t-on généralement de très faibles courses pour
ne pas exagérer la hauteur totale, et c'est pour cette raison que les cylindres
à vent ont une forme ramassée toute spéciale.

Lorsqu'on doit établir des machines à plusieurs cylindres soufflants, le type du Cleveland est préférable à celui de Seraing et on en rencontre dans plusieurs usines d'établies dans ces conditions. Lorsque, par exemple, on adopte la disposition à deux cylindres, le volant est placé entre les deux bâtis et les bielles agissent aux deux extrémités de l'arbre ; si les manivelles sont calées à 90°, on régularise suffisamment la pression du vent, mais on ne compense pas l'action perturbatrice des organes animés d'un mouvement vertical alternatif qui produit des irrégularités dans le travail moteur : si, au contraire, on cale les manivelles à 180°, ce qui est le plus ordinaire, le poids des pièces en mouvement se fait équilibre, mais la pression n'est pas régulière et on doit recourir à l'emploi d'un régulateur. Enfin si la machine comporte trois cylindres à vent les manivelles sont calées à 120° et on obtient à la fois régularité dans la pression et équilibre dans les organes en mouvement.

Depuis une trentaine d'années ce type de machine a été adopté dans un grand nombre d'usines en Angleterre et en Allemagne, de même que dans les autres contrées où on produit la fonte ; on donne aux cylindres soufflants jusqu'à 3^m de diamètre, mais on se contente le plus souvent de 2^m à 2^m,50 ; quant à la course, elle dépasse rarement 1^m,50.

Les souffleries américaines, qui alimentent les hauts-fourneaux à allure rapide, sont, à peu près toutes, établies sur un type uniforme ; elles sont verticales et se composent d'un cylindre à vapeur placé à la partie supérieure et d'un cylindre soufflant de 2^m,133 de diamètre intérieur ; la course varie de 1^m,350 à 2^m,133 ; le nombre de tours est de 16 au minimum et de 36 au maximum ; la vitesse du piston est comprise entre 1^m,150 et 1^m,600 par seconde et la pression du vent, à la machine, est d'environ 0^m,500 de mercure, elle arrive quelquefois à 0^m,620 et même plus.

Généralement on affecte à chaque fourneau le nombre de machines capable de souffler par minute le volume de vent jugé nécessaire et il y a indépendance absolue entre les fourneaux, bien qu'on conserve le moyen de recourir, en cas de nécessité, à la soufflerie d'un fourneau voisin. Chaque groupe de machines a ses chaudières et sa cheminée.

Les grands hauts-fourneaux reçoivent entre 500 et 700 mètres cubes de vent par minute, calculés sur le volume engendré par les pistons. (V.)

2. — Régulateurs.

Nous avons, à plusieurs reprises, fait remarquer que lorsque la machine soufflante ne comprend qu'un cylindre à vent, il est nécessaire de compléter l'installation par la construction d'un régulateur de pression destiné à remédier aux irrégularités de débit du vent qui résultent des arrêts du piston aux extrémités de sa course. De tous les appareils proposés à cet effet, le seul qui soit employé actuellement consiste en un grand réservoir par lequel passe le vent envoyé par la soufflerie et qui fait office de volant ; lorsque la machine envoie un volume d'air supérieur à la consommation des tuyères, il se fait un emmagasinage de travail mécanique qui est dépensé ensuite quand la machine fournit moins de vent que le fourneau n'en reçoit ; il est clair que plus le réservoir est grand et plus il est efficace. D'après Hauer, le régulateur d'une machine à un seul cylindre soufflant doit avoir comme capacité vingt fois le volume du cylindre à vent ; pour deux cylindres, avec manivelles calées à 180°, on donnera au réservoir un volume représentant vingt fois celui des deux cylindres réunis ; si les manivelles sont calées à 90°, dix fois le volume des deux cylindres fourniront un volume suffisant, et la pression sera plus régulière que dans les deux cas précédents.

Une conduite de vent de grand diamètre et très longue peut remplacer un régulateur, mais lorsqu'on doit installer un appareil de ce genre on le construit ordinairement en tôles rivées et on lui donne la forme cylindrique qui est la plus facile à obtenir dans de bonnes conditions d'exécution et est moins encombrante que les énormes sphères que l'on avait adoptées à une certaine époque, et qui n'avaient d'autre avantage que de présenter une moindre surface à égalité de volume.

Suivant la place dont on dispose on installe les régulateurs verticalement ou horizontalement ; cette dernière combinaison est la plus fréquemment usitée. Il est bon de munir le régulateur d'une soupape de sûreté placée à son point le plus élevé.

3. — Appareils à air chaud.

E. F. Leuchs proposa en 1822 de chauffer l'air destiné aux foyers métallurgiques [1] ; mais c'est seulement en 1829 que J. B. Neilson entreprit de souffler à l'air chaud les hauts-fourneaux de la Clyde en Ecosse. Malgré les imperfections des premiers appareils employés au chauffage de l'air, le résultat fut entièrement satisfaisant, la consommation de combustible par tonne diminuait, tandis que la quantité produite augmentait. Neilson perfectionna bientôt ses appareils et peu de temps après tous les hauts-fourneaux écossais marchaient à l'air chaud. Aujourd'hui la fabrication de la fonte à l'air froid est très réduite surtout depuis qu'il a été reconnu qu'au moyen d'une certaine composition de la charge, on pouvait remédier à la fâcheuse influence de l'air chaud sur la nature de la fonte.

Il existe un grand nombre d'appareils destinés au chauffage de l'air, mais ils peuvent tous être ramenés à deux groupes ; dans l'un le vent est chauffé par son passage à travers des tuyaux de fonte disposés dans une chambre en

[1] *Handbuch fur Fabrikanten*, T. 8, p. 388.

maçonnerie où ils sont extérieurement en contact avec des flammes ; les appareils de ce genre sont désignés sous le nom de « *à tuyaux de fonte* » ; l'autre groupe comprend ceux qui se composent de l'ensemble de deux chambres en briques réfractaires que le vent traverse alternativement : pendant que l'une reçoit le vent et lui cède la chaleur qui s'y est accumulée précédemment, l'autre est chauffée par des gaz combustibles en mélange avec de l'air. Ces derniers dits à *régénérateurs* ou simplement en *briques* sont basés sur le même principe que Siemens a appliqué au chauffage des fours.

Les appareils à tuyaux de fonte sont promptement hors de service dès qu'on veut élever la température du vent au-dessus de 500°, bien qu'on atteigne dans les mieux disposés 550° ; mais ainsi chauffée la fonte ne tarde pas à se transformer en fonte brûlée, les tuyaux se fendillent et se cassent, tandis que les appareils en briques, même après un long usage, permettent d'élever la température du vent jusqu'à 750 ou 800°. Or on a constaté dans la plupart des cas que la consommation de combustible par tonne de fonte produite diminue à mesure que le vent est plus chauffé, et pour obtenir certaines qualités spéciales de fontes, comme le ferro-manganèse, le ferro-silicium, etc. il est indispensable d'employer un vent porté à haute température. Il en résulte que les appareils en briques sont généralement préférés aux autres, bien que les frais d'établissement en soient beaucoup plus élevés ; il est vrai que par contre ils coûtent moins cher d'entretien.

C'est généralement avec les gaz des hauts-fourneaux que l'on chauffe ces appareils à quelque type qu'ils appartiennent, aussi leur emploi s'est-il développé surtout lorsqu'on a su recueillir ces gaz sans nuire à l'allure du haut-fourneau. Neilson se contentait de brûler du combustible sur une grille : il est probable que c'est ultérieurement, dans l'usine de Wasseralfingen, et grâce aux travaux persévérants de Faber du Faur sur l'emploi des gaz combustibles, que ceux provenant du haut-fourneau, avant ou après leur allumage, ont été appliqués au chauffage du vent.

Nous avons d'ailleurs démontré précédemment que les gaz s'échappant des gueulards étaient en quantité suffisante pour chauffer le vent et produire la vapeur nécessaire aux souffleries et aux machines accessoires.

App. à tuyaux de fonte. — Le premier de ces appareils, appliqué à un haut-fourneau de petite dimension, se composait d'un seul tuyau sinueux formé de parties droites réunies par des coudes en fer à cheval : le tout était placé dans une chambre en briques où la plus grande partie de cette sorte de serpentin se trouvait exposée à la chaleur ; mais à mesure que pour écouler une quantité de plus en plus grande de vent, on augmentait le diamètre du tuyau, l'effet utile du chauffage diminuait, on fut donc bientôt amené à répartir le courant entre plusieurs serpentins parallèles partant d'un gros tuyau unique qui prenait son point de départ sur le régulateur ; à leur sortie de l'appareil ces serpentins aboutissent tous à un autre tuyau de grand diamètre qui conduit le vent aux tuyères. Dans les dernières installations de ce genre on donne aux tuyaux une section elliptique de façon à augmenter la surface.

La forme elliptique des tuyaux a l'avantage de présenter plus de résistance à la flexion, elle facilite, en outre, la transmission de la chaleur d'une façon plus régulière à la colonne d'air. Dans un tuyau circulaire de surface égale, la partie centrale est trop éloignée de la paroi métallique. (V.)

Il n'est néanmoins pas très facile de chauffer régulièrement dans une même enceinte un grand nombre de tuyaux, aussi lorsque le volume de vent est considérable est-on dans la nécessité de le partager entre plusieurs appareils.

A l'entrée et à la sortie de chacun d'eux, on doit ménager le moyen d'isoler l'appareil par des soupapes, des clapets ou des registres afin d'y pouvoir faire les réparations nécessaires.

Pour chauffer l'air à la température voulue sans que les tuyaux aient trop à souffrir, pour tirer le meilleur parti de l'appareil, il faut que la vitesse du vent y soit faible, autrement dit, il faut que la surface de chauffe soit aussi grande que possible par rapport au volume de vent que reçoit l'appareil. La surface de chauffe croît avec la section, mais on peut en donnant certaines formes aux tuyaux faire varier le rapport entre ces deux valeurs ; on peut également diviser le courant en un plus grand nombre de circuits, ou allonger le parcours de chacun d'eux.

Le prix d'établissement d'un appareil de ce genre augmente naturellement avec la section des tuyaux et la surface de chauffe, aussi le rapport entre ces trois valeurs, volume de vent chauffé, surface de chauffe, vitesse du courant, varie-t-il beaucoup suivant qu'on a eu pour principale préoccupation de construire l'appareil à peu de frais ou qu'on a cherché avant tout à mieux utiliser la chaleur et à rendre plus rares les réparations.

Voici, d'ailleurs, une formule empirique dont on peut se servir pour calculer la surface de chauffe nécessaire pour une consommation de coke et une température données.

Soit C la quantité de coke brûlée au haut-fourneau par 24 heures, T la température que le vent doit atteindre, F la surface de chauffe des appareils ; on aura :

$$F = 0,013CT \qquad \text{ou} \qquad F = 0,015CT.$$

On sait, d'ailleurs, qu'à 1 tonne de coke brûlée par 24 heures correspond une quantité de vent soufflé par minute de 2 mètres cubes, si donc on veut calculer la surface de chauffe par rapport au volume du vent en mètres cubes on emploiera au lieu des formules précédentes celle-ci

$$F = 0,007T.$$

Si on veut atteindre 450°, l'appareil devra avoir un peu plus de 3^{mq} de surface de chauffe par mètre cube de vent soufflé par minute [1].

Dans certains appareils la surface de chauffe par mètre cube de vent chauffé par minute n'est que de 1^{mq},30 et la vitesse moyenne de l'air est de 40^m par seconde, dans d'autres la surface est de 4^{mq} et la vitesse réduite à 10^m [2]. Le plus sage nous semble être d'adopter une surface de chauffe de 2^{mq} par mètre cube de vent soufflé par minute et une vitesse de 15^m par seconde. Il ne faut pas oublier que la perte de pression augmente avec la vitesse et que par conséquent le travail de la soufflerie est moins bien utilisé.

Nous avons indiqué que les tuyaux rectilignes étaient reliés entre eux par des tuyaux courbes, ou des pièces de fonte remplissant le même office, l'assemblage se fait au moyen de manchons à emboîtement, et on garnit le joint avec du mastic de fonte [3]. C'est par ces joints que les fuites sont le plus fréquentes surtout s'ils sont exposés à l'action directe de la flamme ; si, pour les mettre à l'abri, on les maintient en dehors de la chambre de chauffe, on inutilise une partie de la surface de chauffe et pour une surface donnée, le poids total de l'appareil est plus considérable. Aussi emploie-t-on souvent des tuyaux doubles comme ceux que l'on voit sur les fig. 128, 129 et 130, c'est-à-dire des tuyaux divisés par une cloison ; on diminue ainsi le nombre des joints et on augmente la solidité de l'appareil ; malheureusement la résistance qu'éprouve le vent dans ces brusques changements de direction s'accroit en même temps.

Il est à peine besoin de faire remarquer que la circulation du vent dans les tuyaux doit être établie de telle sorte qu'il entre dans le voisinage du point où les produits de la combustion sortent de la chambre et qu'il quitte l'appareil vers le point où les gaz sont enflammés.

Les tuyaux sont généralement en fonte, quelquefois en acier coulé, on leur donne une épaisseur de 15 à 25^{mm} ; la nature de la fonte employée n'est

---

[1] H. Wedding, *Zweiter Erganzungsband zum Handbuche der Eisenhuttenkunde*, 1887, p. 228. On trouve également dans cet ouvrage une formule théorique pour le calcul de la surface. Nous donnons plus loin la manière de calculer la quantité de vent nécessaire pour un haut-fourneau.

[2] Pour simplifier la construction des appareils on donne en général aux tuyaux la même section à la sortie qu'à l'entrée bien que le volume de l'air ait augmenté, il en résulte qu'en quittant l'appareil, le vent a une vitesse plus considérable que lorsqu'il y entre ; si v est la vitesse initiale, v_1 la vitesse finale, on a

$$v_1 = v (1 + 0,00366t)$$

$v_1 = 2$ ou 3 fois v. Quand nous indiquons une vitesse, c'est la moyenne que nous considérons, c'est-à-dire celle du point de l'appareil où la température du vent est la moyenne entre celle de la sortie et celle de l'entrée.

[3] Ce mastic se compose de 60 parties de limaille de fer ou de fonte finement tamisée, 2 parties de sel ammoniac, et une partie de fleur de soufre ; on arrose le tout avec du vinaigre et on en fait une pâte bien homogène avec laquelle on remplit le joint. On ne doit soumettre à la chaleur une partie ainsi mastiquée qu'au bout de 24 heures.

pas indifférente, elle a une très grande influence sur la durée de l'appareil ; c'est ainsi que les fontes très phosphoreuses sont plus exposées à se rompre et doivent être rejetées. Une certaine proportion de silicium est utile pour que la fonte soit grise, mais il n'en faut pas un excès ; la meilleure, en résumé, est celle qui contient le moins de corps étrangers ; on emploie souvent avec succès pour ce genre de moulage des fontes contenant pour cent :

Phosphore 0,50
Carbone total de . . . . 3,00 à 3,50
Silicium de . . . . 0,70 à 1,00
Manganèse . . . . 0,50.

L'acier coulé de bonne qualité est certainement plus résistant mais il coûte infiniment plus cher.

La manière dont les tuyaux ont été moulés et coulés a également une grande influence sur leur durée ; si l'épaisseur n'est pas uniforme, si un côté a été plus rapidement refroidi que l'autre, il n'en faut pas plus pour que le contact de la flamme provoque très promptement des fissures. Lors donc qu'on doit construire des appareils de ce genre, il faut choisir pour les points les plus exposés à la chaleur, les tuyaux les plus lourds et surtout les plus réguliers comme épaisseur.

Il existe une très grande variété d'appareils en fonte pour le chauffage du vent des hauts-fourneaux, mais comme la plupart ont été abandonnés et que ce mode de chauffage de l'air a perdu la plus grande partie de son importance, nous nous bornerons à décrire ceux que l'on est exposé à rencontrer encore dans certaines localités, en même temps que les types primitifs qui ont servi de points de départ à une foule d'autres.

On les divise généralement en deux classes ; appareils à tuyaux horizontaux, appareils à tuyaux verticaux :

(a) *Tuyaux horizontaux.* — On voit, fig. 128, un appareil de ce type qui a été adopté vers 1865. Le vent qui arrive de la soufflerie par le tuyau A se divise entre 4 ou 6 tuyaux doubles dd horizontaux et parallèles, disposés dans la chambre de chauffe, au même niveau ; les flèches indiquent le trajet que fait l'air à travers les étages successifs de tuyaux doubles pour aboutir, après s'être chauffé, à la conduite d'air chaud B ; en b on voit comment il est possible d'isoler un tuyau double que l'on doit remplacer. Ces tuyaux ont de 0m,600 à 0m,700 de hauteur, de 0m,200 à 0m,300 de largeur et une longueur totale, y compris l'emboîtement, de 2m,50 à 3m. On en établit de 6 à 8 rangées, il est clair que plus le nombre en est grand et mieux la chaleur est utilisée mais en même temps les résistances deviennent plus considérables ; à la partie inférieure de l'arrière du tuyau on fait venir de fonte une sorte de patte qui repose sur une traverse métallique h, de la sorte le tuyau peut se dilater sans difficulté. La chambre de combustion est fermée latéralement par des

murs, quant aux faces perpendiculaires aux axes des tuyaux, elles sont
tantôt constituées par de la maçonnerie, tantôt fermées par des plaques
métalliques comme le montre la fig. 128.

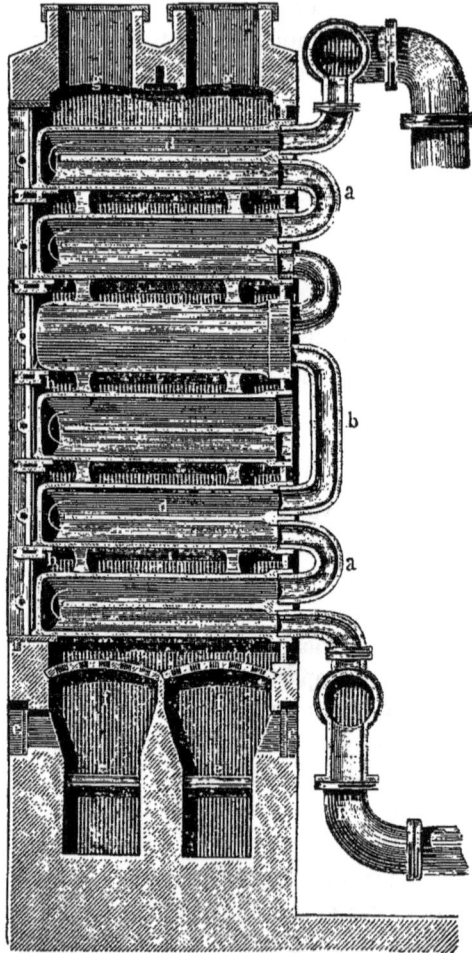

Fig. 128. — Appareil à air chaud à tuyaux horizontaux.

Au lieu de laisser les coudes exposés à l'air extérieur on les protège quelquefois par une cloison supplémentaire ; *ff* représentent les chambres de combustion dans lesquelles le gaz arrive par les orifices *cc* (les tuyaux de gaz ne sont
pas représentés), en *ee* on voit deux grilles sur lesquelles on entretient un
petit feu d'escarbilles, pour que le gaz se rallume facilement. Les produits de
la combustion passent dans la chambre de chauffe à travers les deux voûtes

à claire-voie et s'échappent par les cheminées *gg*. L'appareil est assez haut par lui-même pour qu'une cheminée soit inutile.

Des appareils de ce genre ont été très employés à partir de 1850 jusque vers 1880 ; dans certains districts industriels on n'en connaissait pas d'autres, c'est seulement vers 1870 qu'on a adopté des tuyaux doubles, antérieurement ils se composaient simplement de tuyaux cylindriques droits réunis par des coudes à leurs deux extrémités.

Les avantages des appareils à tuyaux horizontaux sont les suivants : la flamme et les produits de la combustion, en s'élevant à travers la chambre de chauffe, rencontrent les tuyaux normalement à leur axe, et produisent ainsi tout l'effet qu'on peut attendre ; si la hauteur est suffisante les produits de la combustion sont dépouillés de la plus grande partie de leur chaleur et comme la circulation du vent est en sens inverse, le chauffage se fait d'une façon tout-à-fait rationnelle. La chaleur est bien utilisée et la dépense en combustible très faible.

D'un autre côté, la longueur des tuyaux ne peut dépasser une certaine limite, 2 à 3ᵐ par exemple, sans qu'ils soient exposés à se rompre sous leur propre poids ; on doit donc disposer un grand nombre de tuyaux droits pour s'assurer une surface suffisante, d'où grand nombre de coudes et de changements de direction dans le mouvement de l'air, accroissement de résistances et de travail pour la soufflerie : aussi depuis 1880 a-t-on à peu près abandonné ces appareils et il n'en doit plus exister qu'un fort petit nombre en activité.

(*b*) *Tuyaux verticaux pendants.* — Ce genre d'appareil se composait d'une série de tuyaux à cloison médiane, réunis à leur partie supérieure par des coudes placés au-dessus de la chambre de chauffe et pendant librement dans cette chambre ; en combinant une semblable disposition, on avait espéré que ces tuyaux ayant toute facilité pour se dilater auraient moins de tendance à se rompre. La fig. 129 représente un de ces appareils qui d'ailleurs ont varié beaucoup d'une usine à l'autre dans leur arrangement. Le vent arrive par le tuyau *A* qui le distribue à plusieurs appareils au moyen de tubulures, *B* divise le volume qu'il reçoit à plusieurs séries de tuyaux parallèles, ordinairement au nombre de 4, suspendus dans la chambre de chauffe ; celle-ci est couverte à la partie supérieure par des plaques qui emboîtent exactement les coudes et reposent sur des saillies venues de fonte. Les coudes restent donc en dehors de la chambre.

Les gaz combustibles arrivent par le bas dans la chambre de combustion, pénètrent par des orifices étroits dans la chauffe, s'y élèvent et ressortent par des ouvertures latérales ménagées dans les murs d'enceinte, puis ils redescendent jusqu'au carneau de la cheminée.

Les espérances que l'on avait conçues en construisant ces appareils ne se

sont pas réalisées. Les tuyaux, en effet, se fissurent par leur propre poids
et ces fissures tendent toujours à s'ouvrir à l'inverse de ce qui se produit
avec les tuyaux debout dont les fentes ont plutôt tendance à se fermer par
la pression de la partie supérieure ; les coudes situés en dehors de la

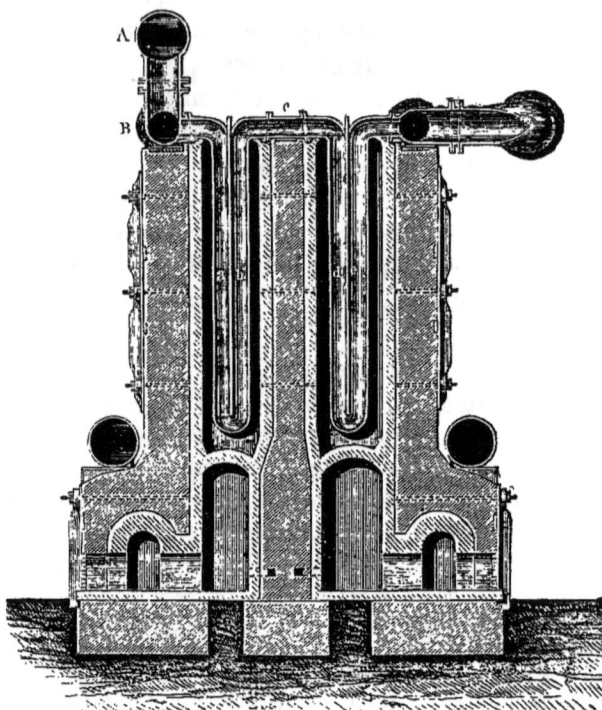

Fig. 129. — Appareil à air chaud à tuyaux suspendus.

chambre ne sont pas utilisés comme surface de chauffe et constituent un
poids mort considérable ; enfin la chaleur n'est pas mieux employée que dans
les appareils à tuyaux verticaux. Aussi ce type d'appareils, après avoir été
accueilli avec un certain engouement vers 1875, a-t-il été complètement abandonné.

c) Tuyaux verticaux debout. — Dans ce type d'appareil les tuyaux sont
placés verticalement ou avec une faible inclinaison ; lorsque le parcours du
vent s'opère dans deux tuyaux distincts réunis à leur sommet, on donne au
système le nom d' « _appareil à culotte ou à syphon_ » ; dans la plupart des cas
le tuyau est divisé en deux par une cloison longitudinale et le vent monte
d'un côté pour redescendre de l'autre.

Neilson qui fut le premier à souffler les fourneaux avec de l'air chauffé,
avait construit son appareil avec des tuyaux formés de deux parties droites

réunies par une partie courbe en arc de cercle dressés verticalement dans une chambre surmontée d'une voûte ; les courbes se trouvaient donc expo-

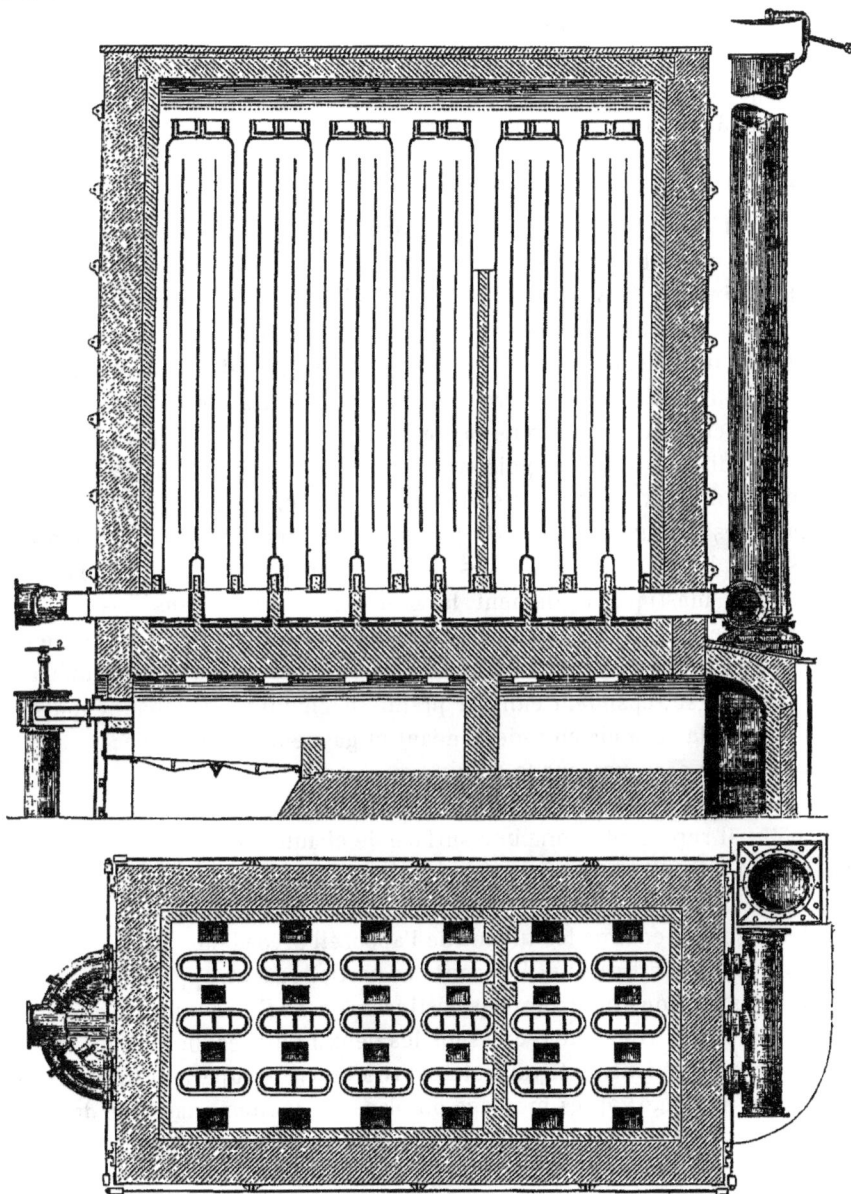

Fig. 130 et 131. — Appareils à air chaud à tuyaux verticaux.

sées à la flamme et se fendaient fréquemment ; le résultat n'était que médio-crement satisfaisant ; les modifications apportées successivement à cet appareil ne furent pas beaucoup plus heureuses, si bien que, jusqu'en 1870, l'emploi des tuyaux verticaux fut assez restreint ; c'est seulement à partir de cette époque qu'on trouva le moyen de couler des tuyaux de forme telle que les inconvénients des précédents étaient évités.

On trouvera des détails intéressants sur les premières dispositions des appareils à air chaud de Neilson, sur les perfectionnements successifs qu'il y a apportés et sur ceux de Calder dans la métallurgie de Percy (édition française de Petitgand et Ronna, tome III, pages 124 et suivantes). (V.)

Les fig. 130 et 131 représentent un des appareils à tuyaux verticaux les plus fréquemment employés aujourd'hui ; ils ont primitivement été établis dans les usines du Cleveland ; il est composé de tuyaux à cloison communiquant entre eux par l'intermédiaire d'une caisse inférieure sur laquelle ils reposent et où ils sont maintenus par un emboîtement ; en pénétrant dans l'appareil par le côté droit, le vent se divise en trois courants distincts qui parcourent chacun une série de tuyaux verticaux partagés en deux par une cloison médiane ; d'autres cloisons intermédiaires interrompues aux deux extrémités ne servent qu'au renforcement des pièces ; pour la facilité du moulage, les tuyaux sont ouverts par le haut et terminés par des emboîtements dans lesquels on place des bouchons mastiqués une fois l'appareil monté ; on mastique également la base des tuyaux dans les emboîtements qui les reçoivent. Dès que l'inflammation des gaz s'est produite dans la chambre de combustion, les flammes passant par les ouvertures ménagées dans la voûte se répandent dans la première chambre de chauffe puis pénètrent dans la seconde en redescendant et gagnent la cheminée ; il est facile de suivre leur parcours sur le dessin.

La section d'un tuyau a 0ᵐ,650 de long sur 0ᵐ,240 de large, sa hauteur est de 3.650 ; il représente donc une surface de chauffe de 8ᵐ𐞥,89 ; si l'appareil est composé de 18 tuyaux la surface totale est de 160ᵐ𐞥.

Au lieu de tuyaux à cloison, on emploie aussi des siphons à branches parallèles disposés comme les tuyaux de l'appareil précédent. Les fig. 132, 133, sont des coupes verticales et horizontales partielles d'un appareil de ce genre ; *aa* sont des cloisons interrompues destinées à consolider les tuyaux intérieurement, *bb* des parties qui réunissent les deux branches du siphon, comme dans le cas précédent, le tuyau est ouvert à la partie supérieure pour la commodité du moulage ; après montage on place un tampon mastiqué dans l'ouverture ; les caisses qui reçoivent la base des siphons sont disposées comme celles des appareils précédents. On donne aux siphons 5 à 6ᵐ de hauteur.

De tous les appareils composés de tuyaux de fonte le système à tuyaux verticaux et debout est celui qu'on préfère aujourd'hui. A surface de chauffe égale, il coûte moins cher que le type à tuyaux horizontaux parce qu'il est à peu près complètement exposé à la chaleur. Comme les emboîtements ne

sont pas soumis à l'action directe des flammes, les fuites sont moins à redouter. Les tuyaux verticaux eux-mêmes se comportent mieux que ceux que l'on
dispose horizontalement, ils ont moins de tendance à se courber.

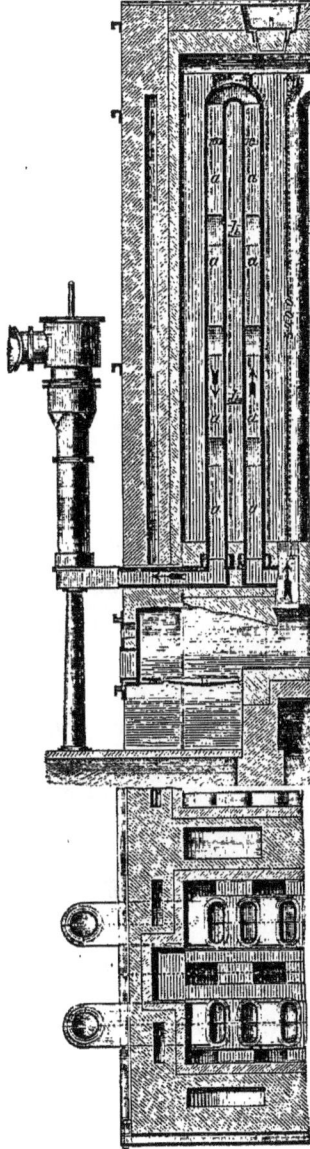

Fig. 132 et 133. — Appareil à air chaud à siphons.

Appareils en briques. — Nous avons déjà indiqué d'une manière générale,
la disposition de ces appareils ; le vent reprend, dans son passage à travers

une des chambres, la chaleur qui a été emmagasinée, mais la température qu'il possède à sa sortie de l'appareil s'abaisse graduellement et d'autant plus vite que, pour une même quantité de vent, les dimensions de la chambre sont plus faibles. Donc, lorsqu'on veut éviter de grandes oscillations dans la température du vent, il faut changer d'appareils d'autant plus souvent que la dimension de ceux-ci est plus petite par rapport au volume de vent qui doit être chauffé dans une minute.

Si on admet que toute la capacité de la chambre se trouve à un degré de chaleur uniforme, il est facile de calculer l'abaissement de température que produit le passage du vent dans un temps donné.

Supposons par exemple, comme Gruner, un appareil destiné à porter à 800⁰ la température de 180^{mc} d'air par minute, ou 10800^{mc} c'est-à-dire 13390^{kil} par heure, et contenant 134^{mc} de briques, soit 241000^{kil}, et admettons que la chaleur spécifique de l'air ordinaire est de 0,239, nous voyons qu'il faut, pour élever 13390^{kil} d'air à 800⁰, $13390 \times 800 \times 0,239 = 2.557.490^{cal}$ que les briques doivent fournir. La chaleur spécifique de ces briques étant 0,23, leur perte de chaleur sera de

$$\frac{2.557.290}{241000 \times 0,23} = 46^0.$$

Dans la réalité les choses ne se passent pas ainsi. Là où les gaz combustibles pénètrent dans l'appareil et s'enflamment, les briques sont plus chaudes, elles absorbent plus de chaleur que celles qui se trouvent près de la sortie des produits de la combustion. Or le vent entre dans l'appareil par la partie la moins chaude et suit un trajet inverse de celui de la flamme et des produits de la combustion : les briques voisines du point par lequel pénètre le vent sont donc plus refroidies que celles de l'autre extrémité de l'appareil qui n'étant en contact qu'avec du vent déjà fortement chauffé ne perdent qu'une quantité de chaleur relativement faible.

On conçoit facilement que l'effet produit par un appareil de ce genre dépende de la capacité remplie de briques qui sert de réservoir de chaleur, et de la surface que présentent ces briques à l'action des flammes. C'est, en effet, par la surface que ces briques s'échauffent ; en vertu de leur peu de conductibilité, la chaleur pénètre lentement dans l'intérieur de leur masse de même qu'elle en sort lentement pour contribuer au chauffage du vent.

La surface de chauffe nécessaire pour une quantité déterminée de vent est beaucoup plus grande dans ce type d'appareils que dans ceux à tuyaux de fonte parce qu'on n'utilise qu'alternativement chaque moitié de cette surface, pendant que l'autre absorbe la chaleur, et aussi parce qu'on demande à ce procédé de chauffage de vent une température beaucoup plus élevée. On admet donc généralement qu'il est nécessaire de donner comme surface de briques à chauffer de 10 à 20^{mq} et quelquefois plus par mètre cube de vent passant dans l'appareil dans une minute [1].

Comme les frottements sur les surfaces rugueuses sont beaucoup plus considérables que sur la fonte on ne donne au vent que des vitesses moindres, 1^m,50 à 2^m pour le vent froid ou 5^m à 8^m pour le vent chaud.

Tous ces appareils sont enveloppés d'une chemise en tôles soigneusement rivées de manière à former une enceinte hermétiquement close sans laquelle il serait impossible d'éviter les pertes de vent ; on doit laisser entre les briques et la tôle un espace vide de 0^m,040 à 0^m,050 pour permettre à la maçonnerie de se dilater.

Les gaz des hauts-fourneaux amènent avec eux une grande quantité de poussières même lorsqu'ils ont été épurés avec le plus de soin; on doit donc se ménager le moyen de procéder de temps en temps aux nettoyages nécessaires ; il y a néanmoins, avantage à rendre ceux-ci aussi rares que possible et, dans ce but, à retenir les poussières au moyen des épurateurs dont nous avons énuméré un certain nombre dans le chapitre précédent.

Pour emmagasiner la chaleur, on emploie exclusivement des briques réfractaires disposées de manière à former des sortes de conduites dans lesquelles circulent les produits de la combustion ; il est évident que le mode de fonctionnement de ce système de chauffage exige la construction de deux chambres qui suffisent pour les plus grands hauts-fourneaux pourvu que leur capacité soit en rapport avec la quantité de vent à chauffer ; mais en outre, comme il faut tenir compte des réparations possibles, des nettoyages complets qui peuvent entraîner l'arrêt de l'une des chambres pendant plusieurs jours et enfin comme il faut plus de surface pour absorber la chaleur des produits de la combustion que pour transmettre au vent celle qui a été emmagasinée, on établit ordinairement trois appareils pour un seul haut-fourneau, ou cinq pour deux ; dans le premier cas, deux chambres reçoivent le gaz, tandis que la troisième est traversée par le vent, et dans le second, trois appareils sont en chauffage et deux reçoivent le vent.

Exemples d'appareils en briques. — Dès l'année 1860 Cowper construisait à l'usine d'Ormesby, dans le Cleveland, des appareils en briques pour le chauffage du vent des hauts-fourneaux ; mais les premières dispositions présentaient un certain nombre de défectuosités ; les briques y étaient disposées en chicane comme dans les régénérateurs Siemens, ce qui obligeait à les démonter complètement lorsqu'il fallait procéder à un nettoyage ; les soupapes et les registres placés à l'entrée et à la sortie du vent s'encombraient de poussières, se déformaient sous l'action de la chaleur, dès lors ne fermaient plus hermé-

---

[1] Voir « *Stahl und Eisen* » 1883, p. 242, l'article de Steffen ; l'auteur cherche à établir par un calcul théorique la surface de chauffe qu'il convient d'adopter ; on peut voir aussi l'ouvrage de Wedding, *Zweiter Erganzungsband zur Eisenhuttenkunde*, 1887, p. 233.

tiquement et se trouvaient promptement hors de service ; ces inconvénients furent tels au début que, du moins dans certaines usines du continent, on renonça au système Cowper que l'on avait adopté, et on revint aux appareils à tuyaux de fonte.

En 1870, les défauts de ces appareils furent corrigés en partie par Cowper, en partie par Thomas Whitwell à Stockton-on-Tees ; c'est à ces deux personnalités que revient l'honneur d'avoir perfectionné les appareils en briques et de les avoir introduits dans la pratique. A partir de ce moment, ce système de chauffage se répandit rapidement et remplaça à peu près partout les chauffes à tuyaux de fonte.

Les appareils employés aujourd'hui ont emprunté une partie de leurs dispositions à Cowper, une autre à Whitwell ; nous commencerons par décrire ceux de ce dernier type parce qu'ils ont été adoptés de prime abord, d'une façon plus générale, et ont en conséquence ouvert la voie à l'application du système.

Appareil Whitwell et ses dérivés. — Les premières installations de Whitwell remontent à 1869 ; on les a adoptées sur le continent, principalement après l'exposition de Vienne, en 1873, où l'on avait pu se rendre compte de leur mode de construction et des résultats que l'on en obtenait.

Les fig. 134 et 135 représentent, à l'échelle de $\frac{1}{150}$, un appareil du type primitif, semblable à ceux qui ont été installés en très grand nombre jusqu'en 1876, et qui sont encore en service dans quelques usines.

Les gaz combustibles arrivent par la galerie B et pénètrent dans l'appareil lorsque la soupape c leur livre passage ; l'air nécessaire à la combustion arrive par l'ouverture i (fig. 135), pénètre dans un canal ménagé dans l'épaisseur du mur du premier compartiment, circule en se réchauffant dans de petits canaux d que l'on a réservés dans la première cloison, et débouche par des ouvertures horizontales dans ce compartiment où il rencontre le gaz et l'enflamme ; on peut distinguer sur la fig. 134 de petits canaux analogues dans l'épaisseur de la quatrième cloison a pour une deuxième arrivée d'air.

Les flammes et les produits de la combustion s'élèvent et descendent cinq fois entre les cloisons a qui sont interrompues alternativement en haut et en bas et arrivent à la soupape D d'où ils passent dans la galerie E qui les conduit à la cheminée.

Trois cloisons verticales perpendiculaires aux premières, servent à consolider celles-ci et à augmenter la surface de chauffe ; elles sont percées de trous qui mettent en communication les divisions ainsi produites.

Lorsque l'appareil a été suffisamment chauffé, on ferme les soupapes C et D et on introduit le vent froid par un tuyau muni d'un registre débouchant au-dessus de la soupape D. Le vent suit à rebours le même parcours que les produits de la combustion et sort par la soupape F qui le dirige vers le haut-fourneau.

Par les ouvertures *ee* ménagées sur la plateforme qui règne sur l'appa-

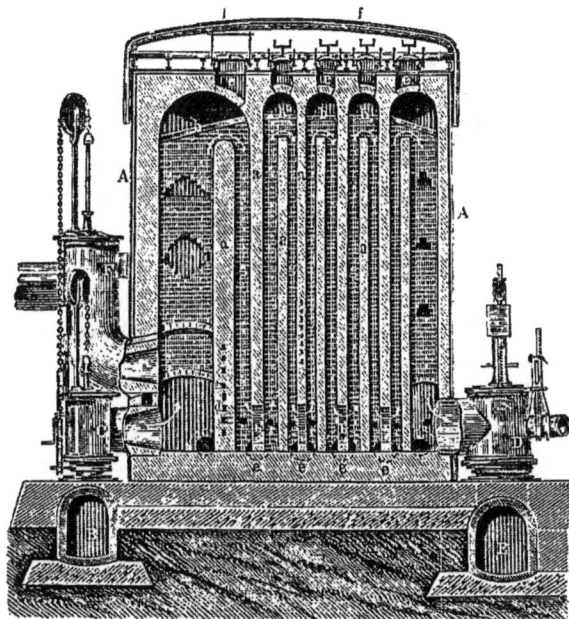

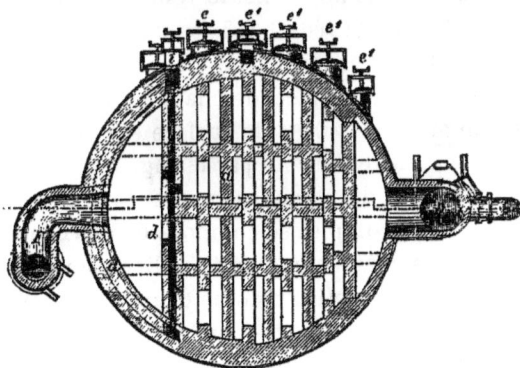

Fig. 134 et 135. — Appareil Whitwell primitif.

reil et dans l'épaisseur des voûtes, on peut opérer le nettoyage et ramoner tous les murs verticaux, la poussière tombe sur la sole de l'appareil et peut être retirée par les ouvertures *e'e'* munies de tampons. Il est donc facile ainsi de nettoyer l'appareil tandis qu'il est encore chaud.

Avant 1885, on donnait aux appareils Whitwell un diamètre de 6^m,70 extérieurement, et une hauteur de 8 à 9^m, ils présentaient alors une surface de chauffe de 800^{mq} ; plus tard, et sans changer le diamètre, on a porté la hauteur à 18^m, la surface a alors atteint 1600^{mq}.

Le défaut de ces appareils est que les nombreux changements de direction imposés aux produits de la combustion, gênent leur mouvement et obligent à l'établissement de cheminées de grandes sections et d'une hauteur considérable qui ne doit pas être moindre que 30^m, si on veut conserver une bonne allure. Le même inconvénient se fait sentir lorsque le vent traverse les compartiments successifs et se traduit par une perte sensible de pression.

Plusieurs constructeurs ont introduit des modifications à cet appareil en vue de diminuer le nombre des changements de direction et d'augmenter la surface de chauffe ; c'est ainsi qu'après la mort de Thomas Whitwell, son frère William s'arrêta à une nouvelle forme représentée par les fig. 136 et 137. Les gaz combustibles arrivent par le tuyau e et pénètrent dans le large compartiment A au bas duquel ils rencontrent l'air destiné à la combustion ; arrivées en haut de cette première chambre, les flammes descendent à la fois par les trois espaces BB$_1$B$_2$ au bas desquels elles se réunissent pour remonter par le compartiment C, elles redescendent ensuite par les conduites DD$_1$D$_2$D$_3$D$_4$D$_5$D$_6$ et atteignent le tuyau de sortie muni d'une soupape F. Le vent entre en G, parcourt le chemin inverse et sort par le tuyau H. L'épaisseur des cloisons a été réduite, les plus minces n'ont que 0^m,130 au lieu de 0^m,220, ce qui a permis d'en augmenter le nombre, sans toucher au diamètre de l'appareil ; dans les anciens appareils, le vent subissait neuf changements de directions, ce nombre a été réduit à 3, ce qui facilite à la fois la circulation des gaz et celle de l'air. Les cloisons transversales sont passées de 3 à 7, apportant un supplément de surface de chauffe ; avec 6^m,70 de diamètre et 19^m,80 de hauteur, on arrive à 2400^{mq} de surface environ.

En construisant l'appareil représenté par les fig. 138 et 139, *Macco* avait en vue de diminuer la longueur du parcours du vent tout en augmentant la surface de chauffe ; le trajet complet se compose de deux montées et de deux descentes alternatives ; les compartiments du milieu sont disposés comme les appareils Cowper, ils sont remplis, comme ceux-ci, d'empilages de briques formant un grand nombre de cheminées verticales de 0^m,150 à 0^m,200 de largeur ; l'air destiné à la combustion du gaz, arrive par des conduits horizontaux visibles sur la figure et qui sont ménagés dans la sole et les parois latérales de la chambre de combustion où il s'échauffe. Pour le nettoyage, on se sert des ouvertures réservées au-dessus de l'appareil, et on retire les poussières par les ouvreaux disposés dans le bas comme dans le système Whitwell[1].

---

[1] *Zeitschr. d. Ver. deutsch. Ingenieure*, 1886, p. 524 ; on trouve dans la même publication en 1888, p. 183, une nouvelle disposition de l'appareil Macco.

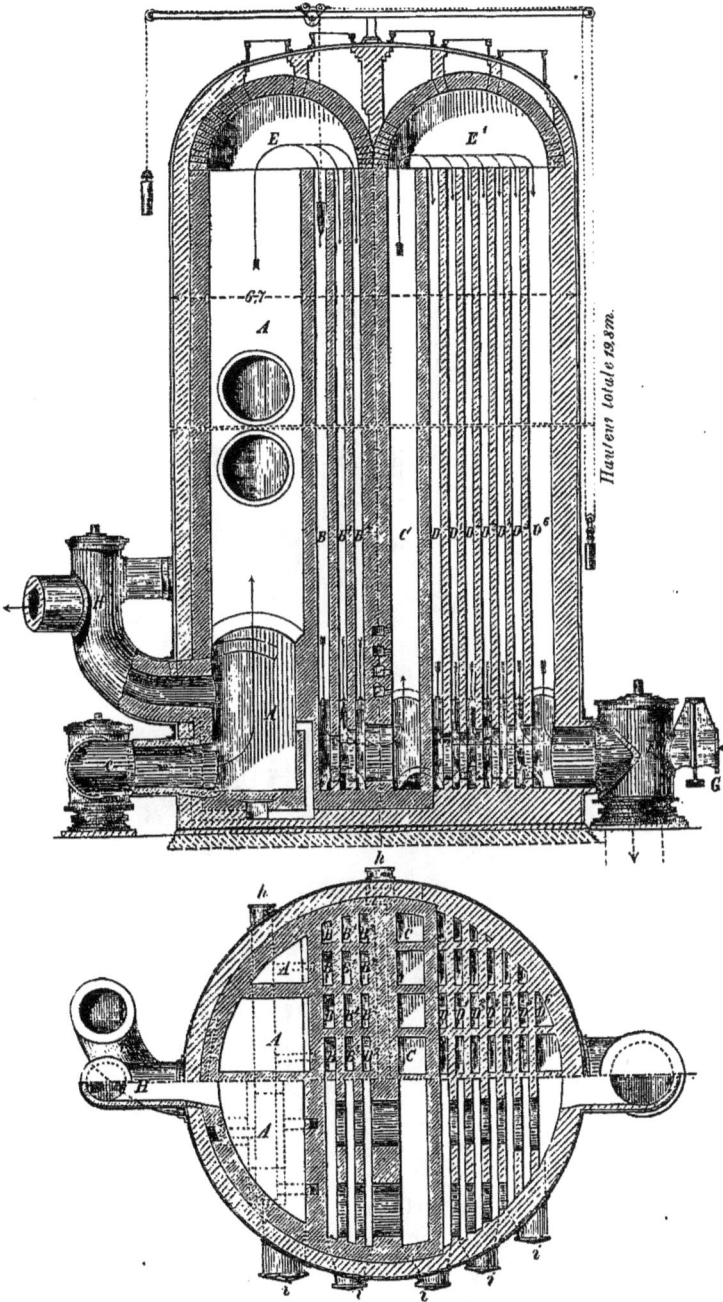

Fig. 136 et 137. — Nouvel appareil Whitwell.

Appareil Cowper et ses dérivés. — La principale différence entre ce sys-tème et les précédents, c'est que le gaz et l'air n'ont à accomplir qu'un double parcours, l'un en montant, l'autre en descendant ; la combustion des gaz se

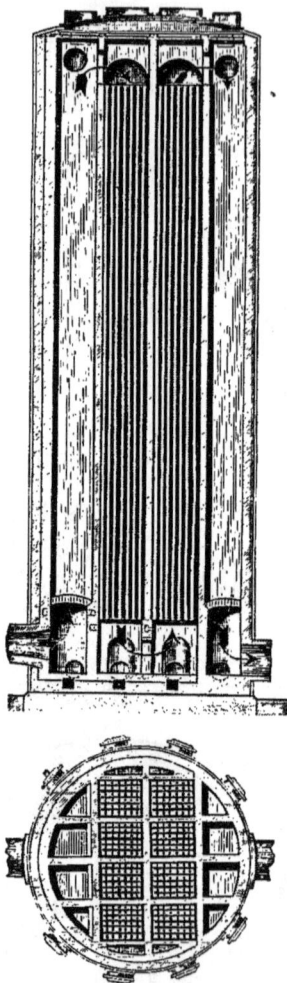

Fig. 138 et 139. — Appareil Macco.

fait dans une large cheminée verticale, et les produits de cette combustion redescendent par un nombre considérable (de 800 à 900) de petits carneaux verticaux, et se réunissent dans le bas pour gagner la cheminée. L'air destiné à être chauffé, fait le trajet inverse.

Voir d'autres formes de l'appareil Whitwell, *Stahl und Eisen*, 1883, N° de mai ; *Berg- und Huttenmünnische Ztg.*, 1878, p. 195. (Appareil Lévèque).

Dans les appareils construits depuis 1870, la chambre de combustion n'est pas au milieu comme dans les premières dispositions, elle est excentrée et tangente à la circonférence intérieure.

Fig. 141.

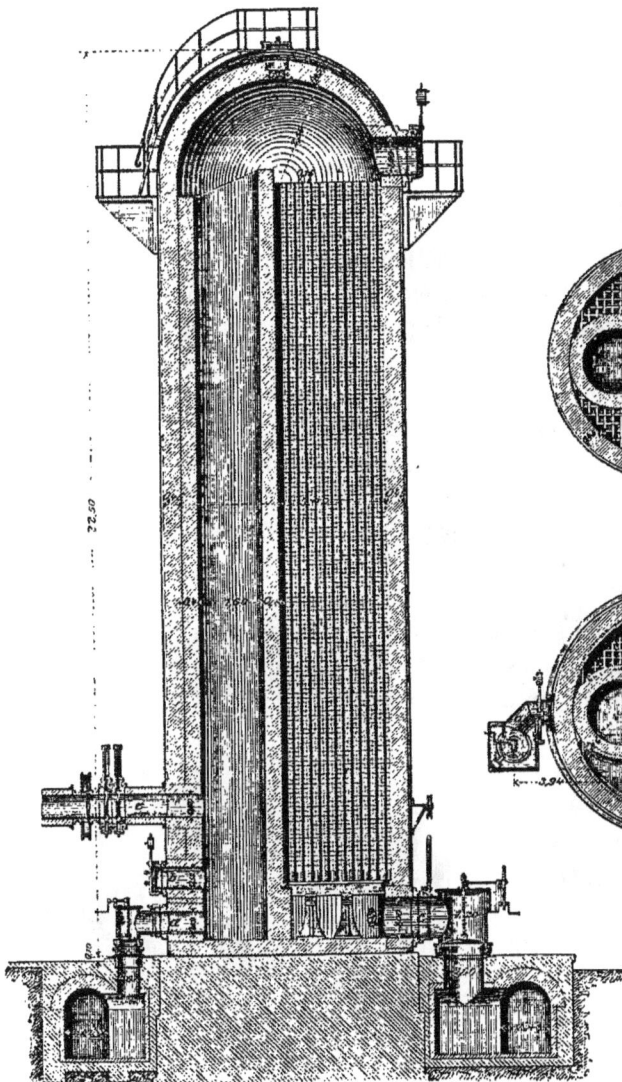

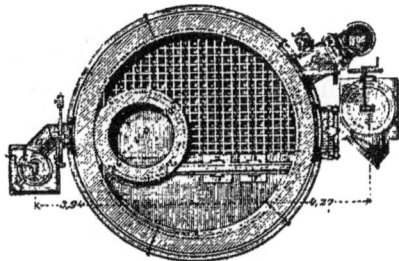

Fig. 142.

Fig. 140. — Appareil Cowper.

On peut voir, fig. 140, 141 et 142, un appareil Cowper, de la forme actuellement employée ; *a* est le tuyau d'amenée du gaz combustible, l'air destiné à le brûler arrive en *b*, il n'est pas chauffé comme dans les installations

Whitwell ; la combustion s'opère dans la cheminée cylindrique verticale de
$1^m,600$ de diamètre et d'environ 19^m de hauteur, les gaz brûlés redescendent
par les carneaux nombreux que nous avons indiqués et sortent par l'ouverture c d'où ils sont dirigés vers la cheminée. Le vent froid arrive en d et
sort en e, après avoir parcouru les carneaux et la cheminée de chauffe en
sens inverse. Les briques qui forment les carneaux reposent sur une grille en
fonte supportée par des piliers également en fonte (fig. 142). Les carneaux
sont carrés et ont $0^m,150$ de côté, l'épaisseur de leurs parois n'est que de
$0^m,035$.

Pour le nettoyage de l'appareil, on pénètre dans l'intérieur par le trou
d'homme ménagé à la partie supérieure ; on n'y peut parvenir qu'après avoir
cessé depuis trois jours de le chauffer, l'ouvrier chargé du ramonage passe
alors successivement dans chaque carneau une chaine terminée par un bou-
let et qui porte une brosse en acier ; la poussière s'accumule dans le bas en
dessous de la grille et on la retire soit par des ouvertures spéciales, comme
dans le système Whitwell, soit par l'orifice C qui devient libre lorsqu'on a
enlevé le tuyau par lequel les produits de la combustion sortent de l'appareil ; nous indiquerons plus loin comment est établi ce tuyau et comment il
se manœuvre.

La surface de l'appareil tel que nous le représentons est de 5000^{mq}. On lui
a donné quelquefois jusqu'à trente mètres de hauteur (Hayange) ; son diamètre extérieur varie de 6 à 7^m.

Nous avons indiqué une section carrée pour les carneaux ; on les construit
habituellement avec des briques posées de champ ; quelquefois on leur donne
une forme hexagonale ou circulaire en employant des briques de formes

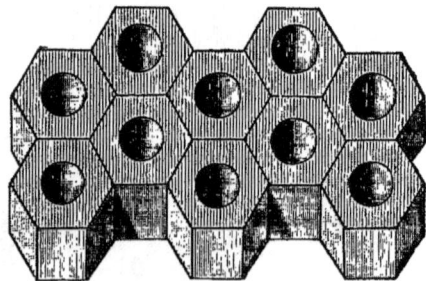

Fig. 143.   Fig. 144.
Briques spéciales pour les carneaux.

spéciales comme on le voit fig. 143 et 144 ; ces dispositions ont pour but de
faciliter le ramonage ; la poussière s'accumule en effet dans les angles des
carneaux de section carrée et la brosse arrive difficilement à l'enlever.

Dans ces appareils, les gaz comme le vent, ont une tendance à suivre le plus court chemin, c'est-à-dire à passer surtout par les petits carneaux les plus rapprochés soit de la sortie des produits de la combustion, soit de l'entrée du vent froid, en sorte que les autres sont moins utilisés, on a cherché divers moyens de parer à cet inconvénient.

Dans un certain nombre d'usines, aux aciéries d'*Edgard Thomson à Pittsburg,* par exemple, on a donné à la chambre de combustion la forme d'un segment de cercle comme dans le système Whitwell ; plus souvent encore on a adopté la forme elliptique qui présente plus de solidité (fig. 145 et 146). Les cloisons qu'on remarque fig. 145 dans la chambre de combustion ne sont établies qu'à partir de 5^m,50 au-dessus de la sole, et servent à soutenir la

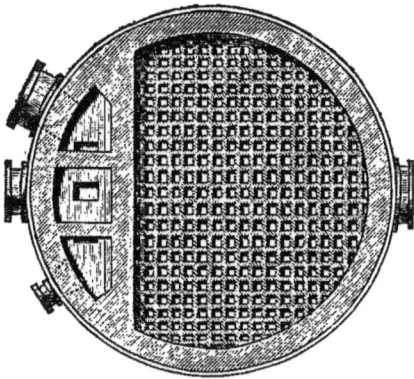

Fig. 145.   Fig. 146.
Modifications à l'appareil Cowper.

poussée de la paroi plane ; l'air et le gaz ont le temps de se mélanger avant de les atteindre ; l'air arrive par trois orifices rectangulaires ménagés sur la sole.

Bœcker a cherché à résoudre le problème d'une meilleure distribution tout en conservant à la chambre de combustion, la forme cylindrique ; il réduit la section des carneaux qui se trouvent sur le même diamètre que la chambre de combustion, à Friedenshutte ils ont 0^m,165 sur 0^m,200 en général, et ceux de section réduite ont 0^m,130 sur 0^m,160.

Dans certaines usines françaises on masque partiellement au moyen de briques les orifices par lesquels les gaz sont plus disposés à passer, de manière à transformer la section de 0^m,150 sur 0^{m}150 en une de 0^m,100 sur 0^m,100.

Au lieu de supporter les empilages sur des grilles en fonte qui sont exposées à fondre ou à brûler lorsque les produits de la combustion y arrivent à une température trop élevée, on établit quelquefois de petits piliers en briques reliés par des arceaux ou quelqu'autre artifice analogue.

Les appareils *Massicks et Crooke* appartiennent également au type de ceux dans lesquels le parcours est réduit au minimum. Ils ont été appliqués dans quelques usines américaines et anglaises. Les conduits ont une section circulaire et concentriques les uns par rapport aux autres, des cloisons dirigées dans le sens des rayons, viennent consolider le système tout en augmentant la surface de chauffe. La combustion se fait dans une cheminée centrale et les gaz redescendent par les carneaux formés par les cloisons circulaires concentriques et celles établies suivant les rayons. On avait remarqué que dans les anciens appareils Cowper, dans lesquels la chambre de combustion était construite au centre, la circulation tendait à se faire surtout par les carneaux les plus rapprochées de l'orifice de sortie : il est probable que les choses doivent se passer de même dans le système Massicks et Crooke et dans un cas comme dans l'autre, cette disposition n'est pas favorable à une bonne utilisation de la chaleur : du reste ce dernier appareil n'a pas reçu de nombreuses applications.

Comparaison entre les appareils Whitwell et les appareils Cowper. — A dimensions égales comme diamètre et comme hauteur, la surface de chauffe d'un appareil Cowper est une fois et demie celle d'un appareil Whitwell et l'on sait que la régularité dans la température du vent chauffé dépend en grande partie de l'étendue de la surface de chauffe ; on a constaté, pour une circulation de vent de 450 à 500^{mc} par minute, des variations de température de 50^0 à 60^0 dans le Whitwell et seulement de 35 à 55^0 dans le Cowper. Le premier oblige les gaz et le vent à un plus long parcours, à des changements de direction plus nombreux, il exige par conséquent un plus fort tirage et un travail plus considérable de la soufflerie ; nous devons ajouter cependant qu'il n'a pas été fait d'expériences exactes pour déterminer, à ce point de vue, la différence à établir entre les deux systèmes.

Whitwell emploie de l'air fortement chauffé pour produire la combustion, Cowper se sert de l'air froid, la forme des parois se prêtant moins bien à un chauffage préliminaire de cet air ; c'est là un avantage pour le premier, la combustion se faisant plus rapide et plus complète, la chaleur étant mieux utilisée.

Les appareils Whitwell peuvent se nettoyer de l'extérieur et sans refroidissement préalable ; il n'en est pas de même pour les autres dans lesquels il faut pénétrer pour en opérer le ramonage, d'où beaucoup plus de temps perdu. Cette considération seule a suffi à faire donner la préférence aux Whitwell pendant longtemps. Mais depuis qu'on s'est attaché à mieux purifier les gaz, ce ramonage est moins souvent nécessaire (on demeure quelquefois des années sans le faire); l'inconvénient qui en résultait a donc beaucoup perdu de son importance.

Pour les mêmes dimensions extérieures, la dépense d'une installation est à peu près la même, mais à égale surface de chauffe, le Cowper coûte un peu moins cher.

En somme de tous les appareils en briques, ceux du système Cowper paraissent être les plus généralement employés[1].

La préférence qui paraît s'établir en faveur des appareils du genre Cowper semble d'autant plus justifiée que toutes les modifications apportées successivement à ceux du type Whitwell tendent à le rapprocher du premier, et que de nouveaux moyens de nettoyage atténuent, s'ils ne la font complètement disparaître, la supériorité que conservait, à ce point de vue, l'appareil Whitwell.

On avait essayé, en premier lieu, de faire tomber les poussières des chauffes Cowper, en produisant des détonations, en enflammant des pétards ou en tirant des coups de fusil dans la chambre inférieure. Ces moyens réussissaient en partie, mais, n'étant employés qu'à de rares intervalles, ne parvenaient pas à détacher les poussières durcies et, comme recuites, adhérentes aux parois des carneaux.

Dans la fabrication des fontes manganésées et particulièrement du ferromanganèse, les dépôts de poussières sont plus abondants que dans toute autre et constituaient de gros embarras; les chauffes ne pouvaient marcher qu'un temps fort court et il fallait procéder, au bout de peu de jours, à des nettoyages complets.

L'emploi de la soupape Lister (de Middlesborough) a permis de maintenir les appareils en marche, pour ainsi dire, indéfinie; nous en décrivons plus loin la disposition et la manœuvre, indiquons seulement ici qu'elle permet de provoquer, à chaque changement de chauffe, une sorte d'explosion qui chasse instantanément toutes les poussières avant qu'elles aient pu contracter d'adhérence. (V.)

Soupapes et valves des appareils en briques. — Lorsque l'on commença à établir les appareils de chauffage du vent en briques, que nous venons de passer en revue, on rencontra de grandes difficultés pour y adapter des soupapes et des valves d'une construction convenable. Il fallait, en effet, obtenir à la fois de ces organes une manœuvre facile, une résistance suffisante aux effets de la chaleur, et une fermeture hermétique dans toutes les phases de fonctionnement. Les grandes variations de température auxquelles ils sont exposés et l'accumulation de poussière sur les parties qui devaient venir en contact parfait, rendaient le problème très difficile à résoudre, les sièges sur lesquels doivent reposer les soupapes présentant un grand développement puisqu'ils sont placés à l'extrémité de conduites d'un grand diamètre ; d'un autre côté le vent est à une pression d'autant plus forte que le haut-fourneau a plus de hauteur, il en résulte que, si une soupape ferme mal, les pertes peuvent être considérables.

C'est en grande partie à l'imperfection de ces différentes pièces que les appareils Cowper durent leur peu succès au début, de 1860 à 1870; les valves et les soupapes se déformaient rapidement, ne fermaient plus d'une manière suffisamment sûre, et les fuites de vent prenaient une telle importance que le système devait être abandonné.

Il est clair que lorsque c'est au vent froid que l'on a affaire, il n'y a pas

[1] Le coût d'un appareil de l'un ou de l'autre système, de 6m,50 de diamètre et de 20m de hauteur, est d'environ 43500 francs.

de difficulté, un simple tiroir ou un registre ajusté avec soin remplissent le but immédiatement. Il n'en est pas de même lorsqu'on doit lutter contre les effets de la chaleur.

Dans les appareils construits de 1870 à 1880, particulièrement dans ceux de Whitwell, on a souvent combiné des soupapes à courant d'eau ; on les fabriquait en tôle en leur donnant la forme d'une lentille creuse ; la tige contenait deux tubes qui, par leur extrémité inférieure, pénétraient dans la lentile; à l'autre étaient adaptés des tubes de caoutchouc; l'eau froide arrivait par l'un d'eux, et, après s'être échauffée, était évacuée par l'autre ; cette soupape était équilibrée et se manœuvrait au moyen d'une crémaillère et d'un pignon ; le siège était en fonte, à parois creuses et parcouru également par un courant d'eau ; dans la fig. 134 qui représente l'ancienne disposition Whitwell on distingue la tige de la soupape ainsi que la chaîne et le contrepoids. Certaines usines qui ont adopté à l'origine ce mode de fermeture, l'ont conservé, mais les soupapes de ce genre sont coûteuses et d'une manœuvre pénible.

Dans les nouveaux appareils, on a remplacé ces pièces un peu lourdes par des registres en acier coulé à surface courbe, qui résistent mieux que ceux à surface plane et on garnit le presse-étoupe avec de l'amiante; souvent on met deux registres l'un devant l'autre pour mieux assurer la fermeture et parer à tout évènement; on peut voir sur la fig. 140, cette disposition appliquée à la sortie de l'air chaud.

Pour l'introduction du gaz dans l'appareil et sa suppression au moment convenable, on emploie, surtout en Allemagne, un appareil imaginé par

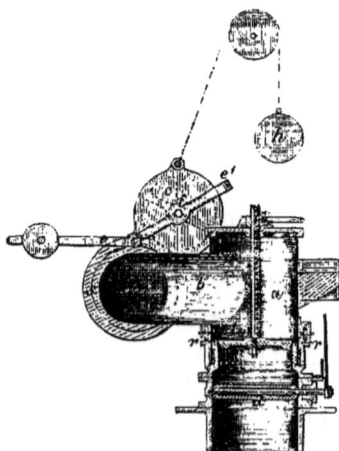

Fig. 147. — Valve Burgers
(coupe verticale).

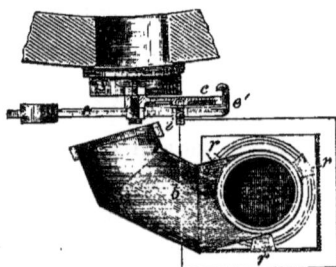

Fig. 148. — Valve Burgers
(coupe horizontale).

Burgers et que nous représentons fig. 147 et 148; il s'applique également à la sortie des produits de la combustion; un bout de tuyau en tôle placé verticalement a dont l'extrémité inférieure plonge dans une rigole maintenue pleine d'eau et qui forme la terminaison de la conduite de gaz venant du fourneau, est supporté par trois galets rrr situés extérieurement, qui lui permettent de tourner facilement autour de son axe ; il porte un coude horizontal b qui se termine par un anneau de fonte tourné dont la face extérieure

Fig. 149. — Valve Burgers (ensemble).

peut venir s'appliquer exactement sur le cadre S fixé à la chemise en tôle de l'appareil.

Lorsqu'on veut faire pénétrer le gaz dans l'appareil pour le chauffer, on fait tourner le tuyau a de façon à mettre l'anneau en contact avec le cadre S ; on lève alors la soupape à portée conique A, au moyen d'un pignon et d'une crémaillère et on règle la quantité de gaz à introduire au moyen du papillon *d* [1].

Veut-on supprimer l'arrivée du gaz, ce qu'on doit faire évidemment avant l'introduction du vent, après avoir abaissé la soupape A on fait tourner le tuyau *a* pour l'amener dans la position indiquée dans la fig. 148; puis au moyen du levier *e* on amène le plateau *c* devant l'ouverture du châssis *S* qu'il couvre exactement; par la vis de serrage *i* on assure une fermeture parfaite, en quelques secondes. La manœuvre inverse est tout aussi rapide. Le plateau *c* est relié à un contrepoids *h* qui en facilite le fonctionnement dès que la vis *i* est desserrée.

Fig. 151

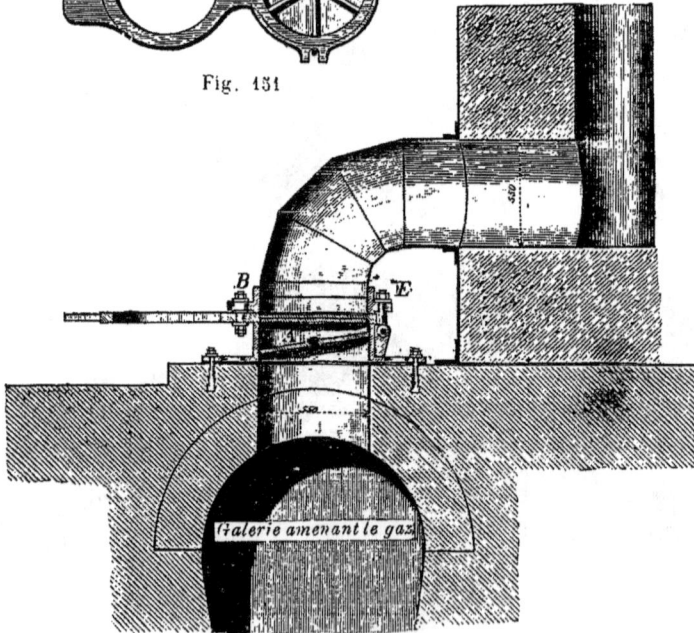

Fig. 150. — Lunette de Schmidt.

La fig. 149 représente à une plus grande échelle la position des différentes pièces pendant que le vent traverse l'appareil.

L'avantage de cette disposition consiste en ce que la soupape A n'a pas d'autre mission que d'empêcher l'échappement du gaz et n'a plus à résister à la pression du vent, comme celle qu'on avait établie auparavant; elle n'est

[1] Cette soupape A peut être remplacée par une cloche en tôle dont les bords plongent dans la rigole pleine d'eau.

pas exposée à la chaleur, elle est facile à atteindre, on peut la changer au besoin ; en même temps l'orifice S est fermé d'une manière hermétique.

On emploie quelquefois pour le même objet une disposition connue sous le nom de lunette de Schmidt ; elle consiste en un plateau en fonte ou en acier relié d'une manière invariable à un anneau de même métal dont le diamètre intérieur est égal à celui de la conduite ; cet organe tourne autour d'un axe ; ses deux faces sont rabotées avec soin de manière à être d'épaisseur uniforme ; la fig. 151 indique la position de la lunette dans la conduite pendant qu'elle en opère la fermeture, c'est-à-dire, pendant que le vent circule dans l'appareil ; la partie pleine est prise entre les deux portions de la conduite de gaz et en assure la fermeture ; à cet effet la conduite en tôle est munie d'une collerette en fonte rabotée, sur laquelle vient s'appliquer le plateau ; deux vis dont l'une est visible en E servent à presser ce plateau contre la collerette. En B est l'axe de rotation de la lunette. Lorsqu'on veut admettre le gaz, on desserre les vis E, on les renverse en arrière et on fait tourner l'appareil de 180°, la partie évidée vient prendre la place du plateau plein, on remet les vis en place et on les serre, puis on ouvre le clapet A. L'orifice de sortie des produits de la combustion est muni d'un système de fermeture semblable mais de plus grande dimension.

La lunette de Schmidt est plus simple que la soupape de Burgers, mais comme la conduite d'amenée du gaz reste en place, il faut se réserver d'autres orifices pour pénétrer dans l'appareil et le nettoyer.

Pour l'entrée du vent froid et la sortie du vent chaud on se sert des registres que nous avons indiqués, mais on donne aux derniers une section beaucoup plus grande.

Quant aux ouvertures de nettoyage et à celle par laquelle on introduit l'air destiné à la combustion, on les munit habituellement de soupapes coniques équilibrées par des contrepoids ; on peut employer également la fermeture Burgers comme dans la fig. 140.

Nous devons ajouter aux valves et soupapes décrites par l'auteur celle qui est due à Lister et qui a pour but de produire le nettoyage automatique des appareils à air chaud.

Cet appareil est susceptible de prendre diverses formes suivant le point sur lequel on l'applique, nous représentons, figure 151 *bis*, un des types le plus fréquemment employés.

Il se compose d'une tubulure en fonte A fixée en un point de la chauffe (à la partie supérieure par exemple) formant siège pour la soupape B. Celle-ci est munie d'un boulon prisonnier E dont l'écrou en bronze F est lui-même vissé dans un renflement du levier en fer C. Celui-ci est mobile autour de l'axe D, il est maintenu dans la position horizontale par l'étrier G tournant autour de l'axe J.

Le levier porte un petit étrier H auquel on attache une chaîne qui doit limiter la levée de la soupape, et dont l'autre extrémité est reliée à un point fixe M par l'intermédiaire de la boucle L et du ressort à boudin K.

Un tour de clef au boulon E presse la soupape sur son siège et rend la fermeture hermétique.

Les choses étant en cet état, au moment où l'on veut admettre le gaz dans la chauffe et avant d'ouvrir la soupape qui lui donne passage, les soupapes d'admission et de sortie du vent étant fermées et sans perdre de temps tandis que l'appa-

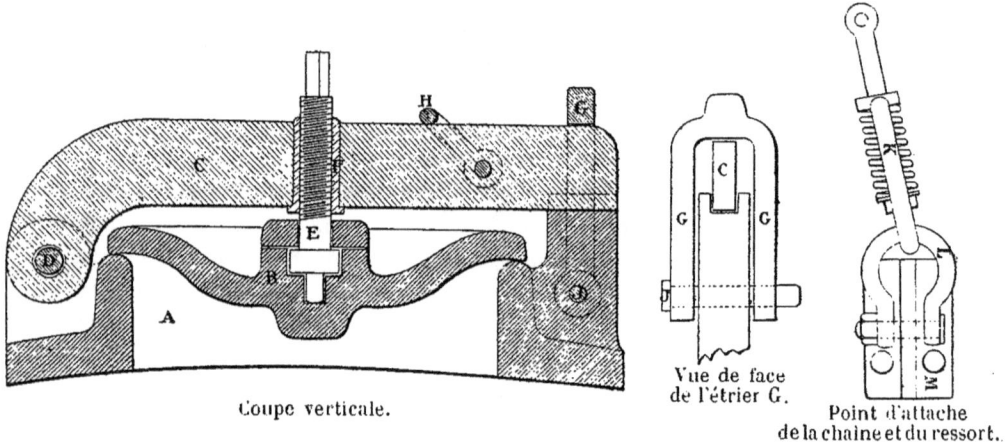

Coupe verticale.

Vue de face de l'étrier G.

Point d'attache de la chaine et du ressort.

Fig. 151 *bis*. — Soupape de Lister pour nettoyage automatique des chauffes à haute température. Echelle de 1/8.

reil est rempli de vent en pression, d'un coup de ringard on fait tomber l'étrier G, le vent s'échappe avec violence par l'orifice qu'on lui présente entraînant les poussières qui se sont déposées pendant la période de chauffage précédente.

On peut disposer deux ou trois de ces appareils sur chaque chauffe si on le juge à propos; ils rendent de grands services en Angleterre et on commence à les introduire en France. (V.)

4. — Conduite et distribution du vent.

Les tuyaux de conduite et de distribution du vent sont ordinairement en tôle, plus rarement en fonte ; plus le diamètre est grand, toutes choses égales d'ailleurs, moins les pertes de pression dues aux frottements, sont fortes ; mais la dépense d'installation est plus coûteuse. D'après Hauer la vitesse du vent dans la conduite doit être de 10^m à 15^m par seconde. Il est facile en partant de cette base de calculer le diamètre de la conduite de vend froid ; pour le vent chaud, il faut tenir compte de l'augmentation de volume produite par la chaleur que représente la formule

$$V_t = V(1 + 0,00366t).$$

Les conduites de vent chaud doivent être établies de façon à diminuer autant que possible les pertes de chaleur. Quand la température du vent ne doit jamais dépasser 500° et arrive même rarement à 400°, comme lorsqu'on

emploie les appareils à tuyaux de fonte, on se contente d'envelopper extérieurement les tuyaux de conduite de corps mauvais conducteurs tels que la
laine de laitier, la terre argileuse, que l'on maintient en place au moyen
d'enveloppes en tôle, en carton bitumé etc., et de fils de fer.

Mais les conduites qui servent au transport de vent très chaud doivent être
garnies intérieurement d'une couche épaisse de matériaux réfractaires qui les
préservent de l'action simultanée de la haute température et de l'oxygène de
l'air. Cette garniture se fait en briques maçonnées ou en pisé réfractaire.

Il faut également tenir compte de la dilatation des conduites métalliques,
leur allongement étant proportionnel à leur longueur. Le fer se dilate de
$0^m,00111$ quand sa température s'élève de 100°. Une conduite de 10^m de longueur s'allongera donc de 45^{mm}, lorsqu'elle arrivera à 400°; il faut en conséquence donner à ces appareils une certaine liberté de mouvements qui permette d'éviter les ruptures, on y arrive au moyen de *compensateurs*.

La fig. 152 représente un des compensateurs les plus simples : deux courts
tuyaux en fonte *a* et *b* sont fixés à droite et à gauche à la conduite générale

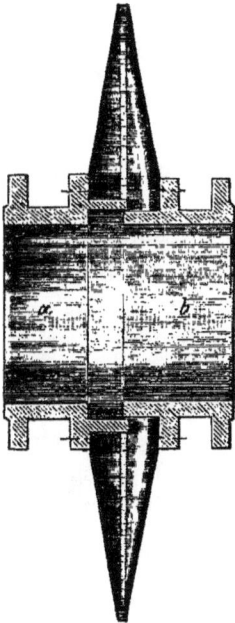

Fig. 152.
Compensateur de dilatation.

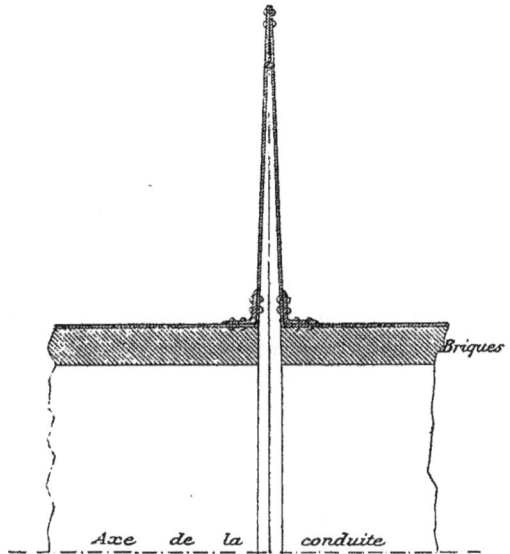

Fig. 152 *bis.*
Compensateur de dilatation (échelle de 1/20).

et sont disposés de façon à entrer à frottement l'un dans l'autre avec un
faible jeu ; la profondeur de l'emboîtement est calculée sur l'allongement
probable de la portion de conduite considérée ; on fixe sur *a* et sur *b* deux

grandes collerettes en tôle de 2 à 3 millimètres d'épaisseur que l'on réunit à leur circonférence extérieure en les rivant sur un anneau en fer intermédiaire. Si la conduite se dilate, les tôles se rapprochent l'une de l'autre, et lorsqu'elle revient à sa première longueur l'élasticité des tôles les éloigne.

Un autre système de compensateur se compose d'un presse-étoupe dans lequel on remplace le chanvre qui se carboniserait par de l'amiante, mais on ne l'emploie que pour les conduites d'un faible diamètre.

Les presse-étoupes garnis d'amiante sont d'un excellent emploi pour les conduites en fonte de diamètre ne dépassant pas 50 à 60 centimètres intérieurement, nous les avons appliqués à Terre-noire il y a 25 ans environ à des tuyaux de vent chaud placés sous le sol dont les ruptures se renouvelaient sans cesse. En mélangeant à l'amiante fibreuse de la mine de plomb bien propre on obtient des résultats encore plus satisfaisants, le graphite faisant office de lubrifiant et maintenant les surfaces polies.

Aux grandes conduites en tôle nous avons adapté les compensateurs de dilatation représentés, fig. 152 bis. Les tuyaux en tôle étaient interrompus de distance en distance et réunis par deux larges couronnes en tôle rivées à des cornières fixées sur les tuyaux, et rivées également entre elles par leur bord extérieur. Le garnissage en briques était lui-même interrompu sur une longueur de 5 à 6 centimètres. (V.)

On doit réduire au minimum la longueur de la conduite de vent chaud et, par conséquent, il n'est nécessaire d'établir qu'un petit nombre de compensateurs : en général la conduite principale venant des appareils à air chaud aboutit à une conduite circulaire enveloppant le haut-fourneau, d'où part un embranchement particulier pour chaque tuyère.

Autrefois, quand les hauts-fourneaux étaient entourés de massifs épais de maçonnerie, on faisait passer la conduite principale dans une galerie voûtée placée sous le fourneau ; un embranchement sortait de terre dans chaque embrasure et amenait le vent à la tuyère ; dans les fourneaux modernes portés sur des colonnes on préfère installer la conduite principale autour de l'ouvrage, et l'on en fait descendre des embranchements pour l'alimentation de chaque tuyère : de cette façon toutes les parties de la conduite sont visibles et accessibles : on la fait supporter par des consoles venues de fonte sur les colonnes ou rapportées sur celles-ci et fortement boulonnées. On peut voir une disposition de ce genre sur les fig. 86, 89 et 90.

Comme le diamètre de cette conduite augmente avec la température, il faut lui laisser un peu de jeu sur les consoles pour éviter qu'elle ne vienne à pousser les colonnes. Dans la fig. 86 on voit cette conduite reposant sur un plateau sous lequel des morceaux de fer rond font l'office de rouleaux.

La conduite de vent qui fait le tour du fourneau pour le distribuer aux tuyères peut être faite à section décroissante depuis le point où elle se relie à la conduite générale jusqu'à la dernière tuyère qu'elle alimente. (V.)

Le vent chaud passe de la conduite circulaire dans chacun des embranchements qui aboutit au *porte-vent* et à *la buse* ; l'axe de la buse et de la dernière partie du porte-vent est horizontal et relié au reste par un genou. Comme il est important de pouvoir enlever sans difficulté une tuyère et la remettre en place, le porte-vent doit se diviser en plusieurs parties de façon à être plus facile à manier.

Il est utile, mais il n'est pas absolument indispensable, que chaque porte-vent soit muni d'un moyen d'intercepter le passage du vent ; on peut ainsi plus aisément supprimer le fonctionnement d'une tuyère, on évite en même temps que, lorsque la soufflerie s'arrête, l'oxyde de carbone pénètre dans la conduite de vent et vienne former avec l'air un mélange détonant ; tant que le vent chaud circule dans les conduites on n'a rien à craindre de ce genre, mais si la machine s'arrête, l'air qui reste dans les conduites se refroidit, et il peut se produire par les buses une aspiration du gaz du haut-fourneau ; de terribles accidents n'ont pas eu d'autres cause.

Il suffit généralement de placer dans la dernière partie du parcours, à chaque porte-vent, un registre ou un simple clapet. Dans les installations des grands hauts-fourneaux, on dispose dans le porte-vent lui-même, au voisinage de la buse, un clapet que le vent maintient soulevé tant qu'il passe, et qui retombe par son propre poids, au premier arrêt.

Depuis quelques années, cependant, ce clapet de sûreté est rarement usité, on se borne généralement à reculer la buse lorsque le vent est arrêté, ou bien on ouvre sur la conduite un orifice qui permet à l'air d'y rentrer librement. On évite ainsi toute aspiration par les tuyères.

Lorsque l'ouvrage d'un haut-fourneau est étroit, que la température qui y règne n'est pas très élevée et que les laitiers sont peu fluides, il s'attache fréquemment aux tuyères des matières fondues qui les obstruent ou rétrécissent le passage du vent, et dont on doit les débarrasser ; dans ce cas le porte-vent doit être établi de telle sorte qu'on puisse reculer la buse sans arrêter le vent ; mais depuis qu'on emploie le vent chauffé à plus haute température ce fait ne se produit plus et on peut éviter dans la construction des porte-vents les complications auxquelles on avait dû recourir.

La fig. 153 représente un type de porte-vent avec fermeture automatique employé depuis 1875. La buse est figurée en *d* ; le porte-vent lui-même se compose de trois parties, une pièce *c* placée horizontalement, une autre *b* coudée et une troisième *a* fixée sur l'embranchement de la conduite circulaire ; *abc* sont réunis deux à deux par des joints sphériques simples au moyen de brides *e* embrassant des manetons venus de fonte et de vis de serrage *f*. Grâce à cette disposition, on peut en quelques secondes détacher les diverses parties du porte-vent et les replacer ; au lieu de vis on peut employer des clavettes ; dans la pièce *c* se trouve le clapet automatique, il est compris dans une boîte rectangulaire, son axe de rotation est à la partie su-

périeure. Dans les usines américaines, au-dessus du clapet se trouve un ori-
lice que celui-ci vient boucher quand il est soulevé par le vent et qui, dans le
cas contraire, donne issue aux gaz qui pourraient être refoulés par les tuyères ;
on rencontre une disposition analogue dans quelques usines allemandes ;

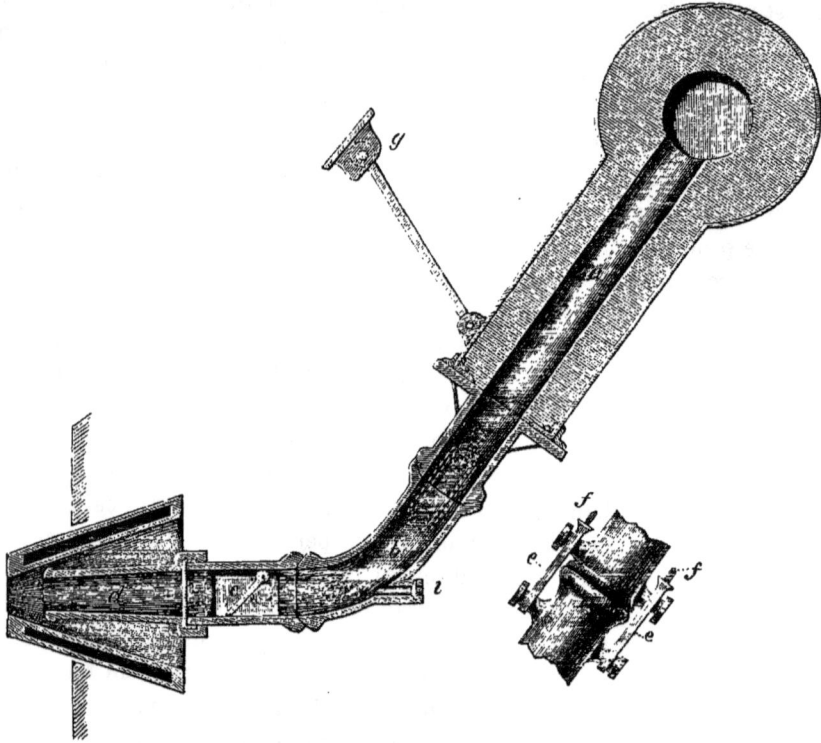

Fig. 153. — Porte-vent.

g est une tringle de fer qui relie le porte-vent soit à une colonne, soit à une
autre pièce de l'armature, en *i* est un regard fermé par une plaque de mica
qui permet de voir dans l'intérieur du fourneau par la tuyère.

Bœcker a remplacé les clapets ou les registres destinés à intercepter le
vent par des robinets qui ont été adoptés dans un grand nombre d'usines :
nous représentons l'un d'eux dans les fig. 154 et 155 ; il est sphérique et
garni de matières réfractaires, il tourne dans un logement également sphérique entre les deux parties du porte-vent, on le manœuvre au moyen d'une
clef en commençant par desserrer les *écrous* ou les clavettes qui maintiennent en contact les deux parties du porte-vent contre ce robinet ; une fois
celui-ci dans la position voulue, on resserre le tout. Dans la fig. 154 le robinet
est fermé, dans la fig. 155 il est ouvert.

La figure 156 fait voir l'installation d'un porte-vent plus simple et plus récemment employé. Il se rattache à la conduite circulaire par un joint sphérique et se compose de trois parties réunies par des boulons, et garnies intérieurement de matière réfractaire. La buse s'emmanche également par une partie sphérique sur la dernière pièce du porte-vent, et son extrémité est elle-même une portion de sphère ; le tout est suspendu à une tringle dont on peut augmenter ou diminuer la longueur au moyen de deux vis à pas inverse.

La buse se place naturellement dans la tuyère et il est très facile de l'en écarter lorsque cela devient nécessaire.

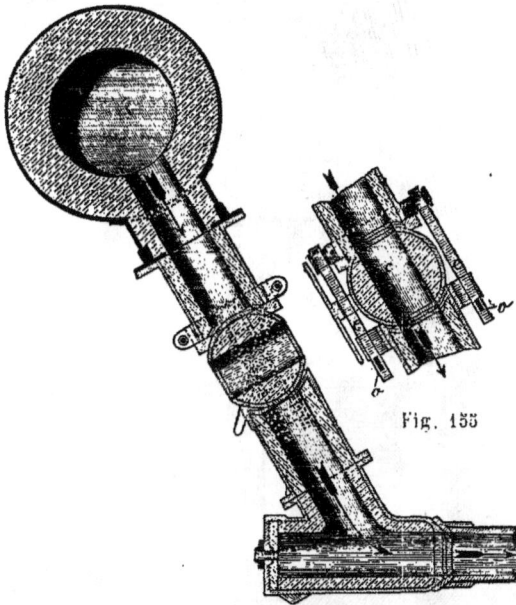

Fig. 154. — Porte-vent muni du robinet de Bœker.

La buse est un tube légèrement conique, ordinairement en fonte, plus rarement en tôle, qu'on fixe à l'extrémité du porte-vent par des boulons à écroux ou à clavettes, de façon à pouvoir la changer facilement ; on l'emmanche quelquefois au moyen d'un joint à bayonnette (voir le pointillé de la fig. 153) ; un simple mouvement de rotation permet de la dégager ; quelquefois aussi on se contente de l'entrer à frottement sur le bout du porte-vent. La convergence du tronc de cône intérieur est ordinairement de 6°, cet angle étant celui qui donne le coefficient d'écoulement le plus avantageux.

La pression à laquelle on veut souffler le vent étant donnée, le volume lancé par une buse dépend de la section de l'origine c'est-à-dire du diamètre de la buse elle-même ; de même si on s'est fixé le volume à introduire par minute, la pression à communiquer au vent dépend de ce même orifice.

Dans les petits fourneaux au bois la buse a tout au plus 0^m,025 de diamètre, celle des grands fourneaux atteint et dépasse quelquefois 0^m,150. Le dia-

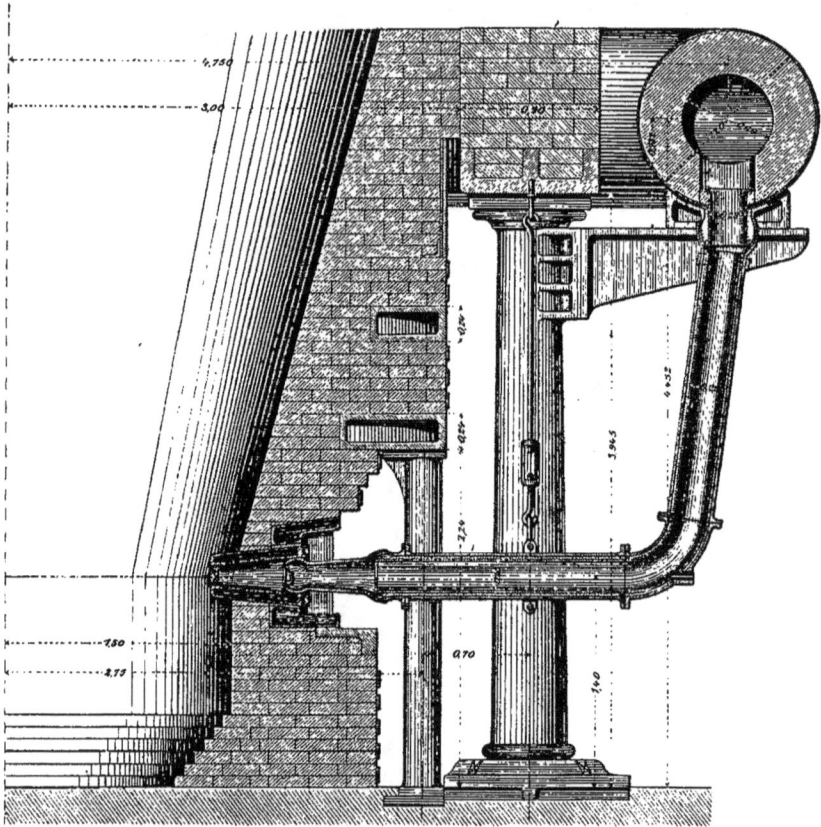

Fig. 156. — Porte-vent de l'Union de Dortmund (échelle de 1/40).

mètre intérieur de la tuyère doit être égal ou légèrement supérieur à celui de la buse.

Lorsqu'on marche avec du vent chauffé à haute température, il est indispensable de boucher l'espace compris entre la buse et l'intérieur de la tuyère, c'est le travail à *tuyères fermées*. Autrefois, avec le vent froid ou faiblement chauffé, on laissait le plus souvent cet intervalle ouvert ; il était plus facile, en effet, de surveiller ainsi l'état des tuyères que par un petit orifice placé à l'extrémité d'un porte-vent ; et quand l'axe de la buse coïncide avec celui de la tuyère, on n'a pas à craindre de refoulement ; il arrive, au contraire, assez souvent, que le jet de vent entraîne une quantité considérable d'air

froid surtout si l'ouverture de la tuyère est grande, par rapport au diamètre
de la buse ; cette sorte d'aspiration qui a l'inconvénient de diminuer l'effet
que l'on attend du chauffage du vent, est très facile à constater en présentant,
près de l'intervalle, des corps légers comme des fragments de papier, des
plumes, etc., on les voit entrainés et pénétrant dans le haut-fourneau par
l'œil de la tuyère.

Il existe plusieurs manières de fermer les tuyères ; la buse de la fig. 153
porte à son extrémité un renflement qui, s'appuyant sur la surface intérieure
de la tuyère, opère une fermeture complète. Si on craint de rapprocher autant l'extrémité de la buse de l'œil de la tuyère, on peut y adapter un anneau
de forme sphérique qui touche les parois de la tuyère en un point plus éloigné, ou terminer la buse elle-même par un renflement sphérique comme on
le voit fig. 156. De cette façon, la tuyère est fermée quelle que soit l'orientation
de la buse.

5. — Appareil servant à mesurer la pression
et la température du vent. Calcul de la quantité de vent.

(a) *Manomètres.* — Pour surveiller la marche d'un haut-fourneau, il est
essentiel d'observer fréquemment la pression du vent dans les conduites,
c'est d'elle que dépend en effet, toutes choses égales d'ailleurs, la quantité
d'air que reçoit le haut-fourneau, par conséquent la vitesse de combustion
et de fusion, c'est-à-dire en réalité la production de l'appareil.

Pour mesurer la pression du vent, on emploie les manomètres ; mais il
est essentiel de savoir tout d'abord qu'il n'est pas pratiquement possible
d'obtenir, d'une manière absolument exacte, la pression moyenne; car on ne
peut éviter les oscillations qui se produisent dans les souffleries et que tra-
hissent d'ailleurs les manomètres eux-mêmes ; d'un autre côté, la pression
n'est pas la même sur tous les points d'une conduite de vent, elle diminue à
mesure que le point où se fait l'observation est plus éloigné de l'origine,
c'est-à-dire de la machine ; la différence est donc d'autant plus sensible que
le tuyau de conduite est plus long, plus étroit et se compose d'un plus grand
nombre de coudes et de changements brusques de dimensions.

Lorsqu'on mesure la pression avec un manomètre, il faut donc le faire
toujours au même point, et le plus près possible de la buse ; là encore, dans
une même section, les résultats peuvent être différents, ils fournissent des
chiffres plus élevés au centre que contre les parois où le frottement amène
une diminution de vitesse ; en outre, si le tube du manomètre plonge dans le
tuyau, il produit des remous et des tourbillons qui altèrent encore l'exactitude des observations.

Le manomètre ne peut donc donner la valeur de la pression que d'une manière approximative, néanmoins les renseignements qu'il fournit suffisent pour surveiller la marche d'un haut-fourneau, reconnaître si celui-ci reçoit la quantité de vent voulue, et s'il y a des variations dans cette quantité ; car on a rarement en vue, en faisant des observations de ce genre, de déterminer exactement la vitesse du vent et de calculer avec précision le volume envoyé dans le fourneau. Le manomètre est un instrument simple, d'une lecture facile et qu'on peut mettre entre les mains des ouvriers les moins instruits.

On se contente le plus souvent de placer le manomètre sur la conduite du vent de façon que son tube affleure la paroi intérieure du tuyau ; on a de cette façon la pression contre les parois. Pour obtenir un résultat plus précis, permettant de calculer le volume de vent soufflé, on devrait recourber le tube à angle droit et en diriger l'extrémité contre le courant, de façon que celui-ci vienne la frapper normalement ; si on a la précaution d'étirer cette extrémité en pointe, on diminue les irrégularités produites par les remous. Répétons encore qu'on n'obtient ainsi que la pression dans un point déterminé et non une moyenne.

Il n'est pas nécessaire, d'ailleurs, que le manomètre soit placé directement sur la conduite, il est généralement plus commode de le loger dans une niche pratiquée dans l'épaisseur d'un mur où il est à demeure et de le relier à la conduite au moyen d'un tube en fer ; l'air contenu dans ce tube n'étant animé d'aucune vitesse, il ne s'y produit pas de perte de pression.

On dispose souvent deux manomètres, l'un dans la chambre des machines, qui donne la pression du vent froid, l'autre le plus près possible d'une buse, sur un porte-vent ; on connaît ainsi la perte éprouvée par le passage du vent dans les appareils et les conduites ; si on se contente du premier, on ne peut se rendre compte de cette perte ni par conséquent de l'effet utile de la soufflerie.

Le manomètre se compose d'un tube recourbé en U, partiellement rempli de mercure ; une des branches est en communication avec le vent. Le zéro de la graduation correspond au niveau du mercure dans les deux branches de l'U, lorsque la pression est égale des deux côtés. Quand le vent est en pression, le mercure se déplace, et la différence de hauteur entre les deux colonnes mesure cette pression. La branche ouverte porte une échelle commençant à zéro ; le tube a le même diamètre intérieur dans les deux branches, le liquide descend autant d'un côté qu'il monte de l'autre, il faut donc doubler la hauteur totale ; le plus simple est de dresser l'échelle en conséquence. On peut donc graduer l'échelle en kilogramme par centimètre carré.

Pour mesurer la pression du vent chaud, on préfère généralement recourir aux manomètres métalliques semblables à ceux que l'on emploie pour les chaudières à vapeur. La fig. 157 représente la disposition intérieure d'un de ces appareils ; une plaque élastique ondulée reçoit la pression et la transmet, en se bombant vers le haut, à une tige métallique qui agit sur un levier coudé muni d'un engrenage, celui-ci agit sur un pignon dont l'axe porte une aiguille qui indique les pressions sur un cadran : comme la chaleur altérerait la plaque rapidement si l'appareil était placé directement sur la conduite,

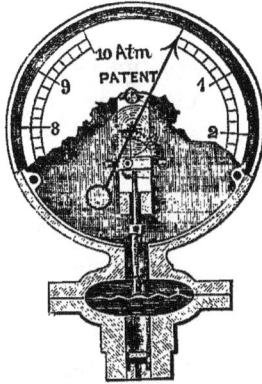

Fig. 157. — Manomètre.

on le met en communication avec elle par un tube assez long pour que l'air qui est contenu soit froid dans le voisinage de l'instrument, ce qui ne saurait altérer l'exactitude des observations, puisque cet air confiné transmet les pressions qu'il reçoit, quelle que soit la température.

(b) *Pyromètres.* — Il n'est pas moins important pour la conduite régulière d'un haut-fourneau, de connaître la température du vent que sa pression, il est même nécessaire de faire à ce sujet des observations fréquentes, tout changement notable dans le degré de chaleur du vent pouvant amener des modifications dans l'allure.

Il existe malheureusement peu d'instruments susceptibles de fournir des résultats exacts et qui soient d'un maniement facile lorsqu'il s'agit de températures qui dépassent généralement 400° et même 600°, fort souvent, dans les grands hauts-fourneaux.

Les pyromètres métalliques, dont les indications sont basées sur la dilatation d'une tige de métal, ou sur celle de deux barres de métaux différents, cessent au bout de peu de temps de donner des indications concordantes.

Quelquefois on a eu recours à des alliages métalliques dont les points de fusion étaient connus, on les exposait à l'action du vent chaud par séries, mais l'opération est peu commode pour être répétée plusieurs fois par jour et il n'existe qu'un petit nombre d'alliages dont les points de fusion aient été déterminés avec certitude pour les températures comprises entre 400 et 900°.

Le pyromètre de Wiborg donne, il est vrai, des indications suffisantes ; il est basé sur la pression de l'air confiné dans un récipient, pression qui augmente proportionnellement à la température [1], mais il est fragile et son emploi exige une certaine dextérité. C'est pour ce motif, sans doute, qu'il est rarement employé.

Le plus souvent on se sert d'un appareil désigné sous le nom de pyromètre Siemens, bien que ce dernier ne puisse guère revendiquer le mérite de l'avoir inventé :

Une boule de fer ou même de platine est exposée à l'action du vent chaud jusqu'à ce qu'elle soit arrivée à la même température ; on la projette alors dans un calorimètre plein d'eau et disposé de façon à éviter les pertes de chaleur par rayonnement, et à amener rapidement la température de l'eau à être uniforme. On note d'après un thermomètre divisé en dixièmes de degrés de température de l'eau avant et après. Connaissant cette différence, le poids de l'eau, et du calorimètre réduit en eau, celui de la boule et la chaleur spécifique du métal dont elle est composée, on calcule la température qu'elle possédait au moment de son immersion c'est-à-dire celle du vent.

La chaleur spécifique du fer et celle du platine varient avec la température, mais Weinhold a construit un tableau indiquant les quantités de chaleur contenues dans un kilog. de fer à diverses températures, au moyen duquel le calcul se fait sans difficulté [2].

Lorsqu'on a l'habitude d'employer cet appareil, il suffit de quelques minutes pour faire une observation ; il peut donc servir non seulement aux expériences scientifiques, mais aussi aux essais journaliers.

Le pyromètre électrique construit par Siemens convient aux recherches scientifiques mais il ne peut être mis entre les mains de personnes peu habituées à prendre des mesures minutieuses avec des instruments délicats[1].

La mesure de la température du vent est devenue très incertaine depuis qu'on emploie les chauffes en briques qui permettent de lui communiquer un degré de chaleur beaucoup plus élevé qu'autrefois ; les pyromètres basés sur la dilatation des métaux ne donnent pas des résultats exacts ni même concordants au bout de quelque temps de service ; ils ne reviennent pas au point de départ ; ceux qui sont fondés sur la dilatation de l'air (Viborg) ne fournissent pas de meilleurs résultats parce que le réservoir en porcelaine qui renferme l'air dilaté et contracté successivement ne reprend pas ses premières dimensions ; si on construit le réservoir en

---

[1] On peut voir des détails sur sa construction, « *Stahl und Eisen* » 1888, p. 699 et 1891, p. 913. On le trouve chez Geissler, successeur de Franz Muller à Bonn.

[1] On trouvera une description détaillée de ce calorimètre et une instruction pour s'en servir dans l'ouvrage de Jul Post (traduit par L. Gauthier, 1884, p. 67.

[2] Voir même ouvrage que ci-dessus, p. 69.

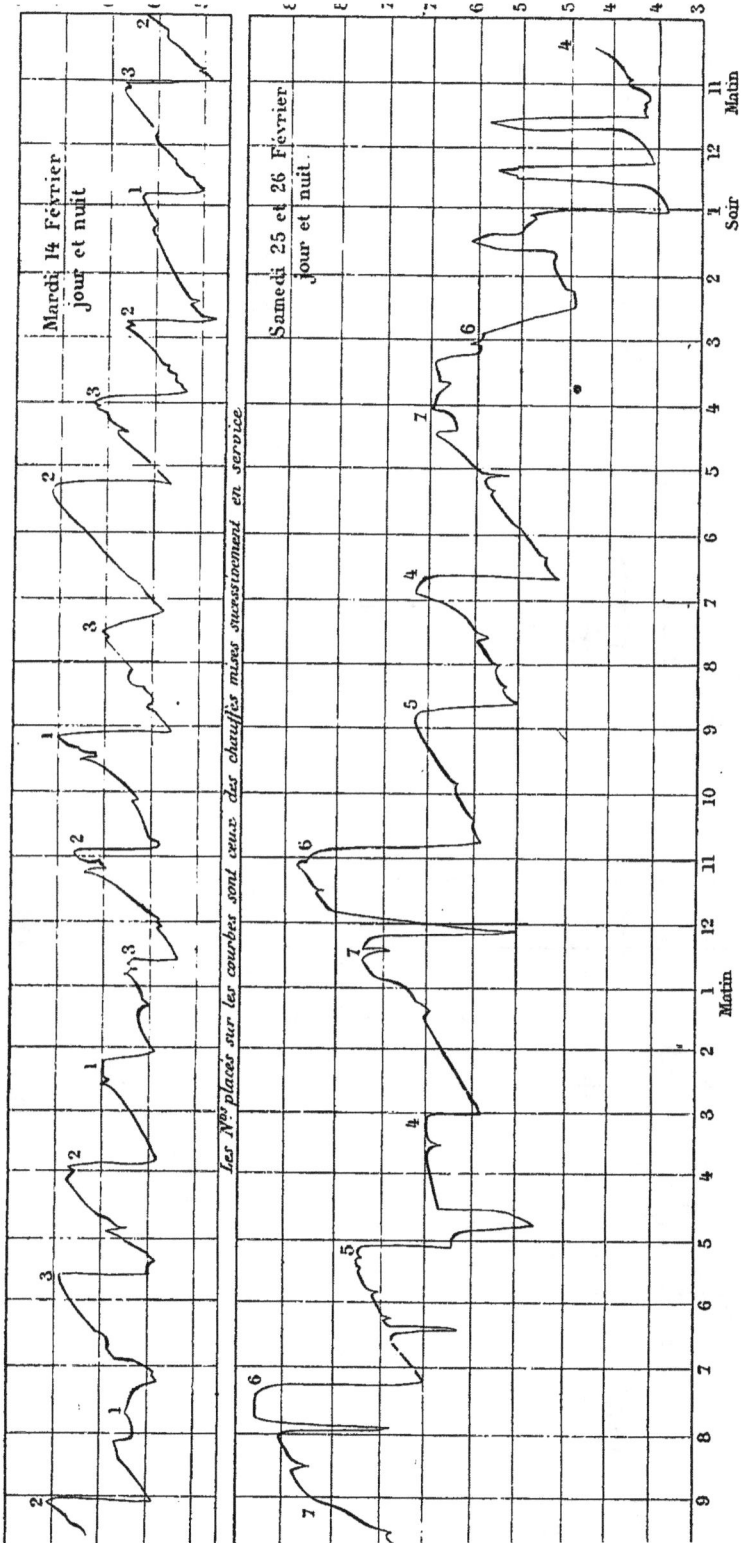

Mardi 14 Février
jour et nuit.

Samedi 25 et 26 Février
jour et nuit.

Les N⁰ˢ placés sur les courbes sont ceux des chauffes mises successivement en service.

Fig. 157 bis. — Température du vent enregistrée par le pyromètre Le Chatelier et Roberts-Austen.

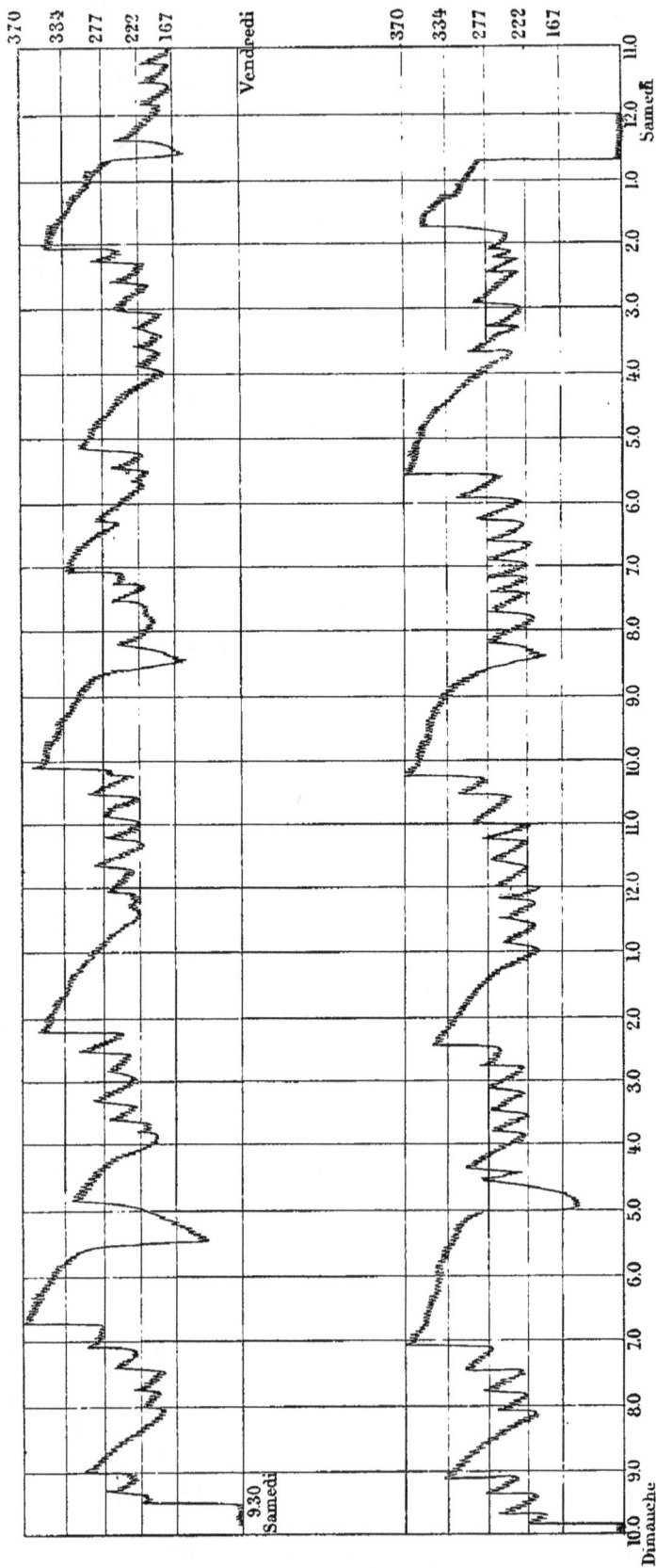

Fig. 157 *ter*. — Usine de Clarence. — Haut-fourneau n° 4, capacité 710 m. c., hauteur 24^m,40. — Température du gaz enregistrée par le pyromètre Le Chatelier et Roberts-Austen.

platine, on constate bientôt que le métal se laisse traverser par les gaz ; le pyromètre électrique de Siemens, excellent pour les températures peu élevées, ne donne
plus, lorsqu'on dépasse le rouge, des valeurs concordantes; les alliages métalliques
subissent des liquations ou des transformations moléculaires qui leur ôtent toute
exactitude ; la méthode calorimétrique de Siemens, que l'on emploie le fer, le
cuivre ou le platine, est lente et pendant l'expérience, les conditions peuvent changer; enfin l'appareil optique Mesuré et Nouel exige des opérations délicates et
sujettes aux aberrations de la vision. Il y avait donc là une lacune importante à
combler, la solution d'un problème des plus intéressants à trouver.

Le pyromètre Le Chatelier, fondé sur les phénomènes électriques développés par
la chaleur dans les couples métalliques, est fort heureusement venu la fournir, et
les perfectionnements apportés à son application par Roberts-Austen, qui ont permis
à cet appareil d'enregistrer les températures successives d'un phénomène quelconque, en ont fait l'instrument le plus précieux non seulement pour les études scientifiques, mais encore pour la pratique de chaque jour des industries dans lesquelles
la chaleur joue le rôle principal.

Le couple adopté par M. Le Chatelier est formé par l'enroulement l'un sur l'autre
d'un fil de platine pur et d'un fil d'alliage de platine et de rhodium. Lorsque ce
couple est exposé à la chaleur, il se produit un courant électrique qui amène une
déviation de l'aiguille d'un galvanomètre Déprez et d'Arsonval ; cette aiguille porte
un petit miroir au moyen duquel cette déviation est amplifiée dans une mesure qui
permet d'apprécier la moindre variation de température.

Roberts-Austen a imaginé une combinaison de miroirs qui transmet un rayon
lumineux, émané d'une lampe douée d'un vif éclat, à la surface d'un cylindre
animé d'un mouvement de rotation sur son axe et portant sur sa surface un papier
photographique sensibilisé.

Les déviations de l'aiguille sont donc enregistrées sur ce papier au fur et à mesure qu'elles se produisent.

Plusieurs usines anglaises, entr'autres celles de Dowlais et de Clarence, ont appliqué, depuis quelques années, cet instrument à l'étude de la marche des hauts-
fourneaux, il fournit notamment des indications précieuses et concordantes sur les
variations de température du vent soufflé et des gaz s'échappant des gueulards.
A Clarence, tous les hauts-fourneaux sont reliés, par des fils conducteurs portant à
une de leurs extrémités un thermo-couple, à un commutateur placé dans le bureau
de l'usine ; celui-ci est en relation avec le galvanomètre et l'appareil Roberts-Austen
et la personne chargée de la surveillance peut, à tout instant, et sans se déplacer,
se rendre compte soit de la température du vent de tel ou tel fourneau, soit de la
chaleur des gaz. Veut-elle suivre pendant un temps plus ou moins long les variations de ces températures, il lui suffit de laisser le circuit établi et le papier
photographique enregistre une courbe dont on peut interpréter ensuite toutes les
sinuosités.

S'agit-il de la température du vent, on lira sur cette courbe l'heure à laquelle les
chauffes ont été changées, on appréciera les écarts de température, l'état des appareils, le soin de ceux qui sont préposés à leur fonctionnement ; veut-on suivre le
chargement, la courbe des gaz indiquera, par le refroidissement qui résulte de
l'introduction d'une charge nouvelle, l'instant où celle-ci a été faite, le temps qui
s'est écoulé entre deux charges consécutives, etc., etc.

Nous donnons figures 157 *bis* et 157 *ter*, à titre d'exemples, quatre courbes empruntées aux mémoires de Roberts-Austen et de Lowthian-Bell; dans la figure 157 *bis*,

n° 2, on voit entre autres choses : 1° que de 11 heures du matin à 7 heures du soir, il s'est produit un accident, les grandes variations de températures rapprochées les unes des autres, indiquent qu'on a dû souffler du vent presque froid pour combattre un accrochage; 2° que l'excès de chaleur communiqué au vent par la mise en service de la chauffe n° 6, montre qu'il existe une anomalie dans le travail de cet appareil dont on doit rechercher la cause.

Il n'est pas nécessaire d'insister sur l'utilité d'observations de ce genre et sur la lumière qu'elles peuvent apporter dans la conduite des appareils à feu continu comme les hauts-fourneaux.

On trouvera des détails sur le pyromètre Le Chatelier et sur l'appareil enregistreur dans le Génie civil, tome X, p. 291 ; dans le Journal of the Iron and Steel Institute, 1891, tome I, p. 90 ; 1892, tome II, p. 33; 1893, tome I, p. 112; tome II, p. 252; et dans le mémoire de M. Charles Bell, Proceedings of the Cleveland Institution of Engineers, novembre 1892, p. 25. (V.)

(C) *Calcul de la quantité de vent.* — Pour se rendre compte d'une façon convenable, de ce qui se passe dans un haut-fourneau dont on dirige la marche, il est important de savoir, entre autres choses, quelle est la quantité de vent qui y est insufflée par minute, ce qui peut s'évaluer par différentes méthodes.

La plus simple consiste à la calculer d'après le poids du combustible brûlé dans un temps donné ; ce n'est cependant qu'un moyen approximatif dont les résultats peuvent être fort loin de la réalité ; il est vrai que la totalité du carbone qui parvient dans la région des tuyères, y est transformée en oxyde de carbone aux dépens de l'air insufflé, si donc on connaît la proportion d'oxygène contenu dans l'air et, si on admet que tout le carbone chargé au gueulard descend intégralement jusque dans la région des tuyères, il est facile d'en conclure la quantité d'air introduite par minute.

Soit A la quantité de combustible consommée par 24 heures exprimée en kilogrammes, p, sa teneur en carbone, Q, le volume de l'air soufflé par minute, on a la relation

$$Q = \frac{A \cdot p}{1440} \times 4,5 = \frac{Ap}{320}$$

(il faut $4^{mc},5$ d'air pour transformer en CO, 1^{kil} de carbone).

Mais les choses ne se passent pas aussi simplement. Dans tous les hauts-fourneaux, en effet, une partie du carbone est employée à produire la réduction directe du minerai et n'atteint pas, par conséquent, la région des tuyères, une autre partie est absorbée par le métal ; la quantité d'air nécessaire à la combustion est donc inférieure à celle qui résulte du calcul précédent ; il est par conséquent nécessaire de faire intervenir un coefficient de réduction qui sera généralement compris entre 0,75 et 0,85, suivant que le minerai est plus ou moins facile à réduire.

Une autre méthode simple et seulement approximative comme la précédente, consiste à calculer le volume engendré en une minute par le piston de la soufflerie. Théoriquement ce volume devrait représenter celui de l'air insufflé, mais, en raison de l'influence des espaces nuisibles, des pertes de temps dues à l'ouverture et à la fermeture des clapets et des soupapes, le volume d'air aspiré par la machine n'est jamais égal à celui qu'engendre le piston dans sa course ; en outre dans le trajet entre la machine et les tuyères, il se produit toujours des fuites plus ou moins importantes. D'après Hauer on ne doit jamais compter sur un rapport supérieur à 70 % entre le volume introduit par les tuyères et le volume engendré par le piston.

. Soit Q le volume d'air lancé en moyenne par minute dans le haut-four-neau :

F la surface du piston soufflant en mètres carrés ;

G la vitesse de ce piston en mètres par minute, on a la relation

$$Q = 0,7FG.$$

Si les souffleries ou les conduites sont en mauvais état la valeur réelle de Q peut-être de beaucoup inférieure à celle qui résulterait de ce calcul.

On peut également calculer le volume de vent à la température de zéro lancé dans le haut-fourneau lorsqu'on connaît la vitesse à la sortie des buses, la section de celles-ci, la pression et la température du vent à la sortie. On calcule la vitesse d'après la pression indiquée par le manomètre.

Soit Q le volume de vent écoulé en une minute par chaque buse et ramené à zéro et à la pression barométrique :

h_1 la pression indiquée par le manomètre et exprimée par la hauteur d'une colonne de mercure en mètres ;

h_2 la pression qui existe dans le fourneau devant les tuyères, exprimée de la même façon ;

d le diamètre de la buse en mètres ;

f un coefficient de correction dépendant de la température t_1 du vent et de la hauteur b du baromètre :

λ un coefficient de correction provenant de ce que la température du vent varie avec la pression ; on a :

$$Q = 18740 f \lambda d^2 \sqrt{h_1 - h_2} \text{ mètres cubes.}$$

Les valeurs de f et de λ sont données dans les tableaux suivants (lorsque la pression est faible on peut admettre $\lambda = 1$) :

L'ouvrage de J. V. Hauer contient des tableaux plus complets qui ont même été l'objet d'un tirage à part (die Hüttenwesensmaschinen, 2 volume page 509).

Le calcul fait, en appliquant cette formule et en se servant des tableaux, donnerait certainement des résultats assez exacts s'il était possible de déterminer d'une manière précise les valeurs de h_1 et de h_2, c'est-à-dire les pressions à l'intérieur de la buse et dans le haut-fourneau, mais nous avons vu qu'on ne peut avoir qu'une approximation pour la pression moyenne dans la busc ; quant à la mesure de h_2 elle est encore plus difficile à obtenir ; si on introduit dans le haut-fourneau un tube en fer portant à son extrémité extérieurement un manomètre, on obtient bien un chiffre indiquant une pression, mais le résultat est d'une exactitude douteuse parce que, dans un ouvrage, la pression est encore plus irrégulière que dans une conduite de vent.

VALEURS DE f.

$b - h_2$ en mètres de mercure	La température du vent en degrés centigrades étant :						
	260°	300	350	400	450	500	550
0,80	0,73	0,70	0,67	0,65	0,63	0,60	0,58
0,85	0,75	0,73	0,70	0,67	0,65	0,62	0,60
0,90	0,77	0,75	0,72	0,69	0,66	0,64	0,62
0,95	0,80	0,77	0,74	0,71	0,68	0,66	0,63
1,00	0,82	0,79	0,76	0,73	0,70	0,68	0,65
1,05	0,84	0,80	0,77	0,74	0,72	0,69	0,66
1,10	0,86	0,82	0,79	0,76	0,74	0,71	0,68
1,20	0,89	0,86	0,83	0,80	0,77	0,74	0,71
1,30	0,93	0,90	0,86	0,83	0,80	0,77	0,74

VALEURS DIVERSES DE λ.

$b + h_1$ en mètres de mercure	$h_1 - h_2$ en mètres de mercure				
	0,1	0,5	1	1,5	2
0,80	1,00	0,98	0,96	0,94	0,92
1,00	1,00	0,98	0,97	0,95	0,94
1,30	1,00	0,99	0,98	0,96	0,95

Rittinger conseille de laisser échapper le vent à l'air libre par la buse sur laquelle porte le calcul tout en conservant à la soufflerie l'allure qu'elle possède lorsque la buse est dans le fourneau, et de mesurer la pression du vent ; dans ce cas h_2 est nul et la valeur trouvée pour h_1 permet de calculer le volume de vent lancé. Ce moyen est difficile à employer avec les précautions qu'il nécessite pendant la marche du haut-fourneau.

On peut enfin, dans certains cas spéciaux, employer une dernière méthode reposant sur les considérations suivantes :

La totalité de l'azote contenu dans le gaz qui sort du haut-fourneau provient à peu près exclusivement de l'air introduit par les tuyères, et il est certain que tout l'azote insufflé se retrouve dans le gaz. Si donc on connaît le volume moyen de gaz sortant du fourneau dans un temps donné, et la composition moyenne de ce gaz, il est facile, d'après le nombre trouvé pour l'azote, de calculer le volume d'air reçu par le fourneau; on sait en effet que 100 volumes d'air contiennent 79 volumes d'azote et 21 d'oxygène, 100 volumes d'azote correspondront à 126,50 volumes d'air.

Pour déterminer la composition du gaz, il faut en faire l'analyse chimique; d'un autre côté, on évalue la quantité de gaz qui sort dans un temps donné du gueulard, d'après le poids du carbone introduit dans le même temps, soit par le combustible, soit par les matières du lit de fusion ; on déduit de cette quantité, celle qui est retenue par la fonte, la différence doit se rétrouver dans le gaz.

Soit en kilogrammes par minute :

k_1 le carbone introduit par le combustible ;

k_2 celui qu'amènent les matières du lit de fusion ;

k_3 celui qui est retenu par la fonte.

Il s'échappe par minute du fourneau à l'état de gaz une quantité de carbone représentée par

$$k_1 + k_2 - k_3$$

qui se trouve sous les trois états d'acide carbonique, d'oxyde de carbone ou d'hydrogène carboné.

L'acide carbonique renferme. 27,27 % de carbone.

L'oxyde de carbone. 42,86   id.

Le protocarbure d'hydrogène. 75   id.

On peut donc, d'après la composition du gaz, calculer la quantité de carbone qui sort du gueulard sous ces trois formes dans une minute, et comme le total du carbone est égal à $k_1 + k_2 - k_3$ on en déduit simplement le volume total du gaz.

La proportion d'azote reconnue par l'analyse permet de calculer le volume de ce gaz qui s'échappe par minute et d'en conclure la quantité d'air insufflé dans le même temps par les tuyères.

Un exemple de l'application de cette méthode cité par Stockmann la fera mieux comprendre [1].

Les gaz d'un haut-fourneau de la société du Phœnix, à Laar près Ruhrort, avaient la composition suivante :

	En volumes.	En poids.
Azote	55,76	54,79
Acide carbonique.	9,99	15,42
Oxyde de carbone	24,88	24,45
Protocarbure d'hydrogène CH_4. .	0,40	0,22
Hydrogène.	0,97	0,07
Vapeur d'eau.	8,00	5,05
	100,00	100,00

[1] C. Stockmann, *Die Gase des Hochofens und der Siemens-Generatoren. Ruhrort*, 1876, p. 35.

Le carbone contenu dans 100^k de ce gaz était donc en poids :

Dans l'acide carbonique. . . . . $15,42 \times 0,2727 = 4,21$
Dans l'oxyde de carbone . . . . $24,45 \times 0,4286 = 10,48$
Dans CH_4 . . . . $0,22 \times 0,7500 = \underline{0,17}$

 Total. . . . . $14,86$

Si on prend une quantité de gaz telle qu'elle contienne 1^k de carbone, ce corps s'y trouvera réparti de la manière suivante :

En CO_2 . . . . $0^k,283$
En CO . . . . $0^k,705$
En CH_4 . . . . $\underline{0^k,012}$

 $1^k,000$

Si le haut-fourneau produit en moyenne par 24 heures 40.000^k de fonte avec une consommation de 1.300^k de coke pour 1.000 de fonte, et si le coke renferme 77 % de carbone pur, il entrera dans le fourneau en 24 heures de ce fait :

$$40.000 \times 1.300 \times 0,77 = 40.040^k \text{ de carbone.}$$

Les minerais ne contiennent pas de carbonates, mais on consomme en 24 heures 48.000^k de castine renfermant 43 % d'acide carbonique, c'est-à-dire 11,73 % de carbone ; on introduit dans le fourneau sous forme de castine :

$$48.000 \times 0,1173 = 5.630^k \text{ de carbone.}$$

La fonte produite contient 4 % de carbone, elle absorbe donc :

$$40.000 \times 0,04 = 1.600^k \text{ de ce corps.}$$

Donc, les gaz des hauts-fourneaux entraînent par 24 heures :

$$40.040 + 5.630 - 1.600 \text{ kilog. de carbone soit } 44.070^k.$$

D'après les données précédentes, on pourrait calculer la proportion de carbone entraînée sous chacune des formes que nous avons énumérées, mais pour le but que nous poursuivons, il suffit d'appliquer le calcul à une seule de ces formes, d'en déterminer le poids et d'en déduire la quantité de gaz.

Nous savons, par exemple, que l'oxyde de carbone renferme 70,5 % du carbone contenu dans le gaz ; il s'échappe du gueulard :

$$44.070 \times 0,705 = 31.069^k$$

de carbone sous forme d'oxyde de carbone, et comme un mètre cube de ce gaz pèse $1^k,25456$, le volume représenté par ce poids est de 58.000 mètres cubes.

Or, le gaz contient en volume 24,88 % d'oxyde de carbone, il sort donc du haut-fourneau en 24 heures :

$$\frac{58000}{0,2488} = 233120 \text{ mètres cubes de gaz,}$$

ce qui équivaut à 162^{mc} par minute.

Ces 162 mètres cubes renferment 55,76 % d'azote $= 90^{mc}$ qui traversent le fourneau sans altération et correspondent à 114^{mc} d'air introduits par minute.

La proportion d'acide carbonique contenu dans l'air est tellement faible qu'il n'est pas nécesaire d'en tenir compte, on peut la négliger sans que le résultat soit sensiblement altéré.

Dans les hauts-fourneaux allemands, on souffle par minute et par mètre cube de capacité de 1^{mc} à 1^{mc},2 ; aux Etats-Unis on arrive de 1,2 à 1,4 et exceptionnellement davantage [1].

Aux Etats-Unis, on évalue uniquement le volume de vent lancé dans les hauts-fourneaux d'après celui engendré par les pistons soufflants et le nombre de tours des machines; c'est évidemment le moyen le plus simple, il n'a cependant qu'une exactitude relative pour les motifs suivants :

1° Le rendement d'un cylindre à vent dépend de la vitesse du piston, de l'état des soupapes et de la garniture du piston; dans les meilleures conditions, ce rendement peut varier dans des limites assez étendues.

2° Il existe toujours, dans les multiples soupapes et registres des appareils à air chaud et des conduites de vent, avec quelque soin que ces appareils soient établis, des fuites inévitables, causes d'une perte importante de vent.

Le nombre de tours n'est donc qu'une indication qui donne des valeurs à peu près comparables dans une même usine, mais qu'on ne peut prendre pour bases d'une comparaison entre fourneaux situés dans des conditions et des contrées très différentes. (V.)

Ouvrages à consulter.

(a) Traités.

Julius v. Hauer, *Die Hüttenwesenmaschinen.* 2° édition, Leipzig 1876, p. 1 à 202.

J. Schlink, *Ueber Gebläsemaschinen. Sonderabdruck aus Glasers-Annalen für Gewerbe und Bauwesen,* Berlin 1880.

L. Gruner, *Annales des mines,* 1877.

(b) Notices.

H. Fehland, *Die älteren und neueren Geblasemaschinen. Stahl und Eisen,* 1884, p. 605; 1885, p. 373.

Majert, *Die älteren und neueren Gebläsemaschinen. Stahl und Eisen,* 1884, p. 718; 1885. p. 373.

Hochofen-Gebläse-Compoundmaschine. Stahl und Eisen, 1885, p. 196.

R. Volkmann, *Zwillingsmaschine für die Hochofen der Pensylvania Steel Co. Zeitsch. d. Ver. deutsch. Ingenieure,* 1891, p. 457.

Stehende Zwillingsmaschine. Stahl und Eisen, 1888, p. 211:

Die Weimersche Geblasemaschine. Stahl und Eisen, 1887, p. 366.

Liegende Gebläsemaschinen von grossen Abmessungen. Stahl und Eisen, 1888, p. 3.

Eine amerikanische Normalgeblasemaschine für Hochofenbetrieb. Stahl und Eiser, 1892, p. 465.

[1] *Transaction of the American Institute of mining Engineers,* T. XX, p. 255.

A. v. Ihering, *Ueber die Constructionsverhältnisse der Gebläsemaschinen Rheinland-Westfalens Oberschlesiens und Oesterreich-Ungarns. Stahl und Eisen*, 1892, p. 1022.

M. L. Gruner, *Notice sur les appareils à air chaud. Annales des mines*, série 7, tome II, p. 305.

J. M. Hartmann, *Regenerative stoves, a sketch of their history and notes of their uses. Transactions of the American Institute of mining Engineers*, tome VIII, p. 53.

F. W. Gordon, *The Whitwell firebrick hotblast stove and its recent improvements. Transactions etc.*, tome IX, p. 480.

Wiebner, *Ueber Wirksamkeit der neuen eisernen Winderhitzungsapparate auf Gleiwitzer Hütte. Zeitschr. f. Berg-und Hutten-und Salinen im Preuss. Staate* 1882, p. 178.

Fr. Lürmann, *Ueber Winderhitzungsapparate etc. Stahl und Eisen*, 1883, p. 23.

H. Fehland, *Ueber Winderhitzungsapparate bei Hochöfen. Stahl und Eisen*, 1883, p. 330.

Winderhitzungsapparate der Edgar Thomson Werke. Stahl und Eisen, 1883, p. 166.

C. Steffen, *Beitray zur Frage der Winderhitzungsapparate. Stahl und Eisen*, 1883, p. 241.

E. A. Cowper, *On recent improvements in Cowper-hot-blast-fire-brik-stoves. Journal of the Iron and Steel Institute*, 1883, p. 576.

F. W. Lürmann, *Verschiedene Steinausfüllungen für Winderhitzer. Stahl und Eisen*, 1884, p. 484.

H. Macco, *Ueber Steinerne Winderhitzer. Zeitschr. d. Ver. deutsch. Ingenieure*, 1886, p. 520.

B. Kosmann, *Neue Steinformen für Winderhitzungsapparate. Stahl und Eisen*, 1886, p. 795.

F. W. Lürmann, *Verbesserung an Cowper-Apparaten. Stahl und Eisen*, 1889, p. 774.

Neuer steinerner Winderhitzer. Stahl und Eisen, 1887, p. 622.

F. W. Lürmann, *Die Entwikelung der Ausmauerung steinerner Winderhitzer. Stahl und Eisen*, 1890, p. 766.

F. W. Lürmann, *Steinerne Winderhitzer. Stahl und Eisen*, 1892, p. 568.

H. Dornbusch, *Ueber Düsenvorrichtungen bei Hochöfen. Zeitschr. d. Ver. deutsch. Ingenieure*, tome XXI, p. 103.

Ueber neuere Düsenstöke. Dingl. polyt. Journal., tome CCLXIV, p. 216.

Neuer Düsenstöke von Lurmann. Stahl und Eisen, 1890, p. 692.

Ueber neuere Methoden der Würmemessung (Pyrometer). Dingl. polyt. Journal, tome CCLI, p. 412 ; tome CCLIV, p. 158.

Elektrische Pyrometer. Stahl und Eisen, 1892, p. 656.

CHAPITRE IV

MONTE-CHARGES

Il est rare que le terrain sur lequel les hauts-fourneaux sont construits, permette d'amener directement au gueulard, au moyen d'un pont à tablier horizontal, le minerai et le combustible. On est, la plupart du temps, obligé de les élever à l'aide d'appareils que l'on appelle *Monte-charges;* les wagonnets ou les brouettes servant au transport sont placés sur un plateau qui monte et descend alternativement ; quelques-uns de ces appareils ne possèdent qu'un seul plateau, on les dit à *simple effet*, d'autres sont établis avec deux plateaux dont l'un monte tandis que l'autre descend, ils sont à *double effet*.

Tantôt les plateaux s'élèvent verticalement, tantôt ils sont entraînés sur un plan incliné muni d'une voie ferrée ; dans le premier cas ils sont guidés de façon à éviter les oscillations, et les guides sont fixés à l'intérieur d'une tour en maçonnerie ou à une charpente métallique, reliés au haut-fourneau par un pont; c'est de cette dernière façon que sont faites aujourd'hui les dernières installations ; s'il existe plusieurs hauts-fourneaux voisins les uns des autres, un même monte-charge suffit habituellement à en alimenter deux ; il est alors placé entre les deux et relié aux deux plateformes des gueulards par des ponts métalliques [1].

Ce n'est qu'exceptionnellement qu'on emploie le travail de l'homme agissant sur une manivelle pour élever les charges ; le plus souvent on a recours à un moteur à vapeur, quelquefois à une chute d'eau. Les moyens d'appliquer ces forces sont assez nombreux et constituent les divers types de monte-charges ; nous allons passer en revue quelques-uns des principaux.

(*a*) *Monte-charges à action directe.* — Etablis pour le service des hauts-

---

[1] Quelques hauts-fourneaux américains sont pourvus de monte-charges inclinés disposés de telle sorte que les wagonnets arrivent directement au-dessus des gueulards et s'y déchargent automatiquement. On trouvera des détails sur des installations de ce genre dans : *Iron age*, 1887, 21 juillet et 1er septembre ; et *Stahl und Eisen*, 1887, p. 695.

fourneaux, les appareils de ce genre sont presque toujours à double effet ; les cages ou plateaux sont suspendus à des câbles en fil de fer qui passent sur deux poulies placées à la partie la plus élevée du monte-charges ; l'une des cages monte pendant que l'autre descend ; le mouvement est produit par une machine à vapeur ; c'est un type fréquemment employé, parce qu'il a le mérite d'être simple à installer et facile à surveiller.

Pour les petits hauts-fourneaux où les charges se font à de longs intervalles, on établit habituellement la machine au gueulard et on en confie la manœuvre à un des chargeurs ; une petite machine munie d'un changement de marche commande directement la bobine sur laquelle s'enroule le câble qui porte les deux cages.

Lorsqu'il s'agit d'alimenter de grands hauts-fourneaux, le travail à produire devient considérable ; les machines atteignent dès lors des dimensions qui ne permettent plus de les installer sur la plateforme du gueulard ; la conduite de vapeur, d'un autre côté, serait fort longue ; on dispose donc, ordinairement, le moteur au pied du monte-charges ; une machine horizontale à deux cylindres sans volant commande un tambour sur lequel s'enroule le câble dont les extrémités, après avoir passé sur les molettes placées au sommet du monte-charges, supportent les cages.

Si on dispose d'un moteur hydraulique, on peut adopter une disposition analogue ; on emploie à cet effet une roue garnie de deux séries d'augets en sens inverse, pouvant tourner dans les deux sens.

Les monte-charges de ce genre appliqués aux petits hauts-fourneaux ont une vitesse de $0^m,500$ à 1^m par seconde ; pour les grands fourneaux, on va jusqu'à 2^m.

(b) *Balances d'eau.* — Ces monte-charges sont également à double effet ; les deux cages sont suspendues aux extrémités d'un câble qui passe sur deux poulies situées à la partie supérieure de la charpente. Sous chaque cage se trouve une caisse en tôle que l'on peut remplir d'eau lorsqu'elle est en haut de sa course ; l'excès de poids fourni par l'eau ainsi introduite entraîne la cage et les wagons vides qu'elle porte, tandis que l'autre monte avec les wagons pleins ; dès que la première a atteint le niveau inférieur, une soupape se soulève, l'eau s'écoule et la cage est prête pour le mouvement inverse.

La fig. 158 indique la disposition générale de ce genre de monte-charges. B et C sont les deux cages, D, E les réservoirs qui fournissent l'eau aux caisses, par les robinets *d* et *e*, à travers les ouvertures ménagées dans le plancher des cages ; *b* et *c* sont les soupapes qui servent à écouler l'eau, elles sont soulevées par les butoirs *kk* ; l'eau introduite dans la caisse doit assurer un excès de poids pour que l'appareil se mette en mouvement et pour vaincre les frottements ; aussi donne-t-on généralement à ces caisses à eau une capacité double de ce qui serait nécessaire pour faire équilibre à la charge, et on règle l'introduction de l'eau de manière à avoir un excès de poids convenable.

Conformément à la loi de la chute des corps, la vitesse augmente rapidement pendant la descente ; elle est accélérée d'ailleurs par le poids du câble ou de la chaîne de suspension qui va sans cesse en croissant tandis que l'autre diminue ; aussi, si on laissait le mouvement se produire librement, la

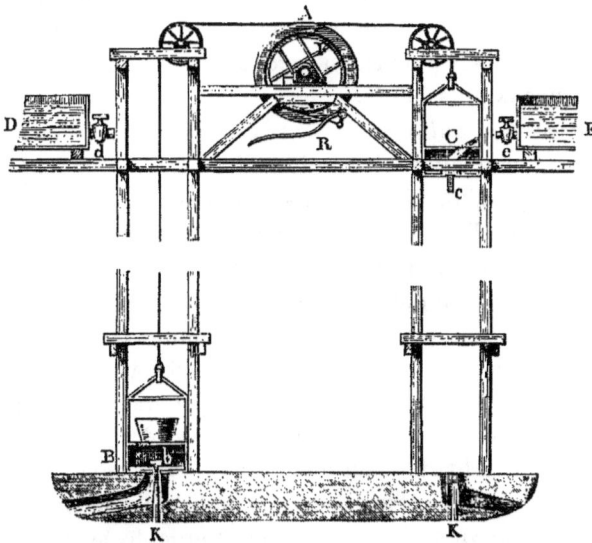

Fig. 158. — Monte-charges à balance d'eau.

cage descendante arriverait au bas de sa course avec une énorme vitesse, d'où résulterait un choc ; pour modérer cette vitesse, on dispose un frein R, qu'on fait intervenir seulement vers la fin de la course, au moment où la cage chargée arrive au niveau de la plateforme du gueulard ; pour monter une charge dans ces conditions, il ne faut jamais plus de trois minutes.

Il est prudent de disposer des arrêts automatiques qui retiennent la cage au niveau du gueulard pour qu'elle ne redescende pas quand l'eau s'écoule de la caisse de l'autre cage. Ces arrêts peuvent être des taquets que la cage écarte en arrivant et qui retombent en place par l'effet de ressorts ou de contrepoids dès que la cage est arrivée à la hauteur voulue ; un levier ou tout autre appareil simple permet au chargeur d'écarter ces taquets pour laisser redescendre la cage.

Lorsqu'on alimente les réservoirs D et E au moyen d'une pompe mue par la machine de la soufflerie, une très faible dépense continue peut suffire à la consommation intermittente du monte-charges et on évite ainsi les frais d'une installation spéciale ; celle-ci est encore plus simple si l'eau peut arriver naturellement au gueulard, comme dans certaines contrées montagneuses.

Les balances d'eau sont, de tous les monte-charges, les moins coûteux à établir et à entretenir, la manœuvre en est si simple qu'on peut la confier au premier ouvrier venu, mais elles ont l'inconvénient de ne pouvoir être utilisées par les temps de gelées ; non seulement les tuyaux qui amènent l'eau peuvent êre obstrués ou brisés, mais les caniveaux eux-mêmes par lesquels l'eau s'écoule peuvent se boucher entièrement. Cet inconvénient est d'autant plus grave que l'hiver est plus rigoureux et que les conduites sont plus longues et les fourneaux plus élevés.

(c) *Monte-charges hydrauliques.* — Ceux-ci sont à simple effet et rarement employés dans les nouvelles installations. Le plateau est fixé à l'extrémité supérieure de la tige d'un piston qui se meut dans un cylindre, s'élevant quand on introduit de l'eau sous pression dans ce cylindre, descendant par son propre poids et celui de la cage lorsqu'on fait écouler cette eau au dehors; le cylindre doit naturellement pénétrer dans le sol d'une profondeur égale à la hauteur d'ascension du plateau ; en outre, comme il est formé de plusieurs tronçons et qu'il est nécessaire de pouvoir le visiter ainsi que les tuyaux qui y aboutissent, il est indispensable que le tout soit établi dans un puits de profondeur et de diamètre suffisants. L'installation est donc d'autant plus difficile et plus coûteuse que la hauteur du fourneau est plus considérable.

Au lieu de fixer directement le plateau sur la tige du piston, on peut le suspendre à un câble qui vient passer sur une poulie fixée à la tête de cette tige ; la course du piston est de la sorte réduite de moitié ; on peut la réduire beaucoup plus encore en remplaçant cette poulie unique par une série de poulies constituant une moufle, mais on perd les principaux avantages du système qui sont : action directe, sécurité plus grande, etc.

Ce genre d'appareil est quelquefois utilisé lorsque la hauteur à franchir est faible, elle est moins avantageuse pour les grandes hauteurs et on y a renoncé à peu près partout.

(d) *Monte-charges pneumatiques.* — Ces monte-charges sont également à simple effet ; ils reposent sur l'action de l'air comprimé par une soufflerie ou raréfié par une pompe à air.

On emploie quelquefois un monte-charges pneumatique inventé par Gjers vers 1860[1] ; nous le représentons fig. 159 et 160. *a* est un cylindre en fonte formé d'une série de tuyaux alésés avec soin, dans lequel peut se mouvoir un piston *b* ; le plateau *d* est relié au piston par 4 câbles qui passent sur autant

[1] *Engineering*, 1872, p. 343.

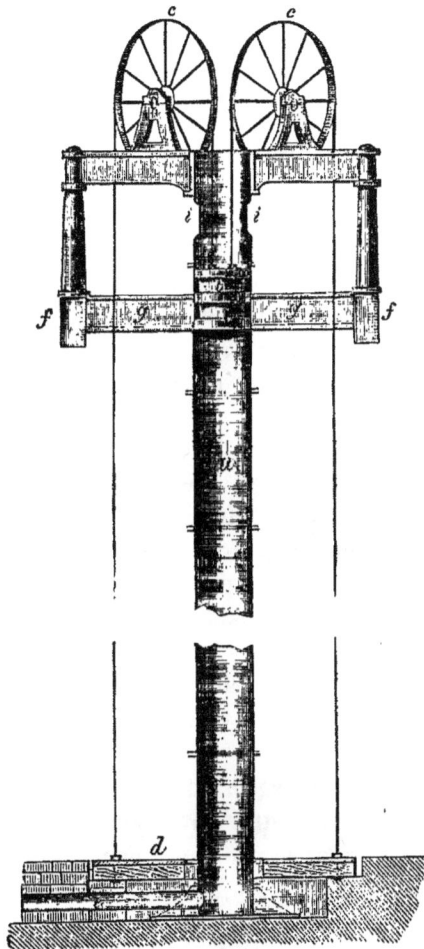

Fig. 159.

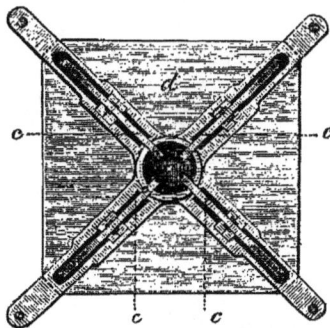

Fig. 160. — Monte-charges pneumatique.

de poulies c ; il a donc un mouvement inverse de celui du piston. Habituellement on calcule le poids du piston de façon qu'il fasse équilibre à celui du plateau et d'une partie de la charge. Lorsque le plateau est vide, le piston l'entraîne et le fait monter, si le plateau est chargé, il suffit de raréfier l'air sous le piston pour obtenir le même résultat. Pour faire redescendre le plateau, on comprime l'air sous le piston qui remonte et le ramène vers le bas.

Quelquefois on détermine le poids du piston de telle façon qu'il suffise d'amener sur le plateau le wagon vide pour produire la descente sans qu'il y ait besoin de comprimer l'air ; la pompe à air n'a alors d'autre service à faire que de raréfier l'air toutes les fois qu'on veut élever une charge. La construction se trouve un peu simplifiée, mais le travail à produire est le même, puisqu'il faut pousser plus loin cette raréfaction ; il est même probable que l'effet utile est moindre.

Le tuyau horizontal e qui aboutit à la partie inférieure du cylindre sert à l'introduction de l'air comprimé, et à l'aspiration. On emploie pour produire ces deux effets, une machine à vapeur sans volant, composée de deux cylindres à vapeur et de deux pompes à air à simple effet. Chaque pompe à air est munie d'un côté d'une soupape d'aspiration et de l'autre d'une soupape de compression. Les deux soupapes d'aspiration correspondent à un tuyau commun qui sert pour raréfier, les deux soupapes de compression ont également un même tuyau servant pour comprimer, ces deux tuyaux se terminent à la même caisse d'où part le tuyau e et qui est munie d'un tiroir de distribution.

Les orifices de ces trois tuyaux sont disposés de telle sorte que suivant la position du tiroir on puisse mettre en relation le cylindre a avec le tuyau d'aspiration pour faire monter le plateau et dans ce cas le tuyau de refoulement communique avec l'air libre, ou mettre en rapport le même cylindre avec le tuyau de refoulement, et c'est alors le tuyau d'aspiration qui débouche à l'air ; ff sont les supports du pont qui aboutit à la plateforme du gueulard ; ils sont reliés par les poutrelles gg ; à la partie supérieure du cylindre on a ménagé deux ouvertures ii qui permettent d'examiner le piston et de le lubréfier ; sa garniture est en chanvre gras.

Comme tous les monte-charges pneumatiques, celui-ci a l'avantage d'être à mouvement très doux et de mettre à l'abri de tout accident ; mais il est très coûteux d'installation en raison de ce cylindre alésé d'une grande longueur. Le rendement doit être d'autant moindre que la pression qui détermine le mouvement s'éloigne davantage de la pression atmosphérique, c'est-à-dire à mesure que le cylindre est de moindre diamètre par rapport au poids à soulever.

Le plus souvent la pression que l'on emploie diffère de la pression atmosphérique de 1/3 à 1/2 atmosphère ($0^k,300$ à $0^k,500$ par cent. carré).

Ouvrages à consulter.

J. v. Hauer, *Die Hüttenwesensmaschinen.* 2e édition, 1876, p. 260-288.

J. Weisbach, *Ingenieur-und Maschinenmechanik. Bearbeitet von G. Hermann.* 3e partie, 1880, p. 97 à 150.

E. F. Dürre, *Die Anlage und der Betrieb der Eisenhütten,* 1884, tome II, p. 235.

H. Wedding, *Zweiter Ergänzungsband zum Handbuch der Eisenhüttenkunde,* 1887, p. 87 à 184.

Amerikanische Gichtaufzüge. Stahl und Eisen, 1887, p. 605.

Bar-le-Duc. — Imprimerie Comte-Jacquet.

www.ingramcontent.com/pod-product-compliance
Lightning Source LLC
Chambersburg PA
CBHW031354210326
41599CB00019B/2761